SK하이닉스 25년  주는

반도체
특강 소자편

진종문 지음

NAEK **HB**한빛아카데미
Hanbit Academy, Inc.

지은이 진종문 smartwalkingtime@gmail.com

한국항공대학교 전자공학과를 졸업(공학사)한 후 모토로라 코리아(Motorola Korea Co., Ltd. 반도체 부문) Final Test에서 High Frequency & Optical Device의 Test Engineering Reliability & Assurance를 담당했다. 현대전자산업㈜ 반도체 품질보증실(DRAM Memory), 사명이 변경된 하이닉스반도체㈜ 품질보증실(DRAM Based Module), Mobile & Flash 사업본부(NAND Flash Memory & Marketing), Flash 개발본부(NAND Flash Memory)에서 수석연구원을 지냈고, 다시 사명이 변경된 SK하이닉스㈜ Flash Solution 개발본부(NAND Flash Memory), NAND Solution 개발본부(NAND Based SSD)의 수석연구원을 포함하여 27년간 반도체 제품에 대한 신뢰성/품질 및 연구개발을 진행했다. 현재는 국립한밭대학교 지능형 나노반도체학과에서 산학협력중점 교수로 재직 중이다. IEEE 정회원, IEIE 평생회원이다. 저서로는 『NAND Flash 메모리』(홍릉과학출판사, 2015)가 있다. 본 도서는 국내 최초로 출간된 NAND 메모리 관련 도서이다.

감수 손무영

성균관대학교 전자공학과를 졸업한 후 반도체 신뢰성 분야에서 33년간 경력을 쌓아왔으며, 하이닉스 품질보증실을 거쳐 현재 DB하이텍 품질보증센터에서 시스템 반도체의 테크놀로지, 공정, 소자를 인증하는 업무를 수행하고 있다.

반도체 특강 : 소자편

초판발행 2022년 12월 15일
2쇄발행 2024년 1월 30일

지은이 진종문 / **감수** 손무영 / **펴낸이** 전태호
펴낸곳 한빛아카데미(주) / **주소** 서울시 서대문구 연희로2길 62 한빛아카데미(주) 2층
전화 02-336-7112 / **팩스** 02-336-7199
등록 2013년 1월 14일 제 2017-000063호 / **ISBN** 979-11-5664-621-1 93560

총괄 박현진 / **책임편집** 김평화 / **기획** 김평화 / **편집** 김평화, 박현경 / **진행** 송유림
디자인 표지 윤혜원 내지 이아란 / **전산편집** 임희남 / **제작** 박성우, 김정우
영업 김태진, 김성삼, 이정훈, 임현기, 이성훈, 김주성 / **마케팅** 길진철, 김호철, 심지연

이 책에 대한 의견이나 오탈자 및 잘못된 내용에 대한 수정 정보는 아래 이메일로 알려주십시오.
잘못된 책은 구입하신 서점에서 교환해 드립니다. 책값은 뒤표지에 표시되어 있습니다.

홈페이지 www.hanbit.co.kr / **이메일** question@hanbit.co.kr

지금 하지 않으면 할 수 없는 일이 있습니다.
책으로 펴내고 싶은 아이디어나 원고를 메일(writer@hanbit.co.kr)로 보내주세요.
한빛아카데미(주)는 여러분의 소중한 경험과 지식을 기다리고 있습니다.

이 도서는 해동과학문화재단의 지원을 받아 **NAEK** 한국공학한림원과 한빛아카데미(주)가 발간합니다.

세계는 지금 디지털 혁명을 넘어 소위 4차 산업혁명의 시대를 맞고 있다. 최첨단 과학 기술의 발전과 융합에 힘입어 AI, 빅데이터, IOT, AR/VR, 나노, 바이오, 로봇 등 다양한 분야에서 새로운 기술과 산업이 인류 문명의 패러다임을 크게 변화시켜 가고 있다. 이러한 4차 산업혁명은 디지털 ICT 기술에 기초하고 있는데, 이를 구현시켜 주는 기반 기술이 바로 반도체이다. 따라서 반도체는 현 시대 기술문명의 핵심 기술로서 그 중요성과 성장성을 아무리 강조해도 지나치지 않는다.

반도체, 그중에서도 메모리 반도체는 삼성전자와 SK하이닉스가 세계시장을 주도하고 있으며, 한국의 최대 수출산업이 되었다. 특히 SK하이닉스는 메모리를 전문으로 하는 반도체 회사로, 디램과 낸드를 생산하여 반도체 시장에서 나날이 영역을 확대해가고 있다.

저자는 SK하이닉스에서 디램 품질보증실을 거쳐 개발본부의 낸드 개발 기획팀장으로서 여러 종류의 낸드 제품 개발을 성공적으로 이끌었고, 새로운 낸드 플래시의 제품명을 'TLC(Triple bit per cell MLC)'로 창의하는 등 메모리 제품의 공적이익과 세계화에 여러 방면으로 공헌을 했다. 그리고 그동안의 반도체 경험과 지식을 바탕으로 『NAND Flash 메모리』를 출간했고, 이어 새로 『반도체 특강 : 소자편』의 출간을 앞두고 있다.

이 책은 웨이퍼에서부터 시작하여 반도체 제품, 공정, 장비 등 기초적인 영역을 넓게 혹은 깊이 있게 다루고 있어 반도체 관련 업무를 수행해야 하는 사람들은 물론, 반도체 분야 취업을 지망하는 학생들에게도 두루 도움이 될 것으로 믿는다.

2022년 11월

권오철

(현) 포스코 케미칼, 원익IPS 사외이사
(전) SK하이닉스 대표이사
(전) 한국반도체산업협회 회장
(전) 하이닉스반도체 대표이사, 전략기획실장

반도체 기술, 누구나 쉽게 이해할 수 있다!

반도체의 미세화는 과연 어디까지 진행될까? 메모리 용량이 늘어나면 성능이 감소하지 않을까? 이는 반도체를 바라보면 자연스럽게 떠오르는 의문들입니다. 광학현미경을 사용하여 육안으로 식별했던 반도체는 테크놀로지가 $1\mu m$ 이하로 진입하면서 전자현미경을 사용해야만 판별할 수 있게 되었습니다. 최근에는 10nm 이하를 넘어 3nm까지 축소되어 이를 확인하려면 주사 방식을 이용한 전자현미경처럼 높은 고배율을 사용해야만 합니다. 미세화의 극치에 다다른 회로 구조들은 분자 단위에서 원자 단위로 분석 레벨이 높아지고 있습니다.

반도체의 테크놀로지는 수평축으로 진행되었던 축소방향이 20nm의 한계에 도달한 뒤 수직축으로 확대 적용되면서 테크놀로지를 바라보는 관점이 다양해졌습니다. 그 사이에 여러 가지 구조 형태가 다채롭게 나타나서 제조 방식이 새롭게 설정되고, 장비와 재료들이 폭넓게 선택됩니다. 테크놀로지 노드는 nm 단위를 달성하고, 낸드는 238단을 넘어 1,000단을 향해 나아가고 있습니다. 또한 단일 칩 용량에서도 곧 1Tb가 출현할 예정입니다.

테크놀로지의 발전은 놀랍고 환영할 만한 일이지만, 이제 막 반도체 분야 직종에 진입하려는 사람들에게는 퀀텀 점프(Quantum Jump)하고 있는 반도체 테크놀로지의 발전을 이해하고 따라가는 것이 점점 어렵게 느껴질 수 있습니다. 하지만 아무리 어렵고 복잡해도 근본을 이해하는 것부터 시작하면 됩니다.

이 책은 반도체 관련 학과 학생, 반도체 업종에서 근무하거나 반도체 분야에서 일하려는 이들이 반도체에 대한 개념을 다지고 기본 원리를 이해하여 실무에 폭넓게 활용할 수 있도록 했습니다. 꼭 반도체 전문가가 아니더라도 반도체가 궁금한 일반인들도 충분히 이해할 수 있도록 반도체의 근본 속성과 포괄적 원리를 다루고, 핵심적인 기반 기술을 중심으로 상세히 설명했습니다.

■ 이 책의 특징

- 수식 및 화학 반응식 등을 최소화하고, 복잡한 공식을 쉽게 풀어서 표현했습니다.
- 트랜지스터를 개발하고 완성시키는 데 있어서 5개의 기본 항목(① 테크놀로지 결정 ② 제품 개발 ③ 공정 방식 설정 ④ 장비 선정 ⑤ 재료의 선정)에 대해 개별적으로, 또는 포괄적으로 살펴볼 수 있게 했습니다.

- 제품은 메모리 반도체의 디램/낸드 플래시와 시스템 반도체의 기본형인 MOSFET과 CMOSFET 위주로 다룹니다. 공통적인 핵심 인자를 주로 다루었으나 메모리 영역으로 약간 더 집중되어 있습니다. 다루는 내용은 증가모드의 nMOSFET을 근간으로 전개했습니다.

- 팹(Fab) 프로세스에서는 '소자편'으로 한정하여 FEOL(Front End of Line) 영역을 다루었고, BEOL(Back End of Line)에 해당하는 '배선편'은 차기작으로 준비 중입니다. 각 파트마다 개별 공정 프로세스를 별도로 마련하여 전체 팹 프로세스와 각각의 공정을 서로 비교함으로써 반도체 공정에 좀더 쉽게 접근하고 익숙해지도록 했습니다.

- 5년 남짓 SK하이닉스 홈페이지(뉴스룸)에 연재했던 60여 회에 달하는 '반도체 특강' 칼럼 중에 제품과 공정 주제로 핵심적인 내용들을 발췌하고, 부족한 설명을 보완했습니다.

■ 이 책에서 다루는 내용

- 1부 : 반도체의 기본적인 요소들과 사업에 영향을 미치는 원가 및 마케팅을 다룹니다.

- 2부 : 반도체 제조의 기본 재료인 웨이퍼에 대한 이해를 바탕으로, 산화 공정과 증착을 진행한 후 결과물로 나타나는 게이트 산화막과 게이트 단자막의 생성 과정/특성 및 신뢰성을 설명합니다.

- 3부 : 반도체 공정의 기초 공정인 패턴을 만드는 공정 중 가장 중요한 포토와 식각을 다룹니다.

- 4부 : 트랜지스터는 웨이퍼 표면을 기준으로 상부로는 막을 증착하고 하부로는 소스/드레인 단자를 형성합니다. 트랜지스터 동작에 필요한 도핑 공정인 확산, 이온주입 및 어닐링을 다룹니다.

- 5부 : 결핍 영역(4부), 문턱전압, 채널의 상호관계와 변화를 통해 소자의 기능과 특성을 파악하는 방법을 다룹니다. 또한 미세화에 따른 장단점을 비교하여 차세대 제품에 발생할 부작용을 해결하는 방향을 찾는 데 도움이 되도록 했습니다. 최종적으로 스위칭 역할을 하는 트랜지스터의 이상적인 작용으로 마무리합니다.

이 책의 내용을 완성하는 데 조언과 도움을 주신 교수님들, 특히 어플라이드머티어리얼즈코리아(AMAT) 사 이승석 전무님과 ASML코리아 사 유현석 프로님, SK하이닉스 홈페이지에 '반도체 특강'으로 연재된 칼럼을 책으로 출간하는 데 흔쾌히 동의해주신 뉴스룸 관계자분들께 감사드립니다. 또한 칼럼을 책으로 탈바꿈시키기 위해 많은 노력을 기울여주신 한빛아카데미㈜ 관계자분들께 깊은 감사를 드립니다.

2022년 11월
지은이 **진종문**

PART
01

반도체와
마케팅

파트 도입글
해당 파트에서 다루는 주요 내용과
주제 간의 연계성을 소개합니다.

1부는 반도체의 기본 요소들과 사업에 관한 이야기입니다. 반도체의 발전은 집합면의 진화와 캐리어의 신속한 이동에 연관되어 있습니다(1장). 캐리어는 도핑을 통해 전자와 정공을 생성하지요(2장). 이런 캐리어들은 원자 내에서 에너지를 얻음으로써 반도체를 동작시키고 물질의 성질을 결정짓습니다(3장). 21세기의 변형된 연금술을 성공한 제품이라고 할 수 있는 반도체는 저항률의 조절성이 탁월하여 응용분야가 무한합니다(4장). 그중 메모리 영역으로는 대표적 소자로 디램(DRAM)과 낸드 플래시(NAND Flash)가 있는데(5장), 두 메모리 제품의 구조, 용량, 특성을 상호 비교해보면 반도체에 대한 이해도를 높일 수 있습니다.

반도체 기술의 핵심은 디바이스의 미세화로, 다이 사이즈를 작게 해 웨이퍼당 넷다이(Net Die) 개수를 늘리게 되지요(6장). 이러한 기술 향상은 낮은 원가로 나타나고, 원가 경쟁력을 갖춘 기업은 매출을 늘려 시장점유율을 높이면서 제품의 판매가를 조절할 수 있는 능력을 확보함으로써 시장을 좌지우지합니다. 이때 경쟁사를 무너뜨릴 치킨 게임 등 다양한 마케팅 기술을 발휘합니다. 원가가 낮아지는 과정에서 비트(bit)당 가격이 떨어지게 되어 주력제품의 변환(bit-Cross)이 발생되고, 전체적으로 비트증가율(bit Growth)이 향상되어 매출이 늘어납니다(7장). 이는 메모리 용량을 확대하여 시장지배력을 확장시킬 수 있는 기회를 제공합니다(8장). 소형화에 의한 원가 절감 → 넷다이 개선 → 수익성 향상 → 매출 증가 → 지속 가능한 성장으로 이어지는 선순환을 반복하면서 반도체 산업이 발전해 나아가지요.

11.6 산화 장비

■ 수평형 퍼네이스

반도체 팹에서 활용하는 장비 중에는 산화 장비로 특화되어 만들어져 있는 것은 없고, 산화 공정 시에 주로 반응로(Furnace, 퍼네이스)를 사용합니다. 수평 혹은 수직 퍼네이스 모두 사용 가능하지만, [그림 11-6]은 수평식 장비입니다. 산화 시 히팅 시스템에서 온도를 1,000±200℃로 올립니다. 웨이퍼는 보통 100~200개(1개 런(Run)이 보통 25장으로, 총 4개 런) 정도 투입하는데, 수평형 석영 보트에는 웨이퍼를 수직으로 로딩(Loading)합니다. 맨 앞과 뒤의 웨이퍼는 표면에 균일한 프로세스 가스가 접해지지 않으므로 더미(Dummy) 웨이퍼로 활용하고 산화 공정이 완료된 후에는 버려집니다. 더미 웨이퍼는 다른 정상 웨이퍼 표면에 균일(Uniformity)한 가스 반응을 위해 희생하는 용도로 사용됩니다. 웨이퍼에서 필름 두께, 화학 반응 등의 균일성 확보는 제품의 특성을 통일시키는 데 매우 중요하지요.

Tip 머리쪽 더미(Head-Dummy)는 앞쪽에 위치하여 면적당 프로세스 가스밀도가 커서 반응속도가 너무 빠르고, 반대로 꼬리쪽 더미(Tail-Dummy)는 반응속도가 너무 느립니다.

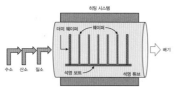

그림 11-6 산화 반응로 : 수평 퍼네이스

■ 수직형 퍼네이스

웨이퍼 직경이 커지면서 더미도 수율에 큰 영향을 끼치므로 수평형 퍼네이스보다 더미를 더 줄일 수 있는 수직형을 선호합니다. 수직형 퍼네이스도 위아래(옵션)에 더미 웨이퍼를 넣고, 중간 중간에는

3 : 13장 'CVD'와 14장 'ALD' 참조(ALD는 HfO₂, Al₂O₃ 등 여러 막질 가능)

본문
간결한 내용 설명과 다채로운
이미지를 통해 각 장의 핵심
개념을 소개합니다.

Tip
본문을 이해하는 데 도움이 되는
참고 내용을 설명합니다.

각주
생소한 용어를 설명하거나
해당 내용과 연계하여 살펴보면
좋을 주제를 소개합니다.

한정된 영역에서는 높은 이온밀도와 이온에너지를 이용하여 균일한 ICP 플라즈마를 생성함에 따라 고종횡비의 RIE(반응성 이온식각), 높은 밀도가 요구되는 HDPCVD 화학증착(High Density Plasma) 등에 응용됩니다. 또한 낮은 온도인 350℃에서도 플라즈마를 이용하여 비정질 화학증착 층, 혹은 PEALD도 가능합니다. 그러나 입자들은 원통형 통돌이 세탁기 내의 물의 흐름과 같이 국부적인 입자밀도는 높게 할 수 있지만, 전체적으로는 CCP에 비해 균일성이 떨어집니다. 따라서 디램의 커패시터를 형성하기 위한 식각이나 이방성이 필요한 영역에서 활용하면 유리하고, 웨이퍼 전체 면적에 대하여 동일한 두께가 필요시에는 CCP로 증착합니다.

그림 21-12 (좌) 플라즈마 식각 장치(ICP-RIE), (우) 플라즈마 증착 장치(PECVD)[43]
연구실, 실험실 소규모 소량다품종 제조 시에 적합합니다.

• SUMMARY •

미지의 세계를 다루는 공정에서 미세화 및 균질성 회복 문제는 가장 대표적인 이슈죠. 막을 깎아내는 습식식각의 등방성은 플라즈마를 사용한 건식식각(RIE, Reactive Ion Etch)의 이방성으로 이동했습니다. 막을 형성할 때의 얇은 두께와 균질하면서 고밀도가 필요한 막은 역시 플라즈마를 이용한 HDPCVD로 해결했고, EUV 13.5nm의 짧은 파장도 13.56MHz의 RF 에너지를 가한 플라즈마가 개입해서 이끌어냈습니다. 플라즈마 공법은 반도체 공정에서 갈수록 자주 적용되고 있는데요. 특히 막 형성과 연관된 공정에 플라즈마의 사용이 더욱이 많아질 것으로 보입니다. 향후 플라즈마를 이용한 이온주입 방식으로 현재의 복잡한 이온주입 공정 단계와 장비를 간소화시킬 수도 있겠습니다. 또한 플라즈마는 펄스 플라즈마를 이용하여 더욱 통제 가능한 범위로 제어함으로써, 반도체 공정의 고민을 해결해주는 해결사로 거듭나고 있습니다.

반도체
탐구 영역   **플라즈마 편**

01 플라즈마를 생성할 수 있는 조건이나 현상이 <u>아닌</u> 것은?

① 분위기 온도가 10만℃ 이상으로 상승 시
② 공기의 기압을 10mmHg 정도로 유지하면서 100V 전압 인가 시
③ 태양의 표면
④ 용광로에 철광석을 녹일 때
⑤ PDP TV 혹은 형광등이 켜질 때

02 그림은 플라즈마를 생성하고 응용하는 장치이다. 이 장치를 이용하여 진행되는 공정에 대한 설명 중 옳지 <u>않은</u> 것을 〈보기〉에서 모두 고르시오.

목차

PART 01 반도체와 마케팅

PART 02 층 쌓기, 반도체를 짓다

PART 03 패턴을 조각하다

PART
01

반도체와
마케팅

1부는 반도체의 기본 요소들과 사업에 관한 이야기입니다. 반도체의 발전은 접합면의 진화와 캐리어의 신속한 이동에 연관되어 있습니다(1장). 캐리어는 도핑을 통해 전자와 정공을 생성하지요(2장). 이런 캐리어들은 원자 내에서 에너지를 얻음으로써 반도체를 동작시키고 물질의 성질을 결정짓습니다(3장). 21세기의 변형된 연금술을 성공한 제품이라고 할 수 있는 반도체는 저항률의 조절성이 탁월하여 응용분야가 무한합니다(4장). 그중 메모리 영역으로는 대표적 소자로 디램(DRAM)과 낸드 플래시(NAND Flash)가 있는데(5장), 두 메모리 제품의 구조, 용량, 특성을 상호 비교해보면 반도체에 대한 이해도를 높일 수 있습니다.

반도체 기술의 핵심은 디바이스의 미세화로, 다이 사이즈를 작게 해 웨이퍼당 넷다이(Net Die) 개수를 늘리게 되지요(6장). 이러한 기술 향상은 낮은 원가로 나타나고, 원가 경쟁력을 갖춘 기업은 매출을 늘려 시장점유율을 높이면서 제품의 판매가를 조절할 수 있는 능력을 확보함으로써 시장을 좌지우지합니다. 이때 경쟁사를 무너뜨릴 치킨 게임 등 다양한 마케팅 기술을 발휘합니다. 원가가 낮아지는 과정에서 비트(bit)당 가격이 떨어지게 되어 주력제품의 변환(bit-Cross)이 발생되고, 전체적으로 비트증가율(bit Growth)이 향상되어 매출이 늘어납니다(7장). 이는 메모리 용량을 확대하여 시장지배력을 확장시킬 수 있는 기회를 제공합니다(8장). 소형화에 의한 원가 절감 → 넷다이 개선 → 수익성 향상 → 매출 증가 → 지속 가능한 성장으로 이어지는 선순환을 반복하면서 반도체 산업이 발전해 나아가지요.

CHAPTER 01 20세기 최고의 발명품, 점 접촉 트랜지스터

접합면(Junction)이 두 개로 구성된 트랜지스터(Transistor, TR)의 발명은 제백 효과(Seebeck effect), 펠티에 효과(Peltier effect) 등이 발견된 1800년대부터 시작되었다고 볼 수 있습니다. 수많은 아이디어와 시행착오가 있었기에 오늘날 편리한 문명기기를 이용할 수 있게 된 것이지요. 반도체 동작은 본질적으로는 '전자를 접합면으로 어떻게 통과시키고, 통과하여 반대편으로 넘어간 전자를 그 다음 단계로 어떻게 이동시킬 것이냐'입니다. 특히 트랜지스터의 핵심인 기능과 접합면의 조건은 서로 상호작용을 하면서 앞으로 나타날 새로운 트랜지스터 및 파생 구조에서 중요하게 적용됩니다. 접합면에 대해서는 실리콘, 금속, 절연체들이 상호 간에 서로 알맞은 기능을 유지할 수 있도록 오랫동안 연구되어왔습니다. 그렇게 발전된 이론, 현상, 발명들이 동원되어 다양한 형태로 응용되고 있습니다. 미세화가 진행되면서 반도체의 구조와 재질이 변경되는데, 이때 반도체가 스위칭 신호와 증폭 작용 등을 원활하게 수행하기 위해서는 화학적 접합면의 개발이 매우 중요합니다. 반도체의 접합면에서 전자들은 어떤 활동을 할까요?

1.1 접합면 기능에 대한 여러 가지 고안과 발명

전자가 발견되기 이전에도, 진공과 전기에 대한 기술이 발전하면서 전자의 이동에 의한 여러 가지 실험 현상이 발견되고, 다양한 발명품이 만들어졌습니다. 그중에서도 고체 간의 접합면에 대한 연구가 다각적으로 진행되어 고체 반도체의 출현이 예상되었습니다. 고체끼리(Cu-Bi) 접합시켜 열을 가하면 전류가 흐르거나(제백 효과), 반대로 고체 물질은 다르지만 접합시켜 놓고 전류를 흘리면 양단에 온도 차이가 나거나(펠티에 효과), 온도에 따라서 전기전도도의 차이가 발생합니다(패러데이의 황화은 실험). 그 외에 금속과 금속 사이에 정류 작용[1](Ti-CuO-Cu)을 일으키거나 빛에 따라 달라지는 전기전도도 및 비금속과 고체 사이에서의 전자 흐름이 여러 가지 현상으로 발견되는 등 반도체를 구현할 수 있는 시기가 점차 다가오고 있었습니다.

---

1 **정류 작용** : 전류가 한쪽 방향으로만 흐르는 기능(예 교류를 직류로 변경)

1.2 고체와 기체 사이, 전자의 이동

고체 간의 물리적 접합 중 금속과 금속 사이는 당연히 전자의 이동이 쉽게 일어납니다. 그러나 금속과 반도체, 특히 반도체와 반도체 간의 단순 물리적 접합면에서 전자의 이동은 거의 불가능합니다. 그래서 전자의 이동은 금속과 기체 간의 접합으로 처음 시작하게 되었습니다. 토머스 에디슨(Thomas Edison)의 회사에서 일하던 영국인 존 앰브로즈 플레밍(John Ambrose Fleming)은 에디슨 효과[2]를 나타내는 백열전구 속에 극판을 하나 더 추가하여 2극 진공관[3]을 이용한 진공관 다이오드를 만들었습니다. 이는 기체 상태에서는 낮은 기압을 쉽게 만들 수 있다는 점을 이용했습니다. 준진공 상태에서 서로 이질적 물질인 고체(금속)와 기체의 경계면에서 열전자들을 발생시킨 경우가 되겠습니다. 진공을 적용한 이유는 유리관 내의 공기 입자들을 가능한 한 밖으로 많이 뽑아내어 전자가 진공관 속에서 직진할 때 다른 입자들과 부딪치는 경우를 적게 하기 위함이지요.

그림 1-1 플레밍의 2극 진공관 다이오드[1]
교류 사용을 거부했던 에디슨의 백열전구 아이디어에 교류를 연결하여 정류한 장치

1.3 점 접촉 트랜지스터의 개발

2극 진공관은 다극 진공관으로 발전을 거듭했습니다. 그런데 진공관은 부피가 너무 크다는 치명적인 단점을 가지고 있었지요. 진공관으로 연결된 회로를 탑재한 우주 로켓은 로켓 추진체가 부피와 무게를 감당할 수 없어 쏠 수가 없었지요. 1948년 이런 단점을 보완하기 위해 미국 벨연구소의 존 바딘(John Bardeen)과 월터 브래튼(Walter Brattain)은 고체끼리도 전자의 상호 이동이 가능하도록 하는 점 접촉식 반도체를 발명했습니다. 초창기 진공관의 크기를 1/100배 이상 줄인 고체 소자가 등장하게 된 것이지요. 실험실에서 연구원 브래튼이 낸 작은 목소리가 점 접촉 트랜지스터를 거치면서 50배 이상의 큰 목소리로 변하자 모여 있던 사람들이 환호성을 질렀습니다. 이는 전자를 금속에서 기체로 뽑아내던 기술을 발전시켜, 전자를 반도체에서 반도체로 이동시킨 대혁신이었습니다. 오래전부터 독일을 포함한 유럽의 많은 나라들도 로켓-진공관의 단점을 개선하기 위해 벨연구소와 유사한 고체 연구를 진행했습니다. 독일이 미국보다 10년쯤 먼저 이를 개발했다면, 세계 전쟁의 결과가 비극적으로 되었을 수도 있는 발명이었습니다.

---

2 **에디슨 효과** : 진공관 속의 금속판을 가열하여 열전자를 생성하는 원리로 열전자 방출이라고도 함
3 진공관은 전자공학(Electronics)이란 분야를 탄생시킨 중요한 발명품임

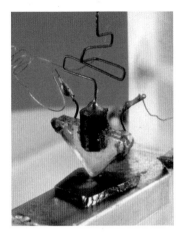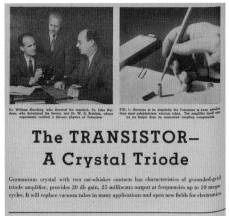

그림 1-2 바딘과 브래튼이 개발한 최초의 점 접촉식 트랜지스터[2]

신문에서는 트랜지스터를 'Crystal Triode'로 소개했는데, 트랜지스터의 볼품없는 모습 때문에 발표 당시 언론에서는 중요도에 비해 비교적 차분한 분위기였습니다. 그 당시 고체 트랜지스터의 특허 발명자로는 바딘과 브래튼만 등록되었는데, 사진에 있는 다른 한 명은 윌리엄 쇼클리로, 후에 이 3명은 노벨상을 받습니다.

1.4 진공관 기능을 대신하는 고체 트랜지스터

바딘과 브래튼이 고체 트랜지스터(TR)를 발명함으로써 진공관의 주기능인 증폭과 스위칭 기능(다이오드의 정류 기능은 스위칭 기능에 포함됨)을 대신할 수 있게 되었고, 그동안 진공관의 문제였던 부피와 장치 비용이 한 번에 해소되었습니다. 트랜지스터의 핵심은 낮은 베이스 전류[4]를 흐르게 하여 높은 콜렉터 전류[5]를 유발시키는 것입니다. 이때의 전류 비율(전류이득[6])은 10~100배가 되므로 브래튼의 작은 소리가 큰 소리로 사무실에 울려 퍼진 것이지요. 이는 번개가 칠 때, 땅에서 약한 전류가 구름으로 올라가서 매우 큰 전류를 발생시키는, 즉 번개를 치게 하는 것과 유사하다고 할 수 있습니다. 이때의 전류이득은 어마어마한 값이지요. 진공관 대신 고체 트랜지스터를 사용하기 시작하면서 전자산업에서는 지각변동이 일어났습니다. 그 덕에 소니 사의 트랜지스터 라디오는 날개 돋친 듯이 팔려나갔습니다. 미국의 발명품이 일본의 전자산업에 부흥기를 가져다주었습니다.

1.5 점에서 면으로 진화

점 접촉 트랜지스터의 개발에서 소외된 윌리엄 쇼클리(William Shockley)는 고체 반도체의 점 접합 방식을 발전시켜, 점 접촉식 트랜지스터가 개발된 지 3년 뒤인 1951년에 면 접촉식 바이폴러 트랜지스터(Bipolar Junction Transistor, BJT)를 개발했습니다.

---

4 **베이스 전류** : TR의 베이스 단자에서 에미터 단자로 흐르는 전류
5 **콜렉터 전류** : TR의 콜렉터 단자에서 에미터 단자로 흐르는 전류
6 **전류이득** : 베이스 전류 대비 콜렉터 전류의 크기 비율(전류이득이 클수록 증폭이 커짐)

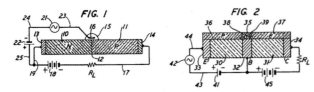

그림 1-3 현대 트랜지스터의 모태인 쇼클리의 면 접촉식 반도체(직육면체를 2차원 단면으로 표시한 특허 그림)[3]

좁은 점 접촉 영역보다는 면이라는 넓은 영역을 통과하는 전자의 양이 기하급수적으로 많기 때문에, 면 접촉식이 스위칭(Switching) 동작을 할 수 있는 진정한 의미의 트랜지스터 발명이라고 할 수 있습니다. 그러니 엄밀하게 말하면 트랜지스터의 최초 발명자는 바딘과 브래튼이고, 쇼클리는 트랜지스터의 파생 개발자라고 볼 수 있죠. 트랜지스터의 최초 발명을 제외하고는 면 접촉 트랜지스터, JFET, 공핍형 MOSFET, 증가형 MOSFET 모두 트랜지스터의 파생 형태인 셈입니다. 쇼클리는 트랜지스터의 발명을 발전시켜 트랜지스터 제조사업을 추진했지만 실패하고 말았습니다. 그러나 트랜지스터의 최초 발명자에서 쇼클리가 제외되지 않았으면, 면 접촉 트랜지스터의 출현이 지연되었을 것이고, 그러면 그만큼 반도체의 발전이 늦었을지도 모릅니다.

■ 반도체 접합의 의미

물질의 이종(異種) 간 결합 중 기체나 액체의 상태에서는 물성적 결합이 용이하지만, 금속을 제외한 고체끼리는 대부분 화학적 결합 자체도 불가능해 접촉 그 자체로는 물리적 접합 수준입니다. 그러나 특수한 외적 조건, 즉 이온을 주입한 상태라던가 혹은 1,000℃ 가까이 되는 매우 높은 온도일 경우에는 고체와 고체 간의 접합에서도 물성적 교류를 유발시키는 화학적 접촉이 가능해집니다. 따라서 반도체 공정에서는 진공, 플라즈마(Plasma), 고온 등을 활용하여 물체 간 저농도, 중간 농도, 고농도의 접촉 방식이 자주 이용됩니다. 미세화가 고도화될수록 챔버 내 환경이 열악해지고, 그에 따라 장비의 복잡도가 상승하므로 반도체 장비의 가격들이 높아지게 됩니다. 반도체 기술이 향상되면 될수록 극한의 공정 조건들이 더욱 필요해지는 것이지요.

1.6 전자와 정공의 확산이동

■ 접합면과 캐리어

JFET(Junction FET)과 같은 트랜지스터는 수평 접합과 관계된 단자가 두 군데(소스, 드레인) 있어서 게이트와 접합면도 두 개 형성됩니다(초창기 발명된 BJT도 유사합니다). 트랜지스터는 접합면이 가장 민감한 영역이고, 두 접합면에서 교류도 가장 활발하면서 여러 가지 상황들이 발생합니다.

MOSFET에서는 소스 단자 쪽에는 소스 접합면(Source Junction)이 있고, 드레인 단자 쪽에는 드레인 접합면(Drain Junction)이 있어서, 서로 다른 반도체 물질 두 개가 화학적 접합이 되면, 다수 캐리어(Major Carrier)인 전자와 정공(Hole)이 외부의 에너지 공급이 없어도 상대방 영역으로 침투해 들어갑니다. 그렇게 형성된 영역을 결핍 영역(공핍 영역, Depletion Area)이라고 합니다. 이 영역은 고체 반도체 소자를 생성시킨 직후에 전자와 같은 캐리어들의 확산 반응이 가장 활발하게 일어나는 N형 반도체와 P형 반도체의 접합 지역입니다.

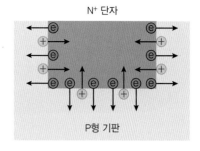

그림 1-4 N형-P형 반도체의 화학적 접합면에서 캐리어인 전자와 정공의 확산이동

■ 캐리어 생성과 이동

캐리어들은 내부에서 자생적으로 발생한 확산에너지로부터 동력을 받아서 이동합니다. 확산에너지의 원천은 농도의 차이입니다. 반도체 내의 농도 차이가 클수록 상대방 불순물 영역으로 들어가는 다수 캐리어의 확산길이가 깊어집니다. 그럼 반도체에서 농도의 본질 무엇일까요? 이것은 단위 체적당 생성된 다수 캐리어의 숫자입니다(혹은 소수 캐리어가 될 수도 있습니다). 이런 다수/소수 캐리어들은 14족 원소로 구성된 크리스탈 결정격자 구조에 13족 혹은 15족 원소를 도핑한 P/N형 반도체 내에서 생성됩니다.

• SUMMARY •

트랜지스터는 목표로 하는 기능과 동작을 발생시키는 전자의 이동을 보장해야 합니다. 어떤 능력을 갖출 것인지는 이미 진공관에서 증폭, 정류 작용 등을 마련해 놓았기 때문에 고체로 이를 재현해내기만 하면 됩니다. 또 하나의 이슈는 '접합면을 어떻게 붙일 것이냐'였죠. 반도체가 비교적 다른 발명품보다 늦게 등장한 이유는 절연체, 반도체, 도체의 특성을 갖는 물체들을 서로 연이어 붙일 때 두 개의 물성 간에 화학적 접합을 시키기가 어려웠기 때문입니다. 물리적 접합은 두 가지 이상을 서로 갖다 붙이기만 하면 되지요. 하지만 반도체에서의 접합은 화학적 접합이어야 하는 조건이 있습니다. 두 가지 이상의 부품을 서로 갖다 붙이되 접합된 경계면이 전자 혹은 전자와 상응한 입자들이 접합 경계를 타고 넘어 다른 물질로 왕래할 수 있어서 물성적 교류가 발생해야 합니다.

CHAPTER 02

자유전자의 탄생

전자는 마찰을 일으켜 생성된 정전기에서 얻을 수 있고, 열을 가한 금속에서 뽑아낼 수도 있습니다. 반도체에서도 전자를 만들 수 있을까요? 반도체에서 전자가 생기려면 분자의 상호작용이 이루어져야 합니다. 이때 분자들의 공유결합에 참여하지 못한 잉여전자는 외부에서 에너지를 얻어 원자의 속박으로부터 이탈할 수 있는데요. 이 이탈한 전자를 '자유전자'라 부릅니다. 자유전자가 많이 모이게 되면 반도체 속을 몰려다니며 트랜지스터를 ON/OFF시키지요. 이제 도핑(Doping)으로부터 잉여전자가 어떻게 만들어지고, 자유전자가 되는지 살펴봅시다.

2.1 두 번째로 많은 원소, 실리콘

지구 표면에 있는 지각을 구성하는 원소 중 제일 많은 원소는 산소입니다. 그 다음으로 많은 원소가 규소이며, 실리콘(Silicon, $_{14}Si$)이라고도 합니다. 반도체의 기본 원소로 사용되는 실리콘은 거슬러 올라가면 태양으로부터 왔습니다. 태양의 핵융합 반응 시에 만들어지는 원소가 이 실리콘입니다. 태양에서 이탈한 지구의 표면에 실리콘이 자연스럽게 많아지게 된 것이지요. 지구에 산소가 많다 보니 생물들이 산소와 상호작용을 하도록 진화되었듯, 성질이 차분하고 안정적인 실리콘도 산업에 다양하게 활용되도록 발전했습니다. 특히 실리콘은 메모리 반도체의 재료로 최적의 원소가 되고 있습니다. 반면에, 시스템 반도체용 웨이퍼의 재료로는 실리콘과 함께 13족과 15족의 화합물 재료(GaAs, GaN 등)도 기반 물질로 활용되고 있지요.

■ 웨이퍼 제조

트랜지스터의 제작은 실리콘을 기반으로 하는 웨이퍼를 제조하는 단계에서부터 시작합니다. 먼저 순도 99.99…9%(11N)[1]의 실리콘($_{14}Si$) 덩어리와 13족 불순물 원소($_{5}B$)를 반응로에 넣고, 실리콘의 용융 온도인 1,414℃ 이상으로 상승시켜 녹인 후에 시드(Seed)를 이용하여 잉곳(Ingot)이란 P형 불순물 반도체 덩어리로 성장시킵니다. 이를 웨이퍼로 분리한 후에 반도체 제조 라인으로 들어오지요.

그림 2-1 실리콘을 기반으로 성장된 잉곳(웨이퍼로 개별화되기 전 상태)[4]

---

1 11N은 9(Nine)라는 숫자가 11개라는 의미임

2.2 캐리어를 만들기 위한 도핑

도핑(Doping)은 크게 열에너지를 이용한 확산과 운동에너지를 이용한 이온주입을 통해 도펀트 (Dopant)[2]란 불순물을 주입하는 방식으로 진행됩니다. 이는 전자와 정공이란 캐리어를 생산하기 위함인데, 캐리어가 곧 반도체를 동작하게 하는 핵심 인자입니다. 반도체의 동작은 중성 상태의 실리콘에 에너지를 공급하여 불안정한 상태(도핑)로 만든 후에 안정화(평형 상태)되는 과정을 이용하여 전류를 발생시키는 원리입니다.

■ 실리콘 전자의 타원운동

실리콘 원자핵의 구심력에 갇혀 있는 전자들이 바라본 세상은 사각형의 구조물들이 수도 없이 얼기설기 얽혀 있는 공간입니다. 그런데 실제로 이런 구조물들이 존재하는 것은 아닙니다. 원자 내부를 들여다보면, 전자가 원자핵의 구심력을 끊어내지 못해 원자핵 주위를 일정 궤도를 유지한 채 자전과 동시에 공전하고 있는 형태입니다. 태양계에 갇혀 일정 궤도로 돌고 있는 지구에서 우주를 바라보면 넓은 공간에 띄엄띄엄 반짝이는 별과 행성들이 자리하고 있습니다. 실리콘 원자 속의 전자들이 보는 공간도 이와 유사하게 대부분이 빈 공간입니다. 태양의 자리에 원자핵이 위치해 있고, 지구 같은 행성의 자리에 원자핵에 부속된 전자들이 고유의 타원궤도를 돌고 있는 형태라고 생각하면 됩니다. 그렇다고 원대한 우주의 운동법칙과 미시적 세계의 원자 내 운동법칙이 동일하다는 것은 아닙니다.

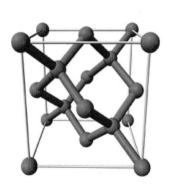 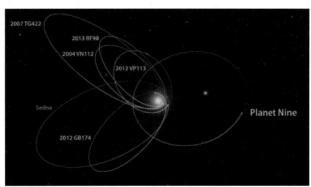

그림 2-2 실리콘 원자핵이 최외각전자 4개를 거느리고 있는 결합 구조(좌)[5]와 타원궤도를 그리는 행성들(우)[6]

■ 이온주입 불순물 원소

14족인 실리콘은 자체적으로 매우 안정적이기 때문에 실리콘 원자로부터 전자들이 빠져나가지 못하는 내부 단속은 잘 됩니다. 하지만 외부와는 거의 소통하지 않는 특성을 보입니다. 이온주입 공정에서는 평화로운 상태를 유지하고 있는 실리콘 원자들 속으로 붕소(B), 비소(As), 인(P), 안티몬(Sb)

---

2 **도펀트(불순물)** : 도핑 시 주입하는 대상(13족 혹은 15족 원소)

같은 13족/15족 원소의 불순물 양이온(도펀트)들을 쏟아 넣습니다. 강력한 에너지에 이끌린 도펀트 이온들은 실리콘 원자들끼리 형성하고 있는 공유결합을 끊어내기도 하고, 실리콘 원자들 주변 가까이 와서 동태를 살피기도 합니다. 또 실리콘 원자를 밀쳐내고 그 자리에 들어가 앉기도 합니다. 이렇게 13족/15족 도펀트를 강제로 침투시키는 것을 '이온주입 혹은 이온 임플란테이션(implantation)'이라고 합니다. 그러나 이때까지 도펀트 이온들은 주변의 실리콘 원자들과 결합을 맺지는 못합니다.

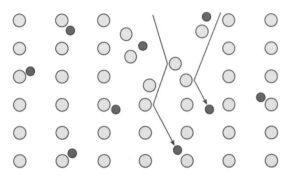

그림 2-3 높은 에너지를 이용하여 실리콘 원자(파란색) 내로 불순물 양이온(보라색)을 주입시킨 형태

2.3 소스와 드레인 단자 형성

P형 웨이퍼인 기판(Substrate)에 반대 타입인 15족 원소를 (기판에 비해) 약 1,000배 정도의 고농도로 이온을 주입시켜 N형 소스/드레인 단자(Electrode, Termination, 전극)를 만듭니다.[3] 주입 농도가 높을수록 잉여전자 개수를 확률적으로 많이 만들 수 있으므로 일반적으로 전도율은 상승하게 됩니다. 도핑 시에는 불순물 원소(도펀트)가 침투할 영역 이외에는 하드마스크(Hard Mask)로 차단시킵니다. 도핑이 완료되면, 어닐링(담금질)을 하여 도핑된 이온들을 P형 기판 속으로 확산하도록 해 N^+형 단자 영역이 원하는 깊이로 형성되도록 합니다.

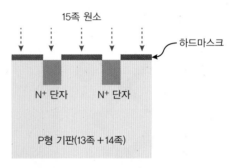

그림 2-4 P형 기판에 N형 소스 단자와 N형 드레인 단자가 만들어낸 두 개의 접합면을 갖는 트랜지스터

2.4 어닐링과 캐리어

어닐링은 이온주입으로 파괴된 결합 조직을 오리지널 조직(실리콘 결정격자)에 준하는 원자결합 상태로 근접시키는 회복 공정을 말합니다. 이는 강제로 충돌에너지에 의해 치환된 13족/15족 도펀트

---

3 Well을 별도로(혹은 추가로) 설치하기도 하지만, 여기서는 Well 형성은 생략함

들이 14족 실리콘과 잘 연결되도록 도와주는 역할을 합니다. 13족/15족 원소의 이온주입 공정을 진행한 후에는 도펀트 이온들에 의해 실리콘 표면 근방의 실리콘 결정격자가 공중 폭격을 당한 것처럼 처참하게 파괴됩니다. 그러다 온도를 약 1,000℃ 가까이 올리면 주위의 모든 실리콘과 도펀트 원자 내의 전자들은 열에너지를 받아서 들뜨게 되고, 도망가지 못하도록 붙들려 있는 모든 전자는 실리콘과 도펀트 원자에서 이탈하기 위해 야단들입니다. 이렇게 일정 시간 동안 파괴된 부분을 높은 온도로 가열하여 풀림을 시키면, 14족과 15족의 원자(혹은 13족과 14족 원자)들이 서서히 최외각전자를 1개씩 내어놓고 공유결합을 하게 됩니다. 어닐링은 몇 시간씩 서서히 열을 가하지만, 최근에는 몇 분에서 몇 초(혹은 극초단 시간) 이내에 신속히 진행하는 'Rapid Annealing'이 주류입니다. 이때 잉여전자 혹은 정공들이 생성됩니다.

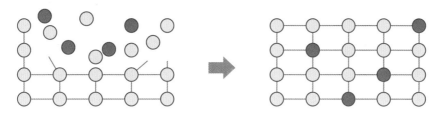

그림 2-5 이온주입 공정 후 파괴된 공유결합에 대한 어닐링 전후(실제는 입체적 형태임)

2.5 강제로 만들어지는 잉여전자와 정공

소스 단자는 전자들을 공급하는 발원지이고, 드레인 단자는 전자들을 블랙홀처럼 빨아들이는 곳입니다. 현재의 트랜지스터(MOSFET)는 소스에서 드레인으로 전자(캐리어)들을 이동시켜 스위칭(혹은 증폭) 동작을 결정하는데요. 이들 전자를 공급하기 위해 트랜지스터는 내부적으로 적정량의 잉여전자 혹은 정공을 만들어내야 합니다.

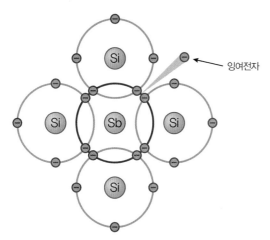

그림 2-6 14족 실리콘 원자가 15족 비소 혹은 안티몬 원자로 치환되어 공유결합한 후 잉여전자가 생성된 상태인 N형 반도체

▪ N형 반도체와 P형 반도체

14족 원소끼리의 결합 중 이온주입의 충격으로 인해 14족 원자 하나가 떨어진 후에 다시 높은 온도로 달궈지면 15족이나 13족 원자를 받아들입니다. 즉 불순물 도핑은 반도체 공정 중에 이온주입(임플란테이션)과 어닐링, 두 가지 공정을 거쳐서 진행됩니다.[4] 15족 원소 도핑(N형 반도체) 대신 13족 원소로 도핑될 때는 전자 대신 정공이 생성되어 P형 반도체가 만들어집니다. P형 반도체의 캐리어 종류는 정공이고, 정공의 본래 모습은 전자가 있어야 할 장소에 있지 않고 비어 있는 상태이지요.

▪ 사이 좋게 공유하는 결합 방식

15족과 14족은 공유 방식으로 결합합니다. 이때 14족은 최외각전자 4개 중 주변의 4개 원자와 1개씩 전자를 공유하여 최외각전자 4개를 모두 사용합니다. 하지만 15족은 최외각전자 5개 중 주변의 4개 원자와 1개씩 전자를 공유하고 1개 전자가 남는데, 이 전자를 잉여전자라고 합니다. 이 잉여전자는 공유된 전자가 아니기 때문에 15족 원자핵 주위를 홀로 타원운동합니다. 13족과 14족의 공유결합 방식도 이러한 15족-14족 공유결합 방식과 동일하지만, 13족은 최외각전자가 총 3개이므로 공유결합 후에는 전자 1개가 부족한 상태가 됩니다. 이를 정공(Hole) 혹은 양공이라고 합니다.

▪ 잉여전자와 정공

잉여전자는 있어도 잉여정공(Hole)은 없습니다. 15족-14족의 공유결합으로는 1개 전자가 남아서 잉여전자가 발생하지만, 13족-14족 공유결합으로는 1개 전자가 들어갈 빈 자리가 생길 뿐이며, 이는 남는 잉여 개념의 정공이 아니고 반대로 비어 있다는 개념의 정공입니다. 그에 따라 잉여전자에서 자유로워진 자유전자는 있어도 자유정공은 없습니다. 정공의 존재가 오비탈 상의 전자가 들어가야 할 자리에 전자가 없는 빈 공간 자체이므로, 정공은 원자의 결정격자 속에 속박될 수밖에 없는 구조적 형태를 띱니다. 정공이 자유로워질 수는 없습니다.

> **Tip** 잉여전자에서 '잉여'란 없던 것이 추가로 생겼거나 불필요하게 남게 되었다는 의미입니다. 잉여전자는 반드시 필요하고 매우 중요한 전자이므로 '미결합 전자(Dangling Electron)' 혹은 '매달린 전자(Hang-on Electron)'로 표현하는 게 좀 더 적절합니다. 15족의 최외각전자 5개는 원래부터 존재하는 전자들로써 이 또한 잉여란 개념과 상반됩니다.

2.6 원자핵으로부터의 자유, 반도체 동작의 시작

현재까지 개발된 기술 수준으로 보면, 반도체를 동작시키는 매개체로는 전자를 사용할 수밖에 없습니다. 메모리 반도체의 ON/OFF 기능을 제대로 동작시키려면, 의도한 바에 따라 전자 개체를 이끌어내야 하고, 또 이런 전자들을 정해진 계획대로 움직일 수 있어야 합니다.

---

4 물론 확산 공정을 거쳐 도핑을 실시할 수도 있지만, 확산 공정은 추후 다룸

지구상에서 전자를 얻으려면 원자 내부 시스템의 가장 밖의 껍질을 돌고 있는 최외각전자를 끄집어 내는 방법 이외는 없습니다. 일반적으로 이 방법은 매우 많은 에너지와 정교한 기술이 필요한 어려 운 작업이기 때문에 발전소 등 일부 국한된 영역에서만 활용하고 있습니다.

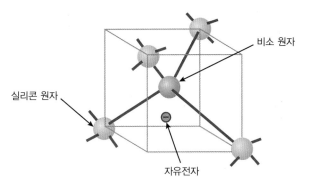

그림 2-7 N형 반도체인 14족($_{14}$Si)-15족($_{33}$As) 결합으로부터 이탈한 자유전자

그러나 반도체 산업에서는 고도의 기술력을 활용해 적은 에너지로 자유전자를 비교적 쉽게 얻을 수 있는 길을 열었습니다. 가장 대표적인 형태의 N형 반도체에서는 15족 도펀트를 도핑시켜 생성한 잉 여전자에 약간의 에너지를 가하여 14족-15족 결합으로부터 탈출시킬 수 있습니다. 구속된 잉여전 자가 자유전자로 되는 데는 일반적인 원자의 최외각전자를 탈출시키는 데 들어가는 에너지의 1/10 이하 정도(약 1/20)면 됩니다. 즉 자유전자는 잉여전자 신분에서 에너지를 얻어 원자로부터 이탈할 수 있어서, 원자의 속박에서 벗어나 신분이 상승된 상태입니다. 정공도 잉여전자에서 자유전자를 얻 는 과정과 유사한 원리로 진행되는데, 다만 정공은 전자가 비어 있는 상태이므로 주변 원자 내 최외 각 오비탈 상의 전자가 빈 곳으로 어떻게 이동하느냐가 이슈입니다.

· SUMMARY ·

지금까지의 전기 · 전자 기술은 원자 내의 전자를 이용하고 또 원자로부터 전자를 생성시키는 방법을 다변화하여 발전시킨 자취라 할 수 있으며, 반도체 또한 그중에 하나입니다. 자유전자를 얻을 수 있는 방법은 일반적인 원자의 최외각 오비탈에서 정상적으로 회전운동(타원운동)하고 있는 전자에 높은 에 너지를 가하여 강제적으로 떼어내는 것으로 비용(일함수)이 높았습니다. 그러던 중 도핑된 반도체에서 매우 적은 비용으로 자유전자를 얻을 수 있는 방법이 발명되어 전자산업의 부흥기를 누릴 수 있게 된 것이죠. 더군다나 이는 관리되는 전자로서 조건만 주어진다면 의도와 계획된 대로 매우 순종적으로 움 직여주니 더할 나위 없이 고마운 존재입니다.

CHAPTER 03 전자와 에너지

오랫동안 거시적 세계의 기준으로 미시적 세계를 해석하려 했던 여러 가지 시도는 실패했습니다(어떤 경우는 동일 현상을 관찰했을 때, 거시적 해석과 미시적 해석의 결과가 반대로 나오기도 했지요). 입자의 크기가 파동의 크기에 비해 현격히 작은 경우에는 결과를 통계와 확률로 판단할 수밖에 없는데, 이에 따라 불확정성 원리와 에너지의 양자화 등이 등장했습니다. 전자의 확률적 존재를 에너지의 불연속성을 통해 입증해내는 작업은 플랑크, 보어, 파울리를 거쳐 진행되었으며, 슈뢰딩거와 하이젠베르크가 최종적으로 증명해냈습니다. 그 후 에너지 밴드와 에너지 갭의 개념이 발전되었고, 페르미와 조머펠트의 도움으로 반도체 내부 전자들의 입자 수(농도)와 이동 현상을 해석해낼 수 있게 되었습니다. 이로 인해 반도체를 만들 때 외부에서 얼마큼의 가스를 주입해야 하는지를 가늠(기타 변수들도 동일)할 수 있게 되었죠. 반도체 물질의 에너지 밴드갭은 커야 좋을까요? 작아야 좋을까요?

3.1 전자와 에너지의 관계

원자는 원자핵과 원자핵 주위를 도는 전자로 구성되는데, 반도체에서는 주로 전자를 대상으로 합니다. 따라서 반도체에서 다루는 모형들은 초창기 원자 모형인 보어의 개념을 근간으로 하고 있으며, 그 바탕 위에 현대 원자 모형은 확률과 파동성을 가미했습니다. 에너지는 전자가 받는 에너지이고, 전자에너지를 바탕으로 전자가 원자의 구심력(원자핵과 전자 사이의 전기적 인력)을 떨치고 뛰쳐나갔을 때, 전류에 기여하는 전자들이 주위의 원자들과 어떤 관계를 주고받는가를 반도체 전류에서는

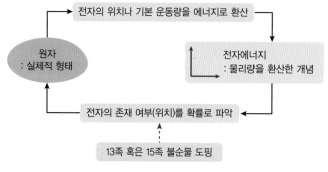

그림 3-1 전자와 에너지의 관계

다룹니다. 원자나 전자는 실체(형이하학적)가 있는 반면, 형이상학적인 전자에너지는 전자가 일을 할 수 있는 능력을 물리량으로 환산한 개념입니다. 전자에너지는 순수실리콘일 때 전류에 기여하는 전자들이 얼마나 되는지와 도펀트(13족, 15족) 투입 후 전자들이 원자에 그대로 머물러 있는지 혹은 전자들이 원자를 이탈하여 이동하는 전자(전류 등)에 얼마나 기여하는지를 판단할 수 있게 합니다.

3.2 최외각전자와 잉여전자

원자핵을 중심으로 운동하는 전자 중 반도체에서 이용하는 전자는 원자의 가장 바깥에서 운행하고 있는 최외각전자이고, 최외각전자 중에서도 특히 잉여전자를 이용합니다. 최외각전자는 트랜지스터 구조 중에서 게이트 단자 하부의 채널을 만들거나, 플로팅 게이트(Floating Gate)[1]로 진입하는 전자(데이터 저장)들 혹은 소스에서 드레인 단자로 이동하는 전자(TR을 ON)들을 공급하는 원천이 됩니다. 이때 원자들은 정해진 규칙(양자화 원칙)에 따라 전자들을 차례로 공급하고, 전자들 역시 에너지 밴드(Energy Band)와 에너지 갭(Energy Gap)이라는 한정적 환경에서 순서를 지켜가며 이동합니다. 최외각전자 껍질에 위치하여 원자핵을 회전하고 있는 최외각전자와 잉여전자는 에너지 상태로는 가전자대(원자핵에서 가장 먼 최외각의 에너지 밴드)에 위치하고 있는데, 에너지(밴드갭)를 얻으면 원자로부터 이탈하여 자유전자가 되고, 이때 에너지 상태로는 전도대(3.5절 참조)에 있게 됩니다. [그림 3-2]는 단원자 상태일 때 최외각전자와 잉여전자가 자유전자가 되는 과정 및 에너지 관계를 보여줍니다.

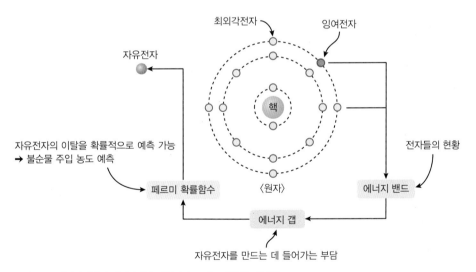

그림 3-2 최외각전자와 잉여전자가 자유전자로 되는 과정 및 에너지
원자핵과 오비탈(Orbital, 궤도함수)의 거리는 임의적입니다.

---

1 플로팅 게이트 : 낸드 메모리에서 전자를 가둘 수 있는 용도로 만든 게이트 단자

3.3 단원자에서의 에너지 양자화

■ 전자의 위치를 에너지 값으로 대신 표현

원자 내 전자가 갖는 에너지는 원자핵으로부터 이격되어 있는 전자가 갖는 전위에너지입니다. 각각의 전자는 모두 다른 에너지 값을 갖고, 이는 모든 전자가 원자 내에서 약간씩 다른 위치에 있다는 것을 의미합니다. 그런데 각각의 에너지 값과 에너지 값들이 어떤 범주에 속해 있는지는 미세 영역이라 전자들의 에너지 값을 개별적으로 측정할 수 없습니다. 그래서 분포되어 있는 상황과 확률로 인지할 수밖에 없습니다. 따라서 이를 여러 표현 방식의 분포 확률함수로 나타냅니다. 분포 확률함수는 원자핵 주위를 돌고 있는 전자의 물리적 위치 분포가 아니라 전자들이 보유하고 있는 에너지 값에 대한 확률적 함수로써, 이를 토대로 전자의 위치 분포를 유추합니다.

■ 전자에너지의 양자화

전자에너지의 양자화란 에너지가 비연속적으로 구분되어 떨어져 있는 상태를 의미합니다. 이는 전자들이 전기적으로 같은 종류의 마이너스 상태를 보유해서 서로 붙어 있질 못하기 때문에 나타나는 현상입니다. 전자에너지는 원자핵으로부터 멀어질수록 높은 에너지 단계에 있게 되며, 전자들이 원자 속으로 채워질 때는 낮은 에너지 단계에서 높은 단계로 전자들이 순차적으로 들어차게 됩니다. 전자에너지를 파악함으로써 이런 전자들의 활동과 위치들이 모두 개별적으로 분리되어 있다는 속성을 파악할 수 있게 됩니다.

■ 양자화의 여러 종류들

원자핵을 초점으로 타원운동을 하는 전자는 원자핵으로부터 일정 거리에 따라 몇 개씩 뭉쳐서 돌고 있는데, 이 궤도를 주양자 궤도[2]로 구분하지요. 그런데 주양자 궤도 내에서 몇 개씩 뭉친 전자의 형태를 자세히 들여다보면 더욱 짧은 간격으로 나뉘어 돌고 있는 것을 볼 수 있습니다. 이는 부양자 궤도로 나타냅니다. 부양자 궤도는 또다시 궤도 각운동량으로 나누어지고(자기양자수), 최종적으로는 전자들이 어떤 방향으로 자전하느냐로 나뉘게 됩니다(스핀양자수). 이렇게 위치와 운동 형태마다 각각 에너지양을 구분할 수 있어서, 이를 에너지의 양자화라고 합니다. 거시적 세계에서는 연속적인 성격을 띠는 에너지를 미시적 세계에서는 작은 단위로 나누어 각 에너지 위치에 속한 전자들에게 서로 다른 퍼텐셜 에너지 값을 부여할 수 있게 되었죠.

---

2 **주양자 궤도** : 전자가 존재하는 일정한 궤도(오비탈)로써 자연수 n으로 구분하여 나타냄

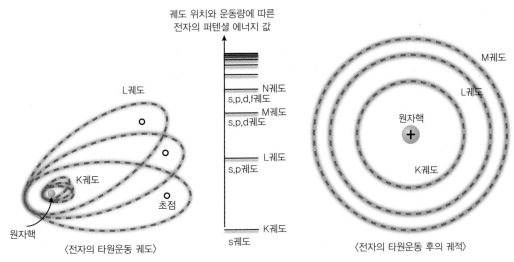

그림 3-3 단원자에서 양자화된 궤도와 양자화된 에너지 레벨

3.4 다원자에서의 에너지 양자화

자연현상에서 원자가 단원자로 존재하는 경우는 거의 없습니다. 특히 반도체에서는 대부분 많은 수의 원자들(5×10^{22}개/cm³)이 격자 상태로 상호 결합하여 고체를 이루고 있죠. 다원자에서는 단원자의 에너지 양자화 개념이 확장됩니다. 원자들이 격자화되어 있는 다원자에서도 파울리의 배타원리(동성끼리 배타적 관계 설정)가 적용되어 전자들은 (−) 상태로 부딪치지 않고 서로 다른 에너지를 지닌 채로 다른 위치에 존재하며 적정한 궤도 상에서 운동하고 있습니다. 그러므로 이를 전부 엮어 에너지로 나타내면 주양자 궤도 레벨의 에너지 묶음(에너지 밴드)이 됩니다. 또한 동일한 주양자 궤도 상에는 원자들이 무수히 많으므로, 원자들이 모여 형성된 에너지 사이의 간격은 거의 제로에 가까워서 에너지 값들이 따로 떨어져 있지만 동시에 거의 연속되어 있다고 볼 수 있습니다. 에너지 밴드들도 주양자수를 기준으로 묶음(밴드)끼리 서로 이격되어 존재합니다.

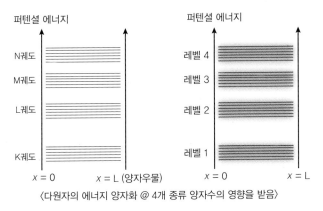

〈다원자의 에너지 양자화 @ 4개 종류 양자수의 영향을 받음〉

그림 3-4 다원자 상태에서 에너지 밴드 형성

3.5 에너지 밴드

전자/정공의 에너지 상태와 외부로부터 에너지를 흡수하여
발생된 캐리어가 이동함으로써 전류를 유발하는 전도이론
을 에너지 양자화 레벨로 분리한 집합 모형이 에너지 밴드
입니다. 양자화되어 있는 에너지 밴드(띠) 중 최상위 에너지
를 가진 밴드를 전도대(도전띠, Conduction band)라 하
고, 전도대 바로 아래의 에너지 밴드를 가전자대(최외각 전
자대 혹은 원자가띠, Valence band)라고 합니다. 전도대
는 전자가 원자에 얽매이지 않고 흐를 수 있는 자유전자 상
태, 즉 최외각전자가 원자에서 이탈한 상태이고, 가전자대
는 전자가 원자를 탈출하지 못하고 원자의 최외각 궤도 상
에 잉여전자(혹은 최외각전자)로 존재하는 상태를 의미합니

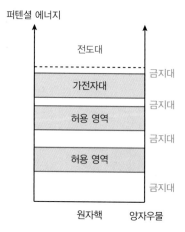

그림 3-5 에너지 밴드 : 가전자대와 전도대

다. 반도체에서는 전자가 최외각 껍질에 있는 상태만을 다루므로, 에너지 밴드로는 전도대와 가전자
대(실리콘 주양자수인 경우, M궤도)만을 구분하여 검토합니다. 실질적으로 전도대란 원자 밖의 세
상이므로 원자 내의 에너지 밴드에 속한다고 볼 수 없습니다(도체에서는 가전자대와 전도대가 겹쳐
있어서 가전자대에 있는 전자도 전도대에 있는 전자처럼 흐르게 됩니다). 에너지 밴드 영역의 크기
는 최소 에너지양[3]이 있어서 최소 에너지양 대비 몇 배가 되는지의 여부로 확인할 수 있습니다.

Tip 반도체에서 전도대는 진성/외인성 결정격자가 보유한 전자의 에너지 상태 중에 잉여전자가 원자를 이탈 후에 자유전자가
되어 소속되는 에너지 대역을 말합니다.

3.6 에너지 밴드갭

에너지 밴드갭은 에너지 밴드와 밴드 사이의 간격을 말합니다. 이는 에너지 밴드들을 구분하고 분리
하는 역할을 하며, 금지대역 혹은 금지대역폭이라고도 합니다. 에너지가 양자화된 개념을 기초로 볼
때, 밴드갭은 에너지 묶음과 에너지 묶음 사이에 해당되는 에너지 값이 없는 상태를 의미합니다(에
너지 밴드갭은 실질적으로 전자들이 존재하지 않는 영역과는 차이가 있습니다). 밴드갭도 갭의
크기에 따라 에너지양이 달라지는데요. 그 크기는 밴드갭의 상부에너지 대역의 가장 아랫부분 에
너지 레벨에서 밴드갭의 하부에너지 대역의 가장 윗부분 에너지 레벨을 빼면 됩니다. 밴드갭도
최소 에너지양 대비 몇 배가 되는지로 확인할 수 있습니다. 이렇게 계산해보면 도체는 최외각 밴
드갭이 없으며, 절연체는 밴드갭이 매우 높은 상태임을 알 수 있습니다.

---

3 최소 에너지양은 플랭크 상수로 나타낼 수 있으며, 플랭크 상수는 전자가 보유한 최소에너지와 드브로이 진동수의 비율을 말함

■ 실리콘의 에너지 밴드갭

실리콘은 도체와 절연체의 중간이 되고, 그 밴드갭(E_C-E_V)은 1.12eV입니다. 반도체의 밴드갭이 도체와 절연체의 중간이라고 하지만, 이는 실리콘을 반도체의 기본 재질로 사용하기 때문에 그렇게 분류한다고 보면 되겠습니다. 반도체의 기본 물질로 다른 원소를 사용할 경우, 반도체의 밴드갭이 도체와 절연체의 중간이 아니고 어느 것과 걸쳐 있을 수도 있습니다.

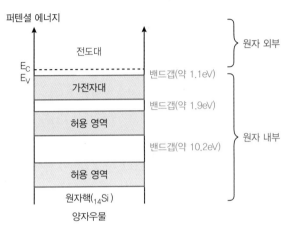

그림 3-6 에너지 밴드와 에너지 갭 @ 실리콘

E_C-E_V 밴드갭의 의미는 물체(반도체)에서 자유전자를 뽑아내는 데 얼마만큼의 에너지가 필요한지를 나타내는 척도라고 할 수 있습니다. 반도체에서 활용되는 재질의 밴드갭 에너지(E_g)는 적정량이 가장 좋습니다. 너무 크면 TR을 ON시키기가 힘들고, 너무 작으면 TR이 OFF되어야 할 상황임에도 불구하고 너무 쉽게 ON이 되어 TR을 제어(저마늄인 경우)하기가 힘들어집니다. 이런 의미에서 $_{14}Si$ 는 밴드갭 측면에서도 적정한 균형을 유지하는 환상적인 반도체 재료입니다.

• SUMMARY •

전자는 에너지를 얻음으로써 반도체를 동작시키고, 물질의 성질을 결정짓습니다. 실리콘은 주변 4개의 다른 실리콘 원자들과 공유결합을 함으로써 불활성 원소에 준하는 안정한 상태로 진입합니다. 저마늄도 14족으로 실리콘과 유사한 성격을 갖지만, 주양자 껍질이 1개 더 많아 밴드갭이 실리콘보다 0.45eV(1.12eV－0.67eV) 적기 때문에 전자들의 이탈이 실리콘보다 수월하지요. 이는 탈출에너지가 적어서 좋지만, 이탈되는 전자들의 통제가 어렵기 때문에 저마늄을 반도체 재료로 채택하지 않습니다 (칩의 집적도가 높아지면 더욱 심해집니다). 이렇듯 실리콘은 안정성, 통제성, 환경 측면 등 모든 영역에서 거의 완벽에 가까운 성질로 반도체 재료로 광범위하게 사용되고 있습니다.

CHAPTER 04 반도체의 정의

일반적으로 '반도체'라는 재질 혹은 물체를 정의할 때는 문자 그대로 해석하는 경향이 많습니다. 영어로는 'Semi(반, 半)'와 'Conductor(도체)'의 합성어인 'Semiconductor'로, 우리말로 직역하면 반-도체가 되는 것이지요. 그러니까 반도체를 '반쯤은 도체'라는 의미로 전류가 반쯤 흐르는 도체로 인지하고 있습니다. 그렇다면 전류가 반쯤 흐른다는 말은 어떤 의미일까요? 반도체의 '반쯤'은 기준이 설정되어 있을까요? 즉 반도체는 도체와 절연체(부도체)의 중간 형태로 정리되는 것은 개념상 맞지만, 전류 흐름으로 볼 때는 중간 형태가 아닌 가변(변동)되지 않는 항목으로 규정되어야 합니다.

4.1 전류의 입장으로 바라본 반도체

도체와 절연체(부도체)를 구분 짓는 기준은 '전류의 흐름'입니다. 전류가 흐르면 도체, 흐르지 못하면 절연체이지요. 그렇다면 도체와 절연체의 중간 영역에 있는 반도체는 전류가 정확히 얼마만큼 흘러야 하는 걸까요? 10mA? 혹은 10nA나 10pA? 이에 대해서는 그 누구도 정답을 내릴 수 없습니다. 전류가 반쯤 흐른다는 의미는 문학적인 수식어일 뿐, 이학적으로는 규정되어 있지 않기 때문이지요. 금속성 도체인 구리선에 저항 성분을 높여 흐르는 전류를 반으로 줄였다고 해서 이를 반도체라고 할 수 있을까요?

4.2 반도체의 재질과 기능에 따른 특징

물체를 구분할 때는 재질적 측면과 기능적 측면 두 가지를 같이 고려하는데, 반도체가 나타내는 특별한 성질로는 재질과 기능에 대한 변화가 있다는 것입니다. '재질 변화'의 본질에는 도핑이란 기술적 도약이 있고, '기능 변화'의 본질에는 구조의 혁신이 들어 있습니다. 반도체의 구조는 변화된 재질을 바탕으로, 두 종류의 반대 재질을 엇갈리게 하여 접촉시킨 형태입니다.

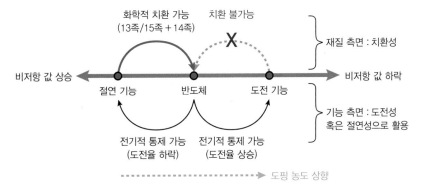

그림 4-1 비저항 값의 변화에 따른 반도체의 재질 측면과 기능 측면의 상관관계[7]

4.3 재질에 따른 구분

▪ 비저항

반도체는 물체의 외형이나 크기에 따라 변하지 않는 상수인 비저항(Resistivity, ρ [Ω-cm])으로 구분하면 용이합니다. 대체로 $10^2 \sim 10^{-4}$ [Ω-cm] 정도의 물리량을 갖는 재질을 반도체로 규정합니다. 비저항으로 구분할 때 도체와 절연체의 중간을 나타내는 비저항 값을 갖는 물체를 반도체로 정하는데, 이렇게 하면 여러 가지 면에서 편리합니다. 반도체에 포함되는 재질로는 실리콘, 저마늄 혹은 화합물인 GaAs, GaP 등이 있습니다. 즉 반도체는 비저항 값이 절연체와 도체의 중간인 물질이라고 정의할 수 있습니다.

> **Tip** R = ρ(길이/면적)에서 체적 변화에 영향을 받는 저항 R은 길이에 비례하고 면적에 반비례하는데, 이 비례적 관계에서의 상수 ρ가 비저항입니다. 비저항은 물체(체적)의 변화에 영향을 받지 않고 물질에 따른 저항 성질을 갖고 있으며, 저항률이라고도 합니다. 따라서 물질에 따라 변화하는 도전율의 역수가 되지요.

▪ 반도체의 비저항도 변한다

비저항이 상수로 항상 고정되어 있는 것은 아닙니다. 모든 물질의 비저항 값은 온도에 따라 변합니다. 재질에 따라 온도가 상승하면 비저항이 비례하거나 반비례하지요. 도체 재질은 온도에 비례하고, 반대로 반도체 재질은 온도에 반비례합니다. 실리콘만 해도 온도에 따라 200℃에서 1,000℃ 상승할 때, 비저항이 약 10^4[Ω-cm]에서 10^{-4}[Ω-cm]까지 감소합니다.

▪ 도핑

온도뿐만 아니라 도핑(Doping) 상태에 따라서도 비저항이 변합니다. 실리콘 재질은 불순물(도펀트)을 주입하면 비저항이 낮아지는 특성을 갖습니다. 즉 반도체는 온도와 도펀트 양에 반비례하는 물질이라고 정의할 수 있습니다.

도핑은 본체 재질(Host Material)에 본체와는 다른 물질을 투입하여 특성과 재질을 바꾼다는 개념입니다. 즉 절연성 재질을 도전성 재질로 바꾸는 공정 방식이 도핑입니다. 특히 14족 원소인 저마늄이나 실리콘의 경우 초순수해지면 절연성 재질특성을 보이지만, 13족이나 15족 원소를 14족 원소와 적당한 농도로 치환 후에 어닐링으로 결합하면 도전율(Conductivity, σ)이 높아지는데, 이런 과정을 도핑이라고 합니다. 따라서 13족-14족을 결합하면 P형으로, 15족-14족을 결합하면 N형으로 부릅니다. 한편, 기술의 발전으로 조만간 제한적 금속 도핑이 가능할 것으로 판단되지만, 현재의 기술로는 알루미늄, 니켈, 구리 등 금속을 도핑할 수 없습니다.

진성 반도체의 실리콘 결정 순도가 99.99 … 999%(11N)인 순수실리콘 결정격자에 도핑은 cm^3당 1×10^{10}개의 도펀트 농도일 경우는 $10^5[\Omega-cm]$의 절연성을 나타내고, cm^3당 1×10^{15}개 이상일 경우는 $10^1[\Omega-cm]$의 도전성을 나타냅니다. 도핑은 농도를 자유자재로 관리하여 그에 맞는 전류량을 목표하는 만큼 조절할 수 있는 획기적인 기술 혁신이지요. 반도체의 매력은 도핑(확산 혹은 이온주입 방식)을 통해 순수실리콘인 '절연성 재질을 원하는 만큼 또 원하는 타입으로 전기가 통하는 도전성 재질로 변경한다'는 것입니다.[1]

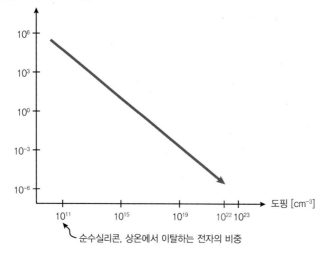

그림 4-2 도핑에 따른 비저항 값

---

1 27장 '이온주입' 참조

■ 비저항 상수에 영향을 끼치는 항목

비저항 값은 도핑량에 따라 결정되는데, 반도체는 전기를 통하지 못하게 하는 정도(전자의 흐름을 막아서는 정도)를 값으로 측정한 비저항(ρ) 혹은 저항률이 도핑을 하여 변화된 물질입니다. 상수 ρ를 이용하면, 형태에 상관없이 재질특성을 고정된 값으로 도출해낼 수 있으며, 이는 온도와 도핑 농도 외 다른 변수들에 의해 흔들리지 않는다는 장점이 있습니다.

그림 4-3 비저항 상수에 영향을 끼치는 항목

■ 각 층별 비저항

도핑 방식은 재질 혹은 막마다 각자 고유한 상수를 갖게 함으로써 시스템 반도체와 메모리 반도체의 비저항 상수 혹은 도전 상수를 결정합니다. 이렇게 결정된 상수 값에 의해 사전에 계산된 만큼 전하가 쉽게 혹은 어렵게 이동하지요. 더욱이 비저항 상수는 전자를 포획(Trap)하거나 저장시키는 기능까지 영향을 끼치게 됩니다. 도핑 농도에 따라 달라지는 여러 종류의 층(Layer)은 기판(N형/P형), Well(N형/P형), 소스/드레인 단자(N형/P형), 폴리 게이트 단자 및 그 외 커패시터, 부유 게이트(Floating Gate) 등 소소한 층을 구성하는 막질에 따라 각기 다른 비저항 값을 갖습니다. 대체적으로 절연 재질은 비저항 값이 높게, 단자(Electrode) 재질은 낮게, 바디(Body) 계열은 중간 값을 갖도록 조절합니다.

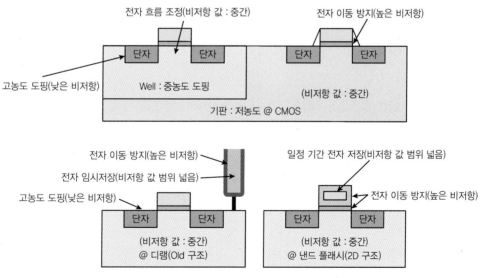

그림 4-4 TR의 내부 구조와 비저항 @ Old 모델을 적용한 2D 구조

4.4 기능에 따른 구분

■ ON/OFF 스위칭

반도체를 접합하여 만든 다이오드나 트랜지스터의 기능은 기본 기능과 응용 기능으로 나눌 수 있습니다. 기본 기능으로는 약한 신호를 큰 신호로 올리는 증폭, 전류를 한쪽 방향으로만 흐르게 하는 정류 작용, 신호를 ON 혹은 OFF로 전환시키는 스위칭(정류를 스위칭에 포함할 수 있음) 작용, 전자를 저장하는 작용(디램 : 커패시터, 낸드 : FG/CTF) 등이 있습니다. 응용 기능으로는 기본 기능을 이용하여 연산을 하거나 제어를 하는 데 활용합니다. 이러한 기본과 응용 기능 중 전류를 통제할 수 있는 ON/OFF 스위칭 기능이 대표적이고 가장 빈번하게 사용되는 기능이라 할 수 있습니다. 단일 반도체는 도핑 농도에 따라 ON/OFF 도전성 기능을 조절할 수 있지요. 여러 반도체를 붙여 놓은 MOSFET은 도핑이 완료되어 비저항이 고정된 후에도 채널 구조를 이용하여 ON/OFF 스위칭 기능을 더욱 쉽게 통제합니다. 특히 게이트 전압은 채널을 통제하고, 채널은 전류의 흐름을 좌지우지하지요. 스위칭 기능은 주로 MOSFET, 증폭 기능은 주로 BJT가 핵심 소자입니다. 전자의 저장 기능은 메모리 소자가 담당합니다.[2]

4.5 반도체의 정의

[그림 4-5]는 [그림 4-1]의 내용을 간략화시킨 형태입니다. 즉 절연성 물질은 경우에 따라서 재질의 비저항을 조절하여 도전성을 갖도록 할 수 있지만, 반대로 도전성 물질(도체)에 도핑은 불가능하지요. 반도체는 이렇게 변형된 재질을 이용하여 도전성과 절연성 재질로 소자를 구성한 후 외부 전압에 의해 ON/OFF 동작하도록 합니다.

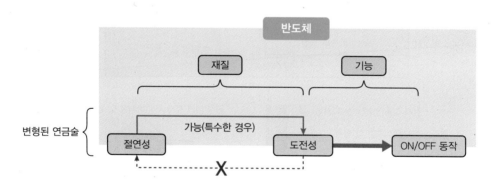

그림 4-5 반도체의 정의

---

2 33장 '채널' 참조

결국 반도체란 (전기가 통하지 않는 재질인) '절연성을 갖는 순수실리콘에 도핑 방식을 이용하여 불순물을 주입함으로써 비저항 값을 도체와 절연체의 중간 값으로 조절하여 도전성을 높이고, 이를 이용하여 전류를 흘리거나 못 흐르게 할 수 있는 소자' 혹은 스위칭 기능이 대표 기능이므로 '절연성을 갖는 순수실리콘에 도핑 방식을 이용하여 도펀트를 주입함으로써 도전성을 높여 비저항을 낮추고, 전류를 통제하여 ON/OFF 기능을 수행하는 디바이스'가 되겠습니다.

Tip 전기신호의 처리에서 정류 혹은 증폭 기능은 주로 BJT, 데이터 처리는 주로 스위칭 기능으로 MOSFET이 메인 디바이스입니다.

Tip '불순물'은 의미상 부정적으로 비쳐지므로 '도펀트'나 '첨가물' 혹은 '주입 물질'이라고 해야 하지만, 현재까지는 '불순물'로 널리 사용되고 있습니다.

4.6 반도체 디바이스에 영향을 끼치는 상수들

그림 4-6 반도체에 영향을 주는 상수

반도체를 여러 가지 변수나 상수로 표현하고 구분할 수 있지만, 반도체의 재질특성을 절연체나 도체와 구분할 때는 변하지 않는 비저항 상수(절연성과 도전성의 중간 값)로 나타내는 것이 편리합니다. 그런데 반도체의 재질을 구분하는 것 이외에도 TR을 축소하고 속도를 향상시키기 위해, 기능효율을 개선시키고 변화된 축소 구조와 재질로 발생된 부작용을 최소화하기 위해서는 여러 가지 상수들이 동원됩니다. 반도체 디바이스는 상수들 중에서 비저항 이외에도, 도전상수(도전율)나 유전상수(유전율)[3] 혹은 투자상수(**투자율**)[4]에 의해서도 영향을 받습니다. 그런데 투자율은 자기장의 세기라는 변수가 개입되어 자기적 상수특성이 변한 후에 도출해야 하는 복잡성을 띕니다.

---

3 외형이 좁고 가늘게 변화된 커패시터 내의 전하 축적이 유전상수에 비례함
4 셀 간격과 채널의 거리 축소로 인해 높아진 자속밀도가 투자상수에 비례함

지금까지 언급한 4개 상수(비저항, 도전율, 유전율, 투자율)를 조절해 드레인 전류량과 디램의 커패시터 및 낸드의 플로팅 게이트 내 포획된 전자량을 결정합니다. 또한 셀 내에서 흐르거나 포획된 전자들이 이웃 셀 전류의 흐름에 의해 받는 영향도 최소화해야 합니다. 따라서 사전에 이런 값들을 계산해 구조/재질 등의 변화를 최소화시켜 전자의 흐름과 저장된 전자량들이 급격한 변화를 겪지 않도록 방어해야 합니다.

• SUMMARY •

반도체를 크게 재질과 기능 두 가지 관점으로 정의했습니다. 이 둘의 공통적인 기저는 모두 수동 상태에서 능동 상태로 변화한다는 것입니다. 수동과 능동 모두 전압과 전류의 변수로 특성을 나타낼 수 있는데, 대개 수동은 선형적으로 변화되고 능동은 비선형적, 즉 지수함수적으로 변합니다. 선형적인 특성은 제어하기 힘들지만, 지수함수적 특성이 강할수록 제어가 쉬워집니다. 도체는 전류의 소통력이 높지만 통제의 용이성이 떨어지는 반면, 반도체는 전류의 ON/OFF라는 간헐적(Intermittent) 통제성이 대단히 높아 도체와 절연체의 장점을 모두 보유합니다. 절연체에 비해 전류를 만드는 데 에너지가 1/20 밖에 소모되지 않고, 도체에 비해 저항율(비저항)의 조절성이 탁월하여 반도체의 능력과 응용분야가 무한하지요.

금이 아닌 금속을 금으로 바꾸는 연금술은 오랜 세월 숱한 시도에도 결국 실패했지만, 도핑된 반도체가 탄생함으로써 20세기의 변형된 연금술은 성공했다고 볼 수 있습니다. 이제 성공한 연금술인 반도체가 어떻게 생겼는지, 어떤 재질로 구성되고 어떻게 만드는지, 어떤 변화를 거쳐왔고 앞으로 어디로 갈 것인지, 반도체라는 제품을 완성하기 위해 개발과 공정을 진행하는 데 필요한 요소들을 하나씩 단계별로 알아봅시다.

디램과 낸드 플래시

메모리 디바이스의 대표주자는 디램(DRAM)과 낸드 플래시(NAND Flash)입니다. 휘발성 메모리의 상징인 디램은 1970년대 초반부터 캐시 저장매체로 사용되었지요. 반면, 비휘발성 메모리로는 중간에 이피롬(EPROM)과 노어(NOR)을 거쳐 디램보다 30년이 지난 2000년대 초반에 와서야 본격적으로 낸드 플래시가 사용되기 시작했습니다. 이 둘은 각각 전자의 저장 방법에 따라 응용분야는 다르지만, 데이터를 되도록 많이 저장하고 빠르게 처리해야 한다는 목표는 동일합니다. 하지만 이 두 가지 목표를 한꺼번에 만족시키는 최적의 디바이스란 없죠. 그럼에도 불구하고 선 폭 테크놀로지(Technology)가 고도화될수록 용량과 속도, 두 가지 목표는 꾸준히 개선되고 있습니다. 낸드 플래시는 디램에 비해 플로팅 게이트(Floating Gate)의 기여로 집적도를 크게 올릴 수 있지만, 동시에 플로팅 게이트의 영향으로 동작속도는 떨어집니다. 반면, 디램은 캐패시터가 MOS 트랜지스터에서 분리됨에 따라 직접도는 떨어지지만 스위칭 속도는 매우 빠릅니다. 두 디바이스 모두 장점이 단점을 부르는 동시에 단점이 장점을 부르는 격이 되는 것이죠. 메모리의 핵심 요소 중의 하나인 디램과 낸드 플래시의 저장기간은 어떤 차이점이 있을까요?

5.1 반도체 가계도

반도체 제품은 크게 메모리와 시스템 반도체로 분류합니다. 메모리는 전원이 OFF되면 저장된 메모리가 소멸되는 휘발성 반도체와 데이터가 제거되지 않고 셀에 남아있는 비휘발성 메모리로 나뉘지요. 시스템 반도체는 크게 전자기기에 널리 쓰이는 로직 IC용 디지털 반도체와 일상생활에서 발생하는 아날로그 신호를 디지털로 변환/역변환해주는 아날로그 반도체로 구분할 수 있습니다. 휘발성은 디램과 같이 주로 캐시(Cash) 기능[1]을 하고, 비휘발성은 낸드 플래시와 같이 SSD 등 주기억 저장매체에 많이 활용됩니다. 디지털 반도체는 기기를 통제하고 움직이는 머리와 몸통 역할을, 아날로그 반도체는 감성 반도체로 눈, 귀, 코, 피부 기능을 대신할 수 있는 역할이 점점 늘어나는 추세입니다.

---

1 캐시 기능을 수행하는 메모리인 디램은 메인 메모리(낸드 메모리 기반 SSD)와 CPU 간에 데이터를 주고 받을 때, 임시로 저장할 수 있으면서 속도가 빠른 메모리임

그림 5-1 반도체 가계도[2]

■ 시장 현황

시장에서 반도체는 메모리 vs 시스템 반도체(비메모리)가 약 40% vs 60% 정도 되는데, 시기에 따라서 30% vs 70%까지 될 때도 있습니다. 반도체 산업은 대부분 시스템 반도체가 쥐락펴락하고 있기 때문에, 실질적인 반도체 강국은 반도체가 태어나서 지금까지 계속 미국이었습니다. 한국은 반도체 중의 일부인 메모리의 비교불가인 최강국입니다. 최근 뜨고 있는 대만은 반도체의 일부 공정인 파운드리(Foundry) 공정에서의 최고봉으로 팹 외주 산업의 총아라고 할 수 있습니다.

■ 메모리 vs 비메모리

메모리는 웨이퍼 기판의 기반(Base) 물질로 14족인 실리콘($_{14}Si$, Silicon)을 단원소로 적용(초창기에는 저마늄 $_{32}Ge$를 사용)하고 있습니다. 시스템 반도체는 단원소인 실리콘뿐만 아니라 13족-15족의 화합물 반도체인 GaAs, GaN, InP 등 두 종류 이상의 다원소로 구성된 비실리콘 기반 물질도 많이 사용합니다. 메모리는 데이터 저장이 주목적이고, 시스템 반도체는 논리회로, 통신, 센서, 계산 등 메모리가 아닌 영역(비메모리 영역)에서 여러 가지 목적으로 광범위하게 쓰입니다. 기반 물질인 화합물 반도체는 실리콘 반도체에 비해 전자의 이동도(Mobility)가 10배 이상 높고 소비전력도 1/10배 이하로써 통신 기능이나 빠르게 계산하는 데 유리하지요. 응용분야로 메모리는 클라우드 시스템, 노트북 등 데이터의 저장이 필요한 컴퓨터 및 정보통신기기 등 대부분의 전자기기 곳곳에 들어가고, 시스템 반도체는 통신기기, 자동차, 가전 등 사용처가 광범위하게 늘어나는 추세입니다. 시스템 반도체가 사용되는 곳에서는 대부분 메모리가 옆에 있어서 오랜 기간 동안 저장하는 기능 혹은 임시로 매우 짧은 시간 동안 저장하는 캐시 기능 등으로 데이터를 공급받아야 해당 기기가 제대로 기능을 발휘합니다.

---

2 디스크리트(Discrete) 소자는 제외함(분류상 다른 관점이 있을 수 있음)

■ **휘발성 vs 비휘발성**

전원을 OFF하면 데이터가 소멸되는 휘발성 디바이스에는 디램(D램)과 에스램(S램)이 있는데, 에스램은 집적도가 매우 낮아서 시장에서는 극히 일부 특별히 필요한 영역에서만 사용되고 대부분 디램을 사용합니다. 전원이 ON일 경우에도 디램은 데이터의 휘발성 성질이 있어서, 데이터 저장 능력은 보통 1/20초로 매우 짧은 시간 동안만 커패시터가 전자를 저장할 수 있지요. 그래서 약 64ms를 주기로 전압을 인가하여 디램을 구성하고 있는 커패시터에 전자를 보충해줘야 하며, 이를 리프레시(Refresh) 기능이라고 합니다. 반면, 전원이 ON인 경우뿐만 아니라 OFF를 해도 데이터를 장기간 보관할 수 있는 낸드 플래시는 리프레시가 필요 없는 디바이스입니다. 더 나아가서 이것은 비휘발성 특성을 이용하여 물리적인 셀에 전자적으로 비트(bit)를 구분하여 저장용량을 획기적으로 늘릴 수 있습니다. SLC > MLC > TLC > QLC가 동일 셀 내에 비트 수를 2배, 3배, 4배로 확장한 경우로 현재는 TLC가 대세입니다.

5.2 디바이스의 셀 구조 비교 : 디램 vs 낸드 플래시

셀(Cell)은 소자가 목표로 하는 기능을 구현하기 위한 기본적 구성 요소를 갖춘 가장 작은 단위의 구조입니다. 메모리 셀도 메모리 본연의 기능을 실행할 수 있는 최소 단위의 물리적 구조가 됩니다. 디램 셀은 TR 1개와 커패시터 1개로 이루어져 있는 구조로, 속도가 빠르기 때문에 캐시 기능을 하는 데 적합합니다. 낸드 셀은 TR 1개로만 구성되어 있지만, 게이트가 위아래 2개로 TR 자체로는 디램보다 복잡한 구조입니다. 디램의 물리적 셀은 1개 비트만을 표현할 수 있지만, 낸드의 물리적 셀은 셀당 1~4개 비트를 전자적으로 표현할 수 있는 특별한 능력이 있습니다. 따라서 물리적 집적도뿐만 아니라 전자적 집적도 면에서도 낸드가 디램보다 유리하지요. 참고로 모든 셀에는 공통으로 반도체-금속의 접합면인 낮은 저항 영역이 있어서 데이터를 외부와 교환할 때 방해받지 않도록 조절되어 있습니다.

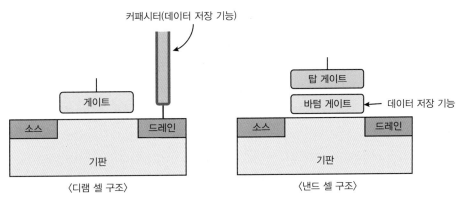

그림 5-2 디램과 낸드의 셀 구조

5.3 트랜지스터 단자의 위치와 기능

메모리용 트랜지스터는 전자라는 캐리어를 이용하여 빠르게 동작시키기 위해 대부분 nMOSFET(기판은 P형)을 적용합니다. 트랜지스터는 기본적으로 소스, 드레인, 게이트라는 3개 단자(Electrode, Termination, Terminal, 전극)로 구성되어야 MOSFET 기능을 수행할 수 있으며, 이런 단자들은 모두 기판 위에 형성됩니다. 따라서 (순수실리콘이 용융 상태일 때, 불순물을 낮은 농도로 첨가하여 만든 P형 혹은 N형) 기판도 어찌 보면 또 하나의 단자를 구성한다고 볼 수 있고, 실질적으로 기판에는 약한 역바이어스 전압을 별도로 인가합니다. 혹은 기판에는 소스 단자와 동일한 전압 레벨을 유지하기도 하는데 반드시 순바이어스 상태는 피해야 합니다. 따라서 기판도 단자로 포함시킬 수 있고, 이렇게 되면 트랜지스터는 4개 단자가 됩니다.

5.4 낸드 플래시 메모리

플래시 메모리(Flash Memory)가 등장하기 전에는 전원 공급을 중단하면 데이터가 없어지는 것이 일반적인 개념이었습니다. 그렇기 때문에 전원을 OFF하기 전, 작업했던 데이터는 모두 다른 안전한 저장매체(HDD, 플로피 디스크 등)로 이동시켜 보관을 했지요. 그러나 Mask ROM, EPROM이 등장하면서 자장을 이용한 저장 방식(HDD)이 아니라, 전자적으로 데이터를 영구적인 기간 혹은 필요한 기간만큼 보관할 수 있는 길이 열렸습니다. ROM 계열의 디바이스 방식은 EEPROM > NOR 플래시 등으로 발전을 거듭하면서 2000년대 초에 낸드 플래시 시대가 열렸습니다. 현재까지 낸드는 비휘발성 제품으로써 가장 적합한 소자이자 가장 젊은 디바이스가 됩니다.

■ 저장 위치와 셀 배치

1960년대 중반 강대원 박사와 사이먼 지(Simon M. Sze)에 의해 발명된 비휘발성 소자 중 노어는 2000년대 중반까지 제품화되다가 이후는 낸드가 주류가 됩니다. 그러나 독특한 구조를 갖춘 플래시 메모리 소자로 데이터를 저장하면 소멸되지 않고 온전히 보전이 가능하게 되는데, 일종의 두 개의 폴리실리콘이 절연층을 사이에 두고 2층으로 적층된 구조(Top-Bottom)로써 상부의 컨트롤 게이트(Top Gate)에 인가되는 높은 전압 크기에 따라서 하부에 있는 바텀(Bottom : 부유, 플로팅) 게이트에 전자들이 저장(Program)되고 혹은 필요가 없어지면 소거(Erasure)되지요. 플래시 제품은 낸드와 노어 두 종류로 나눌 수 있는데, 노어는 셀과 셀을 연결하는 배치 구성이 병렬로, 낸드는 직렬 구조로 되어 있어서 낸드가 집적도 및 용량을 확장하는 데 노어보다 유리하지요. 개별 셀로 볼 때 낸드는 프로그램(쓰기) 속도가 빠르고, 노어는 읽기가 빠르지만, 많은 데이터를 한꺼번에 다루는 작업 전체적으로는 낸드가 노어보다 읽기도 빠르답니다. 따라서 낸드는 저장장치의 기능이 필요한 곳에서 다방면에 걸쳐 광범위하게 많은 전자기기에 응용되고 있습니다.

■ 기능

FG로 인해 낸드 플래시는 읽고 쓰고(저장) 소거하는 모든 동작에서 디램과는 달리 독특한 특성을 지닙니다. 가장 핵심적인 특징은 데이터를 원하는 일정 기간만큼 저장할 수 있고, 모든 셀에서 데이터를 일시(Flash, 섬광)에 없앨 수 있는 소거 능력입니다. 이러한 장점을 갖으려면 동작 속도(쓰기와 읽기), 게이트 문턱전압 등 디바이스의 일부 특성에서 희생을 감수해야 하고, 또 재질과 공정 방법 및 설계 등을 까다롭게 보완해야 한다는 단점이 있습니다. 그러나 장점이 단점을 크게 압도합니다.

■ 'NAND'로 쓰고 'Sub-MOSFET'이라고 해석한다

종합하면, 낸드 플래시는 스위칭 역할을 하는 트랜지스터 속에 데이터 저장 기능을 갖는 부유 게이트를 같이 내포하고 있어서 N형 MOS TR 1개만으로 메모리가 해야 할 여러 가지(쓰기, 보관, 읽기, 소거) 기능을 수행합니다(낸드 셀 = MOS TR 1개로 커패시터가 없음). 일종의 MOSFET에서 파생된 구조로써 Sub-MOSFET 소자라고 할 수 있습니다. 낸드는 2D 스케일링의 한계로 일찌감치 2D에서 3D 적층으로 방향을 선회하여, 현재 176단[3]의 개발(마이크론)과 양산(SK하이닉스, 삼성전자)에 성공했고 앞으로 최대 500단까지 바라보고 있습니다.

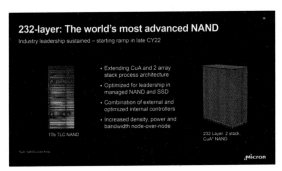

그림 5-3 (미)마이크론사의 1Tb TLC NAND, CuA 232층(2-array 적층) 개발 발표(2022년 5월)[8]

5.5 디램 메모리

TR 구조는 낸드 플래시가 복잡한 데 반해, 셀 구조는 디램이 복잡합니다. 디램은 (단순화된 TR 구조의 장점을 활용하여) 디바이스 개발의 방향을 고속화로 설정했으며, 이는 FP(Fast Page) > EDO(Extended Data Output) > Burst EDO > Synchronous > DDR(1,2,3,4,5)로 매번 동작속도가 약 1.2~2배씩 증가하고 있습니다. 스위칭 역할을 하는 물리적 TR 1개와 저장 역할을 하는 커패시터 1개를 두고 있는 디램은 TR을 이용하여 빠른 속도를 구현하고, 커패시터의 정전용량을 이용하여 데이터를 저장합니다. 디램의 장점은 읽고 쓰기가 빠르고 자유로운데, 단점은 일정한 주기

---

3 **176단** : 저장 셀을 Z축 방향으로 176층을 쌓아(Stacking) 올린 구조

마다 전압을 인가해주어(Refresh) 커패시터에 저장된 전자들을 보충해 데이터를 유지시켜야 하는 것입니다. 디램은 전자를 저장시키기가 쉬운 만큼 전자들이 어렵지 않게 빠져나가는데, 이런 커패시터의 특이한 성질 때문에 디램은 낸드 플래시보다는 낮은 저장 능력(용량 및 저장기간)을 갖습니다.

■ 혁신의 아이콘, 커패시터 구조

ON/OFF 신호 전달만 하는 능동 소자에서 저장 기능을 하는 커패시터(수동 소자)를 추가한 것은 디바이스의 일대변혁이었습니다. 커패시터는 디바이스의 기능이 여러 가지로 다변화할 수도 있다는 신호탄이 된 것이지요(물론 FG의 개발 시점과는 앞서거니 뒤서거니 합니다). 커패시터는 CVD 방식으로 얇은 막을 만들다가 원자층(분자층)으로 쌓아 올리는 ALD라는 다소 까다로운 방식을 활용한 증착과 높은 종횡비(Aspect Ratio)[4]를 갖는 식각 기술로 발전합니다. 커패시터이기 때문에 매우 얇은 절연층(CVD, ALD)과 도전층(PVD)을 번갈아 가며 수직방향으로 형성해야 해서 고난이도의 기술이 필요하지요. 특히 높이가 같은 고밀도 아파트 집성단지 같은 구조를 갖고 있어서, 대규모 집단으로 옆으로 기울어지거나(Leaning) 쓰러지는 사태가 발생하지 않도록 커패시터의 구조와 구조 사이에 지지대를 설치하거나 높은 절연 재질(High-k)을 선택하는 등 점점 복잡하고 혼합된 기술이 요구됩니다. 모양은 실린더 형태에서 뿌리가 튼튼한 기둥식의 필러(Pillar)형으로 변경되어 쓰러짐을 방지했지만, 이는 전자를 저장할 수 있는 용량이 줄어들고 칩 내의 셀 밀도가 떨어지는 단점이 있습니다.

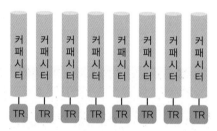

그림 5-4 커패시터가 집성된 구조

■ 트랜지스터 구조

디램 TR의 핵심은 게이트입니다. 미세화로 채널길이가 너무 좁아지다(숏채널) 보니, 드레인 전류 및 누설전류가 과하게 흘러 여러 문제점을 야기시킵니다. 이를 방지하기 위해 이번에는 오히려 채널저항을 증가시켜 전류를 적게 흐르도록 막아야 합니다. 그에 따라 짧아진 채널길이를 확장시키기 위해 평판(Planar)-게이트 형태에서 오목-게이트(RCAT, Recessed Channel Array TR) 형태로 변경되었지요. 혹은 불필요한 누설전류를 방지하고 전자의 유출을 보완하기 위해 묻힌-게이트(Buried CAT)나 핀(Fin, 지느러미)-게이트와 접목하여 더욱 발전된 S-RCAT(S자형 안장 형태 RCAT) 등 다양하게 전개되고 있습니다. 변형된 게이트 구조를 사용함으로써 유사 3D로 발전하고는 있으나, 현재까지 2D 스트레스에서 벗어나지 못해 계속 구조를 축소하는 스케일링 기술 발전에 매달려야 합니다. 향후 3D 셀로 방향 선회를 하기 위해 여러 타입을 개발하고 있습니다. 그에 따라 앞으로 2030년대에 가서야 x[nm]로 진입할 수 있을 것으로 예상하고 있습니다.

---

4 종횡비 : 횡변과 종변의 길이 비율(종횡비가 클수록 가늘고 높은 구조임)

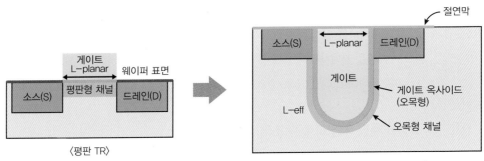

그림 5-5 평판 TR과 묻힌 오목형 채널 어레이 TR의 단면도

S-D 사이의 거리 L-eff(실효적 S-D 사이 거리) > L-planar(평평한 2D 타입의 S-D 사이 거리), 오목 형태로 인해 L-eff 밑으로 채널이 반원을 따라 길게 형성되어 있음

5.6 메모리 디바이스의 저장과 소거 방식 : 디램 vs 낸드

메모리는 어떤 디바이스든 모두 데이터가 이동할 수 있도록 하는 스위칭 기능(MOSFET)과 데이터를 저장하는 기능(커패시터 혹은 FG)을 갖습니다. 스위칭 기능은 게이트(워드 라인)에 전압을 인가하여 문(Door)의 여닫이 역할과 데이터(전류)가 지나가는 통로 역할을 합니다. 데이터 저장 기능은 소스(비트 라인)에 전압을 인가하여 전류를 흘려서 데이터를 커패시터(혹은 FG)에 쌓아 두는 창고 역할을 하지요. 스위칭 능력에 따라서 디바이스의 동작속도가 결정되고, 저장 능력에 따라 제품의 최대 용량과 데이터 저장기간(시간)이 정해집니다.

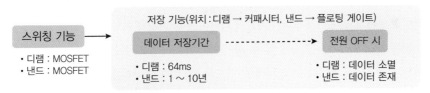

그림 5-6 디램과 낸드 디바이스의 스위칭과 저장 기능

■ 디램의 최대 약점, 리프레시

디램에서 데이터를 저장 창고에 남게 하려면, 전원이 ON일 때 이미 충전되어 있는 커패시터들만 골라 일정한 주기(64ms)로 새로운 리프레시(Refresh) 전원을 계속 인가해줘야 합니다. 리프레시는 먼저 읽기(Read)를 하여 데이터가 존재('1')하는 커패시터인지 확인 후 해당 TR을 ON(게이트에 전압 인가)시켜 커패시터에서 빠져나간 전자를 보충(소스에 전압 인가)해 넣습니다. 디램에서 읽기를 할 때는 보통 커패시터에 있는 전자들이 줄어 드는데, 줄지 않게 하는 방식도 있습니다.

> **Tip** 부유(플로팅) 게이트는 FG(Floating Gate)의 모든 외부 접합면이 절연층으로 둘러 쌓여 접촉이 차단된 상태로 마치 섬처럼 부유하고 있다고 하여 붙여진 이름입니다.

하지만 전원을 OFF하면 어떤 경우든 데이터는 소멸하지요. 이는 저수지 밑바닥으로 물이 새어 빠져 나가듯이 전자들이 커패시터를 절연 물질로 둘러싸고 있는 밑면과 벽면을 뚫고 계속 빠져나가기 때문입니다. 그러므로 디램은 커패시터에 보관 중인 전자들을 일부러 소거하지 않아도 되므로, 디램의 동작은 읽기(Read)와 쓰기(Write)만 있고, 낸드의 동작은 읽기, 쓰기[5], 소거(Erasure)가 있습니다.

■ 낸드만의 특별한 특징, 저장과 일괄 소거

데이터를 저장(프로그램)할 때는 컨트롤(탑) 게이트에 높은 플러스 전압(약 18~20V)을 인가하여 채널에 있는 전자를 게이트 산화막(터널 옥사이드)을 통과시켜 플로팅(바텀) 게이트로 직접 끌어올 립니다. 초창기에는 HCI(Hot Carrier Injection) 방식으로 소스 단자에서 드레인 단자 근방까지 전자를 가속시켜 FG로 올렸습니다. 그 이후는 F-N 터널링(Tunneling) 방식으로 가속전자(Hot Carrier) 없이 채널의 전자를 직접 FG로 끌어올리는 방식으로 바뀌었지요.

이번에는 저장했으면 필요에 따라서 지워야 하지요. 소거는 기판에 높은 플러스 전압을 인가하여 (플로팅 게이트에 마이너스 전위 차이를 발생시켜) 보관하고 있던 전자들을 밖으로 내몰아야 하는 번거로운 작업입니다. 그러나 다른 데이터를 보관해야 하므로 이런 귀찮은 작업 정도는 감수해야 하 겠지요. 전자들을 소거할 때는 편리성을 감안하여 전체 셀들을 상대로 동시에 진행합니다. 여러 셀 의 묶음 단위인 블록별로 한꺼번에 일괄 소거하지요.

5.7 용량(셀 밀도) 비교 : 디램 vs 낸드 플래시

셀의 밀도인 집적도 측면에서는 낸드 플래시가 메모리 디바이스 중 가장 유리합니다. 표면적을 차지 하는 셀의 점유면적을 상대적으로 가장 작게 할 수 있기 때문이지요. 낸드 플래시의 집적도가 가장 높은 근본적인 이유는 구조에서 찾아볼 수 있는데요. 낸드는 TR 속에 데이터를 저장하지만, 디램은 저장 기능을 하는 커패시터를 TR 밖에 별도로 두어야 하므로 표면적을 많이 점유합니다.

■ 디램의 완패, 저장용량의 차이

낸드 플래시의 집적도는 항상 디램보다 앞서 나가며, 3D를 적용하고부터는 집적도 차이는 더욱 커 지고 있습니다. 동일 메모리의 저장용량(Density)을 들여다볼 때, 2000년에서 2020년 사이에는 2D 낸드 플래시와 디램이 10년 차이를 만들어냈고, 2020년 이후부터는 3D 낸드 플래시가 본격적 으로 영향을 끼치기 시작하여 (실질적으로 3D는 2010년부터 등장) 동일 집적도를 비교 시 디램과 15년 차이를 나타낼 것으로 예측됩니다.

---

5 낸드에서는 이를 프로그램(Program)한다고 함

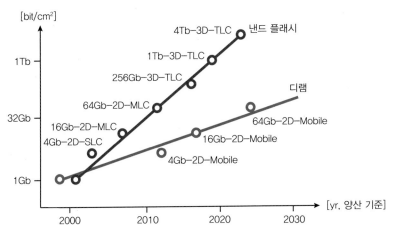

그림 5-7 디램과 낸드 플래시의 저장용량 증가

■ 구조가 용량과 속도를 좌우한다

메모리 제품 중에서 1게이트(Gate)-1커패시터(Cap)를 갖고 있는 디램은 저장용량에 취약하고 속도에 유리합니다. 그리고 2게이트 구조인 낸드는 저장용량에 유리하고 속도에 취약합니다. 근본적인 원인으로는 [그림 5-2]에 언급한 셀 구조로 인한 저장 방법의 차이에서 발생합니다. 이상적인 메모리 제품은 낸드의 저장 능력과 디램의 빠른 속도를 결합한 디바이스인데, 현재는 그런 이상형은 개발되지 않았습니다. 향후 저항/상변화 등으로 ON/OFF를 판정할 수 있는 미래의 비휘발성 메모리 혹은 휘발성-비휘발성의 중간 형태의 디바이스가 이를 대신할 것으로 예상합니다. 또한 디바이스의 저장용량은 동작속도와 상충보완(Trade off) 관계가 있어서, 낸드 혹은 디램 제품 자체 내에서 둘 중 하나를 손해보면 다른 쪽 기능을 강화할 수 있게 됩니다. 실장(Application)[6] 종류에 따라서 맞춤형으로 둘의 강약을 한쪽으로 포커스하여 조절한 디바이스가 나오기도 합니다.

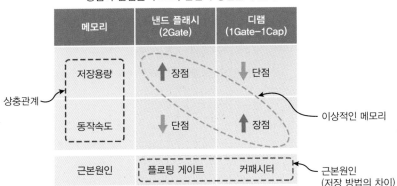

그림 5-8 디램과 낸드 플래시의 용량과 속도 비교

---

6 실장: 메모리가 필드에서 실질적으로 사용되는 응용기기

5.8 드레인 전류의 비교 : 디램 vs 낸드 플래시

드레인 전류는 트랜지스터의 스위칭 작용인 ON/OFF를 결정짓습니다. 일반적으로 게이트 단자에 입력 전압을 증가시키면 기판 내의 전자가 이동할 채널의 체적이 커지므로 드레인 전류(소스 단자에서 드레인 단자로 이동하는 전자의 흐름)는 게이트 전압에 비례하여 증가합니다. 또한 소스와 드레인 단자 사이를 연결하는 채널도 빠르게 형성되므로 동작속도 역시 빨라지지요. 드레인 전류는 게이트 전압 이외에도 채널길이, S-D 간의 저항 성분, 캐리어의 이동도, 문턱전압 및 게이트 옥사이드의 정전용량 등이 영향을 끼칩니다.

■ 전류증가율 : 디램 > 낸드

디램과 낸드 플래시의 드레인 전류증가율을 비교해보면, 디램에 비해 낸드 플래시의 전류상승률이 낮습니다. 게이트에 전압(V_{gate})이 동일하게 인가되는 조건이라면, 디램보다는 낸드 플래시의 드레인 전류가 적게 흐르고 전류 구동 능력이 떨어지므로 동작속도도 느려집니다.

[그림 5-9]에서는 문턱전압이 동일하다고 가정했지만, 일반적으로는 디램 V_{th} < 낸드 V_{th}입니다. 이는 실질적으로 기판의 채널에 영향을 주는 낸드의 게이트 전압인 $V_{gate\_substrate}$의 증가율이 낮기 때문이지요. 결국 MOS TR이 ON/OFF 구실을 제대로 하기 위해서는 일정 전류량 이상이 확보되어야 합니다. 따라서 낸드 플래시의 경우, 드레인 전류량을 디램과 동일하게 하려면 인가하는 게이트 전압을 디램보다 높여야 하겠지요(단, 디램과 낸드의 그 외의 모든 조건이 동일하다는 가정). 그렇게 되면 낸드의 소모전력 및 내부 회로의 부담이 디램보다 증가하게 됩니다. 문턱전압 측면을 보아도 낸드가 디램에 비해 열악한 환경입니다. 즉 집적도에서 유리해지는 대신 기능 분야에서 불리해진 것이지요.

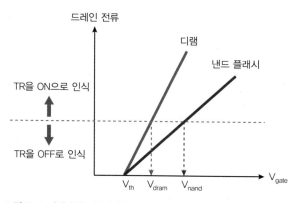

그림 5-9 디램과 낸드 플래시의 드레인-전류 비교(V_{th}가 동일하다는 가정)

5.9 드레인 전류 스펙

■ 디램 데이터의 예(전류량)

[그림 5-10]에서 디램의 용량은 16Gb이고 동작속도는 DDR4로 나타내며, 동작 클럭은 최대 3,200MHz(DDR에 비해 전송률인 속도가 8배 빠름)입니다. 동작 기능의 항목 중 전류량을 살펴보

면, SDRAM이 갖는 디램의 전류 스펙으로 버스트-읽기/쓰기(Burst read/write) 기능을 갖습니다. 이 전류는 드레인 전류가 허용되는 최대치입니다. 16Gb을 구성하는 4개 셀 어레이(Cell Array, x4) 구성에서 횡렬(ROW) 방향으로 1줄(512Byte)을 연속하여 1,2,4,8비트~전체 Full Page에 해당하는 비트를 읽고/쓰는 데 필요한 전류량이지요. 이것의 읽기 동작 시에는 106mA가 최댓값(2,400MHz)이고, 쓰기 동작 시에는 93mA(예 x4, DDR4-2400MHz)까지 흐를 수 있도록 통제되어 있습니다. 그 이상으로 흐를 경우에는 TR의 동작 온도가 급격히 높아질 수 있고 기타 연결된 다른 항목에서 정규 기능을 발휘할 수 없어서 제품 자체가 불량이 됩니다.

Table 147: I_{DD} and I_{PP} Current Limits; Die Rev. E (-40° ≤ T_C ≤ 85°C) (Continued)

Symbol	Width	DDR4-2133	DDR4-2400	DDR4-2666	DDR4-2933	DDR4-3200	Unit
I_{DD4R}: Burst read current	x4	101	106	112	119	127	mA
	x8	131	138	146	154	162	mA
	x16	231	243	263	282	299	mA
I_{DD4W}: Burst write current	x4	89	93	97	101	105	mA
	x8	107	112	117	123	128	mA
	x16	189	200	213	226	236	mA

그림 5-10 16Gb, x4, x8, x16 DDR4 SDRAM Current Specifications-Limits[9]

5.10 3D 낸드의 일등공신, CTF

■ 플로팅 게이트(2D-FG)의 이슈

2D 낸드의 최대 이점은 플로팅 게이트(FG)에 전자를 오랫동안 보관할 수 있는 것과 이를 이용하여 물리적 셀 수는 변하지 않게 하고 전자적으로 비트 수를 확장할 수 있다는 것입니다. 따라서 가장 중요한 핵심은 FG의 전자 보유인데, 셀 간의 거리가 가까워지고 셀 자체의 크기가 줄어듦에 따라 옆 셀의 간섭(Cross Talk), 누설전자, 컨트롤 게이트 전압의 FG로의 분배력(Coupling Ratio) 저하 등으로 FG 내로 전자를 끌어당기기도 힘들어지고 보존 기간도 짧아지는 문제가 발생합니다.

■ 절연막의 문제점과 속도 지연

도전성 재질인 플로팅 게이트(Bottom Gate)를 6개 면으로 둘러싸고 있는 절연막들은 주로 건식 공정과 PECVD 공정으로 진행하여 강력한 절연 기능을 보유하고, 플로팅 게이트 안에 저장된 전자들이 쉽게 탈출하지 못하도록 막는 역할을 합니다. 그래서 플로팅 게이트의 위로는 블로킹 레이어(Blocking Layer : ONO, 3개 절연층)가 있고, 아래로는 터널링 옥사이드(Tunneling Oxide : 전자들이 건너가는 절연막으로 보통 게이트 옥사이드보다 50% 얇음, SiO_2 > HfO_2, ZrO_2), 옆으로는 사이드월 옥사이드(Sidewall Oxide : 측벽 절연막, SiO_2)가 막아서고 있습니다.

그러나 FG와 채널 사이에 위치하는 터널 옥사이드의 절연이 너무 강력하면 프로그램과 소거 동작이 어려워지므로, 적절한 절연성을 유지해야 합니다. [그림 5-11]의 구조에서 동작 전압이 인가되면 플로팅 게이트와 아래위의 절연막들이 합작하여 여러 가지 커패시턴스 성분을 만들고, 이런 성분들이 결국 낸드 플래시의 동작속도를 느리게 하는 요인으로 작용합니다.

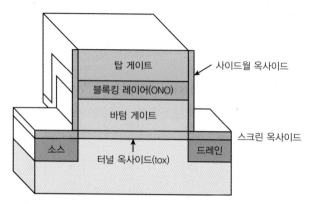

그림 5-11 낸드 플래시의 플로팅 게이트와 절연막

■ FG의 이슈를 해결하는 CTF의 등장

플로팅 게이트의 전자 저장 문제를 근원적으로 해결하기 위해, FG의 도전성을 낮추고 절연성을 높여 느슨하게 전자를 포획하는 방안이 제시됩니다. CTF(Charge Trap Flash)가 정식으로 등장하게된 것이지요. 전자를 포획(Trap)할 수 있는 방안으로 플로팅 게이트의 '약한 절연성 재질 + 약한 전자 포획력'의 옵션을 선택하게 되고, 이로써 20년 가까이 연구 및 검토되었던 CTF 방식을 2D에 접목하기 시작합니다. 더불어 FG의 주변을 감싸고 있는 절연체들의 절연성도 낮출 수 있어서 절연 재질에 대한 부담도 줄어들지요.

■ 3D에서 CTF의 활약

CTF(Charge Trap Flash) 물질은 뜻밖에 2D에서 보다는 오히려 3D 낸드[7]를 개발하게 되는 계기가 됩니다. CTF-3D의 접목은 절연성의 실리콘나이트라이드(Silicon-Nitride) 물질 속에 전자를 어떻게 포획해 넣을 수 있는가와 어떻게 오랫동안 저장할 수 있게 하느냐, 또 어떻게 쉽게 소거해낼수 있는지가 핵심입니다. 즉 도전성을 낮추고 적정한 절연성을 갖춘 CTF는 전자를 느슨하게 저장하는 대신 동시에 좀 더 쉽게 소거할 수 있도록 하여 속도가 개선되는 효과도 얻게 됩니다. 또한 전자가 약한 절연체 속에 갇혀 저항 증가로 누설전류도 해결하면서 동시에 빠져나가기도 어렵기 때문에저장기간도 길어집니다.

---

7 3D 낸드 : 2010년까지는 낸드 플래시 셀을 수평적(2D)에서만 구성(전원주택 단지형 배치)했지만, 그 이후 3D는 수평과 수직방향으로 셀을 쌓아서 입체적 형태(아파트형 배치)를 이룸

CTF의 활용(FG 자리)은 또한 도전성이 높은 FG-타입에 비해서도 낸드의 집적도(수평 및 수직축)를 더욱 향상시킬 수 있어서 일거양득을 얻게 되지요. 2D 낸드에서 도전성 FG 대신 CTF로 변경함으로써 2D 낸드의 이슈가 약간 해결되는 듯했지만, 3D의 출현으로 2D-CTF는 의미가 없어졌고 CTF는 3D 성공의 일등공신으로 자리매김하게 됩니다. 낸드는 3D 방향으로 셀을 쌓아서 2022년 현재 셀 Stacking-176단을 개발했으며, 향후 2030년에 500단 이상을 목표로 나아가고 있습니다. 이를 위해서는 종횡비를 약 50~90 혹은 그 이상으로 맞춰야 해서 식각이 가장 핵심 공정으로 떠오르고 있습니다.

그림 5-12 3D 낸드 플래시의 내부 구조[10]

• SUMMARY •

메모리 소자에서 저장할 데이터의 크기(용량)와 처리속도는 디바이스의 특성, 설계 구조 및 공정 방법에 따라 좌우되며, 각기 달성해야 할 목표 간에 상충보완의 관계가 있습니다. 기능(속도)과 구조 및 저장용량은 메모리 소자의 핵심 요소입니다. 디램과 낸드 플래시 모두 게이트 채널의 길이를 어떻게 짧게 할 것이냐와 디램-커패시터의 용량성 향상 및 낸드 셀 적층화는 해결해야 할 과제이자 제품이 나아갈 방향입니다. 이를 위해 구조와 재질을 변경하며 동작 방법을 업그레이드시키고, 3D로 변신(낸드와 유사한 방법으로 적층형 디램을 개발하는 방향)을 꾀하는 등 집적도와 기능을 변혁시키고 있습니다.

제품의 주요 발전 방향을 보면, 디램은 아직까지는 2D 방향, 낸드는 3D 방향입니다. 20~30년 전부터 개발되어 오고 있는 디램을 대체하고 보완할 PC(Phase Change)램, 낸드를 대체하고 보완할 Resistive램/Fe램, STT-M램 등 디램 같은 낸드, 낸드 같은 디램이 나타날 예정입니다. 그에 따라 모든 개발과 제조 공정 요소들은 급격한 적응기를 거쳐야 합니다. 이들은 대부분 휘발성과 비휘발성의 장점을 살린 디바이스로써 속도가 빠르고 데이터 저장기간이 길다는 특징을 갖고 있습니다. 제조업체의 변화에 따라 장비 업체에서도 새롭게 개발될 디바이스에 맞춘 장비의 많은 변화가 예상되고 있습니다.

CHAPTER 06

넷다이, 반도체 테크놀로지가 결정하다

자동차 공장에서 동일한 장비와 인력으로 2배의 자동차 대수를 생산해야 한다면, 어떻게 해야 할까요? 기술적 난관에 부딪히고, 더 많은 재료가 필요하더라도 2배의 생산 목표를 달성하기 위해 모든 수단과 방법을 동원할 것입니다. 대부분의 산업과는 다르게, 반도체 산업은 독특한 면을 갖고 있어 전후 투입된 조건이 동일해도 '생산성 확대'라는 신기루 현상이 나타날 수 있습니다. 그 비결은 바로 웨이퍼당 생산 가능한 칩 수인 넷다이(Net Die)에 있습니다. 포토-리소그래퍼 방식을 조정하여 반도체 테크놀로지 노드인 선 폭 CD(혹은 공간)를 줄일 수 있어서 넷다이를 늘리면 동일한 장비와 재료, 공정으로 웨이퍼당 더 많은 다이(칩)를 생산할 수 있습니다. 이는 곧 웨이퍼당 판매가가 높아져 원재료 및 공정원가는 일정한데 수익은 증가하게 되는 것이지요. 반도체 수익성과 이를 결정짓는 넷다이와는 어떤 관계가 있을까요? 넷다이의 증가는 공급자에게 이득이 될까요, 아니면 수요자에게 유리할까요?

6.1 다이와 칩의 차이

초창기에는 다이(Die)와 칩(Chip)을 명확한 구분 없이 상황에 따라 혼용해 사용했습니다. 하지만 점차 용어의 쓰임이 많아지면서 구분할 필요가 생겼지요. 다이란 육면체를 의미하는 것으로, 주사위(Dice)와 같은 모양을 말합니다. 반도체의 관점에서 다이는 팹 공정에서 가공된 집적회로가 들어있는 일정한 체적을 갖는 영역을 의미합니다. 선들이 연결된 회로를 웨이퍼 상에 집적화시킨 가장 작은 제품 단위라고 볼 수 있습니다. 다이는 전(前)공정에서 사용하고, 후공정에서 웨이퍼를 소잉(Sawing, 분리)[1]한 후에는 칩이라고 합니다. 칩이란 '매우 작은 것'을 의미하는데, 반도체 제품이 극히 작아서 칩이라는 별칭으로 불리게 된 것으로 제품이 고객에게 전달된 후에도 칩이라고 부릅니다. 보통 디램 용량이 64Gb 혹은 256Gb 제품을 지칭할 때는 다이 혹은 칩 내에 트랜지스터의 개수가 그만큼 내재해 있다는 의미입니다. 다이 혹은 칩 모두 무수히 많은 셀을 담는 그릇이고, 둘 다 하드웨어인 물리적 의미를 갖는다는 공통점이 있습니다.

---

1 소잉 : 반도체 후공정 웨이퍼 상태에서 백그라인딩(뒷면 깎기)이 완료된 후, 브레이드(톱날)로 웨이퍼 상의 다이들을 분리하는 공정

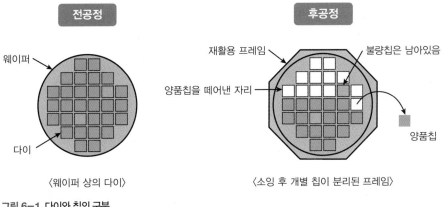

그림 6-1 다이와 칩의 구분

■ 다이 사이즈 vs 칩 사이즈

다이 사이즈(Die-Size)는 핵심회로 영역(Core Area)과 주변회로 영역(Peripheral Area)의 제품 기능에 해당하는 순수회로 영역입니다. 칩 사이즈(Chip-Size)는 다이 사이즈에 더해 소잉하고 남은 주변의 스크라이빙 레인(Scribing Lane) 영역과 패드 영역(Pad Area, 패드를 외곽으로 뽑았을 경우) 등을 포함합니다. 소잉 직후 패키징을 하기 전의 칩의 평면 면적 크기는 대략 $0.25{\sim}100\text{mm}^2$ 정도이고(면적이 규정돼 있는 것은 아님) 직육면체로 각각 구분된 상태입니다.

6.2 다이 사이즈와 넷다이 개수

■ 넷다이 개수에 비례하는 웨이퍼당 수익성

넷(Net)은 그물이란 뜻으로 그물에 걸리지 않은 작은 물고기는 빼고 그물에 걸린 것만을 뜻합니다. 즉 넷다이(Net Die)는 모든 부가적인 요소를 뺀 웨이퍼 상에 실제로 제조된 다이만을 의미합니다. 넷다이는 글로스 다이(Gross Die)라고도 하는데, 이는 웨이퍼 상의 총 다이 개수를 말합니다. 따라서 넷다이는 테크놀로지(Technology) 노드를 적용하여 다이 면적을 계산하고 제품기술을 바탕으로 설계해 만들어지는 웨이퍼당 양품(Good)과 불량품(Fail)을 모두 합한 최대한의 물리적인 다이 개수이지요. 반도체의 수익성 면에서 넷다이가 중요한 이유는 웨이퍼당 판매가와 직결되기 때문입니다. 따라서 반도체 산업은 특히 테크놀로지와 제품 기술이 매출 및 수익 창출에 큰 영향을 주게 됩니다.

■ 다이 사이즈에 반비례하는 넷다이 개수

다이 사이즈가 130mm²일 경우 다이 길이(Length)는 10mm, 다이 폭(Width)은 13mm로 할 수 있습니다. 이때 직경 300mm의 웨이퍼 면적은 70,659mm²(3.14×150mm×150mm)이므로, 웨이퍼 면적을 다이 사이즈로 나누면 넷다이 개수는 543개가 됩니다. 기술적 발전을 이뤄 다이 사이즈가 100mm²로 축소(다이가 −23% 작아짐)되면, 넷다이 개수는 706개로 +30% 늘어나지요. 따라서 웨이퍼 상의 넷다이 개수는 다이 사이즈가 작아질수록 반비례해 증가한다는 것을 알 수 있습니다.

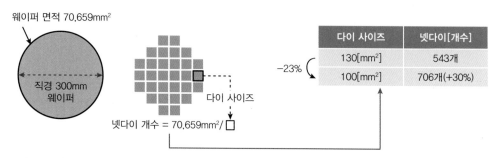

그림 6-2 다이 사이즈에 의해 결정되는 넷다이 개수

6.3 웨이퍼당 판매가

전공정(팹 공정)만 고려한다면, 웨이퍼당 판매가(Price per Wafer)는 각 다이당 판매가에 넷다이 숫자를 곱한 값입니다(웨이퍼 수율이 100%라는 가정). 따라서 다이당 판매가가 같다면 웨이퍼당 판매가는 넷다이 개수에 비례해 증가하지요. 넷다이는 보통 약 500~1,200개 정도 되는데, 경우에 따라 300~2,500개 정도가 되기도 합니다. 다이당 판매가가 5달러일 경우, 넷다이가 543개면 웨이퍼당 판매가는 2,715달러이고, 706개면 3,530달러가 됩니다. 주로 엔지니어링 기술을 이용하여 다이 크기를 −23% 축소하여 수익이 30% 증가했으니, 어느 업종이 이만한 수익을 낼 수 있을까요?

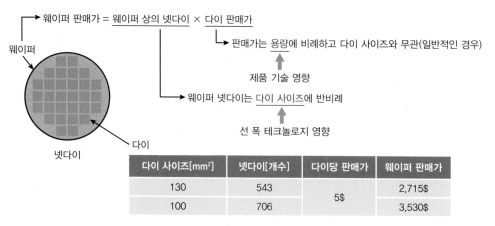

다이 사이즈[mm²]	넷다이[개수]	다이당 판매가	웨이퍼 판매가
130	543	5$	2,715$
100	706		3,530$

그림 6-3 넷다이에 의해 결정되는 웨이퍼당 판매가

파운드리(Foundry) 업체는 웨이퍼만 생산하는데, 넷다이의 개수는 팹리스(Fabless) 업체[2]의 기획 및 설계 단계에서 1차로 결정됩니다. 또한 파운드리 업체에서 테크놀로지(선 폭을 축소, Shrinkage)에 따라 2차적으로 다이 크기를 줄이면 넷다이가 많아지므로 팹리스 업체는 되도록 선 폭 미세화가 높은 파운드리 업체를 선호합니다.

6.4 수익성 검토

■ 웨이퍼 장당 수익성

다이당 판매가가 5달러 기준일 경우, 팹 공정에서 300mm(12인치) 웨이퍼의 장당 원가를 3,000 달러라고 하면, 웨이퍼 상의 넷다이가 543개일 때 웨이퍼 장당 수익성은 −285달러(2,715달러 −3,000달러)가 됩니다. 이는 웨이퍼를 생산할 때마다 한 장당 285달러를 손해보는 구조가 됩니다. 반면, 넷다이가 706개일 때는 장당 판매가와 원가를 계산하면 +530달러(3,530달러 −3,000달러) 이므로, 웨이퍼 한 장당 530달러만큼 이익을 얻게 됩니다. 여기서 발생하는 손해 혹은 이익은 수요 자와는 상관없는 손익입니다.

표 6-1 다이 사이즈에 따른 웨이퍼 수익성 비교 @ 2개 팹 / 5년 누적 기준

다이 사이즈	넷다이	웨이퍼 판가	웨이퍼 원가	웨이퍼당 손익	팹당 손익	1년 누적	2개 팹/5년 누적
[mm²]	[개수]	(다이당 5$ 기준)		1개	(월 10만장 기준)	(×12)	(×10)
130	543	2,715$	3,000$ 기준	−285$	−2,850만$	−3억4천만$	−34억$
100	706	3,530$		+530$	+5,300만$	+6억3천만$	+63억$

■ 팹 수익성

팹당 한 달에 약 10만 장의 웨이퍼를 생산(메모리는 보통 7~12만 장 생산)한다고 할 경우, 한쪽은 한 달에 팹당 2,850만 달러 손해를 보고 다른 쪽은 5,300만 달러의 이익을 얻게 되는 셈입니다. 두 케이스의 경우 8천만 달러, 약 800억 원(환율은 1달러를 1,000원 가정)의 차이가 발생함으로 1년이 면 약 1조 원에 이르게 되지요. 이러한 팹 수익 격차 상태로 2개 팹에서 5년만 지속돼도 경쟁사와는 약 10조 원의 차이가 납니다. 이러한 상황이 10년 이상 계속된다면 기업 파산을 피할 수 없게 되지 요. 다른 모든 조건이 동일하다는 가정하에 따져볼 때, 다이 사이즈가 −23% 차이로 지속될 때 다이 사이즈, 즉 기술력의 차이가 기업의 흥망성쇠를 좌우하게 됩니다.

Tip 넷다이가 543개인 경우 팹당 1년 누적 손실이 −3,400억 원으로, 순수 손익은 회사당 팹이 보통 4개 이상이므로 4개 팹×10년×(손실 : −3,400억 원/1년) = 약 −13.6조 원(회사 손실)이 됩니다.

---

2 **팹리스 업체** : 반도체 공정(파운드리 업체)을 제외한 개발 제품의 기획, 소자, 설계, 테스트(옵션) 등을 진행하는 업체

6.5 테크놀로지 변화

반도체에서는 회로 선 폭의 축소(Shrinkage)를 통해서 넷다이의 증가를 얻을 수 있습니다. 선 폭 축소는 목표로 하는 노드(Node, 예 20nm, 10nm 등)의 미세화만을 위한 연구활동이 몇 년 동안 진행되고, 그 결과로써 테크놀로지 노드(Target Technology Node) 하나를 완성할 수 있습니다. 이런 테크 노드(Tech Node)인 기반 기술을 바탕으로 웨이퍼당 넷다이의 개수를 증가하면서 다양한 종류의 제품을 만들어냅니다. 그런데 넷다이를 늘렸다고 해서 수요자의 이익으로 직접 이어지는 것은 아닙니다. 웨이퍼 상의 넷다이 개수의 증가는 온전히 공급자의 이익으로 남습니다. 오히려 웨이퍼당 넷다이를 늘림으로써 다른 정상적인 제품 기능들이 침해를 당할 수 있는 위험 부담도 있어서 수요자 입장에서는 넷다이 확장 자체가 바람직한 것만은 아니지요.

■ 테크놀로지 정의도 진화한다

반도체 테크놀로지는 회사마다 약간씩 다르게 정의하지만, 공통된 사항은 '크기 혹은 CD(Critical Dimension)[3]를 줄인다'는 것이지요. 다만, 측정할 수 있는 CD 종류는 게이트 길이, 소스(S)-드레인(D) 사이의 간격, 회로 선 폭 등 다양합니다. 또한 게이트 형태도 FinFET 모양, Planar Type 모양 혹은 S-D 거리도 직선거리, 반원의 원주거리 등 테크놀로지 노드를 계산하기 위해 포함하는 항목의 선택 기준은 각양각색입니다. 인텔이 비교적 본질에 가깝게 2D의 전통적인 테크놀로지 노드를 운용하고는 있습니다. 그러나 3D의 등장으로 2D 테크놀로지 정의에 변수가 추가되어야 하는 상황이 되었습니다. 3D를 포함한 테크놀로지 항목과 기준을 새롭게 정하든지, 아니면 여러 정의를 인정하여 다채롭게 취사선택하든지 정리된 방향이 결정돼야 합니다. 테크놀로지 노드는 현재 각 반도체 제조회사의 입장에서 발표되고 있어서, 일률적으로 정해지지 않고 통일되지 않은 혼란스러운 상황이 이어지고 있습니다.

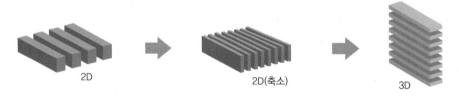

2D   2D(축소)   3D

그림 6-4 전통적인 2D 방향의 선 폭 축소 방식과 3D가 포함된 선 폭 축소 방식

6.6 회로 선 폭

반도체의 여러 테크놀로지 정의 중에 가장 빈번하게 사용되는 것은 2D 방향의 회로 선 폭 피치에 대한 부분입니다. 회로 선 폭을 나타내는 'Technology CD'는 전체 피치(Pitch) 거리의 절반이 되는

---

3 **CD** : 한계치수를 의미하며, 일반적으로 제품 설계상의 각 패턴 사이의 거리를 나타냄. 선 폭 CD는 반도체 테크놀로지 노드를 의미함

거리인 하프-피치(Half-pitch, 단위 nm)로써, 회로 내에서 라인과 라인의 거리인 회로의 폭을 축소시키는 기술입니다. 회로 선 폭이 좁아야 다이 사이즈가 작게 되어, 동일 웨이퍼 내에 넓은 선 폭을 사용한 웨이퍼보다 좁은 회로 선 폭을 적용한 웨이퍼가 더 많은 넷다이를 확보할 수가 있습니다. 이를 통해 원가를 줄일 수 있으므로 GB(Giga Byte)당 코스트(Cost)를 낮출 수 있지요.

Tip 반도체 코스트는 per bit / per Byte / per GB / per cm² / per Die / per Wafer / per Package / per Chip / per Process / per Fab 등 상황에 맞춰 여러 형태로 산출됩니다.

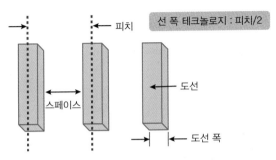

그림 6-5 피치, 스페이스 그리고 테크놀로지

Tip 피치는 전자를 실어 나르는 메탈 라인인 회로 선 폭과 전자의 이동을 차단한 회로와 회로 사이를 절연시킨 공간(스페이스)까지를 포함한 거리(주기성을 가짐)로써 워드 라인 축방향과 비트 라인 축방향 모두에 적용됩니다.

■ 미세화의 문제점

회로 선 폭 축소를 빠르게 전개시켜 나간다고 장점만 있는 것은 아닙니다. 회로 선 폭 축소는 넷다이가 증가하는 장점이 있는 반면, 테크놀로지가 발전할수록 한계 선 폭을 구현해내기 위해 장치 투자가 늘어나고 구조가 복잡해지며, 그에 따라 공정(저수율 문제 등)과 재질 구현이 어렵다는 단점이 있습니다. 여기서 기술과 투자를 한 보따리 속에 넣고서 최적의 선택을 해야 하는 고민이 있지요. MOSFET base 회로 선 폭의 한계는 이미 2010년 즈음의 30nm급이 한계였습니다.

6.7 패터닝 기술의 발전

미세화를 추진하는 고전적 방향으로는 파장을 줄여 피치를 좁히는 리소그래피 방식이 있는데, 이는 짧은 파장을 구현해야 하는 한계에 부딪치고 있습니다. 짧은 피치를 구현하기 위해서는 해상도가 높아야 하는데, 이는 광원(파장이 짧은 방향)-렌즈(Lens, 직경이 큰 방향)-공정변수(공정상수 k1) 간의 조율이 알맞게 되어야 합니다. 파장과 렌즈는 설비적 특성이 강하고, 공정변수는 방식의 혁신이 필요하지요. 그런데 파장은 한계에 근접해 있고 렌즈는 마냥 키울 수는 없어서, 파장과 렌즈 이외의 공정 방법이 모색되고 있습니다. 그중 멀티 패터닝 방식(Multi Patterning Tech)과 스페이서 패터닝 방식(SPT)이 새롭게 전개되고 있습니다. 이 두 혁신적인 방식으로 리소-패턴의 선 폭을 100% → 50% → 25%로 줄여가고 있으며, EUV[4]와 결합시켜 13.5nm를 절반인 7nm와 그의 절반인 3nm(2022~2023년 달성) 등으로 축소 계획이 진행되고 있습니다.

■ 리소그래피를 기반으로 하드마스크를 이용한 멀티 패터닝

멀티 패터닝은 도선과 도선 사이의 스페이스를 효율적으로 이용하는 개념이지요. 멀티 패터닝은 패턴을 1차 찍은 오리지널 리소-패턴과 패턴 사이에 또다시 하드마스크를 추가하여 패턴을 형성한다는 개념입니다. 그렇게 2차, 3차 패턴을 그 전에 찍은 패턴 사이에 계속 구성합니다. 이렇게 하여 DPT(Double Patterning Technology), QPT(Quadruple Patterning Technology), OPT(Octuple Patterning Technology)가 등장합니다.

- **DPT** : 포토 공정을 두 번 실시하여 형성하는 이중 패터닝 방식(DPT, Double Patterning Technology)으로 30~20nm급의 한계를 극복했으며, 이는 피치를 줄이는 데 막대한 기여를 했습니다. 포토마스크 중첩이라고도 하는 이중 패터닝은 발전된 리소그래피로서, 단일 패터닝에 비해 리소-패턴의 피치를 절반 가까이 줄여 패턴밀도를 2배로 높일 수 있지요. 단일 패터닝은 하드마스크를 1회 사용하지만, DPT는 하드마스크를 2회 사용합니다. DPT는 패턴을 구현하는 공정인 포토-리소(Litho) 공정과 식각(Etch) 공정을 두 번 반복하여 LELE(Litho-Etch-Litho-Etch)라고 표시하기도 합니다. DPT는 여러 가지가 가능하여 LLE(Litho-Litho-Etch) 등도 가능한데, 각각의 방식은 해상도 및 공정 난이도에서 장단점이 각양각색입니다.

- **QPT** : DPT를 확대하여, 추가로 +1회 패턴 방식을 적용하면 DPT 패턴 사이의 거리를 1/2배까지 줄일 수 있는 사중 패터닝 방식(QPT, Quadruple Patterning Technology)이 됩니다. QPT는 하드마스크를 3회 사용합니다(패턴 형성 시마다 1회 사용). 그러나 이런 하드마스크를 추가하는 패터닝 방식들은 이에 맞는 장비가 준비되어야 하며, 포토 공정 및 포토와 연관된 식각 공정 등

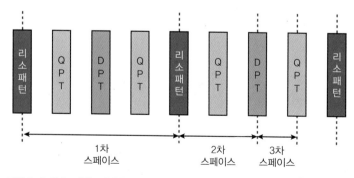

그림 6-6 리소-패턴 → DPT → QPT에 의한 거리 축소의 흐름(OPT의 패턴은 QPT 패턴 좌우로 형성됨)

---

4 **EUV** : 현재까지 포토장비 기술상에서 구현할 수 있는 가장 짧은 파장의 명칭

이 맞춤형으로 연결되어 있어야 의미가 있습니다. 따라서 공정의 스텝 수, 투자비, 재료비가 증가하지요. 원가가 올라가는 부담 이외에도 제품의 기능적인 측면 및 셀 간의 간섭, 누설전류 등 신뢰성 측면도 고려해야 합니다. 이런 난관을 극복하고 QPT를 넘어서서 현재는 팔중 패터닝 방식(OPT, Octuple Patterning Technology)을 검토하고 있습니다. QPT는 포토−리소와 식각을 세 번 반복하여 LELELE라고 표시하기도 합니다.[5]

■ 스페이서를 이용한 패터닝(SPT)

DPT 방식 외에도 이와 유사한 효과를 내는 방법으로 SPT(Spacer Patterning Technology)가 있습니다. SPT는 오리지널 패턴(Original Patterning)에 스페이서(Spacer)를 덮어씌운 후, 스페이서와 스페이서 사이의 공간에 추가 패터닝을 함으로써 오리지널 리소−패턴 사이에 또 다른 패턴을 형성시키는 방식입니다. 과정은 멀티 패터닝 방식과 스페이서 패터닝 방식이 서로 다르지만, 패턴 형성 후의 결과는 거의 50%씩(실제는 50%보다 낮음) 축소된 패턴으로 나옵니다. SPT도 SaDPT(Self−Aligned Double Patterning Technology, 자가정렬 DPT), SaQPT(Self−Aligned Quadruple Patterning Technology, 자가정렬 QPT)[11] 등 같은 면적 내 패턴 개수가 2배, 4배 추가됩니다. 멀티 패터닝 방식보다 SPT가 공정 스텝 수가 증가하는 등 좀 더 복잡한 대신 간격과 선 폭이 보다 더 일정한 패턴을 얻을 수 있습니다. 멀티 패터닝 혹은 스페이서 패터닝, 두 방식 중에 어느 방식이 적합할지는 각각의 공정 능력과 환경에 따라 다르므로, 공정에 알맞은 방식을 선택해야 합니다.

6.8 테크놀로지 전개

목표로 하는 하프−피치(Half−Pitch)를 구현하려면 마스크 투입 수로 인한 원가 상승변수, 포토/식각 공정의 능력 여부, CD의 불균일성을 고려하여 용량−공정−패턴 방식이 서로 매칭되는 적절한 프로세스가 결정돼야 합니다. 멀티−패턴이나 스페이서−패턴 모두 오리지널 리소−패턴보다는 간격이 약 절반으로 줄어들기 때문에 20nm 한계에서 더 나아가 1x[nm] 중반까지 축소가 가능했습니다.

현재 ArF 파장과 하드마스크 멀티 패턴 방식인 DPT/QPT를 혼합하여 10nm급 중반의 테크−노드를 달성하고 있지요. 그러나 더욱 진보된 멀티 패터닝 방식인 QPT/OPT를 적용할 경우 동일 파장을 사용한다고 가정하면, 이론적으로는 회로 선 폭이 7~8nm까지 가능해집니다. 그 외 방식으로는 LLE(Litho−Litho−Etch, 멀티 패터닝)가 있고, LELE(Litho−Etch−Litho−Etch로 DPT 구현, 멀티 패터닝)로 더욱 발전되었으며, SaDPT(스페이서 패터닝) 순으로 공정이 복잡해지지만 갈수록 정교한 패턴이 구현되고 있습니다. 향후 극초단 파장인 EUV가 보편화되면 ALD(공정) + EUV(파장) + SaOPT(패턴 방식)의 결합이 가능하게 되어 극최소 선 폭인 x[nm] 패턴이 등장할 것입니다.

---

5 18장 '포토−리소그래피'와 23장 '식각' 참조

6.9 차세대 반도체 테크놀로지 정의

■ 현재 방식의 이슈

포토-리소그래피 방식만을 이용하여 개발된 회로 선 폭은 20nm까지는 글로벌 업체가 모두 일률적으로 동일한 축소 방식을 적용하고 해석했으나, 20nm 미만부터는 패턴화 방식이 다양해져서 회사나 제품마다 다르고, 기준이나 해석도 제각각이 되었습니다. 최근 디램은 10nm급 중반까지 사이즈가 축소되어 있고, 시스템 반도체는 x[nm](7nm)까지 개발되었습니다. MOSFET 베이스로는 단단위 x[nm]의 회로 선 폭은 물리적으로나 공정적으로 모두 불가능하게 보는 것이 일반적인 관점이지만, 어찌 되었든 여러 패턴 방식을 활용하여 2023년에 3nm까지 축소하는 것을 목표로 하고 있습니다.

■ 반도체 테크놀로지 기준 변경 필요

MOS 회로 선 폭 축소가 정체된 수평전개의 방향이 한계에 부딪힌 후로는, 제품을 다양하게 하는 수직전개가 활발하게 진행되고 있습니다. 그런데 이는 엄밀하게는 S-D 간 거리나 게이트 길이가 아닌, 3D 및 여러 가지 수직방향의 기법을 포함한 다른 제각각의 축소 혹은 이에 준하는 물리적 인자들을 등가적 축소로 해석하여 이를 모두 포함하고 있습니다. 그에 따라 테크놀로지의 방식과 해석 등의 차이로 더 이상 10nm 이하의 테크놀로지 기준을 일률적으로 정하고, 차이를 평가하는 자체가 불가능해져 기존의 '2D Only Technology' 기준은 점차 무의미해지고 있습니다. 새로운 기준으로는 '선 폭을 구현하는 테크놀로지 노드' 대신 3D를 포함하여 '단위 체적당 TR 밀도' 등으로 테크놀로지를 새롭게 정의하는 기준이 마련되어야 하겠습니다(예 cm^3당 몇 개의 TR을 실현).

> **• SUMMARY •**
>
> 넷다이의 변수에 따라 결정되는 손익 구조의 사례를 통해 공급자 측면에서 넷다이가 중요한 이유를 알아봤습니다. 가능한 한 웨이퍼는 큰 직경으로, 다이 사이즈는 최대한 작게 해 이익 구조를 만드는 것이 핵심입니다. 참고로 넷다이 외 다른 여러 조건들은 가정으로 설정했으므로, 세부적으로 여러 가지 항목을 포함하여 계산하면 실제와는 어느 정도의 차이가 있을 수 있습니다. 하지만 큰 그림으로 볼 때 넷다이를 이해하는 데 걸림돌은 없을 것입니다. 반도체의 처음과 끝은 이익과 시장점유율에 초점이 맞춰져 있으며, 이것들은 근본적으로 넷다이 개수를 결정하는 테크놀로지가 좌우지합니다. 이러한 흐름에 따라 테크놀로지 노드 설정 → 제품 기획 → 기술 향상과 제품 개발(+설계) → 제조 → 판매 등의 순서가 단계적으로 진행되고 있습니다. 이런 일련의 과정과 기술 향상을 통해 얻은 넷다이 수익을 공급자가 수요자에게 분배한다면, 넷다이 확장은 공급자와 수요자 모두에게 윈-윈하는 방향이 되겠습니다.

메모리의 성장과 제품의 세대교체

메모리 반도체 산업의 성장을 일목요연하게 저울질할 수 있는 방법에는 무엇이 있을까요? 업계에서는 주로 '비트그로스(bit Growth, bG, 비트증가율)'와 '비트크로스(bit Cross)'라는 두 가지 지표를 사용합니다. 비트증가율은 메모리 용량을 비트(bit) 단위로 환산해 비트 생산량의 증가율을 계산함으로써 전체적인 성장률을 알아보는 방식입니다. 비트크로스는 제품의 세대교체로서, 비트당 가격을 기준으로 2개 제품(Old vs New)의 비트 가격 트렌드가 엇갈리는 교차점입니다. 비트크로스를 예측(계산)하여 제품별 흥망성쇠를 가늠할 수 있습니다. 즉 주력제품이 바뀐다는 것이지요.

비트증가율은 마케팅 영역(수요−비트증가율)의 판매량 증가와 제조 영역(공급−비트증가율)의 생산량 증가를 비교하여 영업이익률을 사전에 예측(Short Term)할 수 있게 합니다. 즉 비트증가율은 마케팅에서 영업적 사항들인 시장 대응과 영업 전략의 방향을 설정(Long Term)하는 데 활용할 수 있지요. 비트크로스는 제품의 교체로 발생되는 발전사적 전개를 제시하고 테크놀로지와 연계한 제품 개발에 사용합니다. 또한 향후 반도체 미세화(Tech. Shrink)를 전개하고, 미래 전략을 마련하는 타당성을 검토하는 데 인용되기도 하며, 여러 가지 상황 분석에 적용 범위를 넓힐 수 있는 개념입니다. 공급−비트증가율이 수요−비트증가율보다 높은 기간이 길어지면 무슨 일이 발생할까요? 비트크로스가 발생했다는 것은 무엇을 뜻할까요?

7.1 비트증가율

■ 트랜지스터 vs 셀 vs 비트의 공통점과 차이점

트랜지스터(TR)와 셀(Cell)은 하드웨어 의미를 갖고 있는 저장매체를 구성하는 일부이거나 전체이고, 비트(bit)는 소프트웨어적인 저장매체입니다. 따라서 물리적인 공간을 점유하는 영역은 TR 혹은 셀이고, 비트는 가상의 공간 영역이지요. 데이터의 본질은 비트이고, 셀은 1개 비트의 정보 데이터(디램) 혹은 그 이상의 정보(낸드)를 저장할 수 있습니다. 즉 셀과 비트는 모두 데이터를 저장(포함)할 수 있는 능력을 갖고 있는 반면, 디램이나 시스템 반도체에서의 TR 1개는 1개 비트를 저장할 수 없고 단지 스위칭/증폭 등 전기적인 소자의 특성 혹은 기능만을 갖습니다.

■ 비트증가율과 연평균 성장률(CAGR)

비트는 신호를 담아내는 최소 단위의 그릇입니다. 따라서 비트가 많을수록 정보를 많이 담을 수 있으며 제품의 가격도 높아집니다. 64Gb 제품보다 128Gb 제품의 가격이 더 높은 이유이지요. 비트증가율(bG)은 용량(개수가 일정한 경우)이 커지거나 개수(용량이 일정한 경우)가 많아지는 경우 모두 포함됩니다. 이는 크게 시장(수요성-비트증가율)과 반도체 제조 과정(공급성-비트증가율), 웨이퍼 상의 비트증가율로 나뉩니다. 그 외에도 비트증가율은 필요나 편의에 따라 여러 상황에 응용될 수 있습니다. 비트증가율은 대개 연평균 성장률(CAGR, Compound Annual Growth Rate, 일정 기간 동안의 시장 분석용)로 산출하는데, 이를 통해 일정 기간 연도별 제품의 수요-공급에 대한 평균성장을 분석할 수 있습니다. 비트증가율은 제품의 양적 관계, 비트크로스는 제품의 가격적 관계를 나타냅니다. 따라서 비트증가율은 판매량과 생산량의 지표가 되고, 비트크로스는 비트당 단가/가성비의 기준이 됩니다.

> **Tip** 연평균 성장율(CAGR)은 일정 기간 동안 중간의 급등락과는 상관없이 시작연도와 종료연도의 수치로 복리 계산식(성장 이익을 재투자)을 이용하여 산출한 평균값으로써 실제 성장 비율이 아닌 대푯값입니다.

■ 메모리의 CAGR

메모리 제품의 비트증가율은 디램과 낸드 평균적으로 CAGR 20~60% 사이에서 변동을 보이지만, 주로 CAGR 30~50%를 나타냅니다. 이는 곧 용량 확장에 대한 욕구와 맞물려 타 산업 대비 메모리 반도체의 수요가 꾸준히 증가하고 있다는 의미로 해석됩니다. 그동안 메모리 가격은 매년 약 20~30% 정도는 떨어지므로, 매년 30% 정도의 비트 성장을 해야만 적자를 면할 수 있었습니다. 반대로 생각하면, 공급-비트증가율이 증가한 만큼 메모리 가격이 낮아졌다고 볼 수 있지요. 이는 경쟁이 그만큼 치열하다는 반증인 동시에, 끊임없이 제품을 개발하고 만드는 과정을 통해 수요층의 기대치가 상승하고 나아가서 반도체 산업이 발전할 수 있는 동기부여가 되는 것이지요.

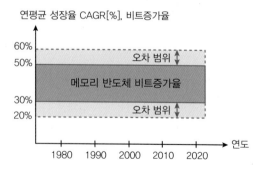

그림 7-1 메모리 반도체의 비트증가율 범위[12]

7.2 갈수록 하향 조정되는 비트증가율

■ 용량과 비트증가율의 관계

가전사업의 경우를 보면, 판매 대수로 물리적 성장률을 가늠하므로 전년 대비 다음 연도의 매출 대수가 증가해야 성장한 것입니다. 그러나 반도체 사업에서는 특이하게도 개수 증가도 성장이지만, 출하된 제품의 단품 개수가 같아도 용량이 2배로 늘어났다면, 이를 2배의 성장으로 봅니다. 예를 들어, 작년에는 64Gb 낸드를 1만 개 판매하고 올해에는 128Gb 낸드를 1만 개 판매했다면 개수 기준의 증가율은 0%이지만, 비트증가율은 2배(CAGR 100%)가 됩니다. 메모리 영역에서는 128Gb 낸드를 1개 판매한 것이 64Gb 낸드 2개를 판매한 결과와 동일하기 때문이지요. 이러한 특성은 반도체만의 묘미이자, 끊임없이 용량을 늘려 나아가는 원동력이 되지요. 이렇듯 메모리 반도체 제품의 성장을 측정할 때는 패키징이 완료된 제품의 단품 숫자만이 아닌 제품의 용량을 함께 계산해야만 성장률을 정확하게 분석할 수 있으며, 시장의 왜곡을 방지할 수 있습니다.

■ 디램과 낸드의 CAGR 비교

메모리 반도체 내에서 디램의 CAGR은 약 15%, 낸드는 약 30%로 낸드가 디램보다 CAGR이약 1.5~2배 정도 높게 형성됩니다. 이는 낸드만의 특성인 플로팅 게이트(Floating Gate)/CTF(Charge Trap Flash)를 이용한 비휘발성 특성의 활용도가 증가하고 있고, 1개의 물리적 셀에 비트기능을 2개(2bit per cell) → 3개(3bit per cell) → 4개(4bit per cell)까지 전자적(물리적+전자적)으로 확장할 수 있으므로 디램에 비해 비트를 생성하는 데 있어서 유리하기 때문입니다. 또한 디램의 커패시터(Capacitor) 구조물보다는 낸드의 플로팅 게이트/CTF를 형성시키는 과정이 구조상 유리하지요. 하지만 매년 메모리 반도체의 비트증가율은 디램과 낸드 산업의 규모가 커짐에 따라 자연스럽게 하향 조정되고 있습니다. 디램은 채널길이 10[nm] 초반급의 1x[nm] 극세화를 구현하는 데한계에 다다랐으며, 낸드는 3D/PUC(Peri Under Cell) 등 셀 구조 형성에 복잡성이 더해져 비트증가율이 최근 들어 더욱 급격히 떨어지고 있는 추세입니다.

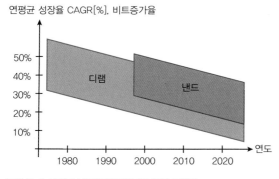

그림 7-2 디램과 낸드의 비트증가율 하향 트렌드

7.3 비트증가율과 영업이익율

비트증가율(bG)은 수요(판매) 측면과 공급(생산) 측면으로 나눌 수 있으며, 공급 측면에서는 또 웨이퍼-비트증가율을 별도로 구분할 수 있습니다. 판매량이 많다는 것은 수요-bG가 비례하여 증가했다는 것이고, 생산량이 많으면 공급-bG가 높아진 것입니다. 수요-bG > 공급-bG일 경우 제품 가격은 오르게 되어 영업이익율이 높아지고, 그 반대일 경우는 제품 가격이 떨어져 이익율도 낮아집니다. 반도체의 특이한 현상은 수요-bG가 공급-bG보다 ±5%만 벗어나도 판매 가격이 ±50%로 급등락한다는 특징이 있습니다. 수요-bG와 공급-bG가 동일할 경우에는 시장이 안정적으로 수요 및 공급을 유지할 수 있으나, 이러한 상황은 매우 짧은 기간으로 끝납니다. 일반적으로 공급자끼리의 경쟁에 의해 미세화 혹은 제품 용량 업그레이드를 통해 끊임없이 공급-bG는 상승 추세이고, 그 와중에 수요가 공급을 뒤늦게 따라가면서 수요-bG와 공급-bG의 언매칭(Unmatching)으로 제품 가격의 등락 폭이 확대 혹은 축소됩니다. 영업이익율은 수요/공급-bG뿐만 아니고, 수율 및 원가로 부터도 민감하게 반응하지요. 공급-bG > 수요-bG의 기간이 길어질 경우 공급자끼리의 원가 경쟁이 치열해져 치킨 게임 형국으로 진입하기도 합니다. 그러나 2010년 초 디램에서 엘피다(히다치, 미쓰비시, NEC의 연합회사)가 사라져 공급자가 3개 기업으로 정리된 이후로는 치킨 게임이 발생하지 않았습니다.

그림 7-3 수요-비트증가율과 공급-비트증가율의 관계

7.4 웨이퍼-비트증가율

웨이퍼-비트증가율(Wafer-bit Growth)은 웨이퍼당 최대 용량(넷다이 개수×용량)의 증가율을 말합니다. 웨이퍼-bG가 증가하는 경우는 크게 두 가지입니다. 하나는 미세화(Technology Shrink) 측면에서 선 폭이 작아져 다이 사이즈가 축소되면서 웨이퍼당 넷다이 개수가 증가하는 경우이며[1], 다른 하나는 다이 크기와 넷다이 개수는 동일하지만 각 다이의 메모리 용량(Density, 낸드인 경우) 자체가 커지는 경우입니다.[2]

---

[1] 6장 '넷다이' 참조
[2] 그 외에도 웨이퍼 직경 자체가 커지는 특수한 경우가 있는데, 이는 20~30년에 한 번 정도 발생되므로 논외로 함

웨이퍼–bG를 상승시키는 것은 공급–경쟁자 대비 우위에 설 수 있는 중요한 변수가 되므로, 이 두 가지 방향으로 제품을 개발합니다. 웨이퍼–bG는 공급–bG에 크게 영향을 끼치는데, 공급–bG는 제조의 공정생산 능력을 확대하는 방법 이외에도 웨이퍼–bG를 근간으로 설정할 수 있어서, 공급–bG = 웨이퍼–bG × 공정의 생산 능력지수(Capacity Index) × 수율로 정리할 수 있습니다. 수율은 크게 웨이퍼 수율과 패키지 수율로 나뉩니다. 수율은 투입(Input)된 수량 대비 뽑아낸 양품 수의 비율을 퍼센트로 계산합니다(수율 = 양품 개수/투입된 개수).

Tip 공정의 생산 능력지수(Process Capacity Index)는 공정의 최적 생산효율을 지수로 표현한 것입니다. 이는 재료, 장치, 인력, 방식, 측정 등 생산의 핵심적인 요소들을 고려하여 공정별, 팹별, 테크놀로지별, 제품별로 같은 조건으로 정량화시킨 후, 각 공정의 생산 능력 수준이 어느 정도이고 향후 어떤 방향으로 진행될 것인지를 추정할 수 있습니다.

7.5 비트크로스(제품의 세대교체)

■ 비트 가격의 교차, 비트크로스

반도체 제품을 가격으로 환산할 때는 웨이퍼당, 단품당, 트랜지스터(TR)당, 기가바이트(GB)당, 비트당 가격으로 나타낼 수 있는데, 그중 비트당 가격으로 비교하는 방식이 가장 원초적이고 정확하다고 할 수 있습니다. 디램에서는 비트당 가격과 TR당 가격이 같지만, 낸드에서는 비트 가격이 TR 가격보다 낮습니다(SLC는 동일). 반도체 제품은 업그레이드를 거듭하며 시장에 출시되는데, 처음에는 New 제품(예 64Gb MLC, 2012년 7월)의 비트 가격이 높게 형성되지만, 일정 기간이 지나면 비트 가격이 점점 낮아지다가 Old 제품(예 32Gb MLC, 2013년 7월, 시세 : 3달러, 비트 가격 : 0.093×10^{-9}달러)보다 비트 가격(64Gb의 비트 가격 : 0.078×10^{-9}달러, 시세)이 낮아지게 됩니다. 이는 십자선이 교차되듯이 2개 제품의 비트 가격 추이선의 역전이 일어난 것이지요. 가격이 같아진 때를 비트크로스(bit Cross)가 발생한 시점이라고 합니다. 즉 비트크로스는 비트 가격이 교차(New 제품과 Old 제품의 비트 가격이 동일할 때)되는 점에서 수요 주력제품이 시장에서 Old에서 New로 변경

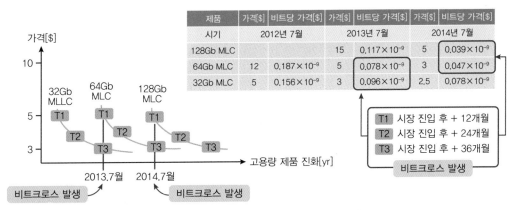

제품	가격[$]	비트당 가격[$]	가격[$]	비트당 가격[$]	가격[$]	비트당 가격[$]
시기	2012년 7월		2013년 7월		2014년 7월	
128Gb MLC			15	0.117×10^{-9}	5	0.039×10^{-9}
64Gb MLC	12	0.187×10^{-9}	5	0.078×10^{-9}	3	0.047×10^{-9}
32Gb MLC	5	0.156×10^{-9}	3	0.096×10^{-9}	2.5	0.078×10^{-9}

T1 시장 진입 후 + 12개월
T2 시장 진입 후 + 24개월
T3 시장 진입 후 + 36개월
비트크로스 발생

그림 7-4 낸드의 제품별 비트 가격 변화와 비트크로스의 발생(가격과 시기는 임의로 설정함)

혹은 교체된다는 것을 뜻하지요. 주력제품인 64Gb MLC가 2014년 7월에 128Gb MLC로 변경되는 비트크로스도 같은 트렌드, 같은 맥락입니다.

■ 비트크로스와 비트증가율의 관계

제품에서만 아니라 더 나아가서, 지속가능한 비트증가율을 위해서는 테크놀로지의 세대교체가 일어나야 합니다. 특히 전후 테크놀로지의 주력제품에서 비트크로스가 발생한 후에는 수요 확대로 이어져야 합니다. 그러나 비트크로스가 일어났다 하더라도, 수요자 위주의 시장에서는 New 주력제품의 비트증가율이 최대화 후 일정 기간(약 몇 개월)이 지나면 공급이 많아져 수익성이 약화되는 현상이 자주 발생합니다. 공급자 입장에서는 비트크로스의 빈번한 발생 및 New 제품에 대한 비트증가율의 확대가 마냥 달가운 것만은 아니지요. 비트크로스를 한 번 발생시키려면, 개선된 기능성 제품 개발 → 수익성 있는 수율 향상 → 안정적인 품질 등 고단한 단계들의 연속입니다. 그러나 수요자는 되도록 주력제품의 손바꿈이 자주 발생하기를 기대합니다. 이런 분위기는 1990년대 중반에서 2000년대 후반까지 15년간 메모리 반도체의 치킨 게임 양상으로 계속되었습니다. New 제품으로 비트크로스가 발생되고 나서 New 제품의 공급-비트증가율이 수요-비트증가율보다 높은 기간이 길어지면 무슨 일이 발생할까요? 파산하는 업체가 늘어납니다. 즉 제품 개발을 잘못하면 공급자 입장에서는 수익성이 떨어져 몇 조원씩 손해를 볼 수도 있습니다.

7.6 메모리 반도체의 치킨 게임

디램 메모리 반도체 사업에서는 1980년 이후, 치킨 게임이 10년에 한 번씩 발생했다고 볼 수 있습니다. 치킨 게임은 디램 사업이 빅사이클로 업-다운(Up-Down)을 반복하면서 불황기를 극복하지 못하고 파산에 이르게 되는 치열한 경쟁과 처절한 상황을 표현한 것입니다. 여기에는 기술에 의한 제품의 앞선 개발, 공정 안정 및 생산성이 뒷받침되는 원가 경쟁력, 적기 투자에 대한 판단, 환경요인 등이 작용하고 있습니다.

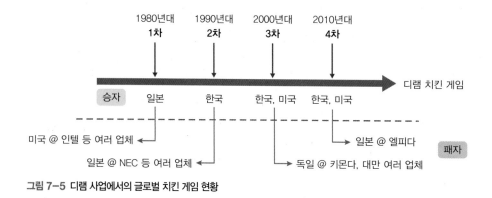

그림 7-5 디램 사업에서의 글로벌 치킨 게임 현황

첫 번째 치킨 게임은 1980년대 일본 업체와 미국 업체 간의 경쟁력 다툼이었는데, 여기서 미국의 대표적인 디램의 선구자 역할을 했던 인텔과 몇 업체들이 손을 들었습니다. 미국 반도체 기술에 뒤진 일본이 비용 전략면에서 앞섰던 사례입니다.

두 번째 치킨 게임은 1990년대에 한국 업체와 일본 업체 간에 발생했습니다. 이때의 상황은 1차 치킨 게임을 만회하기 위해 미국이 일본을 관세와 반도체 협정을 통해 강하게 압박했던 시기로, 의도적이지는 않았지만 미국이 한국을 도와주었던 형국이라 일본 업체들이 주춤거릴 수밖에 없었습니다. 특히 한국 업체들이 세계 최초 제품들을 연속적으로 개발하면서 탄력을 받았습니다. 일본의 여러 업체들은 경영난에 빠지게 되었고, 결국 디램 사업을 포기하게 됩니다. 내상을 입은 업체들끼리 연합종횡을 하여 일본 정부 주도로 엘피다가 탄생했는데, 그 무렵 한국에서는 LG반도체가 현대전자로 합병되었지요. 더군다나 1차 치킨 게임에서 밀려났던 미국 업체들의 빈자리를 한국 업체들이 채우기 시작하면서 한국 메모리 사업은 상승세를 타기 시작합니다.

이때까지는 경쟁 업체들의 영역이 비교적 좁았습니다. 세 번째 치킨 게임은 2000년대 미국, 일본, 대만, 유럽, 한국 등 글로벌 영역에서 다발적으로 발생했는데, 세 번째가 네 번의 치킨 게임 중 가장 치열한 시기였고 또 쓰러진 기업체 수도 제일 많았습니다. 이때는 치킨 게임을 먼저 시작한 대만의 여러 업체들과 유럽의 키몬다(인피니언의 자회사)가 밀려났습니다. 2000년 말 디램의 치킨 게임이 실질적으로는 마지막이라고 볼 수 있습니다. 엘피다도 파산 직전까지 갔었으나, 일본 정부의 자금 수혈로 몇 년간 겨우 버틸 수 있었지요. 3차 치킨 게임을 기점으로 디램 사업의 흐름이 본질적으로 바뀌게 되는데, 다수의 참여 업체에서 소수의 핵심 업체로 재편되는 계기가 됩니다.

마지막 네 번째 치킨 게임은 정리 단계라고 보면 되겠습니다. 2010년대 일본 최후의 보루였던 엘피다(히다치, 미쓰비시, NEC의 연합회사) 마저 파산했기 때문입니다. 엘피다는 일본의 여러 업체들이 디램 사업부문을 떼어내어 합병할 당시로는 디램 순위 2위까지 올라섰던 회사였습니다. 결국 미국의 마이크론 테크놀로지가 이를 인수함으로써 1차 치킨 게임에서 밀려난 미국의 자존심을 다시 세우게 되고, 40여 년에 걸친 디램의 절박했던 순간의 연속인 치킨 게임은 사실상 막을 내리게 됩니다. 그러나 엘피다와 합병할 당시는 마이크론이 글로벌 디램 2위의 크기였으나, 얼마 지나지 않아 SK하이닉스에 뒤진 3위로 다시 하락함으로써 엘피다의 합병에 대한 시너지가 크지 않은 것으로 판명나게 되었습니다. 그 이후로는 디램이 3개의 IDM 업체(삼성, SK하이닉스, 마이크론)로 마무리되면서 경쟁 사업체끼리는 긴장은 계속되고 있지만, 공급자가 3개 기업으로 정리된 이후로는 더 이상 치킨 게임은 발생하지 않고 있습니다.

Tip IDM(Integrated Device Manufacturer, 종합반도체회사)은 반도체 제품의 개발/설계/생산/판매 등 전체의 프로세스를 자체적으로 진행하는 업체입니다. 1990년대까지는 대부분 IDM 형태였으나, TSMC가 2000년대 본격적으로 등장하고부터는 팹리스, 파운드리, IDM 등 반도체 사업 형태가 다각화되었습니다.

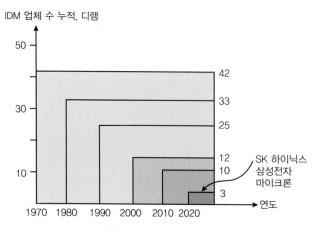

IDM 업체 수 누적, 디램

그림 7-6 연도별 글로벌 디램 IDM 업체 수(글로벌 디램 시장점유율 3% 이하 업체는 제외)

■ 1960년대 : 미국 주도의 반도체 태동의 시대

1960년대는 반도체가 개발되고 나서 다이오드, 트랜지스터 등 디스크리트(Discrete) 제품을 시작으로 시스템 반도체 및 메모리 반도체의 기반을 다진 시기입니다. 반도체 전체적인 제품을 기준으로 볼 때, 주로 미국의 모토로라, 페어차일드 등이 반도체 IDM 사업을 이끌었으며, 한국에도 지사나 공장을 지었습니다. 이때부터 다국적 기업의 개념이 싹트기 시작했을 뿐만 아니라, 이들 기업들이 전세계적으로 반도체의 기반을 세우는 데 여러 가지로 공헌을 했습니다.

■ 1970년대 : 미국의 디램 시대

1970년 인텔을 시작으로 디램 사업은 채산성 있는 업종으로 인식되기 시작했고, 미국의 IBM(디램 창시), TI 등 20여 개 전자 업체가 뛰어들며 미국 주도의 산업으로 성장해 갔습니다. 초창기 디램은 1970년대 초 6T2C(6개 TR + 2개 커패시터, 데이터를 저장할 수 있는 최소 단위의 소자 혹은 회로 구성) MOSFET에서 시작하여, 본격적인 디램 시대는 1T1C의 1Kb[3]을 인텔이 개발하면서부터 열렸습니다. 미국의 디램 업체들은 1Kb 후에 4Kb, 16Kb 제품 등을 생산하면서 업체 간에 특별한 경쟁 없이 1980년대 중반까지 급속하게 확장했습니다. 80년대 초에도 64Kb, 256Kb 디램으로 최첨단 + 최고용량의 메모리를 선보이면서 발전을 하다가, 일본 디램에 발목을 잡히고 맙니다.

---

3 **1Kb** : bit(셀) 수가 1,000개 집적된 IC칩

■ 1980년대 : 일본의 디램 시대

1980년대는 일본에서 히다치를 주축으로 NEC, 미쓰비시, 도시바 등 10여 개 글로벌 전자 업체가 참여해 디램 산업의 대성황을 이뤘습니다. 일본의 디램 성공은 새로운 제품의 개발은 인텔에 뒤졌지만 원가 및 공정 관리에서 우위를 점한 덕분입니다. 미국은 대부분 고품질 웨이퍼(에피텍셜)를 사용하여 제품의 품질을 유지했지만, 일본은 과감히 저렴한 웨이퍼를 선택했고, 대신 팹 라인에서 통제력을 발휘하여 파티클(Particle)[4] 관리에 성공했지요. 이 시기는 제품이 고집적화 되어가면서 파티클에 의한 불량이 쏟아지는 때였습니다. 철저한 라인 관리는 제품들의 품질을 높여 수율 향상으로 이어졌고, 칩당 원가를 미국의 절반까지 낮출 수 있었습니다. 1980년대 중반 디램의 가격 사이클이 하락기가 되면서 일본은 낮은 판매 가격으로 마켓점유율을 높이게 됩니다. 일종의 첫 번째 치킨 게임으로 일본은 높은 기술력을 갖춘 미국을 뛰어 넘을 수 있었습니다. 결국 인텔은 이 시기에 디램 사업을 포기했습니다. 마이크론을 제외한 미국 대부분의 디램 업체들도 인텔의 뒤를 따르게 됩니다. 공정의 생산 능력이 고도의 설계 능력을 밀어낸 것이지요. 생산 라인을 걷어내고, 공장의 문을 닫으면서 한 회사에서만 일거에 만 여명에 가까운 인원을 정리해고한 것이지요.

■ 1990년대 : 한국의 디램 시대

[그림 7-7]은 디램 제품의 비트당 가격이 매년 급격히 떨어지는 트렌드입니다. 대략적으로 비트당 가격은 원가 절감 및 용량 증가에 힘입어 10년에 약 1/100 정도씩 하락해 왔습니다. 예를 들어, 1970년 1달러/비트는 10년 후에 0.01달러/비트가 됩니다. 그런데 디램보다 낸드가 더 가파르게 하락하고 있습니다. 이후 디램 반도체 산업 열풍은 한국으로 번져 삼성전자, SK하이닉스(구 현대전자), LG반도체 등 3각 체제가 확립됐습니다. 유럽에서도 반도체 산업은 SGS-톰슨 등 10여 개 정도되는 여러 ITC 업체들의 좋은 먹거리가 됐습니다. 이렇게 1970~1990년대를 걸쳐 약 40여 개 업체가 참여했지만, 원가 절감 경쟁으로 인해 10년마다 약 10개의 기업체가 디램 사업을 포기했습니다.

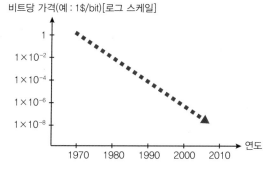

그림 7-7 연도별 비트당 가격 트렌드 예시

---

4 파티클 : 반도체 팹/패키지/테스트 공정에서 문제가 되며, 직경이 1μm보다 작은 미세한 먼지 입자. 클린 룸의 청정도는 1ft³당 1~10만까지 입자 직경(주로 0.1~0.5μm)에 따라 등급(Class)을 두어 관리함

1980년대에 전세계의 디램 시장을 풍미하던 일본 디램은 두 번째의 치열한 치킨 게임으로 규모가 큰 기업체들이 사업을 포기했고 NEC, 히다치, 미쓰비시를 주축으로 정부 주도로 엘피다를 새롭게 설립합니다. 1990년대 초 한국기업과의 4Mb 디램과 64Mb 디램까지 연이은 선두 제품 개발 경쟁에 뒤쳐지면서 대부분의 일본 디램 업체들은 역사에서 사라져갔습니다(이 시기에 시스템 반도체 영역도 부진을 면치 못하여 여러 사업체를 모아 르네사스를 새롭게 설립합니다). 엘피다도 2000년대 말경의 세 번째 치킨 게임으로 소생의 길을 잃고, 결국 미국의 마이크론에 팔리게 되지요. 일본의 디램 반도체는 미국에게는 원가와 공정의 생산 능력 향상으로 우위에 섰지만, 한국의 디램 업체에게는 기술력과 투자에 밀려 개발, 원가, 생산 능력 등 대부분의 영역에서 경쟁력을 잃게 되었습니다. 그 이후로 디램 반도체 사업은 IDM 업체 3곳(삼성전자, SK하이닉스, 마이크론)으로 집약되면서, 이들 3개 업체가 세계 디램 시장을 주도하고 있습니다.

7.8 2000년대, 낸드의 시대

낸드 플래시 사업은 IDM 업체 4곳(삼성전자, SK하이닉스, 키옥시아(구 도시바), 마이크론 + 인텔) 이 입지를 굳히고 있습니다. 현재는 SK하이닉스가 인텔 낸드 사업부문을 인수했고, 웨스턴디지털이 키옥시아를 M&A하려고 추진 중입니다. 낸드 영역은 디램의 학습효과로 출발부터 규모가 되고 경쟁력 있는 업체들만 사업을 진행했기 때문에 초창기 설립된 IDM 업체 중에 사라진 곳은 아직 한군데도 없습니다. 낸드 역시 2000년대와 2010년대에 치킨 게임에 들어갔고, 그 와중에 키옥시아가 계속 수익을 내지 못해 엘피다의 전철을 밟을 가능성이 높습니다. 현재 낸드도 디램과 유사하게 소수의 IDM 업체들이 세계 전체 시장을 점유하고 있으며, 메모리 사업의 진입장벽이 높기 때문에 이런 현상은 당분간 유지될 것으로 전망되고 있습니다.

7.9 2010년대, 대만의 파운드리 시대

메모리 반도체 사업에서 약간 다른 방향이지만, 파운드리 사업은 설계 능력은 있지만 제조 라인을 갖지 못하는 팹리스(Fab-less) 업체들로부터 설계도를 받아서 반도체 제품을 만들어 주는 업종으로 주로 시스템 반도체의 사업 형태입니다(메모리 사업은 거의 대부분 IDM 사업으로 자체적으로 설계에서 제조까지 진행합니다). TSMC는 대만 업체로써 전세계 물량의 50% 정도를 수주하는 세계 최대의 파운드리(Foundry) 업체[5]입니다. 파운드리 업체들이 IDM에 앞서서 EUV 등 최첨단 장비를 선구매하는 등 테크놀로지(선 폭, 3nm를 전략적 목표로 설정) 측면에서도 단연 앞서가고 있습니다. 기술적으로 뒤쳐졌던 파운드리가 반전하여 도리어 IDM을 선도해 나가는 모습을 보이고 있습니다.

---

5 파운드리 업체 : 팹-Only 업체로, 반도체 제품 개발 및 설계를 제외한 제조 공정만을 위탁 받아서 진행하는 생산전문 업체

7.10 2020년대, 미국/유럽/일본의 시스템 반도체 시대

반도체 시장에서 시스템 반도체 대 메모리는 약 7 대 3 혹은 6 대 4 정도로, 시스템 반도체 시장이 훨씬 넓습니다. 디램 사업을 포기한 미국의 인텔, 모토로라, 텍사스 인스트루먼트 등 십 수 업체, 일본의 20여 개 업체 및 유사한 업체들이 연합하여 설립한 르네사스, 디램 사업을 포기한 독일의 인피니언(키몬다의 모기업) 및 유럽에서 가장 큰 규모의 반도체 기업체인 ST마이크로(NOR 플래시 사업에서 NAND로 진입 못함, 이탈리아–프랑스 합작) 등 수많은 업체들이 시스템 반도체 시장에서 군림하고 있습니다. 이들 대부분의 업체들은 1980년대부터 2000년대에 걸쳐 메모리 사업에서 밀린 업체들이지만, 인텔 등 일부는 오히려 전화위복이 된 경우이지요. 자동차 반도체 등 각종 기기에 사용되는 시스템 반도체의 기세는 점점 커져갈 것입니다.

7.11 설립에서 글로벌 기업 1위 달성까지의 기간

메모리 반도체 업종을 시작한 기업들은 설립에서 글로벌 1위가 되기까지 약 20년의 기간이 소요되었습니다(TSMC는 메모리 업종이 아니지만, 특수한 경우로써 데이터에 같이 포함했습니다). 물론 한국의 삼성전자와 SK하이닉스는 그 이후에도 추가로 20년 이상을 꾸준히 글로벌 1위 위치를 지키고 있는 특별한 경우로, 중국의 추격이나 다른 특별한 상황이 발생하지 않는 이상 현재의 위상을 계속 이어 나갈 것으로 추정됩니다. 20년이란 긴 세월이 소요된다는 것은, 반도체 사업이 장치 산업이며 기술 산업이기 때문에 그만큼 진입장벽이 높다는 것이지요. 장치와 기술 모두를 갖추고 끊임없이 이 두 가지를 글로벌 최고/첨단/극한의 수준으로 유지해야 하며, 그중에 한 가지라도 부족하게 되면 낙오될 가능성이 높아집니다.

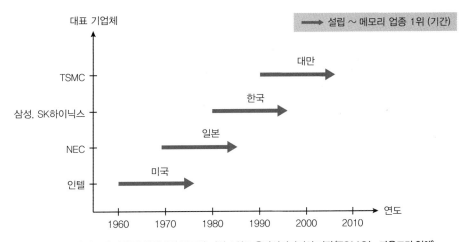

그림 7–8 메모리 반도체 기업 중 설립에서 글로벌 기업 1위로 올라서기까지의 기간(TSMC는 파운드리 업체)

7.12 글로벌 반도체 시장의 성장

글로벌 반도체 시장의 성장율을 보면, 10년에 평균 약 100B USD(100조 원)씩 성장하고 있습니다. 즉 1년에 평균 10B USD(10조 원)가 증가합니다. 이는 메모리, 시스템 반도체, 디스크리트 반도체 등 반도체 전체가 포함된 값으로 향후 증가율은 더욱 커질 것입니다. 디램 시장은 1980년대 초에는 10B USD(10조 원) 미만의 시장으로부터 출발하여 경쟁이 치열한 2010년대까지는 70B USD(70조 원)이하의 시장이 형성되다가 엘피다의 몰락 이후 급격히 성장하여 10년(2010~2020년) 만에 약 3배 가깝게 뛰어올랐습니다. 향후 이런 증가세는 이어질 것으로 전망되고, 반도체 전체 매출에도 영향을 끼치게 될 것입니다.

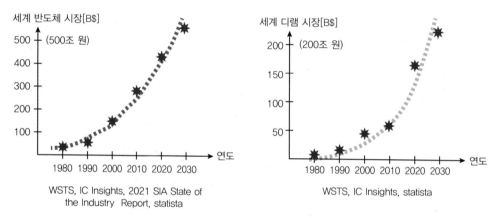

그림 7-9 연도별 글로벌 반도체 시장의 성장 트렌드(2030년은 추이선에 따른 추정치)[13]

• SUMMARY •

비트증가율-비트크로스(bit Growth-bit Cross)는 왜 필요할까요? 비트증가율과 비트크로스는 주로 반도체 제품에 적용되는 지표로, 이번 장에서는 물리적인 단위의 성장률이나 가격 혹은 메모리 용량 등에 한해 제한적인 범위를 설정해 비교했습니다. 비트증가율-비트크로스의 검토 목적은 메모리 산업의 동향(반도체 수요 사이클)을 분석하고 장비의 투자 정책을 설정하며, 제품의 개발방향(제품 포트폴리오)과 양산 시점을 예측하기 위함입니다. 2개 인덱스 모두 미래 예측을 어떻게 할지에 대해 중요하게 결정하는 요소들 중의 하나로 활용되고 있습니다. 비트증가율-비트크로스는 서로 영향을 주고받으며, 매출이나 영업이익 등에 민감하게 반영됩니다.

CHAPTER 08

용량과 원가, 그리고 시장지배력

메모리 반도체 기술과 산업에서 가장 중요한 핵심은 바로 '용량성의 확대'입니다. 이는 정보를 유통하거나 담아내는 그릇인 비트(bit)을 많이 포함한다는 의미입니다. 메모리의 수요층에서는 속도, 신뢰성 등 다양한 조건을 요구하지만, 그중 저장공간에 대한 욕구가 가장 크다고 볼 수 있습니다. 용량이 증가하면 저장 능력이 향상되므로 가격이 올라야 할 것 같지만, 그렇지 않습니다. 메모리 칩의 가격은 용량에 비례하지 않고 용량과 무관하거나 심지어 반비례하여 1달러와 8달러 사이에서 롤러코스터를 탑니다. 그렇다면 메모리 용량(Density)과 반도체 제품의 원가(Cost)는 어떠한 상관관계가 있을까요? 그리고 이러한 요소(Factor)들은 메모리 반도체 시장에 어떠한 영향을 끼치게 될까요?

8.1 10년에 약 1,000배(2^{10})씩 증가, 메모리 용량

메모리의 용량은 1970년대 1Kbit(킬로 비트) 디램을 시작으로 볼 때, 대략 10년에 약 1,000배(2^{10})씩 증가하는 추이를 보여왔습니다. 1980년은 Mega bit(메가 비트)의 시대였고, 1990~2000년대는 Mega bit에서 Giga bit(기가 비트)로 전환되는 시기였습니다.

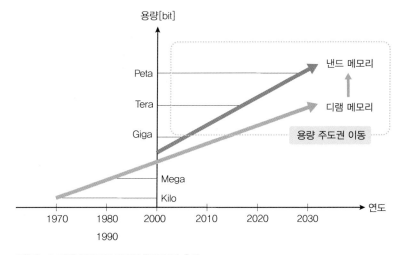

그림 8-1 디램과 낸드의 연도별 용량 증가 추이

08 용량과 원가, 그리고시장지배력 • 71

■ 낸드의 고용량화

실질적인 용량성 메모리의 강자는 2000년 초에 나타난 낸드였습니다. 낸드의 경우 초기에는 용량이 1Gbit 미만의 128Mbit(Mega : 2^{20}), 256Mbit 정도인 SLC 제품이 등장했는데, 10년 후에는 그보다 용량이 약 1,000배 증가한 64Gbit(Giga : 2^{30}), 128Gbit의 MLC 제품이 대세가 됐습니다. 2020년 초인 최근에는 Gbit의 약 1,000배인 Tera(2^{40}) bit의 TLC 제품이 주류가 되기 시작했습니다. 낸드의 용량은 10~15년에 거의 1,000배씩 증가하는 트렌드를 보여 온 셈이지요. 이런 추이라면, Tera bit의 약 1,000배인 Peta(2^{50}) bit 시대(QLC-NAND)가 2030년 초반에 찾아올 것입니다. 책 1권당 10Mbit 미만, 영화 1편당 20Gbit이면 충분하므로, 엄지손톱 정도의 낸드 칩 하나가 갖는 1Tbit 용량은 평생 읽을 책 10만 권 이상을 저장할 수 있으며, 영화 수십 편을 보관할 수 있습니다.

■ 디램 용량 비교

디램에서는 최근 64~128Gbit의 제품(DDR5)들이 출시되고 있어, 낸드에 비해 2020년도에는 1/100배 정도의 용량성을 유지하고 있습니다. 향후 시간이 갈수록 둘의 차이는 더욱 벌어져서 2030년에는 낸드가 디램보다 1,000배, 2040년에는 10,000배 이상으로 벌어질 것으로 추정됩니다.

> **Tip** Byte는 8bit을 단위로 묶어서 1Byte로 명명합니다. ASCII 코드의 문자 단위를 나타내기 위해 8bit을 한 워드(Word)로 사용하면서, 컴퓨터의 기억장치를 나타내는 최소 단위로 적용 범위(bit에서 Byte로)를 넓혔습니다.

8.2 용량 극대화 → 비트당 낮은 원가 형성

■ 물리적 방식의 용량 확대 및 면적 축소

용량의 확대는 코어 제품(기준)을 개발한 후에 다음 단계로 개발하는 파생 제품에서 주로 이루어집니다. 새로운 파생은 코어와 동일한 테크놀로지를 적용하여 여러 가지 용량을 갖는 옵션 제품을 완성하는 작업입니다. 용량을 확대하기 위해서는 가장 간단하고 직접적인 방법으로 제품 개발을 통해 칩의 크기는 약간 커지더라도 물리적인 셀의 수를 증가시키는 방식입니다. 일반적으로 용량을 2배로 확대하면 칩 면적도 2배가 늘어나야 하지요. 그렇지만 실장 보드에서는 이를 허용하지 않기 때문에, 변경 전과 동일한 면적이거나 보통 +20% 이내에서 확대해야 합니다. 최대한 셀당 점유 면적을 축소시켜야 하지요. 메모리에서 물리적인 셀은 트랜지스터 혹은 전자를 저장하는 커패시터를 의미하므로, TR(혹은 커패시터의 밑면적)의 크기를 작게 하거나 TR과 TR을 연결하는 회로의 선 폭을 최소화합니다. 이는 메모리 반도체에서 전통적인 스케일링 다운(Scaling Down)의 여러 가지 미세화 방식으로 디램과 낸드 등 모든 메모리에 적용됩니다.

> **Tip** 테크놀로지(Technology)는 선 폭 CD를 의미하며, 테크놀로지의 전개는 미세화 혹은 스케일링 다운이라고도 합니다.

■ 전자적 방식의 용량 확대

(1) 멀티-비트 방식

낸드처럼 비트 수의 확대만을 통한 제품화는 일정 크기의 물리적인 셀 내에서 플로팅 게이트(FG)의 저장 능력에 차이(Level)를 두어 구분합니다. 즉 전자적으로 셀당 비트 수를 늘리는 방식이지요. 동일한 물리적인 셀 내에 낸드의 제품 단위인 MLC, TLC 등으로 비트를 확대하는 것은 물리적인 방식이 아닌 전자적 방식이므로 TR의 크기나 회로 선 폭과는 관계가 없습니다. 이는 물리적 셀 내에 전자들을 묶음 단위로 나누어 누적-계단(Cumulated Step, Step = Level) 방식으로 저장합니다. 그에 따라 각 그룹(Level)별로 문턱전압(V_{th})이 상이해지는 현상을 이용하여 경우의 수를 구분해낼 수 있지요. 경우의 수는 약간의 수학적 계산을 거치면 멀티-비트(Multi-bit)화 됩니다.

> **Tip** 누적-계단(저자가 임의로 명명함)은 동일 FG 내에 전자를 저장하는데, 전자의 개수는 10개, 10+10개, 10+10+10개 등으로 누적하여 늘려 나가는 방식입니다.

(2) 비트당 가격 비교 @ 디램 vs NAND

전자적 방식의 비트 수 확대는 비휘발성 메모리(예 NAND)에서만 가능한 옵션으로, 현재 낸드의 주력 제품은 셀 1개당 3개 비트(TLC 제품)를 구분해낼 수 있습니다. 1Cell-1bit인 디램은 물리적인 방식만으로만 비트당 가격을 낮춰야 하고, 1Cell-3bit인 낸드는 물리적 방식과 전자적 방식 두 가지를 이용할 수 있는 유리한 위치에 있습니다. 따라서 현재 메모리 용량 전개의 주도권은 디램에서 낸드로 넘어가 있습니다. 여러 가지 이유로 비트당 가격은 디램이 낸드보다 10배 이상 높게 형성되고 있습니다.

■ 낮아지는 비트당 가격(판가 = 원가로 가정)

제품의 용량이 확대되면 제품의 가격도 상승합니다. 하지만 가격 상승폭 대비 용량 확대가 더 크기 때문에 칩당 가격이 1.5배 상승해도 칩의 용량이 보통 4배(2~4배) 정도 증가하므로 수요자는 2.5배 이상의 이익을 얻게 됩니다. 즉 반도체는 신제품이 출시되어 높은 판매 가격이 형성되어도 일반적으로 용량이 가격 상승폭 이상으로 늘어나면서 비트당 가격이 더 낮게 형성되어 수요자에게 유리한 구조가 됩니다. 실질적으로는 용량이 증가하면 칩 사이즈도 증가하고 기타 변수도 많이 발생합니다. 또한 출시 가격은 기획 단계와는 다르게 출시 시기 등 시장변수에 따라 변동성이 커집니다.

[그림 8-2]에서 16Gb의 원가가 4달러이고 64Gb의 원가가 6달러일 경우, 수요자 입장에서 볼 때 비트당 구매가는 64Gb인 경우가 16Gb인 경우보다 2.7배 경제적 이득이 발생합니다. 이런 경제성은 미세화와 제품화 기술을 추진하고 전략화시켜 얻게 됩니다.

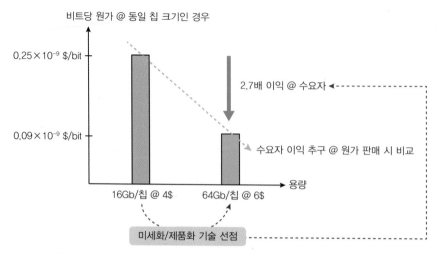

그림 8-2 칩 내 용량 확대로 인한 비트당 원가 인하(칩 가격은 임의 설정 및 판가 = 원가로 가정함)

8.3 칩 크기 극소화 → 칩당 낮은 원가 형성

■ 칩 면적 극소화

칩을 작게 하려면 다이 면적과 패키지 면적을 축소해야 합니다.[1] 다이 면적도 테크놀로지에 의한 방법과 디자인 룰(Design Rule)에 의한 방법이 있지요. 테크놀로지(회로 선 폭 축소) 방식은 소자 기능이 주축이 되어 공정에서 실현합니다.[2] 디자인 룰은 설계 기능이 주관하는데, 회로 패턴의 컴펙션(Compaction, 압축화)을 통해 최적의 다이 사이즈를 구현합니다. 그렇지만 다이 크기를 계속 작게만 할 수는 없으므로, 셀 효율(Cell Efficiency)을 최대화해 다이의 개수를 증가시키기 위한 최적의 설계 조건을 찾아야 합니다. 셀 에피션시는 웨이퍼 상에서 다이의 외곽 사이즈(가로–세로) 배치를 포함한 빈 공간을 최소화하여 다이 개수를 최대로 늘리는 작업입니다.

■ 디자인 룰(다이 면적의 최적화를 위한 설계 조건)

(1) 협의의 디자인 룰

협의의 디자인 룰은 설계상의 동작특성을 확보하면서 메탈 라인 폭 및 메탈 라인 사이의 물리적인 공간(Space)에 대한 최적 조건의 레이아웃(Layout)을 의미합니다. 그 외에도 채널길이, 소스와 드레인 사이 거리, 게이트 길이와 폭, 게이트 단자와 콘택(Contact) 사이, Well 등 모든 기하학적 구조와 그 사이에 대한 거리를 규정해 놓습니다. 특히 이런 공간을 람다(λ = 테크놀로지 절반 거리에 대한 CD)를 기준(Based)으로 설계하면 편리합니다.

---

1 패키지 면적은 '패키지' 편에서 다룰 예정으로 이 책에서는 다이 면적 축소에 대해서만 알아봄
2 6장 '넷다이' 참조

(2) 광의의 디자인 룰

광의의 디자인 룰은 여기에 더해, 프로세스 상태와 패키지의 물리적 형태, 인가되는 전기적인 조건(Electrical Condition), 패드 형태 등 여러 인자에 대한 최적의 조건을 세팅하는 것입니다. 그렇게 해서 웨이퍼 내 다이의 개수를 극대화하는 것은 웨이퍼 장당 가격을 높일 수 있게 되고, 결국 칩당 원가를 줄일 수 있는 여유를 갖게 되어 공급자에게 유리한 조건이 됩니다.

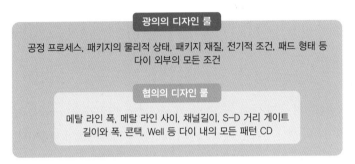

그림 8-3 디자인 룰 적용 항목

(3) 디자인 룰 프로세스

디자인 룰은 기술의 발전에 따라 변화합니다. 초창기에는 포토의 노광 공정 시에 직접 접촉(Contact, 마스크와 웨이퍼 접촉) 방식에 맞춘 1 대 1 레이아웃(패턴 설계)이 최적이었지요. 그러나 투영(프로젝션)/액침(이머전) 노광 방식으로 발전되면서, 패턴의 변형을 보정한 예측 패턴(마스크 패턴)으로 사용합니다. 왜냐하면 1 대 1 패턴은 마스크 패턴을 출발한 빛이 웨이퍼에 투영되는 과정을 거치면서 설계 패턴이 찌그러져 최종적으로 웨이퍼 상에 완성된 치수가 정확하게 나오지 않기 때문입니다. 예측 패턴은 평가와 시행착오(Trial & Error) 적용을 거쳐(OPC, 광근접보정) 최적의 매칭되는 패턴으로 다듬어 집니다.

8.4 사업 구조와 시장점유율

■ 반도체 비즈니스 구조

IDM 업체는 주로 패키지 레벨로 수요자에게 대응하고, 파운드리 업체는 100% 웨이퍼 레벨(팹 운영만을 가정)로 판매를 하기 때문에 이익 구조가 약간 다릅니다. 동일한 현상이지만 원가를 바라보는 관점 혹은 이익을 평가하는 잣대와 입장에 차이가 있습니다.

(1) IDM 비지니스인 경우

비트당 생산 원가(Cost)를 낮추기 위해 용량(Density)을 증가시키거나, 웨이퍼 내 다이의 개수를 최대한 많이 늘립니다. 용량을 증가시키는 목적은 수요자 측면에서는 되도록 많은 정보를 칩에 담고자 하는 요구 이외에도 반도체 가격의 끊임없는 하락(Cost Down)을 원하기 때문이지요. 용량 증가의 경우는 공급자도 이익을 보고 수요자에게도 가격을 내려줄 수 있습니다. 반면, 웨이퍼 내 다이의 개수를 증가시키는 목적은 시장의 요구와는 상관없이 공급자가 다이당 생산 원가를 절감하기 위함입니다. 즉 용량의 고사양화는 공급자와 수요자 공통의 이익에 부합하지만, 넷다이의 증가는 1차적으로 공급자 이익에만 기여합니다.

(2) 파운드리 비지니스인 경우

이는 100% B2B 형태로, 공급자는 웨이퍼 내의 다이 개수를 늘려 웨이퍼당 판매 가격(Price)을 높여 이익을 내려고 합니다. 이때 웨이퍼의 생산 원가는 다이 개수와 상관없이 거의 변함이 없습니다. IDM의 KGD(Known Good Die) 비즈니스도 웨이퍼로 판매(설계는 IDM 업체)를 하기 때문에 파운드리와 매우 유사한 형태입니다. 웨이퍼당 다이 개수가 증가하면 웨이퍼의 생산 원가가 약간 높아질 수 있습니다. 그러나 웨이퍼당 가격이 급격히 상승하여 웨이퍼의 높아진 생산 원가를 충분히 감쇄합니다. 공급자는 경쟁사보다 웨이퍼 내의 다이 개수를 늘려 웨이퍼 가격을 높이는 노력을 하지요. 이때 최종 고객은 웨이퍼당 다이 개수와 상관없이 손해보지 않는 구조입니다(미세하게 따지면, 수요자가 기능과 신뢰성적 측면 등에서 약간의 손해를 볼 수는 있습니다. B2B에서는 이런 부분을 철저하게 따져 손익을 가립니다).

■ 시장점유율

공급자는 용량과 넷다이를 증가시켜 원가 절감과 수익 구조를 개선하는 동시에, 추가로 공급자 이익을 스스로 낮추기도 합니다. 이는 공급자가 수익성을 줄이는 대신 시장점유율(MS, Market Share)을 높이는 전략을 구사해, 미래 시장에서 경쟁자를 압도하기 위한 시장정복이 반도체 치킨 게임에 담긴 속성입니다.

이때는 반드시 공급자는 이익이 나고 경쟁자는 손해를 보는 환경을 조성해야 하며, 이는 공급자의 원가가 경쟁자의 원가에 비해 현저한 차이가 발생할 때 가능하지요. 따라서 반도체 치킨 게임은 동종 업계에서 원가가 가장 낮은 업체만이 시작할 수 있습니다. 결국 치킨 게임의 본질은 시작하기 전에 최저원가 업체가 이미 이기고 들어가는 게임으로, 동종 업체들에게 경영상 타격을 주거나 시장철수를 유도하기 위함입니다.

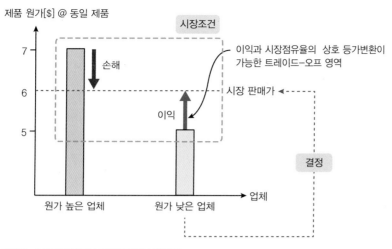

그림 8-4 판매 이익과 시장점유율의 상충관계

8.5 수익 구조의 실패와 성공

■ 일본 반도체의 쇠락

1980년부터 2020년까지 국가별 반도체 전체의 시장점유율을 보면 미국은 등락은 있었지만 전체적으로 볼 때 계속적으로 평균 50% 가까이 유지하고 있고, 같은 기간 동안 한국은 급격히 성장하여 20%를 넘어서서 미국의 절반인 25%에 근접하고 있습니다. 그러나 일본은 1990년대 MS가 50%를 달성한 이후 30년 동안 폭락 추세를 면치 못하고, 급기야 2020년 초에 10% 미만으로 떨어졌으며, 시스템 반도체가 활성화되지 못할 경우 향후 10년 이내에 5% 가까이 추락할 것으로 판단됩니다. 이는 일본 경제의 잃어버린 30년과 맥락을 같이하지요.

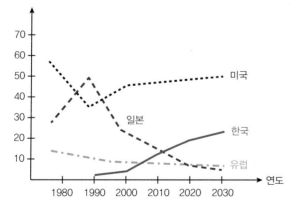

그림 8-5 국가별 반도체 시장점유율(2030년의 시장점유율은 추이선에 따른 추정치)[14]

■ 한국 반도체의 부흥

반대로 반도체 불모지에서 시작한 한국에 일본의 환경은 반사이익을 안겨주었습니다. 더욱이 한국의 글로벌화된 개방 정책 및 기술 경쟁력 우선주의 추진과 맞물려, 대부분의 한국 반도체 기업은 수익 구조를 개선하는 데 총력을 기울였으며, 이는 한국이 메모리 반도체의 초강대국이 되는 데 일조를 했습니다. 디램과 낸드 플래시 메모리 사업의 40년간 시장점유율을 보면 더욱 극명한 차이를 보이고 있습니다.

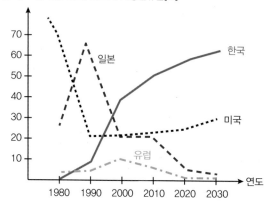

그림 8-6 메모리(디램 + 낸드 플래시) 반도체의 국가별 글로벌 시장점유율(2030년의 시장점유율은 추이선에 따른 추정치)[15]

• SUMMARY •

용량을 늘리고 원가를 낮추는 방법에는 앞에서 소개한 방법 이외에도 여러 가지가 있습니다. 2D에서 3D로의 진화, EUV 및 신규 공정 방법(패턴 테크놀로지 등) 적용, 셀당 비트 수 증가(낸드), TSV(디램) 및 4D와 같은 구조적 개선 등 다각적으로 전개되고 있지요. 향후에는 새로운 메모리로써 낸드의 개념을 기초로 전개되는 차세대 디바이스 등 여러 가지 타입의 제품들이 용량 확대 및 낮은 원가를 통한 수익 구조 개선에 기여를 할 것입니다. 원가 절감으로 제품 가격을 저울질하는 전략은 수요자 우선 시장에서는 언제든 다시 나타날 수 있으며, 공급자 입장에서는 이러한 환경을 이용해 경쟁사를 앞지를 수 있는 절호의 기회가 되고, 결국 반도체 시장을 지배할 수 있는 능력을 높이게 됩니다.

PART
02

층 쌓기,
반도체를 짓다

2부는 웨이퍼 표면 위에 수직축 방향으로 트랜지스터를 구성하는 막에 관한 이야기입니다. 반도체 제조는 먼저 고순도의 실리콘 웨이퍼(9장)에서부터 출발합니다. 가장 보편화된 웨이퍼는 표면을 연마한 웨이퍼(Polished Wafer)로써 대부분의 제품에 사용됩니다. 그런데 최상의 제품 품질이 요구될 경우에는 웨이퍼 표면 위에 극초순수층인 에피텍셜층을 새롭게 추가한 에피-웨이퍼(10장)를 사용합니다. 일반적으로 웨이퍼는 단원소인 실리콘 $_{14}Si$를 기반 물질로 사용합니다. 다원소(GaAs 등)를 기반 물질로 하는 화합물 반도체 웨이퍼는 본 내용에서 제외했습니다.

반도체 제품을 구성하는 막은 절연성 막과 도전성 막이 Z축(수직축 방향)을 따라 지그재그식으로 형성되는데, 절연막 중 월등하게 절연성이 높고 중요한 막은 산소와 결합시켜 만든 산화막(11장)입니다. 초창기에는 산소와 실리콘을 결합시킨 이산화실리콘 산화막이 우세했지만, 지금은 여러 종류의 다양한 산화막(이산화하프늄, 이산화지르코늄 등)을 사용하지요. 특히 높은 신뢰성과 신속한 동작특성을 보좌해야 하는 게이트 옥사이드(12장)는 재질로는 절연성이 매우 높고, 형태적으로는 가장 얇은 막이 필요합니다. 현재 이를 충족할 수 있는 방식으로는 ALD(13장)가 최선입니다. 막을 쌓을 때는 여러 방식을 활용하는데, 특히 화학적 방식을 이용한 CVD(14장)가 가장 보편화되어 있고, 다양한 막을 생성할 수 있습니다. 화학적 방식 중에서도 가스를 투입하여 고형화시키는 방식이 가장 유용하고, 그 외에 액체를 이용(SOG)하거나 물리적 방식으로 금속 고체를 기화(PVD)시켜 만듭니다. PVD는 추후 배선(BEOL)편에서 다루고자 합니다.

TR 제품으로는 초장기에는 BJT를 사용했고, 1990년 이후로는 MOSFET이 우세종이 되었습니다. BJT는 TR을 동작시키는 메인 전류를 작은 전류로 트리거링(통제)하는 반면, MOSFET은 전압으로 트리거하는 소자입니다. 그러므로 MOS(Metal-Oxide-Silicon)는 게이트를 통해 수직방향으로 TR을 통제(15장)하는데, TR의 크기를 축소하는 방향에 따라 게이트 옥사이드 두께 및 주변의 관련 모든 구조물이 작아집니다. CD가 열악해지는 환경에도 불구하고 TR 특성은 향상되어야 하므로, 대안으로 게이트 옥사이드의 재질과 더불어 게이트 단자의 재질(16장)을 스케일링 다운(Scaling Down)에 맞춰 유연하게 변화(금속 → 비금속 → 금속)시켜 왔습니다. 이런 급격한 TR 변화의 핵심에는 게이트 단자와 게이트 옥사이드가 중심에 서 있습니다(17장). 게이트의 형상을 만드는 과정에서 특히 마스크(레티클)의 활용과 그에 따른 프로세스의 진행 상황을 나타내는 TR의 수직축 단면을 비교하면, 팹 공정의 진행 절차에 대한 이해도를 높일 수 있습니다(단, 17장은 포토와 식각의 패턴에 대한 기초가 필요합니다).

CHAPTER 09 웨이퍼의 종류와 특성

소스가스와 함께 웨이퍼(Wafer)는 가장 중요한 반도체 재료입니다. 웨이퍼가 발전함에 따라 반도체 제품도 향상되지요. 혹은 반도체 제품이 진보하면 웨이퍼가 보조를 맞춰 더 나은 웨이퍼로 거듭납니다. 이렇듯 반도체 입장에서 보면 웨이퍼는 항상 새로운 세계입니다. 집을 지을 때 기반 공사를 하듯이 MOSFET이나 디바이스를 만들기 위해서도 웨이퍼라는 기판이 마련되어야 합니다. 웨이퍼 제조업체가 반도체 제조업체로 보낸 웨이퍼의 제품 품질에 따라 반도체의 성능이 결정되는 것이죠. 또한 반도체의 집적도가 높아지면서 연마 웨이퍼(Polished Wafer, Bulk Silicon Wafer)에서 에피텍셜 웨이퍼(Epitaxial Wafer), SOI 웨이퍼(Silicon-On-Insulator Wafer) 등으로 웨이퍼의 기능이 발전했고, 성능 좋은 웨이퍼가 선호되는 추세입니다. 더욱이 최근에는 자동차용, 통신용 등 재질면에서도 다양화되고 있습니다. 여기에서는 기반 물질로 실리콘 웨이퍼를 적용하고, 갈륨비소(GaAs) 등의 화합물 반도체를 베이스로 하는 웨이퍼는 다루지 않습니다. 이처럼 다양한 웨이퍼가 개발되면서 선택이 넓어지고 있는데, 웨이퍼의 종류에는 어떤 것이 있을까요? 이와 더불어 웨이퍼의 특성은 서로 무엇이 다를까요?

9.1 요구 조건을 맞추기 위한 웨이퍼의 다변화

■ 웨이퍼의 종류

웨이퍼의 종류는 기반 물질에 따라 여러 가지가 있습니다. 크게 실리콘 기반의 웨이퍼와 비실리콘 웨이퍼로 나눕니다. 메모리 제품이나 CMOS는 실리콘 기반 단원소 및 단결정질 물질로 된 웨이퍼가 사용됩니다. 단결정 실리콘 웨이퍼를 성능이 낮은 것에서 높은 순으로 보면, 연마(Polished) 웨이퍼 → 에피(Epi) 웨이퍼 → SOI 웨이퍼로 나열할 수 있습니다. 그 외에 웨이퍼 제조업체에서는 퍼네이스(Furnace)에 넣고 높은 온도에서 어닐링을 한다거나, 일부 우물(Well, 물리적 도핑 지역) 같은 간단한 영역을 웨이퍼 내부에 심어주기도 하지요. 이는 반도체 제조업체의 다양한 요구를 충족시키기 위함입니다. 이외에도 실리콘 웨이퍼는 형태적 혹은 기능적으로 종류를 다양하게 나누어 볼 수 있습니다. 그런데 비실리콘 웨이퍼는 이보다도 종류가 훨씬 더 복잡합니다.

> **Tip** 디지털 영역의 집적회로에 사용되는 웨이퍼는 실리콘 기반이지만, 집적도가 낮으면서 고속 혹은 아날로그 회로 용도의 시스템 반도체에서는 비실리콘 기반 웨이퍼가 사용됩니다.

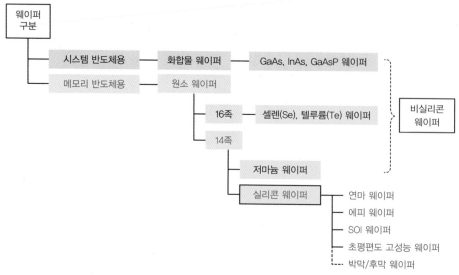

그림 9-1 웨이퍼의 종류 @ 실리콘 기반, 비실리콘 기반
웨이퍼 종류를 구분하는 방식은 여러 측면으로 다양하게 구분합니다.

■ 웨이퍼의 용도

웨이퍼를 쓰임새에 따라 살펴보면, 프라임(Prime) 웨이퍼, 테스트(Test) 웨이퍼, 더미(Dummy) 웨이퍼, 재생 웨이퍼 등이 있습니다. 생산에 실질적으로 투입되는 웨이퍼는 프라임 웨이퍼입니다. 또한 테스트 웨이퍼는 프라임 웨이퍼를 팹(Fab) 라인에 투입하기 전에 공정 라인의 이상 유무를 미리 점검하는 척후병 역할을 하고, 더미 웨이퍼는 공정에 프라임 웨이퍼와 같이 투입되기는 하지만, 예를 들면 고온의 퍼네이스 프로세스 중에 총알받이처럼 프라임 웨이퍼를 보호하다가 버려집니다.

■ 비실리콘 웨이퍼의 재질

재질적 측면에서 비실리콘 웨이퍼로는 단원소 단결정 저마늄 웨이퍼가 있지만, 요새는 사용되지 않습니다. 실리콘의 에너지 갭이 저마늄의 에너지 갭보다 크고, 에너지 갭이 큰 만큼 전자를 떼어내는 데, 에너지(일함수)가 더 많이 소모되어 문턱전압이 커지지요. 그러나 저마늄은 너무 작은 에너지 갭으로 인해 도리어 원자에서 떨어져 나오는 자유전자들을 통제하는 데 어려움이 있습니다. 그래서 웨이퍼의 기본 물질로 저마늄보다는 실리콘을 주로 사용합니다.

그러나 비실리콘 웨이퍼로 다원소 웨이퍼인 화합물 웨이퍼는 최근 크게 성장하고 있습니다. 이는 재질이 2개 이상 원소의 결합(2 ~ 3개)으로 이루어졌는데, 주로 GaAs, InAs, GaN, SiC(그 외 종류가 무수히 많음) 기반의 웨이퍼가 자동차, 높은 전력, 우주, 군사용, 통신 등 특수한 경우에 사용되고 있습니다.

9.2 재질적, 형태적 웨이퍼 완성 @ 실리콘 웨이퍼

SiO_2, SiO_4 등의 형태로 존재하는 이(사)산화규소에서 실리콘을 걸러내기 위해 규산염 원석을 1,500~2,000℃로 용융시켜, 순도 약 98~99%의 다결정 실리콘을 정제합니다. 이를 다시 순도 6N(99.9999%)으로 정련하여 다결정 실리콘을 로드(Rod, 막대 모양)로 뽑은 후에, 11N(9가 11개 퍼센트)의 순도인 고순도 단결정 실리콘으로 된 잉곳(Ingot)[1]을 시드(Seed)로 성장(Growth)시킵니다. 웨이퍼는 결정 성장을 시켜 잉곳을 만든 후에 가공하여 완성합니다. 재질적으로 잉곳은 비저항을 낮추기 위한 목적으로 불순물을 투입하여 높은 온도에서 용융시키고 연이어 냉각시켜 N형 혹은 P형 웨이퍼를 만듭니다. 그 후 물리적 형태를 완성시키는 공정으로, 웨이퍼의 가공은 반도체 제조 방식과 유사한 공정으로 진행합니다.

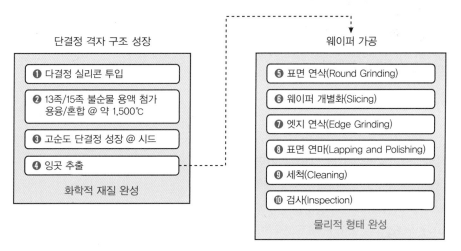

그림 9-2 투입 원료 입장에서 본 연마 웨이퍼의 제조 흐름

■ 단결정 격자(잉곳) 구조 성장

❶ 다결정 실리콘은 고순도 단결정 실리콘을 얻기 위해 정제 과정을 거치게 됩니다. ❷ Cz-Silicon(초크랄스키 방식을 적용) 웨이퍼 가공 방식에 따라 처음에는 고순도 다결정 실리콘(Poly Silicon) 덩어리와 13족 혹은 15족 도펀트(불순물 첨가제) 원료를 도가니에 함께 넣습니다. 응용분야에 따라 불순물 첨가 없이 고순도 실리콘 기반 웨이퍼도 많이 사용됩니다. 그런 다음 온도를 약 1,500℃ 가까이 높여 용융시킵니다. ❸ 고체인 시드를 용융 상태의 실리콘 액체에 접촉한 후 회전시키면서 매우 느린 속도로 끌어올리면 용융된 실리콘이 따라 올라오는데, 이를 잉곳이라 합니다. ❹ 단결정(Single Crystal) 실리콘으로 형성되는 잉곳에 도펀트가 혼합되어 있으면, (P/N형 불순물 반도체) 도펀트 농도에 따라 전기전도도가 달라지지요. 반도체 제조업체들은 N형 웨이퍼보다는 P형

---

1 **잉곳** : 용융된 실리콘에서 시드로 뽑아낸 순수실리콘 덩어리로써, 실리콘 반도체는 모래에서 채취하는 것이 아니라 주로 오염이 덜 된 암석(규산염)에서 뽑아냄

웨이퍼를 많이 사용하고 있습니다. 반면, 화합물을 기반 물질로 하는 웨이퍼는 용융 상태에서 결정 성장이 힘들고, 직경이 큰 잉곳을 생산하기가 힘들기 때문에 4~8인치 웨이퍼를 주로 사용합니다.

Tip 결정 성장은 시드(Seed)의 원자 간 배열인 결정격자와 동일한 결정격자로 잉곳을 뽑아 올리는 작업입니다. 그래서 성장이라 부른답니다.

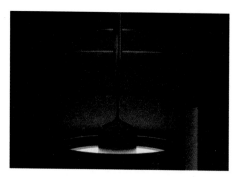

그림 9-3 시드에 의한 잉곳 성장(다결정 실리콘을 고온으로 녹인 뒤 단결정 실리콘 잉곳으로 성장)[16]

■ 웨이퍼 가공

웨이퍼 가공은 기본 10개 공정을 순차적으로 진행합니다. 공정 순서에 대한 경우의 수는 단일 진행 방식이어서 공정 프로세스를 일직선으로 따라가면 되는 비교적 단순한 플로우(Flow)이지요. 반면, 반도체 팹의 공정 순서는 기본 7~8개 공정을 응용하여 여러 경우를 진행해야 해서, 총 중요한 메인 공정으로 500개에서 1,200여 개의 공정을 진행합니다. 경우의 수도 2~3백여 개가 있어서 다양하게 다변화되어 있습니다.

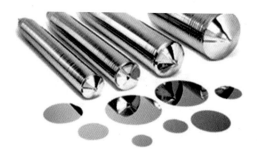

그림 9-4 잉곳과 두께 1mm 실리콘 재질의 연마 웨이퍼(잉곳을 개별 웨이퍼로 절단한 후 연마한 웨이퍼임)[17]

❺ 추출된 잉곳의 양끝을 절단하고, 곡면을 연삭(Grinding)하여 원형(Outer Diameter)으로 다듬습니다. ❻ 그런 후 웨이퍼를 개별로 절단하지요. 이를 다이싱(Dicing) 혹은 슬라이싱(Slicing 혹은 Sawing)이라고 합니다. 자르는 매체는 톱날이 아닌 정밀도 높은 다이아몬드가 코팅된 와이어(Wire)를 사용하여 한꺼번에 잉곳 전체를 여러 웨이퍼로 개별화시킵니다(와이어 직경 : 50μm, 커프(Kerf) 손실 : 60~70μm). 이제 비로소 웨이퍼의 형태가 나타납니다.

❼ 절단된 웨이퍼의 엣지를 한번 더 연삭하여 직경을 8인지 혹은 12인치로 정확하게 맞춥니다. ❽ 다음으로 표면을 평탄하고 매끄럽게 하여 주는 연삭(Lapping)과 연마(Polishing)을 합니다. 이는 슬라이싱 시에 발생된 거칠어진 요철을 매끄럽게 평탄화하고 동시에 웨이퍼의 두께도 조절합니다. 웨이퍼 표면은 나노미터(nm)급의 미세공정을 다루므로 고도의 평탄도를 유지해야 하기 때문에 폴리싱으로 미세한 요철까지 평탄화시켜야 합니다. 이제 웨이퍼의 재료적 및 형태적 공정을 모두 마쳤으니, 마지막으로 세척을 진행합니다. ❾ 세척 혹은 세정은 웨이퍼에 발생된 파티클이나 오염을 제거하는 것이 목적입니다. 동시에 표면에 발생된 스크래치도 없애 줍니다. 이때 반도체 제조 공법인 에칭 방식을 적용하기도 합니다. 요철이나 스크래치는 이온주입 시의 이온의 진입방향을 방해하고, TR 동작 시 전자의 흐름 및 포획전자에도 막대한 악영향을 주므로 되도록 말끔히 제거해야 합니다. 이런 불량은 막을 쌓거나 구조를 만들 때 필수적인 평탄화에도 불리한 작용을 합니다. 세정까지 완료되었으면, ❿ 외관 검사(파티클 검사 포함)를 하여 불량은 골라내거나 재작업이 가능하면 추가 공정을 진행하여 모두 양품 웨이퍼만으로 구성된 랏(Lot, 포장 단위)을 포장합니다. 포장이 완료된 웨이퍼는 반도체 제조회사로 보내집니다.

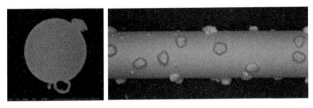

그림 9-5 다이아몬드가 코팅된 와이어의 단면과 곁면(웨이퍼 개별화 공정)[18]

9.3 연마 웨이퍼, 트랜지스터가 들어갈 자리 터 닦기

실리콘 웨이퍼 중 가장 보편적으로 사용하는 것이 연마 웨이퍼(Polished Wafer)입니다. 연마 웨이퍼는 웨이퍼 표면에 트랜지스터란 집을 지을 수 있도록 첫 번째 터(Substrate)를 닦아 놓습니다. 완성된 연마 웨이퍼는 한쪽 면만을 연마한 것과 양면을 연마한 것으로 나뉘는데, 직경 12인치 이상부터는 단면보다는 양면 연마 웨이퍼가 주로 쓰이고 있으며, 웨이퍼 표면의 요철을 매우 정교하게 다듬어내지요. 이렇게 생산된 연마 웨이퍼를 기준으로 성능이 좀 더 뛰어난 파생 웨이퍼(에피 웨이퍼나 SOI 웨이퍼 등)들이 만들어집니다. SOI 웨이퍼 대비 연마 웨이퍼를 벌크 실리콘 웨이퍼(Bulk Silicon Wafer)라고도 부릅니다.

■ 래핑, 웨이퍼 두께 맞추기

래핑(Lapping)은 상·하 플레이트(Plate)를 이용하여 웨이퍼 상부(회로면)를 깎아내어(연삭) 두께를 맞추는 방식입니다. 상·하 플레이트는 서로 반대로 회전해야 연삭이 매끄럽게 잘 되지요. 이때 플레이트와 웨이퍼의 수평을 정확히 맞추는 것이 중요합니다. 플레이트(직경 옵션 : 대형, 소형)와 웨이퍼 사이에는 슬러리(Slurry)라는 알갱이가 포함된 특수한 용액을 사용합니다.

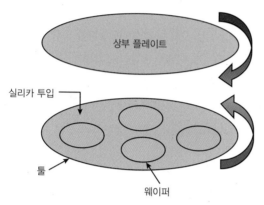

그림 9-6 (잉곳을 개별 웨이퍼로 소잉 후) 래핑

■ 연마, 웨이퍼 표면 다듬기

웨이퍼 슬라이싱(Slicing), 엣지 연삭(Grinding), 래핑 등이 연삭 동작이고, 연마(Polishing)는 연삭 시 나타나는 거칠어진 표면을 녹이거나 데미지(Damage)가 없는 경면으로 매끄럽게 다듬어내는 과정입니다. 화학적 방식과 물리적인 방식으로써 웨이퍼 공정에서는 래핑 + 폴리싱(연마)를 합하여 CMP라고 합니다(반도체 제조 공정 시의 CMP와는 약간 다른 개념입니다).

9.4 실리콘 결정격자 방향의 일체화

■ 결정격자의 성장

잉곳을 만드는 과정에서는 원자와 원자가 연결된 결정격자의 성장방향도 일률적이어야 합니다. 단원소인 실리콘의 결정격자 방향은 잉곳을 끌어올리는 부모 격인 시드의 결정격자 방향을 따라서 자식 격인 잉곳의 실리콘(용융 상태) 격자들이 같은 방향으로 줄을 서게 되면서 성장됩니다. 이는 열에너지가 빠져나가면서 액체 상태에서 고체 상태인 잉곳으로 되는 과정이지요.

■ 도펀트 주입 시의 결정격자 작용

실리콘 원자 구조는 내부적으로 정육면체의 코너 8개 중 4개에 점유한 실리콘 원자와 중심에 위치한 원자들 간에 공유결합한 격자 형태로 존재합니다. 결정격자 방향은 웨이퍼의 표면이 어떤 형태로 격자를 끊어내느냐에 따라 달라지지요. 임플란트 공정이나 확산 공정 시 불순물 원소(도펀트)를 웨이퍼 표면에서 하부로 침투시킬 때, 원자핵들의 구조적인 위치(격자의 형태)에 따라 침투하는 도펀트들의 이동도와 깊이가 달라지기 때문입니다(채널링 효과). 즉 도펀트가 웨이퍼 속으로 들어가기 위해 웨이퍼 표면을 들여다 보았을 때, 결정격자 방향에 따라서 실리콘 원자핵이 많기도 하고 적기도 하지요. 그러면 당연히 도펀트가 실리콘 원자핵에 충돌하는 횟수−거리−방향에 영향을 끼칩니다.

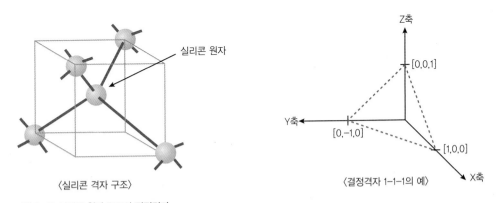

〈실리콘 격자 구조〉 〈결정격자 1−1−1의 예〉

그림 9−7 실리콘 원자 구조와 결정격자
X축으로 +1, Y축으로 −1, z축 격자방향으로 +1인 경우의 예

■ 결정격자 타입 구분

물리적으로 웨이퍼가 쉽게 깨지는 것 역시 격자 형태에 따라 달라집니다. 바위나 유리가 결에 따라 쪼개지는 것과 유사한 경우이지요. 밀러지수(Miller Index)인 웨이퍼의 절단면을 입체축(X,Y,Z)의 숫자로 나타내는 결정격자 방향으로는 〈1(X축)−0(Y축)−0(Z축)〉이 가장 많이 사용되고, 그 다음으로는 〈1−1−1〉을 사용하는데, 〈100〉은 모스펫(MOSFET)에 〈111〉은 BJT 타입에 주로 적용됩니다. 〈100〉은 X축에 직각방향으로 절단된 면이고, 〈111〉은 X−Y−Z축에 대각선 방향으로 절단된 면입니다. 또한 웨이퍼의 종류와 결정격자의 방향을 구분 및 식별하기 위해 처음에는 플랫존(Flat Zone)을 이용했지만, 웨이퍼의 직경(8인치부터)이 커지면서 넷다이를 증가시키기 위해 플랫존 대신 노치(Notch)을 활용하고 있습니다. 플랫존이나 노치는 웨이퍼를 제조하거나 가공하면서 기준선이나 기준점이 필요할 때, 즉 노광기에 웨이퍼를 장착하는 경우 혹은 단결정이 성장된 방향을 설정하는 기준점(Orientation) 등으로 활용합니다.

Tip 결정격자는 원자들이 안정적으로 일정한 규칙으로 연결되어 대칭적 구조를 이루고 있는 3차원 배열 형태입니다. 단원소로 이루어진 웨이퍼는 단결정 격자 구조를 갖고 있는데, 결정격자는 팹 공정뿐만 아니라 전자가 소스에서 드레인 단자로 이동할 때에도 영향을 줍니다.

9.5 에피텍셜 웨이퍼, 두 번째 터 닦기

■ 에피텍셜 웨이퍼의 필요성

반도체 성능이 고도화되면서 연마 웨이퍼에서 나타나는 고질적인 불량의 한계(표면에 노출되는 결정 결함)를 뛰어넘어야 할 필요성이 대두되어 에피텍셜 웨이퍼(Epitaxial Wafer)가 고안되었습니다. 하부층(Substrate)과 동일한 결정격자 방향으로 정렬시키면서 상부층으로 초고순도 단결정을 쌓아 올리는 방식을 에피텍셜 성장(혹은 에피텍시)이라 부릅니다. 이를 통해 반도체 제조에 필요로 한 요구를 웨이퍼가 어느 정도 충족하게 되었습니다. 성장시키려고 하는 기반(Base)층의 표면 위로 격자 결이 맞는 원자층을 쌓아 올려야 하는데, 이에 대한 다양한 방식(호모/헤테로 에피텍시)이 적용됩니다.

■ 에피층 증착

에피텍셜 웨이퍼(에피 웨이퍼)는 연마 웨이퍼보다 조금 더 발전된 웨이퍼로서 일반 공정에 추가 공정을 거친 웨이퍼입니다. 추가 공정은 연마 웨이퍼의 기판 위에 약 $100\mu m$ 미만의 매우 얇은 두께로 기판(Sub)보다 약 10배 정도의 초고순도로 된 실리콘을 증착시킨 층입니다. 두 번째 터를 닦아 놓는 셈이지요. 기판층(단결정 Substrate) 위에 증착층(단결정 Layer)이 성장된 에피 웨이퍼는 연마 웨이퍼에 비해 고가이지만, 가격 대비 반도체 제품 불량을 적게 만들어 가성비가 좋은 웨이퍼입니다. 또한 반도체 공정 수를 줄일 수 있다는 장점이 있어 많이 사용하는 추세입니다.[2]

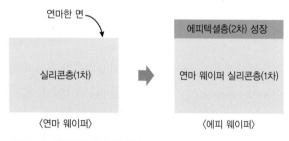

그림 9-8 에피텍셜 웨이퍼의 단면

9.6 웨이퍼는 씨앗(Seed)의 역할이 중요

■ 에피층의 3가지 형성 방식

에피 웨이퍼는 연마 웨이퍼의 기판을 씨앗(Seed, 시드) 삼아 단결정으로 된 얇은 박막을 증착시켜 만듭니다. 도펀트(불순물) 농도도 비교적 쉽게 조절하여 기판층보다는 몇 배 낮은/높은 농도로도 증착층을 균일하게 유지할 수 있답니다. 캐리어들을 이동시키거나 도펀트 입자를 웨이퍼에 집어넣

---

2 10장 '에피텍시 기술' 참조

을 때(임플란트 공정), 실리콘의 결정격자 방향은 캐리어(Carrier)나 양이온의 진행방향을 막아서
는 중요한 역할을 하는데요. 성장층이 기판층과 동일한 결정격자인 경우를 호모-에피텍시(Homo-
Epitaxy)라고 합니다. 층을 쌓는 방법은 액체(LPEpi), 기체(VPEpi), 분자빔(MBEpi) 등 여러 가지
형태를 적용하여 진행 후, 최종적으로 냉각시켜서 기판에 고착시킵니다. 반면, 기판층과 증착층이
서로 다르거나 유사한 결정격자 구조를 갖는 것을 헤테로-에피텍시(Hetero-Epitaxy)라 합니다.

■ 에피 진행 시 온도 조건

에피 공정 시 기판이 녹아서는 안 되므로 실리콘의 용융온도(약 1,440℃)보다는 낮은 온도로 진행해
야 합니다. 기판은 미용융 상태에서도 피증착 물질은 용융(LPE인 경우)시켜야 하기 때문에 온도 조
절이 매우 중요합니다.

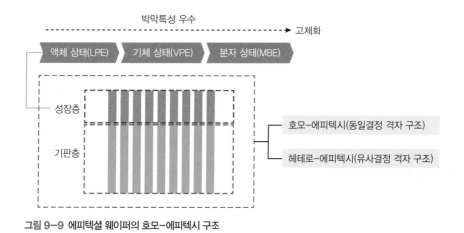

그림 9-9 에피텍셜 웨이퍼의 호모-에피텍시 구조

Tip 호모-에피텍시는 기판층과 성장층의 결정격자가 동일한 구조이고, 헤테로-에피텍시는 기판층과 성장층이 유사한 구조
로써 일반적으로 여러 구조가 가능합니다.

9.7 SOI 웨이퍼, 누설전류를 차단하다

■ SOI 목적

에피텍셜 웨이퍼보다 더 상위 개념인 웨이퍼로는 실리콘 단결정층을 산화막 위에 형성한 SOI
(Silicon On Insulator) 웨이퍼가 있습니다. SOI 웨이퍼는 많이 사용되지는 않지만 일부 높은 성
능이 필요할 때, 낮은 전력과 발열을 적게 할 필요가 있을 때, 혹은 단채널 효과(Short Channel
Effect)의 부작용을 방지할 때 한정적으로 적용됩니다. TR 동작 시 미약한 전도성이라도 근원부터
철저히 차단해야 할 때 SOI가 중요해집니다. 일반 실리콘 웨이퍼의 표면에 비해 결점이 없으므로
동작속도를 높이는 데 도움도 됩니다. 즉 SOI는 소자-채널-드레인 단자(Electrode, 전극)로 형성

되는 정상적인 전류에 도움을 주기보다는 채널 하부로 흐르는 여러 종류의 누설전류(동작 대기 상태의 전류, 기판 하부로 흐르는 전류, 단채널 효과에 의한 누설전류)를 차단하기 위한 목적이 큽니다.[3]

■ SOI층 구성

SOI의 층은 위에서부터 소자층, 절연층, 주실리콘 기판층인 3개 층으로 구성되어 있습니다. 상부층에 배치되는 소자 입장에서 보면, 누설전류를 차단하기 위해 중간에 있는 절연층으로 인해 하부층의 영향이 완전히 차단되도록 하는 것이 필요한데요(근본적으로 소스에서 드레인 단자 밑으로 흐르는 펀치쓰루(Punch Through) 같은 누설전류를 차단합니다). 그래서 가운데 층 두께는 $1\mu m$ 정도(게이트 옥사이드에 비하면 100~200배 이상의 매우 두꺼운 막)로 전류가 흐르지 못하도록 하는 절연막으로 형성되어 있습니다. 또한 그 하부층(바디, Body) 두께는 절연층 대비 100~600배 정도로 유지됩니다. 그러나 최상부의 소자층(소스, 드레인을 놓을 자리)은 두께가 몇 십[nm] 단위의 매우 얇은 UTB(Ultra Thin Body)로 형성됩니다.

■ SOI층 만들기와 도핑

맨 위는 소자를 배치하는 층입니다. SOI의 상부층을 만드는 방법도 여러 가지가 있습니다. 다른 새로운 웨이퍼를 절연층 위에 덮거나 혹은 별도로 새로운 층을 성장시키는 방법 등으로 다양하게 만듭니다. 각각의 2개 웨이퍼를 아래위로 붙이는 것 또한 고난이도의 기술에 속하지요. 아래층 웨이퍼에 산화층을 두껍게 만든 다음, 소자층 웨이퍼를 붙여서 반응로에 넣어 어닐링을 시키면 아래위층 사이의 접착력이 높아집니다. 그런 다음 소자층 웨이퍼를 연삭과 연마를 실시하여 TR이 형성될 자리의 두께를 조절합니다. 최종적으로 반응로에 한 번 더 넣어서 소자층에 13족 혹은 15족 도펀트를 확산시키면 P형 혹은 N형의 도핑 웨이퍼가 됩니다. 또한 소자층 내 채널 영역의 바디(Body)를 결핍하는 방식에 따라서 일부만 결핍할 경우 부분결핍-SOI(Partially Depletion SOI)라 하고, 채널 전체 영역을 결핍 영역으로 둘 경우 전체결핍-SOI(Fully Depletion SOI)로 활용합니다. 그러나 SOI는 집적도 향상에 걸림돌로 작용하고, TR 동작 시 5개 단자(기존 단자 + SOI 단자)를 운용해야 하며, 가격이 높아서 활용도가 높지 않습니다.

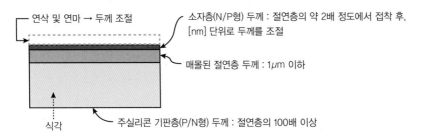

그림 9-10 3개 층으로 형성된 SOI 웨이퍼 단면

---

3 34장 '단채널과 누설전류' 참조

9.8 박막 웨이퍼 두께 맞추기

■ 박막 웨이퍼 만들기 : 래핑(전면) → 그라인딩(후면) → 연마(양면)

처음부터 얇은 두께의 웨이퍼가 필요하거나 일반적인 두께의 웨이퍼를 재생시킬 필요가 있을 경우, 약한 연삭(Lapping, 래핑)이나 강한 연삭(Grinding, 그라인딩)을 하여 웨이퍼 두께를 $50{\sim}80\mu m$ 정도가 되도록 감소시킵니다. 이때 웨이퍼 전체 부피 중에서 1/3 혹은 1/8 정도만 남기고 많은 실리콘을 없애지요. 웨이퍼의 상층부 실리콘을 제거하는 경우에는 래핑 방식을 사용하고, 밑면의 실리콘을 제거할 경우는 주로 그라인딩 방식을 적용합니다. 래핑을 한 후에는 웨이퍼 표면을 연마해 표면의 거칠기를 없애 주어야 합니다. 연마도 일반적인 연마 방식이 있고, 웨이퍼 표면의 스크래치나 미세한 결정결함이 표면에 노출되어 발생되는 결점을 없애 주는 파인(Fine) 연마가 있습니다. 한편 웨이퍼의 두께가 너무 얇으면 쉽게 파손되므로 이를 방지하기 위해 디-스트레스(De-stress) 공정을 진행해야 합니다.

■ 후공정의 백그라인딩

일반 웨이퍼 두께의 4~5배 정도로 두꺼운 후막 웨이퍼도 있습니다만, 일반적으로는 CMOS에서는 두께가 너무 얇거나 두꺼운 웨이퍼는 사용하지 않습니다. 물론 반도체 전공정을 완성한 후, 반도체 후공정인 패키징 공정을 진행하기 전에, 일반적으로 웨이퍼 밑면(후면, 회로가 세긴 반대면)을 알맞은 두께(웨이퍼의 2/3 정도를 제거)까지 갈아(Back Grinding)내고 나서 그 다음 공정인 다이 소잉(Die Sawing), 와이어 본딩(Wire Bonding) 혹은 범핑(Bumping) 등을 진행합니다.

• SUMMARY •

웨이퍼는 반도체 제품과 비교하면 반도체의 일부분에 지나지 않지만, 웨이퍼의 성능과 품질이 반도체 제품에 끼치는 영향은 막대합니다. 웨이퍼는 팹(Fab) 공정에 투입되는 가장 중요한 재료인 것이지요. 트랜지스터의 소스-드레인 단자 사이에서 발생되는 누설전류를 차단하기 위해 SOI층을 설치하고, TR 동작 시 발생되는 각종 물리적/화학적 문제를 줄이기 위해 에피층을 만들거나, 웨이퍼 표면의 파인(Fine) 연마 등을 동원하여 연마 상태가 양호한 고품질의 웨이퍼를 사용합니다. 웨이퍼의 재질, 직경의 크기 및 두께도 제품의 품질을 결정하는 중요한 요소가 됩니다. 두께가 얇으면 12인치짜리는 손으로 들고만 있어도 휘청거립니다. 웨이퍼는 반도체의 변화무쌍한 변화를 소화할 수 있도록 반도체 기술의 변화에 따라 신속하게 변신해야 합니다. 왜냐하면 웨이퍼는 반도체-바라기이기 때문이지요.

초순수 위에 극초순수를 쌓다, 에피텍시 기술

기판(Substrate)은 넓은 의미로 웨이퍼를 말합니다. 웨이퍼 표면 위로 반도체 회로의 기본 소자인 트랜지스터를 직접 쌓아 올리기도 하고, 새로운 층인 에피텍셜층(Epitaxial Layer)을 만들어 이를 다시 기판으로 삼아 그 위에 소자를 형성하기도 하지요. 특히 메모리용 고성능, 고품질의 트랜지스터나 시스템 반도체용, 통신용, 군사용, 광소자용 등의 특수 용도의 트랜지스터는 에피텍셜 웨이퍼(Epitaxial Wafer)를 필요로 하는 때가 많습니다. 초순수 실리콘으로 형성된 웨이퍼 위에 극초순수로된 에피텍셜층을 새롭게 형성하는 과정은 일반 웨이퍼의 형성 과정과 어떻게 다를까요? 또 에피텍셜 웨이퍼의 결정격자는 웨이퍼나 소자에 어떤 영향을 끼칠까요?

10.1 초순수 웨이퍼 위의 에피텍셜층

■ 웨이퍼 재질

웨이퍼는 반도체 제조 공정과 별개로 웨이퍼 제조 공정이라는 분리된 제조 라인에서 만들어집니다. 용융시킨 실리콘을 초고순도인 잉곳(Ingot)으로 뽑아내어 접시 형태로 잘라내면(Saw) 웨이퍼가 완성됩니다. 웨이퍼의 재질로는 집적회로 용도로 가장 많이 쓰이는 단원소인 실리콘부터 저마늄 혹은 고속 아날로그 용도의 다원소 화합물 재질인 갈륨비소(GaAs), 탄화실리콘(SiC) 등이 사용됩니다.[1]

■ 웨이퍼 구분

대부분의 웨이퍼 제조 과정들은 재질에 따라서 공정 조건 및 방식이 조금씩 다를 뿐 큰 흐름은 유사합니다. 반도체 제조에 투입되는 실리콘 웨이퍼의 경우 초순수 웨이퍼, 불순물(P/N형 도핑) 웨이퍼, 새롭게 공정이 추가된 에피텍셜 웨이퍼 등으로 구분되는데, 그중 P형으로 도핑된 실리콘 재질의 일반 웨이퍼가 가장 보편적으로 사용됩니다. P형 기판 위에 간편하게 N-Well(반도체 제조 공정)을 형성하면 곧바로 CMOSFET을 제작할 수 있기 때문이지요.

---

1 9장 '웨이퍼의 종류와 특성' 참고

■ 에피텍셜 방식

에피텍셜 웨이퍼(에피 웨이퍼)는 주로 순도 높은 초순수 웨이퍼를 시드(Seed, 매개체) 삼아 그 위에 수십에서 수마이크로 미터 정도의 필름 두께로 새로운 단원소 단결정층을 형성하는 추가 공정(Epitaxial Process)을 실시합니다. 단결정은 결정 전체가 일정한 주기성을 갖고 결정 축방향을 따라 규칙적으로 생성한 고체 결정으로써, 에피텍셜층은 무결점층으로 극초순수 실리콘 웨이퍼라고 할 수 있습니다. 에피를 성장시키는 3가지 상태 중에 기체 상태를 이용한 에피텍셜 VPE(Vapor Phase Epi)인 경우, 실리콘의 용융점(1,440℃)보다 낮은 1,300℃ 이하의 반응로에 웨이퍼를 넣고 실란가스와 수소가스를 투입하면 실리콘은 웨이퍼의 표면에 달라붙고 염산은 기화되어 배출됩니다.

$$SiHCl_3(기체, 실란) + H_2(기체, 수소가스) \rightarrow Si(고체, 증착) + 3HCl(기체, 배출)$$

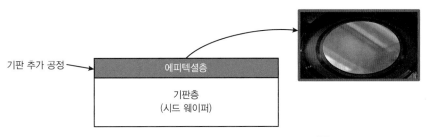

기판 추가 공정 →　에피텍셜층

기판층
(시드 웨이퍼)

그림 10-1 초기 시드 웨이퍼와 추가 공정을 진행한 실리콘 단결정의 에피텍셜층[19]

10.2 에피텍셜층의 조건 : 결정질 구조

■ 에피텍셜층 성장

에피텍셜(Epitaxial)이란 하부 기판의 결정 구조를 그대로 유지한 채 위쪽 방향으로 더해진다는 뜻으로, 층이 쌓이는 것을 성장(Growth)이라고 합니다. 그러므로 에피텍셜 그로스(Epitaxial Growth)는 에피텍시(Epitaxy) 혹은 별칭으로 에피라고 부르지요. 이는 기판인 시드 웨이퍼를 밑에 깔고 격자방향을 유지하면서 단결정으로 성장해, 웨이퍼 표면에서 위쪽 축방향으로 새로운 층인 Sub-기판을 추가로 쌓아 올립니다.

기판이 시드층으로 사용되기 위해서는 격자의 구성이 결정질(Crystalline)이어야 합니다. 에피층은 하부막(기판)의 결정격자 구조를 그대로 이어받아 위쪽 방향으로 성장시킬 수 있어야 합니다. 따라서 하부층은 격자들의 정렬 상태가 규칙적이고 격자상수가 일정한 막이 필요하지요. 이렇게 시드층 위에 특별한 방법으로 형성된 새로운 층 또는 기판을 에피텍셜층(Epitaxial Layer)이라 하며, 에피텍셜층을 형성한 웨이퍼를 에피텍셜 웨이퍼라고 합니다.

Tip 결정격자는 규칙적으로 일정하게 위치하고 있는 원자들이 형성한 배열로써, 반도체에 적용 시는 순수실리콘 $_{14}Si$가 고체 내에서 3차원으로 대칭을 이룹니다. 따라서 기반 물질(실리콘)의 원자핵과 원자핵 사이의 거리(X, Y축 격자방향)는 항상 같습니다.

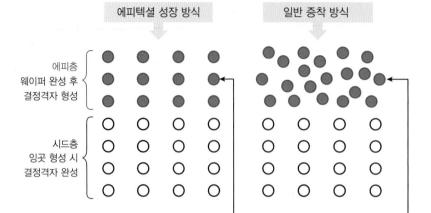

그림 10-2 에피텍셜막 vs 비정질 상태의 막

■ 일반 비정질층 증착

일반 화학기상증착(CVD)으로 층을 형성 시에는 결정격자가 일정하지 않고 불규칙하게 층이 형성되어, 이를 비결정 격자층 혹은 비정질층이라 하고 공정 진행은 증착(CVD, PVD, ALD) 방식을 사용합니다. 게이트층 혹은 디램의 커패시터가 비정질층으로 구성됩니다. 비정질층의 재질특성은 [그림 10-5]를 참조하기 바랍니다.

10.3 결정격자 내 전자 캐리어의 이동 조건

■ 단결정 격자층

(1) 결정격자층에서의 전자 이동도

시드 웨이퍼 위에 추가 에피 공정(극초순수)을 진행하는 이유는 결함이 없는 막을 마련해 전자 캐리어들을 무결점 필드(Field)에서 손쉽게 이동시키기 위함입니다. 일정 방향으로 전자 캐리어의 이동도를 높이려면 결정격자가 주기성을 갖고 규칙적으로 배열(단결정)돼 있어야 하며, 원자들 사이의 거리가 일정하면 전류밀도도 일정해집니다. 기판, 소스/드레인 단자(전극) 등을 단결정 격자로 형성해 전자의 흐름이 원활해지도록 하는 것이 필요하지요. 이온주입을 했어도 결정격자가 변형되지 않아야 합니다. 다결정 혹은 비정질(일반적인 격자) 격자 배열은 전자 캐리어의 이동도를 약화시키고 전자 트랩(Trap, 포획전자)을 비교적 쉽게 발생시켜, 게이트 전압과 드레인 전류에 대한 예측 관리를 어렵게 하지요. 물론 비정질 상태의 화합물 반도체(캐리어 이동도 높음)의 경우는 예외로 합니다.

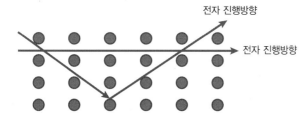

〈단결정 격자 내에서의 전자의 진행방향과 평균 이동도 : 빠름〉

그림 10-3 단결정 격자에서 전자 캐리어의 이동

(2) 평균자유행로

전자 캐리어가 이동하려면 주변의 입자들과 연속적으로 충돌하면서 이동하게 되며, 이의 평균 이동 거리가 평균자유행로(MFP, Mean Free Path)가 됩니다. 전자 캐리어의 이동도는 평균자유행로에 비례하므로 주변의 배열로 인해 자유전자가 충돌 없이 움직인 거리가 긴 거리가 될수록 이동에 유리합니다. MFP는 비정질보다는 결정격자 상태일 때가 더 길어집니다.

Tip 반도체에서 캐리어는 두 종류가 있는데, 음의 캐리어는 전자, 양의 캐리어를 정공(Hole)이라 합니다.

■ 다결정 격자층에서의 전자 이동도

다결정 격자(Polycrystalline Lattice)란 단결정(Single Crystalline Lattice)의 그레인(Grain, 덩어리)[2]이 여러 개 결합된 결정격자입니다. 혹은 하나의 그레인 속에 결정방향이 여러 개가 섞여 있는 경우이지요. 이는 단결정 특성에 더해 격자와 격자 사이의 경계인 그레인 바운더리(Grain Boundary)를 따라 전자가 흐르거나 계면(경계면)에서 전자의 흐름이 반사되므로 전자의 진행속도가 단결정보다 느립니다.

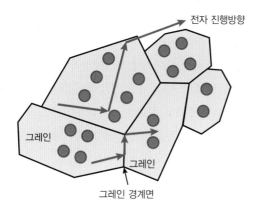

〈다결정 격자에서의 전자의 진행방향과 평균 이동도 : 중간〉

그림 10-4 다결정 격자에서 전자 캐리어의 이동

---

2 **그레인** : 동일 결정질로 된 묶음 단위

그레인 바운더리는 [그림 10-4]처럼 명확하게 구분되어 있지는 않고 결정격자의 배열 상태가 달라지는 경계면이지요. 대표적으로는 게이트 단자의 배열 상태가 다결정 격자입니다.

■ 비정질 격자층에서의 전자 이동도

비정질 격자(Amorphous Lattice)는 격자 배열과 간격이 불규칙적으로, 전자의 이동 시 반사나 굴절이 가장 심하여 전류의 흐름이 3가지 형태 중에 가장 느립니다. 절연막(산화막, 질화막) 등이 비정질 격자를 이루고 있습니다. 따라서 전류가 흘러서는 안 되는 게이트 산화막은 비정질막으로 형성해야 합니다.

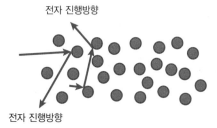

〈비결정 격자(비정질) 내에서의 전자의 진행방향과 평균 이동도 : 매우 느림〉

그림 10-5 비결정 격자에서 전자 캐리어의 이동

10.4 에피층의 결정격자상수

■ 격자상수의 영향

격자상수(Lattice Constant)란 실리콘 원자와 원자 사이에서 결합(공유결합)을 이루고 있는 거리를 의미합니다. 다른 원소가 중간에 들어오면 원자가 품고 있는 전하량이 달라지므로, 원자 간 거리(격자상수)도 달라지지요. 격자상수는 가능한 한 일정하게 유지하는 게 중요합니다. 층(Layer) 간의 격자상수가 상이(D1 ≠ D2)해지면, 캐리어의 이동도도 느려지지만, 위아래층의 열팽창계수에도 영향을 끼쳐서 웨이퍼의 휨(Warpage)[3] 현상이 발생하기 쉽습니다. 또한 게이트 절연막(비정질)인 SiO_2 혹은 HfO_2를 쌓을 때도 비정질의 기판(비정질−비정질) 위로 올리는 것보다는, 에피텍셜 성장을 해서 결정격자상수가 통일(D1 = D2)된 에피층 위에 산화층을 쌓아 올리는 것이 계면 사이에 끼는 전자 트랩 및 계면 사이의 불일치(접착력 약화 등)를 최소화할 수 있습니다.

---

3 휨 : 웨이퍼가 휘는 현상으로 특히 12인치에서 더욱 심함

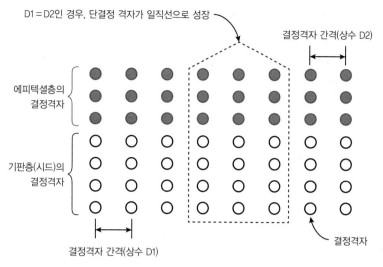

그림 10-6 에피텍셜층과 단결정 구조의 격자상수

단결정 격자의 조건은 D1=D2(층 간의 결정격자 간격이 같은 조건)입니다.

■ 에피텍셜층의 단점

에피텍셜층은 품질이 우수한 대신 공정 진행이 어렵고 가격이 고가여서 특별한 경우에만 사용됩니다. 특히 에피텍셜 프로세스는 단결정으로 성장시켜야 하다 보니 공정속도가 느리다는 단점이 있습니다. 비정질격자로 층을 쌓는 경우는 진행속도가 빠르지요.

10.5 격자정합과 부정합의 응력

■ 격자정합 vs 부정합

실리콘 기판층 위에 절연막이자 산화막인 이산화실리콘(SiO_2)을 성장시킬 경우, SiO_2의 분자 직경이 실리콘보다 커서 아래위층 격자 간의 부정합(Mis-match)이 발생됩니다. 격자정합은 2개 층의 격자 간 간격이 일치하는 층으로써 실리콘층 위에 에피텍셜층이 성장된 경우입니다. 부정합은 아래위층 간의 격자상수가 다른 경우로, 결정질인 실리콘층 위에 비정질인 절연막이나 게이트막 등이 형성될 때이지요. 즉 하부막(Seed-Layer)과 에피텍셜층의 결정 구조 간격이 일치하는 경우를 호모-에피텍시(Homo-Epitaxy, 격자정합)라고 하며, 일치하지 않는 경우를 헤테로-에피텍시(Hetero-Epitaxy, 격자부정합)라고 합니다.

■ 헤테로-에피텍시 종류

시드격자(Seed Lattice)인 분자 직경보다 성장층의 분자 직경이 더 클 경우, (에피층의 결정격자 간격이 크면) 시드층 간격에 맞추기 위해 압축하려는 압축 스트레스(Compressive Stress)가 가해집니다. 반면, 결정격자 간격이 아래층에 비해 좁을 경우 이를 늘리려는 인장 스트레스(Tensile Stress)가 가해집니다. 응력에 따라서 캐리어의 타입별 이동도가 반대로 나타나기도 하고, 스케일링 (Scaling)에 영향을 끼치기도 합니다.

Tip SiO_2는 실리콘 원자 1개에 산소 원자 2개가 공유결합되어 있어서, 실리콘 원자만으로 된 격자보다는 SiO_2 분자 직경이 더 커져서 실리콘 위에 산화층은 압축 스트레스를 받습니다.

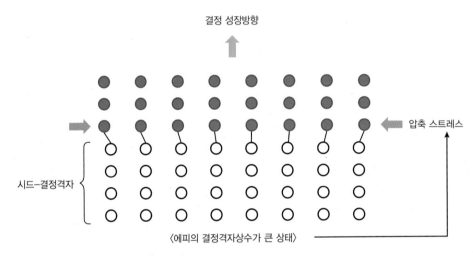

그림 10-7 헤테로-에피텍시 : 압축 스트레스

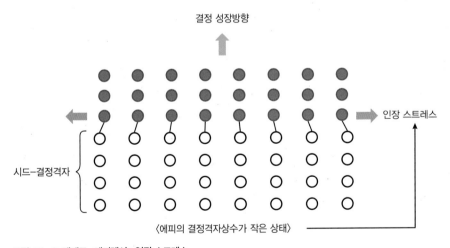

그림 10-8 헤테로-에피텍시 : 인장 스트레스

10.6 싱글 타입과 다중 챔버 적용

에피 공정은 생산성을 높이기 위해 챔버당 여러 웨이퍼를 동시에 진행하는 베치(Batch) 타입을 적용했는데, 이 경우 에피 필름의 두께와 재질이 균일하지 못한 경우가 자주 발생했지요. 이런 부작용을 줄이기 위해 점점 챔버당 1개의 웨이퍼를 진행하는 싱글(Single) 타입으로 변해가고 있습니다. 그렇지만 싱글 타입의 생산성이 저조하기 때문에 이를 높이기 위해 싱글 타입의 품질을 유지하면서 같은 장비 내에서 여러 챔버를 사용하게 되었습니다.

그림 10-9 싱글 타입 및 다중 챔버 방식의 에피텍셜 장비(AMAT Centura Epi 200mm)[20]

• SUMMARY •

원자들이 결합한 형태를 결정 구조(혹은 격자)라고 하는데, 결정 구조 내 원자들의 거리가 맞지 않는 (Mis-Match) 격자가 발생하면, 보이드(Void), 힐락(Hillock), 전자 포획 등의 원치 않는 메커니컬 (Mechanical) 이슈가 발생합니다. 그 이외에도 연마 웨이퍼 표면으로 인한 여러 가지 불량이 발생해 품질 문제를 일으킬 수 있지요. 이를 극복하기 위해 기판 위에 새로운 에피텍셜 기판을 성장시킵니다. 에피텍셜층을 형성하는 동시에 도핑을 실시할 경우 원하는 불순물 타입으로 층을 만들 수 있어, 이 층이 반도체 소자를 형성하는 기판으로 활용될 수 있답니다. 이런 유용성에 고품질이 가능하여 에피-웨이퍼의 수요는 앞으로 점점 증가하여 차세대 웨이퍼로 위상을 굳힐 것입니다. 단점으로는 공정시간이 길다는 것 이외에도 격자상수(도핑 등으로 인한 원자 간 거리)가 틀어져 격자들의 위치 이탈(Dislocation)이 발생하기도 하고 웨이퍼 휨 등 예기치 않는 불량이 발생할 수 있으므로 이에 대한 보완책을 같이 진행해야 합니다.

CHAPTER 11 이상적인 절연 기능, 산화막

디바이스의 크기가 줄어들고 저장용량이 커질수록 전자를 어느 곳에 보관하고, 어떻게 이동시킬 것인지가 점점 중요한 이슈로 부각되고 있습니다. 전자가 지나가는 도선이나 전자를 담는 그릇은 그 자체가 도체의 기능을 갖는 성분입니다. 하지만 전자의 이동 통로를 확보하거나 전자의 이동을 막아서 일정 영역에 보관하는 역할은 산화막이나 질화막 같은 절연체가 합니다. 이렇듯 도체와 부도체라는 서로 반대 기능을 갖는 물질과 형태들을 지그재그로 배분하고 모양을 내는 기술은 산화 공정, 포토 공정, 식각 공정 등을 이용한 방법입니다. 절연막으로는 주로 산화막과 질화막을 쓰는데, 그중 절연 기술의 대표는 산화입니다. 이러한 절연 기능은 얇은 두께를 갖는 물리적 막(Film, 필름)과 막을 이루고 있는 화학적 재질을 이용해 구현합니다. 산화 방식은 절연 공정 중 가장 기초적이고 중요한 공정으로 주목적은 외부로부터 침입하는 불필요한 입자(불순물, 전자 등)들의 방어와 내부에 저장된 전자 보호입니다. 현재는 열을 이용하여 산화막을 생산하는 방식이 가장 많이 쓰이고 있지만, 플라즈마나 전기화학적 처리 방식을 이용한 산화막도 점점 늘어나는 추세이지요. 열을 이용한 산화막 형성 시 웨이퍼의 실리콘 표면과 산화막 사이의 경계면이 이동하는 의미는 무엇일까요?

11.1 절연막의 종류

반도체에서 널리 활용하는 절연필름은 목적에 따라 다양하지만, 크게 산화막과 질화막으로 나눌 수 있습니다. 산화막(Oxide)은 말 그대로 산소가 결합된 막이고, 질화막은 질소가 결합된 막입니다. 최근에는 산화막이나 질화막에서 파생되어 발전된 여러 가지의 절연막이 다채롭게 활용되고 있습니다. 절연막의 대표적인 기반 재질로는 처음에는 저마늄 산화막이었다가 곧바로 실리콘으로 바뀌었고, 실리콘 웨이퍼 위로 산화막(SiO_2)과 질화막(Si_3N_4)을 쌓기 시작했습니다. 실리콘 산화막을 40년 이상 사용하다가, CD(Critical Dimension, 임계치수)의 한계에 다다르자 이산화실리콘(SiO_2) 이외에, 45nm 이후부터는 높은 절연 재질이자 High-k 물질인 이산화하프늄(HfO_2)과 원자층 증착막의 ALD(Aomic Layer Deposition)[1] 방식에서는 이산화지르코늄(ZrO_2) 등이 새로운 물질로 적용되고 있습니다.

---

1 **ALD** : 원자층 증착으로 통용되고 있으나, 실질적인 증착은 분자층 방식으로 각층이 한 층의 분자층씩 쌓여짐

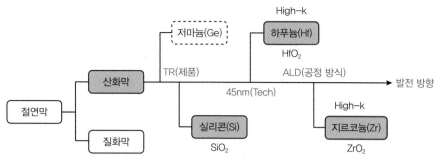

그림 11-1 절연막의 종류와 발전 방향

11.2 절연층의 형성 방식 비교 : 고열 산화 방식 vs 증착 방식

■ 절연막 형성 방식

산화막은 고열을 이용하여 성장시키거나 CVD/ALD 등 여러 Fab 공정 방식으로 증착시켜 만들 수 있고, 질화막은 LP-CVD로 증착하기 때문에 건식으로만 진행하고 습식 방식은 없습니다. 실리콘 산화막인 SiO_2는 전기적으로는 저마늄(Germanium32) 산화막보다 매우 양호한 부도체 역할을 해내고, 팹(Fab) 공정 진행 중에는 필요하지 않은 다른 원소들의 확산을 굳건하게 차단시켜주는 보호 필름 역할을 톡톡히 해내므로, 산화막의 기반 재질로 $_{32}Ge$보다는 $_{14}Si$를 주로 사용합니다. 더욱이 이렇게 만들어진 산화막의 녹는 온도가 1,700℃ 이상이기 때문에 산화막 이후에 어떠한 공정온도 조건도 가능하게 됩니다. 실리콘의 용융점이 1,400℃ 정도이므로 산화막은 반도체 전체 필름 중에서 용융온도가 가장 높은 막입니다.

표 11-1 절연층을 형성하기 위한 산화 방식과 증착 방식의 비교

구분	반응 구분	액체	기체	플라즈마
산화 방식(Oxidation)	화학적 변화	○	○	○
증착 방식(Deposition)	화학적 변화(CVD)	×	○	○
	분자층 증착(ALD)	×	○	○

■ 산화막 형성 방식에 따른 변수들

온도로는 기체와 액체 모두 높은 온도를 이용한 고열산화 방식을 적용하고 플라즈마는 낮은 온도를 이용합니다. 또한 증착 방식은 온도와 압력변수를 다양하게 변화시키면서 기체와 플라즈마(라디칼)를 다양하게 활용하고 있습니다. 물론 열산화인 경우는 챔버 분위기 압력이 높을수록 원자들의 운동 속도가 증가하므로 산화속도가 빠르게 됩니다. 특히 P형 혹은 N형으로 도핑된 경우는 도핑 자체가

실리콘-실리콘 결합력을 떨어뜨려 놓았기 때문에 순수실리콘 표면보다 산화속도가 더욱 빠르답니다. 산화 방식은 기판 속으로(아래쪽으로) 산화가 확산되면서 동시에 기판 위로도 산화 물질을 쌓아 성장시키는 방식이고, 증착 방식의 산화는 기판 표면에서 위쪽 방향으로만 쌓아 올리는 방식입니다. 이때 같은 표면적당 실리콘 원자들의 개수가 많으면 산화 두께가 빠르게 두꺼워지지요. 따라서 면적당 개수가 많은 〈111〉이 〈100〉보다 더 유리합니다.

11.3 절연층 위치

절연층은 아주 다양하게 사용되는 만큼 또 여러 군데에 적용되지요. TR과 TR 사이, 게이트 단자(Electrode, 전극)와 기판 사이, 낸드 같은 경우 플로팅 게이트(Floating Gate)와 컨트롤 게이트(Control Gate) 사이에 위치(O-N-O)하고, 게이트 단자 자체를 사면으로도 둘러쌓고 있습니다. 더군다나 게이트 옆의 스페이서(Spacer) 위치에서 굳건히 지키고 있으면서 LDD를 만드는 데도 기여하지요. 디램인 경우 커패시터 내에 전자를 가두어 놓기 위해 높은 성벽으로 둘러치기도 하지요. 도선을 만들 때 역시 다른 도선과 연결되지 않도록 도선과 도선 사이에 끼워 넣습니다. 외부로부터 반도체를 보호하기 위해 이불처럼 반도체 회로 전체를 덮는 용도로는 BPSG(Boron Phosphorus Silicate Glass)[2] 혹은 HDP USG + 질화막을 사용합니다.

Tip 디램에서 전자를 저장하기 위해서는 커패시터 벽면에 절연층을 두어 누설되는 전자를 철저하게 막아야 합니다.

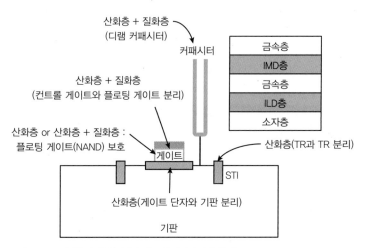

그림 11-2 절연층의 위치(디램과 낸드 플래시의 복합 형태)

---

2 **BPSG** : 이산화실리콘막에 붕소(B)와 인(P)을 도핑하면 낮은 온도에서도 넓은 면적으로 쉽게 평탄화되어 웨이퍼 표면 등 하부 구조를 보호함

11.4 산화막의 역할

가장 강력한 절연 기능을 갖는 산화 공정으로 성장된 산화막의 제일 중요한 역할은 전자의 이동을 차단하는 것입니다. 소자와 소자 사이(STI) 및 배선과 배선 사이의 전자 이동을 막는 용도(ILD, IMD)는 두꺼운 막을 사용합니다. 얇은 막으로는 커패시터 내 전자를 모으는 막이나 채널(Channel)과 게이트 전극(단자) 사이의 절연막인 게이트 옥사이드(Gate Oxide)막이 대표적입니다. 외부의 입자를 막는 용도로는 이온주입 혹은 식각 시의 라디칼 등을 방지하는 역할을 합니다. 그 외에 이온주입 시의 도펀트들의 진로를 방해(Filtering)하거나 굴절시켜 주입 깊이를 조절하기도 합니다.

그림 11-3 산화막의 역할

11.5 산화막 형성

산화막을 형성하는 방식으로는 열산화 방식(상압-고온), LPCVD(저압-고온) 방식과 그 이외에 플라즈마-산화 방식(저압-저온)이 있습니다. 챔버 분위기를 만드는 데 가장 어려운 방식은 열산화 방식입니다. 그렇지만 이는 재질적으로 가장 강력한 절연 성질을 갖기 때문에 게이트 옥사이드 혹은 커패시터(지금은 열산화 대신 ALD로 증착) 내의 절연막에 적용합니다. 가장 범용적으로 쓰이는 것이 LPCVD인데, 이는 저압-고온으로 대부분의 절연성 산화막을 형성할 때 사용합니다. LPCVD 방식은 열산화 방식보다는 공정 프로세스가 쉬운 대신 절연성은 약간 떨어집니다. 플라즈마를 이용하는 산화 방식의 챔버 분위기는 저압-저온으로, 이는 조정하기도 쉽고 주변의 다른 막에게도 부정적인 영향을 덜 끼치므로 활용도가 갈수록 높아지고 있습니다. 단, 플라즈마 입자 중의 하나인 라디칼로 인한 손상이 있으며, 이런 플라즈마 손상을 줄이기 위한 시도가 다각적으로 진행되고 있습니다.

■ 열에너지를 이용하는 산화 방식

고온을 이용한 열산화(Thermal Oxidation)는 산화제가 표면에 흡착 후 기판에 산화 반응을 일으켜 산화막을 성장시키지요. 산화막을 형성하기 위해서는 퍼네이스(Furnace)에 웨이퍼를 로딩합니다.

먼저 선증착(Pre-Deposition, 흡착 방식)을 하는데, 이는 실리콘 표면에 산화제 O_2를 달라붙게 하고, 약 1,000℃ 조건하에서 O_2가 실리콘 내부로 확산하도록 하여 목표로 하는 침투 깊이를 조절합니다. 모든 표면은 공기 중의 산소에 닿으면 산화막을 형성하는데, 물질에 따라 다르지만 실리콘은 상온에서는 1시간에 0.4Å 두께 정도 산화막을 자라게 합니다(자연적 발생 산화). 반도체에서는 산화막으로서 자연적으로 형성되는 산화막을 사용하는 것이 아니라, 오염되지 않은 조건을 갖춘 퍼네이스 안에서 인위적으로 산화막을 형성시킵니다. 자연산화막은 계획되지 않은 막으로, 이로 인해 연관되는 인가전압의 크기와 연이어 발생되는 드레인 전류를 예측할 수 없으므로, 발생 즉시 HF 용액으로 식각시켜서 없애야 합니다.

(1) 성장층과 확산층 구성

열산화 방식으로 형성된 산화막은 증착 방식에 의한 성장층과 확산에 의한 확산층이 합해져 구성됩니다. 산화막의 성창층 + 확산층 구성 중 확산층이 산화막 전체의 지지대(뿌리) 역할을 해주므로 증착으로만 구성된 대부분의 막(CVD, PVD)보다 산화막이 더욱 견고하고 절연 기능이 뛰어납니다. 확산층은 확산(Diffusion)과 반응(Reaction)이 혼합되어 진행됩니다.

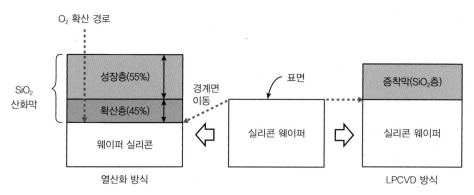

그림 11-4 산화막의 성장층과 확산층의 깊이 비교(열산화 방식)

(2) 성장층과 확산층의 두께 비율

SiO_2 성장층과 SiO_2 확산층의 비율은 대략적으로 6 대 4의 비율(5.5 대 4.5)로, 산화 반응은 항상 경계면에서 발생됩니다. 산화 초기에는 일차함수적(기울기는 공정상수)으로 산화층이 선형적 모델에 따라 증가되다가 산화막이 두꺼워질수록 루트함수적으로 포물선 모델에 따라 증가합니다. 동시에 산화제가 SiO_2-기판(Silicon) 경계면까지 확산되는 시간이 길어져 확산 깊이가 깊어짐에 따라 확산효율은 떨어지게 됩니다. 확산은 농도의 차이로 발생하는데(픽스 법칙에 따름), 산소의 흐름은 확산계수×농도의 감소율이므로 확산이 깊어질수록 산소 농도가 감소하다가 나중에는 산화막 증가가 포화(Deal-Grove의 산화 모델)되어 산소의 침투가 멈추게 됩니다.

(3) 반응면 위치

산화 방식은 두 군데 면에서 반응이 발생합니다. SiO_2 성장층은 최상단면(Top Side)에서 산화 반응이 일어나고, SiO_2 확산층은 최하단면(Bottom Side)에서 확산 반응이 발생하지요. 반면, CVD와 ALD, PVD의 증착 방식은 최상단면에서만 증착 반응이 일어납니다(그 외에 노광은 최하단, 식각/에싱/세정은 최상단 표면에서 작용하며, 이온주입은 최하단면에서 시작하여 상부로 올라오면서 층별로 주입하고, 어닐링은 전체적으로 영향을 끼칩니다).

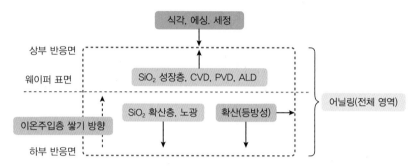

그림 11-5 반응면 위치

(4) 증착층의 댕글링 본딩으로 인한 문턱전압 상승

표면은 물체의 존재를 구분할 수 있는 중요한 경계입니다. 전자의 흐름도 80~90%가 표피층으로 흐르고, 포획전자(Trap Electron)도 대부분 경계면에서 발생하지요. 순수실리콘이 100%인 결정 결합 위로 SiO_2 증착층이 형성될 때, SiO_2는 산소 원자 2개가 실리콘 원자 1개와 공유결합하는 형태이므로 경계면에서 실리콘(Si)이 산소(O)와 결합하지 못하는 경우가 약 10^{14}개/cm^2 정도 발생합니다. 실리콘이 산소 원자와 공유결합하지 못하는 불완전한 결합을 댕글링 본드(Dangling Bond)라고 합니다. 이는 계면에서 특히 많이 발생되며, 댕글링 본드의 실리콘에는 산소 원자 대신 전자가 부착될 경우, 전자의 마이너스 전하량에 비례하여 문턱전압의 상승으로 이어집니다. 이를 방지하기 위해 H_2 가스를 공급하여 댕글링된 실리콘 원자를 수소 원자와 강제로 결합시킵니다(H_2 어닐링 후에는 10^{10}개/cm^2임). 이때 결합 분위기가 잘 조성되지 않으면 댕글링된 실리콘이 충분히 소멸되지 않아서 나중에 전자들과 결합하게 될 때 그만큼 게이트 단자에 가해지는 V_{th}를 높여야 하는 부담을 안게 됩니다.

■ 증착(CVD, ALD) 방식을 이용하는 산화막 형성

산화막을 CVD 방식으로 형성할 때는 주로 저압-고온 조건의 LPCVD를 적용합니다. 증착 방식으로 진행될 때는 Z축 방향으로만 산화막이 두꺼워지므로 웨이퍼 표면이 이동하지는 않습니다([그림 11-5] 참조). 디바이스 간의 격리용, 이온주입 시의 도펀트를 필터링하기 위한 스크린 옥사이드(Screen-oxide)용, 이온주입/식각 시의 일시적으로 마스킹 역할을 하는 산화막용, 메탈층 간의 절연용, 메탈층과 소자층 사이, 소자/배선 공정이 모두 완료 후에 마지막으로 덮는 보호막 등 광범위하게 적용되고 있습니다. 최근에는 디램의 커패시터 등에서 ALD 방식을 이용하여 산화막(ZrO_2)을 형성하기도 합니다. 이는 High-k 물질을 ALD 방식으로 입힐 때 적용합니다.[3]

11.6 산화 장비

■ 수평형 퍼네이스

반도체 팹에서 활용하는 장비 중에는 산화 장비로 특화되어 만들어져 있는 것은 없고, 산화 공정 시에 주로 반응로(Furnace, 퍼네이스)를 사용합니다. 수평 혹은 수직 퍼네이스 모두 사용 가능하지만, [그림 11-6]은 수평식 장비입니다. 산화 시 히팅 시스템에서 온도를 $1,000 \pm 200$℃로 올립니다. 웨이퍼는 보통 100~200개(1개 런(Run)이 보통 25장으로, 총 4개 런) 정도 투입하는데, 수평형 석영 보트에는 웨이퍼를 수직으로 로딩(Loading)합니다. 맨 앞과 뒤의 웨이퍼는 표면에 균일한 프로세스 가스가 접해지지 않으므로 더미(Dummy) 웨이퍼로 활용하고 산화 공정이 완료된 후에는 버려집니다. 더미 웨이퍼는 다른 정상 웨이퍼 표면에 균일(Uniformity)한 가스 반응을 위해 희생하는 용도로 사용됩니다. 웨이퍼에서 필름 두께, 화학 반응 시의 균일성 확보는 제품의 특성을 통일시키는 데 매우 중요하지요.

Tip 머리쪽 더미(Head-Dummy)는 앞쪽에 위치하여 면적당 프로세스 가스밀도가 커서 반응속도가 너무 빠르고, 반대로 꼬리쪽 더미(Tail-Dummy)는 반응속도가 너무 느립니다.

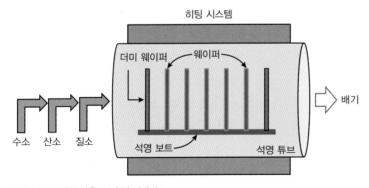

그림 11-6 산화 반응로 : 수평 퍼네이스

■ 수직형 퍼네이스

웨이퍼 직경이 커지면서 더미도 수율에 큰 영향을 끼치므로 수평형 퍼네이스보다 더미를 더 줄일 수 있는 수직형을 선호합니다. 수직형 퍼네이스도 위아래(옵션)에 더미 웨이퍼를 넣고, 중간 중간에는

---

3 13장 'CVD'와 14장 'ALD' 참조(ALD도 HfO_2, Al_2O_3 등 여러 막질 가능)

테스트용 웨이퍼(정밀한 오퍼레이션이 필요할 때)를 끼워 넣어 정상확산용 웨이퍼들의 이상유무를 점검하지요. 물론 수직형은 또한 장비 자체의 바닥 면적(Footprint)을 줄일 수 있는 장점도 있습니다.

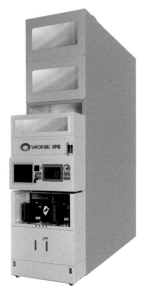

그림 11-7 산화 반응로 : 수직 퍼네이스[21]

산화, 어닐링, ALD, 폴리실리콘 공정에서 STI, Masking, Gap fill, Liner, Spacer 등 적용 가능하며, 베치(Batch)당 175웨이퍼의 처리 능력을 갖고 있습니다. Step Coverage가 >95%로 수직측 벽에도 균질한 박막 두께를 구현할 수 있으며, 정교한 온도/압력을 조절할 수 있습니다.

11.7 건식과 습식의 장단점 비교

반도체에서 사용하는 차단막 중에는 산화막이 가장 우수합니다. 특히 실리콘과 산소가 결합하여 만들어낸 이산화실리콘막은 하부의 실리콘과의 친밀도가 높아서 접착력이 강하고, 외부로부터 침입해 오는 어떠한 입자(플라즈마, 도핑, 식각, 세정, 에싱 시의 입자)로부터도 가장 철저하게 하부를 보호하지요. 그중 습식 방식보다는 건식 방식의 산화막이 더 절연성이 높고, 외부 환경에 오래 견딜 수 있습니다. 산소나 질소와 같이 가스를 사용하는 경우는 건식(Dry) 방식이라고 하고, 액체를 사용하는 경우는 습식(Wet) 방식이라고 합니다.

■ 특징

건식 산화막은 고품질이지만, 습식에 비해 공정 진행속도가 습식의 20% 혹은 10% 정도로 매우 느립니다. 산화막 성장속도는 기판의 상태나 산화를 진행하는 조건에 따라 영향을 많이 받습니다. 따라서 습식 방식이 건식 방식에 비해 산화 비율이 높고 산소 원소의 용해도가 건식에 비해 100~1,000배 정도 높으므로 산화속도가 높아서 막을 쉽게 형성할 수 있지만, 막질의 품질이 떨어지는 단점이 있습니다. 최근에는 습식 방식의 품질을 많이 보완하여 향상되고 있습니다. 한편, 막질이 튼튼할수록 제거하기는 어려운데, 산화막은 HF 계통 용액으로 제거합니다.

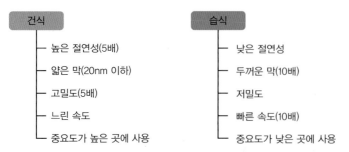

건식
- 높은 절연성(5배)
- 얇은 막(20nm 이하)
- 고밀도(5배)
- 느린 속도
- 중요도가 높은 곳에 사용

습식
- 낮은 절연성
- 두꺼운 막(10배)
- 저밀도
- 빠른 속도(10배)
- 중요도가 낮은 곳에 사용

그림 11-8 건식과 습식의 장단점 비교(모두 1,000℃ 정도의 높은 열을 가하는 방식으로 사용)

■ 반응식(열산화 방식)

건식일 경우는 질소와 산소가스를 투입하고, 습식일 경우는 이온을 제거한 초순수(DI Water)를 수증기로 기화시켜 투입하거나 산소+수소가스로 H_2O를 생산하여 투입하지요. 가스는 모두 정확성을 기하기 위해 MFC(Mass Flow Controller)로 주입량을 정확하게 조정합니다.

> **Tip** 산화 공정 시 퍼네이스를 사용함으로 인해 산화를 보통 확산 공정으로 포함시키기도 하는데, 산화는 별도로 분리하는 것이 혼돈을 방지합니다(산화 공정을 확산 공정으로 분류해 놓을 경우, 확산이 아닌 산화 공정을 확산 공정으로 잘못 인식할 수 있음)

• 산소가스를 사용한 건식 반응

$$Si(\text{실리콘, 웨이퍼 고체}) + O_2(\text{산소, 가스}) \rightarrow SiO_2(\text{이산화실리콘 산화막, 고체})$$

• 수증기를 이용한 습식 반응

$$Si(\text{실리콘, 웨이퍼 고체}) + 2H_2O(\text{수증기, 액체}) \rightarrow SiO_2(\text{이산화실리콘, 고체}) + 2H_2(\text{수소 분자, 기체})$$

실리콘은 높은 온도에서 산소를 만나면 이산화실리콘이 되고, 수증기(H_2O)를 만나면 이산화실리콘과 수소 분자가 나오므로 수소가스(H_2)는 배출하면 됩니다.

■ 타 공정의 일반적인 비교 : 건식 vs 습식

산화 공정뿐 아니라 식각 공정, 세정 공정 등 다른 반도체 공정에서도 건식과 습식이 사용되고 있습니다. 모든 공정이 다 그런 것은 아니지만, 건식 공정은 대부분 시간이 오래 걸리거나 복잡한 대신 결과물의 수준이 높습니다. 반면, 습식 방식은 건식 공정에 비해 비교적 쉬우며 단기간에 수행되지만 품질 상태는 떨어집니다. 한편 건식이든 습식이든 낮은 온도와 높은 진공에서는 입자들의 이동도가 낮아져서 공정속도가 떨어지므로 열에너지를 가해 되도록 빠르게 진행되도록 하는 추세입니다.

11.8 보조 기능을 하는 질화막

산화막을 만들기 위해 산화제(Oxidant) 케미컬로는 산소가스 혹은 물 분자($2H_2$가스 + O_2가스로 생성)를 사용합니다. 최근에는 플라즈마를 이용하기도 하는데, 질화막 형성을 위해서도 질화제로 질소가스 혹은 플라즈마를 활용합니다. 질화막보다는 산화막이 더 강력한 절연 기능을 갖고 있기 때문에, 절연막으로서는 산화막을 주로 사용하고, 질화막은 대부분 보조 역할을 합니다. [그림 11-9]의 질화막은 1차 산화막과 2차 산화막을 형성하는데, 산화막끼리 서로 섞이지 않도록 칸막이 기능을 합니다. 어떤 경우에는 산화막의 여러 종류를 만드는 과정에서 1차 산화막 + 질화막 + 2차 산화막(O-N-O 절연막)의 구조를 이루기도 하지요.

Tip ONO(Oxide/Nitride/Oxide) 절연막 구조는 주로 CG와 FG 사이 혹은 커패시터 피복 물질로 사용합니다. 질화막의 유전율이 높아서 전체 커패시턴스 값을 높이는 데 사용됩니다. 비정질 재질로 핀홀의 발생을 줄일 수 있고, 항복전압의 한계치를 높일 수 있습니다.

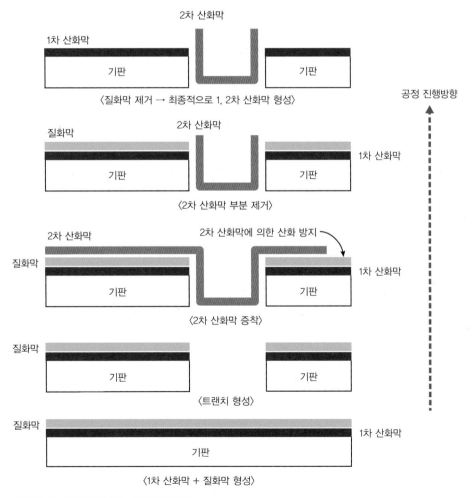

그림 11-9 질화막이 보조하는 공정 진행 과정

11.9 CVD 방식의 질화막 증착

■ 질화막 용도

이온주입(Implantation)과 확산은 주로 실리콘 기판 내부로 가스를 침투시켜서 사용하는 반면, 질화막은 실리콘 기판 위로 막을 쌓아(Stacking)가는 건식 화학증착 방식인 CVD(Chemical Vapor Deposition) 방법을 적용합니다. 건식 질화막의 사용처는 (습식 산화막의 사용처와 유사) DRAM의 커페시터 유전체 내의 절연막층이나 금속층과 금속층 간(혹은 금속층과 기타층 간) 분리 목적으로 사용되는 층간 절연층인 ILD(Inter Layer Dielectric), IMD(Inter Metal Dielectric, 하부에 메탈층이 있어서 높은 온도에서는 적용 불가라서 특수한 경우에 가끔씩 활용)에 적용하며, 산화막 위에 추가로 질화막을 형성시켜 절연성을 더욱 높인 층으로도 이용합니다.

■ 질화막 증착 방식

질화막 증착은 높은 온도 조건하에서 압력으로는 저압을 사용하여 프로세스 가스(Process Gas)[4]가 표면에 쉽게 달라붙도록 하는데, 이를 저압 CVD(LPCVD) 방식이라 합니다. 이는 옥사이드(Oxide, SiO_2) 표면 위에 유화로 덧칠하듯이 Si_3N_4층을 쌓아가므로 균질한 화학조성으로 박막(Thin Layer, Thin Film)[5] 두께를 정확하게 조절할 수 있으나, 단점으로는 건식이기 때문에 속도가 느리지요.[6] LP−CVD용 질화막을 쌓는 저압 환경은 여러 종류의 펌프(Pump)를 사용하여 압력을 떨어뜨려야 하는 복잡한 방식으로 만들어집니다.

• SUMMARY •

회로 상에서의 절연 기능은 반도체의 도전 기능 못지 않게 중요합니다. 전자를 이동하거나 보관할 때는 반드시 다른 전자와의 상호 연락을 차단하고 전자를 보호해야 하므로, 차단 역시 도통만큼이나 큰 의미를 갖죠. 실제 팹 공정상에서도 도체보다는 알맞은 부도체를 만드는 것이 더 어렵기도 하고요. 실리카(이산화실리콘, SiO_2)는 매우 양호한 부도체 역할을 해내고, 팹 공정 진행 중에는 필요하지 않은 다른 원소들의 확산을 굳건하게 차단시켜주는 보호막 역할을 톡톡히 해냅니다. 이산화실리콘은 전자의 이동을 막는 데 있어 인간이 만든 가장 이상적인 절연막이라고 해도 과언이 아닙니다. 요즘은 산화막으로 High−k 물질인 HfO_2, ZrO_2로도 많이 대체되고 있습니다.

---

4 **프로세스 가스** : 공정을 진행하기 위해 프로세스 챔버에 투입하는 소스가스

5 **박막** : 수 nm에서 수 μm 사이의 두께를 갖는 막

6 13장 'CVD' 참조

산화막 편

01 퍼네이스(Furnace)를 이용하여 산화막을 만들 때 적용하는 열산화 방식을 비교한 것이다. 건식 방식과 습식 방식의 특성, 막 두께, 공정속도/재질에 관한 설명 중 올바르게 연결된 것은?

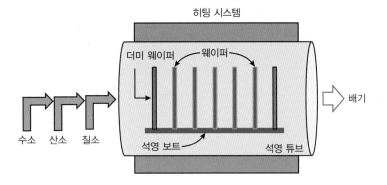

	특성	막 두께	공정속도/재질
①	건식 : 높은 절연성	얇은 막	고밀도
②	습식 : 낮은 절연성	두꺼운 막	느린 속도
③	건식 : 높은 절연성	얇은 막	저밀도
④	습식 : 낮은 절연성	얇은 막	느린 속도
⑤	습식 : 높은 절연성	두꺼운 막	느린 속도

02 그림은 절연막의 분류를 나타낸다. 〈보기〉에서 절연막의 분류와 관련한 설명 중 옳은 것을 모두 고르시오.

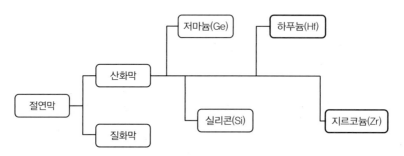

보 기

(가) 질화막은 산화막을 보조하는 역할로도 사용된다.

(나) ALD 방식으로 절연막을 형성 시에는 지르코늄을 사용한 산화막 ZrO_2를 적용한다.

(다) 최근에는 산화막으로 실리콘(Si)보다는 저마늄(Ge)을 기반 물질로 사용하는 추세이다.

(라) 산화막의 두께가 얇아지면서 하프늄(Hf)을 적용한 산화막인 HfO_2가 이용되기 시작했다.

(마) SiO_2 산화막은 실리콘과 산소가 결합한 막으로 절연성이 매우 우수하다.

① 가, 나   ② 나, 다, 라

③ 가, 다, 라, 마   ④ 가, 나, 라, 마

⑤ 가, 나, 다, 라, 마

03 그림은 산화 방식으로 형성한 산화막(SiO_2)과 LPCVD를 이용하여 형성시킨 산화막(SiO_2)이다. 각 레이어별 A, B, C 구분이 알맞게 된 것은?

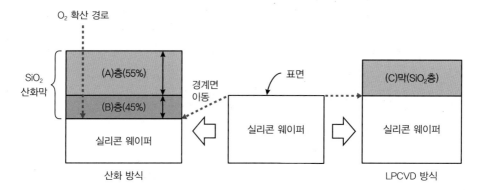

	A	B	C
①	확산	성장	증착
②	증착	성장	확산
③	확산	증착	성장
④	성장	증착	확산
⑤	성장	확산	증착

04 〈보기〉는 산화막을 다양하게 활용하는 사용처 및 목적과 재질에 대한 설명이다. 옳은 것을 모두 고르시오.

> 보 기
>
> (가) 스크린 옥사이드는 양이온이 웨이퍼 표면에 주입하는 경로를 막거나 굴절시키는 마스킹 역할을 대신한다.
>
> (나) 동일한 절연 능력을 유지하기 위해서는 절연막의 두께가 얇아질 경우 높은 유전(High-k) 재질의 물질을 사용한다.
>
> (다) 질화막을 형성하기 위해서는 주로 LPCVD 방식을 적용한다.
>
> (라) 콘택과 금속선을 연결하기 위해서는 산화막을 적용해야 한다.
>
> (마) 열에너지를 이용하여 산화막을 형성하기 위한 방식으로는 PECVD가 있다.

① 가

② 가, 나

③ 가, 나, 다

④ 가, 나, 다, 라

⑤ 가, 나, 다, 라, 마

CHAPTER 12 게이트 옥사이드의 기능과 신뢰성

절연 기능을 하는 산화막 중에는 게이트 하단에 좀 더 강력한 절연층인 게이트 옥사이드(Gate Oxide)가 있습니다. 게이트 옥사이드는 게이트와 기판 사이에서 전자의 이동을 막는 역할을 합니다. 반도체 재질로는 두 가지 축복이 있습니다. 하나는 실리콘이라는 최적의 물질이 지구상에 많이 존재하는 것이고, 다른 하나는 실리콘으로 실리콘다이옥사이드(SiO_2)라는 절연성이 뛰어난 절연막을 생성할 수 있다는 것입니다. 이 절연성 막(필름)은 산업혁명 이후로 인간이 만든 발명품 중 가장 뛰어난 제품으로 평가받는 반도체를 최상의 반열에 오르게 한 주역입니다.

특히 게이트 하부막인 게이트 옥사이드는 단순히 절연시키는 역할만 하는 것이 아니라, 반도체 소자의 테크놀로지에서부터 성능과 신뢰성까지 반도체의 쓰임을 결정하는 전략적이고 중요한 요소가 되었습니다. 이는 신뢰성 측면, 전자적인 기능(낸드의 비트 확장성), 전력소비 측면(전류 차단) 혹은 환경 유해적인 측면(실리콘의 무해 성질)으로 보았을 때에도 지구상의 물질 중에 반도체의 재료로 사용하기에 최적인 실리콘 및 실리콘과 연결된 절연체(혹은 유전체)를 확보할 수 있게 했습니다. 게이트 옥사이드의 물리적인 두께 축소와 화학적인 재질 변경은 소자(디바이스)의 기능 및 신뢰성과 어떤 관계가 있을까요?

12.1 게이트 옥사이드의 기능 1 : 전류 차단, 전압 전달

게이트 옥사이드는 게이트층과 기판층 간에 상호 전류가 흐르는 것을 차단하면서 동시에 전압을 기판층으로 전달합니다. BJT는 각 단자 사이에 전류를 흘려서 TR을 동작시켰지만, FET은 반대로 게이트 단자와 기판 사이에 전류 흐름을 차단하는 대신 전압을 하부로 전달하여 TR을 동작시킵니다. 따라서 게이트 옥사이드는 BJT에서는 없는 층이지만, MOSFET에서는 필수인 층입니다.

■ 스케일 축소에 따른 게이트 옥사이드의 변화

미세화가 진행되면, 게이트 옥사이드의 물리적인 두께도 비례적으로 줄어야 합니다. 그런데 게이트 옥사이드의 두께가 얇아지면 전자 흐름을 차단하기는 점점 어려워지지만, 전압 전달은 용이해집니다. 반대로 두께를 두껍게 하면 게이트에서 기판(Sub)으로의 전압에 대한 전달 능력이 떨어지고 목표로 하는 적절한 타이밍 내에 채널이 생성되지 않게 되어 동작속도가 떨어집니다. 또한 절연층 파괴를 막으려면 절연층은 구조 축소방향과는 반대로 두껍게 해야 합니다. 그럼에도 불구하고 게이트 옥사이드는 얇은 두께로 가고 있지요. TR의 구조가 전체적으로 층의 두께는 얇아지고 채널길이는 좁아져서 위에서 아래로, 아래에서 위로, 좌에서 우로 등 모든 방향으로 전계의 세기가 증가하고 전류가 누설되어 여러 군데 구멍 뚫린 물통처럼 차츰 통제 불능 상태가 되어갑니다. 이에 대한 보완은 주로 재질 변경(SiO_2 → HfO_2, ZrO_2)을 통해서 진행하며, 게이트 및 주변의 구조적 변경(3D, FinFET, MBCFET, 오목 게이트, 매몰 게이트, LDD, Halo 등)도 힘을 보태고 있습니다.[1]

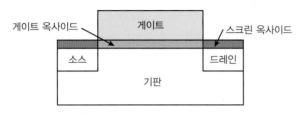

그림 12-1 게이트 옥사이드 위치(디램과 시스템 반도체)
　　스크린 옥사이드와 게이트 옥사이드의 두께는 상이하지만, 편의상 2개의 두께를 일치시킵니다. 게이트 단자의 구조
　　조건은 FinFET, RCAT, BCAT 등 게이트 구조 변경에 따른 게이트 옥사이드 절연막의 형태 변형은 고려하지 않고,
　　2D-평판 형태인 일반적인 구조 하에서만 다룹니다.

12.2 게이트 옥사이드의 기능 2 : 채널 형성 @ 커패시터 역할

게이트 옥사이드의 핵심 기능 중의 하나는 기판에 채널을 쉽고 빠르게 형성하는 것입니다. 채널은 캐리어를 소스 단자에서 드레인 단자로 이동할 수 있도록 하는 다리 역할을 합니다. 이는 휘발성 메모리, 비휘발성 메모리, 시스템 반도체에 대한 TR의 동작 및 동작속도와 직결되지요. 채널은 게이트 전압을 받아 게이트 전압의 극성에 반대되는 캐리어들이 게이트 옥사이드 하부로 모여들어 반전층(Inversion Layer)이 형성된 상태입니다.[2] 그렇게 형성된 채널은 커패시터와 유사한 기능도 합니다.

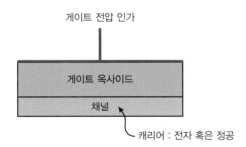

그림 12-2 게이트 전압 인가에 따른 채널 형성(=커패시터 기능)

1　5장 '디램과 낸드 플래시' 참조
2　33장 '채널' 참조

게이트 단자와 채널이 커패시터의 기판 역할을 하고 게이트 옥사이드가 커패시터의 유전체 역할을 합니다.

12.3 게이트 옥사이드의 기능 3 : 저장(비휘발성 메모리)과 동작속도 결정

■ 두꺼운 막 지향(저장 시)

비휘발성 제품인 낸드 플래시 메모리가 스위칭 기능을 할 때는 MOSFET의 원래 기능이므로 디램과 동일한 역할을 합니다. 여기에 추가하여 낸드 TR은 전자를 플로팅 게이트(Floating Gate) 내에 장기간 가두어 두는 기능을 합니다. 이를 위해서는 게이트 옥사이드 막을 두껍게 하는 것이 유리합니다.

■ 얇은 막 지향(동작속도)

전자를 게이트 옥사이드막을 관통시켜 플로팅 게이트로 넣거나(FN Tunneling 혹은 HCI 방식을 이용하여 데이터를 프로그래밍[3], 디램의 쓰기 기능) 플로팅 게이트에서 채널 쪽으로 전자를 빼내야 하는 소거(Erasure) 기능도 핵심적인 요소인데, 이 경우에는 게이트 옥사이드막을 통해 전자들을 이동시켜야 하므로 절연막이 얇아야 유리합니다. 전자가 게이트 옥사이드(절연막)를 통과해 빠져나간다는 것은 낸드 플래시의 경우 게이트 단자에 저장된 데이터를 삭제하는 동작(Erasure)을 의미합니다. 왜냐하면 이런 삭제 동작을 해야 새로운 데이터를 셀에 다시 저장할 수 있기 때문이죠. 두꺼우면 전자가 잘 통과하지 못하면서 낸드 메모리의 동작속도가 느려지는 등 어려움이 발생됩니다.

> **Tip** HCI(Hot Carrier Injection)는 낸드에서 전자를 FG에 넣는 초창기 방식이고, 이후에는 FN Tunneling 방식(발전됨)으로 FG에 전자를 저장합니다.

■ 막의 두께 타협(상충관계)

전자를 게이트 단자 내에 잘 가둬 두려면 게이트 옥사이드가 두꺼워야 하고, 전자를 빠르게 넣고 빼내는 데이터 사이클링이 원활하게 되려면 절연층이 되도록 얇아야 합니다. 이렇듯 게이트 옥사이드의 두께를 두고, 낸드 메모리 신뢰성과 동작(저장하기 vs 쓰기/읽기/지우기) 사이에서는 서로 지향하는 바가 상충됩니다. 낸드에게는 게이트 옥사이드 두께만 보더라도 기본 동작 사이에서 본질적 모순을 풀어야 하는 숙제가 디램보다 많아집니다.

> **Tip** E/W 속도는 Erasure(소거)/Write(저장 혹은 프로그램)의 동작속도입니다.

---

[3] 프로그램(Program)은 데이터를 낸드 플래시(플로팅 게이트)에 저장하는 것이고, 소거는 저장된 데이터를 지우는 것임

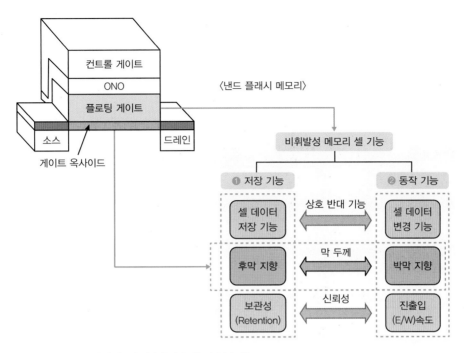

그림 12-3 게이트 옥사이드의 데이터 저장 기능과 동작 기능

터널 옥사이드(Tunnel Oxide, 낸드 플래시일 경우)는 게이트 옥사이드와 동일한 의미로 사용하지만, 프로그램하거나 소거할 때 게이트 단자 아래에서 전자를 보관하면서 동시에 전자를 통과시키는 역할을 합니다.

12.4 게이트 옥사이드의 기능 vs 신뢰성 비교 @ 비휘발성 메모리

신뢰성에서도 보관성(Data Retention)은 데이터(전자)를 얼마나 오랫동안 저장할 수 있느냐인데, 옥사이드의 두께와 비례합니다. 최대 사이클링 타임(Data Cycling Time, 전자의 진출입 가능 횟수)은 데이터를 플로팅 게이트에 집어넣고(프로그램, 쓰기) 또 빼내고(지우기) 하는 횟수를 얼마까지 많은 순환(횟수)으로 할 수 있느냐인데, 이 또한 게이트 옥사이드의 두께에 비례합니다. 사이클링 기능에 대한 신뢰성 항목으로는 내구성(Endurance)이 있으며, 이는 게이트 옥사이드를 통해 전자가 진출입할 때, 얼마의 진출입 횟수까지 견뎌낼 것인가 하는 능력입니다. 내구성은 사이클링 속도 기능과는 다른 관점으로, 전자의 빈번한 이동으로 인한 박막 파괴를 방어하는 개념입니다. 절연막을 통한 전자의 진출입 속도는 게이트 옥사이드의 막이 얇아야 빠르게 됩니다. 이를 종합하면, 신뢰성 측면은 게이트 옥사이드의 후막이 유리하고, 기능 측면은 박막이 좋습니다.

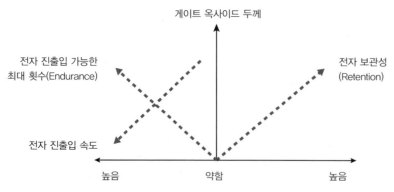

그림 12-4 게이트 옥사이드 기능 vs 신뢰성 비교 @ 비휘발성 메모리

- **2nm에서 1.2nm로**

게이트 옥사이드막의 두께는 얼마로 해야 할까요? MOSFET 공정 중에서 가장 심혈을 기울여 만드는 절연층이 게이트 옥사이드입니다. 반도체에서는 게이트의 길이 혹은 S-D 거리로 반도체의 테크놀로지를 가늠하는데요. S-D 거리를 줄이면 게이트와 게이트 옥사이드 두께도 비례적으로 얇아져야 합니다. 게이트 단자층을 증착시키는 것보다 게이트 옥사이드를 성장시키는 것이 더 어렵다고 볼 수 있습니다. MOSFET의 지상과제는 소비전력을 낮추고 동작속도를 높이는 것입니다. 이를 위해서는 게이트 옥사이드의 두께를 최대한 얇게 해야 합니다. 게이트 옥사이드 두께는 약 2nm 정도로 유지해 왔는데, 최근에는 1nm 가까이로 더욱 얇아지는 추세입니다. 1nm는 10^{-9}m인데, 산소 원자의 지름이 약 0.05nm이므로 게이트 옥사이드 1~2nm 두께는 약 20개에서 40개 정도의 산소 원자가 늘어선 정도로 볼 수 있습니다.

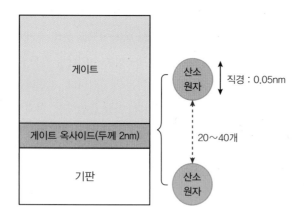

그림 12-5 게이트 옥사이드 2nm 두께 = 산소 원자 약 40개를 늘어놓은 두께

■ 구조 vs 기술적 진보

반도체에서는 구조적 요구가 우선이고, 그에 따른 기술적 문제는 우선순위에서 밀립니다. 구조를 먼저 목표로 선점해 놓고, 이를 해결해 나가는 것이 기술의 발전이고, 곧 경쟁력입니다. 기술적 해결이 불가능하다고 판단될 경우에는 구조와 기술의 중간 지점으로 타협을 하지요. 최근의 게이트 옥사이드의 박막 이슈를 달성하기 위해서는 CVD 공정 혹은 다른 어떤 공정의 방식으로든 불가능하고, 단지 이를 가능하게 해주는 공정이 바로 증착 공정에서 가장 진보된 ALD입니다. 특히 플라즈마-ALD는 열-ALD에 비해 더 얇게, 더 빠르게 증착을 가능하게 해주는 이상적인 방식입니다. MBC-FET(Nanosheet), NAND-3D 등은 ALD가 없었다면 불가능한 구조입니다.[4]

12.6 게이트 옥사이드의 재질 변화(절연성을 높이는 방향)

■ SiO$_2$ → SiON

테크놀로지가 발전해갈수록 게이트 옥사이드의 두께는 감소합니다. 그런데 게이트 옥사이드의 두께가 줄어도 TR의 기본적인 기능이나 성능은 향상되어야 하기 때문에 옥사이드의 절연성을 높이기 위해서는 게이트 옥사이드의 재질을 높은 유전율로 변경해야 합니다. 소스 단자와 드레인 단자 사이의 거리(TR의 테크놀로지)가 100nm까지는 게이트 옥사이드로 실리콘산화막(SiO$_2$)을 절연체로 사용했습니다. 하지만 TR의 50nm 테크놀로지 전개기간에서는 게이트 옥사이드의 두께도 반으로 줄어들었고, 그에 따라 절연성이 좀 더 높은 실리콘산화질화막(SiON)을 사용했습니다.

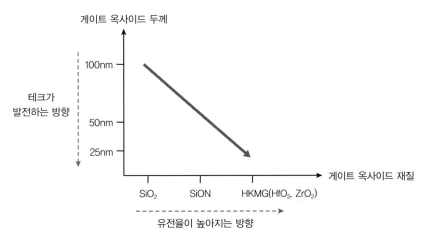

그림 12-6 테크놀로지에 따른 게이트 옥사이드의 재질 변화

---

4 14장 'ALD' 참조

- SiON → HfO$_2$, ZrO$_2$

50nm의 절반인 30~25nm Tech에서는 게이트 옥사이드의 두께가 더욱 줄어들었고, 두께가 줄어든 만큼 절연성을 높이기 위해 유전율이 매우 높은 High-k 물질인 HfO$_2$ 혹은 ZrO$_2$를 사용하기 시작했습니다(유전율이 높은 물질이 개발되면서 게이트 옥사이드의 두께를 그에 맞게 줄일 수 있게 된 것이죠). 이를 HK/MG(절연체/게이트 단자)라고 하여 High-k, Metal Gate라 부릅니다. 게이트 단자 재질은 금속 재질 → 폴리실리콘 게이트(Poly Silicon Gate) → 다시 금속 재질로 변경되면서 게이트 옥사이드의 재질도 SiO$_2$ → SiON → HfO$_2$, ZrO$_2$로 변신합니다. 산화 방식도 일반 산화에서 플라즈마를 이용한 산화 방식이 범용으로 바뀌고 있습니다. High-k를 사용하기 시작하는 초창기에는 HKPG(High-k Poly-Gate)와 HKMG가 중첩되는 기간이 상존하다가 그 이후에는 HKMG로 정리되었습니다.

그림 12-7 300mm용 건식 산화막용 울트라 퍼네이스 시스템[22]

Tip [그림 12-7]의 퍼네이스 시스템은 고온 산화(Oxidation, 게이트 옥사이드), 고온 어닐링, 도핑된 폴리실리콘(Doped Poly), LPCVD, ALD 적용/수직형 퍼네이스에 로딩되는 웨이퍼는 수평으로 장착됩니다.

• SUMMARY •

트랜지스터를 크게 분류하면, 전류를 이용해 동작시키는 BJT와 전압을 이용해 동작시키는 FET이 있습니다. 전류를 이용하려면 단자들 간에 전자가 잘 흐르는 환경을 만들어줘야 하지만, 전압을 이용하기 위해서는 반대로 단자와 단자 사이를 절연시켜서 전자의 이동을 철저히 막아야 합니다. 대신 절연체의 양쪽 단자에 걸리는 전압을 조절해 절연체 양쪽 편에 있는 전자들을 이합집산시킵니다. FET 소자 계열의 절연막 중에서 제일 중요한 층은 단연 게이트 단자 밑에 있는 옥사이드(산화층)입니다. 게이트의 전압 민감도를 결정하는 게이트 옥사이드는 물리적인 구조와 화학적인 재질의 변화가 반도체 테크놀로지가 발전해감에 따라 급격히 진화하고 있습니다. 거꾸로 보면, 이런 변화가 테크놀로지를 주도해 나가고 있는 것이지요. 그에 따라 투입되는 재질, 장비, 공정 방식, 해결 방안 등이 다양한 옵션으로 전개됩니다.

게이트 옥사이드 편

01 절연성 성질을 갖는 게이트 옥사이드의 위치를 정확하게 명시한 것은?

① 소스 단자와 드레인 단자 사이

② 소스 단자 하부

③ 드레인 단자 하부

④ 게이트 단자 하부와 채널 상부 사이

⑤ 게이트 단자 상부

02 〈보기〉는 게이트 옥사이드 막의 두께에 따른 장단점을 나열한 것이다. 옳은 것을 모두 고르시오.

보 기

• **후막의 장단점**

(가) 신뢰성이 떨어진다.

(나) 포획전자가 많아진다.

(다) 누설전류가 많아진다.

(라) 동작속도가 느려진다.

• **박막의 장단점**

(마) 전력 소모가 많아진다.

(바) 부유 게이트에 전자의 저장이 어려워진다.

(사) 채널로 전달속도가 느려진다.

(아) TR을 작게 만들 수 있다.

① 가, 다, 마, 사

② 나, 라, 바, 아

③ 가, 나, 다, 라

④ 마, 바, 사, 아

⑤ 가, 라, 마, 아

03 〈보기〉의 게이트 옥사이드에 대한 기능과 특성에 대한 설명 중 옳지 <u>않은</u> 것을 모두 고르시오.

보 기

(가) 동작 기능과 저장 기능은 서로 반대인 경우가 많다.

(나) 보관성이 높아지면, 대체로 진출입 속도가 떨어지는 경향이 있다.

(다) 테크놀로지가 발전할수록 게이트 옥사이드의 두께는 점점 두꺼워진다.

(라) 기판에 채널을 쉽고 빠르게 형성해야 한다.

(마) ALD 방식을 적용할 경우에는 SiO_2 재질로 해야 한다.

① 가, 나   ② 가, 다   ③ 나, 라   ④ 다, 라   ⑤ 다, 마

04 다음 그래프는 테크놀로지에 따라 게이트 옥사이드 재질이 변하는 방향을 보여준다. 재질은 절연성을 높이는 방향으로 변천되어 왔으며, 절연성과 유전율은 비례한다. 〈보기〉에서 게이트 옥사이드의 유전율이 높아지는 재질 순으로 올바르게 나열한 것은?

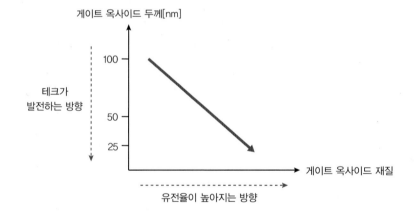

보 기

(가) ZrO_2	(나) SiO_2	(다) HfO_2	(라) SiON

① 가 → 나 → 라   ② 나 → 다 → 라

③ 나 → 라 → 가   ④ 다 → 라 → 나

⑤ 라 → 가 → 나

CHAPTER 13

ALD, 분자막 쌓기

원자층증착(ALD, 실질적으로는 분자층이 한 층씩 증착됨)은 1970년대 중반 핀란드의 투오모 선톨라(Tuomo Suntola) 박사에 의해 개발된 박막증착 기술로, 분자층을 한 층씩 쌓아 올릴 수 있는 방식입니다. 이는 90nm 이하의 테크(Tech)에 적용되기 시작했고 PEALD와 베치 타입 ALD의 개발로 최대의 관건이었던 공정시간을 단축할 수 있어서 2000년대부터 급속히 확산하여 적용되기 시작했습니다.

트랜지스터가 점유하는 체적을 지속적으로 축소시키기 위해서는 층을 이루고 있는 막의 구조를 줄여야 하지만, 오히려 각 층의 본래의 성질인 도전특성(도전성층), 절연특성(절연성층, 유전층) 혹은 도핑을 제어하는 특성(스크린 옥사이드) 등은 높아야 합니다. 현재 CVD, PVD 등 박막을 만드는 기법들은 두께를 일의 자리수 나노미터 단위로 얇게 하는 데 한계를 가집니다. ALD라는 기법을 반도체의 막을 형성하는 방식으로 접목하면서 트랜지스터의 구조는 새로운 전기를 맞이할 수 있게 됩니다. ALD라는 적층 방식이 지금까지 나온 방식 중에 적층막을 가장 얇게 쌓아 올릴 수 있는 이유는 무엇일까요?

13.1 박막을 형성하는 방법

반도체 박막을 만드는 방법은 대표적으로 두 가지가 있습니다. 화학적인 방법으로 절연막(혹은 유전체막)을 형성하는 CVD(Chemical Vapor Deposition)와 물리적인 방법으로 금속막을 이루게 하는 PVD(Physical Vapor Deposition)로 나뉩니다. 그 밖에 분자층을 형성하여 막을 쌓는 ALD, 산소를 이용한 산화 방식 및 용액을 분사하면서 웨이퍼를 회전시켜 도포하는 SOG가 있고, 용액을 전기분해하여 구리막을 형성하는 다마신(Damascene) 등이 있습니다.

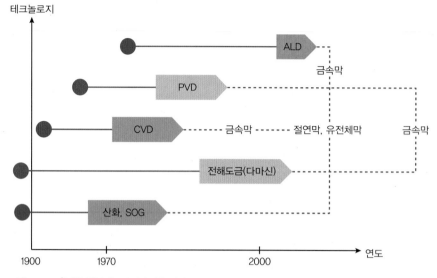

그림 13-1 박막을 형성하는 방법의 기술 발전

■ 테크놀로지 고도화와 박막

반도체 테크놀로지가 고도화된다는 것은 회로의 금속 배선 폭(CD, Critical Dimension)이 줄었다는 것이고, 혹은 게이트 전극(단자)의 길이가 축소되었다는 의미이지요. 좀 더 구체적으로는 소스 전극과 드레인 전극 사이의 채널길이가 점점 가까워진다는 뜻으로, 이런 현상을 집적도가 향상되었다고 합니다. 스케일링 사이즈가 다운되면 공정에서 박막의 두께를 줄이거나, 디램 커패시터의 종횡비(구조적으로 밑변 대비 높이에 대한 비율)도 높아집니다. 이에 따라 증착이 중요해지는 만큼 테크놀로지 맞춤형 증착 장비의 변신이 최대의 화두가 되고 있습니다.

■ 기술의 변곡점에 선 ALD 역할

증착 기술의 커다란 변곡점은 테크놀로지 노드 90nm와 30nm에서 있었고, 앞으로 10nm 노드에서 또 한 번 요동칠 것으로 보입니다. 선 폭이 90nm에서 30nm로 진행되면서 기존의 증착법으로는 한계에 부딪쳐 화학기상증착(CVD)이나 물리기상증착(PVD)의 변화가 필요했고, 변화된 CVD(플라즈마-CVD), PVD(스퍼터링)로는 얇은 막을 구현해낼 수 없어서 ALD가 도입되었습니다. 특히 각 공법에서는 PECVD, PEALD 등 플라즈마의 접목이 활발해지고 있습니다. 엄밀하게는 ALD도 분자가 화학적 변화를 겪는다는 면에서 CVD의 파생 기술(sub-CVD)로 볼 수 있는데, CVD에 비해 막의 두께를 혁신적으로 축소시킨 기술입니다.

■ 적층의 디지털 방식

소스와 드레인의 간격이 30nm 이하일 때는 게이트 옥사이드나 디램 커패시터의 절연막 두께를 x[nm]에서 1[nm] 이하(0.x[nm])로 줄여야 하는데요. 막 두께의 미세한 조정이 어려운 CVD나 PVD 방식은 고도화된 테크놀로지가 원하는 극한의 얇은 막을 만들어내기가 힘들기 때문에 ALD를 적용해야 합니다. 특히 플라즈마-ALD보다 더 진보된 Plasma Enhanced-ALD까지 최첨단의 공법을 도입해야 하지요. 박막 두께 조정의 측면에서 CVD나 PVD는 적층의 아날로그 방식이고, ALD는 분자층을 한층 한층 세어가면서 쌓아 올리는 적층의 디지털 방식이라고 보면 됩니다.

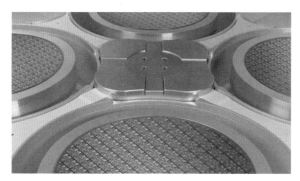

그림 13-2 ALTUS ALD 프로세스/챔버 내부에 웨이퍼(파랑 원반)가 로딩된 상태[23]

13.3 셀프 제한적 표면처리

■ ALD 적용

ALD는 얇은 층을 만드는 데 있어서, 앞으로 화학적 방식인 CVD나 물리적 방식인 PVD의 응용분야 중 많은 영역을 대체할 수 있는 획기적인 방식이라고 할 수 있습니다. ALD는 개발된 이후 산업분야에서 미미하게 적용되다가, 한국이 메모리 분야에 처음으로 적용하기 시작했는데요. 현재 반도체에서 ALD 기술은 SK하이닉스나 삼성이 세계적으로 가장 앞서 나가고 있습니다.

Tip ALD는 'Atomic Layer Deposition'의 약자로 원자층증착으로 해석됩니다. 그러나 실질적으로는 원자가 층층이 올라가는 것이 아니라 분자층이 1개 층씩 쌓여 올라가는 분자층 화학기상증착입니다. 그에 따라 용어도 ALD가 아니라 MLD(Molecule Layer Deposition)라 하는 것이 더 적절합니다.

■ 셀프 제한적 표면처리와 막의 두께 계산

초창기 ALD는 ALE(Atomic Layer Epitaxy)란 이름으로
원자층(분자층)을 성장시켜 적층하는 방식으로 개발되었는
데, ALE는 더 발전해 ALD라는 이름으로 반도체에 적용되
기 시작했습니다. 분자층을 적층하는 방법의 핵심은 셀프
제한적표면처리 공법입니다(Self-Limitation, 셀프제어 반
응). 이는 웨이퍼 프로세싱 시에 아무리 소스를 많이 공급을
해도 전구체든 반응체든 1개 층만 쌓는다는 것을 의미합니
다. 1사이클(Cycle)에 1개 층만 허용되므로 프로세스 횟수
를 계산하면 적층된 층수를 알 수 있고, 적층된 분자들의 직
경과 층수를 곱하면 막의 두께를 일일이 측정해보지 않아도
막의 전체 두께를 관리할 수 있습니다.

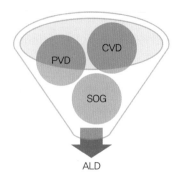

그림 13-3 박막 공정을 만드는 방식의 변천

13.4 ALD 원리 : 증착(CVD/PVD) → 흡착(ALD)

■ 입력 소스의 공급 방식

ALD의 특징은 CVD와 유사한 화학적 방식이라는 것입니다. CVD는 2개 이상의 입력 소스를 동시
에 공급해 여러 분자들이 표면에서 반응하면서 한꺼번에 수직과 수평 방향으로 연속성을 갖고 막을
쌓는 방식인 반면, ALD는 입력 소스 2종류를 순서에 맞추어 차례로 공급하여 한 사이클당 한 개 층
(단일층, Mono Layer)씩 쌓이도록 합니다.

■ 필름 형성 방식 : 흡착 방식

쌓이는 방식은 엄밀히 말해 PVD나 CVD같은 증착이 아닌 흡착 방식으로, 갭(Gap)이나 트랜치
(Trench)의 벽면에도 잘 달라붙는 성질을 갖습니다. 증착은 표면이 소극적이어서 표면의 의지와 상
관없이 입자를 붙이는 방식이고, 흡착은 표면이 입자를 적극적으로 끌어당기는 방식이지요. 1차 소
스(전구체[1], Precursor)를 프로세스 챔버에 넣으면 먼저 표면에 흡착이 일어나고, 뒤이어 다른 종류
의 2차 소스(반응체, Reactant)를 넣으면 1차 흡착된 물질과 화학적 치환(화학적 반응)이 일어나서
최종적으로 제3의 신규 물질(분자막)이 생성됩니다. 결국 한 개 층만 표면에 흡착되어 층을 이루게
되는 것이죠.

---

1 전구체 : 프로세스 챔버(메인 챔버) 내 반응체가 들어오기 전에 먼저 1차로 주입하는 기체

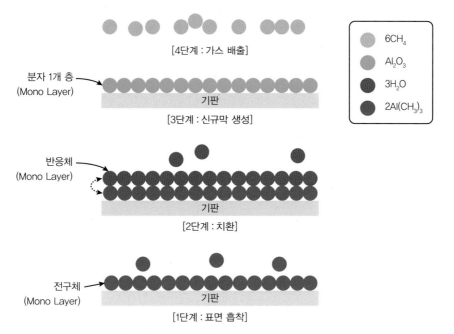

그림 13-4 ALD의 사이클(흡착/치환/생성/배출)
분자 1개 층 생성 → 사이클 반복(여러 개 분자층 생성) → 막이 계획된 두께로 형성

13.5 ALD 장치 및 방식

■ 1차 전구체 투입

높은 유전체(High-k) 성질을 적용하는 커패시터나 게이트 옥사이드 유전막인 경우, 먼저 프로세스 챔버(ALD Reactor) 내의 공기를 진공펌프가 빼줍니다. 히터에서는 챔버 분위기의 온도를 일정 온도까지 상승시키고요. ALD 방식으로 층을 쌓기 위해 먼저 1차 소스로 $Al(CH_3)_3$를 MFC가 가스양을 제어하면서 프로세스 챔버에 공급합니다. 그러면 분자 $Al(CH_3)_3$가 실리콘 기판 위에 흡착되는데, 이때 1차 소스(전구체)로 $Al(CH_3)_3$를 계속 인가해도 CVD처럼 두껍게 막이 형성되지 않고 1개 층만 쌓이게 됩니다. 그런 다음 캐리어 가스(Carrier Gas)로 N_2 혹은 비활성 아르곤 가스를 공급하여 여분의 전구체 가스를 모두 배기(Purge)시키지요.

■ 2차 반응체 투입

2차 소스(반응체)인 H_2O 분자 $3H_2O$를 공급하면, H_2O가 1차 소스인 $Al(CH_3)_3$와 화학적 치환 반응을 하여 고체인 알루미늄 옥사이드(Al_2O_3)만 남고, CH_4(6개 분자) 가스는 배출됩니다. 이때 마찬가지로 2차 소스인 H_2O를 계속 공급해도 1개 층만 치환 반응이 일어나지요. 그런 후 역시 질소/아르곤 가스로 여분의 반응체 가스 혹은 기타 부산물 CH_4를 모두 제거(퍼지 아웃)시킵니다. ALD 사이클 반응을 화학기호로 나타내면, $2Al(CH_3)_3$(기체) $+ 3H_2O$(기체) $= Al_2O_3$(고체) $+ 6CH_4$(기체)가 됩니다.

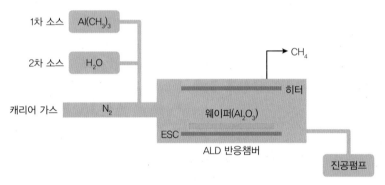

그림 13-5 ALD 장치 구조(가장 얇은 막인 디램 유전막에 적용 시)

디램 커패시터 내의 유전막(산화막)질과 공정 방식의 변천 : O-N-O(산화+CVD, 5nm) → Ta_2O_5(CVD, 4nm) → Al_2O_3(ALD, 3nm) → HfO_2(ALD, 2nm) → ZrO_2, Ta_2O_5(ALD, 1nm)

■ 1회 사이클-1개 층 증착

ALD는 자기제어 반응으로 x[nm]급 두께를 정밀하게 쌓을 수 있습니다. 또한 층 내의 전체 격자가 정형적인 각을 이뤄 매우 질서정연하고 얇은 두께를 형성합니다. 1회 사이클-1개 적층은 두께 조절에는 획기적인 장점이지만, 속도가 느리다는 단점이 있어서 이에 대한 개선이 활발하게 이뤄지고 있습니다. ALD에서는 두께 조절과 속도가 상반된 관계에 있는데요. 반도체에서는 이런 상충관계(Trade off)가 곳곳에 널려 있기 때문에 적정한 공정 레시피의 튜닝이 중요합니다. 증착 공정 중 이렇게 여러 번 프로세싱을 반복해서 목표하는 두께를 이루는 유사한 공정으로는 HDPCVD(증착과 식각을 반복 진행)가 있습니다.

13.6 ALD 프로세싱 순서

■ 공정 절차

ALD의 공정은 전구체 투입 → 전구체 표면 흡착 → 퍼지(전구체 가스 배출) → 반응체 투입 → 반응체 표면 흡착 → 퍼지(반응체 가스 배출) → 박막 형성의 순서로 진행됩니다. N_2를 주입시켜 표면에 흡착되지 않고 남아있는 전구체 혹은 반응체의 가스를 100% 퍼지시키는 것이 중요합니다. 그렇지 않으면 남아있는 전구체 소스가스들이 반응체 가스들과 공중에서 먼저 결합(Gas–Gas 결합)한 후 웨이퍼 표면에 막을 형성하므로, ALD 막질의 균일성 및 접착성을 떨어뜨립니다.

■ 공정시간

각 층의 공정시간(Cycle Time)은 각각의 항목들을 진행한 프로세싱 시간을 모두 합친 시간이 되겠습니다. 첫 번째 층(Layer 1)을 형성한 후에는 모든 가스들을 내보내고 다시 두 번째 층(Layer 2)를 쌓아야 하므로 공정시간($T_{cycle\ time} = T1 + T2 + T3 + T4$)이 CVD에 비해 많이 걸립니다. 전체 공정시간(T_{total})을 산출하면, 분자막이 총 몇 개의 층으로 쌓였는지 확인($T_{total}/T_{cycle\ time}$ = Cycle 횟수)이 되므로 막의 두께($L_{thickness} = L_{Layer\ 1} \times$ Cycle 횟수)를 정확하게 알아낼 수 있습니다. 역으로, 막의 사이클 수를 확인해서 전체 공정시간과 막의 두께를 측정하지 않고도 계산해낼 수 있습니다.

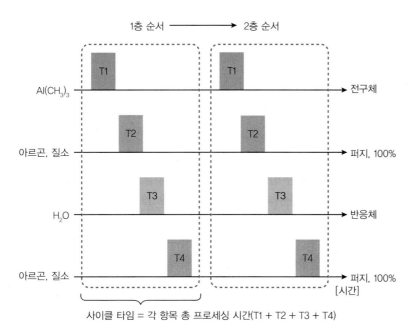

그림 13-6 ALD 프로세스 순서 및 공정시간

■ 단차 피복의 의미

단차 피복성(Step Coverage)은 웨이퍼의 패턴 공정을 진행할 때 패턴의 밑면과 벽면 위치에 따라서 박막의 두께가 얼마나 서로 다르게 입혀지는지를 알아보는 지수입니다. 즉 'Step Coverage'라는 뜻처럼 패턴의 입체 모양이 공극(Gap, 갭) 혹은 트랜치(Trench) 형태의 계단식일 때, 모든 방향 면에 대해 얼마나 동일한 두께로 균일하게 막이 형성되었는지 알아보는 척도이지요. 막이 형성될 땐 모든 면이 같은 두께로 형성되어야 가장 이상적이지만, 실제로는 단차의 어깨상부가 노출이 가장 크므로 가장 많이 쌓이게 됩니다. 그 다음이 갭의 하부이며, 가장 얇게 형성되는 곳이 갭의 벽면입니다. CVD 방식뿐만이 아니고, 특히 금속 원자가 표면에 눈처럼 쌓이는 PVD 방식을 적용할 때 갭 상부의 가장자리(Edge) 부분에 가장 두텁게 막이 형성되는데, 이는 불필요한 두께로써 오버행(Overhang)이라 부르는 결함이지요. 어느 정도 단차 피복이 진행되었는지를 보기 위해 정상적인 막 두께(T1) 대비 갭 밑면(T2)과 옆면의 두께(T3)를 비율로 나타내며, 이를 각각 밑면 단차 피복성(Bottom Step Coverage, T2/T1), 옆면 단차 피복성(Side Step Coverage, T3/T1)이라 부릅니다.

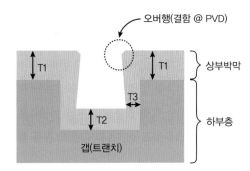

그림 13-7 공극 내에서 단차의 스텝-커버리지 문제점 발생

■ CVD/PVD 단차 피복의 문제점과 전자적 해법

CVD나 PVD는 계단층(단차층)을 만들 때 ALD에 비해 벽면의 피복이 잘 되지 않는다는 단점이 있습니다. 단차 피복 결핍 시, 디램의 경우 커패시터의 절연막을 만들 때 세로 막의 벽 두께가 얇아지면 커패시터 안에 가둬 놓은 전자들이 쉽게 빠져나가게 됩니다. 그렇다면 전자들을 커패시터에 보충해주는 주기를 일반적인 리프레시 타임(Refresh Time, 64ms)보다 더 짧게 해야 합니다. 그렇게 되면 소모전력이 더욱 커지겠지요. 리프레시는 물리적인 문제를 전자적으로 해결한 디램 디바이스의 독특한 동작 방법입니다.

13.8 ALD의 장단점

■ CVD의 아킬레스 이슈 해결, ALD

ALD는 흡착 방식을 적용하므로 CVD와 PVD의 치명적인 약점인 단차 피복성(특히 벽면) 문제를 해결할 뿐 아니라, ALD를 적용하면 막 내부에 형성되는 보이드(Void)나 표면에 직경이 극히 작게 뚫리는 핀홀(Pin Hole)도 거의 없다고 보아야 합니다. 그에 따라 커패시터 혹은 산화막의 전자 누수도 줄어듭니다. 막 전체가 균일하고 균질한 격자 조성(정합 증착 능력)을 갖고, 나노 (일의 자리 수) 단위(x[nm])의 일정한 두께로 코팅이 가능하다는 장점이 있기 때문에 ALD는 CVD나 PVD의 단점을 거의 보완한 코팅(필름 형성) 방식입니다.

■ ALD 공정 조건 및 장단점

ALD는 $400^\circ C$ 이하의 낮은 온도($200 \sim 400^\circ C$)에서도 공정 진행이 가능하기 때문에 $600^\circ C$ 이상의 높은 온도에서 진행하여 다른 막에 영향을 끼치는 CVD의 단점을 보완할 수 있습니다. 그러나 ALD의 가장 큰 문제는 시간당 막을 성장시키는 공정속도가 느리다는 것입니다. 분자층을 차례로 하나씩 쌓아 올리다 보니 느린 것이 당연하겠지요. 반면, 한 층씩 적층되므로 핀홀이 적고, 불순물이 층 간에 끼어 들어갈 틈이 없이 균질하고 치밀성이 높습니다. 또한 등방 성질이 있어서 웨이퍼 직경(과거 혹은 현재 200mm → 현재 300mm → 향후 450mm)이 커진다고 웨이퍼 표면에 불균일하게 적층되지는 않지요.

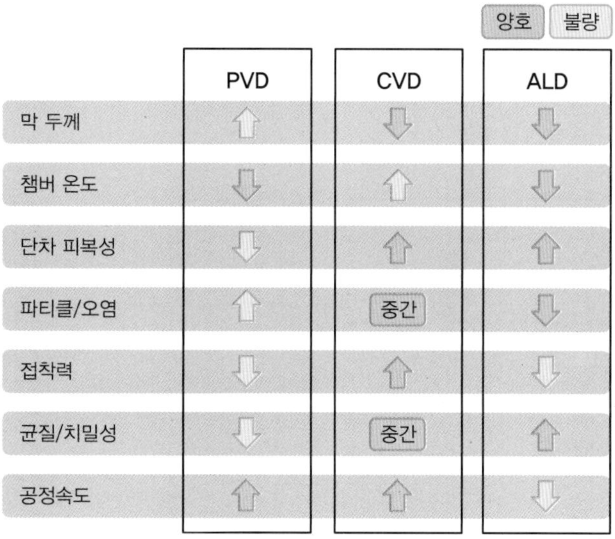

	PVD	CVD	ALD
막 두께	⬆	⬇	⬇
챔버 온도	⬇	⬆	⬇
단차 피복성	⬇	⬆	⬆
파티클/오염	⬆	중간	⬇
접착력	⬇	⬆	⬇
균질/치밀성	⬇	중간	⬆
공정속도	⬆	⬆	⬇

양호 불량

그림 13-8 ALD 방식의 장단점

그러나 ALD는 저온에서 진행하기 때문에 접착력 등 막의 물성이 약간 떨어지는 문제가 있고, 1차 소스와 2차 소스들을 선택하는 데 한정적인 제한(선택할 소스가스 종류가 많지 않음) 등 여러 가지 자잘한 단점을 갖고 있습니다. 그러나 장점이 단점을 충분히 보상하고도 남기 때문에 ALD는 반도체뿐만 아니라 솔라셀, 각종 마이크로 디바이스 등에 활용도가 점점 높아지고 있습니다.

13.9 PEALD, 공정시간 단축

■ 플라즈마 ALD의 공정시간 단축

ALD는 열에너지에 의한 열(Thermal)-ALD와 플라즈마를 이용한 방식인 플라즈마(Plasma)-ALD 혹은 더욱 발전된 PEALD(Plasma Enhanced ALD)가 있습니다. 플라즈마-ALD는 반응체를 플라즈마로 이용하여 ALD를 하기 때문에, 열-ALD에 비해 반응이 매우 빠르고 활발하게 일어나서, 전구체와 전구체의 퍼지 공정은 동일한데 반응체 및 반응체 퍼지 공정(더불어 불완전 반응도 줄어듦) 시간이 단축됩니다. 플라즈마 방식의 이점은 공정시간도 줄어들고 또한 열-ALD에서 구현하지 못하는 여러 가지 유전체막이 ALD로 가능하다는 것입니다.

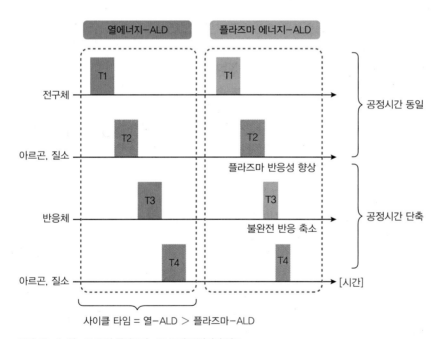

그림 13-9 열-ALD와 플라즈마-ALD의 공정시간 비교

■ 플라즈마 인핸스드 ALD(PEALD), 극한의 CD 구현

PEALD 장비는 플라즈마-ALD 중에서도 플라즈마 방식을 업그레이드시킨 Enhanced-ALD를 적용하기 때문에, 매우 얇은 두께의 균질한 유전막을 형성하여 극한의 CD(한계치수)을 구현할 수 있는 패터닝(Patterning) 기술을 지원할 수 있습니다. 더 나아가서 절연막을 이용하여 레티클(Mask)의 기능을 대신하는 하드마스크(Hard Mask) 및 수십~수[nm] 단위의 좁은 직경의 공극(Hole)을 채울 수 있는 갭필(Gap fill) 능력도 확보하게 되었습니다. 낮은 압력과 낮은 온도에서도 흡착이 가능하여 BEOL 공정에서도 적용 가능하고 막의 두께뿐만 아니라, 막질의 밀도까지도 계획하에 관리가 가능하지요. 그러나 플라즈마로 인한 물리적인 손상이 있을 수 있고, 매우 얇은 막의 증착이므로 일반적인 큰 공극을 채우는 능력은 도리어 떨어집니다. 이는 20nm 이하의 테크놀로지나 새롭게 도입되는 구조인 3D 구조를 구현하는 데 적격이지요. 특히 종횡비(Aspect Ratio)가 50 이상으로 높은 막인 커패시터나 게이트 스페이서를 이용하는 SPT 방식, 다중패터닝 LELELE 방식인 QPT를 적용하는 데 더욱 PEALD가 필요합니다.

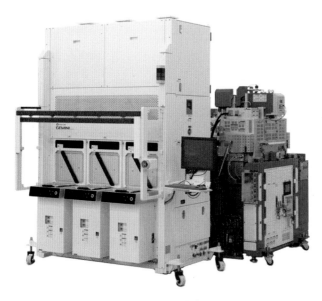

그림 13-10 GEMINI PEALD 원익 장비[24]

ALD 방식의 산화막을 형성하는 공정에 투입되는 장비로써 용도는 갭필, 라이너(Liner), 패터닝, 하드마스크, 다중 패터닝 등의 애플리케이션에 적용됩니다.

> **Tip** 원익IPS는 CVD막 이외에도 반도체 분야에서는 수십~수[nm] 단위 두께의 ALD막으로 절연막, 금속(텅스텐, 티타늄)막, 유전막 등을 형성시키는 증착 장비를 전문으로 하는 장비 업체(디스플레이나 태양광 분야에도 진출하고 있음)로 성장했습니다.

13.10 ALD 베치 방식 : 속도 개선

최근에는 ALD도 공정 진행속도를 높일 수 있는 방식으로 로딩(Loading) 방식에서도 준-베치형 (Semi-batch Type)이 개발되어 한 번에 1장씩 프로세싱(장비당 프로세스 챔버 1개 부착)하던 것을 장비에 여러 챔버를 두어 한꺼번에 여러 웨이퍼를 프로세싱할 수 있게 되었습니다. ALD의 최대 단점인 공정속도를 높이는 데 크게 기여하게 되었지요.

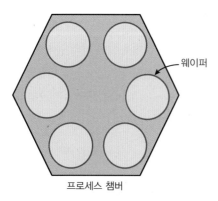

웨이퍼

프로세스 챔버

그림 13-11 ALD 로딩 방식(준-베치형)

• SUMMARY •

90nm에서부터 이슈가 된 얇은 막의 실현은 CVD & PVD를 거쳐 ALD로 귀결되고 있습니다. ALD는 현재까지 가장 얇고, 막질의 품질이 높으며, 단차 구조를 극복할 수 있는 방안이기 때문입니다. 그중 플라즈마를 적용한 PEALD는 대부분의 박막 공정의 단점을 많이 보완한 '꿈의 박막 기술'로 불리게 되었습니다. 또한 분자층 식각으로 ALE(Atomic Layer Etch) 방식을 적용하면 ALD와 함께 같은 장비를 이용하여 한꺼번에 ALP(ALD + ALE)를 진행(In situ)할 수 있어서 효율적입니다. 특히 진일보한 방식으로는 영역을 선택하여 ALD를 한다거나(Area Selective ALD, AS-ALD), 영역 선택적 식각을 하는 AS-ALE 등이 연구되고 있고, 이런 방식들은 포토 공정의 단계를 줄여주는 효과도 있습니다.

한국 반도체의 특징은 이런 새로운 뉴프론티어 분야의 연구/개발 및 적용을 글로벌하게 경쟁하면서 미국이나 유럽/일본 등 전세계의 모든 장비 업체 혹은 재료 업체들과 다양한 옵션을 빠르게 적용하지요. 이런 앞선 전략(First Mover)의 단점으로는 시행착오를 겪어 일시적인 손실을 볼 수 있으나, 장점은 기술 선도 입장을 유지할 수 있습니다. 반면, 일본 반도체의 제조업체들은 대부분의 방면에 걸쳐 국산품을 애용하면서 팔로워(Follower)의 입장으로 늦은 기술 검토-한계적인 국내용 장비/재료 적용-경쟁력 저하의 안전하고 쉬운 사이클을 고수하는 경향이 있습니다.

ALD 편

01 증착 방식은 CVD, PVD, ALD로 구분할 수 있다. 다음 중 ALD의 장점에 해당되지 <u>않는</u> 것을 모두 고르시오.

① 막의 두께를 가장 얇게 할 수 있다.

② 공정속도를 가장 빠르게 할 수 있다.

③ 단차 피복성(Step Coverage)을 가장 좋게 할 수 있다.

④ 막을 가장 균질하고 치밀하게 할 수 있다.

⑤ 공정 중 발생하는 파티클 및 오염원을 효과적으로 줄일 수 있다.

02 그림은 시간에 따른 열-ALD와 플라즈마-ALD의 세부 공정별 소요되는 시간을 비교한 것이다. 〈보기〉의 플라즈마를 이용한 PEALD에 대한 설명 중 옳지 <u>않은</u> 것을 모두 고르시오.

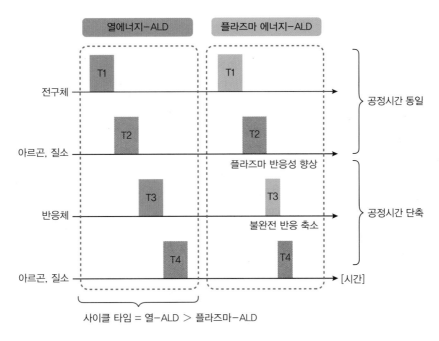

(가) ALD는 열에너지에 의한 열-ALD와 플라즈마를 이용한 방식인 플라즈마-ALD 두 가지가 있다.

(나) 열-ALD에 비해 반응성이 매우 빠르고 활발하게 일어난다.

(다) 반응체 및 반응체 퍼지 공정시간이 길어진다.

(라) 불완전 반응이 늘어난다.

(마) 열-ALD에서 구현하지 못하는 여러 가지 유전체막이 플라즈마-ALD로 가능하다.

(바) SiO_2, HfO_2, Al_2O_3 등 열-ALD보다는 높은 온도에서 반응하는 기체들을 전구체로 활용할 수 있다.

① 가, 나, 다

② 나, 다, 라

③ 다, 라, 마

④ 다, 라, 바

⑤ 라, 마, 바

03 〈보기〉는 막을 형성하는 팹 공정 방식에 대한 설명이다. (A)에 들어갈 공정으로 알맞은 것은?

최근에는 막의 얇은 두께와 신뢰성을 동시에 만족시킬 수 있는 (A)을 선호하는 추세이다. (A)은 디램의 커패시터, 게이트 옥사이드, 메탈 베리어(Metal Barrier) 등 얇은 막 층을 형성하는 목적에 응용되고 있으며, 특히 낸드의 3D(Cell Stacking 구조)를 구성하는 가장 중요한 절연막/폴리실리콘막(CTF : Charge Trap Flash 등)을 쌓을 때 쓰인다. 이는 CVD 공정과 유사하지만 그 보다 발전된 프로세스다.

① SOG 방식

② 산화 방식

③ PVD 방식

④ ALD 방식

⑤ 다마신 방식

04 그림은 ALD의 공정진행 순서를 보여준다. A, B, C에 들어갈 알맞은 공정특성을 고르시오.

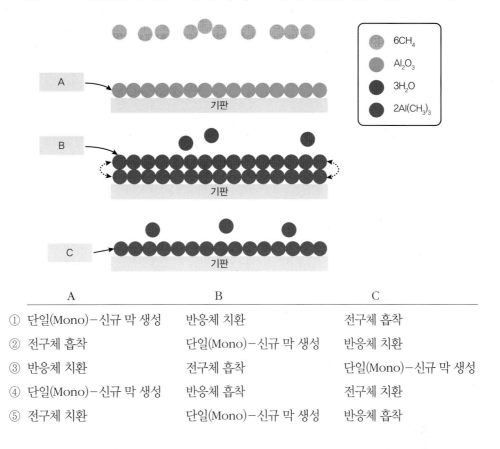

	A	B	C
①	단일(Mono)−신규 막 생성	반응체 치환	전구체 흡착
②	전구체 흡착	단일(Mono)−신규 막 생성	반응체 치환
③	반응체 치환	전구체 흡착	단일(Mono)−신규 막 생성
④	단일(Mono)−신규 막 생성	반응체 흡착	전구체 치환
⑤	전구체 치환	단일(Mono)−신규 막 생성	반응체 흡착

CHAPTER 14

가스로 필름을 만드는 CVD

칩을 만들 때에는 필름(막)을 쌓는 일부터 시작합니다. 레이어(Layer)는 절연성층과 도전성층을 번갈아가면서 구성시키는데, 각 층마다 포토와 식각 공정을 진행하여 패턴을 형성하면서 쌓아 올립니다. 이렇게 하여 만들어진 칩 내의 트랜지스터가 ON/OFF의 전기적 신호를 빠른 속도로 처리하려면 막 두께는 일정하고 막질은 균질하며, 시간변수에도 손상되지 않고 오래 버틸 수 있도록 만들어야 합니다. 막을 형성하는 방법으로는 산화 방식 이외에도 증착(Deposition, 산화막 증착 포함), 회전도포(SOG, Spin On Glass), 전해도금(Electroplating) 등이 있습니다. 증착은 크게는 물리적 방식과 화학적 방식으로 나뉘는데, 현재 반도체 공정에서는 가스를 이용한 화학적 방식인 CVD(Chemical Vapor Deposition)가 가장 많이 이용되고 있습니다. 이는 물리적 방식인 PVD(Physical Vapor Deposition)보다 웨이퍼 표면 접착력이 10배 높고, 선택할 수 있는 프로세스 가스의 종류도 다양하여 대부분의 막이나 표면에 폭넓게 적용 가능해 활용도가 높기 때문입니다. CVD 방식 중에서는 저압 CVD(LPCVD)와 고밀도 플라즈마 증착(HDPCVD)이 많이 보편화되어 있는데, 이 두 방식에는 어떤 차이가 있을까요?

14.1 CVD 종류

■ 증착 방식

증착(Deposition)하는 방식은 반도체 공정 중에서도 가장 다양하게 발달되어 있습니다. 증착막(필름, 층)을 만들 때는 증기(Vapor)의 이용률이 높은데, CVD는 여러 종류의 막질에 적용할 수 있지만, PVD는 금속막질에만 적용할 수 있습니다.

■ 열에너지를 이용하는 CVD

반응기체(Reactant)를 투입하는 방식으로 필름을 형성하는 CVD는 가장 오래된 반도체 공정 중 하나로, 긴 역사만큼이나 많은 진화를 거쳐왔습니다. 기체를 원재료로 사용하므로, 기압과 열에너지(온도)는 소스(프로세스) 기체에 변화를 주는 주요 인자가 됩니다.

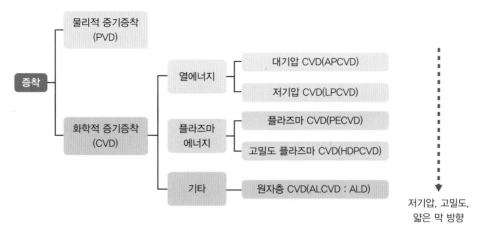

그림 14-1 CVD 종류

기압을 변수로 하는 3가지 방식에는 APCVD(대기압, Atmosphere Pressure CVD), SACVD(준대기압, Sub-Atmosphere Pressure CVD), LPCVD(저기압, Low Pressure CVD)가 있습니다. 이는 공정을 진행하는 프로세스 챔버의 공기를 빼내서 막을 만드는 데 방해하는 불필요한 가스 입자들을 얼마나 많이 제거하는지에 대한 진공도의 순서입니다. 물론 진공도에 따라서 열에너지의 수준이 달라집니다.

■ 플라즈마 에너지를 이용하는 CVD

필름을 입히는 데 있어서 진공을 이용하는 것 이외에 더 진보된 방식으로는 플라즈마를 이용하는 방식이 있습니다. 이는 플라즈마 농도에 따라서 2가지로 구분하는데, PECVD(저밀도 플라즈마)와 그보다 더 발전된 HDPCVD(고밀도 플라즈마)가 있습니다. 플라즈마도 챔버 분위기의 기본 조건은 진공 상태입니다. 프로세스 챔버에 투입한 기체에 높은 RF에너지(여러 가지 방식)를 인가하여 활성화시키는데, 반응기체를 구성하는 원자의 최외각 전자껍질에서 전자를 뽑아내면 플라즈마 상태가 됩니다. 제4의 상태인 플라즈마는 양이온 구름과 전자 구름, 라디칼 구름들이 끼리끼리 뭉칩니다. 양이온과 라디칼은 불안정한 상태에서 안정된 상태로 변환하기 위해 2종류(소스가스)의 플라즈마 입자가 화학적 결합을 추구하는데, 이때 결합하여 나타난 형태가 플라즈마 CVD 필름입니다.[1]

Tip　테크놀로지와 환경에 따라 변하지만, CVD 중 많이 사용하는 방식으로는 LPCVD(저압 화학기상증착), HDPCVD(고밀도 플라즈마 화학기상증착), ALD가 있습니다. 그중에서도 가장 낮은 압력 환경에서 진행하는 HDPCVD가 현재는 활용 빈도수가 가장 높습니다.

1　21장 '플라즈마' 참조

14.2 CVD 생성 방식과 적용막

■ 일반적인 CVD 생성 방식

CVD는 화학적 방식이므로 소스가스가 최소 두 종류 이상 결합됩니다. ❶ 먼저 기압을 낮추고 ❷ 가열을 하여 활성화 에너지를 높인 다음, ❸ 소스가스를 반응챔버에 투입하여 반응하도록 합니다. 이때 생성된 새로운 고체 화합물을 ❹ 표면에 고착시키는 방식을 CVD라고 합니다.

■ 반응 순서와 반응식

반응식을 보면, 400℃ 이상의 프로세스 챔버 속에 두 종류의 소스가스(AX, BY)를 넣고, 에너지를 가하여 불안정한 상태(증기, Vapor)로 만듭니다. 그런 후에 서로 다른 분자(가스)들끼리 결합시키면 화학적으로 제3의 다른 분자 형태로 변하면서 웨이퍼 표면에 달라붙어 증착(AB)합니다. 불안정한 상태란 에너지를 받아서 양이온이 되었거나 여기된 분자를 의미하고, 분자들은 안정 상태가 되기 위해 서로 쉽게 결합하는데, 이런 화학 반응을 이용한 것이 CVD입니다.

$$AX(가스:주입) + BY(가스:주입) \rightarrow AB(고체:계면증착) + XY(가스:배출)$$

@ 조건 : 압력 + 온도

위 반응식에서 좌측이 CVD를 진행하기 위해 챔버로 진입 된 두 종류의 주입되는 반응가스이고, 에너지를 공급받으면(화살표) 우측으로 반응을 하여 생성물이 두 종류로 나타납니다. 그중 하나는 증착(고체)에 사용되고 나머지는 불필요하여 가스로 배출됩니다.

■ 적용 가능한 막

소스가스를 제대로 선정할 경우 산화막, 금속막, 절연막, 유전체막 등 대부분의 필요한 막을 CVD로 형성할 수 있습니다. CVD는 팹 공정에 적용하는 공정 중 유연성과 적응력이 가장 뛰어난 공정이라고 할 수 있습니다. 단, 산화 공정에서 성장층과 확산층을 진행한 산화막(SiO_2)이 CVD로 증착만을 진행한 산화막(SiO_2)보다는 막질이 우수하지요. 그러나 방식을 개선하여 CVD의 막질이 하부막과의 접착력이 높아졌고, 막질도 균질해졌으며, 공정 진행속도도 신속하게 되는 등 점차 우수해지고 있습니다. 따라서 가장 상부층인 BPSG 절연막(혹은 HDP USG + PE CVD의 질화막)에서부터 PSG[2] 절연막, 텅스텐 금속선, 게이트 폴리층, 절연성 질화막, 가장 하부층인 게이트 산화막까지 웨이퍼 표면 상부에 위치한 다양한 층이 CVD로 가능해졌습니다.

---

2 **PSG** : 붕소(Boron)가 빠지고 인(P)이 포함된 실리케이트 글래스(Silicate Glass)

14.3 CVD의 공정 3요소

CVD 공정의 핵심 요소로는 진공압력, 온도 및 화학적 원소의 반응가스 농도이고, 챔버를 제어하는 요소로는 진공압력(+부피 변화)과 온도라고 할 수 있습니다.

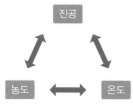

그림 14-2 CVD의 공정 3요소

■ 챔버 분위기 조건

대기압 하의 CVD는 필름을 빠르게 생성하지만 막질이 떨어지므로 고품질의 막이 요구되지 않고 두꺼운 막이 필요한 경우 혹은 낮은 온도 조건일 경우에 한하여 APCVD를 사용합니다. 고진공일수록 원하는 챔버 내로 투입된 2가지 기체의 움직임(Mobility)도 저하되므로 이를 높이기 위해 대신 온도를 상승시킵니다(LPCVD 조건은 10Torr + 800~1,000℃). 진공도를 높일수록 챔버 분위기 안의 불필요한 기체가 없어지므로 고품질의 막이 생성됩니다.

Tip Torr의 단위는 mmHg와 동일합니다.

■ 반응 입자의 모빌리티

챔버 분위기 내 반응기체의 이동도(Mobility, 모빌리티)는 경계면에서 발생되는 화학 반응속도에 비례하므로 이는 막의 성장속도에 직결되는 중요한 요소입니다. 기체의 이동도는 온도와 압력에 비례하지요. 그런데 온도를 과하게 높이면 챔버 내의 모든 영역과 웨이퍼의 온도도 상승하므로 기존에 증착된 웨이퍼 상의 금속막은 녹거나 형태가 변형되거나, 혹은 특성이 나빠집니다. 진공도가 낮아지면 다른 기체와 혼재될 가능성이 높아지므로 막의 품질이 저하됩니다. 따라서 되도록 투입되는 가스 종류와 일정 온도 이하로 유지할 수 있는 매칭되는 조건을 강구하게 되었고, 그에 따라 고진공 하에서 온도를 높이지 않고 기체의 모빌리티를 높게 유지할 수 있는 방안으로 플라즈마 CVD가 개발되었지요.

■ CVD막의 품질

챔버 내의 분위기 온도가 높아질수록 챔버 벽(Chamber Wall)의 온도를 비례하여 높여야 챔버 분위기 내의 온도가 골고루 일정해져서 웨이퍼의 표면 온도 편차도 줄어듭니다. 당연히 웨이퍼 상의 온도 편차는 필름의 유니포머티(Uniformity)[3]와 직결되겠지요. 또한 투입된 기체의 농도(막의 단위 입방체당 입자 수)가 높아질수록 또 챔버 분위기가 저압/고온일수록 대체적으로 막의 품질이 향상됩니다. CVD막은 산화막이나 ALD막보다는 품질이 떨어지지만, PVD막보다는 우수합니다.

14.4 화학 반응 위치

■ 웨이퍼 표면 vs 공간(On Air)

CVD는 소스가스들이 화학 반응을 거쳐 고체 상태(막)로 변하는 공정입니다. CVD가 반응하는 위치를 보면, 단순히 물리적 상태만을 변화(고체 금속판 → 기체 Vapor → 고체 PVD막)시켜 막을 만드는 PVD에 비해, CVD는 (A) 반응가스가 뜨거운 웨이퍼 표면에서 직접 반응하여 고체로 형성(CVD막)하거나 (B) 공간(On Air)에서 기체 상태(Gas Phase)로 반응하여 불안정한 분자로 되었다가 웨이퍼 표면에 고형화(CVD막)되지요. 이 두 가지 모두 원래의 기체 원소와는 최종적으로 다른 화학적 조성을 갖게 됩니다(기체 레벨 → 고체 레벨).

■ 위치에 따른 반응 종류

반응 위치의 관점으로 볼 때 (A)인 경우, 웨이퍼 표면 상에 화학 반응이 직접 발생하여 생성물이 표면에 고착되고 이때는 이종 반응(Hetero-geneous Reaction, Gas-Solid 반응)으로 막질이 뛰어납니다. 하지만 (B)인 경우, 웨이퍼 표면과 떨어진 공기(On Air) 중의 가스 상태에서 화학 반응이 먼저 일어난 후, 두 번째 단계로 표면에 증착되는 동종 반응(Homo-geneous Reaction, Gas-Gas 반응)은 막질 형성에 불리합니다. 이는 가스 상태에서 새로운 분자결합이 먼저 발생하여 생성물을 만든 후 웨이퍼 표면에 증착되므로 고체인 표면과 가스 화합물 사이에서 다른 종류의 기체 원소가 방해(오염 등 발생)하기도 하고, 분자결합(Gas-Gas 생성물)을 하여 어느 정도 안정된 후에 웨이퍼 표면과 다시 결합해야 하는 부담이 있기 때문에 결합력도 약화됩니다. 이와 같은 반응 경로는 다른 공정에 비해 CVD의 반응이 좀 더 복잡하다는 문제점을 안고 있지만, 오히려 이런 여러 반응 경로가 이를 이용하여 향후에는 좀 더 획기적으로 개선된 방향이 나올 수 있는 동기부여가 될 수 있습니다.

> **Tip** 이종 반응의 순서 : 반응가스(2종류) 주입 → 가스가 경계면으로 확산이동 → 2종류 가스 분자들이 경계면에 흡착 → 가스의 화학 반응(가스-표면) → 필요한 생성물(고체)이 경계면에 고착(증착) → 불필요 가스 생성물 탈착 → 가스 배출

> **Tip** 동종 반응의 순서 : 반응가스(2종류) 주입 → 2종류 가스의 화학 반응(가스-가스) @ 공기 중(On Air) → 분자 생성물 경계면으로 이동 → 생성물의 경계면 고착(고체) → 불필요한 가스 생성물(On Air) 배출

---

3 유니포머티 : 막의 두께가 일정한 정도

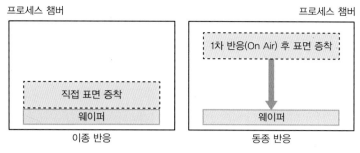

그림 14-3 이종 반응과 동종 반응

14.5 진공도 변화에 의한 CVD 종류

여러 증착 방식 중 열에너지를 기반으로 하는 CVD는 초기에 대기압(APCVD) 상태부터 진행되었습니다. 이후 대기압의 절반 정도 수준인 준기압(SACVD, Sub-APCVD)을 적용했다가, 최종적으로 프로세스 챔버 내 기압을 대기압의 약 1/10~1/100배 정도까지 낮추게 되었지요(LPCVD).

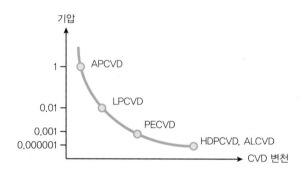

그림 14-4 압력을 기준으로 본 CVD의 변천 @ 1기압=760mmHg=760Torr

웨이퍼를 챔버에 진입시키고, CVD를 진행할 타깃기체를 챔버에 투입하기 전에 챔버 분위기 내의 진공(적정선)을 높이면 불필요한 기체 입자들이 제거되므로 기체 분자의 평균자유행로(MFP, 일정 진공도 이상에서는 MFP가 오히려 짧아짐)가 높아져서 웨이퍼 표면의 화학적 반응이 활발해집니다. 이는 막의 두께 증가속도의 향상으로 이어져 공정시간이 단축된다는 의미이지요. MFP가 높아질 경우 단점은 동일한 두께가 형성되지 못하는 단차의 피복성(Step Coverage)이 약화되는 것이지요. 반대로 진공도가 낮아져서 MFP가 낮으면 단차(Step)의 코너 위치(어깨)에서 코너 돌출(Overhang)[4] 현상이 나타납니다. 이를 해결하기 위해 MFP를 적정하게 유지(진공도 + 입자 질량 및 크기 등 고려)하며, 또 온도를 상승시켜 막을 형성하고 있는 입자들의 막 내에서의 이동도(표면 이동도, Surface Mobility)를 높이면, 증착된 막의 두께가 좀 더 균일해집니다(ALD에서도 동일한 효과를 얻음). 이는 정밀하고 균질한 필름을 만들 수 있게 합니다.

---

4 코너 부위에 막의 두께가 필요 이상으로 증가하여 낮은 유니포머티를 나타냄

14.6 프로세스 챔버 구조

CVD 프로세스 챔버 구조는 전통적인 일반 챔버 구조와 매우 유사합니다. 먼저 진공도를 높인 후에 웨이퍼를 투입합니다. 탑-일렉트로드(Top Electrode)의 상부에는 샤워 헤드(Shower Head)가 주입된 프로세스 가스를 하부로 공급해줍니다. 프로세스 가스를 주입 후에 웨이퍼 표면 위로는 가스나 플라즈마를 균일한 농도로 유지하기 위해 탑-일렉트로드를 통과시킵니다(이는 식각을 진행하는 경우와 동일합니다). PECVD, HDPCVD인 경우는 프로세스 가스를 플라즈마로 사용하기 위해 외부에서 에너지(RF Power, 13.56MHz)를 인가하지요. 바텀-일렉트로드(Bottom Electrode)와 챔버 분위기에 열에너지를 인가하여 온도는 약 400~600℃까지 높이는데, 플라즈마 CVD인 경우는 400℃ 이하로 유지합니다. LPCVD는 진공도가 가장 높으므로 입자들을 활성화시키기 위해 CVD 방식 중에서 유일하게 가장 높은 온도인 약 1,000℃ 가까이 상승시키지요.[5]

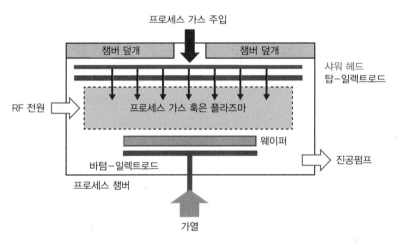

그림 14-5 CVD 프로세스 챔버 구조

14.7 공정온도를 높인다, 그러나 높일 수 없다

■ STI 등 다목적의 여러 층

PECVD는 온도를 약 400℃ 미만으로 유지합니다. HDPCVD는 PECVD에 비해 더 높은 밀도의 플라즈마를 사용하므로 (그만큼 저압이어서 입자들의 이동도가 약하여) 입자를 활성화시킬 목적으로 온도를 약 400~500℃ 정도로 높여야 합니다. TR을 형성하는 막들은 최소한 400~500℃에서는 견딜 수 있으므로 PECVD와 HDPCVD는 하부 혹은 상부 어느 위치에도 가능합니다. 따라서 STI, ILD, IMD, 패시베이션층 등 현재는 가장 폭넓게 적용합니다.

---

5 21장 '플라즈마' 참조

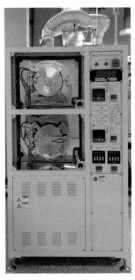

그림 14-6 4인치 웨이퍼를 적용하는 LPCVD용 수평 퍼네이스[25]

■ 커패시터층

디램인 경우는 초창기에는 LPCVD 방식으로 절연성막을 채웠지만, 커패시터 내부는 매우 얇은 막이 필요하므로 최근에는 ALD 방식으로 진행합니다. 400℃ 이하에서도 가능한 ALD는 그 외에도 얇은 층이 필요한 게이트 옥사이드 등 필요한 곳 모두 활용 가능합니다. 반면, LPCVD는 높은 온도가 필요하므로 게이트 단자, 게이트 옥사이드 이상의 위치에 있는 막에는 적용하지 않습니다.

> **Tip** SiH_4(G, 전구체) + O_2(G) → SiO_2(S, 산화막 증착) + $2H_2$(G, 배출) @ CVD 방식, 초창기 커패시터 내에 산화막 형성 혹은 게이트 옥사이드 생성 시에도 적용됩니다.

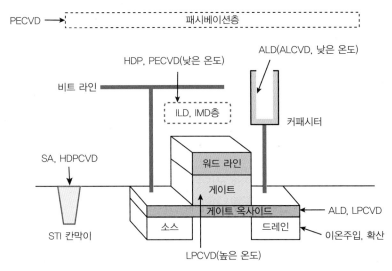

그림 14-7 온도를 기준으로 본 CVD 증착막 @ 디램

■ 게이트층

게이트층(Floating Gate, Control Gate, 폴리실리콘)은 주로 LPCVD를 이용합니다. LPCVD를 이용하는 데 있어서, 두 종류 이상의 반응기체 원소들을 결합시켜 증착막을 만들려면 많은 에너지가 투입되어야 합니다. 열에너지를 이용한 CVD는 압력이 낮아질 때 증착률이 감소하므로, 웨이퍼 온도를 높여 화학적 반응을 활발히 해야 합니다. APCVD에서 LPCVD 방식으로 변천되면서 압력을 줄이는 반면, 온도를 2배 증가시킵니다. 그렇다고 LPCVD가 APCVD보다 증착속도가 2배 빨라지는 것은 아니지만, 진공과 여러 조건의 배합으로 고품질의 막질을 얻을 수 있다는 장점이 있습니다.

Tip WF_6(G, 전구체) + $3H_2$(G) → W(S, 증착) + 6HF(G, 배출) @ 초창기 게이트막이 텅스텐

Tip SiH_4(G, 전구체) + 열에너지 → Si(S, 실리콘 증착) + $2H_2$(G, 배출) @ 절연막 위에 실리콘막 증착. 이 경우 기판 → 게이트 옥사이드 → 게이트층으로 결정격자가 동일하거나 유사하게 연결되는 장점이 있습니다.

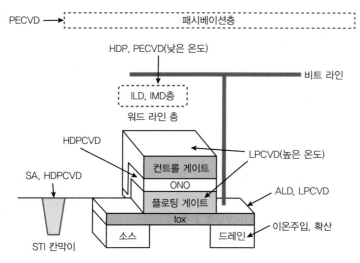

그림 14-8 온도를 기준으로 본 CVD 증착막 @ 2D-낸드 플래시

■ 층간 절연막(ILD, IMD층)

폴리실리콘 게이트(Poly-Silicon Gate, 여러 화학 물질이 이온주입된 비정질 게이트)막 혹은 게이트 옥사이드 절연막과 같은 하부막은 그 밑에 별다른 막이 없으므로 LPCVD를 진행하면서 웨이퍼 온도를 1,000℃ 가까이 높여도 하부에 녹는 막이 없습니다. 하지만 ILD[6]층과 IMD[7]층 같은 트랜지스터 상부에 위치한 절연막을 LPCVD의 온도(1,000℃)로 진행할 경우, 그 밑에 있는 메탈층(Word Line)이 녹게 되는 불상사가 발생합니다. 따라서 낮은 온도에서도 단차 피복성과 막의 균일성 등을 LPCVD와 비슷하게 형성할 수 있도록 플라즈마 방식을 이용합니다. PECVD는 열에너지를 적게 사

---

6 **ILD**(Inter-Layer Dielectrics) : 소자와 메탈 사이 절연층
7 **IMD**(Inter-Metal Dielectrics) : 메탈과 메탈 사이 절연층(IMO, Inter Metal Oxide)

용하는 대신 플라즈마 에너지를 보충하여 증착시키는 방식입니다.

Tip $3SiH_4$(G, 전구체) + $4NH_3$(G) → Si_3N_4(S, 막 형성) + $12H_2$(G, 배출) @ 초창기 CVD 방식을 이용한 질화막 적용

낮은 온도에서 진행해야 하는 IMD층은 플라즈마를 이용하는 방식 외에도 SOG(Spin On Glass) 방식으로도 가능합니다. 이는 스핀을 이용하므로 전체적으로 막을 평탄화시키는 데 월등합니다. 금속선이 배치된 위층으로 SOG를 실시한 후 약 500℃ 정도로 고형화 작업을 하여 마무리 짓습니다.

14.8 플라즈마 증착(PECVD)

■ 적용 위치

메탈층이 2~3개였던 1980년대 초반까지만 해도 집적도가 낮았기 때문에 메탈 상부의 절연막을 형성하는 데 APCVD 등을 적용할 수 있었습니다. CD가 느슨했기 때문에 낮은 온도에서도 다소 거친 막질로 메탈층을 보호할 수 있었지요. 하지만 구조가 복잡해지면서 특히 하부막으로 메탈층(재질로는 알루미늄, 구리 등)이 여러 개 늘어났으며, 또 메탈과 메탈 사이 간격이 좁아져 절연 기능이 향상된 절연막(IMD)으로 채워줘야 합니다. 그러나 절연저항이 너무 높으면 RC 지연 효과로 동작속도가 저하되므로 적정한 재질을 선별해야 합니다. 이 경우 하부막인 메탈이 녹지 않도록 혹은 특성이 변하지 않도록 반드시 저온 공정인 PECVD(Plasma Enhanced CVD, 플라즈마 화학기상증착)나 HDPCVD를 적용해야 합니다. 웨이퍼 소자와 배선막을 보호하기 위해 쌓은 여러 막의 맨 위층인 상부에 위치한 피막(Passivation 보호막, 부동태)을 증착할 때도 마찬가지입니다.

■ CCP 방식 활용

PECVD는 플라즈마를 만들 때 생성된 여러 가지 입자(양이온, 음이온, 전자, 라디칼 등) 중 반응이 활발한 라디칼(Radical, 활성종)을 이용합니다. CVD 챔버에 반응가스를 주입 후 외부에서 RF 전원을 가하거나 높은 전위차(DC) 혹은 MW(Micro-wave)를 인가하여 플라즈마 입자들을 만들고, 용량성 결합 플라즈마(CCP, Capacitively Coupled Plasma, 커패시터와 유사한 축전판 구조로 상판/하판을 이용한 전압 공급) 방식을 이용하여 이들을 웨이퍼 표면으로 모여들게 합니다. 이들은 에너지적으로 볼 때 매우 불안정하여 저온(약 400℃)에서도 다른 원소와 화학적으로 쉽게 결합하는데요. 저온임에도 불구하고 반응속도가 높아서 증착속도는 빠르지만 막질 상태가 좋지 않고(플라즈마 입자밀도가 ICP에 비해 떨어짐), 낮은 단차 피복율(Step Coverage)이 발생한다는 단점이 있습니다. 따라서 PECVD는 막의 품질이 좀 떨어져도 무방한 위치(Layer)에만 한정적으로 사용합니다.

14.9 고밀도 플라즈마 증착(HDPCVD)

■ ICP 방식 활용

PECVD의 단점을 보완하기 위해 개발된 것이 바로 고밀도 플라즈마 화학기상증착 방식(HDPCVD, High Density Plasma CVD)입니다. 이는 증착을 하면서 반대 개념인 식각(스퍼터 방식)을 같이 실시해야 하므로 증착 장비와 식각 장비가 결합된 형태(In Situ Type)이지요. 진행 순서는 증착 (HDP) → 식각(Sputtering) → 증착(HDP) 등으로 반복 진행됩니다.

증착과 식각을 함께 진행하므로 증착속도는 PECVD보다 느리지만 형태는 정교하고 재질은 치밀한 막질을 얻을 수 있는 장점이 있습니다. HDPCVD는 자성체(Magnet)를 활용한 ICP(Inductively Coupled Plasma, 유도성 결합 플라즈마)를 응용하여 축전판을 활용한 CCP 방식보다 더욱 많은 입자들을 모아 플라즈마 밀도를 일정 레벨 이상으로 높일 수 있습니다.[8]

■ 챔버 분위기

챔버 내는 백만 분의 1기압 정도로 유지하여 증착하면서 인시츄(In Situ)로 발생되는 스퍼터 (Sputter) 식각용의 아르곤 이온의 직진성을 확보해주면, 증착 시 발생되는 코너 돌출(Overhang) 을 최대한 저지할 수 있게 됩니다. 이는 움푹 파인 트랜치 혹은 공극(공극 채우기, Gap Fill, STI)을 채우는 데에 탁월한 효과가 있어서 막질이 약한 회전도포(SOG, Spin On Glass) 방식을 대체할 뿐 아니라, 최근에는 PECVD의 대부분이 HDPCVD로 바뀌어 가는 추세입니다.

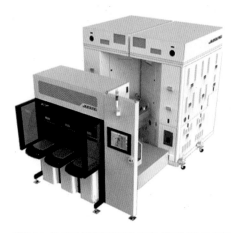

그림 14-9 공간 분할 플라즈마 CVD 장비(장비 옵션에 따라 CVD와 ALD로 이용 가능)[26]
낮은 온도, 데미지 제로(Zero)의 신개념 플라즈마를 적용하고, 공간 분할과 준-베치(베치 물량의 절반)를 통한 단위 생산량 극대화 기술, 20nm 이하의 미세 반도체 공정에서 실리콘 산화막, 실리콘 질화막, 금속막 및 High-k 공정의 CVD 및 ALD 공정에 대응합니다.

---

8   21장 '플라즈마' 참조

Tip 한국에서 CVD 장비는 주성 엔지니어링이 2위를 달리고 있으며, 주성 엔지니어링의 주력도 LPCVD에서 HDPCVD 및 ALD로 옮겨가고 있습니다.

14.10 양산성

일괄묶음(베치, Batch) 방식은 공정 진행 시에 한 번에 웨이퍼를 25~50장씩 처리하지만, 준-베치 (Semi-Batch) 방식은 웨이퍼를 베치 방식의 1/4 이하인 4~16장 수준으로 처리하는 방식입니다. 그만큼 공정에서 웨이퍼 처리율(Throughput)이 절반 이하로 줄어들지만, 공정 품질은 향상되는 효과가 있지요. 최근에는 회로의 초극세화가 진행되므로 고도의 기술이 요구되어 한 번에 공정을 진행하는 웨이퍼의 매수가 점점 줄어들고 있는 추세입니다. 싱글 타입(Single Type)은 웨이퍼를 1장씩 처리하여 고품질이 요구될 때 적용합니다. 또한 시스템 반도체 분야에서는 다품종 소규모의 주문량이 대부분을 차지하므로 준-베치가 적합합니다. CVD 장비의 최근 추세는 플라즈마를 이용하는 CVD가 대세를 이루고 있으며, 양산성 측면에서도 점점 HDP의 비중이 높아지고 있습니다.

• SUMMARY •

웨이퍼 형태를 변형시키는 팹 공정 중 증착은 변수가 많고 여러 획기적인 방법을 활용할 수 있는 공정입니다. 그만큼 노하우가 많이 쌓여 있어 가장 경쟁이 치열한 공정 중 하나이기도 하지요. 특히 앞에서 살펴본 CVD는 트랜지스터 막을 구성하는 데 있어 비약적인 발전을 이룬 기술입니다. 더욱이 증착 방식이 CVD와 PVD의 결합형도 개발되고 있어서 더욱 다변화하고 있습니다. 성공한 장비 결합형의 대명사로는 증착과 식각 공정이 합해진 HDPCVD가 되겠습니다. CVD(ALD 포함)는 현재 개발된 어느 공정보다도 가장 얇고 순도 높은 막을 어떠한 형태로든 균일하게 생성해낼 수 있지요. 막에 있어서 CVD는 멀티 엔터테이너로서 향후 다양성과 발전 가능성이 매우 높은 공정입니다.

화학기상증착(CVD) 편

01 반도체 디바이스는 도전성층과 절연성층 혹은 N형 반도체와 P형 반도체가 지그재그로 엇갈려서 밀착되어 있다. 각 층이 기본적으로 갖춰야 할 요소에 대한 설명으로 **틀린** 것을 모두 고르시오.

① 온도 변화에 따라 팽창 혹은 수축하는 정도가 되도록 작아야 한다.

② 이웃한 상하층 막들과 화학적으로 서로 교류가 많아야 한다.

③ 이웃한 좌우 막들과는 접착력이 높아야 하지만, 상하층 막들과는 접착력이 낮을수록 좋다.

④ 막질 본연의 목적인 전도성(배선 등)이나 절연성(게이트 옥사이드 등)이 좋아야 한다.

⑤ 막질 내에서 발생된 작은 구멍인 에어포켓 혹은 보이드(Void)는 막 표면에 잘 드러나지는 않지만, 막의 네거티브 품질에 영향이 크다.

02 그림은 모두 박막을 형성하는 화학기상증착(CVD)이다. 반응 위치를 기준으로 분류할 경우, 동종 반응과 이종 반응으로 나눌 수 있다. 이에 대한 〈보기〉의 설명 중 옳지 **않은** 것을 모두 고르시오.

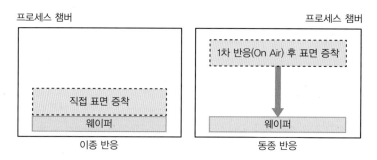

> **보 기**
>
> (가) 동종 반응은 고온의 웨이퍼 표면에서 2종류의 반응가스가 직접 화학 반응하여 고체화한다.
>
> (나) 공간에서 2종류의 반응가스가 먼저 기체 상태로 반응 후, 2차로 표면에 고체로 형성하는 경우는 오염원에 노출될 가능성이 높다.
>
> (다) 2종류 모두 반응 후에는 공급된 소스가스 원소와는 다른 화학적 조성을 갖게 된다.
>
> (라) 동종 반응의 막질이 이종 반응의 막질보다 강하다.
>
> (마) 이종 반응의 CVD가 동종 반응에 비해 표면과의 결합력이 약하다.

① 가, 나, 다   ② 나, 다, 라   ③ 다, 라, 마

④ 가, 라, 마   ⑤ 가, 나, 마

03 그림은 진공도 변화에 따른 CVD의 발전 방향을 나타낸다. 압력을 기준으로 본 CVD의 종류별 구분이 알맞은 것을 고르시오.

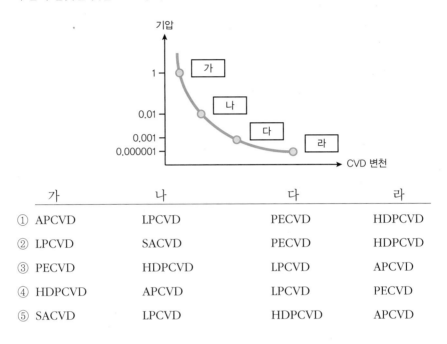

	가	나	다	라
①	APCVD	LPCVD	PECVD	HDPCVD
②	LPCVD	SACVD	PECVD	HDPCVD
③	PECVD	HDPCVD	LPCVD	APCVD
④	HDPCVD	APCVD	LPCVD	PECVD
⑤	SACVD	LPCVD	HDPCVD	APCVD

04 〈보기〉의 설명에서 (A)에 들어갈 화학기상증착 방식으로 알맞은 것은?

> **보 기**
>
> (**A**)은 CVD 중에서 가장 높은 진공도인 백만 분의 1기압 정도를 유지한다. (**A**) 방식은 증착하면서 발생되는 스퍼터(Sputter) 식각용의 아르곤 이온의 직진성을 확보해주면, 증착 시 발생되는 코너돌출 (Overhang)을 최대한 저지할 수 있게 된다. 증착 후에 형성되는 증착막 내의 작은 공간인 보이드 (Void)도 거의 발생하지 않게 되며, 종횡비가 높아지는 트랜치 혹은 갭을 채우는 데 탁월한 효과가 있어서 최근에는 대부분 (**A**)으로 바꿔 가는 추세이다.

① 대기압 화학기상증착　　　　　　　② 준기압 화학기상증착

③ 저기압 고온 화학기상증착　　　　　④ 플라즈마 CCP 화학기상증착

⑤ 고밀도 플라즈마 ICP 화학기상증착

CHAPTER 15

MOS, 수직축으로 본 전계의 전달

디바이스의 강자인 MOSFET(Metal Oxide Semiconductor Field Effect Transistor)은 금속산화 반도체 전계효과 트랜지스터입니다. 전계효과의 개념은 이미 1925년 오스트리아-헝가리 물리학자 줄리어스 릴리엔펠드(Julius Lilienfeld)에 의해 특허가 출원되었고, 그 이후 1960년 초 강대원 박사와 모하메드 아탈라(Mohamed M. Atalla)가 MOSFET 구조를 개발했습니다. 게이트 전극(단자)의 하부에 위치하는 게이트 옥사이드막을 활용하는 MOSFET을 사용하기 전까지 트랜지스터는 전류를 흘려서 동작시키는 BJT 타입이 주류였습니다. 그런 전류 구동인 BJT(Bipolar Junction Transistor) 다음으로 개발된 MOSFET에서는 당연히 흘러야 되는 전류를 게이트 옥사이드가 막고, 대신 게이트의 전압을 실리콘 기판에 전달하여 전압 구동인 FET(Field Effect Transistor)의 핵심적인 기능을 수행합니다. MOS는 구조적으로는 최상부에 전도성인 게이트 전극이 있고, 중간에는 절연막인 게이트 옥사이드가 위치하며, 하부에는 실리콘 기판이 있어서 기능적으로는 채널을 ON/OFF시킵니다. MOS 구조의 핵심인 게이트 전압을 높이면 게이트 단자 아래에 생성되는 채널의 폭이 어떤 변화를 보일까요? 채널 폭에 따라 전자의 이동양은 어떻게 변할까요?

15.1 트랜지스터의 십자 모델

MOSFET은 트랜지스터를 구성하는 가장 핵심적인 소자입니다. 여기서 소자란 기능적으로 홀로서기를 할 수 있는 가장 작지만 꼭 필요한 부품을 의미하는데요. 트랜지스터는 어떻게 십자방향으로 영향을 받는 것일까요? MOSFET은 'MOS + FET'의 합성어입니다. MOS[1]는 트랜지스터에 수직축으로 영향을 주고, FET은 수평축으로 기능을 발휘합니다. 트랜지스터는 먼저 위에서 아래로 전계의 영향을 받습니다. 그렇게 받은 전계로 인해 반전층(Inversion Layer)인 채널이 생성되고, 반전층을 따라서 자유전자가 이동하지요. 이동은 소스/드레인 단자에 전위 차이가 발생되면 전자들이 채널을 따라 수평방향으로 이동합니다.

---

[1] MOS는 Metal Oxide Silicon 혹은 Metal Oxide Semiconductor로 혼용하여 사용함. Metal Oxide Substrate로도 쓸 수는 있겠으나, 이렇게는 잘 사용되지 않음

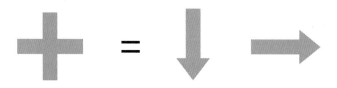

트랜지스터의 열십자 모형   MOS, 수직축 영향   FET, 수평축 기능

그림 15-1 트랜지스터의 십자 모델

15.2 수직축 방향으로 전계를 전달해주는 MOS

■ MOS 구조

트랜지스터는 어느 방향으로든 도전성 물질과 절연성 물질이 번갈아 가면서 구성되어 있습니다. 그 중 수직축 방향으로 조합된 MOS(Metal-Oxide-Silicon)는 Metal(3층)-Oxide(2층)-Silicon (1층)의 약자 의미대로 3개 층이 위에서 아래로 겹겹이 쌓여 있는 형태를 나타냅니다. 최상부층은 게이트 단자로 사용되는 도전성층, 중간은 절연성층, 최하부는 실리콘 기판이 있습니다. 소스와 드레인 단자도 기판에 소속되어 있지요.

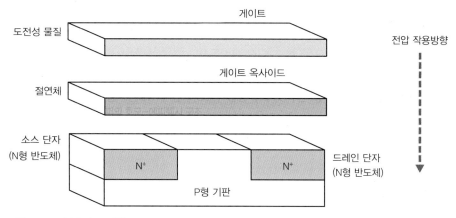

그림 15-2 MOS의 구조[27]

■ MOS 기능

절연층(Gate Oxide)은 게이트(Gate)와 기판(Substrate) 사이에 위치하고 있는데, 이 절연층을 통과하여 자유전자들이 이동할 수는 없습니다. 대신 상부층인 게이트층(낸드는 컨트롤 게이트, 디램은 게이트)으로 인가된 전압이 아래층으로 전달되면서 절연층은 커패시터의 유전층 역할을 하게 됩니다. 즉 게이트 옥사이드층은 상부에 인가된 전압을 하부로 영향을 끼쳐서 채널을 발생시키는 중요한 역할을 합니다.

게이트 전압과 게이트 옥사이드층은 바로 밑에서 받쳐주고 있는 기판층에 형성되는 채널의 길이와 단면적을 조정하여, 채널 속을 흐르는 자유전자들을 의도하는 대로 조절할 수 있게 전압을 작용시키지요. 수직방향의 MOS는 위에 앉아서 수평방향으로 일하는 FET를 관리하는 셈입니다.

■ MOS의 소형화

MOS층은 트랜지스터들을 고집적시킬 수 있는 혁신적인 구조를 제공합니다. 이는 트랜지스터를 동작시킬 때 매개체로 활용되는 전자의 이동거리(S-D 사이 거리)를 다른 어느 형태(BJT)보다도 효과적으로 줄일 수 있기 때문입니다. 물론 이를 너무 줄이면 단채널 효과(Short Channel Effect)라는 부작용이 생겨 계면에 포획된 전자 및 기판 하부로 흐르는 여러 종류의 누설전류로 인해 트랜지스터가 정상적으로 동작하지 못하게 됩니다. 단채널 효과는 완벽하지는 않지만 그래도 LDD(Lightly Doped Drain), Halo라는 추가 이온주입층을 투입하여 해결하고 있습니다. LDD/Halo 자체로 인해 TR 축소에 약간의 제약을 받지만, MOSFET은 현재까지 개발된 트랜지스터 구조 중에 가장 작게 할 수 있고, 동작속도도 어느 정도 빠르게 할 수 있으며, 그로 인해 발생되는 문제점들을 극복해 나가고 있습니다.[2]

15.3 절연막

■ 산화막인 게이트 옥사이드

철이 공기 중에 노출되면 철 표면에 녹이 쓸게 되는데, 이는 철이 오랜 시간 동안 공기 중의 산소와 결합하여 자연산화막을 만드는 과정입니다. 반도체 역시 만드는 과정에 산화 공정이 존재합니다.

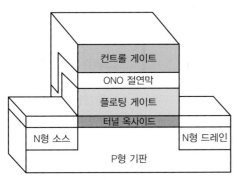

그림 15-3 낸드 플래시 메모리에서의 게이트 옥사이드층(터널 옥사이드) 단면
게이트 옥사이드, 게이트 산화막, 터널 산화막, 터널 옥사이드, 실리콘 산화막 등은 제품에 따라서 혹은 경우에 따라서 약간씩 다르게 사용될 수 있으나, 여기에서는 모두 같은 산화막으로 취급합니다.

---

2 35장 '팹 프로세서 3 : 스페이서 + LDD' 참조

철이 녹슨 산화막은 불필요하지만, 반도체 산화막은 없어서는 안될 중요한 작용을 하지요. 건식(혹은 습식) 방식으로 실리콘을 산소(혹은 H_2O)와 결합시켜 만들어진 반도체 산화막은 자유전자들의 이동을 철저히 제한하기도 하고, 유전체(디램)로 사용하기도 합니다. 그런 산화막을 실리콘 기판 바로 위층에 연이어 쌓아 성장시키고 이를 게이트 산화막(Gate Oxide, 게이트 단자 밑에 위치함)이라고 합니다. 단, 게이트 산화막도 자연산은 두께와 균일도가 제각각이라 모두 제거해야 하고 인위적으로 형성시킨 산화막만 사용합니다.

■ ONO층(비휘발성 메모리)

비휘발성 메모리의 플로팅 게이트와 컨트롤 게이트(Control Gate) 사이에 위치하고 있는 O−N−O 절연층(Dielectric)은 산화층(Oxide)−질화층(Nitride)−산화층(Oxide)을 차례로 증착한 3층 구조로 되어있습니다. 이는 주로 SiO_2−Si_3N_4−SiO_2로써 실리콘과 산소 원소 혹은 실리콘과 질소 원소가 결합한 형태입니다. O−N−O 각 층 모두는 절연 기능을 갖고 있어서 플로팅 게이트에 저장된 전자가 컨트롤 게이트로 빠져나가지 못하도록 막는 블로킹(Blocking Box) 역할을 합니다. 절연층은 산화층만 두껍게 입히는 것보다 가운데에 질화층을 두면 질화절연막의 유전율이 산화막보다 높아서 전체적으로 절연특성이 높아지지요. 또한 질화막은 비정질 재질로 핀홀의 발생을 획기적으로 줄일 수 있고, TR 항복전압의 한계치를 높일 수 있는 장점이 있습니다.

■ 전계 전달

게이트 단자(혹은 컨트롤 게이트)에 전압이 인가되면 전계가 수직방향으로 전달됩니다. 컨트롤 게이트에서 O−N−O층을 거쳐 플로팅 게이트로 내려온 후, 다시 게이트 옥사이드층을 거쳐 웨이퍼 표면층인 기판에 도달하지요. 혹은 디램이나 시스템IC의 MOSFET인 경우는 O−N−O층과 플로팅 게이트가 없으므로, 게이트에서 게이트 옥사이드를 거쳐 바로 기판층에 전달됩니다. 그런데 전압에 의한 전계(Electric Field)는 절연층 내부에서 어떻게 전달될까요?

15.4 반도체에도 존재하는 쌍극자 운동

반도체에 웬 쌍극자 운동이냐고요? 도체에 전압을 인가하면 도체 내에 전자가 이동하여 전류를 흐르게 합니다. 그러면 절연막에 전압을 가하면 어떻게 될까요? 게이트 단자에 양전압(혹은 음전압)을 주어도 절연체인 산화막을 구성하는 원자 속에 들어 있는 전자들은 원자를 박차고 이동하지는 못하므로 전류가 흐르지는 않습니다.

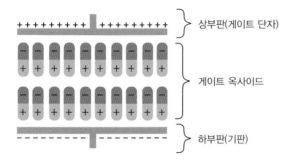

그림 15-4 쌍극자 운동 @ 상부판(게이트 단자)에 플러스 전압을 인가한 형태

그러나 절연체를 구성하는 각각의 원자 내에서는 양전위 쪽으로는 전자들이 좀 더 모여들어 마이너스가 되고 그 반대방향에서는 전자가 이동된 전하량만큼 반대 부호인 플러스가 됩니다. 이는 전자들이 원자핵을 중심축으로 자체적인 고유의 궤도를 돌다가 궤도 상에서 한쪽으로 모여들기 때문입니다. 게이트 단자에 음전압을 가하면 물론 그 반대 현상이 일어나게 되겠지요. 따라서 반도체 산화막인 절연체 아래위로 전위 차이가 만들어지면, 산화막을 구성하고 있는 각각의 원자 내에서 반대 부호인 음전하와 양전하가 가까운 거리에서 마주보게 됩니다. 이를 쌍극자 현상이라고 합니다. 게이트 산화막 내에서는 이런 쌍극자들은 절연체를 구성하는 원자들 전체에 영향을 끼치므로 쌍극자들은 원자 개수만큼 도열해 있게 됩니다. 쌍극자의 원리로 인해 게이트 산화막 하부까지 전계가 전달되고 경계면에 접한 기판(p-Sub)의 윗부분에 전자들이 모여 반전층을 형성합니다. 이때 게이트에 인가된 전압인 +V_{DD}를 증가시키면 반전층[3]은 이에 비례하여 폭이 두꺼워집니다.

15.5 CMOSFET에서의 전계 전달

■ nMOSFET 영역

CMOSFET의 한쪽 TR인 nMOSFET에 전압이 하방으로 전달되어 TR이 ON되는 경우입니다. ❶ 소스 혹은 드레인에 0[V]를 인가하여 수평측으로는 어느 방향으로부터도 전압이 직접 가해지지 않는다고 가정합니다(이는 정상적인 전압 인가 방식이 아니고, 채널만을 확인하기 위해 전압 조건을 임으로 설정했습니다). ❷ 절연체(Oxide) 하부층은 기판(혹은 P형 Well)입니다. Well에 역바이어스를 가하여 소스와 드레인 경계면(Junction, 정션)에 약하게 역방향 결핍층을 형성시켜서 전자들이 정션(기판과 단자 사이)을 건너가지 못하도록 하지요. 이를 위해 기판 바디 하부에 약한 마이너스(p-Sub인 경우) 전압 혹은 접지(Ground)를 인가합니다.

---

3 **반전층** : 바디(Body, 기판)와는 반대 타입의 층이란 의미임

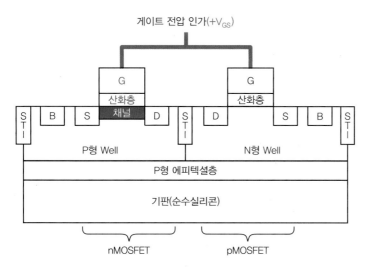

그림 15-5 게이트 전압 인가 시 nMOS가 만든 반전층인 n채널 @ CMOS의 nMOSFET 영역

S : 소스(0[V]), D : 드레인(0[V]), G : 게이트(+V_{Gate}), B : 바디(바디 단자에 마이너스/플러스 전압을 인가. 실제로는 소스와 바디를 동일한 전압으로 인가)

상층부에 있는 게이트 단자에 양전압($V_{GS} > V_{th}$)을 인가하면, 산화막층은 고맙게도 쌍극자 운동을 하게 되고, 쌍극자 영향 덕분에 기판 상층부에는 양전압이 가해지는 효과를 낳습니다. 그러면 기판의 13족−14족 공유결합에 참여하고 있던 전자들은 공유결합력을 떨치고 자유전자가 되거나, 혹은 이웃 원자가 끼고 있는 정공(P형 반도체)을 징검다리 삼아 기판의 상층부로 모여듭니다(거꾸로 기판 상층부의 정공들은 경계면으로부터 멀어지지요). 가해진 전위에너지로부터 운동에너지를 얻은 소스 캐리어인 전자들이 이동하여 P형 기판의 상부에 전자층인 반전층을 발생시킵니다.[4]

그렇게 되면 nMOS인 경우, 절연체 위에는 이미 양(+)전압이 걸려있고, 절연체 밑에는 음(−)전하가 응집해 있는 형상으로 MOS가 커패시터와 같은 역할을 하게 됩니다. MOS가 소스와 드레인을 연결짓는 구름다리를 만들었는데, 이 구름다리를 채널(Channel)이라 부릅니다. 전자 구름다리를 n채널(정공 구름다리를 p채널)이라고 합니다. 게이트 전압이 높아질수록 채널의 폭이 커지고, 채널의 단면적이 넓을수록 캐리어들이 통과할 통로의 단면적이 증가하므로 드레인 전류가 상승하는 효과를 유발합니다.

이때 동시에 pMOSFET의 게이트 단자에도 공통으로 동일한 양전압이 인가됩니다. pMOSFET은 바디가 N형이고 +V_{Gate}로 인해 모이는 캐리어들도 전자들이므로 반전층이 아니고 주변에 비해 경계면의 농도만 약간 더 높은 정도의 마이너스 영역이 형성되어 채널 자체가 성립되지 않으므로 pMOSFET은 OFF 상태를 유지합니다.

---

4 33장 '채널' 참조

■ pMOSFET 영역

CMOSFET의 다른 한쪽 TR인 pMOSFET이 ON인 경우입니다. 소스/드레인 단자에 그라운드 전압(0[V])을 인가하고, nMOSFET에 인가했던 전압을 모두 반대로 하면, N형 Well에 반전층인 P형 채널(혹은 터널)이 생성됩니다. 이때 nMOSFET은 채널이 형성되지 않기 때문에 OFF 상태입니다(디램의 코어 영역에 위치하는 메모리 셀은 nMOSFET 혹은 pMOSFET 둘 중의 하나를 이용하고, 주변회로 영역은 CMOSFET을 이용합니다).

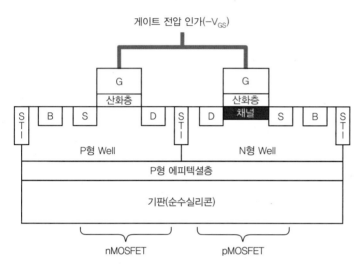

그림 15-6 게이트 전압 인가 시 pMOS가 만든 구름다리인 p채널(p터널, Tunnel) @ CMOS의 pMOSFET 영역

■ 낸드 플래시에서의 전계 전달

낸드 플래시 메모리의 데이터를 저장하는 셀(Cell)도 MOSFET을 기초로 구성되어 있으나, 주로 nMOSFET을 적용합니다. 그렇지만 nMOSFET 혹은 pMOSFET을 이용하여 도통 셀(ON Cell)을 만들 경우, 플로팅 게이트에 저장된 전자의 양만큼 이를 보상하기 위해 게이트 단자에 인가하는 V_{Gate}에 추가하여 $\pm\Delta$전압을 가감하여 인가해야 합니다(FG에 저장된 전자의 양만큼 V_{th}도 상승하기 때문입니다).

nMOSFET인 경우 게이트에 플러스 전압을 인가하면 음전하들이 기판의 경계면으로 많이 몰려들면 전자형 구름다리 채널을 생성하지요. 반대로 pMOSFET인 경우 게이트 단자에 마이너스 전압을 인가하면 음전하들이 게이트 전압에 반발하여 기판과 절연막의 경계면에서 멀어지고 대신 경계면으로는 양전하들이 구름다리 채널을 형성하게 됩니다.

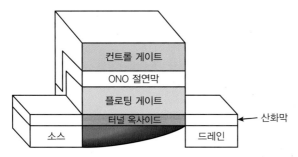

그림 15-7 게이트 전압 인가 시 MOS가 만든 구름다리인 채널 @ 낸드 플래시

컨트롤 게이트 : 전압 V_{Gate}가 인가되는 단자, ONO : 컨트롤 게이트와 플로팅 게이트 사이를 절연하는 층(산화막–질화막–산화막), 플로팅 게이트 : 캐리어를 일정 기간 저장하는 공간, 터널 옥사이드(tox) : 낸드에서 주로 사용하는 게이트 옥사이드

• SUMMARY •

복잡한 낸드 플래시의 경우, MOS 방향으로 볼 때 전압이 게이트 단자에 인가되면 컨트롤 게이트 → 산화막 → 질화막 → 산화막 → 플로팅 게이트 → 산화막 → 기판으로 전계가 전달(디램인 경우는 게이트 → 산화막 → 기판으로 전달 통로가 간단함)되면서, 전하들은 층을 넘어 이동하지는 못하고 각 층에서 머무르면서 전계만 하부층으로 전달시킵니다. 최종적으로 기판 상부에서 산화층과의 경계면에 채널이란 다리를 생성시키지요. MOS와 FET은 각각 분리하여 이야기할 수 없습니다. MOS가 바늘이라면 FET은 실과 같은 존재입니다. MOS가 전자들을 위해 다리를 놓는 결정을 해주면, FET은 전자들을 이동시켜줍니다. 그렇게 MOS + FET의 작용으로 MOSFET이 ON이 되고 또 OFF가 되면, 그것들이 모여서 정보가 전달(메모리, 시스템 반도체 등)되고 또 저장(메모리 반도체)됩니다. 전자가 셀에 저장된다는 것은 원하는 데이터(문자, 사진 등)를 MOSFET에 직접(낸드 플래시) 혹은 MOSFET을 거쳐서 커패시터(디램)에 저장한다는 의미입니다.

CHAPTER 16

게이트 단자의 변신

트랜지스터(Transistor, TR)에는 3개의 단자(바디까지 포함하면 4개의 단자)가 있습니다. 이 단자(혹은 전극)들은 외부로부터 전압을 받아들이고 전류를 흐르게 하며, 내부적으로는 TR을 동작시키는 역할을 합니다. 여기서 TR의 동작이란 전자를 이동시켜 ON/OFF를 결정짓고, 아날로그 신호를 디지털로 혹은 그 반대로 변경하는 등의 활동을 의미합니다. TR 제품 종류 중 하나인 BJT에서는 이러한 단자들을 에미터(Emitter), 베이스(Base), 콜렉터(Collector)라 부르고, MOSFET에서는 소스(Source), 게이트(Gate), 드레인(Drain)이라고 부릅니다. BJT에서는 3개 단자들을 콜렉터-베이스-에미터 순으로 만들고, MOSFET에서는 게이트를 만든 후에 소스와 드레인 단자를 만들지요(다마신 방식을 적용할 때는 게이트를 나중에 만듭니다). 3개 단자 중에 가장 중요한 기능을 하는 단자는 게이트 단자인데, 게이트 단자의 재질은 1970년대에 금속성에서 실리콘 기반 물질로 바뀌었다가, 2010년 전후로 다시 금속 물질로 회귀하고 있습니다. 이는 공정 능력, 테크놀로지의 미세화, 주변의 재질 변경 등으로 인한 대응이라고 할 수 있습니다. 저항치가 낮은 메탈 게이트를 저항 성분이 높은 폴리실리콘 게이트로 재질을 바꾼 이유가 무엇일까요? 폴리실리콘 게이트가 역으로 메탈 게이트로 회귀한 이유가 무엇일까요? 어떤 관점으로 게이트 단자의 재질이 변경될까요?

16.1 게이트, 소스, 드레인 단자를 만드는 방식

반도체 공정 방식은 웨이퍼 표면을 기준으로 크게 두 가지로 나뉩니다. 기판(Substrate) 경계면인 기준선 위로는 주로 물리적 변화를 주고, 기준선 아래로는 물리적 변화를 일으킬 수 없기 때문에 화학적 변화를 줍니다. MOSFET의 3가지 단자 중 기판 계면 위쪽에 위치하는 게이트 단자는 증착을 시켜 막을 형성한 후 식각으로 모양을 만들고, 계면 아래쪽에 위치하는 소스와 드레인 단자는 임플란팅(+어닐링) 혹은 확산을 통해 불순물을 매몰(도핑)시킵니다.

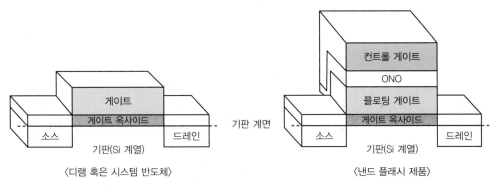

그림 16-1 게이트, 소스, 드레인 단자의 수직 단면 구조

일반적으로 재질이 메탈로 된 게이트 단자는 증착(PVD 스퍼터링) 방식으로 형성하여 구분이 명확하고, 소스, 드레인 단자는 이온주입으로 경계가 명확하지 않은 형태가 됩니다. [그림 16-2]는 SEM(혹은 TEM으로도 가능) 사진으로 본 수직측 단면(Vertical Cross Section)으로, 주의 깊게 관찰하면 소스, 드레인 단자 형태가 보입니다. High-k 절연 물질인 게이트 산화막이 메탈 게이트 하부에 매우 얇게 형성되어 있습니다. 메탈 게이트는 절연층으로 둘러싸여 있는데, 절연층의 두께가 일반적일 때보다 두껍습니다. LSI 스케일에서는 수평방향(2-D)의 미세화가 절대적이지는 않은 수준입니다.

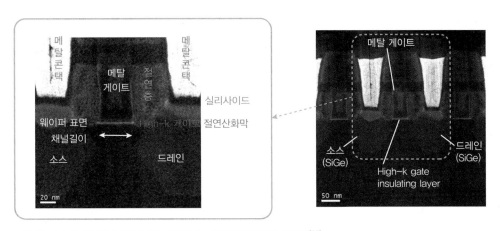

그림 16-2 LSI 집적소자의 단면 이미지(SEM 사진, 절편을 만들어서 촬영)[28]

> 채널길이가 약 60nm 테크놀로지, LSI 디바이스 MOSFET 단면입니다. 게이트 단자가 금속 재질로 가운데에 웨이퍼 표면 위로 위치되어 있고, 소스와 드레인(임베디드) 단자가 웨이퍼 표면 아래로 두꺼운 층으로 형성되어 있습니다.

기판 계면 이하의 영역에서 굳이 증착 방식을 적용하려면 트랜치(Trench, 참호)와 같이 기판 밑으로 필요한 부피만큼 파내고, 그 파낸 구덩이 속에 채워 넣기를 합니다. 그런데 이렇게 하면 공정 단계와 비용이 증가합니다. 트랜치 방식을 적용하여 트랜지스터를 만들던 독일(유럽연방)의 최대 메모리 반도체 회사인 인피니언(키몬다)은 결국 공정원가의 증가로 인해 경쟁력을 상실하여 메모리 반도체 사업을 포기했습니다.

16.2 게이트 재질이 금속일 때 발생하는 문제

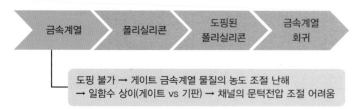

그림 16-3 게이트가 금속계열 성분일 때의 문제점

■ 알루미늄의 장단점

게이트는 전압을 전달해야 하기 때문에 전도성이 좋아야 하고, 되도록이면 저항 성분이 없어야 이상적입니다. 니켈(Ni)보다 알루미늄(Al)을 많이 사용하는 이유가 저항 성분이 매우 낮은 금속 성분이기 때문입니다(니켈이 알루미늄에 비해 비저항 및 전기저항이 2배 이상 높습니다). 특히 TR이 동작되는 높은 온도에서는 같은 조건에서 알루미늄이 니켈보다 저항이 1/4까지도 낮아지지요. 그러나 저항성이 낮은 알루미늄은 게이트 공정 이후에 진행되는 소자 영역(FEOL)/배선 영역(BEOL) 공정에서 사용되는 온도에 비해 용융온도(알루미늄 : 약 660℃)가 낮기 때문에, 원하는 게이트 형태가 쉽게 무너질 수 있는 심각한 문제가 발생됩니다. 이로 인해 다층 배선 구조를 갖는 TR에서는 높은 온도에서 적용이 불가하게 됩니다. 알루미늄층 이후에 진행되는 ILD, IMD, 배선, 패시베이션(Passivation) 공정 등의 프로세스 온도를 600℃ 이상으로 높일 수 없게 됩니다.

Tip 금속 비저항의 값 : 구리 1.72×10^{-6}Ωcm(20℃), 알루미늄 2.75×10^{-6}Ωcm(20℃), 니켈 7.24×10^{-6}Ωcm(20℃)[29]

■ 금속 재질의 문턱전압 유연성 저하

두 번째로 게이트 물질을 선택할 때 영향력을 크게 받는 요인은 문턱전압(Threshold Voltage, V_{th})을 적정하게 조절하고 유지할 수 있느냐입니다. 문턱전압은 게이트 재질의 일함수에 따라 크게 좌지우지됩니다. 실리콘이나 저마늄은 불순물을 투입하여 일함수를 변경시켜 문턱전압을 조정할 수 있습니다. 그러나 금속은 이온주입을 할 수 없으므로 불순물 농도를 변화시킬 수도 없고, 그에 따라 일함수와 연이어 문턱전압을 적정한 값으로 맞추기가 (불가능한 것은 아니지만) 매우 어렵고 복잡합니다. 금속을 게이트 재질로 사용할 경우의 일함수는 고정되어 있어서 문턱전압을 변경하려면 금속 재질 자체를 변경(알루미늄 → 다른 금속 물질)해야 하지요. 금속 재질을 변경하기 위해서는 변경 자체에 대한 문제도 있고, 변경하기 위해 진행되어야 하는 험난한 일정이 기다리고 있습니다. 문턱전압은 물질들의 일함수 이외에도 게이트 단자 밑에 쌓이는 전하량과 전하량에 관계되는 커패시턴스 등으로부터도 영향을 받습니다.[1]

---

1 32장 '문턱전압' 참조

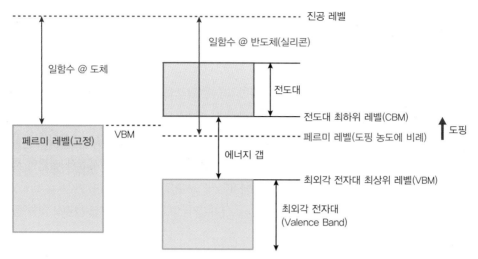

그림 16-4 도체와 반도체(실리콘)의 일함수와 에너지 갭 비교

진공 레벨은 기준을 설정하기 위한 가상의 공통 기준(Level)으로, 전자가 원자에서 이탈하고 또 물체 표면으로부터 탈출하는 데 소요되는 에너지입니다. 실체적 구현은 특수한 조건에서만 가능합니다.

> **Tip** 원소의 일함수는 최외각전자를 원자로부터 떼어내는 데 소모되는 에너지입니다.

> **Tip** 일함수 차이는 Si-Cu : 0.07~0.25(절댓값 차이), Si-Al : 0.54~0.59(절댓값 차이)입니다. 그리고 순수 원소의 일함수는 Al : 4.06~4.26eV(미도핑 상태), Cu : 4.53~5.10eV, Si : 4.60~4.85eV(도핑 시에는 값이 변함)입니다.[30]

■ TR 사이즈 축소에 따른 TR 간의 편차 발생

TR의 부피가 크면 채널 두께에도 크게 영향을 주지 않을 뿐만 아니라, 두께가 약간씩 상이해도 문제가 발생하지 않습니다. 그러나 게이트 전압 레벨(Level)이 작아지고 소스와 드레인 사이의 거리가 줄어들면, 인접 TR 간의 편차 및 주변의 물리적 크기로 인한 영향이 채널에 민감하게 작용합니다. 채널 두께의 변화가 심해지면 드레인 전류 값의 변화율이 커지게 돼, ON/OFF의 판정이 더욱 어려워지고 심지어 판정이 뒤바뀌는 에러가 발생할 수 있습니다.

따라서 금속의 낮은 용융점 이슈에 더하여, 집적도가 높아짐에 따라 TR 간의 문턱전압의 편차 및 조정 이슈가 발생되어 게이트의 금속 물질을 실리콘 계열로 변경할 필요성이 대두되었죠. 더군다나 PVD의 스퍼터링(Sputtering) 방식으로 형성되는 금속층과 SiO_2인 두 재질 간의 결합력(Adhesion)은 낮아집니다(PVD가 CVD에 비해 접착력이 저하됩니다). 반면, 폴리실리콘의 실리콘 재질과 SiO_2와의 결합력은 이상적으로 양호합니다.

16.3 금속계열에서 폴리실리콘으로 변천

■ 높은 용융점

게이트 단자의 기준 물질로 실리콘을 쓸 경우, 실리콘의 녹는 온도는 약 1,414℃이므로, 금속의 용융점보다는 월등히 높습니다. 이 때문에 다른 확산 공정 시 게이트의 형태적 변형은 거의 일어나지 않습니다(실리콘이 녹을 정도면 웨이퍼 전체가 녹아 내리겠죠). 더군다나 다결정의 비정질인 폴리실리콘 재질은 고온에 강하고, 하부의 산화막(SiO_2)과 거의 화학 반응을 하지 않기 때문에 재질이 서로 섞일 염려가 없지요.

■ 문턱전압 조절 용이

문턱전압을 낮추거나 올리려면, 게이트 단자 재질의 일함수를 조절할 수 있어야 합니다. 금속은 전도대(Conduction Band)와 최외각 전자대(Valence Band)가 중첩되므로 밴드갭(Band Gap)이 없어서, TR 통제가 어려운 금속 대신 문턱전압 조절이 비교적 용이한 폴리실리콘이라는 물질을 사용하게 된 것이죠. 심지어 저마늄 밴드갭도 너무 낮아서(실리콘의 절반인 0.6eV) 통제가 어렵게 되어 기반 물질로 저마늄(초창기 사용) 대신 밴드갭이 높은(High : 1.12eV) 실리콘을 사용하지요. 게이트에 폴리(다결정)실리콘을 사용함으로써 전자가 원자핵의 구심력을 이겨내고 이탈하려는 에너지를 비교적 용이하게 조절할 수 있게 되었죠. 게이트 단자를 형성하는 도펀트의 농도를 조절하면 되니까요. 반도체는 화학 성분의 농도를 적절히 사용하는 것이 매우 중요합니다. 더군다나 게이트의 기준 물질로 실리콘을 사용하면, 기판의 기본 물질인 실리콘과 성격이 비슷해지기 때문에 에너지 밴드 내 에너지 갭(Energy Gap) 조절, 일함수 조절 등을 실리콘과 맞추기가(Matching) 쉬워집니다. 그에 따라 채널의 문턱전압 조절이 더욱 용이해지는 것이죠. 이러한 방식으로 폴리실리콘 계열은 게이트 물질로 오랫동안 사용되었습니다.

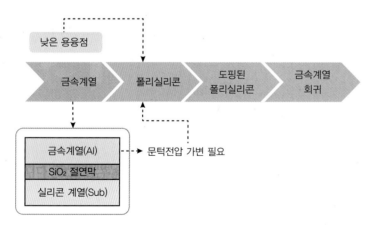

그림 16-5 게이트의 변천 1 : 금속에서 폴리실리콘으로 변경하여 문턱전압 가변(조절) 용이

Tip TR이 동작 가능한 최대 허용온도도 밴드갭에 비례하지요. 실리콘(150℃)이 저마늄(100℃)보다 더 높기 때문에 제약이 적고 적용하기 유리합니다.

■ 채널 핀치-온 지연시간

폴리실리콘은 재질 자체의 저항이 높다는 단점이 있습니다. 게이트에 전압 V_{gate}가 인가되면 게이트 전압에 의한 채널(S-D, 소스-드레인 사이)이 형성됩니다. 채널은 게이트 전압과 함께 게이트 옥사이드를 중간에 두고 커패시터(게이트-옥사이드-채널) 역할을 함으로써 C_{ox}가 생깁니다. 이때 ❶ 폴리실리콘 게이트 단자 내의 저항에 의해 전압강하가 발생되면서, 동시에 C_{ox}에 의해 전압이 축적됩니다. V_{gate}의 전압강하는 V_{gate}와 V_{ox} 사이의 전압 차이에 의해 발생하며, 게이트 전압이 V_{ox}가 될 때까지 진행됩니다. ❷ V_{ox}는 C_{ox}가 최대로 충전되는 전압입니다. C_{ox}의 전압 축적은 게이트 단자와 채널 사이에서 이루어지며, 이는 곧 게이트 옥사이드 하부에 채널이 핀치-온(Pinch-on)되었다는 의미이고, ❸ 충전시간은 게이트 전압이 인가되고 나서 채널이 핀치-온될 때까지가 채널의 핀치-온 지연시간(Pinch-on Delay Time)이 됩니다. 채널이 핀치-온될 때까지 지연시간을 가능한 줄여야 TR의 ON/OFF 시간을 빠르게 할 수 있습니다. 또한 게이트 단자의 저항에서 발생되는 전압강하도 빠르게 진행돼야 하는데, 게이트 단자의 저항 성분이 높으면 전압강하 시간이 지연됩니다.

Tip 핀치-온은 채널(전자들의 구름다리)이 소스 단자에서 드레인 단자 사이의 간격에 빈틈없이 들어차 있는 상태입니다. 빈틈이 생길 경우는 핀치-오프 상태입니다.

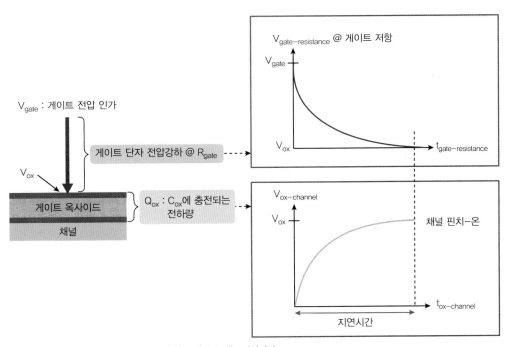

그림 16-6 채널이 S-D 사이를 핀치-온하는 데 소요되는 지연시간

▪ 전계 전달속도의 지연

문제는 폴리실리콘이 금속에 비해 저항 값이 몇 백배나 높다는 것입니다. 게이트 단자로 인가되는 전압은 게이트 단자 밑에 있는 게이트 옥사이드를 지나 기판 내 채널로 전계가 전달되어야 합니다. 그러나 게이트 단자의 저항이 높으면 비례하여 게이트의 전압 전달속도가 지연됩니다. 전계 전달속도와 채널이 핀치-온될 때까지의 시간을 합한 TR의 동작속도는 저항 값 이외에도 커패시턴스 값(채널-게이트 간의 C값)으로부터도 영향을 받습니다. 채널이 증가하여 폭(단면적)이 넓어지면 게이트의 인가전압-절연막-채널이 커패시턴스 역할을 하여 C값이 높아지지요. 동작속도와 반비례하는 시정수(Time Constant)인 T는 RC값에 비례하므로 R과 C를 적절히 조절해야 합니다. 채널의 디바이스를 고속 스위칭시키려면 RC값을 줄여 시간상수를 작게 해야 하므로 채널 폭, 게이트 재질, 절연막 유전율(High-k), 채널의 캐리어 농도, 게이트 전압치 등을 모두 합해 적절한 배분을 해야 합니다.

16.4 도핑의 농도를 높여 저항성을 낮춰라

▪ 이온주입을 통한 전도성 상향

저항 성분을 낮추려면 게이트에 전도성 성분을 더 추가해야 합니다. 따라서 게이트에 N형 혹은 P형의 도펀트 농도를 높여 전기전도성을 높이지요. 도펀트를 폴리실리콘 위에 도핑한 후에 온도를 실리콘 용융온도의 절반 정도(약 700℃)로 가열해 게이트 단자 표면에 도핑된 입자들을 게이트 영역 아래쪽으로 확산시킵니다(어닐링). 특히 재질이 다결정질인 실리콘(폴리실리콘)은 단결정 실리콘보다 이온주입과 어닐링(확산)이 결정판과 결정판(Grain) 사이로 더욱 쉽게 침투할 수 있어서 빠른 시간 내에 높은 농도로 상승시킬 수 있습니다. 또한 다결정 실리콘은 하부에 이미 형성되어 있는 이산화실리콘(절연막)과 결정격자가 유사하여 친화력이 좋아 계면의 접착력도 높습니다. 게이트 단자-절연막-기판으로 이어지는 전체의 격자 구조가 유사하게 형성된 것이지요. 여기서 게이트에 고농도 이온주입 공정을 진행하고 나서, 소스와 드레인 단자에 이온주입(임플란팅)을 한 후 3개 단자를 모두 같이 어닐링(확산) 진행하면, 시간과 열에너지 소모도 절약됩니다.

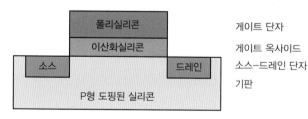

그림 16-7 실리콘 기반 물질
상하층 : 기판(P형 실리콘)-게이트 옥사이드(이산화실리콘)-게이트 단자(폴리실리콘)
좌우층 : 소스 단자(실리콘 + 도펀트 주입)-기판(실리콘)-드레인 단자(실리콘 + 도펀트 주입)

■ 하향되는 문턱전압과 동작속도 향상

도핑을 해 게이트 단자를 고농도로 높이면 페르미 레벨이 N형인 경우는 전도대(Conduction Band, CB_{Min})로 가까이 가고, P형인 경우는 최외각전자 에너지 대역(Valence Band, VB_{Max})으로 근접하여 쉽게 캐리어가 이동할 수 있는 여건이 되므로 전도성이 높아집니다. 일함수가 줄어들게 되므로 그에 따라 문턱전압도 낮아지는 효과가 있고요. 또한 저항 값이 낮아져서 게이트 전압에서 채널로 전계의 전파속도가 빨라지므로 채널이 신속히 형성되어 TR의 동작속도가 향상됩니다.

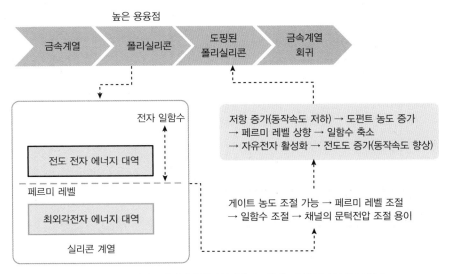

그림 16-8 게이트의 변천 2 : 게이트 단자(재질, 폴리실리콘)에 도핑의 도즈[2]를 높여 전도성 증가

16.5 구조 축소 → 농도 저하(누설전류) → High k

■ 농도 저하, 누설전류 발생

TR의 크기가 점점 축소되면 게이트 옥사이드 두께 역시 동시에 작아집니다. 현재 게이트 옥사이드 두께는 약 3nm 정도까지 줄어들었고, 꾸준히 채널길이와 함께 미세화되면서 거의 2nm까지 줄어들고 있습니다. 그런데 구조가 축소되다 보면, 구조가 클 때는 거의 영향이 없던 것들이 문제가 됩니다. 주변의 다른 도핑에 의해서도 영향을 쉽게 받을 수 있게 되고, 게이트층의 높은 농도가 얇은 옥사이드를 투과해 기판으로 이동하기도 합니다. 또한 누설전류가 발생될 수 있는 원인 제공이 되는 것이지요.

■ 절연막 재질 변경(이산화실리콘 → High-k → 기생 커패시터 생성)

누설전류가 발생하는 것을 차단하기 위해 게이트 옥사이드의 재질을 이산화실리콘보다 절연성이 좀

---

2 도즈(Dose) : 도핑 시 단위 면적(cm^2)에 수직으로 입사되는 도펀트양

더 높은 High-k(HfO$_2$, ZrO$_2$)로 사용하게 됩니다. 그런데 High-k는 게이트 전압을 하부방향으로의 전달을 방해합니다. 전계의 전달을 방해하는 요소가 폴리실리콘의 저항 성분 이외에 High-k까지 더해져 전달속도가 계산 범위 밖으로 느려집니다. 그런데 이번에는 절연막으로 High-k 물질인 HfO$_2$(이산화하프늄)를 사용하기 위해 열처리를 하는 과정 중 절연막의 상층부에 추가적으로 새로운 SiO$_2$가 얇게 생성되어 기생 커패시터의 역할을 하게 됩니다(층을 형성하기 위한 공정 순서는 산화막층 → 폴리실리콘층). SiO$_2$와 HfO$_2$는 2개의 직렬 커패시터 역할을 하고, 또한 폴리실리콘 내의 기생 커패시턴스도 직렬로 늘어서서 전체적으로 커패시턴스층이 많아집니다.

16.6 폴리 결핍 → 문턱전압 상승

■ 폴리 결핍 → 기생 커패시터 발생 → 문턱전압 상승

게이트 단자에 인가되는 전압에 의해 게이트 단자 하부에 결핍층(Depletion Layer)이 형성됩니다. 게이트 단자가 15족으로 도핑되어 있고 게이트에 플러스 전압 인가 시, 게이트 단자 하부와 절연막의 계면을 기점으로, 게이트 상부 쪽으로 역방향 바이어스가 걸린 형태가 되어 역바이어스 결핍층이 생성됩니다. 이런 폴리층의 결핍 상태 같은 돌발 변수들은 또 하나의 (유효) 기생 커패시터가 수직축 상에서 직렬로 추가되는 효과로 나타납니다. 유효 커패시터는 총 3개(절연막층, 추가로 생성된 SiO$_2$층, 폴리 결핍층)가 됩니다. 여러 개의 기생 커패시터가 발생하면 게이트 전압이 커패시턴스 비율(Capacitance-Ratio)에 따라 배분되고, 결국 채널을 위해 기판에 실질적으로 인가되는 유효전압(V$_{eff}$)은 줄어들게 됩니다. 채널을 핀치-온시켜야 하는 최소한의 전압을 확보하기 위해 결국 게이트 전압을 상승시켜야 하고, 이는 문턱전압의 상승으로 이어집니다.

■ 폴리 결핍 → 문턱전압의 통제권 저하

폴리 게이트층에 겹핍 영역이 발생되면, 문턱전압에 영향을 끼치게 되어 문턱전압을 관리할 수 없게 하는(Out of Control) 한 원인을 제공하게 됩니다. 또한 결핍층은 게이트 옥사이드의 두께를 높이는 효과와 같은 결과(유효두께 증가)를 초래하지요.

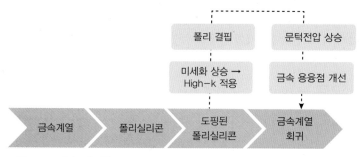

그림 16-9 게이트의 변천 3 : 게이트가 도핑된 폴리실리콘 재질에서 금속계열로 회귀

폴리 겹핍층의 두께는 (게이트 재질의 농도와 영향을 주는 전계에 좌우되어) 약 1nm까지도 형성되고, 이는 물리적으로 이미 옥사이드의 두께가 얇아진 상황에서 더욱 악영향을 줍니다. 게이트가 고농도로 도핑되어 있을 경우, 결핍층의 두께가 얇아져서 약간의 도움이 되지만, 근본적인 해결책은 되지 못하지요.

16.7 다시 금속 재질로 회귀

■ 게이트 단자 재질의 변화

고농도로 도핑된 폴리실리콘 대신 저항 성분이 대폭적으로 줄어든 새로운 금속(MG, Metal Gate, 금속 재질 게이트)을 적용하게 되면, 일부 해결되지 않은 이슈들도 있지만 게이트 단자의 여러 가지 변화(게이트 단자의 저항, 폴리 결핍 방지, 기생 커패시턴스 방지 등)를 대폭적으로 제거할 수 있게 되어 게이트 물질은 금속에서 시작하여 폴리실리콘 재질을 거쳐 다시 금속으로 회귀하게 됩니다.

그러나 금속이라도 동일한 금속이 아니라 알루미늄에서 구리로 변천되어, 용융점은 높아지고 비저항은 절반 이하로 낮아져 동작시간 지연(Time Delay)도 짧아지게 되면서, 알루미늄일 때 겪었던 문제는 어느 정도 해결되는 상태가 됩니다. 또 배선 전체도 알루미늄의 EM(Electro Migration)[3] 등의 이슈를 해결하기 위해 구리로 바뀌면서 게이트 단자의 재질도 동시에 구리로 쉽게 변경될 수 있습니다. 그에 따라 게이트 단자의 공정도 다마신(상감기법) 방식으로 변경되지요. 알루미늄에서 구리로 바뀌면서 문턱전압에 끼치는 구조-화학적인 모호성이 완전히 해결된 것은 아니지만(일함수 차이에 대한 대응 등), 어느 정도 게이트 재질 문제가 정리가 되는 선순환 영향을 줍니다.

Tip 용융온도는 알루미늄 660℃, 구리 1,080℃, 텅스텐 3,400℃입니다.

■ HKMG(절연층-게이트층 재질)

절연층에는 High-k 물질을, 게이트에는 메탈을 사용하는 High-k Metal Gate(HKMG)의 장점은 절연층 두께를 얇게 유지할 수 있는 동시에 문턱전압 상승을 억제할 수 있고, 동작속도도 폴리보다는 빠르게 할 수 있지요. 용융온도 역시 알루미늄은 660℃인 반면, 구리는 1,080℃로 녹는 온도가 충분히 높게 설정되어 있어서 여유도가 높습니다. 최외각전자를 원자로부터 떼어내는 데 소모되는 에너지인 일함수 또한 알루미늄에 비해 구리 재질이 실리콘에 매우 근접한 값을 갖습니다. 단, 구리는 폐수로 인해 환경에 영향을 줄 수 있지만, 필터링을 철저히(환경 가격 상승) 하여 환경문제도 일찌감치 해결되었습니다.

---

3 **EM** : 알루미늄 원자 소실로 선 폭의 축소 혹은 단선(Open) 유발

그림 16-10 게이트 재질 변화 : 폴리실리콘 → 구리(Cu)

■ 게이트 공정 순서 및 방식 변경 : 알루미늄 vs 구리

알루미늄 게이트는 먼저 하부층에 산화층을 만들고, 산화층 전체 표면에 스퍼터링 방식으로 알루미늄을 증착합니다. 그런 후에 포토 → 식각을 거쳐 게이트 형상을 조각합니다. 그런데 구리는 식각이 불가능하므로 리소그래피-패턴 방식을 적용할 수는 없고, 먼저 트랜치를 만들고 그 구멍에 전기도금 방식으로 구리를 채워 넣은 후, 울퉁불퉁해진 전체 표면을 CMP(Chemical Mechanical Polishing)로 평탄하게 합니다. 결과적으로 구리가 목표로 하는 트랜치 속에 매몰되어 있게 되지요. CMP 때문에 공정 순서도 (이온주입으로) 소스/드레인 단자를 먼저 진행한 후에 게이트를 나중에 만듭니다.

• SUMMARY •

트랜지스터를 구성하는 재질과 크기는 서로 상보관계(Trade-off)로 주고받으면서 발전했습니다. 재질은 농도를 결정하고 크기는 형태에 영향을 줍니다. 반도체는 농도의 화신이자 형태 변경의 마술사입니다. 약간의 농도 변화로 전류량이 급격히 많아지고 또 줄어들기도 하고, 전압 전달에 영향을 받습니다. 소스나 드레인 단자도 재질과 농도의 변화를 겪지만, 3개 단자 중 게이트 단자는 주변에 영향을 가장 많이 주고 그만큼 스스로도 많은 변화를 겪습니다. 게이트 단자의 재질은 메탈에서 출발하여 폴리실리콘을 거쳐 다시 메탈로 회귀했지요. 그런 변화에 영향을 주는 가장 큰 사건은 게이트 옥사이드의 두께로써, 최종적으로는 게이트 전압으로 인해 형성되는 채널의 단면적과 길이로 귀결됩니다. 앞으로 게이트 재질이 어떤 방향으로 바뀔지는 현재(2D인 경우)로서는 미지수입니다만, 트랜지스터의 전체 사이즈와 각 단자의 형태(3D 등)가 열쇠를 쥐고 있습니다.

게이트 단자 편

01 그림과 그래프는 게이트 단자에 전압이 인가될 때 발생되는 전압강하와 충전에 대한 현상을 나타내며, 충전과 방전의 속도는 TR의 동작속도에 비례한다. 그림에서 A와 B에 해당되는 영역은?

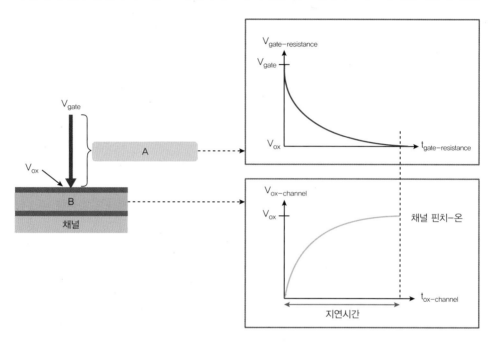

	A	B
①	소스 단자	게이트 옥사이드
②	게이트 옥사이드	게이트 단자
③	게이트 단자	소스 단자
④	게이트 단자	게이트 옥사이드
⑤	게이트 옥사이드	소스 단자

02 〈보기〉에서 게이트 단자로 알루미늄 재질을 사용 시 발생하는 금속 알루미늄의 단점을 모두 고르시오.

> **보 기**
>
> (가) 저항 성분이 매우 낮은 금속으로 니켈에 비해 전기 저항이 1/2배 이상 낮다.
>
> (나) 용융온도가 약 600℃ 정도로 낮기 때문에 원하는 게이트 형태가 쉽게 무너질 수 있다.
>
> (다) 게이트가 변화되는 상황에 맞게 문턱전압을 의도하는 값으로 변경하기가 매우 어렵다.
>
> (라) 알루미늄에 이온주입을 수행하기 어렵다.
>
> (마) PVD 방식으로 형성되는 게이트 금속층과 SiO_2인 두 재질 간의 결합력이 저하된다.

① 가, 나, 다, 라

② 나, 다, 라, 마

③ 가, 다, 라, 마

④ 가, 나, 라, 마

⑤ 가, 나, 다, 마

03 다음은 게이트 단자의 재질에 대한 특성 및 변천된 과정에 대한 설명이다. 옳지 <u>않은</u> 것을 모두 고르시오.

① 금속성 알루미늄에서 폴리실리콘을 거쳐 다시 금속 물질인 구리로 변천되었다.

② 미세화가 진전되면서 게이트의 길이는 줄어들고, 게이트 옥사이드의 두께는 얇아진다.

③ 구리를 사용 시에는 알루미늄에 비해 용융점은 높아지고 비저항은 절반 이하로 낮아져 알루미늄일 때 겪었던 문제가 어느 정도 해결된다.

④ 폴리실리콘 재질은 금속에 비해 저항 값이 몇 백배 낮기 때문에 전계 전달속도가 빠르다.

⑤ HKMG는 게이트 옥사이드의 두께가 두꺼워지면서 High-k 물질을 사용하게 되었다.

04 〈보기〉는 폴리실리콘 재질로 이루어진 게이트 단자의 전도성을 상향시키기 위한 작업을 설명한다. (A), (B), (C)로 알맞게 선정된 것을 고르시오.

보 기

저항 성분을 낮추려면 게이트 단자에 전도성 성분을 추가해야 한다. 따라서 게이트에 N형/P형 고농도를 추가로 (**A**)하여 전기전도성을 높인다. (**B**)은 도펀트(13족/15족)를 폴리실리콘 위에 (**A**)한 후에 온도를 실리콘 용융온도의 절반 정도(약 700℃)로 가열해 게이트 단자 표면에 (**A**)한 입자들을 공유결합시키고 게이트 영역 아래쪽으로 (**C**)시키는 공정이다.

	A	B	C
①	이온주입	어닐링	확산
②	산화	어닐링	확산
③	세정	확산	어닐링
④	이온주입	식각	확산
⑤	이온주입	확산	어닐링

정답 01 ④ 02 ② 03 ④, ⑤ 04 ①

CHAPTER 17

팹 프로세스 1 : 게이트 + 게이트 옥사이드

반도체 제조는 웨이퍼 표면에 집적회로 패턴을 구성시키는 전공정을 진행한 후에, 웨이퍼를 개별 칩으로 나누어 외부와 전원을 연결할 수 있도록 전기적 고리를 연결시키는 후공정을 진행합니다. 전공정은 증착 → 포토 → 식각 → 도핑(확산과 이온주입) → 세정과 CMP로 나눌 수 있는데, 공정 순서와 세부 공정은 여러 가지입니다. 전형적인 팹(Fab) 공정의 순서는 보통 STI(Shallow Trench Isolation)를 형성하고, 게이트 단자 후에 소스/드레인 단자를 생성합니다. 패턴은 막(층, Layer)를 먼저 쌓고 그 위에 모양을 형성합니다. 게이트와 게이트 옥사이드는 각각 증착층과 산화층을 형성한 후에, 공정 수를 줄이기 위해 대부분 2개 층을 동시에 진행하는데, 패턴화는 포토와 식각으로 완성시킵니다. 팹 공정을 거쳐 완성된 반도체의 수평 단면(Top Side View)은 마스크 패턴과 거의 유사합니다. 패턴을 마친 후에는 반드시 에싱을 진행해야 하고, 식각을 완성한 후에는 세정을 하여 최종적으로 게이트 단자와 게이트 하부에 게이트 옥사이드를 완성시킵니다. 팹 공정에서 TR의 게이트 단자와 게이트 옥사이드의 패턴을 완성하는 데 몇 개의 마스크가 필요할까요?

17.1 팹의 6개 루틴 공정

장치와 설비가 들어서 있고 고청정도를 유지하면서 반도체 제품을 생산하는 제조 라인(Line)을 팹(Fab, Fabrication)이라 하고, 팹에서의 공정 진행을 팹 프로세스(Fab Process)라고 합니다. 팹 제조상에 발생되는 6개의 루틴(Routine) 공정은 반도체를 만드는 과정에서 반복하여 진행되는 공정들을 의미합니다.

TR을 만들 때는 형태적/화학적 변화가 일어나는데, 이러한 변화들을 주도하는 공정은 크게 패턴 공정과 선택 공정으로 나눌 수 있습니다. 패턴 공정은 증착, 포토, 식각으로 구성되고, 선택 공정은 이온주입(임플란팅), 확산과 산화, 세정과 평탄화(CMP)로 구성됩니다. 그중 팹의 전체 공정 중에서 현재 가장 난이도가 높은 공정은 포토, 식각 및 도핑 공정입니다. 종횡비가 높아짐에 따라 세정도 차츰 어려운 공정으로 변해가고 있습니다. 6개 공정(팹 6공정)으로 이루어진 루틴 공정은 박막 형성, 단자 형성 등 팹 공정이 진행될 때 일률적으로 모두 적용되는 것은 아닙니다. 테크놀로지에 따라, 제품 종류에 따라서 팹 6공정 중에서 적절히 조합하여 최적의 층(Layer)과 형태를 만들어냅니다. 물론 선택되는 공정들의 순서도 다르지요.

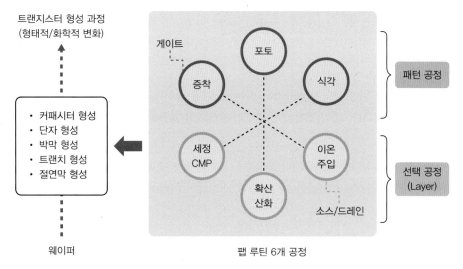

그림 17-1 팹의 6개 루틴 공정 : 패턴 공정 3개 + 선택 공정 3개

■ 패턴 공정

반도체 구조의 가장 기초 형태인 패턴을 완성하기 위해서는 증착, 포토, 식각과 각 공정별로 대부분 세정 프로세스를 거칩니다. 증착 공정으로 막을 형성한 후에, 포토 공정에서 패턴의 형태를 PR에 감광시킨 후 막을 깎아내는 식각 공정을 거쳐 패턴이 드러나게 합니다. 이는 막이 형성되면 거의 모든 막을 대상으로 진행되는 공통 과정이라고 보면 됩니다.

■ 선택 공정

이온주입과 확산은 단자를 형성해야 한다거나 게이트의 비저항을 낮춘다거나 하는 주로 전도성을 높일 때 적용합니다. 예를 들어, 게이트층을 형성한 후에 혹은 소스와 드레인층을 만들 때는 도핑을 실시합니다. 한편, 산화 공정은 약간 특수한 공정으로 확산과 증착이 동시에 발생되어 확산 공정과 한 묶음으로 분류했습니다. 세정은 각각의 공정이 끝나고 바로 진행되는 특수성이 있고, CMP도 평탄화가 필요시 자주 실시됩니다.

> **Tip** 일부에서는 박막을 팹 공정의 하나로 정의하는데, 실질적으로 박막은 팹 공정 중의 하나인 증착 공정(혹은 산화 공정)을 진행한 형태적 결과물로 보아야 하므로, 박막 공정 대신 박막을 만드는 공정으로 증착 공정이라고 해야 합니다.

17.2 패턴 구성 1단계 : 산화 및 증착 공정

■ 웨이퍼 준비

웨이퍼는 일반적인 용도의 연마 웨이퍼(Polished Wafer, 에피 웨이퍼 혹은 SOI 웨이퍼는 공정이 복잡하므로 제외)를 사용합니다. 팹 제조에 투입하기 전에 웨이퍼 표면은 파티클과 산화막을 철저히 제거합니다. 파티클은 KLA 파티클 카운터(Counter)로 점검하고, 산화막이 제대로 제거되었는지를 점검하려면 산화막 두께 측정기를 사용하거나 초순수를 웨이퍼 표면에 분사하여 육안으로 확인하기도 합니다(산화막 잔존 시 친수성인 산화막 특성으로 물기가 웨이퍼 표면에 퍼져 있습니다).

■ 게이트와 게이트 옥사이드 막 형성

CMOSFET인 경우는 이온주입 혹은 확산 방식으로 기판에 P형/N형 Well을 형성한 후 그 위에 절연성 산화층과 도전성 게이트층을 올립니다. 게이트의 패턴을 만들기 전에 실리콘 웨이퍼 표면 상에는 건식산화 방식으로 산화층을 매우 얇게(약 2nm) 형성한 후, 그 위에 게이트층은 LPCVD 증착 방식으로 쌓습니다. 게이트 단자와 게이트 옥사이드 2개 층이 연이어 붙어 있다면, 팹 공정상 2개층 패턴을 동시에 만드는 것이 공정 단계를 절약할 수 있지요(마스크 1개 사용). 게이트 옥사이드층은 사용하는 용도에 따라 게이트층과 함께 식각으로 잘라내기도 하고, 게이트 단자 먼저 패턴을 뜬 후에 소스/드레인 단자용 이온주입을 실시하고 나서 식각으로 게이트 옥사이드의 불필요한 부분을 제거하기도 합니다(후자는 각 층을 개별적으로 제거하는 방식으로 마스크가 3개 소요됨). 이때 웨이퍼 상부의 산화막은 여러 가지 용도로 활용됩니다. 게이트 밑에 집어넣을 경우는 게이트 옥사이드가 되고, 이온주입 시 이온들의 채널링 방지용이라면 스크린 마스크(Screen Mask)가 되지요. 혹은 STI를 위한 하드마스크용 등으로 사용됨에 따라 각각 얇은 막(게이트 옥사이드), 중간 막(스크린 마스크), 두꺼운 막(하드마스크)으로 나뉘지요.

17.3 패턴 구성 2단계 : 포토 공정

■ PR 도포

포토 공정의 첫 단계로 트랙(Track) 장비에서 양성(Positive)-PR(Photo Resist)를 코팅합니다. PR은 실리콘 기판에 잘 붙지 않기 때문에 HMDS라는 접착제를 먼저 발라야 합니다. HMDS 용액은 묽기 때문에 웨이퍼 표면에 스핀(웨이퍼 회전) 방식이 아닌, 질소가스 압력을 이용해 웨이퍼 위에 퍼지게 합니다. HMDS를 표면에 코팅한 후에 낮은 온도로 베이크(Bake)를 진행하여 HMDS가 웨이퍼에 들러붙게 합니다. HMDS 대신 BARC(Bottom Anti Reflective Coat)를 바르기도 합니다. 이는 접착제 역할도 하고 하부에 도달한 빛의 반사를 제어할 수 있는 역할을 동시에 수행하므로 많이 활용되지요. PR은 수지(Resin)와 솔벤트(Solvent)가 섞여 있어 어느 정도 점도를 갖고 있기 때문에 웨이퍼를 분당 약 3,000회(RPM) 정도로 돌려 웨이퍼 위에 골고루 펴지도록 하고 두께를 약 1~2μm 정도로 유지시킵니다. PR을 코팅한 것은 마치 미술의 동판화(부식 기법)에서 구리판 위에 방식제(그라운드, 코팅 용액)를 바른(코팅) 막과 같다고 볼 수 있습니다. PR이 스핀되면 웨이퍼 끝자락에 PR이 묻어 있기 때문에 이를 신너(thinner)로 제거해야 다음 공정을 진행하기가 편합니다(EBR, Edge Bead Removal). 이때 신너 용액이 튀어서 웨이퍼 표면에 묻지 않도록 주의해야 합니다. 그런 후 PR이 더 이상 흘러내리지 않도록 약한 온도로 웨이퍼를 베이크합니다(Soft Bake). 트랙 장비에서 HMDS & PR 코팅과 베이크를 마치면 웨이퍼를 노광기로 옮깁니다.[1]

Tip PR은 수지(Resin), 솔벤트(Solvent), PAC(Photo Active Compound) 성분으로 구성됩니다.

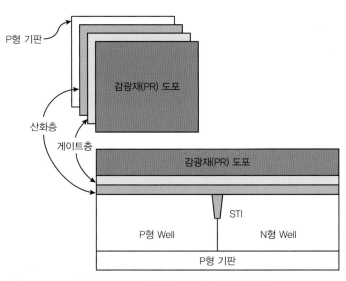

그림 17-2 포토 공정 : PR 도포(기판 위에 Well을 2개 형성한 경우)

■ 마스크 정렬

마스크의 패턴 위치 정렬(Pattern Alignment)은 패턴들이 X, Y축 상에서 정확한 위치에 있는지를 점검하는 것으로 노광 전에 실시합니다. 노광기 상단에는 광원이 있고 그 밑에 마스크(레티클)를 위치시킵니다. 빛으로 마스크(레티클)를 찍으려면 마스크와 웨이퍼를 아래위로 일직선이 되게 하고, 수평축으로 위치에 맞게 정렬해야 마스크의 패턴 형상이 제대로 웨이퍼 위에 내려앉습니다. 마스크와 웨이퍼 관계는 1970년대 인쇄소에서 진행한 등사 방식의 인쇄와 유사성이 있습니다. 빛(잉크)이 마스크(등사판)를 통과하여 웨이퍼(종이) 위에 내려 앉는 절차를 거칩니다. 등사판(마스크)과 종이(웨이퍼)가 정렬되어 있지 않으면 종이(웨이퍼) 위에 프린트(감광) 된 모양(패턴)이 일그러지게 됩니다.

---

1 19장 '포토 공정 : 감광액 도포하기' 참조

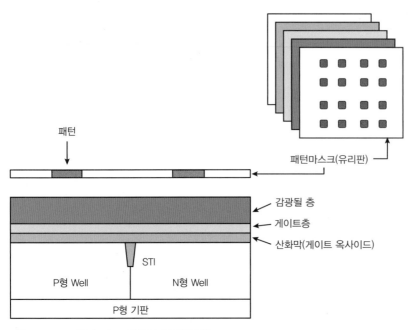

그림 17-3 포토 공정 : 마스크와 웨이퍼의 위치 정렬

각 층(Layer)의 순서와 명칭을 보면, 맨 밑에는 웨이퍼인 기판이 있습니다. 기판 위에는 1차 산화막과 게이트 단자에 사용할 게이트층이 자리잡고 있습니다. 이들 층은 각각 건식산화 방식(산화막)과 증착 방식(LPCVD[2])으로 필름층을 얇게 덮습니다. 혹은 게이트 단자가 금속 재질일 경우는 PVD의 스퍼터링 아니면 구리의 다마신 방식을 적용하지요. 게이트층 위에는 감광된 부위를 현상하기 위해 감광 용액(PR)이 코팅되어 있습니다(PR 밑에는 HMDS 혹은 BARC가 있지요). 여기까지가 웨이퍼 전면에 달라붙은 층들이고, 웨이퍼와 광원 사이에는 노광 시 패턴을 구사하기 위해 빛을 투과시키는 마스크가 먼 거리로 놓이게 됩니다. 광원과 마스크 사이에는 렌즈들이 약 20여 개 늘어서 있습니다.

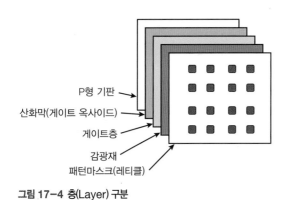

그림 17-4 층(Layer) 구분

---

2 **LPCVD** : 화학적 방식으로 높은 온도 조건하에서 증기를 이용하여 게이트 단자 층을 증착

■ 노광 : 빛에 노출시키기

노광은 PR막을 빛에 노출시켜 감광시키는 공정입니다. 잉크 인쇄는 잉크를 등사판 위에 묻혀 도화지 위에 사람이 롤러를 직접 꾹 눌러 찍어내지만, 반도체에서는 좀 더 복잡한 과정(순서도 다르고요)을 거쳐서 영상(패턴)을 도화지(웨이퍼) 위에 옮겨 놓습니다. 양성 PR(Positive PR)을 코팅했으므로, PR 용액 속에 함유된 PAC(Photo Active Compound)가 빛에 반응하여 감광된 부분의 PR-분자 결속력이 약해집니다. 반대로 음성 PR 재질이 빛에 노출되면 PR의 강도가 더욱 높아집니다.

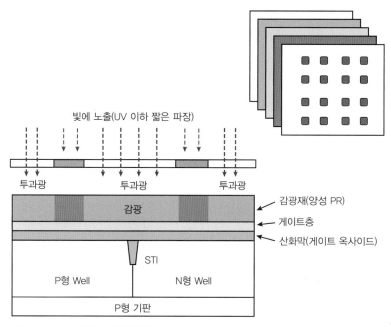

그림 17-5 포토 공정 : 노광(빛의 투사)

(1) 리소그래피

노광 시에는 빛을 쪼여 패턴을 만드는 리소그래피 기술이 필요합니다. 먼저 감광된 PR 부분이 회로이거나 회로의 반대 영역이 됩니다. 노광은 포토 공정의 하이라이트이며, 반도체 전 공정을 통틀어 가장 핵심적인 단계라고 할 수 있습니다. 왜냐하면 빛이 마스크를 통과(투사)하느냐 못하느냐로 반도체 테크놀로지가 결정되기 때문입니다. 광선을 선택할 때의 기준은 투과되는 파의 길이인 파장이 매우 중요합니다. 파장은 점점 작아지는 방향으로 가야 하는데, 파장이 작아지면 에너지가 높아지죠. 고에너지는 렌즈, PR, 감광 등에 여러 가지 문제를 일으킵니다. 테크놀로지가 발전한다는 것은 패턴이 작아진다는 것이고, 이는 패턴이 조합해내는 면적과 면적 사이가 점점 좁아진다는 의미입니다. 쿼츠라는 석영판 표면에 코팅된 크롬막을 제거한 좁아진 틈이 마스크 위에 펼쳐지는데, 이 틈(Slit, 슬릿)으로 빛이 통과하려면 빛의 파장도 슬릿을 뚫고 지나갈 만큼 작아야 하지요. 최근에는 파장이 매우 작은 극초단파(Extreme Ultra Violet, EUV)를 적용한 장비가 사용되기 시작했습니다.

빛이 패턴 형태의 마스크를 통과 후, 패턴 이미지가 최종 목적지인 웨이퍼에 정확히 맺힐 수 있도록 초점과 해상도를 높이는 작업이 필요하지요. 마스크, 렌즈, PR 재료를 포함한 장치와 방법을 적절히 구사하여 빛이 마스크를 문제없이 통과할 수 있도록 최적의 방법을 찾아야 합니다.[3]

(2) 인쇄 방식

인쇄 방식은 오랫동안 시행착오를 거치며 현재까지 진화를 거듭하고 있습니다. 처음에는 마스크와 웨이퍼 사이에 틈이 없도록 붙이는 접촉 방식을 사용했다가, 웨이퍼 상에 오염이 나타나자 마스크와 웨이퍼의 간격을 일정 거리로 띄우는 근접 방식을 적용했습니다. 그러나 근접 방식도 감광재(감광용액을 베이크하여 굳힌 형태) 표면에 맺힌 상이 빛의 난반사(BARC로 일부 해소)로 인해 패턴 이미지의 초점이 명확하지 않는 등의 문제가 발생하게 되었죠. 그래서 지금은 웨이퍼와 마스크 사이를 난반사가 발생하지 않을 정도의 거리로 더 확보하고 대신 중간에 렌즈 20~30개를 끼워 넣는 프로젝션(Projection, 투영전사) 방식을 대부분 채택하고 있습니다. 물론 앞단에 위치하는 광원과 마스크 사이에도 렌즈가 10~20개 정도 나열되어 있으면서, 광원이 마스크에 초점이 정확히 맺히고 마스크 슬릿(패턴과 패턴 사이의 스페이스)을 통과할 수 있도록 하지요. 이외에도 초순수를 이용하는 이머전(액침노광)이란 방식도 많이 활용되고 있습니다.

(3) 투영전사 방식

노광의 대표적인 프로젝션 방식은 이미지의 크기를 M 대 1로 줄이는 방향(1/5 혹은 1/10)입니다. 주사 방식으로는 크게는 스테핑(Stepping)과 스캐닝(Scanning)이 있습니다. 스테핑은 도장이나 발자국을 찍어내듯이 혹은 카메라로 사진을 찍는 방식과 유사하게, 이미지를 일정 영역 내에서 한꺼번에 노출시키는 방법입니다. 그렇게 하여 스테핑은 샷(Shot)을 여러 번 반복하여 웨이퍼 전체 영역을 커버합니다. 스캐닝은 파장을 좌에서 우로, 혹은 위에서 밑으로 (복사기에서 복사하듯이) 움직이면서 이미지를 웨이퍼에 투사하는 방식으로써 투사 품질이 스테핑보다 월등합니다. 스테퍼(Stepper)보다는 스캐너(Scanner)가 더욱 어렵고 발전된 노광 장비이지요. 투영전사는 파장을 슬릿이란 틈새로 통과시켜 빛의 성질인 회절, 간섭과 중첩을 이용하여 명확한 이미지가 웨이퍼 표면에 나타나도록 합니다. 노광 시 마스크를 사용하는 한, 투영전사 방식은 계속될 것입니다.

(4) 노광 후 굽기(PEB)

노광기에서 노광을 마친 웨이퍼는 다시 트랙(Track) 장비로 되돌아와 현상을 진행해야 하는데, 현상 전에 감광된 웨이퍼는 다시 한 번 베이크합니다. 이를 노광 후 굽기(Post Exposure Bake, PEB)라고 합니다. 감광된 부분과 감광되지 않은 부분 사이의 경계면은 빛의 파장에 의해 눈에 보이지는 않지만 거칠고 울퉁불퉁한 상태(Standing Wave, 정재파)가 됩니다. 이때 웨이퍼를 약 100℃ 근방으로 온도를 올려 일정 시간 동안 데우면 감광된 요철 부위가 어느 정도 일직선으로 펴지게 됩니다.

---

3 18장 '포토−리소그래피' 참조

패턴이 극한으로 미세화되면서 스텐딩 웨이브(Standing Wave)로 인해 발생된 오차거리도 게이트 거리 대비 영향력이 점점 커지고 있으므로 가능한 줄여야 합니다.

■ 현상 : 불필요한 PR 제거로 이미지 드러내기

노광 후 굽기 과정(트랙 장비)이 끝나면 트랙 장비에서 연속하여 현상을 진행합니다. 노광의 본질은 투사이고 현상의 본질은 용해입니다. PR 감광재를 용해시키는 현상에는 두 가지 방법이 있는데요. 첫째는 감광된 부분을 제거하는 방식, 둘째는 감광되지 않은 부분을 제거하는 방식입니다. 감광된 부분을 없애도록 설정된 PR은 양성(Positve) PR, 그 반대로 감광되지 않은 부분을 제거하도록 마련된 PR을 음성(Negative) PR이라고 합니다. 즉 감광된 부분이 약해져서 이 부분을 파내거나(양성 PR), 반대로 감광된 부분을 딱딱하게 만들어 감광되지 않은 약한(상대적으로) 영역을 파내는 것(음성 PR)이지요. 일반적으로 양성 방식이 음성 방식보다 이미지 효율, 공정 방식 및 PR 용액을 다루기 쉬워 자주 사용됩니다. 재질 강도면에서 현상 용액도 감광되는 방식에 따라 두 가지 옵션을 사용하는데, 양성 방식에 사용되는 현상 용액의 강도가 좀 더 약합니다.[4]

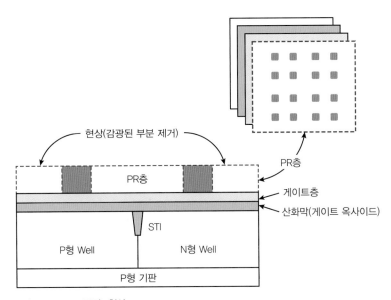

그림 17-6 포토 공정 : 현상

---

4 20장 '포토 공정 : 노광과 현상' 참조

17.4 패턴 구성 3단계 : 식각 공정

포토 공정을 진행한 이유는 다음 공정인 식각을 진행하기 위함입니다. 식각의 본질은 화학적 분해입니다. 식각을 동판화에 비유하자면, 조각칼로 방식제(코팅막)을 걷어낸(현상) 후에 드러난 구리 표면을 부식(식각)시키는 작업입니다. 현상으로 없어진 PR의 아래 부분은 대부분 박막(Thin Film : 절연/폴리실리콘/메탈 등)층으로 드러나는데, 이 부분을 식각에서 집중적으로 제거합니다. 즉 식각은 어떤 막이든 드러난(필요 없는) 부분을 없앤 후에 남는(드러나지 않은) 나머지 부분 혹은 없앤 부분(상감기법으로 금속 재질을 채워 넣는 경우로 이를 다마신 방식이라 합니다)이 회로 패턴이 됩니다. 패턴은 어떤 때는 금속선이 되고, 어떤 때는 절연 구조물 혹은 게이트 단자(혹은 소스, 드레인 단자를 도핑하기 위해 일정 영역을 드러낸 부분)가 되지요. 식각할 대상이 절연막인 산화막(SiO_2)이면, 이는 산소라디칼($2O$: 에싱에 쓰임) 등에는 반응하지 않으므로 플루오린 계열의 원소($C-F$)로 절연막을 제거(습식에서는 HF를 사용)합니다. 반도체에 적용되는 막 중에서는 절연막이 가장 강하고, 절연막 이외에는 좀 약한 금속층이나 폴리실리콘층은 염소(Cl) 계열 원소를 사용합니다. 식각 방식은 미세화에 따라 용액을 사용하는 습식에서 플라즈마를 사용하는 건식으로 발전했고, 그에 따라 등방성에서 이방성 방식으로 변천되었습니다.[5] 그 외에 식각 공정은 전면 식각(웨이퍼 전체면) 혹은 일부 영역 식각 등 여러 가지 옵션으로 진행됩니다.

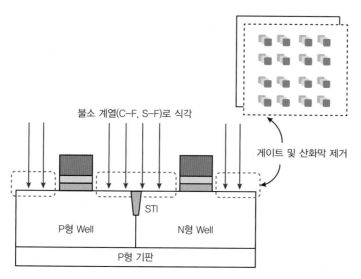

그림 17-7 식각 공정 : 게이트와 산화막 제거

---

5 22~23장 '식각' 참조

17.5 패턴 구성 4단계 : 에싱 공정

넓은 의미로 보면 식각 공정에 속한 에싱(Ashing)은 감광재인 PR 코팅막을 재(Ash)로 날려버린다는 뜻입니다. PR을 없애주니 PR을 벗긴다는 의미로 PR 스트립(Strip)이라고도 하지요. 초창기에는 스트리퍼(Stripper)로 화학용액을 사용한 습식식각 형태를 이용했으나, PR이 완전히 제거되지 않는 문제점이 남아 최근에는 플라즈마를 이용한 에싱을 합니다(양성 PR은 에싱이 쉽게 되지만, 음성 PR은 에싱하기가 어렵습니다). 이때 주변에 노출되어 있는 실리콘 혹은 절연막 등 다른 막(물질)에는 반응을 하지 않는 선택비(Selectivity)가 좋은 산소가스를 이용한 플라즈마를 사용합니다. 따라서 감광막의 구성 성분인 탄소에 산소 원자를 과감하게 달라붙게 하여 일산화탄소나 이산화탄소로 만들어서 가스로 배출시키면 되지요. 따라서 식각의 사촌 격인 에싱의 본질도 식각과 마찬가지로 화학적 분해가 됩니다. 에싱은 제거할 대상(막)이 2~3개로 한정된 식각으로 쉬운 식각 방식인 셈입니다.

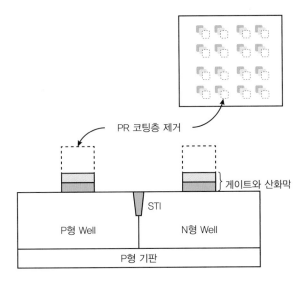

그림 17-8 감광막 에싱

17.6 패턴 5단계(완성) : 세정 공정

최종적으로 세정 공정을 거치면 게이트 단자와 게이트 옥사이드가 완성됩니다. 팹 전체 공정 중 약 30~40%를 차지하는 세정은 각각의 공정이 완료된 후에 특별한 경우를 제외하고는 매번 실시되는데요. 가장 좋은 세정은 팹 공정을 진행하면서 발생된 오염이 표면에 달라붙지 않게 하는 예방입니다. 그 다음으로 표면이 오염되면 이를 신속하고 확실하게 없애야 후속으로 진행되는 다음 공정이 전 공정으로부터 영향을 받지 않고 원활하게 나아갈 수 있습니다. 막을 만드는(형태 변경) 산화 공정이나 증착 공정은 각 공정이 완료된 후에는 찌꺼기 등이 남지 않기 때문에 공정을 진행하기 전에 집중적으로 세정을 하고 공정이 완료된 후에는 화학용액 처리 위주로 진행합니다. 식각 공정과 평탄화 공정 등은 각 공정이 완료 후에 찌꺼기(파티클 및 잔유물)가 남기 때문에 해당 공정을 진행하기 전과 후에 걸쳐 모든 단계에서 세정을 철저히 실시해야 합니다. 타 공정과 다르게 세정은 가장 다양한 방식으로 발전하고 있는데요, 메인 세정을 완료한 후에는 주로 습식세정으로 마무리하고, 연속하여 드라이 공정도 진행합니다. 트랜치(Trench) 혹은 홀(Hole)의 종횡비(Aspect Ratio)가 30 이상으로 (향후 50 이상으로) 높아지면서 식각과 같이 세정도 난이도가 높은 공정에 포함되어 있습니다.[6]

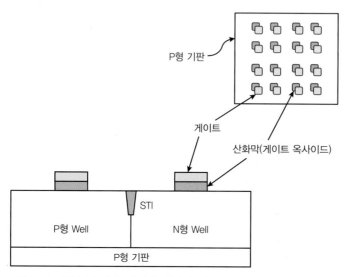

그림 17-9 세정 공정 : 게이트와 게이트 옥사이드 완성

• SUMMARY •

게이트 단자나 게이트 옥사이드의 드러난 형태는 간단하지만, 웨이퍼를 준비해서 세정까지 여러 공정을 거칩니다. 반도체 테크놀로지(Technology)는 동작속도, 소비전력 등 다양하게 나타낼 수 있지만, 테크놀로지를 미세화로 표현한다면 여러 가지 CD(Critical Dimension) 중에 게이트 단자의 길이에 대한 거리(Dimension)를 의미합니다. 트랜지스터의 구조 중에 맨 처음으로 형태를 드러내는 게이트 단자나 게이트 옥사이드의 CD(한계치수)를 확보하는 것이 트랜지스터를 구성하는 첫 단추라고 할 수 있지요. 미세화에 따라서 공정 방법도 다양하게 변화해 나아갑니다. 게이트 단자를 형성했으면, 그 다음으로 트랜지스터의 나머지 2개 단자인 소스와 드레인 단자를 이온주입 방식을 적용하여 3개 단자를 완성시킵니다. 이렇게 하여 전체적인 트랜지스터 크기가 확보되면, 트랜지스터의 총 개수인 칩(다이)의 용량이 최종적으로 확정됩니다.

---

6 24장 '세정 공정' 참조

PART 03

패턴을
조각하다

3부는 패턴에 관한 이야기입니다. 포토와 식각을 합하여 패턴 공정이라 할 수 있고, 제조 공정에서 맨 처음의 패턴은 게이트 단자에 모양을 내는 것에서부터 시작합니다. 패턴이 형성되려면 먼저 증착 혹은 산화 방식으로 막이 형성되어 있어야 합니다(2부). 패턴 사이즈를 스케일 다운할 수 있는 방향은 파장 축소, 공정 방식 변경 등 여러 가지로 발전되어 가고 있고, 공정 중에서는 포토와 식각이 가장 많은 기여를 합니다. 패턴의 모양을 조각하기 위한 전처리 작업은 포토이고, 패턴의 모양을 조각해내는 공정은 식각입니다. 포토는 리소그래피(18장)라는 방식을 사용하고, 이를 실질적으로 구현하는 공정은 감광액(PR)을 선정하고 임시 PR막을 도포하는 작업(19장)에서부터 PR막에 노광과 현상(20장)을 통해 이미지를 완성합니다. 즉 패턴 공정은 외형에 변화를 주는 것인데, 먼저 눈에 보이지 않는 패턴(포토의 노광)을 PR층에 뜨고, 연이어 육안으로 확인 가능한 패턴을 임시막에는 포토의 현상으로, 실질적인 막에는 식각 방식(22~23장)으로 구현합니다.

증착막에는 플라즈마를 이용한 식각의 RIE 방식을 혹은 그보다 더 발전된 방식을 적용합니다. 플라즈마를 이용하는 건식은 식각의 핵심 방식이지요. 식각 이외에도 플라즈마를 적용하는 팹 공정은 광범위하답니다. 선진화된 EUV 기술을 이용하는 노광에도 플라즈마를 적용할 정도로 도핑, 증착, 세정 등 반도체 공정에서는 발전된 기술의 일환으로 플라즈마를 장치나 방식에 적용하는 경우가 많습니다(21장). 플라즈마는 미세화의 해결사와 같은 역할을 합니다.

식각의 이방성과 등방성을 결합한 RIE 방식 및 유도성 플라즈마인 ICP를 확대 적용하는 진보된 식각 방식도 매우 매력적이고 빠르게 발전하고 있는 기술입니다(23장). 선 폭이 좁아짐에 따라 극소 직경의 비아홀 혹은 종횡비가 높은 3D-낸드, 디램-커패시터의 밑바닥에 깔린 잔유물을 제거하는 세정 방식이 점점 중요해지고 있어서, 최근에는 세정 분야가 가장 다양한 방식으로 발전되고 있습니다(24장).

크기가 극한으로 작아진 TR의 문제점은 TR과 TR 사이에 예기치 않은 누설전류가 흐르게 되는 것입니다. 이를 제대로 막아내기 위해서는 물리적으로 STI라는 울타리를 TR의 4면으로 돌아가면서 쳐야 하는데, 갈수록 표피층의 면적은 좁아지고 실리콘 기판에 묻힌 길이는 깊어집니다. STI를 파묻기 위해서는 증착과 패턴 공정 및 세정/CMP 공정 등이 총 동원되어야 합니다(25장).

CHAPTER 18

빛과 돌로 만드는 반도체, 포토-리소그래피

용량(Density) 증가와 성능 개선은 서로 주고받는 관계라고 할 수 있습니다. 일반적으로 반도체 용량을 늘리면 성능이 떨어지고, 성능을 향상시키면 용량이 줄어듭니다. 반도체 공정에서 이렇게 상반되는 두 가지 요소를 함께 개선하기는 쉽지 않습니다. 하지만 시장은 언제나 두 가지 모두가 같이 향상되기를 요구하죠. 포토 공정에서 메가비트(Mega bit) 단위의 저용량 시의 광학적 리소그래피 방식은 어느 정도 이 두 가지를 한번에 만족시키는 데 일조했다고 볼 수 있습니다. 그러나 기가비트(Giga bit), 테라비트(Tera bit) 단위로 갈수록 난이도가 올라갑니다. 이는 회로 선 폭이 작아져 용량과 성능을 합친 시너지 효과가 줄어들기 때문이지요. 이를 개선하기 위한 끊임없는 테크놀로지 혁신이 리소그래피를 통해 진행되고 있습니다. 리소그래피를 진행하는 노광 과정 중 광원에서 출발한 빛(UV파)이 포토마스크를 거쳐 투사되면서 웨이퍼 표면에 닿기까지 어떤 여행을 할까요? 해상도와 초점심도의 숫자와 미세화의 관계는 무엇을 의미할까요?

18.1 포토 공정과 리소그래피

포토-리소그래피(Photo-Litho-Graphy)는 포토 공정에서 광학적 방식을 이용하여 패턴을 형성하는 노광 기술입니다. 즉 전기적 파라미터[1]를 물리적인 패턴으로 바꾸고(설계 기능), 이를 다시 석영이란 돌 위에 새겨(공정 기능) 돌 틈으로 물이 흐르듯이 돌 속으로 전기가 흐르게 하는(제품 기능) 획기적인 방식입니다. 이런 과정은 주로 팹(Fab) 라인에서 진행되는데, 눈에 보이지 않는 빛(UV파)과 빛을 막아서는 포토마스크를 이용하여 기하학적 도형을 웨이퍼 표면에 투사하는 방식을 이용합니다.

---

1 **전기적 파라미터** : TR이 동작하는 데 필요한 전기적 변수

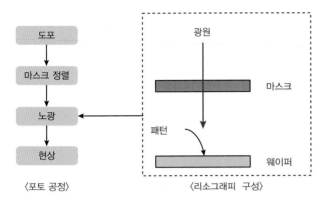

〈포토 공정〉　　　　〈리소그래피 구성〉

그림 18-1 포토 공정과 포토-리소그래피 방식

■ 노광 기술의 종류

팹의 포토 공정은 웨이퍼 상에 기하학적 회로 패턴을 구현하기 위한 공정입니다. 팹 공정에서는 먼저 방식이 정해지면, 방식을 전개하기 위한 공정들이 설정됩니다. 리소그래피는 '공정'이 아니고 '방식'으로써 빛과 마스크(Mask, 혹은 레티클)를 이용하는 방식을 포토(광학적)-리소그래피라고 합니다. 반면, 마스크를 사용하지 않는 포토 방식은 포토-마스크레스그래피(Maskless Graphy)라 하는데요. 이는 포토-리소레스그래피(Litholess Graphy)라고도 하지요. 포토 공정은 회로 패턴을 만들기 위한 리소그래피 방식을 전개하기 위해, 증착된 막 위에 도포(Coating), 마스크 정렬(Mask Alignment), 노광(Exposure), 현상(Development) 등의 세부 공정으로 진행됩니다. 포토 공정에 이어서 식각(Etching)과 세정(Cleaning) 공정을 실시하면 회로 패턴이 완성됩니다. 리소레스그래피 방식의 포토 공정들은 마스크 정렬 단계의 과정 등이 없어지는 대신, 다른 부가적인 화학적/물리적 공정들이 추가됩니다.

■ 빛의 경로

빛의 여정은 수십 개의 렌즈를 통과하면서 검증을 받아야 하는 험난한 경로를 거칩니다. 광원을 출발한 UV파는 수직렌즈 → 수평렌즈 → 수직렌즈 → 수평렌즈 등의 렌즈를 통과하면서 초점, 초점심도, 해상도가 조절되고, 중간에 놓인 포토마스크를 거쳐 웨이퍼에 도달하게 되지요. 그런데 최종적으로 웨이퍼에 도달하기 전에는 약 십여 개의 수평/수직렌즈를 통과한 후에 경사 45° 렌즈에서 90°로 반사되어 밑면에 놓인 웨이퍼를 향합니다. 웨이퍼 상부에 위치한 포토마스크를 통과한 빛은 또 십여 개 정도의 수평렌즈를 지나서 마침내 웨이퍼 표면에 당도합니다. 로딩된 포토마스크는 얼라이너(Aligner)[2]에 의해 웨이퍼와 정확히 정렬이 되어 있어야 마스크의 패턴이 웨이퍼에 안착합니다.

---

2 **얼라이너** : 포토마스크가 정확한 위치에 놓이도록 정렬하는 장치

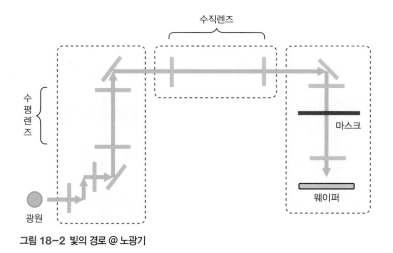

그림 18-2 빛의 경로 @ 노광기

18.2 광원 vs 파장

광원은 램프에서 레이저 → 플라즈마 레이저 → 엑스레이로 발전해갑니다. 램프는 수은 혹은 할로겐 가스 등을 채워 아크방전(Arc discharge) 형태로 빛을 발산하여 사용하고, 이를 이용하여 g-Line (파장, 436nm)에서부터 i-Line(파장, 365nm)의 짧은 파장의 빛(UV파장)을 만들어냅니다. UV 파장은 더욱 짧아져서 불화크립톤(KrF), 불화아르곤(ArF)을 이용한 레이저 광원을 이용하여 각각 248nm, 193nm의 극자외선(Deep Ultra Violet, DUV)인 초단파장을 구현했고, 단파장을 넘어서서 최근에는 EUV 13.5nm 파장까지 나왔습니다. EUV 광원인 CO_2 레이저를 제논빔(Xenon Beam)에 쏘면 플라즈마가 생성되는데, 플라즈마에서 나오는 극초단파장인 빛을 여러 번 반사시켜 EUV를 만들어내고 있습니다. 현재 더욱 짧은 파장으로 X-ray파가 연구되고 있습니다.

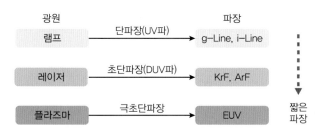

그림 18-3 광원과 파장의 관계

■ 투사 방식

노광을 진행할 때는 광원을 준비하고, 해당되는 박막층에 맞는 포토마스크를 마스크 로딩부에 넣은 후에 웨이퍼를 투입시켜 노광 샷(Shot)을 진행합니다. 노광 장비를 동작시키는 것은 물론이고, 노광 절차에 대한 프로그램도 사전에 장비에 입력되어 있어야 하지요. 수은 램프를 이용하는 투사 방식은 스캐닝(Scanning) 방식과 스테핑(Stepping) 두 종류가 있습니다. 모두 렌즈를 통해 투사하는데 기술 레벨이 높아질수록 스캐닝 방식을 주로 적용합니다. 스테핑은 눈 위에 발자국을 남기듯이 샷을 하고, 스캐닝은 복사기 내에서 빔을 복사하듯이 샷을 이끌어갑니다. 웨이퍼 전체를 한번에 샷하면 정확도가 떨어지므로, 일부 영역별로 나누어 조금씩 진행하지요. 사실 레티클 면적이 웨이퍼 전체를 커버할 수 없기 때문이기도 합니다. 반면, EUV는 파장이 짧아서 에너지가 높다 보니 렌즈를 통과하는 투사를 못해 EUV파를 거울에 반사시켜 초점을 맞춘 후 샷을 합니다.

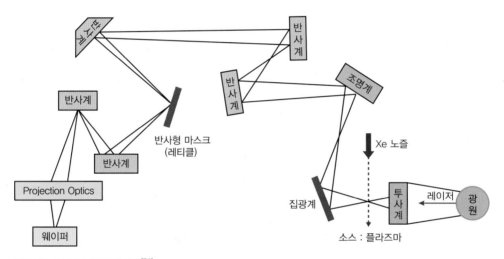

그림 18-4 EUV 시스템의 구조[31]

반사계, 조명계, 집광계, 투사계, 레티클, 렌즈 등의 개수 및 위치가 EUV 시스템의 구조와 일치하는 것은 아니고, 임의적으로 재구성한 구조입니다.

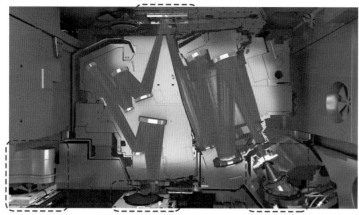

레티클

오버레이 검사 　　　 웨이퍼(정렬 점검) 　　　 광원

그림 18-5 13.5nm 분해능을 갖는 EUV 리소그래피 시스템[32]

> 300mm 웨이퍼를 시간당 약 170장 이상 처리 가능한 능력(WPH, Work per Hour)를 갖춘 시스템으로써 현재까지 가장 작은 파장을 구현할 수 있는 반도체 제품용 포토 장비(13.5nm EUV Light wavelength, 13nm Resolution, 0.33NA Projection Optics)입니다.

18.3 포토-리소그래피의 의미

웨이퍼에는 수백~1,200여 개의 다이가 있고, 다이당 몇 십억~몇 백억 개의 TR을 갖고 있으므로 웨이퍼당 1조~10조 개의 트랜지스터를 확보해야 합니다. 각 트랜지스터당 3개씩의 단자(소스, 게이트, 드레인)를 곱하면 웨이퍼당 보통 3조~30조 개의 온전한 물리적 형태를 포토-리소그래피 방식으로 구분해내야 합니다. 물론 이는 수십 번의 샷으로 나누어 구현하지요.

빛을 마스크 슬릿(크롬이 제거된 극초미세 영역) 사이로 통과시켜 샷을 하는 포토-리소그래피(Photo-Lithography)의 'Litho'는 석판(Mask)을 의미하고, 'Photo-graphy'는 빛을 이용하여 이미지를 그린다는 뜻입니다. 따라서 빛을 사용한 석판 인쇄술이 'Photo-Lithography'가 되겠습니다. 이때 주인공인 빛(혹은 파장이 짧은 단파)은 석판에 쓰여진 모양을 축소하여 웨이퍼 상에 정확하게 옮겨 놓는데, 이런 과정을 빛에 노출되었다 해서 노광이라 합니다. 또 리소그래피는 사진 식각 기술이라 과장되게 불리기도 하는데, 이는 웨이퍼 상에 패턴을 형성하기 위한 사진 기술과 패턴을 최종적으로 형성하기 위해 불필요한 부분의 PR을 제거(식각)하는 현상 기술을 합한 것입니다. 빛이 마스크를 거쳐 웨이퍼에 닿도록 하는 방식은 7080시대에 등사기로 잉크를 등사하여 종이 위에 잉크가 스며들게 인쇄물을 찍어내는 방식과 유사하답니다.

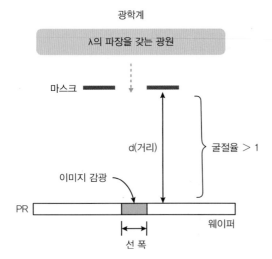

그림 18-6 포토-리소그래피의 세부

■ 리식 방식

리소(Litho)와 마찬가지로 리식(Lithic)도 일종의 석판 혹은 판데기를 의미하는데, 포토에서는 기판, 즉 실리콘 웨이퍼를 말합니다. 일반적인 포토 공정은 모노리식(Monolithic) 방식으로 진행하고, 멀티리식(Multilithic)으로는 TSV가 있습니다. 모노리식이란 1개의 기판만 사용하여 그 위에 여러 층을 쌓아 올린 것이고, 멀티리식은 리식이 여러 개(멀티)이므로 회로가 인쇄된 다이를 여러 개 쌓아 연결하는 방식입니다. 모노리식은 2010년 이후에는 3D로 발전했는데, 2D-모노리식은 웨이퍼 회로면에 1개 셀 레벨만 형성하고, 3D-모노리식은 셀을 Z축 방향으로 여러 레벨을 쌓으므로 셀-스테킹(Cell-Stacking) 방식이 되겠습니다.

■ 모노리식 방식

모노리식(Monolithic) 공정을 일괄공정이라 하는데, 이는 1개의 기판 위에 소자 영역(FEOL)과 배선 영역(BEOL)의 모든 공정을 순서적으로 진행하여 제품을 완료시키는 일련의 팹 공정 프로세스입니다. 모노리식에서의 연결은 1개 기판 위에 여러 박막이 증착되어 있습니다(238단인 경우, 박막을 최소 238개 층으로 증착합니다). 각 층들을 아래위 또는 평면 상에서 좌우로 연결하기 위해서는 홀(Hole), 비아(Via), 콘택(Contact) 등 절연막이 식각된 공간(Gap)에 증착 방식, 다마신(상감) 방식, 전기도금 방식 혹은 스핀 방식 등으로 갭필(Gap-fill)을 하여 필요한 물질을 채우지요. 반면, 멀티리식 방식의 TSV는 기판에 구멍을 뚫어서 아래위로 고층 아파트 내의 수도관처럼 연결해야 합니다. 따라서 모노리식 방식은 공정이 복잡해져 증착-포토-식각 공정이 층마다 반복적으로 이뤄집니다. 이런 방식을 가능하게 한 포토 공정은 세부적으로는 PR 코팅 → 노광(감광) → 현상이 핵심 절차인데, 이런 절차는 넓은 범위의 반도체 제조 공정인 증착 → 포토 → 식각을 진행하는 공정과 닮아 있습니다.

노광 혹은 감광은 외부적 형태 변화를 일으키기 위한 준비 단계라고 할 수 있습니다. 감광이 어떻게 되느냐에 따라 팹 제조의 성패가 갈리기 때문에 팹 공정 중에서는 노광이 가장 중요합니다.

> **Tip** 2022년 8월 기준, SK하이닉스가 238단 4D 낸드를 개발했다고 발표했습니다. 이는 모노리식 방식으로 낸드 셀을 238단 쌓아 올린 것이지요. 4D란 메모리 셀 영역은 3D이지만 셀 영역 하부에 비메모리 영역(Peripheral[3])을 두어 추가적으로 다이의 총 면적을 줄였다는 의미입니다.

18.4 포토마스크

레티클(Reticle)이라고도 하는 포토마스크(Photo Mask)는 반도체 설계 패턴인 집적회로를 크롬선으로 그려 넣은 쿼즈(Quartz)라는 석영판입니다. 마스크를 빛에 노출시키면 크롬선이 UV를 흡수하게 되어, 크롬(Cr) 부위는 UV가 통과하지 못하고 크롬(Chrome)이 칠해지지 않은 부분에 닿은 UV만 석영판을 투사하여 웨이퍼 표면에 도달하게 되는 미세 사진술이지요. 보통 1개 제품을 공정 진행하는데 초창기(킬로비트 단위)에는 서로 다른 마스크 10개 정도를 사용했지만, 제품이 고도화(메가비트 단위)되면서 25~35개 정도의 레티클이 필요해졌고, 기가비트 단위에서는 35~45개 정도의 (회로면이) 서로 다르게 디자인된 레티클이 적용되고 있습니다. 레이어별 1~3개 정도 레티클이 준비되는데, 제품이 테라비트에 가까워질수록 레티클 개수가 더욱 많이 필요하여 1개 제품당 45개 이상까지 투입되기도 합니다. 레티클 개수가 늘어난다는 것은 그만큼 패턴으로 만들어야 할 레이어(막 혹은 층)와 레이어당 레티클 개수가 많아진다는 것이고 1개 패턴을 형성하는데, 증착 → 포토 → 식각 → 세정 + CMP 공정을 거쳐야 하므로 전체 공정은 기하급수적으로 늘어나 제품 원가의 상승 원인이 됩니다. 그러므로 여러 가지 수단과 방법을 총동원하여 레티클 개수를 줄이는 공정통합(Process Integration) 작업을 하게 됩니다.

■ 마스크와 레티클의 차이

마스크와 레티클은 보통 구분하지 않고 혼용해서 사용하지만 군이 차이를 비교하자면, 마스크는 노후된 기술에서 적용하고 레티클은 진보된 기술인 스테퍼용 노광기부터 적용하는 마스크의 일종입니다. 노광 방식의 초기인 접촉 혹은 근거리 샷을 사용할 때는 웨이퍼 사이즈와 동일 직경으로 마스크를 만들어서 마스크의 회로 패턴(이미지) 크기가 1 대 1배로 동일하게 웨이퍼 표면에 닿게 했습니다. 반면, 레티클은 프로젝션(Projection) 방식에 사용되고, 회로 패턴(이미지)이 1 대 1/N배로 작아져 웨이퍼 표면에 투영되지요. 따라서 레티클을 사용하는 노광은 마스크보다 웨이퍼 위에 N배나 많은 다이의 이미지를 넣을 수 있습니다. 그래서 레티클을 적용하는 방식으로는 스테퍼(Stepper) 혹은 스캐너(Scanner)로 투사시킬 수 있게 됩니다. 이때 웨이퍼 표면에 이미지를 한가득 찍으려면 레티클을 여러 번 이동(혹은 반복)해 가면서 투사합니다.

---

3 **페리페럴** : 주변 영역으로 메모리 셀을 관리하는 기능

직경이 12인치(300mm)인 웨이퍼가 한반도 전체 면적이라면, 최근 웨이퍼 상의 회로 패턴 폭인 1x[nm]급은 배구공 직경 정도의 비율이라고 볼 수 있습니다. 테크놀로지가 축소(Shrinkage)될수록 회로의 패턴 폭이 줄어들고, 줄어든 만큼 거리(CD)가 단축된 마스크의 슬릿(Slit)으로 빛(파)을 통과시켜야 하므로 그에 따라 빛(노광)의 파장도 줄어들어야 하죠. 혹은 새로 개발된 광원의 파장이 짧아지기 때문에 제반 장치 여건이 그에 따라 변경되기도 하고, 반대로 장비의 성능이 좋아지면 파장을 줄일 수 있게 되어, 파장과 장비는 서로 물리고 물린 연결고리입니다. 현재까지 파장을 줄이고 줄여 극초단파장 EUV를 성공적으로 접목시키고, DPT(Dual Patterning Technology), QPT, OPT 등 일부 팹 공정상의 기법들을 발전시킴으로써 포기될 수도 있었던 리소그래피 방식이 어느 정도 롱런하고 있습니다. 리소그래피의 정밀도는 광소스에서 발생하는 파의 길이(파장)를 얼마나 짧게 줄이느냐가 핵심이지요. 이렇게 파장이 짧아질수록 해상도는 (값은 비례하여 적어져서) 향상되고, 초점심도는 (값이 비례하여 적어져서) 악화됩니다.

Tip PT(Patterning Technology)는 패턴을 구현하는 방식을 말합니다.[4]

그림 18-7 웨이퍼 크기와 도선 폭인 1x[nm]의 크기 비교

■ 투사 파장 vs 해상도 및 초점심도의 변화

최근에 주로 사용하는 파장은 가시광선의 1/100 정도 되는 파장으로 극자외선인 Deep UV(Ultra Violet) 파장(극초단파장인 EUV의 전단계)을 사용하는데, 문제는 사용 가능한 파장이 한계에 다다랐다는 것입니다. 파장을 줄이기 위해 g-Line(1975년) → i-Line(1985년) → KrF(1995년) → ArF(2005년) → EUV(Extreme UV, 2015년) → e-Beam → Soft X-ray → Hard X-ray 등으로 광원이 발전되면서, 패터닝을 위한 빛의 파장은 최근 10년 기간 동안에 약 1/10(ArF 193nm vs EUV 13.5nm)로 짧아졌지요.

---

4 6.7절 '패터닝의 기술적 전개' 참조

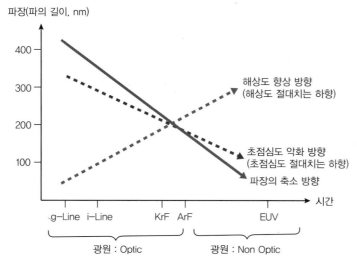

그림 18-8 파장 vs 해상도 및 초점심도의 관계

> **Tip** 광학(Optical) 범위는 가시광선뿐 아니라 자외선까지 포함하는 영역으로써 광학기기인 램프나 혹은 램프에서 나온 파를 증폭한 레이저파 등이 해당됩니다. 비광학(Non-Optical) 범위는 광학기기(램프) 이외의 기기로 만든 것으로 전자빔, 엑스레이파 혹은 레이저를 이용하여 만든 플라즈마파 등 다른 모든 형태의 파(Wave)를 의미하지요.

해상도는 형체를 분해할 수 있는 능력(분해능, Resolution)으로써 얼마나 작은 크기까지 감지할 수 있느냐의 척도이고, 초점심도(DoF, Depth of Focus)는 초점을 맞출 수 있는 유효한 거리(상하로 움직이는 거리)를 의미하지요. 즉 해상도는 값이 작아야 좋고, DoF는 값이 커야 유리합니다.

파장은 g-Line에서 EUV로 갈수록 짧아지는데, 파장과 해상도 값은 비례하므로 해상도는 숫자가 작을수록 형체를 분해할 수 있는 능력이 뛰어나게 됩니다. 그러나 DoF 성능은 파장과 반비례하여, DoF는 해상도와 반대로 파장이 짧아질수록 초점을 맞추기가 어려워지지요. 파장이 짧아지면 동시에 공정상수도 변수가 복잡하게 발생하므로, 전체적으로 볼 때 파장이 짧아진다고 (다른 변수도 감안해야 하기 때문에) 해상도가 마냥 향상되는 방향으로만 흐르는 것은 아닙니다. 회로 패턴 폭이 줄어들면 파장, 개구수(NA), 공정상수(k1, k2)뿐만 아니라, (이런 요인들로 인해) 실체적인 마스크의 제작 난이도가 올라가고, PR막의 감광 형상(이미지)도 구현하기 어려워지죠.[5]

18.6 포토마스크(레티클) 생성

포토마스크를 만드는 마스크 공정은 반도체를 제조하는 포토 공정과 유사합니다. 그러나 마스크 공정은 마스크가 없는 리소레스 공정이지만, 반도체의 포토 공정에서 마스크를 사용합니다. 일반적으로 마스크(레티클)라고 부르는 석영판은 실리카를 용융시켜 굳힌 경도가 매우 높고 투명한 판으로

---

5 20.4절 '해상도와 초점심도' 참조

빛 투과용으로 사용하는 기판입니다. 레티클을 만드는 것은 인쇄기판 혹은 등사 필름을 준비하는 일이지요. 웨이퍼 표면에 상을 맺히게 하는 일반적인 노광은 빛과 레티클 및 웨이퍼(기판) 3박자가 준비되어야 하고, 레티클은 석영판과 E-빔을 이용(2박자)하여 완성시킵니다.

레티클을 만드는 순서는 먼저 회로가 새겨지지 않은 블랭크(Blank) 기판인 쿼즈(Quartz, 석영판) 위에 크롬(반도체 제조상의 포토 공정으로 표현하자면 웨이퍼 표면에 PR막 혹은 절연막을 형성하는 것과 유사한 형태) 혹은 산화철을 바릅니다. 크롬은 나중에 빛을 차단하는 용도(반도체 제조의 포토 공정에서 노광 시 PR이 빛을 차단)로 사용되기 때문에 매우 불투명한 차광막이라고도 합니다. 크롬 위로는 포토 공정과 동일하게 레티클용-PR을 덧칠하면 모든 준비가 완료됩니다. 그 다음부터는 포토 공정의 빛 대신 E-빔을 세밀하게 쏘아서(Writing, 노광과 동일) 회로 패턴을 그립니다. E-빔 Writing을 마치고는 PEB(Post Exposure Bake) → PR 현상 → 크롬 식각 → PR 에싱(Ashing)을 마치면 포토마스크(레티클)가 완성됩니다.

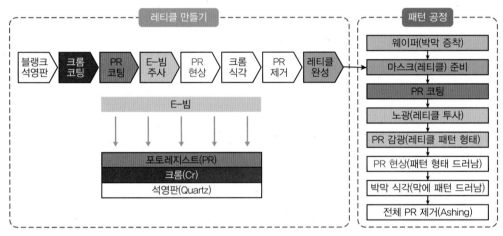

그림 18-9 포토마스크(레티클) 생성 순서 vs 패턴 공정

18.7 구조의 변화 방향

■ 2D 방향의 선 폭 미세화

테크놀로지가 발전한다는 것은 용량이 증가하고 다이 개수가 늘어난다는 측면에서는 긍정적입니다. 선 폭 미세화로 저전압 구동에 의한 소비전력 감소 및 TR이 들어 앉을 자리인 액티브 영역(Active Area) 내에서의 저항치 감소로 속도 향상은 긍정적인 측면이지요. 하지만 크기(Scale)가 줄어들수록 채널길이가 줄어듦에 따라 구조(Structure)상 신뢰성과 간섭에 의한 스트레스, 문턱전압이하 전류(Subthreshold Current), 단채널 효과, BEOL 영역에서의 저항 증가(금속배선 저항, 금속-실리콘 경계면 저항) 등 성능에서도 부정적인 영향을 끼칩니다.

▪ 2D vs 3D 구조

지금까지 성능 향상을 위한 노력은 꾸준히 이뤄졌지만, 구조의 스케일 다운(Scale-down) 효과에 의해 그 의미가 감소된 성능 항목들이 있어 왔습니다. 이에 따라 성능 향상과 스케일 다운 두 가지 모두를 충족시키기 위해 낸드 메모리에서는 셀(Cell)을 적층(Stacking)하여 TR 전체 형태가 2D 구조(Planar Type)에서 3D 구조(Vertical 낸드 등)로 방향이 선회됐죠. 비메모리(디램 메모리도 비메모리를 뒤따라가고 있음)의 경우는 주로 게이트의 형태를 바꾸는데, FinFET(Fin FET : 평면-게이트 구조를 입체-게이트로) 구조로 발전되었고, Fin-FET이 더 나아가 GAA-FET → MBC-FET(Nano-Sheet) 타입의 새로운 모양으로 발전하게 됩니다.[6] 이런 다채로운 형태와 구조가 가능하게 하는 밑바탕에는 포토 공정의 리소그래피의 역할이 제일 크고 중요하지요.

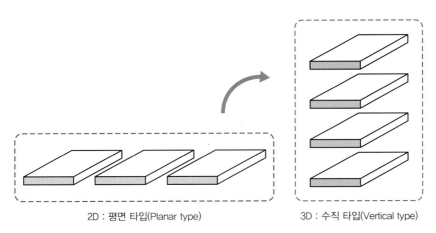

2D : 평면 타입(Planar type)   3D : 수직 타입(Vertical type)

그림 18-10 2D vs 3D 타입의 비교
여기서의 층(Layer)은 TR 혹은 게이트 구조가 될 수도 있고, 혹은 기존 구조와는 다른 새로운 구조가 될 수 있습니다. 리소그래피와 공정 기술의 발전으로 2D에서 3D 개념으로 발상의 전환이 가능하게 합니다.

▪ 게이트 단자의 구조 변화

기존의 2D에서는 셀(혹은 게이트)을 수평축 방향으로 늘어놓았다면, 3D는 수직축 방향으로 게이트를 쌓습니다(Gate Stacking). 즉 3D 구조는 셀이나 게이트 단자의 구조 자체를 Z축 방향으로 늘리거나, 이를 좀 더 다양한 모양으로 변형시키는 것을 의미합니다. 스케일 다운은 2D 방향이므로 3D를 적용하면 스케일 다운(소스 단자와 드레인 단자 사이의 거리를 좁히기)을 좀 천천히 할 수 있는 테크놀로지 측면으로 여유가 발생되어, 리소그래피 타입을 일정 기간 계속 사용할 수 있도록 3D 개념이 디딤돌 역할을 하고 있는 셈입니다. 그렇지만 그동안 화려하게 사용되었던 리소그래피 방식이 변형되거나 사라지고 새로운 방식이 적용될 시기가 점점 다가오고 있습니다.

---

6 GAA-낸드와 GAA-FET은 개념과 구조에서 상이함. 일반적으로 GAA는 GAA-FET를 의미함

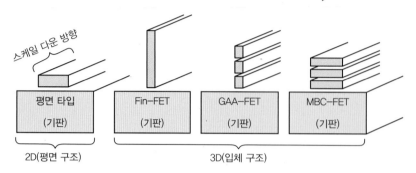

그림 18-11 게이트 단자 형태의 Z축 방향 변천

게이트 단면도 : 2D 평면 구조에서 3D 입체적 구조로 변천(소스 단자는 활자된 종이면 앞쪽에, 드레인 단자는 활자면 뒤쪽에 위치함)

18.8 차세대 포토그래피 기술, 포토-리소레스그래피

차세대 포토그래피 기술은 크게 마스크를 사용하는 방식(With 마스크)과 마스크를 사용하지 않는 방식(Without 마스크)으로 정리됩니다. 포토그래피 기술은 공정 기술과 접목하여 진일보하고 있지만 광분해능의 한계에 부딪치고 있습니다. 따라서 이를 돌파하기 위해 마스크레스 방식이 도입되고 있지요. 마스크를 사용하는 리소그래피 방식은 향후 마스크를 사용하지 않는 리소레스그래피 방식에 점점 밀리게 될 것입니다.

■ With 마스크 방식

마스크를 사용하여 발전된 포토-리소그래피 공정은 EUVL(EUV Lithography)와 NIL(Nano Imprint Lithography)로 나눌 수 있습니다. EUVL은 에너지가 매우 높은 EUV 파장을 적용한 좀 새로운 리소그래피 방식이고, NIL은 웨이퍼 상에 코팅한 PR(Photo Resist) 위에 나노 패턴을 도장(스탬프) 형식으로 찍어내는 방식을 말합니다(스탬프가 마스크 역할). 이는 EUV 장비보다 경제적이지만 패턴을 여러 가지 유형으로 변형하는 능력이 EUV 리소그래피 방식에 비해 떨어지고, PR과의 접촉 방식으로 오염 등의 문제점이 발생할 수 있습니다(초창기 접촉-노광 방식도 유사한 문제가 발생되어 얼마 후 사용하지 못하게 되었습니다). NIL의 스탬프는 리소에 속하지만, NIL 자체는 리소와 리소레스의 중간 형태라고도 볼 수 있습니다.

■ Without 마스크 방식

포토 공정 시 마스크를 사용하지 않는 포토-마스크레스그래피 혹은 포토-리소레스그래피 방식에는 DSA(Directed Self-Assembly)와 플라즈모닉 레이저 응용 방식 등이 해당되는데요. DSA는 패턴을 화학적으로 형성하여 활용하는데, 공정수를 다수 줄여 원가 절감에 유리하지만 활용 기술적으로는 NIL보다는 뒤쳐집니다. 레이저를 이용한 방식은 마스크 위에서 레이저를 투과시키는 레이저–마스크–리소그래피 방식에서 좀 더 발전한 것으로, 마스크가 없는 플라즈모닉 레이저로 패턴을 만드는 방식(플라즈모닉–레이저–나노그래피)입니다. 이는 공명 현상을 이용한 방식으로 회로 패턴을 자유자재로 변경할 수는 있지만, 아직 분해능이 EUV 리소그래피에 미치지 못하고 속도가 느리다는 단점이 있습니다. 해상도(Resolution) 이슈를 해결한다면 앞으로 사용될 노광 방식으로는 플라즈모닉 레이저 나노–리소레스그래피 방식이 현재로서는 가장 유력하다고 볼 수 있습니다.

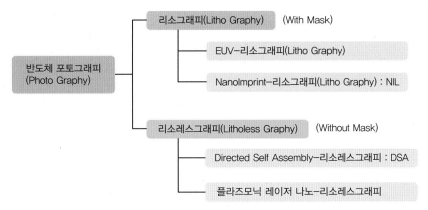

그림 18-12 차세대 포토-그래피의 종류

• SUMMARY •

포토 공정의 핵심은 정확한 회로 패턴을 형성하는 것입니다. 하지만 파(波)의 회절 현상으로 인해 30nm 이하의 회로 선 폭을 구현하는 데 한계를 겪었죠. 이를 극복하기 위해 여러 가지 방안이 도출되었고, 성공 여부에 따라서 반도체 장비를 만드는 기업들의 생사가 갈리기도 했습니다. 리소그래피 방식은 EUV 방식이 접목되면서 파의 분해능 한계인 30nm을 뛰어넘어 13.5nm의 파장을 구현했고, 패턴 구현의 공정 방식인 멀티 패터닝과 스페이서 패터닝 기술이 EUV와 접목되면서 10nm 미만의 회로 선 폭이 가능하게 되었습니다. 따라서 포토 방식은 크게 보면, ArF–이머전(Immersion)–20nm–멀티 패터닝에서 EUV–x[nm]–멀티 패터닝으로 진화하고 있으며, 병행으로 NO-Mask 포토 공정이 미래 대안으로 부상하고 있습니다. 아직까지는 마스크를 사용하는 리소그래피 방식이 마스크를 사용하지 않는 리소레스그래피 방식에 비해 광분해능이 월등히 높기 때문에 더 많이 쓰이고 있습니다. 차세대 기술들과 리소그래피 방식이 결합되고, 또 병행으로 사용되면서 x[nm]인 꿈의 선 폭이 웨이퍼 위에 화려하게 회로를 그려 나갈 것입니다.

포토-리소그래피 편

01 웨이퍼 상에 기하학적 회로를 미세화 패턴으로 구현하기 위해서는 구조 축소에 비례하여 파장이 짧아져야 한다. 그림에 들어갈 파장 중 긴 파장에서 짧은 파장 순으로 나열된 것을 고르시오.

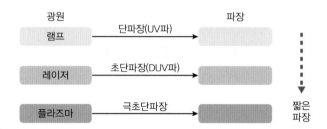

① g–Line > i–Line > EUV > KrF > ArF

② KrF > ArF > g–Line > i–Line > EUV

③ g–Line > i–Line > KrF > ArF > EUV

④ i–Line > g–Line > ArF > KrF > EUV

⑤ EUV > ArF > KrF > i–Line > g–Line

02 〈보기〉는 포토-리소그래피에 대한 설명이다. 옳은 것을 모두 고르시오.

> **보 기**
>
> (가) 레티클 마스크를 사용하면 이미지가 1 대 N배로 작아져 웨이퍼 표면에 투영된다.
>
> (나) 스테퍼(Stepper) 혹은 스캐너(Scanner)는 현상 방식을 구분하는 장치이다.
>
> (다) 단채널 효과(부작용)와 문턱전압이하(Subthreshold) 전류는 선 폭 미세화로 나타나는 단점이다.
>
> (라) 미세화 패터닝으로는 멀티 패터닝(Multi Patterning)과 스페이서(Spacer) 패터닝이 있다.
>
> (마) FinFET → GAA-FET → MBC-FET은 드레인 단자의 형태가 변천되는 과정이다.

① 가, 나, 다   ② 가, 다, 라   ③ 나, 다, 라

④ 나, 라, 마   ⑤ 다, 라, 마

03 그래프는 포토마스크를 이용하는 리소그래피 방식에서 노광 시 관련되는 핵심 요소들의 상호 연관 관계를 나타낸 트렌드이다. 광원에서 투사되는 파장의 축소방향 대비 A와 B의 관계가 알맞게 연결된 것을 고르시오.

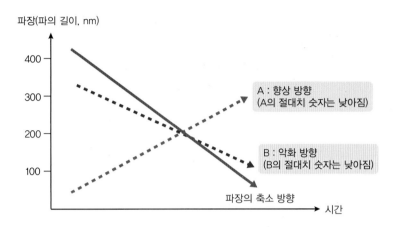

	A	B
①	초점심도	해상도
②	해상도	얼라인먼트
③	오버레이	초점심도
④	해상도	초점심도
⑤	해상도	오버레이

04 그림은 차세대 포토그래피의 4가지 기술을 나타낸다. 이 기술들은 마스크를 사용하는 리소그래피와 마스크를 사용하지 않는 리소레스그래피로 나뉜다. 〈보기〉에서 알맞게 연결된 것을 모두 고르시오.

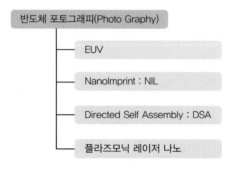

반도체 포토그래피(Photo Graphy)
- EUV
- NanoImprint : NIL
- Directed Self Assembly : DSA
- 플라즈모닉 레이저 나노

보 기

(가) EUV(Extrem UV) – 리소그래피

(나) NIL – 리소레스그래피

(다) DSA – 리소그래피

(라) 플라즈모닉 레이저 나노 – 리소레스그래피

① 가, 나   ② 가, 다   ③ 가, 라

④ 나, 다   ⑤ 나, 라

정답 01 ③ 02 ② 03 ④ 04 ③

CHAPTER 19

포토 공정 : 감광액(PR) 도포하기

포토의 5가지 공정인 감광액(PR, Photo Resist) 도포 → 노광(Exposure) → 현상(Developing) → 검사(Inspection) → 재작업(불량 발생 시) 중 포토 공정의 시작은 접착제(HMDS)를 바르고 감광액(PR)의 도포에서부터 시작합니다. 감광액의 타입이 결정되면 재질, 리소그래피 방식, 해상도, 포토 공정시간 등 중요한 항목들이 종속됩니다. 그에 따라 HMDS 재질, 마스크 패턴, 마스크 개수, 현상액 재질 등을 맞춤형으로 준비해야 합니다. 포토 공정 중 PR 코팅 전에 HMDS를 입히는 이유는 무엇일까요? PR 두께 편차가 심하게 나타나면 어떤 문제점이 연이어 발생할까요?

19.1 웨이퍼 준비하기

■ 자연산화막 및 오염물질 제거

웨이퍼 제조업체에서 반도체 제조업체로 웨이퍼가 넘어오면, 일반적으로 웨이퍼 표면에 자연적으로 산화막이 형성되어 있습니다. 자연산화막은 팹 공정 진행 중에도 웨이퍼 표면에 덮일 수 있는데, 어떠한 경우라도 모두 제거해야 합니다. 오염물질 및 산화막 제거는 아세톤 → 메탄올 → 황산(H_2SO_4) → 불산(HF) → 초순수(DI Water) → 건조(Dry) 등의 여러 단계를 거쳐서 진행됩니다. 세정이라고도 할 수 있는 일종의 습식식각은 최종적으로 HF를 사용하여 진행됩니다. 산화막 표면은 친수성[1]이라 물기가 밀접하게 달라붙지만, HF로 세정(산화막 제거)이 잘 되었다면 표면이 소수성[2]으로 바뀌어 물기가 표면-오프 상태로 됩니다.

■ 막 형성

웨이퍼의 표면 상태가 다음 공정을 위해 준비되었으면 포토의 목적은 회로 패턴을 만드는 것이므로, 먼저 웨이퍼 표면에 마스크의 회로 형상(Image)을 받을 수 있도록 막(Layer)을 준비시킵니다. 막은 산화나 증착을 거쳐서 형성합니다. 웨이퍼 표면 바로 위로 1차 막으로 질화막을 이용할 수도 있지만, 절연특성이 산화막보다 약하여 일반적으로는 산화막(SiO_2, HfO_2, ZrO_2)을 증착시키지요.

---

1 **친수성** : 표면이 H_2O와 밀접하게 접촉하여 웨이퍼 표면과 물의 표면 사이의 접촉각이 45° 이내임

2 **소수성** : 표면이 H_2O를 배척하여 접촉각이 보통 90°~180°임

산화막 형성 후, 쌓는 증착막은 물리적/화학적 방법(PVD/CVD/ALD)을 사용하여 필요에 따라 증착막 단독으로 한 층만 쌓기도 하고 산화막 위에 이중(게이드 옥사이드 + 게이트층)으로 만들기도 합니다. 막을 형성한 후에는 막 표면에 있을지도 모를 오염물질을 없애고, 낮은 온도로 데워(Baking) 물기를 말끔히 건조시킵니다. 웨이퍼 표면에 얇게 코팅할 감광제[3]는 기름 성분이기 때문에 물기가 웨이퍼 표면에 있으면 HMDS를 칠했어도 감광제와 웨이퍼의 친화력이 떨어집니다.[4]

Tip PR(Photo Resist)은 베이크 전에는 액체로 감광액이고, 베이크 후에는 액체가 굳어 고체화되어서 감광제(감광막)가 되지만, 구분 없이 사용합니다.

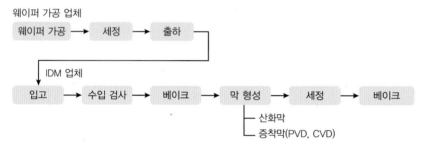

그림 19-1 포토 공정을 위한 웨이퍼(막) 준비

19.2 HMDS(접착제) 애벌 칠하기

■ HMDS 도포

웨이퍼 위에 회로 패턴을 형성시키려면 빛(UV파)을 사용해야 하므로, 막(산화 혹은 증착) 위에 빛과 반응하는 PR을 코팅합니다. 그러나 PR은 기름이 섞인 소수성이고 웨이퍼 표면은 소수성이지만 쉬운 산화 작용으로 인해 보통 친수성이 되기 쉽기 때문에, PR이 막의 표면에 잘 달라붙지 않습니다. 따라서 표면에 접착제인 HMDS(Hexa-Methyl-Di-Silazane)을 미리 얇게 애벌칠하여 소수성으로 바꿔주면, 웨이퍼 표면이 산화되지 않고 PR과 같은 소수성 성질을 갖게 되지요.

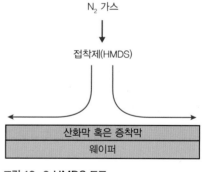

그림 19-2 HMDS 도포

HMDS를 도포하는 방식은 여러 가지인데요. 스프레이 식으로 뿌리던가 증기(Vapor) 형태로 웨이퍼 표면에 달라붙게 합니다(애벌 칠, Vapor Prime). 증기를 흡착시킬 때는 N_2 가스를 이용하는데, 밀폐된 좁은 공간으로 먼저 HMDS를 밀어 넣고 N_2를 일정한 압력으로 불어넣어 강제로 HMDS가

---

[3] 감광액 혹은 감광제는 빛에 감염된다는 의미이고, Photo Resist는 빛을 막아선다는 뜻이지만, 동일한 물질임

[4] 11장 '산화막' 참조

막 위에 얇게 퍼지게 합니다. 그 후 베이크를 하면 HMDS 입자가 웨이퍼 표면에 밀접하게 달라붙게 되고, PR은 HMDS에 쉽게 접착되므로 결국 PR이 웨이퍼 표면(소수성인 HMDS막)에 달라붙게 됩니다. 즉 공정 순서로 보면 막에 HMDS를 애벌로 칠한 후 그 위에 PR을 입힙니다.

■ BARC 기능과 역할

HMDS 대신 HMDS 성분과 빛 반사를 방지하는 성분이 함께 포함된 BARC(Bottom Anti-Reflective Coat) 용액을 코팅하면, BARC 위에 도포된 PR막을 투과하여 내려온 빛이 PR막과 실리콘(혹은 증착막)의 경계면에서 반사되어 다시 위로 되돌아오는 반사파 혹은 산란파를 억제하여 줍니다. 이는 정재파(Standing Wave, 노광 시 감광 영역과 비감광 영역 사이에 수직으로 발생하는 파의 굴곡 혹은 결) 혹은 파의 노칭(Notching)[5] 현상을 방지해줍니다. 정재파나 노칭은 수평측면으로 볼 때 파의 진폭만큼 오차가 발생하는 것이므로 선 폭을 줄이는 데 제약요인이 됩니다. 이머전(Immersion) 노광 시에는 TARC(Top Anti-Reflective Coat)를 PR막의 상단에 사용하지요. 이는 BARC 기능에 물의 침투를 막는 기능도 추가되어 있습니다.

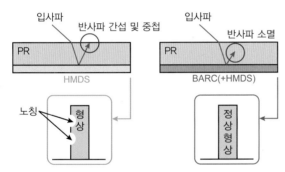

그림 19-3 BARC 기능 : 반사파 소멸로 노칭 현상 없음

19.3 PR 종류와 구성

■ PR 종류

PR(감광제)은 빛이 닿으면 재질의 상태가 변하는 성질을 이용하여 포토 공정에 활용합니다. 이는 현상 시에 제거되는 타입별로 양성(Positive) PR과 음성(Negative) PR로 나뉩니다. 노광 시에 마스크의 애퍼처(Aperture, 뚫린 부분) 공간으로 빛이 내려와 웨이퍼 표면에 닿아 PR의 감광된 조직이 붕괴(분자 결합력 약화)되어 현상 시에 제거되는 경우는 양성 PR이 되고, 반대로 빛을 받은 부분의 조직이 오히려 굳건해져서(Cross Linking으로 분자 결합력 강화) 현상 시에 빛이 닿지 않는 부분이 제거되고 빛을 받은 부분이 남게 되는 PR을 음성이라고 합니다.

---

5 **노칭** : 정상적인 패턴을 깎아내는 현상으로, 마치 조각된 기둥에 움푹 파인 보이드(Void)들이 듬성듬성 퍼져 있는 모습을 드러냄

■ PR 구성

PR(감광액)은 고분자가 결합된 물질로써 ❶ PAC, ❷ 수지(레진, Resin), ❸ 솔벤트(Solvent)로 이루어져 있습니다(PR의 구성 성분은 빛의 파장에 따라 약간씩 상이합니다).

❶ 양성 PR이 일정한 파장의 빛를 받으면 광반응을 하여 PAC가 활성화됩니다. 이는 빛에너지를 이용하여 화학적 구조를 변화시키는데, 폴리머 분자 간의 결합이 쉽게 풀어지도록 하여, 수광 부위가 비노출 부위보다 결합력이 약화되는 효과가 있습니다. 반면, 음성 PR은 PAC가 빛에너지를 활용하여 폴리머 분자 간의 결속을 더욱 튼튼히 하기 때문에, 수광(受光) 부분이 비노출 부위보다 더욱 굳건해지지요. 결속이 약해지면 약해진 부분(수광 부위)이 현상(Developing)액에 쉽게 용해됩니다. 반대이면 수광 부위의 용해도가 낮아져 현상 시에 오래 버티므로 음성 PR을 감광 시에는 감광이 안된 부위를 제거해야 합니다. ❷ 레진은 고분자 폴리머(Polymer)로 구성되어 있는데 PR의 메인 물질이지요. 레진이 함유되어 있어서 PR의 점도가 비교적 높으므로, 스핀 코팅 시에 PR이 웨이퍼에서 흘러내리지 않을 정도로 유지되도록 솔벤트로 PR의 점도를 떨어뜨려 조절합니다. ❸ 따라서 웨이퍼의 회전속도 RPM과 솔벤트의 양은 PR의 두께(높이) 조절에 매우 민감하게 반응하지요. 또한 PR을 감광시키는 파장에 따라 맞춤형 PR 재질을 적용해야 합니다. 특히 EUV용 PR은 높은 에너지에도 견딜 수 있는 고도의 테크닉(Technique) PR이 요구되지요.

Tip PR 결합력 순위는 양성 PR 감광 부위 < 비노출 부위 < 음성 PR 감광 부위입니다.

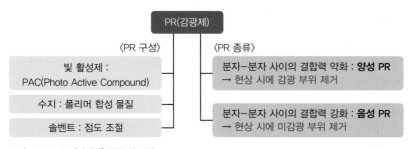

그림 19-4 PR(감광제) 종류 및 구성

■ 패턴 선명도

마스크 애퍼처(Aperture)를 빠져나온 빛은 회절과 간섭을 진행하면서 20여 개의 렌즈로 걸러지고 보정됩니다. PR 표면에 도착하는 패턴은 PR 내부로 들어가면서 파장에너지가 줄어들어 직경은 축소됩니다. 결국 감광된 부위는 깔때기 모양의 역피라미드 형체로써, 양성 PR은 이 부분이 현상되어 잔존 PR은 피라미드 모양이 되고, 음성 PR은 거꾸로 역피라미드 모양만 남지요. 양성 PR은 목표 CD 대비 양호하게 패턴이 남고, 음성 PR은 목표 대비 최종 패턴 CD가 부풀려서(Swelling 현상) 형성됩니다. 결국 현상 후 PR 표면에는 음성 PR의 잔존 패턴이 양성 PR 패턴보다 더 크게 되어 선명도가 떨어진 결과를 초래합니다. 따라서 미세 패턴을 적용하려면 양성 PR을 사용해야 합니다.

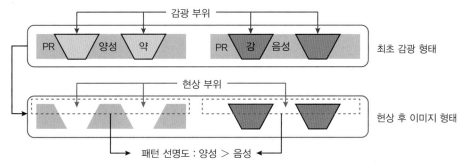

그림 19-5 PR의 종류에 따른 현상 부위와 패턴 선명도

■ 양성 PR vs 음성 PR의 장단점

양성 PR를 사용하면 해상도가 좋아져서 패턴이 선명하게 되는 반면, 밑에 산화막이 있을 경우 접착력이 떨어지는 단점이 있습니다. 반대로 음성 PR은 해상도가 저하되는 반면, 양성 PR에 비해 산소와 결합력이 높아서 하부층을 형성한 산화막과 접착이 잘 되고 속도가 빠르다는 장점이 있습니다. 대부분의 공정에서는 해상도 때문에 양성 PR을 사용하고, 구조상 등의 이유로 특별한 경우 일부 공정에서는 음성 PR을 사용합니다.

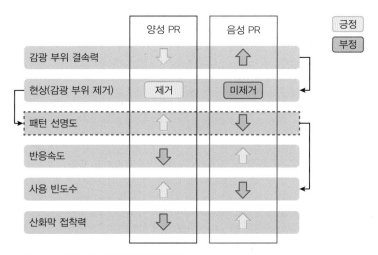

그림 19-6 양성 PR과 음성 PR의 장단점

19.4 감광제의 두께 조절

웨이퍼 표면에 HMDS를 살포하지 않으면 PR의 표면장력에 의해 PR이 뭉치는 현상(접촉각이 90° 이상)이 발생되고, HMDS를 흡착시키면 PR이 웨이퍼 표면에 골고루 펴지게 됩니다. 회로 패턴을 형성할 때는 포토 공정에서 가장 중요한 요소인 빛(파)의 반사, 굴절, 회절하는 성질들을 이용하지요. 레티클을 통과할 때는 빛이 회절하며 진행되고, PR에 닿을 때는 일부 빛이 PR 표면에서 반사되기도

합니다. 하지만 대부분 PR 속으로 굴절되어 들어가면서 연이어 PR 속에서 굴절과 반사되어 이미지가 맺히게 되므로 PR의 두께가 적절히 조절되어야 합니다.

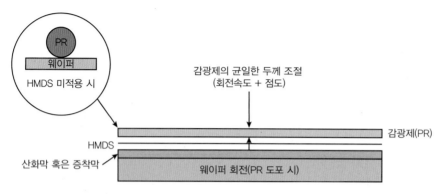

그림 19-7 감광제의 두께 조절

■ 감광제 두께에 따른 문제점과 조정

빛에 의한 감광 깊이는 비교적 일률적으로 결정되기 때문에(PR 재질에 따라서도 변함), PR 두께가 두꺼우면 PR 하부까지 감광이 충분히 되지 않는 문제가 발생됩니다. 미감광 부위(혹은 감광이 부족한 부분)는 현상이 미비하게 되고, 뒤이어 진행되는 식각 시에도 PR에 막혀 식각이 이루어지지 않게 되므로, 다음 단계로 진행되는 이온주입 또한 PR이 남아있는 영역은 불가하게 됩니다. 혹은 PVD를 하여 금속선으로 연결해야 하는 경우는 끊어짐(Open)이란 치명적인 불량이 발생됩니다. 따라서 PR의 두께를 알맞게 조절하려면 PR이 잘 펴지지 않도록 하는 점성과 PR을 물리적으로 얇게 펴주는 웨이퍼의 회전속도 및 솔벤트 농도를 서로 맞춰야 합니다. 회전속도의 RPM은 보통 분당 1,000~5,000회 정도를 유지하면서, 식각 깊이를 고려한 PR 두께를 맞춥니다. 식각에서 1분당 PR막에 데미지를 줄 수 있는 깊이인 PR 식각율과 웨이퍼의 회전속도를 같이 검토하여 최종적으로 PR 두께를 0.5~2μm 사이에서 결정(EUV PR 두께 제외)합니다.

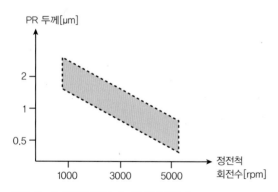

그림 19-8 회전척 회전수에 따른 감광제 두께
두께에 영향을 끼치는 PR 종류, PR 점성, 솔벤트 농도 등은 일정하다는 조건입니다.

19.5 감광제 코팅과 EBR

■ PR 코팅하기

웨이퍼가 빛에 노출되는 노광 공정을 제외한 전체 포토 공정은 트랙(Track) 장비에서 베이크, 코팅, 현상, 린스(약한 세정) 등을 진행합니다. PR은 일정 양을 웨이퍼 표면에 떨어뜨린 후, 빠른 속도로 웨이퍼를 회전시켜 PR이 웨이퍼 위에 얇게 펴지도록 합니다(Spin Coating). 회전속도를 높일수록 표면에 코팅되는 두께가 얇아지므로 RPM을 조절하여 빛이 적절히 감광되는 두께로 PR을 칠하지요. PR은 보통 웨이퍼 가운데와 가장자리(외곽)가 두껍게 입혀지지만, 되도록 일정한 두께로 전체 면이 균일하게 코팅되어야 감광되는 깊이가 동일해져서 포토 다음에 진행할 식각 불량이 줄어듭니다. 이 때 DoF가 클수록 PR 두께 차이를 보정할 수 있습니다.

■ 코팅 후 외곽 PR 제거, EBR

웨이퍼 상에 PR을 코팅하면 대부분의 영역에 있는 PR 두께는 거의 일정하지만, 중심부보다 두꺼워져 있는 외곽에 위치한 PR를 그대로 진행하면, 다음 공정에서 테두리(Bead) 부분이 떨어져 나가 이물질로 작용하므로 제거하는 것이 좋습니다. 또한 PR 용액이 웨이퍼 하부로도 번지므로 코팅하면서 동시에 웨이퍼 끝 부분을 제거(Removal)하는데, 이런 방식을 EBR(Edge Bead Removal)이라고 합니다. PR 코팅 공정을 진행하면서 웨이퍼 끝(Edge)의 아래위에서 신너(Thinner) 용액을 분사하면 웨이퍼 외곽의 위와 아래 부분의 PR이 제거됩니다. 신너를 사용할 때는 웨이퍼 뒷면의 오염도 막을 수 있습니다.

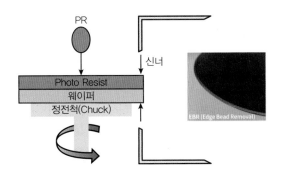

그림 19-9 PR 코팅과 EBR(완료된 웨이퍼)[33]

동진 세미콘의 신너는 EBR뿐만 아니라 RRC(Resist Reducing Coating) 공정에서 PR 사용량을 줄여줍니다.

19.6 PR 굽기(Soft Bake)

PR 코팅을 완료 후에는 트랙 장비 내에 있는 오븐에서 약한 온도 약 $100℃$ 정도로 웨이퍼를 적외선에 노출시켜 짧은 시간인 2~3분 동안 굽습니다. PR 코팅액 속에는 여러 가지 물질이 들어 있는데, 그중에 PR 용액의 점도를 조절하기 위해 섞어 준 솔벤트는 노광을 하기 전에는 웨이퍼를 적당한 온도로 베이크를 해서 솔벤트가 PR에서 빠져나가도록 해야 합니다. 그렇지 않으면 노광 시에 솔벤트의 영향으로 PR이 의도하지 않은 데미지를 받습니다. 동시에 베이크는 PR 용액을 어느 정도 굳게 하여 감광액이 웨이퍼에 잘 달라붙게 합니다. 또한 PR 내의 결속 구조를 튼튼하게 하여 현상 시에 패턴을 형성할 부분(양성 PR인 경우 미노출 부위)의 감광제가 손상되지 않게 하는 등 일거삼득의 효과가 있습니다.

 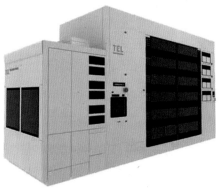

(a) Non-EUV 트랙 장비   (b) EUV PR용 트랙 장비

그림 19-10 트랙 장비(코터와 현상 전용)[34]

두 장비들은 파장에 맞추어 i-Line, KrF, ArF, EUV, 이머전 등 다양한 방식에 적용 가능한 트랙 장비입니다. (b)는 EUV용 PR을 가능한 두껍게 코팅하여 성능과 패터닝을 극대화할 수 있는 무기물 PR용 트랙 장비로, 웨이퍼 직경 12인치용으로 스핀(Spin) 코팅, 베이크, 현상 공정을 합하여 시간당 웨이퍼 처리량이 200~300장입니다(EUV는 고에너지임으로 PR 코팅막의 두께를 높여야 하는데, PR막이 두꺼우면 PR 하부가 감광이 되지 않을 가능성이 높기 때문에 일정한 두께를 유지하기 위한 고난이도의 코팅 기술이 필요함).

· SUMMARY ·

PR 도포(Coating) 공정은 반도체 외형을 직접적으로 변하게 하는 것이 아니고, 외형을 변하게 하는 준비 단계라고 할 수 있습니다. 그렇지만 PR을 어떤 종류로 선택하느냐에 따라서 포토 공정의 여러 항목들이 중대한 변화를 일으킵니다. 따라서 코팅과 현상을 결합한 별도의 메인(Main) 장비로 코터(Coater)가 마련되어 있으며, 노광기와는 항상 분리하여 운영하지요. 반도체 공정 중에서 메인 장비가 2개(노광기와 코터)로 분리되어 있는 것은 포토 공정이 유일하고, 전체 공정 중에서 재작업이 가능한 것 또한 코팅 작업이 유일합니다. 임시막 개념인 웨이퍼 상에서의 PR의 존속기간은 코팅에서 시작하여 에싱으로 마무리됩니다.

CHAPTER 20

포토 공정 : 노광과 현상

노광의 본질은 투사입니다. 투사는 빛이 통과되어 나아간다는 의미인데, 파장이 짧아지면서 투사 방식이 반사 방식(EUV)으로 변경되고 있습니다. 노광(Exposure)은 마스크의 패턴 이미지를 투사 방식으로 웨이퍼에 옮겨 놓는 작업입니다. 이때 반도체 제품에서는 이미지를 축소하여 용량을 높이고 원가를 낮추도록 방향을 설정할 수 있습니다. 즉 노광 기술의 발전이 수요자와 공급자의 이득을 높일 수 있는 관계를 만들어 주지요. 그런데 반도체 전체 공정 중 포토의 노광시간(TAT)이 가장 오래 걸려 시간적으로 노광 원가가 차지하는 비율도 가장 높습니다. 이는 노광이 전체 공정의 약 20~40% 정도의 시간을 소모하기 때문입니다. 뿐만 아니라 테크놀로지가 30nm 이전일 때는 팹 공정 중에서 단연 포토 공정 중 노광이 상대적으로 가장 어려운 공정이라고 할 수 있었습니다. 그러나 30nm 이후에는 노광 이외에 식각이 추가되고 있고, 세정 등 점점 다른 공정도 난이도가 높아지고 있습니다. 노광의 핵심인 마스크 이미지가 웨이퍼에 정확히 맺히게 하기 위해서는 어떤 항목들을 조정해야 할까요?

20.1 노광

노광 공정은 사진을 찍는 과정과 매우 흡사합니다. 노광(Exposure)이란 PR을 바른 웨이퍼를 빛에 노출(Shot)시킨다는 의미로 빛이 패턴화 마스크(레티클)를 통과해 웨이퍼 표면에 투영된 영역(노광부)과 투영되지 않은 그림자 영역(비노광부)을 명확하게 구분해낸다는 것입니다. 포토 공정의 세부 순서는 PR 코팅 → EBR → 소프트 베이크(Soft Bake) → 마스크 정렬 → 노광 → 현상 → 하드 베이크(Hard Bake)입니다. 노광 시 사용하는 빛은 일정한 광원의 파장을 이용하는데, 얼마나 짧은 파장(파의 길이[1])을 적용할 수 있느냐에 의해 웨이퍼 상에 들어갈 최대 칩의 개수가 결정됩니다. 그 외에 칩 내의 트랜지스터 용량(예 256Gb, 512Gb 등)도 영향을 받지요. 이때 웨이퍼당 생산할 칩 수인 넷다이(Net Die)가 설계에서 디자인되고 결정이 된 후에, 실질적으로 웨이퍼 위에 드러나게 되지요.[2]

---

[1] 현재 ArF에서 EUV로 옮겨가는 중임
[2] 18장 '포토-리소그래피' 참조

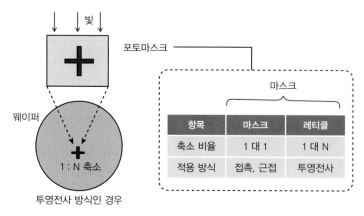

그림 20-1 마스크의 형상이 웨이퍼 표면으로 축소 이동

정렬(Alignment)은 웨이퍼별로 진행하는데, 정렬 표식(Alignment Mark)을 읽어서 마스크 혹은 장치(스테퍼 혹은 스캐너) 교정을 하지요. 광원 → 레티클 → 렌즈 순으로 뚫고 내려온 빛이 레티클의 미세 형상을 웨이퍼 표면에 옮겨주는데, 이때 이미지가 내려앉는 자리가 웨이퍼 표면의 X축, Y축 좌표상의 표식과 일치해야 합니다. 마스크(레티클) 정렬은 노광을 실시하기 전에 레티클 회로 패턴의 위치가 웨이퍼 표면의 회로 패턴과 맞아 떨어지도록 수평적으로 장치의 기계적 설정을 조정해주는 절차입니다. 이는 평면 레벨에서 웨이퍼의 표면에 내려앉는 형상이 일치되는지를 점검하고 어긋나 있으면 수정하여 맞춰줍니다.

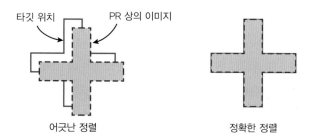

그림 20-2 정렬된 이미지 비교

PCB(Printed Circuit Board)[3] 상의 기준점을 설정하는 기준 표식(Fiducial Mark)처럼, 레티클과 웨이퍼 상에 기준점인 정렬 표식을 스크라이빙 라인(Scribing Line)[4] 내에 심어 놓고, 이를 측정하여 웨이퍼 상에 증착된 박막 표면에 맺힐 상의 좌표를 정확하게 맞추는 작업이 정렬입니다. 이는 각각의 층(Layer)별로 교정해가면서 진행합니다.

---

3 PCB : 반도체 혹은 각종 전자 부품들을 올려 놓을 수 있는 회로가 인쇄된 기판
4 스크라이빙 라인 : 다이와 다이 사이를 구획 정리한 후 분리한 선

20.3 노광 방식

노광은 PR막을 감광시키는 것이 목적인데, 이때 중요한 포인트는 두 가지입니다. 첫째는 빛(UV파)이 레티클의 뚫린 구멍(Aperture)를 잘 통과하는가이고, 둘째는 감광되는 부위가 초점이 맞을 것이냐입니다. 그런 측면에서 마스크를 웨이퍼 표면에 접촉하는 방식이 가장 높은 효율을 발휘하지만, 이는 오염될 가능성이 높아서 접촉 → 근접 → 투영 → 액침 방식 등으로 발전되었습니다. 투영과 액침 방식은 레티클을 웨이퍼 표면에서 어느 정도 거리를 확보한 후, 그 사이에 20~30장의 렌즈를 투입하여 해상도와 초점을 맞춥니다. 빛은 회절하는 특성이 있어서 이를 보상시킨 방안이 강구되었음에도 불구하고 감광 부위는 이방성과 등방성의 중간 형태로 퍼져 결국 정방형이 나오질 않고 선 폭이 좁아질수록 감광된 모양이 더욱 열악해집니다. 형클어지는 이미지를 보완하기 위해 OPC(Optical Proximity Correction)[5]가 형태 보정을 맡아 하고 있습니다.

■ 접촉

노광의 가장 쉬운 샷(Shot) 방식(투사 방법)은 마스크를 웨이퍼 위에 직접 올려놓고 회로 패턴을 1 대 1 크기(마스크 이미지 대 웨이퍼 표면 이미지)로 형성시키는 것입니다. 이는 반도체 개발을 시작하던 1960년대에 최초로 이용한 방식으로, 마스크의 형상이 곧바로 웨이퍼로 투영되어 고난도 기술이 필요 없는 방식입니다. 노광 장비 중에서도 접촉(Contact Exposure) 방식의 장비 구조가 가장 간단하면서 해상도가 매우 높습니다. 또한 웨이퍼와 마스크를 직접 접촉시키다 보니 초점을 맞출 필요가 없어서 초점심도(DoF)에서 자유롭지만, 파티클(먼지)이 웨이퍼 상에 많아지고 마스크에 눌려서 감광막이 변형되며, 마스크의 마모가 쉽게 발생된다는 단점이 있었죠. 따라서 접촉 방식보다 다른 진보된 방식이 모색되었습니다. 노광은 접촉 방식의 물리적인 결함 때문에 노광의 핵심인 해상도와 DoF를 포기하고 마스크와 웨이퍼 사이를 띄움으로써 기술적으로 이를 극복하는 길을 택합니다. 그런데 접촉 방식은 선 폭의 고도화를 대응할 수 없는 방식이라 어차피 사용할 수 없는 방식이 되었지요.

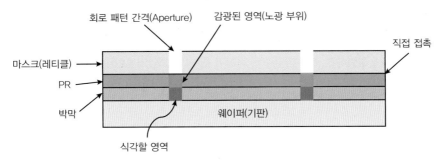

그림 20-3 접촉 방식

---

5 **OPC** : 정확한 웨이퍼 패턴을 구현하기 위해 사전에 마스크 패턴을 보정하는 작업

■ 근접투영

접촉 방식의 단점을 극복하기 위해 감광막과 마스크 사이를 약간 띄우는 근접투영(Proximity Exposure) 방식이 개발되었습니다. 집적도가 낮은 시기인 1970년 전후에 적용되었던 방식이지요. 그런데 근접투영은 빛이 마스크를 통과한 직후 빛의 회절 현상이 발생해 감광막 위에 맺히는 마스크 형상의 초점이 맞지 않았고, 마스크와 웨이퍼 사이의 간격(Gap)이 벌어질수록 더욱 흐릿한 이미지가 맺히게 되었습니다. 감광막을 현상할 때 패턴이 명확하게 형성되지 않는다는 것은 심각한 단점이었지요. 이런 근접투영 방식도 거의 1 대 1 크기로 마스크의 이미지가 웨이퍼에 투영되어 집적도에서도 접촉 방식에 비해 특별한 장점이 없습니다. 오염이나 감광막 손상이 없어지는 장점이 있었지만, 노광에서 가장 중요한 형상(회로 패턴)이 표면에 정확하게 맺히지 않고 이미지도 마스크와 웨이퍼 간격에 비례하여 커지게 되어 다른 발전된 방식이 필요했습니다.

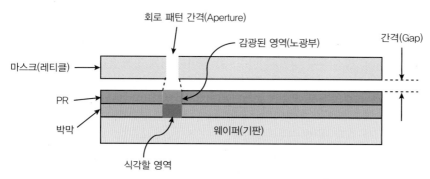

그림 20-4 근접투영 방식

■ 투영전사

투영전사(Projection Exposure, 프로젝션) 방식에서는 웨이퍼와 레티클 간의 거리를 충분히 확보해야 하는데, 거리에 반비례하여 해상도가 불량해지고 초점이 맞지 않게 됩니다(최적의 초점거리에서 벗어나게 됨). 샷을 하여 광원을 출발한 빛은 레티클에 도달하기 전에 사방으로 직진하면서 퍼지므로 광학 장치를 이용하는데, 그중 십여 개의 렌즈로 빛을 모아줄 필요가 발생합니다. 그런 후 빛은 레티클의 미세회로 패턴을 통과하면서 회절 현상에 의해 다시 퍼지게 되는데요. 이때 빛을 다시 십여 대의 렌즈로 모아준 후, 정밀하게 초점을 맞추어 웨이퍼 위 박막 표면에 이미지를 내려놓습니다.

> **Tip** 투영전사(轉寫, 프로젝션)는 레티클의 형상(이미지)이 1/4~1/10의 크기로 작아지면서, 작아진 이미지가 웨이퍼 표면에 명확히 안착하도록 레티클과 웨이퍼 사이의 간격을 충분히 확보한 후 여러 대의 렌즈를 사용해 초점을 맞추는 방식입니다.

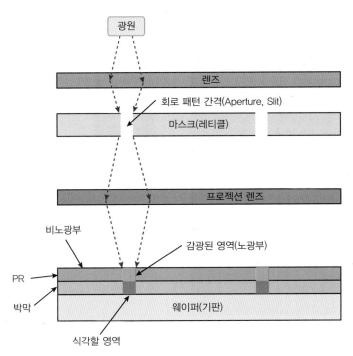

그림 20-5 투영전사 방식

(1) 해상도와 초점심도

웨이퍼와 마스크 사이의 간격이 커질수록 빛의 회절 현상과 초점 불안정 문제가 근접 방식보다 더욱 심해지기 때문에 마스크를 통과한 빛을 볼록/오목-렌즈로 다시 모아야 합니다. 따라서 노광에서는 렌즈의 역할이 가장 중요합니다. 렌즈의 성능 중에서도 특히 작은 이미지를 인지하고 분해하는 해상도와 초점거리를 되도록 여유롭게 확보하는 초점심도라는 물리적 기능이 핵심이 됩니다.

(2) 노광 장비 방식

대표적인 노광 장비로는 스테퍼(Stepper, 최소한의 일정한 영역을 동시에 샷하는 형태)와 스캐너(Scanner, 레이저광으로 빛을 일직선적으로 스캐닝하여 슬릿을 통과시키는 형태) 타입이 있는데, 150nm 테크놀로지 이하의 패턴을 형성해야 하는 경우는 전부 스캐너 장비를 사용합니다. 스테핑은 원샷-원클리어(One Shot-One Clear)이고, 스캐닝의 핵심은 주사 방식으로 웨이퍼 표면에 광선을 조밀하게 주사합니다. 스캐닝 방식의 장점은 스테퍼에 비해 NA의 영향력을 덜 받기 때문에 해상력이 뛰어나고 웨이퍼 가장자리(Edge) 부분에서 더 많은 넷다이를 얻을 수 있다는 것입니다.

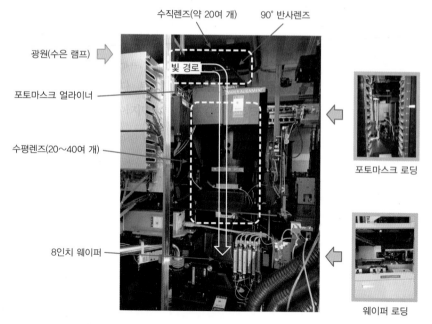

그림 20-6 스테퍼(TEL사 프로젝션 방식의 노광 장비) @ QSI

0.15㎛ 이상 테크놀로지, 8인치 웨이퍼에 적용하며, 포토마스크는 상단의 로딩부에, 웨이퍼는 하단의 웨이퍼 로딩부로 투입되며, 수평/수직렌즈는 합하여 약 40~60여 개가 세팅되어 있습니다.

■ 액침노광

노광에서 일반적으로는 렌즈와 웨이퍼 사이에는 공기가 존재하는데, 이를 이용한 것이 건식(Dry) 포토 타입입니다. 반면, 공기 대신 물 혹은 빛의 굴절률을 높일 수 있는 용액을 채워 노광하는 것을 습식(Wet) 타입인 액침노광(Immersion Exposure)[6]이라 합니다. 현재 물 이외의 다른 용액을 선택하기에는 고려해야 할 사항(빛, PR, 굴절률 등의 관계)들이 복잡하고 공정인자들이 서로 정확히 매칭되지는 않기 때문에 주로 물(DI-W)을 이용하고 있지요. 물을 이용하면 공기보다 빛의 굴절률(물 : 1.44)이 40% 이상 향상되어 해상도와 초점심도(DoF)가 크게 개선됩니다.

■ 굴절률과 해상도

굴절률이 증가하면 렌즈수차인 개구수(NA, Numerical Aperture)가 증가하게 되어 해상도가 향상됩니다.[7] 즉 액침노광 방식을 적용하면 좀 더 선명한 이미지를 얻을 수 있습니다. 더욱이 PR 위에 TARC(Top Anti-Reflective Coating)를 바르면 용액(물)과 PR이 서로 영향을 받지 않도록 분리할 수 있고, 빛이 PR과 용액 사이의 경계(여러 군데)면에서 반사되는 현상도 막을 수 있어서, 정재파(Standing Wave)를 줄여줍니다.

---

6 **액침노광** : 액체를 렌즈와 웨이퍼 사이로 침투시킴
7 해상도 값은 NA에 반비례하며, 해상도 수치는 낮을수록(NA가 커질수록) 형상이 명확해짐

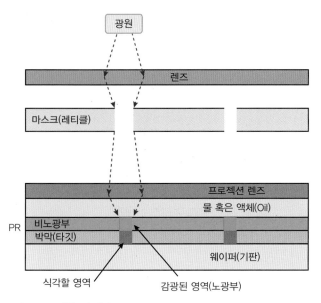

그림 20-7 액침노광 방식

Tip High-NA : 현재의 EUV 장비는 NA를 0.33NA(렌즈 반경을 초점거리의 1/3배)까지 높였으나, 향후 0.55NA(렌즈 반경을 초점거리의 1/2배) 이상을 기반으로 하는 반도체 패턴을 구현할 수 있도록 ASML과 칼자이스SMT가 개발할 예정으로 이는 3nm의 선 폭이 가능함을 의미합니다.[35]

20.4 해상도와 초점심도(DoF)의 관계

■ 작은 이미지를 구분하는 해상도(Re)

상을 작게 분해(구분하고 인지)하는 능력을 해상도(Resolution)라고 합니다. 해상도의 가장 중요한 핵심은 웨이퍼에 맺히는 이미지의 선명성이고, 두 번째는 이미지의 변형이 없어야 합니다. 이를 위해서는 작은 이미지들도 구분하고 전달할 수 있어야, 작은 트랜지스터를 웨이퍼 위에 되도록 많은 개수로 넣을 수 있습니다. 마스크의 형상(이미지)이 웨이퍼에 잘 맺히게 하려면 되도록 작은 이미지(해상도)가 초점을 제대로 맞춘 상태로 PR 두께 내(PR를 벗어나면 안됨)의 어딘가로 내려와야 합니다.

■ 초점을 맞추는 초점심도(DoF)

렌즈와 웨이퍼 등 물리적 형태들은 초점을 맞출 때 오차가 발생할 수밖에 없습니다. 따라서 초점이 맺힐 수 있는 유효한 거리인 초점심도(DoF, Depth of Focus)는 길수록 유리합니다. 즉 DoF 내에서 유효한 상이 맺혀야 하므로 해상도는 DoF 내에서, PR막 아래위로 어느 정도 길이까지 유효한 해상도를 유지할 것이냐입니다.

PR 두께는 코팅을 완료한 후에는 일정하므로 DoF가 PR 두께보다 길면(DoF 여유도가 커지면) 이미지의 초점이 보다 자유롭게 PR 두께 내에 맺힐 수 있어서 유리합니다.[8]

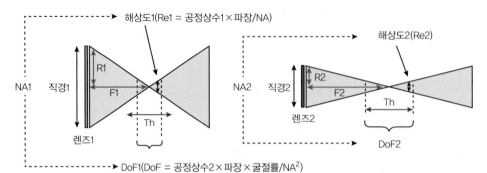

숫자 비교			결론	비례 관계
해상도 Re1	<	해상도 Re2	해상도 Re1이 Good	NA에 반비례
DoF1	<	DoF2	DoF2가 Good	NA^2에 반비례
NA1	>	NA2		
렌즈 직경1	>	렌즈 직경2		
R1	>	R2		
F1	<	F2		

- Re는 숫자가 낮을수록, DoF는 숫자가 높을수록 패턴 형성에 용이함
- NA는 R/F에 비례($NA = 굴절률 \times R/F$, $nSin\theta$), R은 렌즈 반경, F는 초점거리
- 해상도 Re와 DoF는 파장에 비례함
- 공정상수는 고려하지 않았음
- Th는 PR의 두께이므로 고정된 상수임

그림 20-8 해상도와 초점심도의 물리적 해석

포토 공정에서 노광 능력으로는 해상도(Re)와 초점심도(DoF)가 핵심입니다. 해상도는 얼마나 작은 이미지까지를 분해하고 구분해낼 수 있느냐는 의미이므로 숫자는 작아야 좋고, DoF의 숫자는 무조건 커야 여유도가 증가하여 좋겠지요. DoF는 초점의 허용범위로써, 예를 들면 렌즈로 태양빛을 이용하여 종이를 태울 수 있는 최대의 유효한 거리 범위입니다.

20.5 노광 능력과 물리적 요소(파장, 렌즈 반경)와의 관계

■ 파장의 영향

파장과 노광 능력(해상도, 초점심도)의 관계는 직접적으로 드러납니다. 구조가 스케일링 다운(Scaling Down)될수록 마스크의 슬릿은 좁아지므로 빛의 파장은 작아집니다. 파장은 해상도(Re)와 초점심도(DoF)에 비례하므로 파장이 작을수록 해상도와 DoF의 값은 줄어들지요. 해상도 값은 작아야 유리하고 DoF는 불리합니다. 따라서 파장이 작아지면 초점심도를 보상할 수 있는 공정인자(공정

---

8 18.5절 '회로 패턴' 참조

상수2)들을 찾아야 합니다. 굴절율을 높이고 렌즈 직경을 줄이는 것을 생각해 볼 수 있습니다. 특히 EUV 파장은 극한으로 작아지면서 PR 두께는 최대로 두꺼워야 하므로 초점심도 입장에서는 이중으로 불리한 환경에 놓이게 됩니다.

■ 렌즈 반경의 영향

마스크의 슬릿(Slit)이 작을수록 빛의 회절이 더욱 커지므로, 마스크와 일정 거리를 두고 떨어져 있는 렌즈 직경이 커야 마스크 슬릿에서 크게 회절되어 삐져나온 빛을 렌즈가 담아낼 수 있겠지요. 렌즈가 커지면 이미지가 작은 것도 보이는 대신 초점거리(F)가 작아진다는 것은 경험적으로 알고 있습니다. 따라서 렌즈 반경이 크면 R(커지고)과 F(작아져)가 해상도 숫자를 낮추어서, 해상도가 향상됨을 알 수 있습니다. 대신 초점심도는 R과 F로 표현되는 NA(NA값이 커짐)의 제곱에 반비례하므로 DoF가 급격히 작아져 불량해집니다.

해상도가 초점심도보다 더 중요하므로 노광 장비의 렌즈는 커지는 방향이지요. 이는 해상도를 향상시키는 대신 불량해진 초점심도(DoF)는 여기서도 역시 다른 공정상수로 보상(PR 두께 조절과 CMP 공정 능력 향상)해야 합니다. 해상도가 더 중요하다고 DoF를 무시하고 렌즈 직경을 마냥 크게 할 수는 없습니다. 초점심도도 어느 정도 확보돼야 합니다. 따라서 동일 조건이라면 큰 직경의 렌즈를 사용해야 하는 스테퍼보다는 작은 직경의 렌즈를 사용해도 동일한 해상도를 유지할 수 있는 스캐너가 렌즈 직경의 여유도가 높아서 유리합니다.

■ 공정변수 보정

웨이퍼의 두께는 물론, 박막의 두께 및 감광 물질의 빛에 대한 민감도, 현상 시에 사용하는 화학물질 등 각종 물리적/화학적 인자와 오차들이 해상도와 DoF에 직간접적으로 영향을 끼칩니다. 이들을 공정계수(공정상수)라 하는데, 해상도(→K1상수)와 DoF(→K2상수)에 끼치는 정도 및 인자들이 각각 다릅니다. 빛의 이미지를 보정하는 OPC(Optical Proximity Correction), 굴절율을 조정

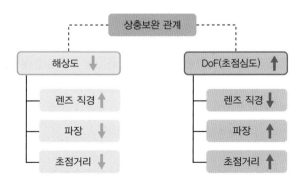

그림 20-9 노광 능력(해상도(절댓값)와 초점심도(절댓값))에 영향을 주는 변수들

하는 액침노광 방식(Immersion), 이미지의 위상을 간섭시켜 보상하는 마스크인 PSM(Phase Shift Mask)과 그 외에 PR막의 평탄화도 노광 능력 향상에 큰 기여를 합니다.

20.6 노광 후 굽기(PEB)

노광이 완료된 후에는 웨이퍼를 노광기에서 트랙 장비로 옮겨 베이크(Post Exposure Bake, PEB)[9]를 한 번 더 진행합니다. PEB의 목적은 PR 속에 있는 PAC를 활성화시킨 다음 감광된 경계 영역의 수직 단면을 평탄화시켜서 정재파를 줄이기 위함입니다. 정재파(Standing wave)란 노광 시 빛의 간섭(증폭과 감쇄)에 의해 감광 계면에 결이 발생한 것을 의미합니다. PEB를 실시하지 않고 현상을 진행하면, 감광막 내의 경계 단면에 발생한 굴곡이 펴지지 못합니다. 그렇게 되면 하단의 박막 혹은 산화막을 식각할 때 정확한 위치에서 이루어지지 않고, CD의 균일도를 떨어뜨리게 됩니다. 낮은 집적도에서는 정재파가 문제되지 않지만, 요즘 대세인 1x[nm]인 회로 선 폭에서는 정재파의 영향(진폭)으로 미세화에 악영향을 끼치고 신뢰성 이슈(도선 같은 경우, 비감광 영역의 폭이 작아져 하부막 형성 후 끊김)도 발생합니다.

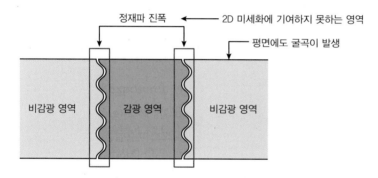

그림 20-10 정재파 발생 후 PEB를 실시하여 PAC를 활성화시키면 정재파의 굴곡이 일직선으로 평탄화됨

20.7 WEE, 숨어있는 사진 공정

PR 코팅 후 웨이퍼 가장자리에 남아있는 PR을 제거하는 공정으로는 EBR(Edge Bead Removal) 이 있는데[10], WEE(Wafer Edge Exposure)도 EBR과 같은 목적을 갖고 있습니다. EBR은 PR 용 액이 굳기 전에 실시하는 공정이고, WEE는 노광까지 마치고 PEB(Post Exposure Bake)를 실시 한 후 포토 공정 마지막 부분에서 진행합니다.

---

9 노광 후 100~110℃ 로 베이크함
10 19장 '포토 공정 : 감광액 도포' 참조

WEE는 웨이퍼 외곽 부분을 다시 한번 sub-샷(UV)을 시키고 나서 다음 공정인 현상을 하면, 현상시에 외곽 부분의 비드(Bead) PR도 함께 제거가 됩니다. EBR은 웨이퍼 가장자리의 아래윗면의 PR을 없애지만 WEE는 웨이퍼 윗면(회로면만 UV를 조사하므로)의 PR만 제거하지요. WEE는 정식 노광기를 사용하지 않고, 별도 WEE용 Unit(sub-노광기)를 마련하여 램프하우스에서 나온 UV파를 사용합니다. WEE Unit은 램프하우스 + 광케이블부 + 렌즈부로 이루어져 있으며, 렌즈부에서 UV파를 조사합니다. 그러니까 WEE는 일종의 sub-노광이라고 할 수 있습니다.

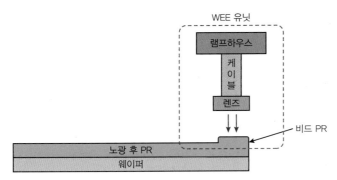

그림 20-11 WEE Unit과 sub-노광 범위

20.8 현상과 하드 베이크

현상의 본질은 임시막(PR)을 깎는 것입니다. '현상'이란 (돌을 징으로 쪼아서) 상을 드러낸다는 의미이고, 영어의 'Development'는 성장시킨다는 의미로 (조각 칼로 깎아내어) 모습들이 점점 성장하는 모양을 나타내는 말로 포토에서는 동일한 의미로 사용합니다. 현상은 트랙이라고 불리는 장비에서 행해지는데, PR 도포 후 자외선 빛에 노출하여 노광을 마친 후에 필요하지 않는 부분의 PR을 화공약품으로 화학 반응을 일으켜 제거하고 필요한 부분의 패턴만을 남기는 작업입니다. 빛에 노출된 부위와 노출되지 않은 부위를 선별하는데, 패턴 모양에 따라 감광막의 일정 부분(비교하여 약한 부위)을 제거하여 노광부 혹은 비노광부를 구분하는 과정입니다.

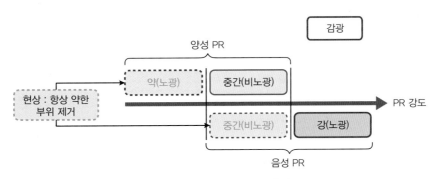

그림 20-12 PR 종류에 따른 현상 부위 제거 영역 : 양성 PR vs 음성 PR

현상되지 않고 남아있는 감광막(양성 PR 시 비노광부, 음성 PR 시 노광부)은 식각 시에 식각 용액과 반응하지 않아서 하단부의 필름을 식각으로부터 보호하지요. 현상 용액을 웨이퍼 위에 분사(혹은 Dipping)하고 현상 용액이 골고루 퍼지도록 웨이퍼를 회전시킨 후에 어느 정도 화학적 반응시간이 경과하면 PR이 제거됩니다(반도체 공정은 스핀과 베이크를 자주 진행합니다).

■ 하드 베이크 목적

현상된 찌꺼기는 회전세척을 하여 린스로 제거한 후, 웨이퍼를 한 번 더 높은 온도로 베이크합니다. 이 베이크는 린스 시의 탈이온수(DI Water, 초순수)를 말리고 동시에 PR의 고분자 구조를 굳건히 하는 역할을 합니다. 이를 통해 감광막 표면의 결속력을 높여서(고형화) 식각 시에 PR이 선별되어 제거되지 않도록 합니다. 이때 온도는 소프트 베이크보다 약 20℃ 더 높아서 하드 베이크(100~120℃)라 하지요. PR은 노광 등 연속된 공정을 거치면서 매우 작은 구멍인 핀홀(Pin Hole)이 군데군데 발생하는데, 하드 베이크 시에 PR이 고형화되면서 핀홀이 채워지기도 합니다.

20.9 검사/계측 및 재작업

현상과 하드 베이크 후 식각을 하기 전에, 마지막 단계로 미세 회로 패턴을 검사 및 계측을 진행합니다. 이때 파티클을 포함하여 PR 관련한 불량으로는 에지 코팅 불량, PR 들뜸, 스피드 보트 등이 있고, 패턴 불량으로는 CD 이상, 정렬 불량, 노치로 인한 패턴 일그러짐, 패턴끼리 연결된 브리지 등이 있습니다. 이외에 신너가 웨이퍼 표면에 산포되어 있기도 하여 이런 여러 가지 불량들이 발견되면 검토를 거쳐 재기 불가능한 불량일 경우 필요시 감광막을 제거하는 재작업(Rework)를 진행하지요. 반도체 전체 공정 중에서 재작업이 가능한 공정은 포토 공정이 유일합니다.

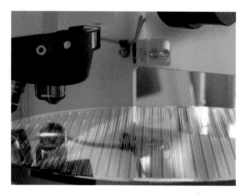

그림 20-13 패턴 웨이퍼 검사 시스템(KLA사)[36]
다양한 결함 유형을 단시간에 대량의 속도로 감지(150/200/300mm 웨이퍼 검사 가능)

Tip 미세화된 회로 패턴을 검사하고 계측하는 장비를 생산하는 KLA(미)는 반도체 검사 장비 시장의 60% 이상을 점유하고 있는 글로벌 절대 강자입니다.

20.10 오버레이 측정

오버레이(Overlay)[11]는 노광을 실시한 후에 아래위 층의 레이어(Layer)가 서로 잘 맞게 위치되었는지를 검사(점검)하는 것입니다. 오버레이 표식을 측정하여 계측으로 2개 이상의 층 vs 층의 노광 결과가 일치되는지를 검토합니다. 따라서 이는 사후의 뒤처리이므로 웨이퍼별로 교정하는 것이 아니고, 25장 랏(Lot)을 처리한 후에 측정 데이터(패턴이 배열된 위치 데이터)를 회신하여 다음 랏에 대해 교정을 합니다. 오버레이 표식도 스크라이브 라인 내에 묻어둡니다.

■ 정렬과 오버레이 비교

이미지가 웨이퍼 표면 위의 알맞은 자리로 제대로 찾아 들어갈 수 있도록 수평과 수직적으로 위치를 조정해줘야 하는데, 이를 정렬(Alignment)과 오버레이(Overlay)라고 하지요. 정렬은 수평면에서의 좌우 틀어짐을 맞추고 바로 수정하는 작업이지만, 오버레이는 측정 후 이를 피드백(Feedback)하여 하부막과 상부막들의 수직축 모양을 맞추는 것이지요. 아파트의 위층 배수관이 아래층의 식탁 옆으로 내려가면 안되듯이, 레이어들이 층층으로 쌓일 때 전원공급 라인배선, 출력배선 등 각각의 형태들이 서로 용도에 맞게 콘택(Contact)과 비아(Via)들로 연결되어야 합니다. 이런 층과 층 간의 위아래로 연결된 형태를 맞추는 것이 오버레이 측정 및 피드백입니다. 정렬과 오버레이가 틀어지면 수평축에서의 CD가 좁아지는 현상이 발생되어 다이 축소(Die Shrinkage)에도 문제가 됩니다.

20.11 포토 공정 정리

포토 공정을 종합적으로 정리해보면, 먼저 웨이퍼 표면을 세정한 후 표면과 감광제(PR)가 잘 접촉되도록 접착제(HMDS)를 도포합니다. 그리고 쿨링(Cooling) 방식으로 건조(약하게 70~80℃ 베이크)합니다. 그 후 PR을 바른 뒤 약 90~100℃에서 소프트 베이크를 실시하여 PR을 굳힙니다. 웨이퍼가 반도체 공정 중에 제일 중요한 노광 공정을 진행할 준비가 완료되면, 레티클 상의 회로 패턴을 투영 방식으로 감광제 표면에 전사시킵니다. 샷을 실시하여 감광 깊이가 PR의 밑 부분인 경계면까지 내려가지 않으면, 감광되지 않은 PR 부분은 현상 시에 제거되지 않지요.

노광을 마친 다음에는 노광 시 발생된 정재파를 감소시켜야 하는 이유 등으로 노광 후 베이크(PEB, 100~110℃)를 실시한 후, EBR에서 제거되지 않은 PR 등을 타깃으로 WEE를 거쳐 현상으로 필요한 부분을 제거하지요. 현상 후에는 PR를 하드 베이크(100~120℃)하여, 식각에 대비시킵니다. 포토에서는 PR 베이크를 3번 실시(+HMDS 베이크는 1번)하는데, 베이크를 진행한 후에는 항상 웨이퍼를 일정 시간 동안 식혀서(Cooling) 늘어났던 웨이퍼의 크기를 원상태로 되돌려 놓습니다.

---

11 **오버레이** : Over + Layer로써 층(Layer)과 층이 아래위로 서로 맞춰졌는지 점검하는 수직측 정렬 검사

마지막으로 식각 시 하부층의 보호막(식각을 막아낸 마스킹) 역할을 했던 PR(현상에서 제거하지 않은 PR 패턴)은 식각 후에 에싱(Ashing 혹은 PR Strip) 공정에서 제거합니다. 다음은 지금까지 살펴본 포토 공정의 세부 진행 순서입니다(공정 중간에 실시된 세정과 건조는 제외했습니다).

웨이퍼 세정(식각) → 증착막 형성 → HMDS 도포 → 베이크(HMDS) → PR 코팅(+EBR) → 소프트 베이크 → 마스크 정렬(Mask Alignment) → 노광 → PEB → WEE → 현상 → 린스 → 하드 베이크 → 식각 → 에싱

그림 20-14 노광 파장 365nm, i-Line(파장 및 샷 방식은 Old Version) 스테퍼[37]

레티클의 직경 크기는 6인치, 웨이퍼 직경 크기는 8인치/12인치 모두 적용할 수 있습니다. 클수록 좋은 오버레이 정밀도는 ≤18nm로써, 측정 후 박막(Layer)의 아래로 초점을 맞추고 보정할 수 있는 허용 길이(좌우)의 범위가 18nm이고, 작을수록 좋은 해상도는 ≥350nm로 직경 350nm 이상의 이미지 크기만 정확하게 사진으로 나타낼 수 있습니다. 레티클의 축소비는 1:4로 레티클 이미지를 1/4로 축소시켜 웨이퍼에 사진으로 찍을 수 있습니다(장비에 설정된 사양의 해석상 다를 수 있음).

• SUMMARY •

테크놀로지가 발전하면서 회로 선 폭이 좁아지고, 셀을 형성시키는 방식이 2D-플래너 구조에서 3D-버티컬 구조로 변경되면, 그에 따라 먼저 포토-리소그래피 방식이 결정됩니다. 뒤이어 포토 공정의 세부사항들이 맞춰지지요. 빛의 파장이 변경되면 빛에 노출되는 방식(노광), 감광되는 물질(PR), 빛이 통과하는 마스크(레티클) 등이 변화에 따라가기 위해, 여러 가지 공정변수들이 유기적으로 맞춰지면서 그를 바탕으로 각 항목별로 업그레이드가 진행됩니다. 파장이 작아지는 방향으로는 수은 램프를 이용한 g-Line, i-Line 파장을 거쳐 KrF, ArF 레이저로 만든 UV 파장이 현재 가장 많이 사용되고 있으며, 서서히 플라즈마 파장을 이용한 EUV를 도입하는 단계입니다. 노광 시에는 정밀도가 높은 스캐닝 방식을 많이 도입하고 있으며, 현재는 대부분 마스크를 이용한 방식이지만 향후에는 마스크가 필요 없는 DSA 혹은 마스크 대신 레이저를 사용하는 혁신적인 방식도 점차 등장할 예정입니다.

포토 공정 편

01 그림은 일반적인 빛의 입사와 반사 현상을 나타낸다. 〈보기〉에서 포토 공정 시에 코팅하는 BARC(Bottom Anti-Reflective Coat)의 기능과 역할에 해당하지 <u>않는</u> 것을 모두 고르시오.

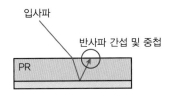

보 기

(가) 빛 반사 방지

(나) 해상도 향상

(다) 파의 노칭(Notching) 현상 방지

(라) 산란파 억제

(마) DoF값 확장

① 가, 나, 다   ② 다, 라, 마

③ 가, 나   ④ 다, 라

⑤ 나, 마

02 〈보기〉는 노광 후 현상 전에 실시하는 공정에 대한 설명이다. (A)에 가장 알맞은 공정은?

> **보 기**
>
> PR 코팅 후에 웨이퍼 가장자리에 남아있는 PR을 제거하는 공정으로는 EBR(Edge Bead Removal)이 있는데, (A)도 EBR과 같은 목적을 갖고 있다. EBR은 PR용액이 굳기 전에 실시하는 공정이지만, (A)는 정식 노광 공정을 마치고 PEB(Post Exposure Bake)를 실시한 후 진행한다. (A)는 웨이퍼 외곽 부분을 다시 한번 sub-노광(UV) 시키고 나서 다음 공정인 현상을 하면, 현상 시에 외곽 부분의 Bead PR도 함께 제거가 된다.

① 소프트 베이크(Soft Bake)

② 액침노광(Immersion Exposure)

③ WEE(Wafer Edge Exposure)

④ 하드 베이크(Hard Bake)

⑤ HMDS(Hexa-Methyl-Di-Silazane) 도포

03 그림은 노광된 영역과 미노출 영역 사이에 나타나는 정재파를 보여준다. 노광이 완료된 후에는 웨이퍼를 노광기에서 트랙 장비로 옮겨 베이크(Post Exposure Bake, PEB)를 한 번 더 진행한다. PEB의 목적에 가장 알맞은 것은?

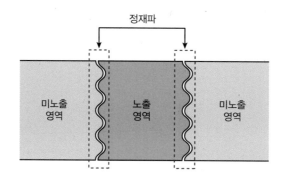

① 스핀 코팅 시에 감광제가 웨이퍼에서 흘러내리지 않게 한다.

② 빛의 간섭에 의해 감광 계면에 발생한 결을 평탄화시킨다.

③ PR 용액을 어느 정도 굳게 하여 감광액이 웨이퍼 표면에 잘 달라붙게 한다.

④ 감광막 표면의 결속력을 높여서(고형화) 식각 시에 감광막이 제거되지 않도록 한다.

⑤ 웨이퍼 표면을 소수성으로 바꿔주어 PR과 같은 성질을 갖도록 한다.

04 〈보기〉는 포토 공정 전후에 대한 세부 진행 순서이다. (A), (B), (C), (D)에 들어갈 알맞은 공정은?

웨이퍼 세정(식각) → 증착막 형성 → (**A**) → 베이크(HMDS) → (**B**) → 소프트 베이크 → 마스크 정렬 → (**C**) → PEB → (**D**) → 린스 → 하드 베이크(Hard bake) → 식각 → 애싱

	A	B	C	D
①	HMDS 도포	현상	노광	PR 코팅
②	PR 코팅	노광	현상	HMDS 도포
③	노광	현상	HMDS 도포	PR 코팅
④	HMDS 도포	PR 코팅	노광	현상
⑤	현상	HMDS 도포	PR 코팅	노광

05 그림은 노광 후 PR에 노출되는 부위와 현상이 완료된 후 선명도의 관계이다. 〈보기〉의 양성 PR과 음성 PR에 대한 설명 중 옳은 것을 모두 고르시오.

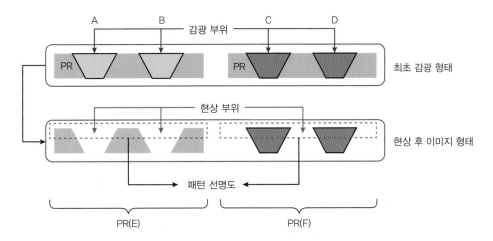

보 기

(가) PR(E)는 양성이고, PR(F)는 음성이다.

(나) 패턴 선명도는 양성 > 음성이다.

(다) 감광 부위 강도는 A=B > C=D이다.

(라) PR의 사용 빈도수는 양성 > 음성이다.

① 가, 나

② 가, 나, 라

③ 가, 다

④ 나, 다, 라

⑤ 가, 나, 다, 라

06 포토의 노광 능력인 해상도와 초점심도(DoF)는 상충관계이다. 〈보기〉의 해상도와 초점심도에 대한 물리적 요소(파장, 렌즈 반경 등)의 설명 중 옳은 것을 모두 고르시오.

보 기

(가) 파장이 작을수록 해상도에 유리하다.

(나) 렌즈 직경이 클수록 초점심도가 양호해진다.

(다) 마스크의 슬릿이 작을수록 렌즈 반경이 커야 보상이 된다.

(라) DoF는 짧을수록 유리하다.

① 가, 나

② 가, 나, 라

③ 가, 다, 라

④ 가, 다

⑤ 다, 라

프로세스의 카운셀러, 플라즈마

비 오는 날의 번개와 극지방의 오로라는 자연에서 볼 수 있는 플라즈마 활동입니다. 플라즈마가 발생하는 곳은 다양하지만 가장 대표적인 곳은 태양이죠. 플라즈마는 많은 양의 양이온과 전자를 생성하기 때문에 높은 밀도를 갖습니다. 그리고 양이온은 양이온끼리, 전자는 전자끼리 그룹을 지어 몰려다니는 운동 양태를 보이는데, 이는 서로 중성 상태를 만들려는 힘에 의해 활발한 운동에너지로 나타납니다. 반도체 공정에서도 플라즈마를 응용하는 공정이 많아지는 추세입니다. 플라즈마는 막을 쌓을(PECVD) 때, 쌓아 놓은 막을 깎아낼(건식식각) 때, 또 깎아낸 막의 찌꺼기를 제거할 때뿐 아니라, 찌꺼기를 제거한 후의 도핑 시와 심지어 노광 시 광원으로도 최근에 사용하기 시작하는 등 다재다능하게 활용됩니다. 플라즈마를 만드는 방식 중 CCP에서 ICP로 개량된 이유는 무엇일까요?

21.1 진공관에서 출발한 플라즈마

19세기에는 유리 공업과 진공 기술을 혼합시킨 진공관에 대한 연구가 매우 활발했습니다. 그 당시에는 진공관[1]인 음극선관을 들여다보지 않으면 과학자라고 인정하지 않았던 시대였죠. 크룩스관(음극선관)에서 나오는 현란한 전자빔(플라즈마의 일종)의 기교는 과학자들의 마음을 사로잡기에 충분했으니까요. 그 덕에 진공관에서 반도체가 탄생했으며, 크룩스관 내에 운집해 이동하는 전자들의 방전(전자빔)을 이용한 플라즈마 기법을 더욱 발전시킬 수 있었습니다.

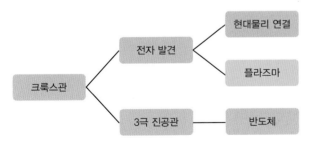

그림 21-1 크룩스관을 발전시킨 발명들

---

1 **진공관** : 유리관 속을 진공으로 만든 상태로 음극선(극판에 마이너스 전위를 인가)을 넣을 경우 음극선관이라 함

21.2 플라즈마의 적용 공정

팹(Fab) 공정에서는 식각(Etch)과 증착(CVD, PVD, ALD) 및 새로운 방식의 도핑 시에 플라즈마를 이용합니다. 세정 공정에서는 세척의 효율을 높이기 위해 플라즈마를 접목시키는 공정 개발이 최근 활발히 이루어지고 있습니다. 다만, 팹 공정 중 확산, 포토(최근에 EUV에서 플라즈마 사용) 및 CMP 공정 등에는 플라즈마를 적용하지 않습니다.

■ 온도 조건 @ 공정 적용 시

특히 막을 만들 때는 분자 단위나 원자 단위의 화학적/물리적 기법을 이용하는데요. 이때 웨이퍼 표면 온도를 1,000℃(CVD)까지 올려야 하므로, 회로 상부 혹은 하부 막질에 바람직하지 않은 영향을 줍니다. 따라서 팹 공정에서는 챔버 내 분위기 온도는 절반으로 내리고, 막은 좀 더 얇고 튼튼하게 만들기 위해 저온(공정 진행 시 최대 온도의 절반 정도) 플라즈마를 다양하게 활용하고 있습니다.

또한 일반적으로 팹 공정이 맨 처음 개발되면(웨 CVD인 경우) 처음에는 플라즈마를 사용하지 않다가, 좀 더 진보된 방식으로 전개할 때 플라즈마를 적용하는 경향(플라즈마 CVD로 개선 등)이 있습니다. 포토 공정에서 ArF[2]까지는 플라즈마를 사용하지 않았지만, EUV파를 만들면서 플라즈마를 적용하고 있습니다.

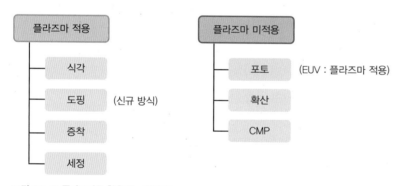

그림 21-2 플라즈마를 활용하는 팹 공정

---

2 **ArF(불화아르곤)** : 주로 액침노광 시 사용하는 파장(193nm)으로 레이저 엑시머로 만들어냄

■ 활용 공정과 플라즈마 상태의 이동방향

❶ 식각(혹은 에칭) 등 고체 상태막(혹은 PR막)의 일정 부분 혹은 전체를 제거해야 하는 건식식각 시에 플라즈마의 라디칼을 이용합니다. ❷ 또한 표면에 달라붙은 액체 혹은 기타 여러 가지 이물질을 세척해야 하는 건식세정 시에도 플라즈마를 적용하면 손쉽게 떨어지지요. ❸ CVD 경우는 플라즈마의 라디칼을 활용하여 직접적으로 막을 형성하고 PVD에서는 플라즈마의 양이온을 간접적으로 사용합니다. ❹ 이온주입에서도 플라즈마 양이온을 주입에 활용하는 등 플라즈마를 적용하기 위해 다각적인 방법으로 검토하고 있습니다. 대부분의 플라즈마를 공정에 적용 시에는 약 400~600℃의 분위기를 만들어줍니다. 플라즈마를 이용한 후에 나머지는 상온에서 가스로 배출하면 됩니다.

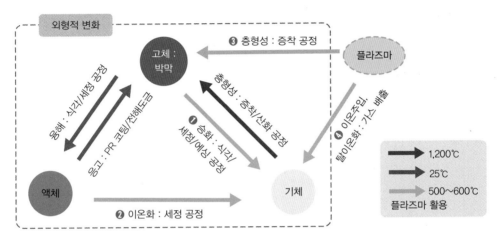

그림 21-3 반도체 공정에 활용되는 고체/액체/기체 및 플라즈마 상태들의 이동방향

21.3 플라즈마의 생성 조건

■ 온도 조건

에너지를 가하면 물질의 상태가 고체 → 액체 → 기체로 변하게 됩니다. 이때 기체 상태에 높은 에너지를 가하여 한계치 이상이 되면 플라즈마가 됩니다. 에너지를 가하는 방법 중 고전적이고 쉬운 방법은 열을 가하는 것인데, 챔버 내의 분위기 온도를 올려 플라즈마를 만들기 위해서는 보통 1만~10만℃ 이상의 온도를 만들어줘야 합니다. 지구상에서는 이런 정도의 온도 분위기를 만들 수도 없을 뿐만 아니라, 팹 공정에서는 일반적으로 1,200℃ 이상은 올리지 않습니다. 여기서 온도가 약간만 더 높아지면 실리콘이 용융되기 때문입니다.

■ 파센 방식

진공도에 따라 온도 및 전압의 적정한 조건으로, 플라즈마를 만들 수 있는 방법을 파센(Paschen)
이 제시했습니다. 전기가 발견되고 진공을 만드는 기술이 발전되면서 진공관 내 압력을 적절히 낮추
어 주면 낮은 분위기 온도와 낮은 전압(혹은 낮은 전력에너지)으로도 손쉽게 저온/저압/저전압–플
라즈마를 생성할 수 있게 되었습니다. 수은주 기준으로 볼 때, 챔버 안의 압력을 10mmHg(대기압
은 760mmHg) 정도로 유지하면, 저온 조건에서 100V 정도만 인가해도 플라즈마를 생성할 수 있
습니다. 이때 최적의 임계점은 가스의 종류, 플라즈마 형태, 전자의 평균 이동거리, 압력 및 전압에
따라서 매우 다양하게 나타납니다. 때문에 플라즈마를 형성하는 적절한 상태는 파센곡선을 참고하
여, 경우의 수마다 시행착오(Trial & Error)를 거쳐 찾아내야 합니다(그러나 플라즈마 자체의 온도
혹은 순간 방전 온도는 태양의 표면 온도인 6,000K에 달합니다). 이렇게 생성된 고밀도 고에너지인
양이온 덩어리, 라디칼 및 전자구름을 이용하여 형광등, 네온사인, PDP TV 등 다양하게 응용할 수
있었고, 반도체 팹 공정에서도 플라즈마를 적용하여 '플라즈마 르네상스'의 시대를 열수 있게 되었
습니다.

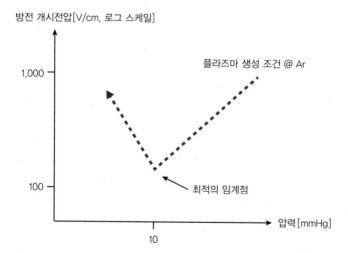

그림 21-4 가스의 이온화 및 압력에 따른 플라즈마의 생성 조건 @ 파센곡선

21.4 플라즈마의 구성 입자와 특성

■ 해리와 전리

유리진공관 안으로 프로세스 가스를 분사한 후, RF 제너레이터(일반적으로 13.56MHz를 사용하지
만 2~100MHz 적용 가능)를 이용하여 에너지를 가하면 기체가 플라즈마화 되면서 많은 양의 전자
(−)와 함께 양이온(+)도 동일한 양으로 생성됩니다. 또한 분자의 결속에서 떨어져 나온 매우 활성화

된 불완전한 분자 혹은 원자(라디칼, 활성종)도 함께 발생됩니다. 분자결합 상태에서 에너지(전자 충돌)를 받아 분자 혹은 원자로 분리되는 현상을 '해리'라고 하는데요, 해리 현상으로 생성된 라디칼(중성 혹은 양성), 이온화(전리)로 생성된 전자/양이온 등 독립된 원자들을 모두 합하여 플라즈마라고 부릅니다. 라디칼은 또 전자가 양이온과 수시로 결합(전자와 양이온이 동시에 소멸하여 중성이 됨)하는 경우에도 만들어지는데, 이 활성원자인 라디칼이 식각 공정에서는 주도적인 역할을 합니다.

■ 다중 주파수를 이용한 양이온 및 라디칼 생성

RF 에너지는 여러 대의 RF 전력공급기를 이용하여 각각 알맞은 RF 주파수로 플라즈마를 작동시킬 수 있습니다. 주로 저주파수(2~13.56MHz)로는 양이온을 생성하고, 고주파수(15~200MHz)로는 라디칼을 생성하지요. 이들은 다중 주파수 RF 전력공급기(Multi-Freq RF Power)를 이용하여 1저 + 1고 혹은 1저 + 2고의 주파수 등을 믹스하고 그에 따라 다양한 에너지를 공급합니다. 에너지를 기반으로 발생되는 이온화와 해리 현상으로 고밀도 플라즈마 입자들을 발생시키고, 이들을 제어할 수 있어서 식각과 증착 공정에 효율적으로 적용할 수 있습니다.[38]

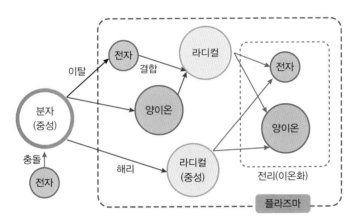

그림 21-5 플라즈마를 구성하는 입자의 종류

■ 플라즈마 활성화 및 소멸

플라즈마가 에너지를 얻으면 원자 내에서 단계가 높은 전자 껍질로 전자가 들떠서 올라갑니다(여기, Excitation). 그 후 여기된 전자가 하위 준위인 낮은 전자 껍질로 되돌아가는 이완(Relaxation)이 발생될 때, 에너지를 방출하면서 열에너지 혹은 광에너지를 발산합니다. 이때 에너지의 차이(전자 껍질 레벨 차이)와 소스가스 종류에 따라 플라즈마 색깔이 각양각색으로 나타나지요.

플라즈마의 핵심은 에너지를 받은 1차 전자가 중성 원자의 최외각 껍질에서 탈출하여 다른 원자에 충돌하고, 이때 충돌에너지에 의해 2차, 3차 전자를 만들어내고 또 다른 양이온들을 높은 밀도로 생성하는 것입니다. 일정 이상의 에너지가 가해지는 상태에서는 전자, 양이온, 활성종인 라디칼은 계속 만들어지면서 동시에 상호 결합으로 소멸되기를 반복합니다. 해리와 결합 중에서 에너지가 높아져 해리가 많아지면 플라즈마가 활성화되고, 에너지가 낮아져 결합세력이 우세해지면 플라즈마가 소멸되어 갑니다.

그림 21-6 극저온 플라즈마 발생 및 장치[39]

21.5 플라즈마 구성 입자의 활용

플라즈마를 구성하는 3가지 입자인 전자, 라디칼, 양이온 중에 전자는 쉬쓰 생성에 활용하고, 라디칼은 타깃 물질과 부착 혹은 결합하도록 합니다. 양이온은 라디칼과 반대로 주로 충돌을 일으키도록 하여 활용하지요. 즉 라디칼과 양이온의 쓰임새는 서로 반대가 됩니다.

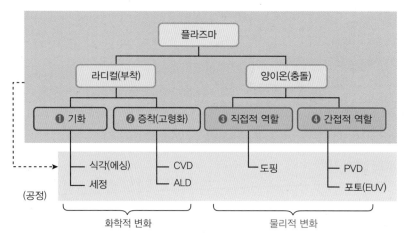

그림 21-7 플라즈마 구성 입자들의 활용 공정

■ 라디칼 활용

활동력이 매우 큰 활성원자인 라디칼의 경우, ❶ 라디칼이 표면에 위치한 막의 원자나 분자와 결합하여 화학적으로 다른 물질인 가스 상태로 변하면 식각(+에싱)이나 세정이 되는 것이고, ❷ 막의 원자와 결합하여 화학적으로 변화하면서 표면에 달라붙어 고형화되면 CVD/ALD 증착이 됩니다. 즉 식각(+에싱), 세정, 증착은 공정 후 완료된 결과는 다르지만, 모두 같은 줄기에서 나온 비슷한 공정인 셈이지요. 라디칼이 주도하고 화학적으로 변화하는 모습까지 매우 유사합니다.

■ 양이온 활용

❸ 양이온은 도핑(주입) 공정에서 활용됩니다. 플라즈마 덩어리에서 양이온을 뽑아내어 웨이퍼 기판 밑(ESC 정전척 등)에 마이너스 전압을 걸면, 양이온들이 음극을 향해 질주하다가 진로를 가로막고 있는 웨이퍼 표면에 충돌하여 막을 구성하고 있는 결합 구조 속으로 침투합니다. 그리고 기존에 결합되어 있던 원자를 밀쳐내고 주변의 원자들과 결합하는 형태가 되는데, 이를 플라즈마-이온주입이라 합니다. ❹ 또한 PVD는 양이온을 간접적으로 활용하는 경우이지요. 아르곤의 양이온이 물리적으로 금속판(양이온과 음극판 사이에 위치)의 표면에 있는 분자와 충돌할 경우, 금속분자 간의 결합력이 끊어지면서 금속판에서 분자들이 수많은 증기(Vapor)로 떨어져나옵니다. 이런 금속성 증기들은 반대편에 위치한 웨이퍼 표면에 달라붙는데, 이는 PVD의 스퍼터링(Sputtering) 방식이 됩니다. 이온주입과 PVD, 이 두 공정 또한 양이온을 만들고, 마이너스 전압이란 유인책을 이용하여 양이온을 충돌시키는 과정은 동일합니다. 결국 플라즈마를 구성하는 입자들을 어떤 방식으로 활용하느냐로 식각/세정, 증착(CVD, ALD)의 모습들이 달라지고, PVD와 이온주입이 진행됩니다. 그 외에 EUV-포토에서도 양이온을 활용합니다. 이 경우는 EUV파를 만드는 데만 플라즈마가 간접적으로 개입(광원 소스)을 합니다.

21.6 플라즈마의 양 vs 증착막 두께 조절

분자나 원자, 라디칼 상태에서 전자가 전리(이온화)되면 중성 상태가 깨지면서 전자와 양이온이 갈라서게 됩니다. 플라즈마는 외부에서 볼 때는 중성, 내부에서는 음극과 양극이 상존하는 상태로 준중성 상태를 유지하게 됩니다. 플라즈마를 구성하는 입자들 중 전자들의 속도가 가장 빠르므로 전자들이 플러스 전극이나 챔버 벽으로 쉽게 빨려 들어가거나 충돌하면서 플라즈마와 전극 혹은 챔버 벽 사이에 반응이 없는 영역이 발생되는데, 이를 쉬쓰(Sheath)라 합니다. 플라즈마가 쉬쓰로 둘러싸여 정체가 된 라디칼 혹은 중성 입자들이 웨이퍼 표면에 달라붙게 되면 증착이 되면서 막이 두터워지는데, 이를 PECVD라 합니다. 따라서 프로세스 챔버에 인가하는 전력에너지를 조절하면, 플라즈마 내의 전자나 양이온 혹은 라디칼의 활동에너지와 양을 조절할 수 있어서 PECVD나 PVD 공정 진행 시에 막의 두께를 어느 정도로 형성할 것인지 계산해낼 수 있는 장점이 있습니다.

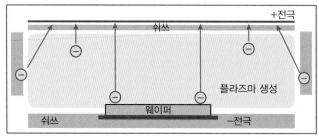

프로세스 챔버

그림 21-8 프로세스 챔버 내 발생된 쉬쓰

상부판에 플러스 전압, 하부판에 마이너스 전압을 인가하면, 하부판에 놓인 웨이퍼 주위 및 챔버 벽에는 쉬쓰가 발생하여 라디칼이나 양이온이 활동하기 좋은 환경이 됩니다. RF 에너지, 전극의 전압 크기, 진공 상태, 투입된 소스가스의 양 등으로 라디칼이나 양이온의 활동량을 조절할 수 있어서 결과적으로 막의 두께를 관리합니다. 막의 두께는 공정 완료 후에 웨이퍼를 SEM(Scanning Electron Microscopy, 주사형 전자현미경)[3]이나 TEM(Transmission Electron Microscopy, 투사형 전자현미경)[4]으로 검사하여 판단하지요.

■ 펄스 플라즈마의 통제

플라즈마를 형성하기 위해 RF를 지속적으로 인가할 경우, 정상적인 플라즈마가 생성되고 이를 CW-RF(Continuous Wave RF) 모드라 합니다. CW-RF의 문제점 중 하나는 플라즈마를 계속 생성(플라즈마-ON)만 시키고 소멸(플라즈마-OFF) 기능이 없기 때문에 활용에 제한적이었습니다. 플라즈마의 응용 범위를 증대하기 위해 플라즈마-OFF 기능을 추가하면 ON-OFF 기능에 의해 플라즈마 입자 수나 입자의 밀도 등을 유연하게 활용할 수 있게 됩니다. 즉 RF(혹은 DC)가 ON이 되면 플라즈마도 ON이 되고, RF가 OFF가 되면 플라즈마도 OFF가 됩니다. RF든 DC든 ON-OFF의 펄스(Pulse) 형식으로 인가하면, 그에 맞추어 플라즈마도 일정한 주기를 갖고 생성-소멸을 반복하게 되는데, 이를 펄스 플라즈마(Pulsed Plasma)라고 합니다. 플라즈마-ON/OFF는 일정한 듀티사이클(DC, Duty Cycle)을 갖게 되는데, 방식이 개선될수록 플라즈마-OFF 기간이 길어져서 듀티사이클 수치가 낮아집니다. 이는 ON-OFF 시간으로 플라즈마를 제어(입자 전체 수, 반응효율 및 플라즈마 ON 시간)할 수 있다는 의미로써, 양이온과 라디칼의 반응을 보다 세밀하게 관리하여 증착, 식각, 세정 등에 정밀도와 신뢰성을 높여 폭넓게 활용할 수 있습니다.

---

3 **SEM** : 웨이퍼를 절단하지 않고, 웨이퍼의 표면 상태를 전자현미경으로 반사광을 이용하여 분석할 수 있어서, 팹 라인에서 양산 진행 시에 사용함

4 **TEM** : 대패로 썰듯이 웨이퍼를 얇게 박편을 만든 후 절단된 면을 빛으로 투사하여 분석하는 장치로, 고분해능의 분석이 가능한 전자현미경으로써 분석실이나 랩(Lab)에서 사용함

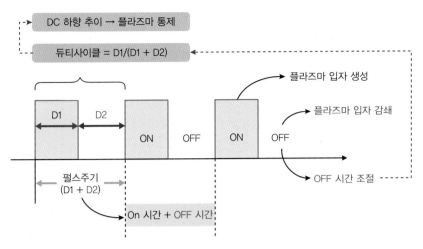

그림 21-9 듀티사이클(DC)과 펄스 플라즈마의 통제

21.7 플라즈마 생성 방식

플라즈마를 생성하기 위해 인가하는 에너지는 전자빔, RF 제너레이터, DC, AC 등이 있습니다. 구조물 설치에 따라서는 크게 용량성 결합 플라즈마(CCP, Capacitive Coupled Plasma)와 유도성 결합 플라즈마(ICP, Inductive Coupled Plasma)로 나뉘지요. CCP는 아래위에 설치된 2개의 판을 이용하여 전압을 인가하는데, 전기의 종류에 따라서 직류(DC) 플라즈마 혹은 교류(RF, 1초에 1,300만 번 +/−가 변화) 플라즈마라고 합니다. 코일을 감아 놓은 ICP는 당연히 교류(RF)만 투입하겠지요. CCP, ICP 모두 전자를 가속시켜 투입된 소스가스 입자에 충돌시켜 플라즈마를 만드는 방식인데, CCP는 전극판으로 전계를 발생시켜 전자를 움직이고, ICP는 코일로 자계를 발생시켜 전자를 가속시킵니다.

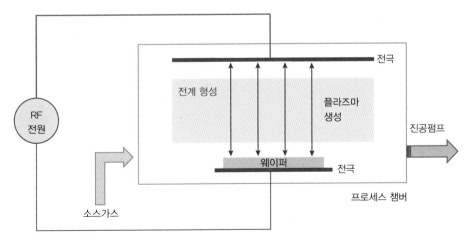

그림 21-10 용량성 결합 플라즈마(CCP)

■ CCP(용량성 결합 플라즈마)

(1) DC를 이용한 플라즈마

CCP는 용량성이므로 챔버 내의 2개 전극판 사이에 플라즈마를 형성합니다. 처음에는 전극판 사이를 10mmHg(10Torr) 정도의 진공으로 만든 다음, 아르곤 등 필요한 소스가스를 투입하고 파센곡선에 의한 DC를 인가하면, 프로세스 챔버 내에 전기장이 형성됩니다. 전기장에 따라 전자가 직진운동을 하면서 중성 원자들과 충돌하는데, 이때 파센의 플라즈마 생성 조건에 따라서 플라즈마 입자들이 만들어집니다. 이는 플라즈마를 적용하기 시작하는 초창기 방식이었습니다.

(2) AC를 이용한 플라즈마

이 또한 CCP 방식인데, DC 플라즈마의 단점은 DC 상태가 오래 지속되면 마이너스 전극에 양이온이 계속 달라붙어 쌓이면(스틱, Stuck 현상) 더 이상 DC를 계속 투입할 수 없어서 챔버 내에 전기장이 형성되지 못하는 것입니다. 연이어 전자 활동이 중지되므로 플라즈마가 금방 사라지지요. 따라서 음전극을 일정한 시간 간격으로 양전압과 음전압으로 바꿔주면서 인가합니다. 그런데 일정 시간 간격으로 변경해주는 것이 번거로워서 아예 전극판에 AC를 인가하여 DC 플라즈마의 문제점을 해결했습니다.

(3) RF 제너레이터를 이용한 플라즈마

AC 플라즈마보다 효율을 높이기 위해 RF 제너레이터(13.56MHz)를 이용하고 임피던스를 매칭시키면, 전력효율이 높아지면서 프로세스 챔버 내에 고밀도의 플라즈마를 생성할 수 있습니다. 그러나 초기에 임피던스를 알맞게 매칭시키기가 어렵다는 단점이 있습니다. 그러나 CCP 중에서는 RF를 이용한 방식이 가장 많이 활용되고 있습니다.

(4) CCP의 장단점

CCP의 특징으로는 전극판이 챔버 내에 전체적으로 펼쳐져 있으므로 플라즈마의 밀도가 대부분의 영역으로 고르게 형성(Uniformity가 높음)이 되는 대신, 입자밀도 자체는 ICP에 비해 높지 못합니다. 전압으로는 높은 전압까지 인가가 가능하여 플라즈마의 이온화 에너지가 커서 절연막 등 강력한 막의 등방성 식각에 용이합니다. 따라서 웨이퍼 전체 영역에 대해 막을 형성하거나 식각을 할 때 적용하면 유리합니다.

입자의 순간 온도는 태양 표면 온도인 6,000K까지 상승하기도 하며 쉬쓰(Sheath)도 ICP에 비해 조절이 용이합니다. 그렇지만 형태가 단순한 대신 다수 오염이 있을 수 있습니다. CCP는 미세한 패턴보다는 낮은 레벨의 테크놀로지(Low Technology)에서 자주 활용합니다. 왜냐하면 플라즈마 에너지로 인한 웨이퍼 박막 상의 데미지를 줄이려면 플라즈마 에너지를 줄여야 하는데, 에너지를 줄이면 플라즈마 입자들의 활동이 약화되어 RIE 식각, HDPCVD 증착 등 높은 효율이 필요로 하는 방식에는 부합하지 못하게 됩니다. 즉 하이-테크놀로지(High Technology)의 미세화 회로에 적용하기에는 적당하지 않습니다.

■ ICP(유도성 결합 플라즈마)

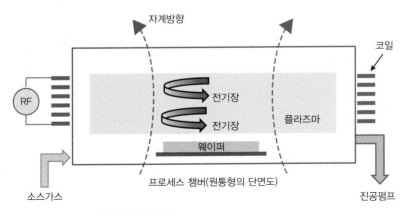

그림 21-11 유도성 결합 플라즈마(ICP)

(1) 플라즈마 변천 방향

플라즈마의 생성 방식은 DC-CCP → AC-CCP → RF-CCP → ICP 등으로 변천되는데, 이는 전 단계의 단점을 보완하는 방식으로 발전되어 왔습니다. 발전 방향은 플라즈마 입자 균일성 → 입자 의 밀도 상향입니다. 이외에 프로세스 챔버 분위기 통제로는 진공을 높여 인가할 전원전압을 적정하 게 낮춰서 조절하고, 입자의 에너지 통제와 타깃막의 데미지가 없어야 합니다. 즉 제어가 가능한 범 위 내에서 플라즈마 밀도를 어떻게 높일 것이냐가 향후 플라즈마의 방향이 됩니다. DC-CCP, AC-CCP 등 진공도가 낮을 때는 공기를 빼는데 터보 펌프(Turbo Pump)를 이용하지만, RF-CCP, ICP와 같이 진공도가 높은 고진공일 때는 극저온을 이용한 크라이오 펌프(Cryo Pump)를 활용하 지요. 이는 입자를 얼어붙게 하여 뽑아냅니다.

(2) ICP 플라즈마

CCP의 단점을 보완하기 위해 개발된 ICP는 유도성이므로 챔버 외곽에 전극용 코일을 감아 놓은 복 잡한 구조가 되겠습니다. 이런 원통형(고체 모기향 같은 구조의 평면 원형 코일도 적용) 구조로 인해 오염이 적고(고진공) 입자들이 이동하면서 형성하는 전류를 조절할 수 있어서, 높은 입자밀도까지 구현할 수 있지요. 코일에 전류를 흘려서 생성된 자계를 이용하여 이온들을 한정된 영역으로 몰아넣 으면 플라즈마 전자 혹은 양이온 입자(혹은 양성 라디칼)를 $10^{15}cm^{-3}$의 고밀도 플라즈마 상태로 만 들 수 있습니다. 챔버 내의 압력이 CCP의 1/10 정도(즉 진공도가 10배) 임에도 불구하고 전자들이 전기장을 따라서 원통형으로 운동하면서 라디칼 등을 계속적으로 생산함으로써 부분별로 플라즈마 입자들을 다량 만들어내지요.

21.8 ICP Application

한정된 영역에서는 높은 이온밀도와 이온에너지를 이용하여 균일한 ICP 플라즈마를 생성함에 따라 고종횡비의 RIE(반응성 이온식각), 높은 밀도가 요구되는 HDPCVD 화학증착(High Density Plasma) 등에 응용됩니다. 또한 낮은 온도인 350℃에서도 플라즈마를 이용하여 비정질 화학증착층, 혹은 PEALD도 가능합니다. 그러나 입자들은 원통형 통돌이 세탁기 내의 물의 흐름과 같이 국부적인 입자밀도는 높게 할 수 있지만, 전체적으로는 CCP에 비해 균일성이 떨어집니다. 따라서 디램의 커패시터를 형성하기 위한 식각이나 이방성이 필요한 영역에서 활용하면 유리하고, 웨이퍼 전체 면적에 대하여 동일한 두께가 필요시에는 CCP로 증착합니다.

그림 21-12 (좌) 플라즈마 식각 장치(ICP-RIE), (우) 플라즈마 증착 장치(PECVD)[40]
연구실, 실험실, 소규모 소량다품종 제조 시에 적합합니다.

• SUMMARY •

미지의 세계를 다루는 공정에서 미세화 및 균질성 회복 문제는 가장 대표적인 이슈죠. 막을 깎아내는 습식식각의 등방성은 플라즈마를 사용한 건식식각(RIE, Reactive Ion Etch)의 이방성으로 이동했습니다. 막을 형성할 때의 얇은 두께와 균질하면서 고밀도가 필요한 막은 역시 플라즈마를 이용한 HDPCVD로 해결했고, EUV 13.5nm의 짧은 파장도 13.56MHz의 RF 에너지를 가한 플라즈마가 개입해서 이끌어냈습니다. 플라즈마 공법은 반도체 공정에서 갈수록 자주 적용되고 있는데요. 특히 막 형성과 연관된 공정에 플라즈마의 사용이 더욱더 많아질 것으로 보입니다. 향후 플라즈마를 이용한 이온주입 방식으로 현재의 복잡한 이온주입 공정 단계와 장비를 간소화시킬 수도 있겠습니다. 또한 플라즈마는 펄스 플라즈마를 이용하여 더욱 통제 가능한 범위로 제어함으로써, 반도체 공정의 고민을 해결해주는 해결사로 거듭나고 있습니다.

플라즈마 편

01 플라즈마를 생성할 수 있는 조건이나 현상이 <u>아닌</u> 것은?

① 분위기 온도가 10만℃ 이상으로 상승 시

② 공기의 기압을 10mmHg 정도로 유지하면서 100V 전압 인가 시

③ 태양의 표면

④ 용광로에 철광석을 녹일 때

⑤ PDP TV 혹은 형광등이 켜질 때

02 그림은 플라즈마를 생성하고 응용하는 장치이다. 이 장치를 이용하여 진행되는 공정에 대한 설명 중 옳지 <u>않은</u> 것을 〈보기〉에서 모두 고르시오.

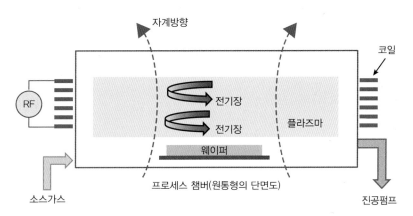

보 기

(가) 유도성 플라즈마(ICP)이다.

(나) 플라즈마는 DC-CCP → AC-CCP → RF-CCP → ICP 등으로 변천되었다.

(다) 플라즈마의 발전 방향은 밀도 중시에서 입자 균일성이다.

(라) RIE(반응성 이온식각), HDPCVD 화학증착(High Density Plasma)에 응용된다.

(마) 웨이퍼 전체 면적에 대해 동일한 두께가 필요시에는 ICP로 증착한다.

① 다   ② 다, 마

③ 가, 다, 라   ④ 가, 나, 다, 라

⑤ 가, 나, 다, 라, 마

03 플라즈마는 전체적으로 준중성 상태가 유지되는데, 플라즈마를 구성하는 전자들의 속도가 양이 온보다 빠르게 되면서 쉬쓰(Sheath)가 발생한다. 〈보기〉의 쉬쓰에 대한 설명 중 옳지 <u>않은</u> 것을 모두 고르시오.

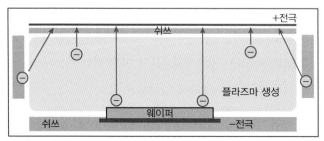

프로세스 챔버

보 기

(가) 쉬쓰는 플라즈마-전극 혹은 플라즈마-챔버벽 사이에 발생한다.

(나) 쉬쓰로 둘러싸여 정체가 된 라디컬이 달라붙게 되는 증착이 LPCVD이다.

(다) 상부판에 플러스 전압, 하부판에 마이너스 전압을 인가하면 하부판에 놓인 웨이퍼 주위에 쉬쓰가 발생한다.

(라) 쉬쓰는 라디칼이나 양이온의 활동을 막는 작용을 한다.

(마) RF 에너지, 전극의 전압 크기, 진공 상태 등으로 쉬쓰를 관리하여 막의 두께를 조절한다.

① 가, 나, 다, 라, 마
② 나, 다, 라, 마
③ 가, 다, 마
④ 나, 라
⑤ 마

04 그림은 플라즈마를 구성하는 입자들의 활용을 나타낸다. 〈보기〉에서 라디컬과 양이온을 이용하는 팹 공정을 알맞게 매칭시킨 것을 모두 고르시오.

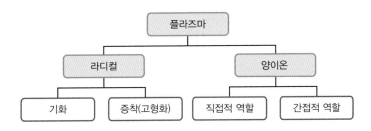

(가) 라디컬이 표면에 위치한 막의 원자나 분자와 결합하여 화학적으로 다른 물질인 가스 상태로 변하면 식각이나 에싱 혹은 세정이 된다.

(나) 제1라디컬이 제2라디컬과 혹은 라디컬이 막의 원자와 결합하여 화학적으로 변하면서 표면에 달라붙어 고형화되면 증착이 된다.

(다) 양이온이 실리콘 결합 구조 속으로 침투한 후 물리적 충돌을 일으키는 방식으로는 산화 공정이 있다.

(라) 양이온이 물리적으로 금속막의 표면에 있는 분자와 충돌하여 발생시킨 분자 상태의 증기를 이용하여 증착시키는 방식이 PVD이다.

(마) PR 스트리핑(PR Stripping)은 플라즈마를 이용한 현상 공정이다.

① 가, 나, 라   ② 가, 다, 라

③ 가, 라, 마   ④ 나, 다, 라

⑤ 나, 다, 마

CHAPTER 22

식각 : 패턴을 시작하다[1]

막 위에 패턴을 만드는 공정으로는 포토(Photo), 식각(Etching), 세정(Cleaning)이 구성되어야 합니다. 포토 공정에서 감광막(Photo Resist, PR)이 현상 용액으로 녹아서 없어진 후에는 하부막이 드러나는데, 식각은 필요하지 않은 영역의 하부막을 용액이나 플라즈마로 제거해 필요한 패턴만을 남기는 단계입니다. 마스크(Mask)의 형상화된 패턴이 PR로 코팅된 웨이퍼에 내려온 후(노광 → 현상), PR 패턴이 다시 PR 하부에 형성된 막(절연성막 혹은 도전성막)으로 이동되는 과정이지요. 전반적으로 2D/3D 기술이 발전함에 따라 포토 공정과 더불어 식각이 반도체의 핵심 공정으로 부상하고 있는 이유가 무엇일까요? 습식식각과 건식식각은 서로 어떤 차이가 있을까요?

22.1 미세화의 도전과 식각의 대응

식각의 목적은 노광 패턴을 물리적 패턴으로 형상화시키는 데 있습니다. 또한 화학적/물리적 방법을 동원하여 필요하지 않는 부분을 선택적으로 조각해낼 수 있도록 CD를 제어하고, 식각 후 다음 공정을 진행하는 데 있어 식각 행위로 인한 문제(특히 박막의 데미지, 미비된 식각 부위 등)가 없도록 하는 것입니다. 회로 선 폭(Critical Dimension, CD)이 미세화(2D 관점)됨에 따라 식각 방식은 습식에서 건식으로 변화했고, 그에 따라 장비와 공정의 복잡도는 높아졌습니다. 구조와 재질의 다변화로 High-k, 신규 메탈(Cu) 물질에 대한 식각효율 향상에 대해 식각이 대응해야 하고, 3D 셀(Cell)과 FinFET, TSV 등 새로운 형태와 다양한 적층(Stack) 방식이 나타나 이들을 제대로 식각해내기 위해 식각의 핵심 성능지수에 변동이 생겼습니다. 심지어 예전에는 하방 식각에만 관심이 있었는데, 지금은 신경 쓰지 않았던 측벽 식각도 소자의 성능에 영향을 끼치게 되어, 식각 방향이 하방-Only에 더하여 측방도 추가되었습니다.

22.2 증착과 식각의 발전

증착(Deposition, CVD, ALD, PVD)으로 막(Layer)을 형성한 후, 형성된 막 위에 회로 패턴을 그리는 공정인 노광(Exposure)을 거친 뒤, 웨이퍼에 새겨진 패턴대로 조각을 하는 공정이 바로 식각

---

1 이번 장에서는 식각의 발전 방향과 변천 등 식각 공정의 개략적인 내용을 다루고, 다음 장에서는 플라즈마를 이용한 식각 프로세스에 대해 다룸

(Etching)이지요. 포토 공정은 밑그림을 그리는 단계이므로, 웨이퍼에 실질적인 외형 변화를 일으키는 공정은 증착과 식각입니다. 반도체를 개발한 이후 현재에 이르기까지 식각과 증착의 기술은 앞뒤를 다투며 발전해왔습니다. 증착에 있어 가장 획기적인 변곡점은 1990년대 초, 1Mb에서 4Mb 디램으로 디바이스 용량이 확장되면서 TR을 만들 때 트랜치(Trench)가 아닌 적층(Stack) 방식을 채용한 것입니다. 식각의 경우 3D 낸드 플래시 셀을 24단 이상으로 쌓기 시작했던 2010년대 초반, 종횡비(Aspect Ratio, 높이/밑변 길이)가 갑자기 높아져 깊은 우물이 한 번에 식각이 안되어 두 번에 걸쳐 2단계 식각을 해야 했던 것이 식각 기술을 진일보하게 만들었지요. 그 후 현재는 128~256 단 사이에 와 있고, 앞으로 512단까지 셀을 식각으로 구분해서 적층해야 하므로 식각은 기술적으로 가장 난해한 공정 중 하나가 되어가고 있지요. 따라서 식각을 2개 Step(1개 Step : 250단)으로 이어붙일 경우 향후 500단까지 가능하고, 4개 Step을 붙일 경우는 1,000단까지 가능합니다. 그에 따라 디램의 고종횡비를 갖는 커패시터를 파낼 때에도 3D 낸드의 식각 기술이 응용되고 있습니다.

 **Tip** 셀 적층(Cell Stacking)은 셀 위에 셀을 쌓는 방식으로 3D-NAND에 처음 적용했습니다.

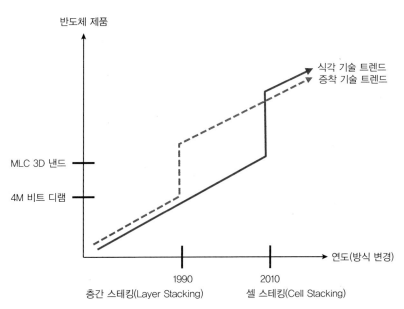

그림 22-1 증착과 식각의 기술 발전 트렌드

22.3 식각 방식의 변천

식각 공정은 2D(평면 구조) 방향의 미세화 및 3D(입체 구조) 방향의 적층 기술에 발맞춰 함께 발전해왔습니다. 2D 반도체가 주류를 이뤘던 1970년대에는 회로 선 폭이 $100\mu m$에서 $10\mu m$로, 더 나아가서 $10\mu m$ 이하급으로 급격히 줄어들던 시기였습니다. 이 기간에 대부분의 핵심 공정 기술의 정렬이 마무리됐으며, 식각 기술도 습식(Wet Type)에서 건식(Dry Type)으로 정착되었지요.

1970년대 초에 화학적 습식으로는 등방성 이슈로 인해 5μm 선 폭을 구현할 수 없게 되자, 플라즈마를 접목한 건식 방식이 1970년대 중반에서 1980년대 초반까지 여러 옵션들로 새롭게 개발되었습니다. 오늘날 대부분의 식각은 건식으로 진행되고 있으며, 습식식각은 세정 공정 쪽으로 이동하여 응용 및 발전되고 있습니다. 그러나 웨이퍼 전체 표면을 식각할 때는 등방성이 문제가 되지 않으므로 습식이 유리합니다. 건식은 플라즈마의 조건을 구비해야 하므로 프로세스 챔버를 발생시키고자 하는 플라즈마에 맞추어 진공도를 높이고, 식각에 사용할 에천트 가스를 MFC(Mass Flow Controller)를 통해 주입합니다. 그런 후 플라즈마를 활성화시키기 위해 에천트에 맞는 전기에너지를 인가하지요.

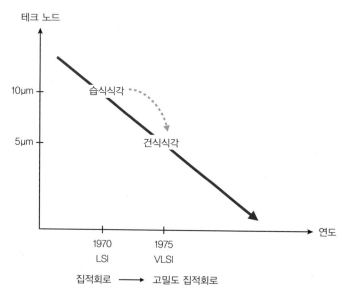

그림 22-2 미세화(2D)에 따른 식각 방식의 발전

22.4 식각의 장단점 : 습식 vs 건식

습식식각은 용액을 재료로 하는 만큼 건식에 비해 식각속도가 빠른 반면, 식각 후 구조물이 네모반듯 한 형태로 나오지는 않습니다. 모든 방향으로 동일하게 깎아내는 등방성(Isotropic Etch) 성질을 갖고 있기 때문입니다. 이러한 성질로 인해 습식식각은 횡적방향으로의 면적 손실이 금기시되는 미세화에 있어 CD 조절이 어렵다는 치명적인 단점을 갖게 됩니다. 그러나 용액 온도와 에천트(Etchant, 식각 용액)의 농도로 식각속도를 자유롭게 조절할 수 있고 특히 막을 선별하여 깎아내는 기술인 선택비가 매우 우수하지요. 또한 공정이 단순(습식식각 → 린스 → 드라이)하고 장비 또한 간단하면서 가격이 저렴합니다. 웨이퍼를 에칭 용액에 디핑(Dipping)을 하기 때문에 대량의 웨이퍼를 한번에 진행할 수 있고, 다양한 에천트를 적용할 수 있어서 대상 막질의 제한을 받지 않는 편입니다.

용액성 화학물질 대신 플라즈마를 에천트로 사용하는 건식식각은 한쪽 방향으로만 식각을 하는 이방성 성질(Anisotropic Etch, 대부분 이방성 + 약간의 등방성)을 갖습니다. 증착막을 수직축 아래로만 깎아내므로 의도했던 나노미터(nm) 단위 프로파일(Profile)의 초미세 구조를 구현할 수 있는 수준까지 도달했습니다. 따라서 활용면에서도 식각의 90% 정도를 건식으로 진행하고 있지요. 그러나 건식 속도가 매우 느리고 속도 조절 또한 습식에 비해 어렵습니다. 장비면에서는 주로 플라즈마를 사용(플라즈마 미적용 건식식각도 있음)하기 때문에 RF 전원, 진공 장치, 가스 공급 시스템들이 필요하여 장비가 복잡하고 가격도 높습니다. 습식식각은 공정이 완료한 후 사용한 용액을 폐기해야 하므로 환경 오염을 야기합니다. 하지만 건식식각은 배출 라인 중간에 스크러버(Scrubber)라는 장치를 통해 배기가스를 중화시켜 공기 중으로 배출하기 때문에 환경에 영향을 적게 미친다는 장점이 있습니다.

> **Tip** 식각률(식각속도, Etch Rate)은 1분당 제거되는 식각의 깊이[Å/min]입니다. 식각은 식각률을 근간으로 선택비, 균일성, 부하부작용(Loading Effect) 등을 조절하고 결정합니다.

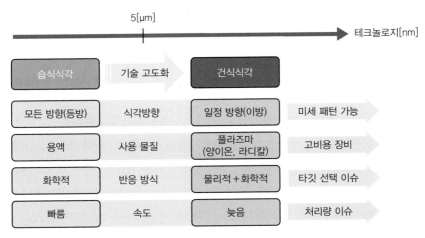

그림 22-3 습식식각과 건식식각의 장단점 비교

■ 선택비 조절

웨이퍼 위는 서로 다른 여러 층이 복잡하게 얽혀 있는 구조이므로 동일한 프로세스 챔버 내 동일한 식각 조건에서 타깃 부위(층)만을 골라내어 식각을 하려면, 각 층의 식각속도가 상대적으로 현격한 차이가 나야 합니다. 그러나 식각 시 없애야 할 층(막질)을 선택하는 데 있어 어려움이 따르지요. 식각할 막질을 선택할 때는 화학적으로 반응하는 용액을 사용하는 습식식각이 유리하며, 건식식각은 물리적 방식과 화학적 방식을 합성시켜 깎아내는 방식[2]이기 때문에 선택적 식각 측면에서는 불리합니다. 그러나 최근에는 건식 방식에서도 타깃 이외의 하부 재질이나 PR 등이 식각되지 않도록 선택비가 높은 식각용 가스(Etchant)를 사용하고 있습니다.

---

2 대표적인 방식으로는 RIE가 있음

22.5 식각 형태와 막질

■ 형태적 측면

형태적 측면에서 식각이 기여하는 모습을 보면, 아래층과 위층을 연결하는 통로를 만들기 위한 콘택(Contact)/비아(Via) 식각이 있고, 그 밑으로 게이트 식각이 있습니다. 이외에도 TR과 TR 사이를 분리해주는 트랜치 식각 혹은 실리콘 식각이 있습니다. 콘택/비아 식각은 해당하는 절연막을 아래로 뚫고 그 구멍으로 도전성 물질을 채워 넣어 TR 3개 단자와 상단의 메탈층(혹은 메탈과 메탈층)을 연결하는 데 목적이 있습니다. 게이트 식각은 제품의 테크놀로지를 대표하는 CD를 확보해야 하며, 최근에는 게이트 CD가 3D화 되어가고 있어서 형태적으로 다양한 변화를 겪고 있고 그에 따른 맞춤형 식각이 이루어져야 합니다. 트랜치 식각은 참호처럼 실리콘 기판에 구멍을 파낸 뒤 그곳에 강력한 절연성 물질을 채워 넣어 TR과 TR 사이에 누설전류가 흐르지 못하도록 하지요.

> **Tip** 트랜치(참호)는 웨이퍼 표면 밑으로 구멍을 파낸 형태로 STI(Shallow Trench Isolation)를 만들기도 하고, 1980년대에는 트랜치에 트랜지스터 자체를 형성하기도 했습니다.

■ 막질 측면

(1) 절연막 식각

막질 측면에서 볼 때, 콘택/비아 식각을 할 때는 ILD/IMD의 절연층을 식각하여 홀을 뚫습니다. 게이트 패턴을 만들 때에도 게이트층 하부에 절연막이 있습니다. 절연 성질을 갖는 게이트 옥사이드는 산화막으로 이산화실리콘(SiO_2), 이산화하프늄(HfO_2), 이산화지르코늄(ZrO_2) 등이 해당되는데, 이는 습식식각 용액(Echant)으로는 불산(HF)을 사용하고 건식식각은 C-F계열의 식각용 기체를 사용합니다. 이산화실리콘(SiO_2)막일 경우 사불화탄소(CF_4) 가스를 플라즈마로 만들어서 SiO_2(s, 절연막) + CF_4(g, 에천트) = SiF_4(g, 생성가스) + CO(g, 생성가스) + CO_2(g, 생성가스)으로 반응하도록 한 다음 세 종류의 가스를 배출합니다.

(2) 실리콘 및 금속막 식각

게이트 단자의 패턴 시에는 폴리실리콘 막이 대상이고, 만약 게이트 재질이 금속일 때는 알루미늄 혹은 텅스텐을 식각해야 하지요. 게이트 옥사이드와 게이트 단자를 묶어 한꺼번에 식각(물론 재질별로 에천트 투입)하면 포토와 에싱 공정의 단계를 줄일 수 있습니다. 게이트 상부의 다른 금속선도 모두 CL계열의 에천트 가스로 식각할 수 있습니다. 알루미늄인 경우는 염소가스를 투입하여 Al(s, 금속막) + Cl_2(g, 에천트) = $AlCl_2$(g, 생성가스)로 반응시킵니다. 구리 재질인 경우는 식각이 다른 금속에 비해 어려우므로(현재는 여러 옵션을 개발하고 있음) 다마신 방식으로 모양을 냅니다. 트랜치 식각을 할 때는 하부에 단결정 실리콘 재질의 기판이 식각할 대상이 됩니다. 식각은 주로 건식 방식으로 진행하고, 습식일 경우는 각 막질에 따라 알맞은 에천트를 선택해 막질별로 식각을 한 후, 그에 따른 화학 반응을 면밀히 살펴야 합니다.

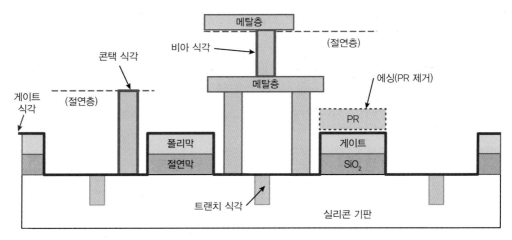

그림 22-4 식각 대상의 형태와 막질

22.6 식각 공정의 순서와 이슈

TR 단자 3개를 만들어내는 주요 공정은 처음에 막을 형성하고, 형성된 막 위에 PR을 도포한 뒤에 노광 → 현상 → 식각 → 에싱 → 세정 → 검사 → 이온주입으로 이어지는 공정 단계를 밟습니다. 이때 PR을 깎아내는 현상이 잘 이뤄지지 않을 경우 잔존해 있는 PR이 식각을 방해합니다. 식각 시에도 패턴을 만들 때 타깃막을 충분히 깎아내지 않으면(Under Etch일 경우) 이온주입 시 미식각된 층에 막혀 계획한 대로 주입하지 못하게 됩니다. 건식식각 후 남아있는 폴리머 찌꺼기를 완전히 세정하지 못한 경우에도 마찬가지지요. 반대로 식각 시 플라즈마 이온가스 양이 많거나 시간 조절에 실패해 막을 과다하게 깎게 되면(Over Etch) 하부 막질에 물리적 손상이 생깁니다.

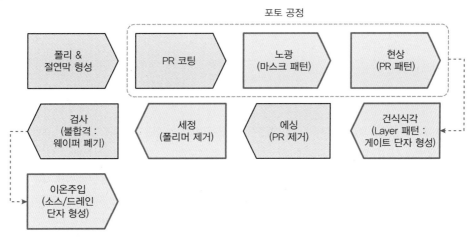

그림 22-5 식각과 관련된 공정

따라서 건식식각에서는 정확한 종말점(EOP, End of Point)을 찾는 게 중요하며, 식각 후 PR을 제거하는 에싱 및 세정 공정과 더불어 식각 상태를 꼼꼼히 검사해야 합니다. 또한 웨이퍼 표면 상에서 부분별로 식각률이 상이해도 일정 영역별 과도식각(Over Etch)과 미비식각(Under Etch)이 발생해 웨이퍼 자체가 불합격(Rejection)될 수 있습니다. TR을 동작하는 입장에 있어서는 과도식각보다는 미비식각이 더 치명적이라 할 수 있어서 EOP는 약간 Over해서 세팅해 놓기도 합니다.

그림 22-6 식각 장비 @ AMAT(사)[41]
고난이도 리소그래피에 따른 식각으로 EUV 포토마스크 식각 및 복잡한 필름 스택용 식각이 가능합니다.

Tip AMAT(Applied MAT, 어플라이드 메터리얼즈)는 포토용 장비를 제외하고는 세계 1위의 장비 업체입니다. 식각, 증착, 확산, 이온주입 등 반도체의 주요 공정을 담당하는 장비를 전세계 반도체 IDM 혹은 파운드리 업체에 공급하고 있습니다. 특히 경쟁회사를 M&A하여 유리한 위치를 점유하는 전략이 특기라 향후에도 유사한 흐름을 견지할 것으로 판단됩니다. 현재 세정 장비는 많은 회사들이 참여하고 있어서 레드오션(Red Ocean)이 되어 가고 있고, 중간 정도의 경쟁 환경으로는 확산과 증착 장비 분야로 이 또한 경쟁이 점점 치열해지고 있습니다. 그러나 아직까지 식각과 ALD, 이온주입 공정 장비는 고난이도의 기술 집약이 필요하여 AMAT에게는 블루오션(Blue Ocean)인 셈입니다(세정 장비의 난이도도 점차 높아지고 있습니다). 포토를 제외한 공정에서 AMAT 이외에도 세계적인 유망한 반도체 장비회사로는 램리서치와 TEL(도쿄일렉트론) 등 다수가 있습니다.

• SUMMARY •

마스크의 뚫린 공간으로 파장이 투사한다면, 절연막의 뚫린 공간으로는 이온이 통과합니다. 그런 측면에서 볼 때 필름 식각은 마스크에 구멍을 내는 개구(開口) 작업(포토마스크 식각)과 유사하다고 할 수 있습니다. 또한 플라즈마를 이용한 증착과 식각은 매우 유사한 공정들이지요. 외형적으로는 반대 방향이지만, 플라즈마의 라디칼이 표면에 달라붙어서 기체로 변하면 식각이 되고, 같은 자리에서 고체로 변하면 증착이 되기 때문입니다. 이렇듯 반도체 공정은 근간은 동일하지만, 약간의 변형으로 여러 가지 파생 공정을 운영하고 있습니다. 식각이 기본 공정이라면, 세정과 에싱이 파생된 공정이라고 볼 수 있습니다.

CHAPTER 23 식각 : 패턴을 완성하다

초창기에 개발된 습식식각 방식은 세정(Cleansing)이나 에싱(Ashing) 분야로 발전했고, 반도체 식각은 플라즈마(Plasma)를 이용한 건식식각이 주류로 자리잡았습니다. 건식식각은 플라즈마를 구성하는 입자 중 양이온과 라디칼을 이용하는데, 양이온은 이방성(한쪽 방향 식각), 라디칼은 등방성(모든 방향 식각)의 성질을 띠게 됩니다. 이때 라디칼이 양이온의 함량보다 월등히 많게 되지요. 그렇다면 건식식각이 습식식각과 같이 등방성 식각이어야 함에도 불구하고, 주로 이방성 식각으로 미세회로를 구현할 수 있는 이유는 무엇일까요? 또 양이온과 라디칼의 경우 식각속도가 매우 느린데, 이러한 단점에도 플라즈마를 양산용 식각 공정에 어떻게 적용할 수 있을까요?

23.1 높아지는 종횡비

회로 선 폭이 작아짐에 따라 종횡비의 값도 상승하게 됩니다. 즉 종횡비(Aspect Ratio, A/R)[1]가 10이면, 밑변이 10nm일 때 높이가 100nm의 공극을 식각 공정에서 파내야 합니다. 따라서 초미세화(2D)나 고밀도(3D)가 요구되는 제품의 경우, 식각 시 양이온이 하부막을 깊게 파고들어 갈 수 있을 정도의 매우 높은 종횡비를 구현해야 합니다. 2D에서 회로 선 폭이 10nm 미만인 초미세 회로를 구현하려면 디램의 커패시터 종횡비가 30~50 정도를 유지해야 합니다. 또한 낸드 플래시의 3D 역시 셀의 적층수로 512단 이상을 구현하기 위해서는 향후 90에 가까운 고(高)종횡비가 필요합니다.

■ 갈수록 중요해지는 식각

초미세 패턴을 형성하는 데 있어서 점점 스펙 마진(설정된 스펙 값의 여유 공간 혹은 허용되는 오차 범위)이 줄어드는 데 따라 공정 난이도가 올라가면서 식각이 어려워집니다. 소자나 제품 기술 혹은 다른 공정 기술에서 요구되는 목표를 달성했다 하더라도, 식각 공정에서 이를 받쳐주지 못하면 필요한 제품을 생산할 수 없지요. 반도체 공정 기술에는 '가장 낮은 나무의 길이에 물 높이가 맞춰지는 나무 물통의 법칙'이 적용됩니다. 이는 식각 기술이 점점 중요해지는 이유입니다.

---

1 **종횡비** : 횡축 대비 종축의 길이(높이/밑변의 길이) 비율

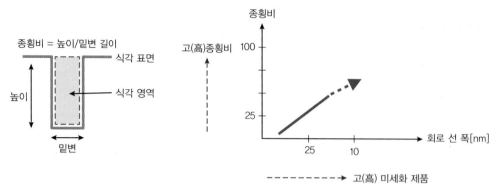

그림 23-1 선 폭 미세화에 따른 종횡비 변화

■ 위치별로 달라지는 식각의 깊이 조정

웨이퍼 상에서 식각률이 부분별로 다르다는 것은 무엇을 의미할까요? 이는 웨이퍼 상의 모든 지점에 걸쳐 식각률이 균일해야 함에도 불구하고, 지점별로 깎이는 식각의 깊이가 다르게 된다는 의미입니다. 따라서 이때 평균 식각률(%)과 식각의 깊이를 감안해 식각을 마쳐야 하는 EOP(End of Point, 종말점)를 설정하는 것이 중요합니다. EOP를 설정했더라도 식각률이 동일하지 않기 때문에 부위별로 식각이 목표보다 추가로 많이 되거나(과도식각) 덜 된(미비식각) 부분이 생깁니다. 그래도 과도식각이 미비식각보다 유리합니다.

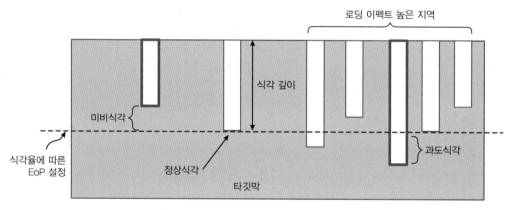

그림 23-2 식각률과 관계된 식각의 핵심 성능지수

■ 선택비, 타깃층만 깎기

식각률로 가늠하는 식각의 핵심 성능지수로 선택비(Selectivity)가 있습니다. 선택비는 항상 2개의 막질을 비교해서 따집니다. 기준은 식각이 어려운 막(마스킹 역할을 하는 막)의 식각률로 하고, 식각이 쉬운 타깃막의 식각률과의 비율을 산정해서 선택비를 결정합니다. 선택비가 높을수록, 하드마스크의 식각률 대비 타깃막의 식각이 빠르게 진행된다는 의미입니다. 하드마스크는 식각이 안 되는 것이 바람직하지만 식각이 돼도 식각속도가 매우 낮아서 극히 일부만 되고, 타깃이 먼저 식각되어야 합니다. 미세화가 될수록 선택비가 높아야 패턴이 제대로 구현됩니다. 양이온 식각의 선택비는 (직진성이므로) 낮지만 라디칼 식각은 선택비가 높으므로 이 둘을 통합한 RIE(Reactive Ion Etching)의 선택비가 높아지는 장점이 있습니다.

■ 패턴밀도, 균등하게 깎기

식각할 패턴들이 몰려 있는 부위보다는 패턴밀도가 낮은 영역일수록 식각이 더 원활하게 진행됩니다(Loading Effect, 로딩 이펙트). 챔버 내의 양이온 혹은 라디칼은 밀도가 어느 정도 균일하게 분포되어 있는데, 패턴들의 개수가 목표보다 많아지면 패턴(트랜치 혹은 공극)당, 혹은 단위 면적당 식각에 참여할 소스들이 부족해 충분한 깊이로 파내지 못하기 때문입니다. 즉 패턴밀도가 높은 영역은 표면 면적이 늘어나서 플라즈마 입자밀도가 낮아집니다. 한 웨이퍼 내의 동일한 식각률 및 웨이퍼 vs 웨이퍼 간 식각률의 균일성(Uniformity)이 중요하므로, 필터판을 프로세스 챔버 중간에 설치하기도 하고 제품 설계 시 회로 배치를 균등하게 하려는 활동들을 기울입니다.

> **Tip** 필터판(Electrode, 일렉트로드)은 작은 구멍이 숭숭 뚫린 금속판을 의미하며, 이는 프로세스 챔버 내에 웨이퍼와 소스가스 투입구 사이에 칸막이로 설치되어 있으면서 플라즈마 입자들이 웨이퍼 표면에 균등하게 입사될 수 있도록 배분 역할을 합니다.

23.3 건식식각 종류

플라즈마를 이용하는 건식식각은 크게 3가지로 구분할 수 있습니다. 양이온만 사용(물리적 방식)하는 경우, 라디칼만 사용(화학적 방식)하는 경우, 라디칼과 양이온을 모두 사용(화학적/물리적 RIE 방식)하는 경우로 나뉘게 되지요. 플라즈마를 이용한 건식식각은 대부분 RIE(Reactive Ion Etching) 방식으로 진행하거나 RIE 방식에 기반을 둔 응용 방식(유도성 ICP를 적용한 RIE 등)으로 진행합니다.

■ 양이온 식각(물리적 식각)

소스가스를 투입하여 전기적 에너지(동일한 RF)를 가하면, 기체가 해리되어 라디칼로 혹은 원자로 분리되고, 계속적으로 에너지를 가하면 전리(이온화)되면서 전자와 양이온으로 분리됩니다. 2차, 3차 전자들은 에너지를 얻어 더욱 가속화 충돌을 하면서 많은 수의 전자와 양이온을 양산합니다.

웨이퍼를 고정시키는 정전척(ESC)에 마이너스 전압을 인가하면 양이온은 ESC를 향하여 직진운동을 하게 되고, 그 사이에 웨이퍼를 가로막아 놓으면 가속된 양이온이 웨이퍼 표면에 물리적으로 충돌하면서 박막을 이루고 있는 분자들의 결정격자 결합력을 약화시킴으로써 이방성 식각이 됩니다.

화학 반응을 하지 않는 불활성 기체로 플라즈마 상태인 양이온을 생성하여 식각하는 방식을 양이온 식각(혹은 물리적 식각, 스퍼터 식각, 플라즈마 식각)이라고 합니다. 이는 PVD의 스퍼터링(Sputtering) 방식과 같이 식각할 막에 물리적 충격을 주어 분자결합을 해제시킵니다. 이온-폭격 혹은 이온-밀링(Ion Milling)이라고도 하며, 옆 벽면 식각을 거의 하지 않고 수평막을 주로 식각처리하지요. 그러나 어떤 종류의 막이든지 결합력을 약화시키므로 막질에 따라서 식각을 하는 선택적 식각(Selectivity Etching)을 하지는 못합니다(선택비가 극히 낮음). 이때 ESC에서 양이온을 끌어당기는 전기장의 에너지가 높아지면 양이온의 충돌에너지가 커져서 웨이퍼 전면부(회로면) 상의 여러 층으로 된 증착 막질에 타격을 줄 수 있어서, 전계 및 자계의 세기 등으로 양이온 에너지를 적정하게 조절하는 것이 관건입니다.

■ 라디칼 식각(화학적 식각)

화학적 반응을 하는 라디칼은 모든 방향으로 결합하려는 성질을 띄기 때문에 라디칼을 이용한 건식 방식은 등방성 식각이 됩니다. 대신 선택비가 높아서 사전에 적절한 반응가스를 이용하면 막을 선택적으로 식각할 수 있습니다. 단, 타깃막의 재질에 따라 라디칼 종류를 적절히 매칭시켜야 하지요. 라디칼은 필름(막)을 구성하는 분자들을 포획하며, 포획된 입자들은 라디칼과 함께 새로운 화합물로 변한 후 가스화되어 표면으로부터 탈착해 떨어져 나가 진공의 힘에 의해 배출됩니다. 라디칼 방식은 습식식각과 같이 등방성으로 스케일링에 역행하므로 메리트가 없어서 특별한 경우에만 사용하지요.

■ 양이온과 라디칼을 함께 이용한 RIE

RIE(Reactive Ion Etching)는 반응성 이온식각 혹은 물리화학적 식각으로, 이 방식의 순서는 1차로 이방성 성질을 갖는 양이온으로 식각 부위를 공격해 막질 내 타깃의 분자-분자 사이의 결합력을 약화시킵니다. 바로 이어서 2차로 약해진 부위를 반응성이 높은 라디칼이 흡착, 막을 구성하는 입자와 결합해 휘발성 화합물인 가스로 만들어 배출시키는 방식입니다. 이때 라디칼은 결합력이 강한 벽면보다는 (양이온의 공격으로 결합력이 약화된) 바닥 면을 구성하는 분자들과 더 쉽게 새로운 화합물로 변합니다. 따라서 하방식각이 주류가 되겠는데, 한쪽으로 치우치지 않도록 쉬쓰(Sheath) 등을 관리하여 라디칼과 양이온의 양(개체수)을 상호보완 조치하는 것이 필요합니다.

양이온 식각 혹은 라디칼 식각을 각각 별도로 진행할 때보다, 물리적 작용을 하는 양이온과 화학적 반응을 하는 라디칼을 병합해 동시에 물리화학적 진행을 하는 경우에 식각률(Etch Rate)이 10배 가까이 높아집니다. 이렇게 되면 이방성의 하방식각의 식각률도 높아지면서, 식각 후 남는 폴리머도 함께 해결할 수 있게 돼 일거삼득이지요. 이를 RIE(이온 작용 식각) 방식이라고 하고 식각에서 가장 많이 활용합니다. 이때 관건은 막질과 에천트(식각 매질)의 매칭입니다.

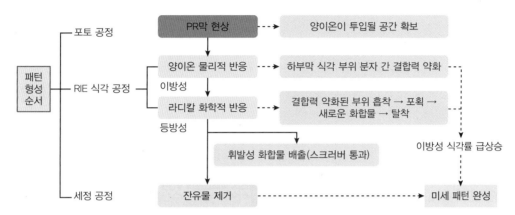

그림 23-3 RIE의 장점(이방성과 높은 식각률)

■ 응용 방식

연속파 플라즈마(Continuous Wave Plasma, CW 플라즈마)로는 초창기 방식으로 전극판을 이용한 CCP(Capacitive Coupled Plasma, 용량성 플라즈마 이용) 식각이 있고, 그보다 진보된 방식으로는 코일에서 발생되는 자장을 이용한 ICP(Inductive Coupled Plasma, 유도성 플라즈마 이용) 식각이 있습니다. 최근에는 ALD 등 막들의 두께는 점점 얇아지고, 재질은 강해지는 추세이므로 이에 맞춰 에천트를 선별할 필요가 있습니다. 또한 공정의 유연성을 높이기 위해 식각은 낮은 온도와 낮은 압력을 이용한 기술로 발전해가고 있습니다. 이런 여러 항목에 발맞추어 기존의 CW 플라즈마에서 펄스 RF 플라즈마(Pulse-RF Plasma)의 적용이 늘어나고 있지요. 이는 플라즈마를 ON-OFF의 주기성을 갖는 상태로 인가하여 듀티사이클(Duty Cycle, Duty Ratio)을 조정함으로써 이방성 식각효율을 높이고 식각 시에 박막이 받는 데미지를 줄이는 데 이용합니다.

그림 23-4 (좌) RIE(높은 종횡비용), (우) ALE-RIE(ALD층 식각) 장비의 내부 구조[42]

23.4 건식식각 공정

웨이퍼 준비 → 절연층 → 게이트층 → 포토를 진행하면 식각을 위한 준비가 완료됩니다. 습식과 건식식각의 공정 진행 절차는 유사하지만, 건식은 플라즈마를 이용하기 때문에 약간 복잡합니다. 습식식각 시 산화막은 주로 불산(HF)을 사용합니다. 그러나 불산은 폐액 처리가 힘들지만, 건식식각 후에 폐기는 중화시켜 배출하므로 절차가 까다롭지 않습니다. 식각을 진행하면서 중간에 세정을 적절히 배치하면 식각효율을 증가시킬 수 있습니다. 식각 + CVD(HDPCVD), 식각 + ALD, 식각 + 세정, 습식 + 건식 등 식각은 단독으로 공정을 진행하기보다는 이웃 공정과 혼합하여 진행하는 경우가 점점 많아지고 있으며, 복합 공정을 진행할 경우 상호 시너지가 높아집니다.

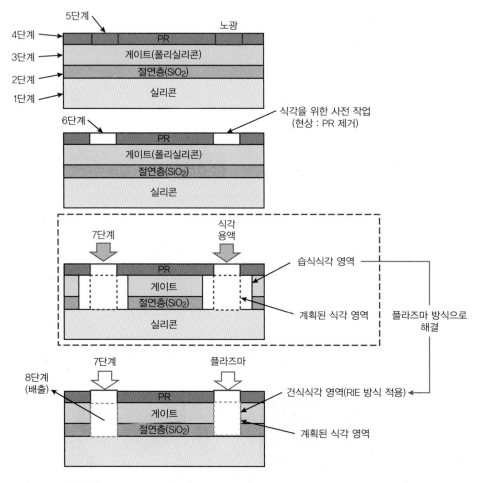

그림 23-5 식각 공정

■ 막 형성

먼저 웨이퍼를 800~1,000℃로 유지되는 퍼네이스(Furnace) 안에 넣고 웨이퍼 표면 상에 높은 절연특성을 갖는 이산화실리콘(SiO_2) 산화막을 건식 방식으로 형성합니다. 그 후 증착 공정으로 이동시켜 산화막 위로 실리콘막 혹은 도전성막을 CVD/PVD 공정으로 만든 다음, 실리콘막(게이트 등)일 경우 필요시 불순물을 도핑(확산 혹은 이온주입)시켜 도전성을 높여줍니다(실리콘 → 폴리실리콘, 혹은 게이트 식각 후 소스/드레인 단자 도핑 시에 진행합니다). 도핑 시에는 여러 도펀트(불순물)를 반복적으로 투입하기도 합니다.[2]

■ PR 패턴 형성

이제 절연막과 폴리막을 합쳐 식각을 하는 단계입니다. 먼저 트랙 장비에서 양성 PR(Photo Resist, 감광액)을 코팅합니다. 웨이퍼를 노광기로 옮긴 다음, PR막 상부에 마스크를 위치시켜 놓고 물을 주입하는 액침노광(Immersion) 방식으로 습식 노광을 하면 원하는 패턴이 PR막 위에 새겨집니다(육안으로는 보이지 않습니다). 웨이퍼를 다시 트랙 장비로 이동시켜 패턴의 윤곽을 드러내기 위해 현상을 하면 감광된 부위의 PR이 제거됩니다. 그리고 포토 공정을 마친 웨이퍼를 에처(Etcher)로 옮겨 건식식각을 실시합니다.[3]

■ 막 종류에 따른 소스가스 선택

막질이 탄탄한 산화막을 식각할 때에는 강력한 C–F계열 소스를 사용하고, 산화막보다 막질이 약한 실리콘이나 금속막에서는 CL계열인 소스가스를 사용합니다. 그렇다면 2층으로 쌓아 올린 게이트막과 그 하부로 연결된 절연막은 어떻게 식각을 할까요? 먼저 게이트 막은 폴리실리콘(Si)의 식각 선택비를 갖는 CL계열의 에천트(Cl_2)로 실리콘을 제거($Si + Cl_2$)한 뒤, 하부 절연막은 이산화실리콘(SiO_2)의 막을 식각할 수 있는 선택비를 갖는 좀 더 강력한 C–F계열 에천트(CF_4)로 2단계 식각($SiO_2 + CF_4$)을 진행합니다. 다른 특성을 갖는 막들이 여러 층을 이룰 경우, 식각을 여러 단계별로 나누어 진행합니다.

■ 종합적인 식각 진행

건식식각은 주로 RIE(반응성 이온식각) 방식으로 진행하는데, 막별로 소스가스를 바꿔가며 반복 진행합니다. 디램의 커패시터를 형성할 때는 ALD(Atomic Layer Deposition) 공정의 단차 피복성(Step Coverage)[4]를 높이기 위해 여러 번 증착과 식각 공정을 섞어 교대로 진행하듯, 이번에는 식

---

2 17장 '게이트 + 게이트 옥사이드' 참조
3 20장 '포토 공정 : 노광과 현상' 참조
4 **단차 피복성** : 수평의 바닥 면과 수직 벽면의 두께가 고르게 증착되는지를 나타내는 비율

각의 종횡비를 높이기 위해 건식과 습식을 섞어서 진행합니다(습식 용액이 닿지 않는 영역은 건식으로만 진행해야 합니다). 또 중간중간 세정을 통해 트랜치(직각으로 형성된 공극, Hole) 밑바닥에 쌓여 있는 폴리머(Polymer)를 제거합니다. 중요한 것은 세정 용액이나 플라즈마 소스들이 트랜치 밑바닥까지 내려갈 수 있도록 재질, 시간, 형태, 순서 등 모든 변수를 동원해 유기적으로 맞춰야 합니다. 그중 변수가 한 가지라도 생기면 그에 따라 다른 변수들도 다시 계산해 맞추고 프로세스를 재조정해야 하며, 단계별 목적에 부합할 때까지 여러 번 수행하지요. 현재 가장 어려운 식각 구조는 디램의 커패시터, 콘택홀과 낸드의 3D 구조입니다.

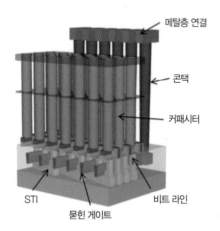

그림 23-6 디램 커패시터와 콘택에 대한 식각 후의 모형도[43]

> 커패시터는 전하를 저장, 콘택은 소자 단자와 메탈 라인 연결, STI는 TR과 TR 분리막, 비트/워드 라인(Bit/Word line)은 셀에 전압 인가용(혹은 전류) 연결선, 묻힌 게이트(Buried gate)는 매몰된 게이트 구조

23.5 플라즈마 식각 장비

장비를 전체적 구조로 볼 때, 프로세스 챔버에는 RF 제너레이터, 칠러(Old 방식), ESC(정전척, 칠러 대신 ESC를 통해 냉각함), 진공펌프 등으로 구성되어 있으며 그외에 가스 공급 라인이 연결되어 있고, 챔버와 좀 멀리 떨어져서는 배출가스를 중화시키는 스크러버(Scrubber)가 설치되어 있습니다. 단독 공정들의 복합 공정화에 발 맞춰 장비도 한 장비 안에 여러 공정 챔버들을 결합시켜서 점점 인시츄(In-Situ)화 되어가고 있습니다. 웨이퍼를 교통정리해주는 트랜스퍼 챔버(Transfer Chamber)를 가운데 두고 식각 프로세스 챔버와 증착(혹은 세정) 프로세스 챔버가 같이 연결되어 있는 구조이지요. 인시츄 장비 구조는 장비간 이동을 하지 않기 때문에 파티클, 불필요한 산화막, FOUP 이송시간 단축, 전체 공정시간 단축 등 단점보다는 장점이 월등히 많습니다.

Tip FOUP(Front Open Unified Pod)는 내구성 및 밀폐성을 향상시킨 12인치용 웨이퍼 이송수단(Carrier Box)으로 파티클 차단, 데미지 및 정전기 발생 방지에 탁월합니다.

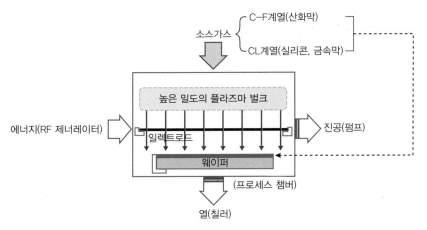

그림 23-7 건식(플라즈마)용 식각 장비

■ 건식식각 장비의 각 기능

건식식각 장비의 역할은 크게 3단계로 나눌 수 있습니다. ❶ 플라즈마 생성 전에는 진공도(진공펌프)와 가스 유량(MFC) 및 에너지(RF 제너레이터)를 조절하고, ❷ 플라즈마를 CCP 혹은 ICP 방식으로 생성합니다. ❸ 플라즈마 생성 후에는 ESC 온도 조절, 쉬쓰 관리용 인가전압 레벨 조정, 펄스 듀티사이클 운용(옵션), 배기가스(스크러버)와 진공도를 유지합니다.

건식식각 장비의 세부는 7단계 기본 시스템이 서로 연결되어 있습니다.

❶ 터보 펌프(크라요 펌프, 높은 진공 필요시)를 이용하여 진공도를 높이는 압력 조절 시스템

❷ 식각을 진행할 가스(C-F계열 혹은 CL계열)의 유량을 정확히 조절하는 MFC(Mass Flow Controller, 가스 유량을 질량을 통해 제어하는 기기)가 연결되어 챔버 내로 주입되는 소스가스를 통제하는 가스 주입 시스템

❸ 고주파 전원 장치인 RF 제너레이터가 가스 상태에서 에너지를 올려 플라즈마 상태로 만들어주는 장치로 전자기파를 생성시켜 공급하는 에너지 공급 시스템

❹ 정전척(ESC, Electro Static Chuck)[5]을 포함하여 웨이퍼 반송 장치가 프로그램된 순서로 진행하는 웨이퍼 공급 시스템

❺ 플라즈마를 발생시키고 식각을 종료시키는 EPD(End Point Detector, EOP 감지)가 연결된 플라즈마 컨트롤 시스템

❻ 유독가스를 중화시키는 스크러버(Scrubber)가 연결된 배기가스 배출 시스템

❼ 식각 프로세스 챔버 및 웨이퍼의 온도를 내려 주기 위해 칠러(Chiller)에서 냉각수를 만들어 공급하는 냉각수 플로우(Flow) 시스템(혹은 ESC로 온도 조절)

---

5 정전척 : 정전기를 이용하여 웨이퍼에 물리적 손상을 주지 않고 핸들링하며 웨이퍼에 열에너지를 인가하여 온도를 높이기도 하고 냉각시키기도 함

그림 23-8 램리서치가 개발한 차세대 GAA용 식각 장비(2022년 2월 발표)[44]
0.1nm급 GAA용 3D 구조에 대한 고선택비가 가능한 식각용 장비

• SUMMARY •

테크놀로지가 고도화됨에 따라 구조가 복잡해지고 종횡비가 높아져서 용제(에천트)가 식각 대상에 접근하기가 점점 어려워지고 있습니다. 에천트의 접근성을 확인하기 위해 식각률, 선택비, 균일성, 과도식각, 미비식각, 식각 프로파일 등으로 측정하고 제어합니다. 2D의 미세화(2D-x[nm])를 진행하는 데 식각 기술로는 한계에 도달하고 있으며 3D 공정 기술(3D-스테킹)의 난이도가 급격히 상향되고 있어서, 측면 방향의 식각과 3D-식각률을 높이는 향상 방안이 필요합니다. 이를 근본적으로 해결하기 위한 방향으로는 물리적 반응성인 양이온은 새로운 플라즈마 소스(에천트)를 발굴해야 하고, 화학적 반응성인 라디칼은 선택비를 향상시킬 수 있도록 종합적으로 개선해야 합니다.

01 그림은 건식식각 장비를 이용하여 막을 식각하는 프로세스와 장비의 기능을 나타낸다. 그림에서 A(재료), B(장비), C(레이어)로 알맞은 것은?

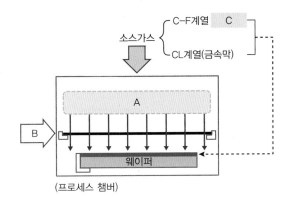

(프로세스 챔버)

	A	B	C
①	플라즈마 벌크	열(칠러)	산화막
②	플라즈마 벌크	RF 제너레이터	산화막
③	소스가스 동종결합	진공(펌프)	산화막
④	소스가스 이종결합	스크러버	폴리실리콘막
⑤	소스가스 동종결합	열(칠러)	폴리실리콘막

02 〈보기〉는 식각에 대한 설명이다. (A)는 식각률로 판가름하는 식각의 성능지수 중의 하나이다. 가장 알맞은 것을 고르시오.

> **보 기**
>
> (**A**)의 기준은 항상 마스킹 역할을 하는 막의 식각률 대비 타깃막의 식각률이다. (**A**)이/가 높을수록, 하드마스크의 식각률은 매우 느리고, 타깃막의 식각이 빠르게 진행된다는 의미이다. 미세화가 될수록 (**A**)이/가 높아야 패턴이 제대로 구현된다. 양이온은 직진성이므로 (**A**)은/는 낮지만 라디칼 식각의 (**A**)이/가 높으므로 RIE의 (**A**)이/가 높아지는 장점이 있다.

① 미비식각 ② 과도식각 ③ 선택비
④ 종말점 ⑤ 로딩이펙트(부하부작용)

03 다음 식각에 대한 설명 중 옳지 <u>않은</u> 것을 모두 고르시오.

① 타깃막이 산화막인 경우 식각은 C−F계열의 소스가스를 투입한다.

② 테크놀로지가 미세화함에 따라 식각은 건식에서 습식 방식으로 발전했다.

③ 타깃막이 금속막인 경우 식각은 CL계열의 소스가스를 투입한다.

④ 식각률은 초당 식각된 깊이를 의미한다.

⑤ 높은 종횡비를 구현하기 위해서는 건식식각을 적용한다.

04 패턴을 형성하는 순서로 포토 → 식각 → 세정 공정을 진행한다. A는 양이온, B는 라디칼이 작용하여 RIE 식각을 진행하는 프로세스로 옳지 <u>않은</u> 것을 모두 고르시오.

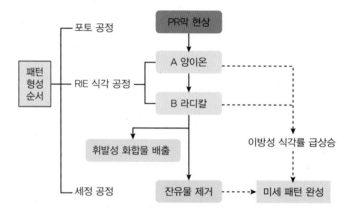

① A는 화학적 식각으로 양이온 식각 혹은 스퍼터 식각이라 한다.

② A의 식각방향은 이방성이다.

③ B는 물리적 식각으로 라디칼이 흡착 → 포획 → 탈착한다.

④ B의 식각방향은 등방성이다.

⑤ A가 충돌한 부위는 분자 간 결합력이 약화된다.

정답 01 ② 02 ③ 03 ②, ④ 04 ①, ③

CHAPTER 24 반도체를 세탁하다, 세정 공정

세정 공정은 반도체 제조의 메인 공정 중 약 20% 정도를 차지하는 비중이 높은 공정입니다. 웨이퍼에 외형 변화를 일으키기 위해 팹(Fab) 공정을 진행하면 웨이퍼 표면에 화학적/물리적 잔류물이 남게 되는데, 이러한 오염된 부위를 습식 방식(화공약품 + 초순수) 혹은 건식 방식 등으로 제거하는 공정이 세정(Cleaning)입니다. 집적회로 전체에 덮힌 오염은 물론이고, 웨이퍼 표면의 부분별로 존재하는 오염 농도를 일정한 레벨 이하로 떨어뜨리지 않으면 제품의 성능과 신뢰성에 치명적인 악영향을 끼치게 됩니다. 그 결과 수율이 떨어져 다음 공정으로 진행시켜야 할 양품 개수가 줄어들고, 제품의 성능과 신뢰성이 낮아져 고객 불만이 높아지는 등 경영상의 문제로 직결되기도 하죠. 한계치수(CD)가 좁아지고 복잡해짐에 따라 공극(트랜치) 내부 안쪽의 폴리머, 불순물, 화학적 오염 입자들을 효과적으로 제거할 수 있는 방식에는 어떤 것들이 있을까요?

24.1 오염의 종류

세정 공정에서는 세정하기 전에, 어떤 오염들이 있고 또 오염의 원인과 그 물질들이 어떤 성질을 갖고 있는지를 먼저 확인해야 하는데요. 공정 진행 중 재료, 장비, 사람으로 인한 오염과 장기간 웨이퍼 대기나 이동으로 인해 발생된 불필요한 물질, 웨이퍼 표면에 달라붙은 잔류물들이 제거해야 할 대상입니다. 또 포토 후 남은 PR(감광액) 찌꺼기, 식각 시 제거되지 않은 산화막과 폴리머, 앞 공정에서 사용된 유기물과 금속성 물질, 혹은 세정 시 2차적으로 반응하여 붙어 있는 화학물질 등 오염의 종류는 다양합니다. 공중의 부유물이 내려앉은 파티클도 수율을 떨어뜨리는 커다란 골치거리이지요. 1980년대 중반, 디램 사업에서 후발주자인 일본이 글로벌 1위 업체인 인텔과 미국의 여러 디램 업체들을 경쟁에서 밀어낸 주요 요인 중의 하나가 파티클 관리였습니다.

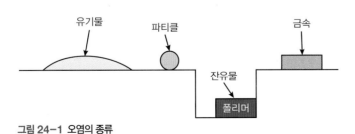

그림 24-1 오염의 종류

웨이퍼를 세정할 때는 한 가지 방식만을 적용할 수는 없지요. 사전에 습식과 건식을 복합적인 매트릭스로 맞춰 설정해 놓고, 이를 충분히 검토한 후 해당 잔류물이 웨이퍼 표면에서 완벽하게 제거될 것이라고 판단될 경우에 세정 공정을 진행합니다.

24.2 세정하는 이유

오염물은 도선과 도선 혹은 TR과 TR 사이의 누설전류를 발생시키고, 경계면의 접착강도를 떨어뜨리며, 관리되지 않는 포획전자를 늘립니다. 이는 보이드(Void), 단락(Short), 단선(Open) 등 여러 불량들과 연결되어 있습니다. 정상적인 전류의 흐름을 막기도 하고, 전자 흐름의 방향을 바꾸어 다른 곳으로 흐르게도 하지요. 잠재적 오염은 일정 기간이 지난 후에는 단기간 혹은 장기간에 걸쳐 발생되는 신뢰성 이슈와 성능 문제를 발생시켜, 전자기기가 오동작이나 치명적인 불량을 일으키게도 합니다. 오염의 특징은 명확하게 불량으로 직결되는 경우보다는 간접적으로 제품의 기능 불량, 수율(Yield)[1] 저하로 이어지는 경우가 많습니다. 이런 물리적/화학적 불량을 제거하여 수율 향상, 품질 개선, 기능과 신뢰성 확보를 위해 세정은 1970년대부터 웨이퍼 제조에 필수 과정이 되었습니다.

24.3 세정 공정

웨이퍼 제조 공정을 마치고 반도체 제조 라인으로 들여온 웨이퍼는 절연성 산화박막이 덮여 있고 파티클이 내려앉아 있어서 반도체의 제조 공정으로 투입하기 전에 반드시 세정(산화막 제거 포함)을 해야 합니다. 그 후 폴리막(게이트)을 형성한 후에는 화학적 유기물과 무기물을 제거하지요. 포토와 식각을 거친 후에는 플라즈마를 사용한 건식식각의 잔유물인 폴리머를 없애고, (PR 코팅을 진행한 경우) 더 이상 불필요해진 PR막은 에싱(Ashing) 방식을 동원하여 이온주입 전에 모두 없애 줍니다(에싱 공정은 세정의 한 종류이지만 세정과는 다른 별도의 공정으로 취급합니다). BEOL(Back End of Line) 공정에서는 매우 작은 직경의 비아홀(Via Hole) 속의 식각 잔유물(절연성 파티클) 세정을 진행합니다. 금속막(1차, 2차)이든 절연성막(ILD, IMD)이든 층을 형성한 후에는 반드시 화학적 혹은 물리적인 방식으로 세정을 하여 표면을 완전한 상태로 만듭니다. 그렇지 않으면 패턴에 결함이 발생하기도 하고 증착된 막들의 품질을 떨어뜨리게 되어 바로 수율 저하로 이어집니다. [그림 24-2]는 주요 세정 공정 중 일부로써 FEOL/BEOL을 거치면서 약 80~100번의 세정 단계를 거치게 됩니다.

Tip 에싱은 PR막을 제거하는 공정으로 타깃막이 PR막으로 정해져 있습니다.

---

1 **수율** : 전체 투입 개수 대비 생산된 양품(불량 제외) 다이 개수

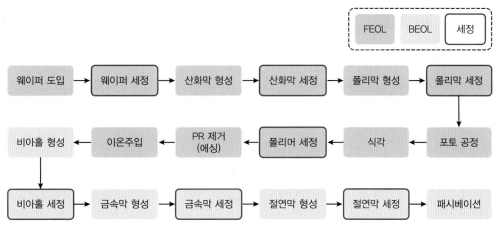

그림 24-2 핵심 세정 공정

24.4 세정 방식

세정은 웨이퍼 표면에 노출된 회로와 구조물들의 손상없이 원하는 목표만 없앨 수 있어야 해서 다양한 방식으로 발전되고 있습니다. 그중 크게 화학용액(Chemical Liquor)을 이용하는 습식 방식과 용액 이외의 매체를 이용하는 건식 방식으로 나눌 수 있습니다. 화학용액을 사용한 후에는 이온 성분이 제거된 순수(DI Water) 혹은 초순수(UPW, Ultra Pure Water)로 린스를 하지요. 문제는 이런 과정에서 웨이퍼를 다른 장비(혹은 같은 세정 장비이지만 옆의 다른 수조)로 이동해야 하는데, 그 과정에서 오히려 다른 오염물질(산화막 혹은 파티클)이 웨이퍼 상에 부착될 수 있습니다. 인시츄(In-Situ)를 적용하지 않은 습식 방식으로 진행할 경우, 건조(Dry) 시 실리콘 웨이퍼가 공기 중 산소에 노출되어 매우 얇은 이산화실리콘막인 워터마크(Water Mark)가 형성됩니다. 이는 추가적으로 워터마크라는 2차 오염을 제거해야 해서 원가상승 요인이 됩니다. 그러나 액체를 사용하지 않는 건식은 대부분 초순수의 린스 없이 모든 마무리 과정까지 같은 장비 내에서 완결지을 수 있는 인시츄 방식이 가능하여 2차 오염에 대한 가능성은 급격히 줄어듭니다. 그 외에 습식과 건식의 중간 형태인 증기세정이 있습니다. 주로 불산 증기를 스프레이하여 이용하고 있으나, 습식과 건식에 비해 효율이 높지 않기 때문에 증기세정의 사용 빈도수는 많지 않습니다. 그러나 폐액을 줄이는 차원에서 점차 효용가치가 높아지고 있습니다.

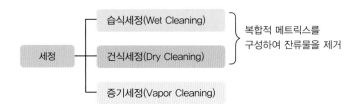

그림 24-3 습식과 건식의 세정 방식

24.5 습식세정

습식세정은 전통적인 세정 공정으로 가장 빈번하게 사용되는 기본 방식입니다. 하지만 습식은 캐리어 이송(다른 장비 혹은 다른 수조)에 대한 부담이 있고, 습식으로 제거되지 않는 부분이 많아지면서 점점 건식이 늘어나고 있지요. 그러나 비용이 적게 들고 공정 방식이 간단하다는 장점이 있어 아직까지는 습식 방식이 주류를 이루고 있습니다. 습식은 주로 과산화수소(H_2O_2) 계열의 세정으로 발전해왔으나, 그 이후에는 과산화수소 대신 오존(O_3) 등 다른 요소를 적용하는 비과산화수소 계열의 방식이 중요한 세정 방식으로 등장했습니다. 오존세정은 습식의 단점을 보완하는 측면으로써 과산화수소의 세정 양을 과감히 줄이는 방향입니다. 비이온 증류수(DI Water, De-Ionized Water)에 용해된 오존은 유기오염 세정에 탁월한 성능을 보이지요. 습식 방식은 50개 혹은 25개 웨이퍼-베치(Batch) 타입이 주류이며, 디핑(Dipping) 타입에서 스프레이(Spray) 타입으로 변경됨에 따라 세정하는 웨이퍼 양도 매엽식(Single Wafer/회) 혹은 혼합 방식으로 바뀌어 가고 있습니다.

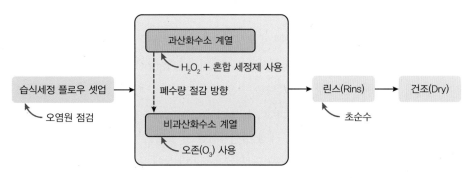

그림 24-4 습식세정의 순서

■ 습식세정의 발전

미국의 전기전자 부품을 생산하는 회사인 RCA의 엔지니어가 1970년경 새로운 반도체 세정 방식을 개발하고, 이를 RCA 세정이라 했습니다. 이후 RCA 방식은 반도체 습식세정(Wet Cleaning)의 대명사가 되었는데요. 이는 산화 반응을 하는 과산화수소를 주축으로 다른 여러 세정 용액(혼합제)을 섞어 진행하면서, 그외에 식각을 추가로 진행한다거나, 건식 방식 등 다른 세정 항목을 더하여 결과적으로 전체적인 세정효율을 높이는 방식으로 다양화되었습니다. 과산화수소에 더하여 혼합(Mix)하는 세정용 물질은 암모니아, 염산, 황산 등으로 발전했지요. 과산화수소의 작용은 타깃 박막 표면에 1차로 산화 작용을 하여 오염물질을 약화시키고, 2차로 혼합제는 약해진 오염물질을 화학적으로 에칭하여 걷어냅니다. 이후에 인산, 불산 등 강산성들이 과산화수소를 혼합하지 않은 반도체 세정제로 등장했습니다.

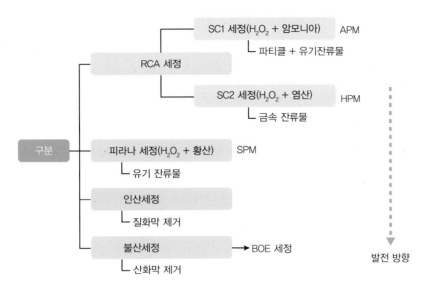

그림 24-5 습식세정의 종류

SC1은 Standard Cleaning 1, SC2는 Standard Cleaning2로 초창기 방식에 사용되는 용액입니다.

■ 세정 효과

습식세정은 발전해 나가는 관점에서 살펴보면, 약한 세정에서 점차 강산성/강알카리성 세정으로, 또 단순한 방식에서 복잡한 방식으로 변해가면서 세정 효과가 점차 높아지고 있습니다. 프로세스는 예를 들자면, SC1 → 초순수 린스 → 피라나 → 초순수 린스 → SC2 → 초순수 린스 → 건조 등으로 진행합니다. 중간에 웨이퍼가 공기에 노출되면 불산 용액(DHF + 초순수)으로 SiO_2를 제거해줍니다. 산화를 방지하거나 영향을 줄이기 위해 세정조에서 N_2를 많이 사용하지요.

❶ 용액 중에 비교적 약한 알카리성 암모니아(NH_4OH)를 과산화수소에 DIW(비이온수)와 함께 1:1:5(암모니아 : 과산화수소 : 비이온수)로 섞은 후 온도를 80℃ 비등점 가까이 올리면 암모니아는 트랜치(Trench), 홀(Hole), 비아(Via) 속의 미세한 유기성 잔유물을 대상으로 용해시킵니다. 이는 암모늄 혼합물이라고 하여 APM(Ammonium Peroxide Mixture) 혹은 표준세정1 이라는 이름을 붙여 SC1(Standard Cleaning 1)이라고 구분했습니다.

❷ 암모니아 대신에 강력한 산성 용액인 염산(HCl)을 과산화수소에 DIW와 함께 1:1:5(염산 : 과산화수소 : 비이온수)로 섞으면, 금속성 잔유물까지 제거가 가능하지요. 이를 표준세정2라고 하여 SC2 혹은 염산 이름을 따서 HPM(Hydrochloric Peroxide Mixture)으로 분류합니다. 용액의 수온은 SC1과 비슷하게 유지시킵니다.

❸ RCA 세정을 변형한 방식으로써 과산화수소에 더욱 강한 황산을 4:1(황산 : 과산화수소)로 혼합하여 사용하면서 약 100℃를 유지하여 세정하면, 유기성 및 금속성 오염물에 더하여 포토 공정 중 현상 완료 후에 남은 PR막까지 제거가 가능합니다. 그런데 황산은 너무 강해, 대신 오존을 섞

으면 세정 효과는 거의 비슷하면서 황산의 사용량을 줄일 수 있습니다. 이 획기적인 방식을 피라나(Piranha) 세정이라 하며, 황산을 섞었다고 하여 SPM(Sulfuric Peroxide Mixture)이라 합니다.

❹ 과산화수소를 섞어서 세정액을 사용하려면 높은 온도에서 사용해야 하고, 사용 후에는 H_2O_2를 제거해줘야 하므로 폐기 비용이 높습니다. 따라서 과산화수소 없이도 더욱 강력한 세정이 가능한 인산(H_3PO_4, 150℃)이나 불산(HF, 25℃)을 이용하여 질화막이나 산화막 등을 세정합니다.

❺ 특히 불산(HF)은 DIW(DI Water)와 1 : 100(HF : DIW)으로 희석(DHF, Diluted HF)시켜 사용합니다. 이산화실리콘 SiO_2(s, 고체)막을 불산 4HF에 노출시키면 사불화실리콘 SiF_4(g, 기체) 배출가스와 물 $2H_2O$(l, 액체)를 생성합니다. 불산은 습식 세정액 중에 가장 강력하여 웨이퍼 표면에 깔린 튼튼한 산화막을 두께에 상관하지 않고 제거할 수 있습니다. 웨이퍼 제조 후에 반도체 제조 라인으로 이송되는 기간 동안 웨이퍼 표면에 생성된 SiO_2, 공정에 필요하여 의도적으로 만든 후에 사용하고 남은 옥사이드막, 습식 식각을 하는 과정에서 짧은 기간 동안 의도하지 않았지만 생성된 이산화실리콘막을 모두 불산으로 제거합니다.

❻ 불산 세정 후에는 웨이퍼 표면에 파티클이 잘 붙기 때문에 이를 분리해줘야 하는 단점이 있으므로, 불산 세정을 발전시켜 BOE(Buffered Oxide Etchant 혹은 Buffered HF) 세정을 진행합니다. BOE는 플루오린암모늄(NH_4F)과 불산(HF)을 약 10 : 1 혹은 300 : 1로 불산을 희석하여 이산화실리콘막이나 폴리머 등을 제거하고, 이때 세정 용액에 혼합된 계면활성제가 파티클의 표면 부착을 어렵게 하여 재오염을 방지합니다. BOE는 특히 타깃의 세정 비율도 균일하고 식각 공정 이후에도 산화막만을 골라서 제거해내는 선택비가 높은 장점이 있습니다.

따라서 습식세정의 큰 발자국은 표준 세정 → 피라나 세정 → BOE 세정으로 보면 되겠습니다. 세정은 반드시 여러 방식을 혼합하고, 각 세정 단계를 진행한 후에는 린스도 빠뜨리지 않아야 합니다.

24.6 생산 처리량에 따른 세정 방식의 변화

진행 방식 측면에서 볼 때, 초창기에는 25 ~ 50개 단위의 웨이퍼를 캐리어(Carrier)나 보트(Boat)에 장착하여 윗스테이션(Wet Station) 장비의 세정액이 들어있는 수조(Cleaning Bath, 세정조, 크리닝 베쓰)에 캐리어를 디핑(Dipping, Immersion)하는 베치 방식(Batch Type Cleaning)을 주로 적용했습니다. 그 후로는 한번에 한 웨이퍼씩 스프레이(Spray, 분사)하는 단일 웨이퍼 프로세스인 싱글 타입(Single Type Cleaning, 매엽식) 방식으로 변해가고 있습니다. 베치-디핑은 케미컬에 의해 오염원이 다시 웨이퍼 표면에 접착될 수 있지만, 스프레이는 탈착된 오염원이 재부착될 가능성이 없기 때문에 세정 품질이 좋습니다. 스프레이 시에는 웨이퍼가 회전할 수도 있고, 웨이퍼를 고정시킨 상태에서 장비가 회전할 수도 있습니다. 이외에도 물리적 방식으로는 브러쉬를 이용한 스크러버 방식이 있습니다.

25장 – 베치 타입보다는 싱글 타입이 생산 처리량(Throughput, 공정에서 처리하는 물량 정도)은 떨어집니다. 그러나 크리닝 베쓰에서 싱글 웨이퍼 처리를 직렬(웨이퍼 1장씩)이 아닌 병렬(웨이퍼 여러 장씩) 방식으로 변경하면서 낮은 처리량의 문제를 극복하여 현재는 병렬 타입이 주류를 이루고 있습니다. 생산 처리량 측면을 볼 때, 세정 방식도 어닐링(Annealing)과 유사하게 베치 타입 → 싱글 타입 → 병렬 타입으로 발전하고 있습니다. 그러나 스프레이에서도 해결되지 않는 오염은 다시 디핑으로 진행합니다. 디핑은 모두 습식이지만, 싱글은 습식(용액)과 건식(습식 이외의 방식)이 있어서 각각 타깃에 맞는 방식으로 적용합니다. 예를 들어, 고종횡비를 갖는 디램의 커패시터 세정 시에는 습식보다는 건식으로 해야 커패시터 구조물들이 쓰러지지(Leaning) 않습니다.

24.7 미세화에 따른 세정의 한계

미세화 패턴에 따라 세정 방식에도 획기적인 변화가 일어납니다. 회로 선 폭 100nm 이후로는 미세 구조가 심화되어 종횡비(Aspect Ratio) 값이 상승함으로 세정액이 트랜치(디램의 커패시터나 STI 라는 TR과 TR 사이의 절연성 칸막이) 상부에서 밑바닥까지 내려가지 못하는 치명적인 결함이 발생 됩니다. 메탈층을 밑에서 위로 연결하는 기둥을 설치할 공간인 콘택홀(Contact Hole)이나 비아홀(Via Hole)도 같은 상황이지요. 더 이상 고종횡비에서는 습식 방식이 불가하므로 한계를 뛰어 넘을 다른 방식을 찾아야 했습니다. 어떤 구조물이든 외형이든 건식식각을 진행한 구역은 모두 세정이 되어야 했습니다. 대안으로 등장한 건식은 여러 가지 방식으로 분화할 수 있어 미세화에 따라 발전에 발전을 거듭하고 있습니다.

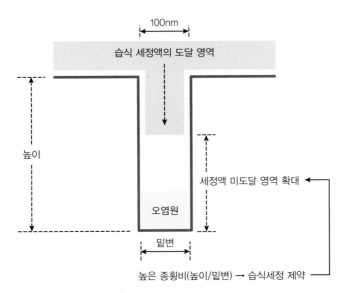

그림 24-6 고종횡비 홀 내의 오염원

24.8 세정 방식의 변천(습식 → 건식)

습식은 여러 가지 장점을 가졌음에도 불구하고, 구조의 세밀화가 심화되면 세정이 불가하고, 세정액이 과다하게 사용되는 등의 문제점이 드러났습니다. 따라서 액체를 통한 화학적 작용보다는 기체, 여러 가지 물리적인 방식, 혹은 액체 + 물리적 작용을 이용하는 방식이 점점 부각되고 있는데요. 건식은 습식에 비해 투자 비용이 많이 들고 장비를 다루기가 복잡하며 세정 방식 또한 까다롭지만, 복잡한 회로 구조의 표면에 남아있는 PR, 산화막, 폴리머 등을 제거하는 데 탁월합니다. 습식 방식은 과산화수소 계열의 응용 방식에서 다변화하여 비과산화수소의 세정 방식으로 발전했고, 또 더 크게는 습식에서 여러 옵션을 갖는 건식으로 발전하게 되지요. 건식에서 대표적으로는 가스를 이용한 세정이고, 더욱 다양화되어 초음파(습식 + 비습식[2])를 사용하거나 레이저, 드라이아이스, 자외선 혹은 최근에는 플라스마를 사용하는 강력한 건식 방식으로 진화를 거듭하고 있습니다. 건식 방식은 턴키 베이스(Turn Key Base)의 인시츄(In Situ)인 경우는 건식세정만으로 마무리되고, 여러 장비를 사용하는 아웃시츄(Out Situ)인 경우는 건식 후에 대부분 습식세정 + 린스 + 건조를 진행합니다.

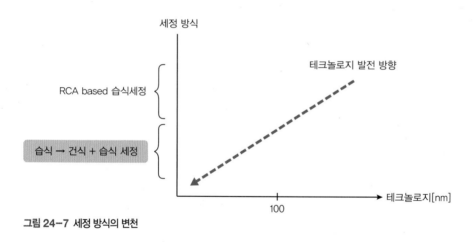

그림 24-7 세정 방식의 변천

24.9 다변화하는 건식세정

■ 건식세정 종류

• **초음파** : 식각 후나 CMP 후에 홀의 밑바닥이나 표면에 가라앉아 있는 폴리머 조각 혹은 이물질을 제거하거나 습식세정을 할 때 세정 효과를 높이기 위해, 세정 베쓰(Cleaning Bath)의 밑에서 초음파를 인가하면 웨이퍼 표면에 약하게 고착되어 있던 파티클 및 금속 잔류물 등 파티클과 유사한 오염물질들이 표면에서 분리됩니다. 이때 효과를 더욱 높이기 위해 주파수를 높이기도 하는데, 이를 메가소닉 클리닝이라고 합니다.

---

2 세정액 상태에서 초음파 공급

- **자외선** : 액체를 사용하지 않은 건식 방식으로, 홀(트랜치 등)을 세정하기 위해 초음파보다는 다른 효과를 내는 방식으로 특수한 램프에서 나오는 자외선을 이용하기도 합니다. 상대적으로 쉬운 유기 잔류물을 없애는 데 사용합니다.
- **레이저** : 약한 레이저 빔으로 스캐닝하는 방식도 유기 및 무기 잔류물을 제거하는 데 좋습니다.
- **에어로졸** : 화학 반응을 일으키지 않는 질소 분자와 아르곤 분자를 섞어서 에어로졸 방식으로 높은 압력과 함께 크리닝하면, 타깃 영역만 한정하여 화학적 변형 없이 효과를 볼 수 있습니다. 이는 습식의 단점인 보존하고자 하는 막 표면의 부식을 방지하기 위함입니다. 에어로졸 방식은 기체 상태의 분자를 급속히 냉각시켜 액체를 거치지 않은 냉각된 입자를 이용하여 분사시키는 방식으로 고착된 파티클을 효과적으로 떼어냅니다.
- **드라이아이스** : 기체를 저온 가압시켜 액체 상태로 만든 후 그대로 고압으로 분사하게 되면, 액체가 순간적으로 얼음 기체인 드라이아이스가 되어 웨이퍼 표면을 세척합니다. 이때 물질로 이산화탄소를 사용하면 금속성 잔유물을 제외한 대부분의 이물질을 제거할 수 있습니다.
- **플라즈마** : 가장 강력한 방식인 플라즈마의 라디칼 또한 매우 효용성이 높아서, 웨이퍼를 장기간 혹은 단기간 방치 시에 자연적으로 형성되는 산화막을 제거하는 데 사용합니다. 이때는 당연히 산화막 밑에 있던 대부분의 유기성/금속성 잔유물들도 함께 없앨 수 있습니다. 그런데 플라즈마 방식은 효율성이 높아도 그로 인해 박막 표면이 파손될 수 있기 때문에 손상 등의 부작용을 최소화하면서 진행합니다. 웨이퍼 표면의 데미지를 줄일 수 있는 방안으로 챔버 내의 분위기를 결정하는 온도, 진공도, 공정시간, 인가전압 등의 요소 관리 및 변화 관리에 적절한 방법을 케이스에 따라서 동원해야 합니다.

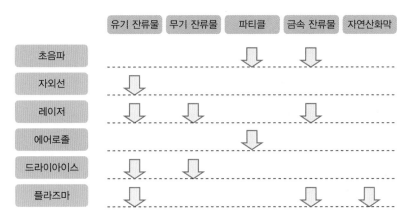

그림 24-8 건식세정의 종류

■ 건식의 문제점

건식 방식에서는 플라즈마, 드라이아이스, 에어로졸, 레이저 등 세정 효과는 좋으나 오히려 웨이퍼 표면에 손상을 줄 수 있는 요소들이 많습니다. 프로세스 챔버 내의 분위기를 구성하는 온도 혹은 압력 등의 미세한 차이로도 세정이 될 타깃층에 손상이 가해질 수 있으므로, 이를 방지할 센서 및 여러 제어 장치가 갖춰져 있습니다.

24.10 플라즈마 세정 장비

플라즈마를 이용하는 세정 장비도 식각 장비나 증착 장비와 마찬가지로 기본적인 플라즈마 장비를 기준으로 약간의 변형을 주어 만들지요. RF 에너지, 온도 조절, 진공도 상향 및 소스가스 투입과 배기가스 관리에 대한 대부분의 장비 기능들은 건식식각 장비와 유사합니다. 플라즈마 세정 방식은 건식식각이나 이온주입 등 팹 단위 공정을 완료한 후, 기존에 있던 PR막이나 하드마스크를 그대로 두고 그 위의 오염물질 혹은 잔유물을 제거하지요. PR층 삭제는 별도의 에싱(Ashing) 공정이 마련되어 있습니다. 플라즈마 입자로는 반응성이 높은 라디컬의 화학 반응이나 양이온의 물리적인 충돌을 이용하여 표면에 부착되어 있는 이물질을 떼어내지요. 중요한 조건은 타깃 재질과 프로세스 가스의 매칭 여부입니다. 플라즈마 반응 후에는 식각의 배기 시스템과 유사하게 배기가스와 캐리어 가스는 모두 스크러버를 통해 중화시켜 배출합니다.

> **Tip** 하드마스크(Hard Mask)는 타깃막의 표면에 산화막을 증착하여 식각 시 외부 침입을 막는 마스킹 역할을 합니다.

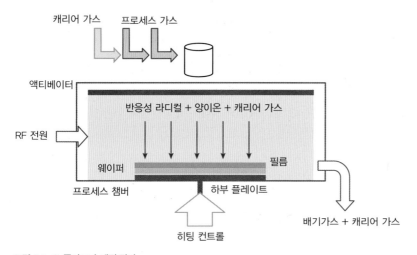

그림 24-9 플라즈마 세정 장비

캐리어 가스는 입력단에서는 프로세스 가스를 밀어서 챔버 안으로 진입하도록 도와주고, 출력단에서는 배기가스를 밀어내어 밖으로 배출시켜 주는 역할을 합니다.

24.11 세정의 3대 요소

타깃과 투입할 케미컬 간의 매칭은 세정이 될 것이냐의 여부를 결정짓기 때문에, 세정에 있어서 기본적인 인자입니다. 그 다음으로 중요한 인자는 APM, HPM, SPM의 경우처럼, 특히 습식 방식에서는 두 용액(케미컬) 간의 혼합 비율에 따라서 크리닝 효율이 좌지우지됩니다. 화학적 요소와 혼합 비율이 결정되면, 온도(약 70~100℃ 적용)를 화학용액에 맞춰 올려주지요. 온도가 낮으면 효율이 저하되고 너무 높으면 용액이 기화되어 없어지게 됩니다(증기세정일 경우는 기화 상태를 이용). 물론 케미컬은 센서를 통해 어느 정도 공급할지 프로세스가 진행되는 동안 계속적으로 프르빙(Probing, 점검하고 통제)해야 합니다. 케미컬, 용액의 혼합 비율, 온도는 세정 시 가장 핵심적인 3대 요소로 볼 수 있습니다.

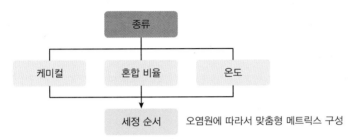

그림 24-10 세정의 3대 요소

이런 주요 3가지 요소들을 바탕으로 세정 프로세스를 진행할 세부적인 베이스 라인(Baseline) 스펙이 셋업되면, 어떤 방식을 먼저 진행할 것인지 조율하여 정합니다. 세정은 건식+습식 등 보통 3~4가지 옵션을 섞어서 진행하므로 순서 또한 효과에 민감하게 작용합니다. 프로세스는 작업 방식, 타깃 등 환경 조건에 따라 다릅니다. 일반적으로 세정은 처음에는 약한 오염원에서 점점 강한 오염원을 제거하는 순서로 하고 단순한 불순물에서 출발하여 복잡한 불순물을 제거하는 절차로 진행합니다. 예를 들면, 파티클 → QDR(Quick Dump Rinse, 린스 공정) → 유기물 → QDR → 산화막 → QDR → 금속성 오염원 → QDR → 이온성 오염원 → QDR → 자연산화막 → QDR → 건조 순으로 셋업할 수 있습니다.

이런 인자들을 바탕으로 포트폴리오를 다양화하여 잔류물(오염) 종류-케미컬-방식-장비의 매트릭스를 알맞게 매칭시켜 효율을 극대화합니다. 또한 세정 후 폐기물질을 최소화하는 방향으로 발전되고 있습니다. 또한 세정 공정으로 인해 2차 피해인 커패시터 리닝(Leaning), 추가 오염, 금속막 부식(메탈 라인 끊김), 인접막 파손 등을 줄이고 공정 자체가 되도록 단순화되는 방향으로 모든 중요 요소들이 집중되지요.

그림 24-11 세정 및 건조 복식 구조 장비[45]

고압/고온 조절, 리닝-프리 테크(Leaning-free Technology), 높은 생산성, 19nm 파티클 제거 가능

Tip 세정 장비는 세메스와 스크린-홀딩스가 글로벌 대세를 이루고 있습니다. 그 외에도 램리서치와 TEL 및 다수의 한국과 일본 장비 업체들이 세정 장비의 제작에 참여하고 있습니다.

• SUMMARY •

TR의 크기는 작아지고, 트랜치와 커패시터의 종횡비가 높아짐에 따라 웨이퍼 전체 표면적이 늘어나서 세정할 면적 대비 세정 용제(세정 용액 혹은 세정가스)와의 사이에서 미쓰-매칭(Mis-matching)이 생깁니다. 또한 세정 후에도 배출해야 할 유체들이 불균일하게 생성되어 계획 대비 늘어나거나 줄어들어서 프로세스 챔버에 남아있는 가스들이 도리어 웨이퍼 표면을 2차적으로 오염시키기도 합니다. 그러므로 캐리어 가스 투입과 세정 전에 로딩 이펙트(Loading Effect, 세정제 소모량 검토) 등까지 고려하면서 부작용도 같이 준비해야 합니다. 세정은 스케일링 다운이 될수록 구조적 미세화로 점점 어려워지지요. 새로운 방법이 개발되어도 항상 장점과 단점이 있기 마련이어서 오염 종류, 제품 상태를 검토하여, 여러 옵션 중에서 각 제품에 알맞은 방법과 공정 단계(플로우 셋업 혹은 프로파일)를 준비하는 것이 중요합니다.

세정 공정 편

01 그림은 습식세정 방식을 세정액 종류에 따른 분류를 나타낸다. (A)는 RCA 세정 방식 다음으로 발전된 방식으로, 과산화수소에 강한 황산을 섞은 효과적인 세정 방식이다. (A) 방식이 최대로 제거할 수 있는 오염물질로 가장 적절한 타깃을 고르시오.

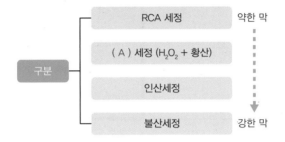

① 유기성 오염물

② 파티클, 금속성 오염물

③ 유기성 오염물, PR의 잔여물

④ 폴리머, 질화막 및 산화막

⑤ 폴리머, 질화막

02 〈보기〉는 세정 공정 중 습식 방식에 대한 설명이다. (A)에 들어갈 알맞은 것은?

> **보 기**
>
> 불산(HF)은 습식 세정액 중에 가장 강력하여 튼튼한 산화막까지 제거할 수 있으며, 이를 발전시킨 습식 세정 방식으로는 (**A**)세정이 있다. 이는 HF에 비해 산화막뿐만 아니라, 금속성 오염물 및 표면에서 잘 떨어지지 않는 파티클도 제거할 수 있는 강력한 식각 방식이다. (**A**)는 식각율 또한 높으며 표준세정과 피라나 세정 다음으로 습식세정의 큰 축을 이루고 있다.

① BOE   ② 오존   ③ 인산

④ 황산   ⑤ 초음파

03 미세화에 따라 포토, 식각에 이어 세정도 기술상의 한계에 도달하게 된다. 그림과 같이 좁은 홀 (트랜치)에서 세정액이 오염원에 도달하지 못하면 세정 효과가 떨어진다. 이에 대한 설명으로 옳지 <u>않은</u> 것을 모두 고르시오.

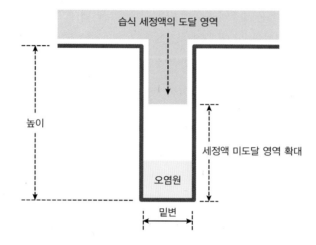

① 종횡비(Aspect Ratio)가 높을수록 세정액의 미도달 영역이 확대된다.
② 습식세정의 대안으로 건식세정이 등장하게 되었다.
③ 게이트 길이가 작아질수록 세정의 필요성이 점점 줄어든다.
④ 플라즈마 세정, 에어로졸 세정 등 세정 방식이 다양해지는 계기가 되었다.
⑤ 회로 선 폭이 $1\mu m$ 이상에서 세정이 더욱 어려워졌다.

04 세정 방식에 대한 다음 설명 중 옳지 <u>않은</u> 것을 모두 고르시오.
① 초음파 세정은 습식세정 시에 초음파를 인가하며, 메가소닉 클리닝이라고도 한다.
② 드라이아이스 방식은 오염물질을 냉각시킨 후 온도를 높여 표면에서 떨어져 나오게 한다.
③ RCA 세정은 과산화수소를 기본 물질로 염산이나 암모니아를 혼합하여 만든다.
④ 유기 오염물질 제거는 자외선($O + O_3$)을 이용하면 효과가 높다.
⑤ 플라즈마 방식은 대부분 양이온을 이용하여 스퍼터링 방식으로 금속성 잔유물을 제거한다.

CHAPTER 25
팹 프로세스 2 : 소자 분리막(STI) 구축하기

칩 내에는 많은 수의 트랜지스터(Transistor, TR)가 인접해 있습니다. 그러나 이웃 트랜지스터 간에 원치 않는 전류가 흘러 TR이 계획되지 않았던 동작을 하는 경우가 있는데요. 이러한 오동작을 막기 위해 산화 물질로 액티브(TR이 들어갈 자리)와 액티브 사이를 절연시키는데, 이때 소자(TR) 분리 방법으로 LOCOS(Local Oxide on Semiconductor, 로코스, 분리용 절연막) 방식이 사용되었습니다. 그러나 집적도가 낮을 때는 LOCOS로 인한 버드빅(Bird's Beak, 분리용 절연막의 일부 모양이 새의 부리 형태로 변형)이 문제되지 않지만, TR의 밀집도가 높아지면 버드빅이 점유하는 공간으로 인해 미세화의 걸림돌이 됩니다. 이에 따라 TR를 필드산화막(Field Oxide)으로 분리하는 개선된 방법 중에 STI(Shallow Trench Isolation)라는 방식이 적용되었습니다. 이후 STI는 DTI(Deep Trench Isolation)로 발전되었고, 수평축으로 트랜치(Trench) 폭을 최대한 좁게 하면서 웨이퍼 표면 밑으로 깊이 파고 들어 우수한 절연특성을 갖게 되었습니다. 평판 방식(Planar Type) TR 중 현재까지 개발된 소자분리 방식으로 최적인 STI는 몇 종류의 산화막으로 구성될까요?

25.1 준비 단계 : 절연막 형성

기판에 이온주입과 어닐링 진행으로 N형 Well(혹은 N형 우물)이 자리잡고 있는 상태에서, 그 위에 1차 절연막으로 산화막(SiO_2, 패드옥사이드)을 형성한 후에 2차 절연막으로는 질화막(실리콘나이트라이드, Si_3N_4)을 증착합니다. 최근에 질화막은 실리콘나이트라이드에서 파생된 절연막(SiON, 실리콘옥시나이트라이드)을 주로 사용합니다.

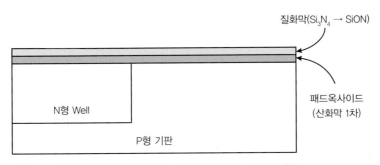

그림 25-1 실리콘 기판 준비(P형 기판) → N형 Well 형성 → 절연막 형성

절연산화층(패드옥사이드, 밑에 깔린 산화층)은 TR을 만들기 위해 맨 처음으로 시작하는 층입니다. 절연산화층을 실리콘 옥사이드(Silicon Oxide)라고 칭하거나 게이트 단자 하부에 위치한다고 하여 게이트 옥사이드(Gate Oxide) 혹은 패드옥사이드라고 부르는데요. 이는 800~1,000℃의 퍼네이스 내에서 실리콘을 산소와 결합시켜 건식산화 방식으로 생성합니다. 산화막 상부에 놓여지는 질화막은 CVD 방식으로 증착합니다. 실질적인 게이트 옥사이드는 1차 산화막인 패드옥사이드보다는 좀 더 질 좋은 절연층이 필요하므로, STI를 완료 후 웨이퍼 표면에 덮인 절연층을 제거시키고 절연성이 뛰어난 새로운 절연산화막(HfO_2 혹은 ALD 방식으로는 ZrO_2)을 새로 생성시켜 사용합니다.[1]

25.2 준비 단계 : 소자분리막(STI) 위치 선정

■ STI 위치 선정과 구조 형태

절연막이 증착된 후에, 트랜지스터가 들어갈 액티브 에리어(Active Area, TR이 점유하는 영역)로 2군데를 각각 지정합니다. 액티브 에리어는 Well의 중간 위치에 둥지를 틉니다. 소자분리막(STI)이 들어갈 트랜치 자리는 TR과 TR 사이에 위치하도록 작은 단면적을 배정합니다. 그리고 TR과 TR 사이의 전류를 차단해야 하므로 깊이는 TR의 깊이보다 깊게 설정합니다. 트랜치가 들어갈 자리는 LOCOS 자리와 동일하지만, LOCOS에 비해 상부 면적이 좁고 더 깊습니다.

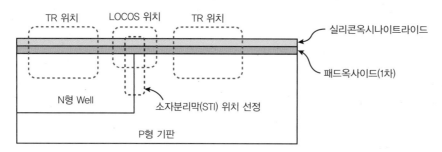

그림 25-2 실리콘 기판 준비 → N형 Well 형성 → 절연막 형성 → TR 위치 선정 → 소자분리막(트랜치) 위치 선정 @ CMOS의 수직 단면 구조

트랜치(Trench, 참호)는 절연층(질화막 + 산화막)에 구멍을 뚫어서 패드옥사이드층보다 아래에 형성합니다. TR 주위로 STI를 울타리처럼 둘러쳐서 이웃한 4개의 TR 간에 서로 전기적으로 연결되는 시도를 원천적으로 차단합니다. 이러한 TR의 분리층을 밑으로 파내어 얇은 폭으로 형성한다고 하여 STI(Shallow Trench Isolation)라고 하는데, 트랜치 형성은 포토 → 식각 → 세정을 통해 공간을 확보하는 작업부터 합니다.

> **Tip** 트랜치는 홀(Hole)과 같은 광의의 의미이고, 실질적인 용어는 소자분리막(STI)이지만 편의상 트랜치와 STI를 동일한 의미로 사용합니다.

---

1 11장 '산화막' 참조

▪ LOCOS vs STI

LOCOS(Local Oxide on Semiconductor)는 TR과 TR 사이에 누설전류가 흐르지 못하도록 막는 구조물입니다. STI 이전에 적용했던 방식으로, 풋프린트(Footprint) 면적을 많이 차지했고 원하지 않는 버드빅(Bird's Beak) 이슈가 발생됩니다. 또한 웨이퍼 표면 근처에 설치되었기 때문에 지하층 깊이 흐르는 누설전류를 완벽히 차단하지 못해 초미세화 과정에서 탈락되었으며, LOCOS 대신 STI가 채택되었습니다. LOCOS는 웨이퍼 표면 위에 수평적으로 넓게 형성되는 구조인데 반해, STI는 LOCOS보다는 작은 풋프린트로 점유하지요. STI는 DTI(Deep Trench Isolation)로 발전되어 하부로 더욱 깊게 침투하는 구조가 되면서 셀 간의 전류를 효과적으로 차단할 수 있게 됩니다. 표면을 줄여야 하는(Shrinkage) 입장에서는 STI/DTI가 절대적으로 필요하지요.

> **Tip** 버드빅(Bird's Beak)은 LOCOS 구조에서만 발생되는 현상으로, 실리콘 옥사이드와 주변 막의 열성장 속도 차이로 SiO_2의 에지(Edge) 부위가 셀(TR) 쪽으로 파고들어 셀의 영역을 침범하는 현상입니다.

▪ LOCOS와 STI의 적용 예

64Mb 디램에서 256Mb 디램으로 용량이 증가하면서, 광원을 적용한 리소(Litho) 파장도 i-Line에서 DUV(KrF)로 짧게 변했습니다. 소자 간 절연을 위해 발전된 LOCOS 방식(350nm Tech)도 STI(250nm)로 고도화되었고요. 또한 게이트 옥사이드의 두께도 10nm에서 7nm로 얇아졌으며, 전자를 저장하는 커패시터 절연막의 두께도 4.5nm에서 3nm로 얇게 하면서 대신 재질의 유전율을

표 25-1 LOCOS vs STI 적용 @ 64Mbit 디램과 256Mbit 디램[46]

구분	64Mb 디램	256Mb 디램
개발 완료 시기 양산 시작 시기	1993 ~ 1994년 1996 ~ 1997년	1996 ~ 1997년 1999 ~ 2000년
디자인 룰[μm]	0.35	0.25
게이트 옥사이드 두께(Tox eq [Å])	100	70
커패시터 재질/ 절연 박막 두께(Tox eq [Å])	No 45	No/Ta_2O_5 고유전체 30
절연 방식(Isolation)/ 내부 공간 폭[μm]	LOCOS 변형(Modified LoCos)/ 트랜치 0.35	– 트랜치 0.25
평탄화(패시베이션)막/공정 방식	(BPSG & SOG) 또는 (BPSG & DED)	(BPSG & DED & CMP) 또는 (DED & SOG & CMP)
콘택 재질 및 공정 방식	W-Etchback 또는 Selective-W	Selective-W 또는 Al-Reflow(또는 CVD)
메탈층 개수	2 ~ 3	3
리소그래피 파장	i-Line	DUV

높여 얇아진 두께를 보상했습니다. 디자인 룰이 발전하면서 메탈층 개수가 2 → 3 → 4개로 증가하고 있으며, 패시베이션(Passivation)막은 BPSG(혹은 산화막 + 질화막)로 동일하게 유지했습니다.

25.3 STI 1단계 : 포토(PR로 형상 만들기)

TR(소자) 사이를 분리하기 위한 첫걸음은 패턴 공정 3가지 중 하나인 포토 공정부터 시작됩니다. 이는 PR 도포, 마스크 정렬, 노광, 현상 순으로 진행됩니다. 포토 공정은 트랙(Track)이라고 불리는 보조 장비와 빛을 노출시켜 회로 패턴(Mask)을 웨이퍼 위에 복사하는 노광기[2]에서 실시합니다. 포토 공정은 웨이퍼를 트랙 장비 → 노광기 → 트랙 장비로 왔다갔다하면서 진행하지요. PR 도포에서는 먼저 감광액(PR, Photo Resistor)을 바르는데, PR은 점도가 높기 때문에 웨이퍼를 분당 1,500~3,000회 정도로 회전시키면서 절연막 위에 얇게 도포합니다. 도포되는 PR은 균일한 높이가 되어야 감광 깊이도 같게 되지요. 노광 시 PR 두께가 너무 얇으면 초점이 벗어날 수가 있고, 너무 두꺼우면 감광 깊이가 충분치 않아서, 현상할 때 PR 잔유물이 남게 되어 연이은 식각 공정에서 하부막(절연층)이 적절히 제거되지 않습니다.[3] PR 코팅 후에 노광기로 웨이퍼를 옮긴 후, 웨이퍼 정렬을 마치면 노광을 진행합니다. 투사형(Projection Type) 노광기의 광원에서 출발한 빛은 몇 십 개의 렌즈를 거친 후에 웨이퍼 표면의 PR을 감광시키지요. 감광 후에는 웨이퍼를 다시 트랙 장비로 옮겨서 감광 부위를 제거시키는 현상 공정을 진행합니다. 포토 공정은 식각 공정의 길잡이 노릇을 합니다. 즉 웨이퍼를 테이블에 놓고 위에서 보았을 때, 포토 공정에서 뚫어낸 구멍(감광 부위를 현상)에 해당되는 영역만을 식각에서 없앨(하부 박막) 수 있습니다.

■ 음성 PR 도포

절연막 위에 HMDS로 접착한 후에는 음성(Negative) PR을 스핀 방식으로 도포합니다(PR은 대부분 양성 PR을 사용하지만, 여기서는 음성 PR의 예를 들었음).

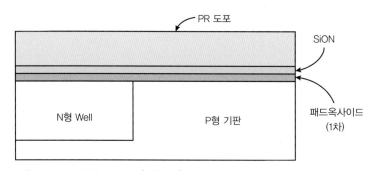

그림 25-3 포토 공정 : PR 도포(트랙 장비)

2 노광기는 반도체에서 기술적 난이도가 가장 높은 핵심 장비로, 대당 가격도 EUV 타입은 1,500억 원 정도임
3 식각 후에도 절연막이 남아있는 경우에는 이온들이 충분히 투입되지 못해 소스/드레인 단자가 불충분한 입체면적을 갖게 됨

도포 시 중요한 요소는 스핀 회전수와 솔벤트 농도를 조절하여, 균일하고 스펙 기준에 맞는 PR의 두께를 만들어내는 것입니다. PR 코팅 시 웨이퍼 가장자리에 EBR(Edge Bead Removal)을 실시하고 PR이 흘러내리지 않도록 소프트 베이크(70~90℃)를 진행합니다. 음성 PR은 이미지 해상도가 떨어지는 단점이 있지만 하부 기판과 접착력이 높다는 장점이 있습니다.

■ 마스크 정렬

마스크 정렬은 다음에 이어질 노광 공정의 타입에 따라 준비되어야 합니다. 투영전사(Projection) 방식 혹은 습식투영전사(Immersion, 이머전) 방식을 주로 적용하여 진행하므로, 사전에 준비된 포토마스크를 웨이퍼와 일정 거리를 두어 노광기에 로딩시킵니다. 마스크-얼라인먼 마크(Mask-Alignment Mark)를 확인하여 로딩된 마스크를 정확하게 정렬하지요. 마스크와 웨이퍼 사이에는 렌즈 20여 개가 설치되어 있어서, 해상도를 높여 이미지가 정확하게 투사되도록 하고 초점거리(DoF, 초점심도)를 조정하여 PR층 두께 내로 초점을 맞춥니다. 마스크도 음성 PR용으로 제작된 패턴을 적용합니다.

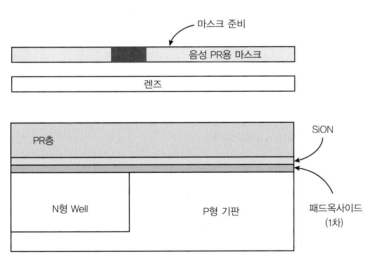

그림 25-4 포토 공정 : 도포(트랙) → 음성 PR용 마스크 정렬(노광기)

■ 노광(마스크 패턴 복사)

노광은 프로젝션 방식으로 진행하되 마스크(레티클) 이미지 대비 1:1/N배율(주로 1:1/4~1:1/10)로 축소된 이미지를 웨이퍼 표면의 PR층에 감광시킵니다. 음성 PR을 사용했으므로 감광된 PR에 가교(Cross Link)가 생겨 노출된 패턴 영역(PR층)의 분자결합이 강해지지요. PR을 빛에 노출시키는 것은 레티클 입장에서는 패턴 복사이고, 렌즈 입장에서는 투사이며, 웨이퍼 표면 입장은 노광이고, PR 입장은 감광으로 모두 같은 노광 동작입니다.

노광은 스케일링 사이즈를 결정하기 때문에 반도체 전체 공정 중에 핵심적인 공정이자 시간(TAT)도 가장 오래 걸립니다. 노광 방식의 복잡도가 증가할수록 노광기의 가격도 높아져, 전체 공정 장비 중에 가장 고가의 장비가 노광 장비입니다. 노광 시 이머전 방식을 적용하면 액체(주로 초순수를 활용)를 마스크 밑에 설치된 렌즈와 웨이퍼 사이에 침투시키고 또 액체를 흐르게 해야 하기 때문에 더욱 복잡해지지요. 그러나 액체의 굴절률에 반비례하여 이미지를 더욱 작게 맺히게 할 수 있어서 웨이퍼당 다이의 개수가 늘어나는 이득이 있습니다.

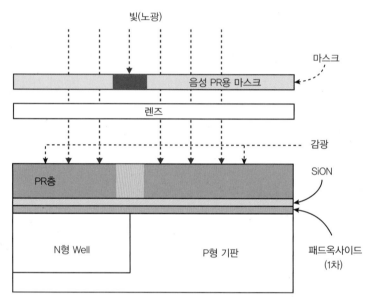

그림 25-5 포토 공정 : 도포(트랙) → 마스크 정렬(노광기) → 노광(노광기)

■ 현상(복사된 패턴을 PR층에 모양 새기기)

현상 전에 웨이퍼를 베이크(PEB)하여 노광 시 간섭으로 발생된 정재파(파장 굴곡, Standing Wave)를 완만하게 펴줍니다. 현상 용액으로 감광 부위를 스프레이하여 감광된 PR을 제거한 후에는 비이온수인 초순수(UPW, Ultra Pure Water)로 린스해줍니다. 이때 양성 PR과는 반대로 감광된 부위는 결합력이 강해져 있어서 감광되지 않은 PR 부분이 제거되지요. 그런 다음 소프트 베이크보다는 약간 높은 온도(+30℃)로 하드 베이크(Hard Bake)하여 PR을 견고히 함으로써 식각 공정에 대비합니다. 음성 PR은 현상용액을 흡수하여 PR 전체 체적이 확장하므로 이미지가 커져서 해상도가 저하되는 단점이 있습니다. 그래서 정밀한 패턴에는 적용하지 못하고 전체 사용 빈도수도 적습니다.

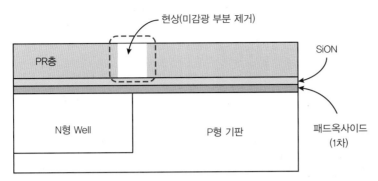

그림 25-6 포토 공정 : 도포(트랙) → 마스크 정렬(노광기) → 노광(노광기) → 현상(트랙)

소프트 베이크 : 90℃, PEB : 100℃, 하드 베이크 : 120~150℃

25.4 STI 2단계 : 식각

식각도 막질에 따라서 여러 번 하되, PR막은 식각되지 않고 해당되는 절연막과 기판이 식각될 수 있도록 선택비(Selectivity)를 높여서 진행합니다. STI의 식각은 현상된 부위(감광막이 제거된)의 바로 밑 부분인 절연층(산화층 + 질화층)과 실리콘 기판의 상부를 제거하는 공정입니다.

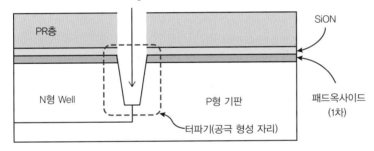

그림 25-7 식각 공정 : STI를 위치시킬 공간(패턴 윤곽) 형성

TR 입장에서는 P형 기판은 P형 Well과 같은 바디(Body)의 역할을 합니다.

사실 절연층은 게이트와 채널 입장에서 매우 중요한 막이지만, STI 입장에서는 기능적으로 볼 때 아무런 관련이 없는 단지 제거할 대상이죠. 식각을 할 때는 강력한 에너지를 사용하는데, 보통 플라즈마 상태를 이용해 RIE 건식(Dry) 방식으로 파 내려갑니다. 건식은 습식(액체)에 비해 옆 벽을 식각하지도 않고(이방성 식각) 밑으로만 파 내려가서 트랜치 모형을 뜨는 데 유리합니다. 문제는 너무 많이 식각(Over Etch)을 할 수 있어서 종말점(End of Point)을 정확하게 계산한 뒤 진행해야 합니다. 식각 후에는 잔유물이 남게 되므로 세정으로 이를 반드시 처리해줘야 하지요. 그렇지 않으면 다음 공정을 진행할 때, 잔유물(Residue)들이 방해합니다. 잔유물은 증착 시에는 힐락(Hill Lock)을 발생시키고, 이온주입 시에는 양이온 주입을 가로막습니다.

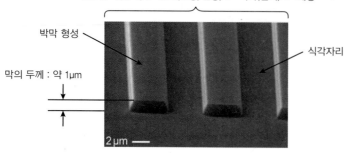

패턴 @ 막(증착) > 포토(노광/현상) > 식각(건식) > 세정

박막 형성

막의 두께 : 약 1μm

식각자리

2 μm

그림 25-8 식각 패턴의 예(일반적인 형상)[47]

GaN막을 Cl_2+BCl_3+Ar Gas을 사용하여 식각합니다. 포토(PR 코팅 → 노광 → 현상) → 건식식각 → 건식에싱 → 세정(습식+건식) → 건조 프로세스를 진행하여 패턴을 얻을 수 있습니다.

식각 시에 산화막이나 질화막 같은 절연막(중간층) 없이 PR막만으로도 최하부층인 실리콘(기판) 식각이 가능합니다. 단, 이때 PR이 식각 용액(Etchant)에 내성(식각률이 낮음)이 있어야 식각 시 깎이지 않습니다. 이 경우는 다음에 진행할 증착이나 주입할 이온들을 PR이 막아내는 마스킹 역할을 합니다. 그러나 PR이 물리적으로나 화학적으로 데미지를 입지 않아야 하므로, 알맞은 PR 재질을 선택하기가 쉽지 않아서 일부 조건이 있는 한정적 상황에서만 PR층을 마스킹 역할로 사용합니다.

25.5 STI 3단계 : 에싱

절연막에 패턴을 완성했거나 혹은 실리콘 터파기를 완료(공극자리 형성)했으면 PR이 더 이상 쓸모없어졌으므로 스트리퍼(Stripper)에서 에싱을 통해 제거합니다. 이때 산소 프로세스 가스를 투입한 플라즈마(RF 에너지 공급)를 사용하면 좀 더 정확한 에싱이 됩니다. 산소 라디칼이 PR 성분의 탄소와 결합하여 CO_2 혹은 CO 가스로 휘발하지요. 산소 라디칼은 등방성이지만, PR 전체를 없애는 상황이라 등방 성질이 문제가 되지 않으며 이방성보다 오히려 에싱속도가 빨라서 유리합니다. 이때 절연막과 실리콘 기판은 산소 라디칼과 반응하지 않으므로 오버에싱(Over Ashing)을 하여 PR을 깨끗이 제거하는 것이 좋습니다.

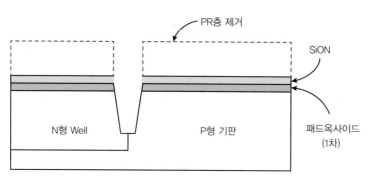

PR층 제거

SiON

N형 Well

P형 기판

패드옥사이드
(1차)

그림 25-9 에싱 공정 : PR막 제거

막을 제거하기 어려운 순으로 나열하자면, 산화막 > 질화막 > 실리콘 > 감광막(PR 코팅제)이라고 할 수 있습니다. 그에 따라 제거하는 방법이나 화학약품도 강약을 조절해 사용합니다. 에싱 공정의 횟수는 포토 공정을 진행한 횟수와 동일하므로 비중이 크지요.

> **Tip** 에싱의 절차는 질화막 식각 → 에싱 → 산화막 식각 → 실리콘 기판 식각 혹은 질화막 식각 → 산화막 식각 → 에싱 → 실리콘 기판 식각입니다.

25.6 STI 4단계 : 열산화(라이너 산화막 형성, 트랜치 채우기)

STI는 산화막을 이중으로 형성합니다. 먼저 공간이 확보된 트랜치 속에 본격적으로 절연 물질을 채워 넣기 전에, 열산화 방식으로 라이너(Liner) 산화막(2차 산화막)인 예비 절연막을 얇게 입힙니다. 건식산화 방식으로 반응로에 산소가스를 투입하여 약 1,000℃로 가열시키면, 전체 표면에 게이트 산화막처럼 고체산화막이 얇게 형성됩니다. 단점은 산화시간이 오래 걸린다는 것입니다. 이는 다음 단계에 실시할 CVD로 산화막 증착 시, CVD 산화막과 실리콘 기판 사이의 접착력을 높이기 위함입니다. 혹은 식각 시 발생된 댕글링 본딩을 줄여서 STI 계면으로 흐르는 누설전류를 축소시킵니다. 또한 고밀도 플라즈마(HDPCVD)로 트랜치(Gap)를 채울 경우, 높은 에너지를 함유한 플라즈마로부터 손상을 막아내는 역할도 추가로 하지요. 라이너 산화막(2차) 대신 라이너 질화막으로 적용하기도 하지만, 여기서 중요한 요소는 절연성이 높은 막질의 확보와 균일한 두께입니다.

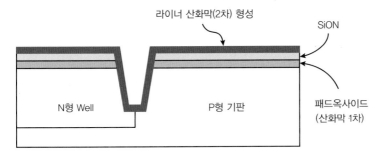

그림 25-10 산화 공정 : 라이너 산화막(2차) 형성

25.7 STI 5단계 : 증착(APCVD, 트랜치 채우기)

라이너 산화는 애벌 공정의 수준이었다면, STI는 증착(Deposition)을 이용해 본격적으로 트랜치 공간인 공극(Gap)을 채웁니다. 라이너 열산화는 표면에서 확산과 증착이 동시에 발생했지만, CVD 산화(3차 산화막)는 증착만 이루어집니다. 온도는 열산화에 비해 절반 수준이고 속도가 빠르다는 장점이 있습니다. 증착 방식은 압력, 온도에 따라 여러 가지가 있습니다. STI는 일반적으로 가장 수월한 수준인 대기압 조건하에서 실리콘이 녹는 온도의 약 1/3 정도로 하여 화학증착 방식(CVD)을 사용합니다. 3차 산화막은 HDPCVD 혹은 APCVD 방식으로 진행합니다.

APCVD[4] 산화막은 확산산화막에 비해 재질이 거칠지만 공정시간이 짧고, 공극을 채우는 능력(Gap Fill 능력)이 뛰어나서 큰 부피의 트랜치를 채우기에 적합합니다. TEOS[5]가 오존(O_3)을 만나 고체 산화막(SiO_2)을 얻는 방식으로 웨이퍼를 APCVD 장비의 벨트에 올려놓고 가스 주입구를 지나도록 하여 증착시키지요. 이때는 비교적 순수한 SiO_2막을 얻는데, 여기서 증착으로 갭필(Gap Fill) 시에 보이드(Void, 미세공간)가 없도록 만들거나, 있더라도 영향을 끼치지 않게 극히 작아야 합니다. 공정이 완료된 후에는 세정을 하여 오염물질을 제거합니다. HDP 방식은 고밀도 플라즈마 챔버를 이용하므로, 동일 장비에서 증착과 식각을 같이(In-Situ) 진행합니다. 식각은 표면적을 좁게 해야 하므로 수직식각인 스퍼터링(Sputtering)-에치백(Etch Back) 방식을 적용하고, 증착은 고밀도가 필요하므로 고진공 챔버를 코일로 둘둘 감은 ICP-플라즈마 방식으로 활용하지요.[6]

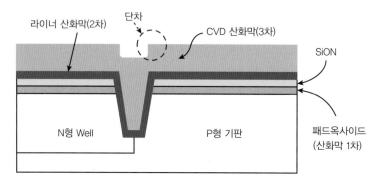

그림 25-11 증착 공정 : APCVD(갭필 능력 우수)

25.8 STI 6단계 : 표면의 평탄화(CMP)

증착 방식으로 참호를 채울 때에는 CVD층을 두껍게 하는데, 이는 CMP를 실시할 때 막 중에서 제일 중요한 1차 산화막인 패드옥사이드가 깎이거나 손상되는 것을 방지하기 위함입니다. 움푹 파진 트랜치 공간으로 인해 CVD 표면에는 단차가 생기게 됩니다. 일반적으로 이런 울퉁불퉁한 표면은 포토 공정 시 초점을 맞추기 어렵게 하거나, 혹은 다음에 형성하는 상층막의 표면에도 굴곡이 발생하는 문제를 야기합니다. 이를 방지하기 위해 CVD 산화막 표면을 평평하게 하는 단계를 평탄화(CMP) 공정이라고 합니다. 화학적/물리적 평탄화 공정인 CMP는 매우 작은 알갱이 형태인 슬러리(Slurry)가 포함된 화학용액인 연마액(염기성)을 패드와 웨이퍼 사이에 넣어, 단차를 물리적으로 매우 정교하게 갈아냄으로써 표면의 높이를 일정하게 하고 매끄럽게 만들어 줍니다. CMP에서 가장 중요한 요소는 웨이퍼 표면의 평탄화인데, 이는 웨이퍼를 잡고 있는 웨이퍼 헤더(Header)가 웨이퍼 전체 면에 어느 정도 고르게 압력을 가해 주느냐에 따라서 달라집니다.

---

4 **APCVD**(Atmospheric Pressure Chemical Vapor Deposition) : 화학적 증착 방식, 대기압+약 500℃

5 **TEOS**(Tetra Ethyl Ortho Silicate) : 산화막 공정 시의 실리콘 소스

6 13장 'CVD' 참조

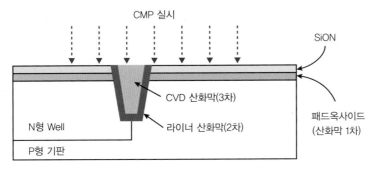

그림 25-12 CMP 공정 : 화학적, 물리적 방식에 의한 표면 평탄화

CMP는 높아지는 집적도에 의한 불균일한 두께가 연속으로 악영향을 끼치는 것을 방지하기 위해 IBM에서 시작했고, 현재는 절연막 뿐만 아니라 Cu 금속막(다마신 방법 이용)까지 모든 막에 대한 CMP가 가능하고 또 세정과 같이 필요시 자주 활용합니다. 이때 CMP 시 질화막이 버퍼 역할도 합니다.

25.9 STI 7단계 : 질화막을 제거하는 식각(트랜치 마무리)

평탄화 공정 이후에는 표면에 드러난 파생질화막(SiON, 실리콘옥시나이트라이드)을 제거합니다. 질화막(SiON)은 1차 산화막(패드옥사이드)이 2차 산화막(라이너 산화막)으로부터 영향을 받지 않도록 1차 산화막을 보호하는 목적이 있습니다. 1차 산화막은 가장 얇고 신뢰성이 높아야 하는 게이트산화막이 되므로 매우 조심스럽게 다뤄야 합니다(혹은 한계치수 CD가 작아짐에 따라 1차 산화막을 제거하고 게이트산화막을 별도로 새롭게 추가합니다). 식각 방식(습식)으로 질화막을 제거할 때는 웨이퍼를 화학용액에 담가서(베치 방식일 경우에는 디핑 방식, 싱글 방식인 경우에는 스프레이 방식) 1차/2차/3차 산화막이 식각되지 않고 질화막만 식각되도록 하지요. 이때는 질화막에 대한 높은 선택비(질화막의 식각 비율이 산화막에 비해 높음)를 갖는 식각 용액을 사용합니다. 질화막까지 CMP로 제거하면 질화막-식각을 진행할 필요가 없겠지만, 1차 산화막을 물리적으로 손상시킬 가능성이 있으므로 패드산화막을 보호하기 위해 질화막은 식각 방식으로 화학처리 합니다.

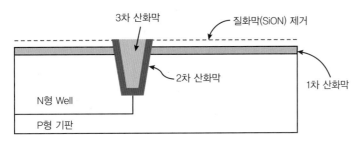

그림 25-13 식각 공정 : 질화막 제거

25.10 최종 단계 : 소자분리막(STI) 형성

최종적으로 STI가 완성되었습니다. STI는 결과적으로 실리콘 기판을 일부 파서 트랜치를 만들고, 그 공간 속에 절연 물질인 산화막을 2중으로 채워 넣은 형태입니다. 보기에는 간단해 보이는 구조인데, 여러 가지 공정을 거쳐 만들어졌습니다. 트랜치를 채운 절연막의 최대 목적은 TR과 TR 사이에 불필요하게 누설되는 전류가 발생/증가하지 못하도록 제어함으로써 소자특성을 향상시키는 데 있습니다.

절연성이 높아야 하는 패드옥사이드와 라이너 산화막은 처음에는 높은 온도에서 산소가스를 이용한 건식산화 방식을 적용했지만, CVD/낮은 온도/대기압/습식산화/질소가스(질화막) 등 여러 변수들을 응용하여 공정 비용을 절감할 수 있는 방안들이 개발되고 있습니다. CVD 산화막도 APCVD/HDPCVD 등 증착 방식이 다양해져, 층의 두께는 얇고, 보이드(Void)도 작으면서 발생 빈도수도 적으며, 절연 성능은 강화되는 고집적화 방향으로 흘러가고 있습니다. 이제 TR과 TR 사이에 칸막이가 설치되었으므로 본격적으로 액티브 에리어(Active Area)에 TR을 형성할 수 있게 되었습니다.

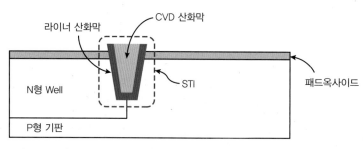

그림 25-14 완성된 소자분리막(STI)의 옆면도

• SUMMARY •

STI/DTI는 소자(셀) 사이를 저항성이 높은 재질로 분리하여 소자 간의 누설전류를 방지하기 위해 진행합니다. 미세화 측면에서 볼 때, 면적을 최소로 줄일 수 있는 구조는 현재까지는 STI/DTI가 최적입니다. 그러나 1개 다이에 TR이 몇 십억 ~ 백억 개씩 넣어야 한다면 이야기가 달라지지요. 그러므로 TR이 위치하는 액티브 에리어가 점점 줄어들고, 그에 따라 DTI의 폭도 급격히 좁아지고 있습니다. DTI의 입구가 좁아지면, 옆 벽면의 식각이 어려워집니다. 이를 해결하기 위해 기존의 위에서 밑으로 향하는 가장 월등하다고 하는 이방성 수직식각 기술을 뛰어 넘어, 횡으로 벽면 식각을 하는 플라즈마 방식 등 칸막이 두께를 줄이는 여러 가지 방안이 발굴되고 있습니다.

PART 04

트랜지스터, 농도의 화신

4부는 도핑을 하여 트랜지스터를 동작시키는 이야기입니다. 도핑은 농도 편차를 두는 것이고, 농도 편차는 캐리어의 이동을 야기합니다. 캐리어의 이동은 소스 단자에서 드레인 단자로 넘어가는 과정인데, 이는 주로 트랜지스터의 수평축 상에서 이뤄지지요. 수평축 방향으로 늘어선 소스에서 드레인 단자로 캐리어를 이동시키려면 먼저 소스와 드레인 단자를 만들어야 합니다. 웨이퍼 표면 아래로는 막을 형성할 수 없기 때문에 단자는 도핑 방식을 이용할 수 밖에 없지요. 도핑 방식에는 확산과 이온주입이 있습니다. 초창기의 도핑 방식인 확산 공정(26장)은 트랜지스터를 동작시키고 발전시키는 데 지대한 공헌을 했습니다. 그러나 확산 방식은 수직과 수평방향으로 동일하게 진행하는 등방성 확산으로 축소 지향의 TR 구조에 맞지 않아, 지금은 대부분 이온주입(27장) 공정을 사용합니다. 확산은 장비로 퍼네이스(Furnace)를 사용하며, 퍼네이스를 이용하는 공정에는 확산 이외에 산화와 LPCVD가 있습니다. 퍼네이스를 사용한다고 산화와 LPCVD를 확산 공정으로 편입시키는 것은 무리이므로, 이 둘은 별도로 각각의 모공정을 찾아가도록 확산 공정에서 제외했습니다. 이온주입은 소스/드레인뿐만 아니라 게이트(메탈 게이트인 경우는 제외), LDD, Halo 등 전도성의 변화가 요구되는 모든 위치에 적용 가능하여 전천후 다목적 방식이라고 해도 과언이 아닙니다. 이온주입 후에는 반드시 어닐링(28장)을 실시해야 합니다 이온주입이 건설적 파괴라면 어닐링은 파괴된 부위를 복원합니다. 어닐링 시 열에너지를 오랜 시간 인가하면 이 또한 측면확산 영역이 넓어지므로, 높은 집적도가 필요한 곳은 모두 신속-어닐링(RTA)을 도입합니다. 어닐링 시간은 점점 줄어들고 있어서 최근에는 3초 이내에서 1초보다 더욱 짧아진 최단 시간으로 진행하는 추세입니다.

도핑의 목적은 캐리어의 농도를 높이는 것이고, 캐리어(29장)는 TR을 동작시키는 주체입니다. 대부분 수평축으로 이동하는 캐리어는 다수 캐리어와 소수 캐리어로 구성되는데, 이들의 움직임에는 도핑 요소(도즈와 에너지)들과 결정격자가 연결되어 있습니다. 캐리어가 소스 단자에서 드레인 단자로 이동하려면, 캐리어의 비활성화 지역인 결핍 영역(30장) 두 군데를 지나야 합니다. 결핍 영역은 동일하지 않은 농도로 도핑된 캐리어들이 경계면에서 만나서 자연적으로 확산 이동하여 만들어내는 영역입니다. 위치는 소스 정선과 드레인 정선 두 군데로, 이 둘은 외부의 전압 인가에 서로 반대로 반응합니다. 반도체는 외부 전압과 결핍 영역을 이용하여 스위칭, 증폭, 저장 등 여러 기능을 수행하도록 제어하는 소자입니다.

2부에서는 TR을 전압 측면에서 수직축으로 분석했다면, 4부에서는 TR를 전류 측면에서 수평축으로 전개합니다(31장). 소스-드레인 단자를 생성하고, 이 둘 사이로 전자 혹은 정공이 이동하도록 소스-드레인 단자 사이에는 바이어스 전압을, 게이트 단자에는 데이터 High-Low 전압(CMOSFET인 경우)을 인가합니다. 그렇게 하여 트랜지스터의 ON/OFF를 결정하는 드레인 전류가 결정되는데, 드레인 전류를 일으키는 캐리어들에 대한 이동 방식에는 캐리어별로 차이가 발생합니다. 특히 BJT와 다르게 드레인 전류에 대한 시드(Seed)의 역할로는 게이트 전압이 있으며, MOSFET 중 수평축을 담당하는 FET의 방향으로 수평면 축소(Lateral Shrinkage)가 이어지면서, BJT와는 확연히 구분되는 방향으로 TR이 발전합니다.

CHAPTER 26 확산, 모두를 포용하다

반도체의 기본 재료인 순수실리콘(Purity, 진성 반도체)은 절연체에 가까운 상태로 진성 반도체만으로는 아무 기능을 하지 못하는 그저 단단한 돌에 지나지 않습니다. 도핑은 실리콘이 아닌 이질의 물질(Impurity, 불순물, 도펀트)을 실리콘 속에 투입시켜 절연성 물질을 도전성 물질로 바꿔 줍니다. 즉 트랜지스터의 단자 영역에 외부에서 도펀트를 불어넣어 소자가 다양한 동작을 할 수 있도록 합니다. 도핑 중 화학적인 도핑이 확산이고, 물리적인 도핑이 이온주입이지요. 확산 방식으로 도핑을 할 경우 재질 강도가 높은 실리콘 웨이퍼는 어떤 한계 상황이 되어야 도펀트를 받아줄까요? 확산과 이온주입 방식은 어떤 점이 다를까요?

26.1 도핑

■ 도핑 방법 : 확산 vs 이온주입

도핑은 웨이퍼에 도펀트(Dopant)[1]를 집어넣어 재질특성 중 전도율을 높이는 방식입니다. 도핑 방법은 크게 확산(Diffusion)과 이온주입(Ion Implantation)이 있습니다. 확산은 농도 차이를 이용하여 자연적으로 대상 물질에 퍼지는 현상을 이용한 것이고, 이온주입은 인위적으로 대상 물질을 파괴하면서 주입(Implantation 혹은 Injection)합니다. 확산은 공정 진행 시에 웨이퍼를 구성하는 결정 입자들의 손상이 거의 없고 생산성이 높아서 1960년대부터 20년 가까이 도핑 시 자주 이용되었지만, 가장 치명적인 단점인 등방성 특성으로 인해 미세화에 부적합하여 이온주입으로 많이 대체되었습니다. 그러나 아직까지 정밀도가 낮거나 필요치 않은 경우에는 간단하고 공정 원가가 낮은 확산을 사용합니다.

---

1 **도펀트** : 도핑하는 물질로, 반도체 내에서 전류를 흐르게 하는 원천인 여러 가지 원소 혹은 불순물

■ 챔버 분위기 비교 : 확산 vs 이온주입

어떤 형태로든 물질의 성질을 변화시키는 데에는 많은 노력과 에너지가 들어갑니다. 잉곳을 만들 때 도핑을 하려면 웨이퍼 제조 공정에서 실리콘을 1,500℃ 이상으로 용융시켜서 진행하지요. 웨이퍼를 반도체 제조 라인으로 일단 들여와서 물질의 특성을 변화시키기 위해서는 웨이퍼 상태에서는 표면을 통하는 방법밖에 없습니다. 이때 불순물 원자(도펀트, Dopant)가 표면을 쉽게 통과하여 실리콘과 결합하도록 반응로(Furnace, 퍼네이스)를 활용하는데, 펌프를 이용하여 진공으로 만들고 내부 온도를 1,000~1,200℃의 분위기로 올려서 도핑하는 것을 확산이라 합니다. 장비의 챔버 분위기 온도를 실온으로 낮추는 경우는 온도를 높이는 대신 높은 에너지를 가하여 도핑하는 방식으로 이온주입이라 하지요. 확산에서는 1차 표면 증착 + 약한 확산을 하고, 2차 증착된 불순물을 깊게 확산 진행시키지요. 그런 측면에서 2차 확산이나 이온주입의 어닐링은 유사한 방식, 과정, 효과를 얻습니다. 단, 장비와 도핑 조건(Condition), 챔버 내 분위기 등은 서로 많이 다르지요. 확산과 이온주입은 도핑 입장에서 보았을 때 사촌처럼 가까운 공정 방식입니다.

26.2 확산 개념

반도체 단자(터미널, 전극)들이 제대로 작동하려면 단자의 접합면이 화학적 결합으로 이루어져 있어야 합니다. 이를 위해 반도체 제조 공정에서는 도펀트를 투입하는 방식을 이용합니다. 도핑은 모체에 일부 다른 이물질이 들어가서 화학적 결합을 하여 계면(Junction)을 형성하는 방식인데요. 반도체에서는 도핑 수단으로 확산과 이온주입(+플라즈마 방식)을 적용합니다.[2]

확산이란 일정하게 주어진 환경하에서 도펀트(13족, 15족 불순물 입자)를 고체 실리콘에 주입했을 때 입자들의 농도 차이에 따라 퍼지는 현상으로, 독일의 물리학자인 픽(Fick)이 확산 이론을 정리했습니다. 확산은 시간이 지날수록 도펀트가 ❶ 계속적으로 주입되는 경우와 ❷ 도펀트 총량이 일정한 경우(도펀트가 계속적으로 주입되지 않음)로 나뉘지요. 확산 초기에는 두 경우 모두 도펀트 농도가 실리콘 표면에서 가장 높고, ❶의 경우는 시간과 상관없이 표면의 확산 입자의 농도가 계속 높은 상태로 유지되지만, ❷의 경우는 시간이 지남에 따라 표면의 농도가 줄어듭니다.

Tip 15족 도펀트 : $_{15}P$, $_{33}As$, $_{51}Sb$ / 13족 도펀트 : $_5B$, $_{13}Al$, $_{31}Ga$, $_{49}In$

---

2 1장 '점 접촉 트랜지스터' 참조

■ 확산 공정의 온도 조건

확산의 온도 조건으로는 보통 고온이 필요하여, 퍼네이스(Furnace)[3]를 이용합니다. 다른 어느 공정보다도 가장 높은 온도를 사용하는 공정으로, 상온에서 실시하는 이온주입에 비해 크게 대비됩니다. 이 같은 고온에서는 금속 물질, 특히 알루미늄, 구리 등이 용융되기 때문에 배선 공정 이후에는 적용할 수 없는 제약도 있습니다.

■ 도펀트 종류

확산은 이온주입과 마찬가지로 실리콘($_{14}$Si) 기판에 주로 3개 종류의 도펀트 가스를 주입시켜 절연성에 가까운 순수실리콘을 전도도가 높은 물질로 바꿔줍니다. 이온주입은 양이온을 만들어서 주입하는 반면, 확산은 중성 원자가스에 열에너지를 높여 주입합니다. 투입되는 소스로는 고체, 액체, 기체가 모두 가능하지만 주로 액체와 기체를 가스로 변환시켜 활용합니다. 두 방식 모두 도펀트 종류로는 13족은 붕소($_5$B, Boron → B_2H_6)를, 15족은 비소($_{33}$As, Arsenic → AsH_3)와 인($_{15}$P, Phosphorus → PH_3)을 투입하지요. 최근 15족인 안티몬($_{51}$Sb, Antimony → $SbCl_5$)은 사용 빈도수가 줄어들고 있습니다.

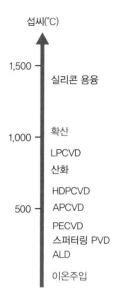

그림 26-1 도펀트 투입 시의 확산 공정온도

Periodic Table of the Elements

13	14	15	16	17	4.0026
5	6	7	8	9	10
B	**C**	**N**	**O**	**F**	**Ne**
boron	carbon	nitrogen	oxygen	fluorine	neon
10.81	12.011	14.007	15.999	18.998	20.180
[10.806, 10.821]	[12.009, 12.012]	[14.006, 14.008]	[15.999, 16.000]		
13	14	15	16	17	18
Al	**Si**	**P**	**S**	**Cl**	**Ar**
aluminium	silicon	phosphorus	sulfur	chlorine	argon
	28.085		32.06	35.45	39.95
26.982	[28.084, 28.086]	30.974	[32.059, 32.076]	[35.446, 35.457]	[39.792, 39.963]
31	32	33	34	35	36
Ga	**Ge**	**As**	**Se**	**Br**	**Kr**
gallium	germanium	arsenic	selenium	bromine	krypton
				79.904	
69.723	72.630(8)	74.922	78.971(8)	[79.901, 79.907]	83.798(2)

atomic number
Symbol
name
conventional atomic weight
standard atomic weight

그림 26-2 도펀트 종류 : 붕소(P형), 인(N형), 비소(N형)[48]

---

3 석영로, 확산로, 반응로라고도 함

■ 13족 도펀트 이슈

13족을 도핑(확산 및 이온주입) 시 알루미늄(Al)도 활용했으나, 알루미늄은 도핑을 한 후에, 고온에서 자체적으로 잘 뭉치는 낮은 고체용해도(Solid Solubility)을 보이기 때문에 집적도가 높아진 현재는 거의 사용하지 못하고 있습니다. 인듐(In)도 가능하나, 14족−13족으로 결합한 후 정공(Hole)을 발생시키는 활성화율의 저하로 불순물 농도가 낮은 곳에 제한적인 조건에서만 적용하고요. 결국 붕소만 남게 되는데, 붕소는 주기율표에서도 나타나 있듯이 입자 크기가 작아서 고체용해도와 확산도(Diffusibility)가 도리어 너무 크다는 문제가 있지요. 그러나 붕소 이외는 대체재가 없으므로, 어닐링 시간을 낮춘다거나 낮은 압력 조건을 적용한다거나 BF_2로 치환하는 등 다각적인 방법으로 붕소의 문제점을 보완하여 도핑에 적용하고 있습니다. N형 반도체를 만드는 비소와 인은 특별한 문제 없이 광범위하게 사용합니다.

■ 도펀트 활용

확산을 이용하여 전도성을 높이는 경우는 13족 혹은 15족 도펀트를 투입하여 Well이란 기반 물질(낮은 농도)을 마련하고, 소스/드레인 단자(높은 농도)를 생성하지요. 혹은 실리콘층 속으로 금속성 원소를 확산시켜 접촉 저항을 떨어뜨리는 실리사이드도 있습니다. 이렇듯 도펀트를 활용하여 비저항을 조절하는 경우는, 이 외에도 게이트 단자에도 영향을 끼치고 실리콘 표면에서 전체적으로 전계 효과를 높이기 위해서도 여러 군데 적용합니다. 농도를 낮게 하여 LDD를 진행하는 경우에는 적은 밀도의 도펀트를 투입하고, 혹은 ONO막을 형성 시에도 확산을 일부 활용하기도 합니다. 광범위하게 적용되는 확산을 어디까지 적용할 것인지는 제조 공정의 옵션입니다.

■ 퍼네이스를 사용하는 공정의 정리

반응로를 활용하는 공정으로는 확산(Diffusion) 이외에 산화(Oxidation)와 LPCVD가 있습니다. 확산 공정 시에는 확산로라고 할 수 있고, 산화 공정 시에는 산화로로 칭할 수 있는데, 두 공정 모두 동일한 반응로(퍼네이스)를 사용할 수 있습니다. 확산 시의 압력 조건은 공정 방식에 따라서 매우 다양하게 적용합니다. 전체 산화 프로세스를 비중적으로 볼 때는 산화는 증착 공정에 포함시키거나, 아니면 산화 공정은 확산이나 증착 공정으로 분류하지 않고 자체적으로 별도의 산화 공정으로 구분하는 것이 좋습니다.

> **Tip** 퍼네이스에서 진행한다고 하여 LPCVD를 확산 공정에 포함하는 경우를 종종 보는데, 이는 증착 공정으로 분류하는 것이 합리적이라 하겠습니다. 물리화학적으로 볼 때 LPCVD는 확산하고는 상관이 없는 100% 증착 방식입니다.

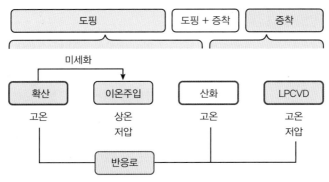

그림 26-3 도핑과 퍼네이스(반응로) 적용 공정

26.3 도핑 방식의 발전

확산과 이온주입이라는 2종류의 도핑 방식 중 초창기 도핑은 확산 방식을 적용하여 BJT(Bipolar Junction Transistor)의 3개 단자를 형성시켰습니다. 이때는 TR 사이즈가 커서 도핑 시 모든 방향으로 도펀트가 퍼져 나가는 등방 성질을 갖는 확산 방식도 문제가 되지 않았지요. 그러나 집적도가 높아지면서 수평 옆쪽(Lateral) 방향으로 TR이 차지하는 영역을 줄일 필요가 발생했습니다. 단자 형성 방식이 이방성 성격이 강한 이온주입방식으로는 MOSFET이 양산에 본격적으로 적용되는 1970년대에 변경되었습니다. 또한 확산로를 사용하는 열확산 방식은 온도를 올리고 내리는 데 오랜 시간이 소요되는 단점이 있어서 이온주입 방식이 더욱 빠르게 확산되었지요.

그에 따라 BJT가 MOSFET으로 대체되면서 집적도 향상, 소비전력 감소, 공정시간 단축이라는 3가지 장점을 갖게 되어 확산 방식은 단자 형성 시에는 더 이상 사용하지 않게 되었습니다. 그러나 폴리실리콘 게이트층(현재는 금속 재질) 등 증착된 막의 도전성을 높이거나 형질을 변경하는 데 있어서, 이온주입과 함께 아직도 주요한 공정 방식으로 확산이 많이 적용되고 있고, 앞으로도 핵심 공정 중의 하나로써 계속 활용될 것입니다.

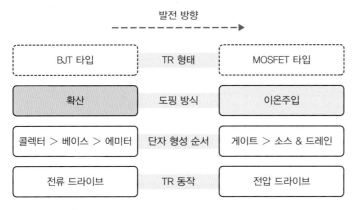

그림 26-4 도핑 방식의 발전 방향(확산 → 이온주입)

26.4 확산을 이용한 BJT 단자 형성

BJT를 만들 때는 맨 밑층에 콜렉터(Collector) 단자를 형성하고 그 위에 베이스, 에미터 순으로 진행합니다. 확산 도펀트는 하드마스크가 막아서지 않은 영역으로 침투하여 들어가는데, 모든 방향으로 나아가는 등방성 성질을 갖고 있어서 측면 방향으로도 깊이 방향과 동일한 속도로 번져나가는 단점이 치명적입니다. 각 단자별로 도펀트 타입은 지그재그 형태(N-P-N)로 다르게 해줍니다. [그림 26-5]는 NPN형이지만, PNP형도 도펀트의 적용 순서만 다르지 나머지 공정 레시피(Recipe)는 NPN형을 진행할 때와 거의 동일합니다.

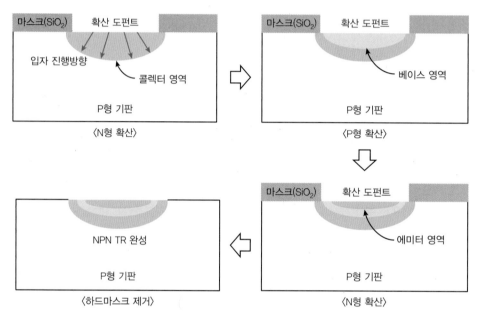

그림 26-5 콜렉터/베이스/에미터 단자를 등방성 방식으로 형성하는 확산 @ NPN형

26.5 MOSFET 단자 형성 방식의 변천

■ 확산 도핑(과거) → 이온주입 도핑(현재) → 플라즈마 도핑(미래)

트랜지스터를 만드는 방식은 구조의 미세화에 따라 급속한 변화를 겪어왔고, 이와 더불어 MOSFET의 소스와 드레인 단자를 형성하는 공정 또한 발전했는데요. 초창기에는 확산 방식을 적용하다가 확산의 등방성으로 인해 얼마 사용하지 못하고 포기했고, 그 후에는 이방성 성질이면서 정확도가 좀 더 뛰어난 이온주입을 적용했습니다. 그러나 이온주입은 결정격자를 파괴시키는 단점을 갖고 있어서, 이를 극복하기 위해 플라즈마 방식을 이용하고 있습니다. 하지만 플라즈마 도핑 역시 막에 손상을 주는 등의 단점으로 향후에는 이를 개선하는 방향을 모색하여 한층 더 업그레이드된 단자 도핑 방법이 개발될 것입니다.

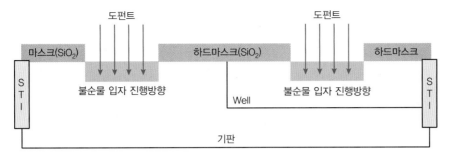

그림 26-6 MOSFET 소스/드레인 단자 형성 : 도핑 방식

26.6 확산 차단용 하드마스크

■ 하드마스크 종류

포토 공정 시에는 레티클(마스크)이 빛을 막아내고, 이온주입 시에는 절연막이 이온들을 막아내는 마스킹(블록킹) 기능을 합니다. 하드마스크는 주로 절연성막을 의미하며, 이는 주로 증착 혹은 산화 방식으로 만듭니다. 마스킹을 하는 막은 산화막뿐 아니라 질화막 혹은 포토-레지스트(Photo-Resist)를 사용할 수도 있습니다. 산화막은 제일 뛰어난 하드마스크의 역할을 하고요. 산화막보다는 절연성이 떨어지지만 질화막도 막고자 하는 대부분의 도핑 입자들을 막아냅니다. 그러나 포토-레지스트를 이루고 있는 폴리머(Polymer)라는 물질은 열에 약하기 때문에 높은 온도에서는 적용하지 못하고, 주로 낮은 온도(상온, 25℃)의 환경(이온주입 등)에서 약한 마스킹 기능으로 활용합니다.

■ 하드마스크 준비

도펀트 주입 시에 먼저 주입되지 않아야 할 영역을 구분하여 하드마스크로 도펀트의 진입을 막아야 합니다. 하드마스크의 재질은 절연특성이 강력한 산화막으로 마스킹 역할을 할 수 있도록 합니다. 하드마스크를 만드는 프로세스는 산화 방식을 적용하여 웨이퍼 표면에 산화 → 포토(PR 코팅 → 마스킹 → 노광 → 현상) → 식각 → 세정 과정을 진행해, 차단 영역과 노출 영역을 구분해 놓습니다. 확산시키지 않을 불필요한 영역은 하드마스크로 원천 봉쇄하고(Blocking), 확산이 필요한 곳만 노출(Open)시켜 놓습니다.

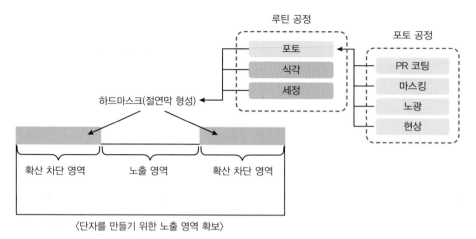

〈단자를 만들기 위한 노출 영역 확보〉

그림 26-7 마스킹 혹은 막는 기능을 하는 하드마스크(절연막) 설치

26.7 퍼네이스 구조 및 도펀트 도핑

■ 퍼네이스 구조 및 확산 프로세스

퍼네이스 중앙에는 웨이퍼를 올려 놓는 보트(Boat)가 마련되어 있어서 25장(1개 런)에서 100장(4개 런)까지 수용이 가능합니다. 최대는 200장까지 로딩시키기도 하는데, 이럴 경우 여러 가지 보완 조치를 해야 합니다. 수직로일 경우는 수평으로 로딩된 웨이퍼 맨 윗장은 주변의 변화를 많이 받아서 폐기 처리하고, 수평로일 경우는 수직으로 로딩된 양쪽 웨이퍼 1개씩 최소 2개가 더미(Dummy) 웨이퍼가 됩니다. 중간에도 측정용 더미 웨이퍼를 두지요.

퍼네이스는 외곽에 온도를 높일 수 있는 열선이 둘러쳐져 있습니다. 이때 확산을 일으키기 위해 확산용 튜브(Tube) 내의 분위기는 고온(약 1,000℃)으로 해줘야 합니다. 실리콘의 용융점이 1,414℃이므로 실리콘이 녹지 않을 정도까지, 그러나 웨이퍼의 실리콘이 도펀트를 공유결합으로 받아들일 수 있는 매우 높은 온도까지 상승시킬 수 있어야 하지요. 반응로 안의 구조는 먼저 수정(Quartz) 재질로 된 투명 튜브가 두 종류(Inner, Outer)가 있어서 퍼네이스 내의 분위기를 일정하게 유지하여, 보트에 로딩된 모든 웨이퍼 표면에 도달하는 가스나 입자들의 농도를 균일하게 합니다. 소스가스는 고도로 정밀하게 흐름을 유지해야 하므로 MFC(Mass Flow Controller)가 가스 공급을 조절하지요. 진공용 터보/크라이오 펌프와 진공 제어시스템은 대부분의 장비에 필수로 연결되어 있어서, 프로세스 챔버 내부의 공기를 고/중/저 진공에 맞추어 뽑아냅니다.

■ 소스가스 주입 형태

도핑 방법은 주입가스의 형태에 따라 3가지로 나누어집니다. ❶ 액체소스를 사용하는 방식은 질소가스의 힘을 빌려 퍼네이스 안으로 액체에서 기화된 가스를 밀어 넣는 액체소스 기화 방식입니다. ❷ 고체소스를 이용한 승화 방식은 PVD의 증발(Evaporation) 방식과 유사합니다. 고체를 퍼네이스 안에 설치한 후에 온도를 높이면 고체로부터 도펀트 입자가 공기 중에 튀어 올라 퍼네이스 분위기 내로 퍼지고, 이어서 웨이퍼 표면 위에 안착하는 과정을 거치는데, 이는 증기 입자가 확산하는 방식입니다. ❸ 기체소스를 직접 분사하는 방식은 간단하면서 가장 빈번한 방식입니다.

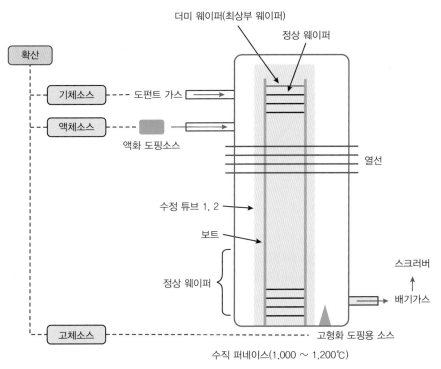

그림 26-8 수직 퍼네이스 구조 및 도펀트를 웨이퍼 전체 표면에 도핑하는 과정(소스는 주로 하부에서 분사됨)
소스가스는 프로세스 가스라고도 하며 도펀트용, 플라즈마용 등 주원료가 되는 가스를 뜻합니다.

■ 도펀트의 농도 분포(막의 내부)

도핑소스를 무한공급하는 경우와 총량을 정한 후에 일정량을 공급하는 경우는 서로 다른 공정 단계와 막 표면의 농도(Surface Concentration)에서 차이를 보입니다(도펀트는 $900 \sim 1,100$℃ 정도의 높은 열을 가한 퍼네이스에서 확산에너지를 얻지요). 두 경우 모두 확산 운동이 불특정 랜덤 운동을 하는 자체는 동일하지만, 웨이퍼 표면 이하에서의 확산된 분포는 픽의 제2법칙에 따라 초기 조건과 표면의 경계 조건에 의해 달라지지요.

무한공급 도핑소스는 확산 영역에 계속적으로 확산을 진행시켜 확산이 끝날 때까지 끊임없이 도펀트 입자를 주입시키지만, 일정한 도핑소스를 적용할 경우는 확산시킬 도펀트의 총량이 정해져 있어서 선증착을 완료한 후에 더 이상 도펀트를 공급하지 않고 후확산을 진행하지요. 따라서 무한공급 도핑소스를 이용한 확산은 표면 도펀트의 분포가 일정하여 표면 농도가 확산 초기나 후기 모두 거의 동일합니다. 그러나 선증착–후확산 소스를 이용한 도펀트 분포는 확산 초기에는 표면 농도가 높고, 확산이 완료된 후에는 표면의 농도가 중간 깊이보다 낮으며, 중간 깊이에서 농도가 가장 높은 특성을 보입니다.

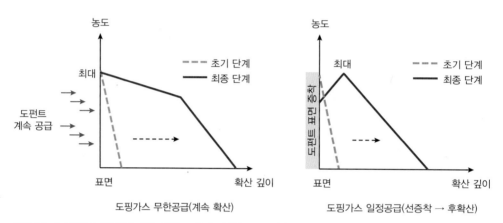

그림 26–9 도핑소스 공급량에 따른 표면 농도 차이 : 무한공급 vs 일정공급

26.8 확산 단계 : 선증착 → 후확산

선증착–후확산 소스를 적용하는 경우, 수직 퍼네이스(수평 퍼네이스도 가능함)에 웨이퍼를 넣고 도펀트 가스를 이용해 먼저 도펀트막을 증착(코팅)합니다. 퍼네이스의 보트에 차곡히 쌓인 웨이퍼 표면 위로 확산될 도펀트(13족 혹은 15족 불순물) 가스(예 액체소스에서 기화시킴)는 들어가는 전체 가스양이 일정할 수 있도록 MFC[4]로 조절됩니다. 가스는 퍼네이스 위에서 공급하여 아래로 향해 가며, 쌓여 있는 웨이퍼 사이를 흐르게 됩니다.

■ 1단계 : 선증착

웨이퍼 표면 위에 증착(코팅)된 도펀트 입자는 일정 온도 이상의 열을 받으면 웨이퍼의 내부로 진입합니다. 이때 확산 운동은 두 가지 단계로 진행되는데요. 1단계는 총 도펀트양을 조절하는 선증착(Pre Deposition)으로 표면 가까이로만 증착 + 확산됩니다. 1단계에서는 표면 근방의 농도가 가장 높고, 깊이 들어갈수록 농도가 약해지는 분포가 되겠지요.

---

4 **MFC** : 질량 흐름 유량조절기

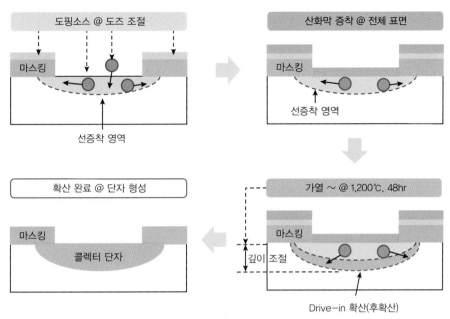

그림 26-10 선증착과 후확산

■ 2단계 : 후확산

2단계는 본격적인 확산 단계로, 선층착을 마친 후 외부 영향을 차단하기 위해 웨이퍼 표면에 바로 산화막(옵션, 도핑가스 일정공급인 경우)을 칩니다. 혹은 산화막 없이 진행하는 경우가 더 빈번한데요. 1단계 후 열에너지를 계속 공급하면 내부로 확산(Drive in Diffusion)되는 2단계가 활발하게 발생하면서 어느 정도 깊은 위치까지 도펀트 농도가 전달됩니다. 2차 후확산 시에는 더 이상 공급되는 도펀트 소스가 없으므로 선증착된 불순물들이 얼마나 깊이 침투해 들어가느냐 하는 깊이가 관건입니다. 도펀트 원자가 확산한 후에 분포 농도는 1차는 표면에서 높지만 2차에서는 표면보다는 하부 깊이에서 더 높게 분포됩니다. 후확산은 이온주입 공정의 어닐링 단계와 매우 유사하지요(물론 사용하

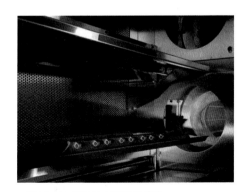

그림 26-11 열확산 수평 확산로[49]

    Thermco Systems의 수평 확산로는 200~1,350℃까지 가능한 제어시스템을 갖춘 월등한 프로세스 성능을 제공합니다. 수평 확산로 내에서는 웨이퍼가 수직으로 장착됩니다.

는 장비와 방식은 다르답니다). 이렇게 해서 단자가 완성(농도와 깊이)되고 TR의 전기적 특성을 결정 짓습니다. 확산 공정을 마쳤으면, 최종적으로 산화막을 제거합니다. 필요에 따라서는 마스크용으로 패턴화된 막(절연막 혹은 PR 코팅막)도 CMP로 평탄화하던가 식각 혹은 에싱(PR막) 처리합니다.

26.9 확산 종류 : 치환확산과 틈새확산

지금까지는 확산하는 데 있어서 외적 요소와 순서에 대해 살펴보았는데요. 여기서는 원자 수준에서 확산이 이루어지는 두 가지 내적 요소(원자간 결합 형태)를 알아보겠습니다.

■ 치환확산

입자들이 웨이퍼 표면(혹은 형성된 막)으로 침투하여 기존에 설정되어 있는 격자 중의 비어 있는 원자(Vacancy Atom) 자리나 혹은 기존에 있던 원자들을 밀쳐내고 새로운 입자가 들어앉아 자리 잡게 되는 형태를 공동확산(Vacancy Diffusion) 혹은 치환위치(Substitutional Position) 확산이라 합니다. 소스 혹은 드레인 단자를 만들 때 혹은 용용된 실리콘으로 잉곳을 형성하는 경우에 해당하지요. 이런 경우는 주변의 Si과 정상적인 공유결합을 합니다. 치환확산이 진행될 경우, 밀려나는 실리콘 원자와 밀어내는 도펀트 원자 사이의 위치 변환은 물론이고 도펀트와 이웃 실리콘 원자 사이에는 새롭게 공유결합이 형성됩니다.

■ 틈새확산

기존의 격자를 이루고 있는 원자들을 밀어내지 않고 격자와 격자 사이에 추가로 자리잡게 되는 형태를 틈새위치(Interstitial Position) 확산이라 합니다. 틈새확산인 경우에는 공유결합된 Si-Si의 실리콘에 기생적으로 공유결합을 합니다. 도펀트 입자들이 정상 상태의 격자 구조 사이를 확산에너지로 밀고 들어가서 포지션(Position)하게 되는 입장입니다. 주로 기존에 격자 상태를 이루고 있던 원자의 크기보다 작은 원자의 직경을 갖고 있는 입자가 확산될 경우에 틈새확산될 가능성이 조금 더 높다고 할 수 있습니다. 따라서 붕소(B)를 확산시킬 경우는 치환확산과 틈새확산이 동시에 발생하지만, 비소(As)보다는 틈새확산의 확률이 높습니다. 그럼 붕소가 이온주입의 채널링 시에도 틈새확산될 가능성이 높겠지요.

26.10 확산 방식의 문제점

■ 고집적도 제품의 오버래핑 제한

확산 방식은 높은 온도의 확산로 안에 웨이퍼를 집어넣고 농도 차이를 이용하여 단자를 형성하기 때문에 고밀도의 정확한 입체적 부피를 구현하는 데 어려움이 있습니다. 확산 공정 시는 불순물 입자가 불규칙적으로 움직이기 때문에 아래쪽 수직방향뿐만 아니라, 옆쪽 수평축으로도 유사한 속도로 확산되는데요. 이를 MOSFET에 적용할 경우에는 불순물 입자가 게이트 단자 밑에까지 퍼져 중복형성(Overlapping, 오버래핑)되지요. 이는 TR을 축소하고 집적화시키는 데 방해되는 요인이 되므로 고집적도의 MOSFET의 단자에서는 확산 방식을 사용할 수 없고 이온주입 방식을 도입합니다.

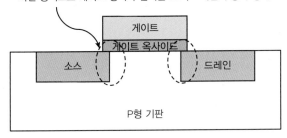

그림 26-12 랜덤확산 운동으로 발생되는 중복

■ 저집적도 저용량 제품의 오버래핑 허용

수평축 방향으로 넓게 퍼지는 문제는 테크놀로지가 낮을 경우에는 소스/드레인의 체적 오차가 약간 발생되어도 소스와 드레인 사이의 거리(채널길이)가 충분히 떨어져 있기 때문에 TR이 오동작 되지는 않습니다. 그래서 저집적도의 MOSFET 메모리 디바이스까지는 확산 방식으로 소스/드레인 단자가 가능하게 되었던 것이죠.

• SUMMARY •

트랜지스터의 물리적 부피가 기하급수적으로 줄어들면서 소스/드레인의 체적 오차(계획 대비 완성 후 CD)가 곧바로 드레인 전류와 문턱전압의 미스매치(Mismatch)로 연결됩니다. 그러므로 소스/드레인의 체적을 계획된 기준 대비 정밀한 구조로 만드는 것이 더욱 중요해졌습니다. 따라서 초창기에 사용했던 확산 방식보다는 이온을 웨이퍼에 주입하는 방식이나 플라즈마 도핑 방식을 적용하여 트랜지스터의 소스/드레인 단자를 구성하면 사전에 계산된 농도와 부피가 비교적 정확하게 구현됩니다. 따라서 트랜지스터 단자를 생성하는 데 사용되었던 확산 방식은 최근에는 정밀도가 높지 않아도 되는 Well(N형/P형)이나 혹은 웨이퍼 전체 표면에 새로운 도전층/절연층을 도핑으로 형성하는 위주로 활용하고 있습니다.

확산 편

01 〈보기〉에서 도핑에 대한 설명으로 옳지 <u>않은</u> 것을 모두 고르시오.

> **보 기**
>
> (가) 확산은 농도 차이를 이용하여 자연적으로 대상 물질에 퍼지는 현상이다.
>
> (나) 확산의 치명적인 단점은 이방성 특성을 갖는 것이다.
>
> (다) 확산은 공정 진행 시에 웨이퍼를 구성하는 결정 입자들의 손상이 거의 없다.
>
> (라) 도핑 방식으로 1970년대까지는 이온주입이 주로 사용되었고, 그 이후로는 확산이 사용되었다.
>
> (마) 이온주입은 인위적으로 대상 물질을 파괴하면서 주입한다.

① 가, 나　　　　　　② 가, 다　　　　　　③ 나, 다
④ 나, 라　　　　　　⑤ 나, 마

02 〈보기〉는 확산 혹은 이온주입 시에 사용되는 도펀트 종류와 그에 대한 설명이다. 옳지 <u>않은</u> 것을 모두 고르시오.

> **보 기**
>
> 붕소($_5$B, Boron), 알루미늄($_{13}$Al, Aluminium), 실리콘($_{14}$Si, Silicon), 인($_{15}$P, Phosphorus), 비소($_{33}$As, Arsenic), 안티몬($_{51}$Sb, Antimony)
>
> (가) N형 반도체로는 인(P)만 사용하고, 비소(As)는 사용하지 않는다.
>
> (나) 13족을 도핑 시 알루미늄(Al)의 활용도는 점점 늘어나서 지금은 대부분 알루미늄을 사용한다.
>
> (다) P형 반도체는 붕소(B)만 사용한다.
>
> (라) 15족인 안티몬(Sb)은 사용 빈도수가 점점 줄어들고 있다.

① 가, 나　　　　　　② 가, 나, 다　　　　　③ 가, 나, 다, 라
④ 다, 라　　　　　　⑤ 라

03 그림은 도핑과 증착 방식을 활용하는 팹 공정의 분류이다. 고온 반응로(Furnace)를 사용하는 공정을 모두 고르시오.

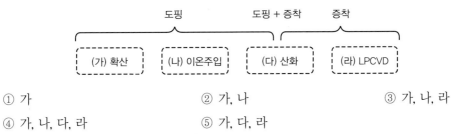

① 가   ② 가, 나   ③ 가, 나, 라
④ 가, 나, 다, 라   ⑤ 가, 다, 라

04 그래프는 확산 공정에서 도펀트가 막의 내부로 확산될 때의 농도 분포이다. 〈보기〉에서 옳은 것을 모두 고르시오.

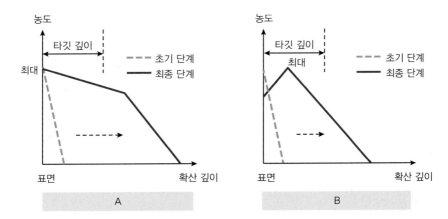

보 기

(가) A는 도핑할 총량을 정한 후에 일정량을 공급하는 경우이다.

(나) A는 표면 도펀트의 분포가 일정하여 표면 농도가 확산 초기나 후기 모두 거의 동일하다.

(다) B는 도핑소스를 무한공급하는 경우로써, 확산이 끝날 때까지 도펀트 입자를 주입한다.

(라) B는 선증착을 완료한 후에 더 이상 도펀트를 공급하지 않고 후확산을 진행한다.

(마) B의 초기는 표면 농도가 높고, 확산이 완료된 단계는 중간 깊이의 농도가 가장 높다.

① 가, 나, 다   ② 나, 다, 라   ③ 다, 라, 마
④ 가, 다, 라   ⑤ 나, 라, 마

CHAPTER 27 이온주입, 건설적 파괴

절연성인 실리콘 재질은 도핑을 함으로써 전도성을 갖게 됩니다. 반도체의 각 부위는 미세한 차이로 전도성이 달라지는데, 이런 차이까지 이온주입(이온-임플란테이션)이 주입에너지와 이온 도즈를 정확히 조절하여 원하는 양만큼, 원하는 균일성으로, 원하는 위치에 배치합니다. 소스/드레인 단자를 만들 때 초창기에는 확산 방식을 적용했고, 1980년대부터 정확도를 더 높인 이온주입 방식을 사용하기 시작했습니다.

그 후 제품이 복잡해질수록 이온 농도에 따라 변화하는 전도성을 조절하기 위해, 저온에서 진행할 수 있는 이온주입 공정이 확대되고 있습니다. 특히 MOSFET에서는 웨이퍼 표면의 하부 및 소스, 게이트, 드레인 단자, LDD, Halo 등의 정확한 비저항 값을 설정하기 위해 이온주입 공정을 여러 번 진행하기도 합니다. 왜 이온주입이 확산보다 도핑의 주류가 되었을까요? 확산 도핑과 비교하여 이온주입 도핑의 단점은 무엇이 있을까요? 이온주입은 그 단점을 어떻게 극복했을까요?

27.1 이온주입의 개념과 장단점

■ 개념

순수실리콘 반도체는 전기가 통하지 않는다는 특성을 갖는데, 절연성인 실리콘을 어느 정도 도전성을 갖도록 하려면 순수실리콘 속으로 필요한 위치에 13족이나 15족의 도펀트(불순물)를 주입(도핑)해야 합니다. 도핑 과정은 원자들 간의 결합 상태를 정상 상태에서 비정상 상태로 만들었다가 다시 정상 상태로 회복시키는 복잡한 절차로써 많은 에너지를 필요로 하는데요. 비정상 상태는 실리콘 원자의 공유결합을 강제적으로 잘라내고 연이어 실리콘 원자의 위치를 이동시키는 것입니다. 도핑 시 열에너지를 이용한 것이 퍼네이스(Furnace)를 이용한 열확산(Thermal Diffusion) 방식이고, 운동에너지를 이용하여 이온을 가속시켜 물리적으로 기판에 주입(Injection, 도핑)한 것이 이온주입(Ion Implantation) 방식입니다. 정상 상태로의 회복은 어닐링에서 진행합니다.

> **Tip** 순수실리콘(Intrinsic Silicon)은 처음부터 실리콘에 ❶ 불순물(Impurity)이 도핑되지 않았거나 ❷ 서로 다른 타입의 도펀트양이 동일하게 주입된 경우로, 두 경우 모두 전기적 특성이 (없거나 상쇄되어) 나타나지 않은 물체입니다.

■ 장단점

이온주입은 높은 에너지를 이용하므로 웨이퍼 표면 및 내부 실리콘의 결정격자가 파괴되고, 붕소 같은 경우 체적이 작기 때문에 채널링이 깊게 되는 우려가 있습니다. 이온빔을 가속시켜 웨이퍼에 주입한 이온주입 역시 도핑을 완결시키려면, 주입된 이온들을 고온 열처리 방식으로 반드시 확산이란 추가 공정을 거쳐야 합니다. 그러나 오랜 시간 고온에 노출되면, 이온주입도 측면확산(Lateral Direction Diffusion)의 위험이 동반되기 때문에 짧은 시간 동안 고속으로 처리하는 스피드-어닐링(Annealing)을 실시하지요.

이런 단점에도 불구하고 이온주입의 장점은 이방성 특성으로 미세화의 바람직한 도구이고, 모든 면에서 통제가 가능하다는 것입니다. 확산의 한계는 측면확산도 문제이지만, 더 큰 문제는 도핑 시 수직방향으로 농도를 제어하기 매우 어렵기 때문에 이온을 강제로 주입하는 방식이 출현하게 되었습니다. 또한 열확산은 약 1,000℃ 가까운 높은 온도에서 진행하지요. 반면, 이온주입은 상온에서 진행하여 분위기 제어에 대한 부담이 줄어듭니다. 가장 큰 장점으로는 균일하고 재현성이 높으며, 체적당 도핑되는 전하량과 도핑 위치를 정확히 알 수 있어서 세밀한 농도 조절이 가능하다는 것입니다.

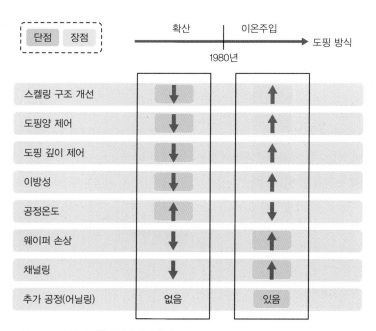

그림 27-1 확산과 이온주입의 장단점 비교

27.2 열전자 방출

챔버 내부를 고진공으로 만든 다음, 전기에너지를 인가한 필라멘트에서 튀쳐나온 열전자를 가속시키지요. 이는 도핑 재료인 화합물 분자 기체에 높은 에너지로 무장한 열전자를 충돌시키기 위함입니다. 필라멘트는 백열전구 속 구불구불하고 가느다란 텅스텐 금속선과 재질과 구조가 유사합니다. 이 필라멘트에 전류를 흘리면 의도적으로 높은 저항으로 인해 열이 발생되는데요. 이때 발생되는 열에너지를 받아서 금속 원자의 최외각전자 껍질(오비탈)을 원운동하고 있던 전자가 쉽게 금속 원자핵의 구심력을 이겨내고 이탈합니다. 이렇게 열 받은 전자가 방출되는 현상을 열전자 방출이라 합니다.

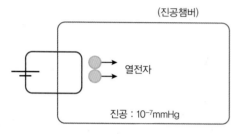

그림 27-2 열전자 방출

27.3 양이온 생성

■ 양이온 생성 프로세스

도펀트를 웨이퍼에 도핑하려면 먼저 매개체인 양이온부터 만들어야 합니다. 이때 준비해야 할 도핑 원재료는 13족(붕소) 혹은 15족(인, 비소) 원소 계열이 포함된 화합물 분자로 된 소스가스입니다. 아크챔버(Arc Chamber)에서 열전자를 도핑의 원재료인 화합물 분자 속에 가속시키면, 열전자가 전기적으로 중성인 화합물 분자(BF_3, PH_3, AsH_3 등)와 충돌하게 됩니다. 이후 화합물 분자는 충돌에너지를 받아 여러 형태로 쪼개지는데요. 이때 원자 속에 소속된 최외각 오비탈을 회전 운동하고 있던 전자(1~3개)가 튀어나와(충돌에 의한 n차 전자 방출) 주입에 필요한 양이온(B^+, P^+, As^+)들이 만들어집니다.

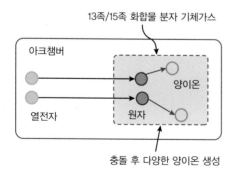

그림 27-3 열전자를 통한 양이온 생성

■ 양이온 빔의 중성화에 따른 문제점과 개선

양이온은 불안정한 상태이기 때문에 어떤 환경에서는 쉽게 중성 상태로 전환됩니다. 이온빔이 발생되는 초기 상태에서는 같은 공간에 산포되어 있는 전자나 다른 분자 상태의 기체가스들과 양이온이 결합해 중성 상태의 분자로 쉽게 변하게 되죠. 중성으로 변하는 양이온들이 많을수록 주입효율은 저하됩니다. 이온주입 초창기에는 이런 중성화된 가스들도 주입 시에 함께 웨이퍼로 주입되어 효율이 떨어졌습니다. 그러나 후에 개선된 방법으로 이를 선별하기 위해 ❶ 반응챔버에서 중성가스들을 다른 원소들과 화학결합시켜 중성빔을 필터링합니다. 또한 ❷ 필터링되지 못한 중성화된 가스는 직진시켜 제외시키고 양이온 빔은 자기장에 의해 휘면서 가속시켜 얻고자 하는 특정된 전하량과 질량을 갖는 양이온들만 분리시켜 뽑아내지요.

27.4 이온주입 장비의 구성과 종류

이온주입 장비(임플란터)의 발전 방향은 양질의 양이온 생성과 분류 및 정밀한 통제입니다. 임플란터는 고진공 장치를 기본으로 하여 프로세스 소스(Process source)를 투입하여 이온을 발생시키는 부분(Ion Extraction), 발생된 이온을 필터링 하는 부분(Ion Filtering), 필터링된 이온을 높은 운동에너지를 갖도록 가속시키는 부분(Acceleration Column), 웨이퍼에 빔을 스캐닝하는 시스템으로 구성됩니다. 이온주입의 핵심은 이온량과 이온의 위치입니다. 이 두 가지 요소를 한꺼번에 만족시키려면 장비의 능력 범위가 넓어야 합니다. 이온주입 깊이를 조정하는 이온에너지는 높은 전압을 공급하는 전원이 필요하고, 도즈 조절기(Dose Controller)는 주입될 이온량을 조절하여 최종적으로 필요한 전류를 소스 단자에서 드레인 단자로 흐르게 하지요.

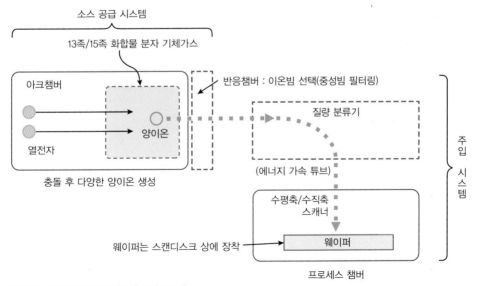

그림 27-4 임플란터 구조 및 이온주입 프로세스

따라서 장비는 높은 에너지(High Energy)와 높은 전류(High Current) 모두를 만족시킬 수 있는 장비보다는 한쪽으로 포커스된 장비로, 깊이(에너지)에 초점이 맞춰진 높은 에너지–낮은 전류 장비이거나, 아니면 높은 전류(도즈, 농도)에 초점이 맞춰진 낮은 에너지–높은 전류 장비로 나뉘어집니다. 물론 중간 형태(Middle Current)에 맞춰진 임플란터도 있습니다.

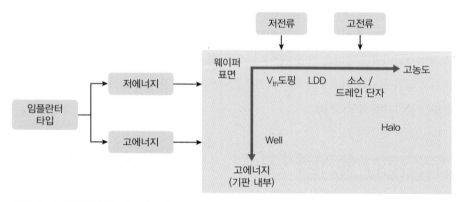

그림 27-5 임플란터 종류 : 에너지 vs 농도

27.5 양이온 골라내기

■ 필터링

열전자와 충돌한 화합물 분자는 다양한 형태의 중성 분자와 양이온으로 쪼개집니다. 그중에서 주입에 사용할 적절한 질량의 양이온(13족은 붕소 1가지를 사용하고 15족은 주로 2가지 중에 하나를 사용)을 선별해야 합니다. 불필요한 원소들은 선택되지 못하도록 질량에 따른 분류기에서는 여러 양이온 중 특정된 양이온만 선택해서 분류하는 등 필터링(Filtering) 방법이 다양하게 동원됩니다. 양이온을 분류할 때는 자계(Magnetic Field, 자석)를 이용해 필요한 질량(양이온)만을 추출합니다. 그렇지 않으면 주입 시 불필요한 중성 분자나 다른 양이온들도 웨이퍼 표면에 포집되어 소스/드레인 단자 내에 원하는 농도를 맞출 수 없게 되고, 도핑되는 도펀트의 균일도도 떨어뜨리게 됩니다.

■ 스크린 옥사이드

양이온은 실리콘 원자층을 어느 정도 뚫을 수 있는 질량도 고려해서 선택되어야 합니다. 그렇다고 이온들이 너무 깊이 침투하면 채널링이 길어져서 목표 대비 밀도의 편차가 커집니다. 한편 칩 크기가 일정 한도로 작아지면, 소스/드레인 단자의 깊이도 얇아져야 하므로 스크린 옥사이드(Screen Oxide)를 설치합니다. 이온들이 실리콘 표면 위에 형성되어 있는 절연층(산화막 혹은 질화막)인 스크린 옥사이드를 통과하여 기판 속으로 들어갈 때, 옥사이드의 원자들과 충돌하면서 굴절되어 표면층 가까이로 이온들이 포집되는 효과를 볼 수 있습니다.

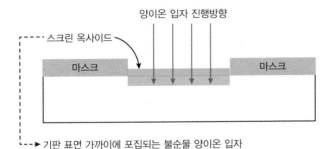

양이온 입자 진행방향

스크린 옥사이드

마스크

마스크

기판 표면 가까이에 포집되는 불순물 양이온 입자

그림 27-6 스크린 옥사이드를 이용한 이온주입

27.6 주입 깊이와 스캐닝 방식

■ 주입 깊이 조절

웨이퍼에 양이온을 주입할 때는 조절이 쉽도록 직경 0.5~1cm 정도의 빔 형태를 이용합니다. 양이온 소스들을 자기장을 이용하여 질량에 따라 분류하고, 전기장을 이용하여 가속시키면서 좁고 가느다란 슬릿을 통과하도록 하여 원하는 양이온의 빔을 충분히 높은 운동에너지를 보유한 상태에서 뽑아냅니다. 가속된 양이온은 약 300keV 정도의 에너지(실질적으로는 100~10,000keV까지도 가능)를 갖도록 해 절연 상태인 산화층(스크린 옥사이드)을 통과시킵니다.

산화층 두께는 약 1~2nm 정도 되므로, 이를 통과하면서 굴절된 양이온들은 결국 산화층 하부에 위치한 P형 기판 계면에서 약 100~몇 백nm 혹은 $1\mu m$까지 파고 들어갈 수 있도록 합니다. 실제로 적당한 위치에 불순물을 입체적으로 도핑하기 위해서는 주입(임플란트)을 여러 번 실시해야 합니다. 순서는 [그림 27-9]와 같이 가장 깊은 위치부터 실시하므로 첫 이온주입 시 에너지를 최대치로 한 후 횟수가 반복될수록 에너지를 줄여 나갑니다. 한 번의 주입은 계산된 위치에서만 불순물이 집중(정규분포)되기 때문입니다.[1]

■ 스캐닝 방식

테크놀로지가 발전할수록 SiO_2인 (임시로 사용하는) 스크린 옥사이드의 두께는 얇아지므로 같은 깊이(소스/드레인 단자)로 양이온을 침투시킬 경우, 가속되는 양이온의 에너지도 줄일 수 있습니다. 이때 이온빔의 초점을 스캐닝(Scanning)할 지점의 웨이퍼 위치에 맞춰 진행합니다. 양이온 빔의 스캐닝은 전계와 자계를 이용해 수평축과 수직축 방향으로 빔이 휘어지는 각도를 정렬합니다. 여러 장의 웨이퍼를 스캔디스크(Scan Disk)에 장착하고 디스크를 움직여가면서 각도와 위치를 조절하지요. 주입 대상은 주로 평면(웨이퍼 표면)이 많으나, 수직면(Hole의 벽)도 다수 있습니다.

---

1 스크린 옥사이드를 설치하는 방식은 17장 '게이트＋게이트 옥사이드' 참조

수직면은 주입되는 이온빔의 입사 각도를 조절한다거나 발전된 이온주입 방식인 플라즈마를 이용하여 도핑합니다. 플라즈마–주입의 특징은 어느 틈이건 비집고 들어가서 노출된 표면으로 파고 들어가는 성질을 갖고 있기 때문입니다.

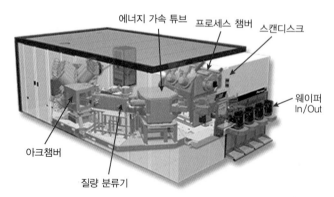

그림 27-7 임플란터의 실물 모형도[50]

이온주입 장비는 높은 에너지를 사용하여 원자와 충돌할 때 2차, 3차 전자가 생성됩니다. 이때 동시에 방사선이 방출될 수 있으므로 외관은 납으로 철저히 둘러쳐져 있습니다.

27.7 도즈 조절

면적당[cm^2] 웨이퍼에 파고 들어가는 도펀트의 양(도펀트 개수, Flux, 다발)을 도즈라고 합니다. 이온주입은 확산 방식에 비해 도핑하는 도펀트양과 입체적 도핑 위치를 도즈로 정확히 계산할 수 있다는 장점이 있습니다. 특히 확산 방식에 비해 적은 도핑양이 필요할 때 더욱 요긴하게 사용할 수 있고, 수평축으로 퍼지는 문제도 획기적으로 개선됩니다.

Tip 주입된 총량을 도즈양(Dosage)이라고 합니다.

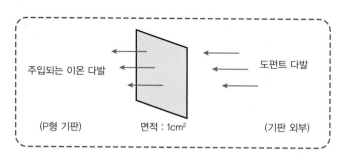

그림 27-8 도펀트의 도즈(개체수/cm^2)

■ 이온주입되는 도펀트 개체수

소스/드레인 단자를 만들 때는 약 10^{18}개/cm³의 도펀트 양이온을 투입합니다(미세화될수록 단위 체적당 도펀트양도 줄어들지요). 이는 도즈와 에너지 및 주입시간을 조절하여 결정하는데, 실리콘 농도 10^{22}/cm³보다 약 10,000분의 1 정도 되는 개수입니다. 빔전류가 커지면 도즈가 커지고, 양이온을 가속시키는 전압이 크면 스크린 옥사이드−웨이퍼의 경계면 밑으로 파고 들어가는 양이온의 주행길이가 깊어집니다. 이온주입 방식을 이용 시에는 빔전류와 가속 전압을 조절하면서 해당 테크놀로지에 알맞은 최적의 소스/드레인 단자를 만들어낼 수 있습니다.

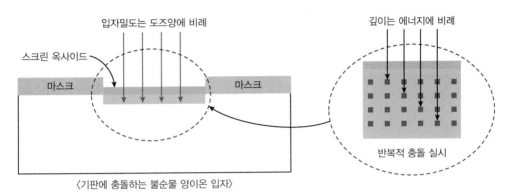

그림 27-9 이온주입 시의 도즈와 에너지 영향

27.8 CMOSFET의 단자 타입별 이온주입

원자 격자배열이 111(BJT) 혹은 100(MOSFET)인 P−도펀트 타입 웨이퍼가 연마(웨이퍼 제조 공정)를 마치고 반도체 제조 라인으로 들어오면, 웨이퍼 표면에 얇게 낀 자연산 옥사이드막을 제거하기 위해 HF 용액으로 세정한 후, 제일 먼저 웨이퍼 위에 15족 도펀트를 도핑하여 n−Well 1개를 마련합니다. 일반적으로 동작은 트랜지스터 2개를 쌍으로 동작시키는 CMOSFET을 구성하므로 n−Well에 TR 1개, p−Well(혹은 p−Sub)에 TR 1개를 위치시킵니다. p−Well을 만드는 경우는 13족 도펀트를 활용하지요.

이번에는 Well 속에 Well과는 반대 타입의 소스 단자, 드레인 단자와 바디 단자(Well Tab, 반대 타입의 Well에 위치)를 한번에 생성시킵니다. 물론 단자 주입 전에 Halo(가장 높은 농도), LDD(가장 낮은 농도) 등도 각 순서와 농도 레벨에 맞추어 이온주입을 진행하지요. 이온주입 측면에서 볼 때, TR을 만드는 것은 단자 3개를 형성하는 것이고, 단자를 형성한다는 것은 단자 영역과 단자 외 영역을 구분해 불순물 농도를 다르게 둔다는 것입니다. 현재로서는 도펀트 농도를 다르게 할 수 있는 방법은 확산과 이온주입 외에는 없습니다. 매우 특별한 경우인 SOI 웨이퍼처럼 절연층을 붙이는 방법이 있지만, 이는 일반적인 절차는 아니지요.

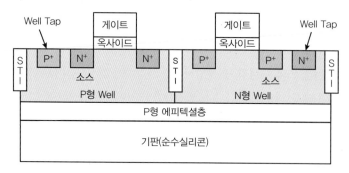

그림 27-10 CMOSFET의 이온주입 농도 및 위치 @ 에피 웨이퍼인 경우

Well, 소스 단자, 드레인 단자, 바디 단자(Well Tab)는 각각 N형 혹은 P형으로 농도를 조절하지요. 소스 단자, 드레인 단자, 바디 단자는 동일 타입입니다.

27.9 도펀트 주입 경사

■ 수직주입

이온들은 스캔디스크(Scan Disk)에 장착된 웨이퍼 타깃 기판에 수직으로 도핑되는데, 이때 단점은 도핑할 단면적은 정확하게 도핑되지만, 채널링 등으로 도핑 깊이를 정확하게 조절하지 못하는 오차가 발생합니다. 그러므로 이온주입 각도를 기울여서 주입하면, 주입 각도에 따라 도핑하고자 하는 깊이나 위치 등을 용이하게 조절할 수 있습니다.

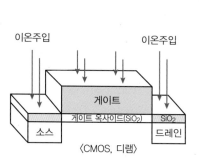

그림 27-11 이온주입 방향 : 수직주입

■ 경사주입

스캔디스크를 조정하여 실리콘 기판을 약 $7°{\sim}10°$로 웨이퍼를 기울이면(경사, Tilt), 주입되는 이온들과 실리콘 원자핵과의 충돌 치환률이 무경사(NO-Tilt)보다 급격히 상승하지요. 그러나 경사주입은 골고루 도핑되지 못한다는 단점이 있으므로, 이를 해결하기 위해 경사 상태에서 다시 웨이퍼 각도를 $360°$ 회전(Rotation)시켜가면서 경사회전주입을 합니다.

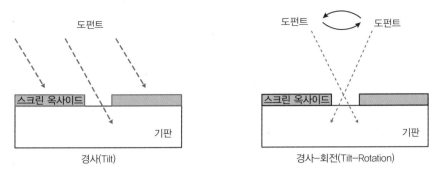

그림 27-12 이온주입 방향 : 경사주입, 경사회전주입(스캔디스크 조절에 의한 웨이퍼 경사)

27.10 채널링, 이온주입의 최대 단점

실리콘의 격자가 질서정연하게 배열되어 있으면, 실리콘 원자와 원자 사이의 빈 공간으로 격자와 충돌하지 않고 양이온이 원하는 깊이보다 더욱 깊게 들어갑니다. 특히 도펀트 중에 원자 직경이 가장 작은 붕소(B)는 더욱 심각하지요. 결정축에 평행한 방향으로 양이온이 진입하는 현상을 채널링(Channeling)이라 합니다. 채널링은 어느 일정 깊이까지만 도핑을 해야 하는 경우, 농도의 값을 떨어뜨리고 균일성도 저조하게 합니다. 이를 방지하기 위해서는 일정 깊이에서 양이온의 이동을 막아야 하는데요. 웨이퍼를 움직여 양이온의 입사되는 빔 각도를 $10°$ 이내로 조절해 실리콘 원자들이 양이온의 진로를 막아서게 하거나, 이온주입 대상의 노출 영역에 SiO_2(스크린 옥사이드, 자주 사용하는 방식) 혹은 비정질막(잘 사용하지 않는 방식)을 증착시켜 의도적으로 채널링을 방해하도록 합니다. 주입에너지 대역을 고에너지에서 저에너지까지 변화시켜 양이온이 웨이퍼에 파고 들어가는 깊이를 조절하는 방법도 자주 사용합니다. 혹은 어렵지만 도펀트 타입을 다른 종류로 변경하기도 합니다. 그러나 불행히도 13족은 현재 붕소 이외에 대체할 도펀트 타입이 없습니다.

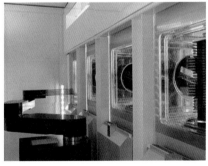

그림 27-13 이온주입 장비[51]

최근에는 이온주입 시 플라즈마를 도입하여 FinFET, 3D 등의 측벽 도핑까지 가능합니다. 그림의 장비는 빔 각도 제어, 주입량 제어, 균일성, 웨이퍼 간 재현성을 정밀하게 실현하는 이온주입 장비입니다.

27.11 이온주입의 핵심 인자

같은 도핑이라 할지라도 확산 공정과 이온주입 공정에서 다루는 인자들은 공통된 항목들과 서로 다른 항목들이 있습니다. 확산은 대상 물질과 화합하는 성질인 반면 정밀도가 떨어지고, 이온주입은 배척하는 성격인 반면 정밀성이 높습니다. 공통 항목으로는 도즈, 하드마스크, 도펀트 타입 등이고, 이온주입 시만 필요한 물리적인 인자들은 주입 각도, 공급 전압, 경사회전뿐 아니라 복잡한 장비와 스크린 옥사이드 공정이 추가되는 등 확산에 비해 고려해야 할 인자들이 많아집니다.

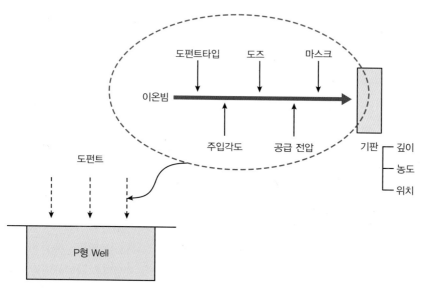

그림 27-14 이온주입 공정에서 다루는 인자들 @ Well 상에 단자를 만들 경우

• SUMMARY •

부도체에 가까운 순수실리콘만으로는 웨이퍼가 아무 기능을 하지 못합니다. 이 속에 전자가 움직일 수 있도록 외부에서 부위별로 알맞은 도펀트를 넣어야 트랜지스터가 다양하게 반응하지요. 정확한 양의 도펀트를 투입할 수 있고 깊이를 조절할 수 있다는 장점을 가진 이온주입 방식은 소스/드레인 단자의 형성뿐 아니라, 그 응용 범위가 점점 넓어지고 있습니다(PVD의 스퍼터링도 에너지를 가하여 양이온으로 타겟에 충돌시킨다는 기본 맥락은 이온주입의 기본 기능과 동일하지요). 도핑은 문턱전압을 조절하기 위해서도 적용되고, 낸드 플래시의 전자를 저장하는 플로팅 게이트(FG, Floating Gate) 혹은 CTF(Charge Trap Flash) 물질을 조절하는 용도, 변화가 많은 폴리실리콘 재질의 게이트 단자, 그리고 쓰임새에 맞은 저항 값을 형성해야 하는 Halo, LDD 등 다방면으로 유용하게 쓰이고 있습니다.

이온주입 편

01 〈보기〉는 확산 공정 대비 이온주입 공정의 장단점을 정리한 것이다. 옳은 것을 모두 고르시오.

보 기

(가) 확산에 비해 미세화에 불리하다.

(나) 채널링이 발생할 수 있다.

(다) 도핑양과 도핑 깊이의 제어가 어렵다

(라) 추가 공정인 어닐링을 해야 한다.

(마) 이온들이 등방성 성질을 갖는다

① 가, 다   ② 나, 마   ③ 다, 마

④ 가, 라   ⑤ 나, 라

02 그림은 이온주입 장비의 에너지와 도즈를 조절하여 웨이퍼 표면 하부로 형성한 구조물들을 나타낸다. X축은 농도의 방향이고, Y축은 깊이의 방향이다. A와 B에 대한 설명(상호 비교치)으로 옳은 것을 모두 고르시오.

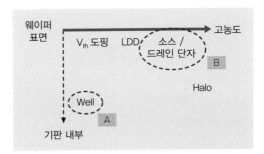

	A	B
①	높은 에너지 – 높은 도즈	높은 에너지 – 높은 도즈
②	높은 에너지 – 높은 도즈	낮은 에너지 – 낮은 도즈
③	낮은 에너지 – 높은 도즈	높은 에너지 – 낮은 도즈
④	높은 에너지 – 낮은 도즈	낮은 에너지 – 높은 도즈
⑤	낮은 에너지 – 낮은 도즈	낮은 에너지 – 낮은 도즈

03 그림은 이온주입 장비에 웨이퍼가 로딩된 후 이온을 주입하는 경우의 주입방향을 나타낸다.
A와 B로 알맞게 짝지어진 것은?

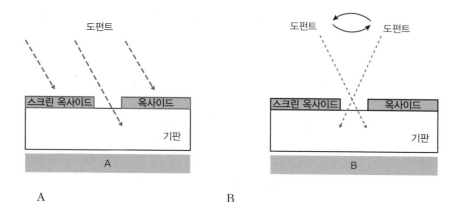

	A	B
①	경사(Tilt)	경사-회전(Tilt-Rotation)
②	경사-회전	경사
③	직진	크로스(Cross)
④	크로스	직진(Straight)
⑤	크로스	경사-회전

04 〈보기〉는 이온주입 장비와 이온주입할 수 있는 분위기에 대한 설명이다. 옳지 <u>않은</u> 것을 모두
고르시오.

> **보 기**
>
> (가) 장비는 높은 에너지-낮은 전류 장비이거나 낮은 에너지-높은 전류 장비로 나눌 수 있다.
> (나) 이온주입 공정은 고온에서 진행한다.
> (다) 양이온들은 반응챔버에서 에너지가 가속된다.
> (라) 스크린 옥사이드는 이온을 굴절시켜 표면층으로부터 이온들을 먼 거리로 보내는 역할을 한다.
> (마) 분류기에서는 최종적으로 주입할 양이온을 선택한다.

① 가, 나, 다   ② 나, 다, 라   ③ 다, 라, 마
④ 가, 라, 마   ⑤ 가, 나, 라

웨이퍼를 담금질하다, 파괴를 복원하는 어닐링

예전부터 금속으로 무언가를 만들 때는 금속을 불에 달궈 재질을 연하게 한 후 물리적 압력을 가해 모양을 잡았습니다. 그리고 장시간 고온의 담금질로 원래의 금속 성질로 되돌리거나 한 단계 높은 재질로 변질할 수 있도록 하죠. 웨이퍼도 열처리를 하는 담금질 공정이 있습니다. 이온주입(이온–임플란테이션)은 웨이퍼 안팎으로 상처를 내는 공정인데, 이런 물리적 행위를 진행한 후에는 상처가 아물도록 화학적 변화를 주어 도펀트들의 전기적 기능을 활성화시키고 파괴를 복구하는 어닐링(Annealing)을 진행합니다. 반도체 제조 공정 중에는 어닐링 이외에도 도펀트를 활성화할 때, 박막(Thermal–CVD)을 형성할 때, 저항성(Ohmic) 접촉을 만드는 실리사이드 공정을 진행할 때, 혹은 보호막(Glass, BPSG)을 진행할 때 비교적 높은 온도로 열처리를 진행합니다. 이온주입 후에 진행하는 어닐링은 확산과 무엇이 다를까요?

28.1 어닐링의 목적

이온주입 후에는 높은 충돌에너지를 갖고 있는 도펀트 원자(13족 혹은 15족)의 침투로 인해, 웨이퍼 표면이 손상되었을 뿐만 아니라 내부에서 공유결합을 하고 있던 일부 실리콘 원자들의 결합이 충돌에너지로 인해 끊어집니다. 실리콘 원자들이 본래의 정위치에서 일부 밀리거나 멀리 떨어져 나갔고, 도펀트(불순물 원자)들도 실리콘 원자들과 충돌로 인한 충격으로 실리콘 원자의 정위치에 자리하지 못하고 근방에서 서성이게 되지요. 파괴된 결합 상태를 다시 이어 놓아 원자들을 회복시키는 것이 어닐링입니다. 이후에 TR을 동작시키기 위해 바이어스를 인가하면 잉여전자와 정공에 에너지가 공급되어 캐리어가 발생되는데 이렇게 얻어진 캐리어들이 전류를 발생시키는 핵심적인 주체가 됩니다.

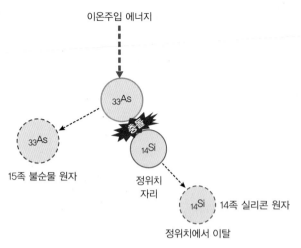

이온주입 에너지

$_{33}As$

충돌

$_{33}As$

15족 불순물 원자

$_{14}Si$

정위치
자리

$_{14}Si$ 14족 실리콘 원자

정위치에서 이탈

그림 28-1 이온주입 시 실리콘 원자와 도펀트(불순물 원자)의 충돌

28.2 어닐링의 절차

어닐링의 절차는 ❶ 외부 힘에 의해 물리적으로 어긋난 결정격자를 재배열시키고, ❷ 재배열된 원자들이 화학적 결합을 하여 결정격자의 구조가 정상화되도록 도와주는 것입니다.

■ 절차 1 : 도펀트 원자와 실리콘 원자의 치환

이온주입이 발생하면 매우 드물지만, 어떤 도펀트는 실리콘 원자를 밀어내고 운좋게 그 자리에 들어가 앉아 있기도 합니다. 그러나 대부분의 도펀트는 제자리를 찾지 못하고, 이온주입을 시행한 후 튕겨져 나간 실리콘의 빈 자리(Vacancy position) 근방에서 서성거립니다. 어닐링을 실시하는 첫 번째 절차는 14족 원소를 도펀트(15족 혹은 13족의 원자) 원소로 치환(Substitutional, 스위칭)하여 재배열시키는 일입니다. 이때 충돌로 인해 제자리에서 벗어난 실리콘 원자가 도펀트보다 먼저 제자리로 복귀할 수도 있으나, 정위치로부터 떨어진 위치가 도펀트보다는 거리상 더 멀리 있어서 확률적으로 도펀트가 더 유리하지요. 혹은 도펀트가 실리콘 원자와 실리콘 원자의 틈새(Interstitial) 사이에서 어정쩡하게 위치하기도 하는데, 이 경우에도 어닐링은 도펀트가 실리콘과 공유결합할 수 있도록 조정하지요. 실제 투입하는 도펀트 농도는 실리콘 입자 농도(1×10^{22}개/cm³)에 비해 1,000분의 1 혹은 1,000만분의 1 정도의 수준으로 실리콘($_{14}Si$) 개체수에 비하면 매우 적은 농도이기 때문에 실리콘의 격자 구조가 일부 파괴되어도 실리콘 기반의 기판(Substrate)이 문제되지는 않습니다.

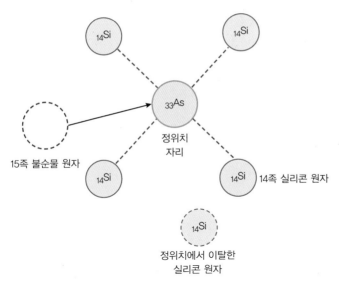

15족 불순물 원자

33As
정위치
자리

14Si 14족 실리콘 원자

14Si
정위치에서 이탈한
실리콘 원자

그림 28-2 실리콘 원자와 도펀트(불순물 원자)의 치환

■ 절차 2 : 파괴된 격자 구조 복원

어닐링을 실시하는 두 번째 절차는 파괴된 공유결합을 화학적으로 다시 복원하여 전기적으로 활성화시키는 것입니다. 실리콘만으로 연결된 격자 구조는 실리콘 1개가 주변의 실리콘 원자 4개와 연결되어 있습니다. 이러한 결합은 실리콘 원자 각자가 모두 1개씩의 전자를 상대방에 내놓고, 양쪽 원자들이 2개의 전자를 공유하면서 결합하고 있는 형태인데요. 15족 원자(도펀트) 입장에서는 어닐링 시에 받은 열에너지를 이용하여, 주변 4개의 개별 실리콘 원자들과 각각 1개씩 내놓은 전자 총 4개의 전자쌍(Electron Pair)을 실리콘 4개 원자와 공유합니다. 그렇게 되면 원자 간의 결합으로 도펀트와 각각의 실리콘 원자들은 총 8개 전자를 공유(공유결합 2개 전자×4개 원자 = 8개 최외각전자)하여 최외각전자 8개로 안정적인 구조를 맺고, 도펀트가 추가로 갖고 있는 나머지 1개는 잉여전자로 서브-오비탈(Sub-Orbital)을 돌면서 15족 도펀트의 원자핵 주변에 머물지요.

즉 구조적으로는 굴러들어온 도펀트를 원래의 격자 구조 자리($_{14}$Si가 있었던 자리)로 치환-이동시키거나, 혹은 도펀트가 틈새 위치로 들어와서 다른 실리콘 원자들과 새롭게 격자 구조(공유결합)를 생성시키도록 합니다(공유결합까지 연결되지 못하는 도펀트들도 있습니다). 이때 잉여전자 1개의 구심력은 크지는 않지만 도펀트 원자핵으로부터 약간 먼 거리(이격거리[1])에 있으면서도 15족 원자(도펀트)에 붙어 있기 때문에 충분한 에너지(일함수)를 얻기 전에는 떨어지지 않습니다.

Tip 공유결합(Covalent Bond)은 결정격자 내에서 두 개의 원자가 두 개의 전자를 공동으로 소유하는 결합(최외각 껍질 위치) 형태입니다.

---

1 이격거리 : 공유결합한 최외각 껍질 거리의 약 10~20배의 거리

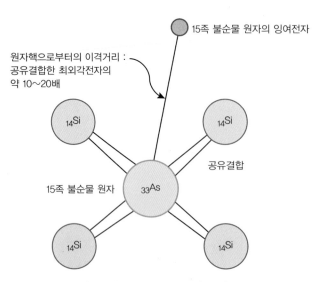

15족 불순물 원자의 잉여전자

원자핵으로부터의 이격거리 :
공유결합한 최외각전자의
약 10~20배

14Si

14Si

공유결합

15족 불순물 원자

33As

14Si

14Si

그림 28-3 공유결합의 복원 : 15족 불순물 원자(도펀트) 1개와 실리콘 원자 4개

28.3 어닐링의 역할

■ 역할 1 : 절연성 물질을 도전성 물질로 변경

어닐링은 실리콘 원자들의 일부를 도펀트로 치환시킴으로써 소스와 드레인 단자에 전압이 가해질 때 전자가 흐르는 도전성 물질이 되도록 만듭니다. 일반적으로 상온에서 순수실리콘일 때도 5×10^{10}개/cm^3 정도의 전자나 정공이 발생하지만, 이런 상태의 전자 개체수로는 전류 효과를 낼 수 없습니다. 따라서 어닐링은 위치 변경과 공유결합을 통해 도핑된 도펀트가 전자를 내주고(도너 역할 : 15족 불순물 원자결합, $1 \times 10^{18} \sim 1 \times 10^{19}$개/cm^3), 혹은 전자를 받을 수 있도록(억셉터 역할 : 13족 불순물 원자결합, 1×10^{15}개/cm^3) 준비시키는 과정이라고 할 수 있지요.

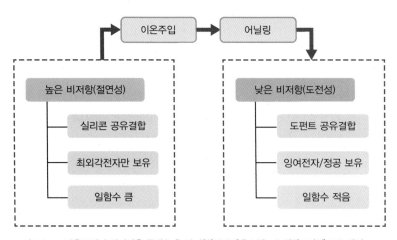

그림 28-4 이온주입과 어닐링을 통해 높은 비저항(절연성)을 낮은 비저항(도전성)으로 변경

■ 역할 2 : 도펀트의 확산 깊이 조절

반도체의 제조 공정은 500~1,000℃까지 높은 온도를 사용하는 경우가 많습니다. 따라서 전(前)공정에서 진행한 여러 파라미터들이 후(後)공정의 높은 온도 조건에 의해 틀어지는 경우가 종종 발생하게 되는데요. 이때 열처리의 일종인 어닐링을 실시하면, 어닐링 후에는 파라미터들의 변경 요소가 줄어들게 됩니다. 또한 이온주입이 완료된 원자들을 추가적으로 필요한 깊이까지 진입하도록 소스와 드레인 단자의 두께를 확보해야 합니다. 그러나 확산시간을 오래할 경우, 도펀트들이 수직축뿐 아니라 수평축으로도 확산될 수 있다는 단점이 있으므로 어닐링을 실시하면서 프로세싱 시간[2]을 매우 짧게 합니다. 그렇게 어닐링이 완료되면, 그 이후에는 외부 조건(추가 공정 시에 가해지는 높은 온도)으로 인해 도펀트(특히 13족 $_5$B)들이 불필요하게 확산되는 부분들을 많이 줄여 주지요.

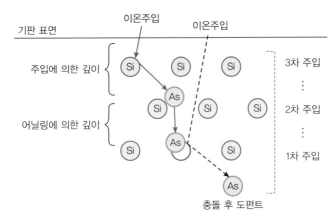

그림 28-5 어닐링에 의한 도펀트의 깊이 확산

28.4 어닐링 방법 비교 : 일반 열처리 vs RTA

■ 일반 열처리(반응로 이용) 방식

고온 열처리는 반응로에서 진행하는데, 주로 주변 물질과 반응하지 않은 질소가스나 비활성 기체인 아르곤을 프로세스 챔버에 투입한 후 재질의 미세 구조를 변화시킵니다. 일반적으로는 상온(실내 온도 25℃)에서부터 온도를 서서히 상승시켜 가열한 후(Ramp up), 고온을 어느 일정 시간 동안 유지(Soaking)하고 나서, 다시 일정 시간에 걸쳐서 온도를 고온에서 상온까지 냉각시킵니다. 그러나 높은 온도인 만큼 도펀트들이 기판 내부로 깊숙이 확산(+횡축방향)할 수 있기 때문에 시간 조절이 중요합니다. 금속을 대상으로 하는 일반 담금질은 주로 서서히 온도를 올렸다가 급속히 냉각시키는 반면, 일반적인 반도체용 고온 열처리는 확산 퍼네이스에 200여 장의 여러 웨이퍼를 넣어 장시간에 걸쳐서 약 1,000℃까지 온도를 올렸다가 서서히 냉각시키는 방식(동작시간 : 약 5시간)으로 진행합니다.

---

2 램프-업(Ramp up) 시간 + 소킹(Soaking) 시간

■ RTA 방식

500℃에서부터 온도를 높일수록 개선되는 부위가 점점 늘어나게 되며, 1,000℃ 근방까지 가서는 거의 대부분의 손상을 입은 결합들이 회복되고 도펀트들이 활성화됩니다. 그러나 온도를 높이고 어닐링 타임이 길어질수록 게이트 영역과 겹치는 소스/드레인의 오버래핑(Overlapping) 영역이 넓어집니다. 이를 최대한 줄이기 위해 RTA 방식을 도입합니다.

이온주입 후에 도펀트들의 측면(Lateral)방향 확산을 최소화시킬 목적으로 일반적인 열처리에 비해 온도를 단시간 내에 급속히 상승시키고 또 급속히 냉각시키는 RTA(Rapid Thermal Annealing) 방식을 선호합니다. RTA 가열시간이 점점 줄어들어 1분 30초 정도로 짧았다가 최근에는 3초까지 초단시간으로 더욱 짧아져서 선호도가 높습니다. 온도를 급속히 상승시키고 최고 온도에서도 1~2초 정도로 매우 짧은 시간만 유지된다면 도펀트 입자들의 측면확산을 거의 방지할 수 있습니다.

Tip 최근에는 모든 공정에서 생산성(Throughput) 및 미세화를 위한 측면확산 방지를 위해 속도가 빨라지고 있습니다. 특히 열처리 공정은 상승시간(Ramp-up Time)이 상대적으로 오래 걸리기 때문에 어닐링 이외에도 실리사이드, 산화 및 질화 공정 등 전체 프로세싱 공정시간을 줄이기 위한 노력이 다각적으로 진행되고 있습니다. 이를 통칭하여 RTA 혹은 RTP(Rapid Thermal Process)라고 부릅니다.

■ 소요시간 vs 부작용

최근에는 어닐링 시간을 1초 이내로 줄이는 RTA을 개발했고, 더 나아가서는 할로겐 램프 대신 레이저 기반을 이용하여 1천분의 1초 이내로 어닐링 시간을 단축하기도 합니다. 그러나 어닐링 공정은 웨이퍼 처리량 이외에도 온도 편차로 인한 문제도 있습니다. 웨이퍼에 온도가 가해질 때, 에지 부분(원주)보다 웨이퍼 센터 부분(원심)의 온도가 더 높아 온도 차이에 의해 웨이퍼가 쉽게 뒤틀리거나(Warpage) 단층(Dislocation)이 생깁니다. 이런 현상은 베어(Bare) 실리콘 웨이퍼[3]보다 공정이 진행된 패턴 웨이퍼가 더 취약하지요. 따라서 웨이퍼 상의 온도를 균일하게 유지하기 위해 복사광선 타입을 변경하거나, 풀베치 방식(Full-Batch Type)과 RTA의 복합 방식 등 다양한 옵션들이 활발히 적용되고 있습니다.

---

3 **베어 실리콘 웨이퍼** : 패턴을 진행하기 전의 웨이퍼

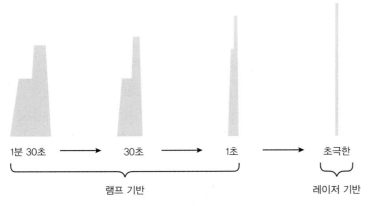

1분 30초 → 30초 → 1초 → 초극한

램프 기반   레이저 기반

그림 28-6 어닐링 시간 조절(측면방향 확산을 제한하는 추세)

28.5 어닐링 장비 비교

■ 퍼네이스(풀베치 방식)

일반적인 열처리를 진행하는 풀베치 방식의 퍼네이스(Furnace, 확산로)는 히터를 장착해서 열에너지를 공급합니다. 퍼네이스의 분위기는 오랜 시간 동안 조금씩 온도(1분에 10℃씩)를 올린 후, 고온의 열을 오래 유지할 수 있어서 한 번에 25~200장의 웨이퍼를 퍼네이스에 넣고 진행합니다.

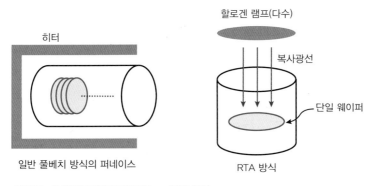

히터

할로겐 램프(다수)

복사광선

단일 웨이퍼

일반 풀베치 방식의 퍼네이스   RTA 방식

그림 28-7 풀베치 방식의 퍼네이스 vs RTA 장비

■ RTA(매엽식)

RTA 장비는 히터 대신 할로겐 램프로 적외선 복사광선을 이용하여 단일 웨이퍼(Single Type)에 순간적으로 열에너지를 공급합니다. 온도 증가는 1초에 100~400℃씩 올려가면서 웨이퍼를 1장씩 진행합니다. 이때 가장 중요한 조건은 웨이퍼 전체에 온도가 균일하게 유지되어야 하는 것인데, 균일성은 아무래도 퍼네이스가 RTA보다 유리하지요. 그래서 RTA의 적외선보다는 자외선 복사를 이용하는 RPP(Rapid Photo-thermal Process)가 보다 발전된 어닐링 장치로 이용되고 있습니다.

혹은 온도 차이로 인한 웨이퍼의 뒤플림을 방지하기 위해 퍼네이스 속에 웨이퍼를 1장씩 넣고 웨이퍼를 아래위로 움직여 열처리를 하는 수직용 퍼네이스 어닐링(Vertical Furnace RTA)을 활용하기도 합니다.[4] 그 외에 문제로는 퍼네이스의 분위기와 웨이퍼 상의 패턴과 박막 두께 등이 온도변수로 작용하여 웨이퍼에 손상을 줄 수 있습니다. 또한 웨이퍼의 국부적인 변수에 따른 온도를 정확하게 측정하는 센싱 기술이 매우 중요한 만큼, 이러한 기능들은 장비를 복잡하게 하고 제조원가를 높이는 요인이기도 합니다.

그림 28-8 VANTAGE VULCAN RTP 장치(온도 범위 : 150~1300℃, 어닐링 시간 : 1초)[52]
가열램프를 웨이퍼 아래에 위치시켜 웨이퍼가 복사에너지를 흡수함에 따라 생기는 온도 차이(PLE : Pattern Loading Effect)를 최소화시킴으로써, 웨이퍼에 온도가 골고루 퍼지도록 하는 가열 균일성을 향상시킵니다.

• SUMMARY •

어닐링은 완벽한 공정이 아니기 때문에 열에너지로부터 도펀트들의 추가 확산을 모두 막을 수는 없습니다. 단지 최소화시키는 작용만을 할 뿐이지요. 그러나 어닐링의 RTA 방식은 입자의 측면확산 등 여러 문제를 해결하면서 반응로 방식보다는 선호하게 되었습니다. 급속 어닐링(Rapid Annealing) 방식은 시간적 이득이 있는 반면, 웨이퍼가 장당 장비를 차지하는 면적이 커서 처리량(Throughput)에서 손해를 봅니다. 그러나 RTA 시간을 더욱 짧게 개선해서 1장씩 RTA 프로세싱을 진행해도 일반적인 열처리에 비해 전체 랏(Lot) 진행 시의 웨이퍼 처리량은 손해를 보지는 않게 되었습니다. 나날이 개선된 어닐링 방식으로 측면확산 및 웨이퍼 상의 온도 편차를 획기적으로 줄이는 방법들이 속속 개발되고 있습니다.

---

4 이런 특별한 경우는 높은 품질을 요구하는 제품인데, 웨이퍼 처리량이 다른 공정에 비해 최저로, 원가가 높아지는 단점이 있음

어닐링 편

01 〈보기〉는 이온주입 후에 진행하는 어닐링에 대한 설명이다. 옳지 <u>않은</u> 것을 모두 고르시오.

보 기

(가) 대열에서 이탈한 실리콘 원자 대신 도펀트 이온으로 치환한다.

(나) 파괴된 공유결합을 화학적으로 다시 복원하는 데 있다.

(다) 어닐링을 진행하면, 실리콘 원자들이 정위치에서 분리되어 밀리거나 멀리 떨어진다.

(라) 도전성 물질을 절연성 물질로 변화시킨다.

(마) 어닐링은 공유결합을 파괴시킨다.

① 가, 나, 다

② 나, 다, 라

③ 다, 라, 마

④ 가, 라, 마

⑤ 가, 나, 마

02 확산 방식의 변형이라고도 할 수 있는 어닐링의 절차나 역할에 해당되는 항목을 〈보기〉에서 모두 고르시오.

보 기

(가) 절연성 물질을 금속 물질로 변신시킨다.

(나) 도펀트의 확산 깊이를 조절한다.

(다) 파괴를 복원한다.

(라) 공유결합된 전자만을 보유할 수 있도록 한다.

① 가

② 가, 나

③ 가, 나, 다

④ 나, 다

⑤ 나, 다, 라

03 그림은 어닐링을 램프 기반에서 레이저 기반으로 발전시키면서 공정시간을 초극한으로 축소시킨 것을 보여준다. 어닐링의 공정시간을 가능한 짧게 조절하는 가장 알맞은 이유는?

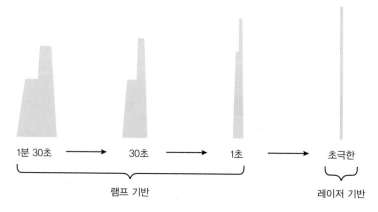

① 수직(Vertical)방향으로의 확산을 제한하기 위해
② 측면(Lateral)방향으로의 확산을 제한하기 위해
③ 공유결합을 더욱 공고히 하기 위해
④ 잉여전자를 활성화시키기 위해
⑤ 재질의 도전성을 높이기 위해

04 어닐링의 일종인 RTA(Rapid Thermal Annealing) 방식에 대한 항목 중 옳지 <u>않은</u> 것을 고르시오.

① 1초에 100~400°C씩 올려가면서 웨이퍼를 1장씩 진행한다.
② 온도의 균일성을 높이기 위해 RTA의 적외선보다는 자외선을 이용한다.
③ RTA보다 RPP(Rapid Photo-thermal Process)가 발전된 장치로 이용되고 있다.
④ 웨이퍼의 뒤틀림 방지를 위해 수직용 퍼네이스 어닐링(Vertical Furnace RTA)을 적용한다.
⑤ 웨이퍼 50장을 일시에 로딩할 수 있는 풀베치 방식의 퍼네이스가 가장 효과적이다.

정답 01 ③ 02 ④ 03 ② 04 ⑤

CHAPTER 29 다수 캐리어와 소수 캐리어

이온주입으로 만들어진 반도체 내 전류의 흐름을 발생시키는 주체인 캐리어(Carrier, 반송자 혹은 이동자)는 실질적으로 전하 캐리어(Charge Carrier)로써, 종류로는 전자(Electron)와 정공(Hole, 양공)으로 나뉘지요. 반도체의 동작은 캐리어의 움직임이고, 캐리어는 본질적으로 도핑 물질과 순수(진성)실리콘에서 발생됩니다. 에너지적으로는 최외각전자 껍질에 있던 잉여전자/정공 혹은 공유결합에 참여한 전자들이 열에너지를 공급받아 전도대로 여기하면서 자유전자와 정공을 만듭니다. 캐리어는 자주 쓰이는 반도체 용어이지만, 정작 다수 캐리어와 소수 캐리어의 근원에 대한 논거는 부족한 면이 있습니다. 다수 캐리어와 소수 캐리어는 각각 어디로부터 발생되었을까요? 다수 캐리어와 소수 캐리어의 사이에는 어떠한 관계가 있을까요? 다수 캐리어와 소수 캐리어를 각각 전자와 정공(양공)으로 나누는 이유가 무엇일까요?

29.1 다수 캐리어와 소수 캐리어의 구분

■ 전하와 캐리어 의미

전하란 개념적인 표현으로 전기적 성질 자체(전기의 양)를 의미하며, 캐리어는 반도체 내에서 이동하는 실체적 전하의 존재입니다. 전기적 세계에서는 모든 삼라만상을 중성을 기준으로 판별합니다. 그중 전자는 움직이는 입자이자 마이너스의 전기적 성질을 갖고 있으므로, 음(마이너스)전하 혹은 마이너스 캐리어가 됩니다. 그런데 전자가 빠져 있는 상태는 중성이 아니라 마이너스의 반대인 플러스로 판별(규정)하여 전자가 빠져나간 빈 공간을 정공 혹은 양공(Plus Vacancy)으로 취급하고 있습니다. 따라서 정공은 양(플러스)전하가 되겠습니다.

Tip 정공(Hole) 자체는 전기적 특성을 나타내지 못하고 빈 공간을 의미하지요. 따라서 정공보다는 양공이 더 정확한 표현이라 할 수 있지만, 양공과 정공을 구분하지 않고 플러스 전하를 갖는 캐리어로 취급합니다.

■ 다수 캐리어, 소수 캐리어란?

캐리어는 전기적 성질과 농도의 많고 적음에 따라 세분화할 수 있는데, 전기적 성질로는 마이너스 전자와 플러스 정공으로 구분할 수 있고, 농도(개체수/cm^3)로는 다수 캐리어(Majority Carrier)와 소수 캐리어(Minority Carrier)로 구분합니다. 그중 캐리어를 기준으로 볼 때, 다수 캐리어와 소수 캐리어는 각각 전자 혹은 정공을 갖고 있어서, 경우의 수로는 총 4가지가 됩니다. 다수 캐리어가 전자인 경우의 반도체 타입을 N형 반도체(N-Type Semiconductor, 도펀트는 15족 원소)라 하고, 이때의 소수 캐리어는 정공이 되지요. 다수 캐리어가 정공인 경우를 P형 반도체(P-Type Semiconductor, 도펀트는 13족 원소)라 하고, 이때의 소수 캐리어는 전자가 됩니다. N-Type 캐리어의 농도(개체수/cm^3)[1]와 P-Type 캐리어의 농도(개체수/cm^3)가 같을 경우 진성(Intrinsic) 반도체라 하고, 그 개체를 진성 캐리어라 합니다. 순수 실리콘이 이에 해당합니다.

표 29-1 반도체 타입에 따른 캐리어 종류 및 구분

반도체 타입	캐리어 타입	캐리어	근원 (생성)	위치 (결합 종류)	이동 메커니즘 (에너지)	이동 형태
N형	전자	다수 캐리어	15족 불순물 투입 (잉여전자)	최외각전자 껍질 → (비공유결합)	에너지 투입 (여기)	자유전자 (랜덤 이동)
	정공	소수 캐리어	결정격자 (실리콘 원자/EHP)	최외각전자 껍질 → (공유결합)	이웃전자 채움 (전기적 인력)	정공 이동
P형	정공	다수 캐리어	13족 불순물 투입 (정공)	최외각전자 껍질 → (공유결합)	이웃전자 채움 (전기적 인력)	정공 이동
	전자	소수 캐리어	결정격자 (실리콘 원자/EHP)	최외각전자 껍질 → (공유결합)	에너지투입 (여기)	자유전자 (랜덤 이동)

* 개체수/cm^3, 다수 캐리어 : $10^{15} \sim 10^{19}$

29.2 진성 캐리어

실리콘 기판의 기반(Base) 물질 내의 결정격자를 이루고 있는 순수실리콘(Si) 원자(10^{22}개/cm^3)는 이웃한 Si 원자 4개와 공유결합을 합니다. 공유결합 형태는 실리콘 원자 2개가 각각 전자 1개씩을 제공하면서, 총 2개의 전자를 2개 실리콘 원자가 최외각 껍질 레벨에서 공유합니다. 그렇게 총 4개 방향으로 공유결합을 하므로 1개 실리콘 원자 입장에서는 최외각전자가 총 8개가 되어 안정 상태가 됩니다.

---

1 농도는 cm^3 부피가 보유한 개체수를 의미함

공유결합된 실리콘 원자들의 결정 구조에서는 분위기 온도를 상온(300K, 27℃)으로 상승시키면 최외각전자들이 열에너지를 받아서 원자핵의 결합력을 끊어내고 이탈하게 됩니다. 이때의 개체수는 1초에 약 $10^{10} \sim 10^{11}$개/cm^3 정도 발생(EHP[2] 생성)합니다. 반대로 동일 조건에서 같은 개체수로 소멸(EHP 결합)하기를 반복하지요. 온도 변화가 없는 열평형 상태인 경우 진성 반도체에서 만들어진 전자 농도 n_0_intrinsic[3]과 정공의 농도 p_0_intrinsic은 서로 같으며, 이를 진성 캐리어 농도 n_i(진성 캐리어의 개체수/cm^3)로 통합하여 나타냅니다(n_0_intrinsic = p_0_intrinsic = n_i). 즉 진성 반도체의 캐리어인 전자의 농도와 정공의 농도를 곱하면 진성 캐리어 농도를 제곱한 것과 같지요 ($n_i^2 = n_0$_intrinsic $\times p_0$_intrinsic). 진성 캐리어 개체수의 cm^3당 지수($10^{10} \sim 10^{11}$)는 순수 Si 원자 개체수의 cm^3당 지수(10^{22})의 약 절반 정도가 됩니다.

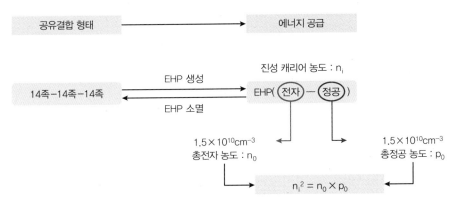

그림 29-1 진성 캐리어의 농도 계산

29.3 다수 캐리어의 생성 메커니즘

다수 캐리어는 이온주입 공정 중 기판(트랜지스터의 소스/드레인 단자 생성 시)에 주입된 불순물 (도펀트) 원소에 의해 캐리어 타입이 결정되고, 농도(도즈와 도즈양)에 의해 개체수가 산출됩니다. 이온 주입되는 입자수는 정해져 있지는 않지만, 순수 웨이퍼에 저농도 P형 반도체는 보통 cm^3당 10^{15}개 (13족 붕소 $_5$B 원소가 주입된 개체수)가 되고, 고농도 N형 반도체는 cm^3당 $10^{17} \sim 10^{19}$개(15족 비소 $_{33}$As 원소가 주입된 개체수) 정도 되도록 소스가스양을 맞추어 주입합니다. 회로가 미세화될수록 도펀트의 농도는 줄어드는 추세이지요.

---

2 **EHP** : 전자-정공쌍(Electron-Hole Pair)
3 하부 첨자 '0'은 평형 상태, 즉 에너지적으로 변화가 없는 조건을 뜻함. 온도 변화가 없고 그외에 어떠한 외부의 에너지 관련 변화도 추가적으로 발행하지 않는 이상적인 경우를 가정함

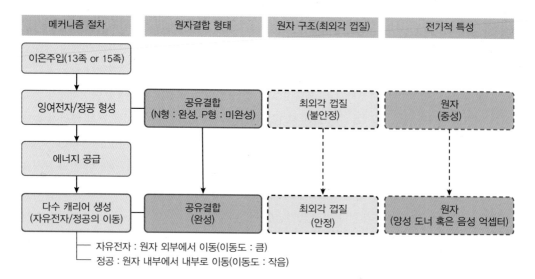

메커니즘 절차	원자결합 형태	원자 구조(최외각 껍질)	전기적 특성

이온주입(13족 or 15족)

잉여전자/정공 형성

에너지 공급

다수 캐리어 생성
(자유전자/정공의 이동)

공유결합
(N형 : 완성, P형 : 미완성)

공유결합
(완성)

최외각 껍질
(불안정)

최외각 껍질
(안정)

원자
(중성)

원자
(양성 도너 혹은 음성 억셉터)

— 자유전자 : 원자 외부에서 이동(이동도 : 큼)
— 정공 : 원자 내부에서 내부로 이동(이동도 : 작음)

그림 29-2 다수 캐리어의 원천

■ N형 다수 캐리어

외인성(Extrinsic) 반도체는 진성 반도체에 이온을 주입하여 전자와 정공의 농도 차이가 발생하는 모든 경우(N형 반도체, P형 반도체)의 반도체를 의미합니다. 15족의 이온을 14족 순수 Si 원자 속으로 도핑하면 실리콘 원자를 치환한 불순물인 도너(Donor)[4]가 생성되는데, 도너인 15족 $_{51}$Sb와 14족 원소 $_{14}$Si이 서로 공유결합(이온주입과 어닐링 후)을 합니다. 공유결합의 형태는 순수실리콘에서 이룬 공유결합과 동일합니다. 그런데 공유결합에 참여하지 못하고 15족의 최외각전자 껍질에 남은 전자 1개(이온주입 원자당 1개)는 잉여전자가 되지요. 이 잉여전자가 에너지를 받아 원자로부터 이탈하려고 하는 힘이 원자핵의 구심력보다 커지게 되면, 잉여전자가 여기(Excitation)하여 자유전자 n_0_extrinsic이 되고 N형 반도체(15족-14족 결합)의 다수 캐리어가 됩니다. N형 반도체 내 n_0_extrinsic의 농도 $10^{19}/cm^3$는 n_0_intrinsic의 농도 $10^{10}/cm^3$를 압도하므로 n_0_intrinsic의 농도는 무의미해집니다. n_0_extrinsic은 도너의 농도(N_d)로 간주(100% 공유결합 시)할 수 있습니다. 이때 소수 캐리어인 정공의 농도[5]는 p_0_intrinsic $= n_i^2/n_0$_extrinsic에서 얻습니다.

Tip 도너(Donor)는 실리콘과 공유결합된 상태에서의 15족 도펀트 입자로써 중성이면서 잉여전자(도너전자)를 포함하고 있습니다. 도너가 실리콘과 결합된 집단을 N형 반도체라 합니다.

---

[4] 도너의 농도는 N_d로써 개체수/cm^3임
[5] 다수 캐리어와 소수 캐리어의 농도 형성은 이온주입 후 이온들이 주변 실리콘 원자들과 100% 공유결합하는 경우를 전제로 함

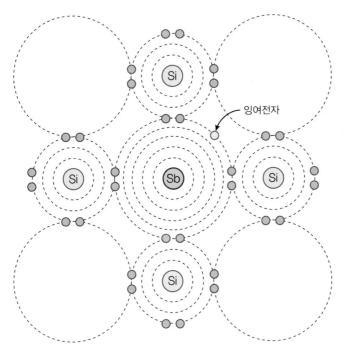

잉여전자

그림 29-3 15족($_{51}$Sb)-14족($_{14}$Si) 공유결합 및 잉여전자 생성

■ P형 다수 캐리어

13족 이온을 14족 순수실리콘 원자 속으로 주입하면, 실리콘 원자를 치환한 불순물인 억셉터 (Acceptor)[6]가 생성되는데, 억셉터인 13족(붕소, $_5$B만 가능)과 14족 원소 $_{14}$Si이 서로 공유결합을 합니다. 공유결합 후에 완성된 결합은 붕소 원자가 주변의 실리콘 4개 원자들과 4개 방향으로 결합되어 있습니다. 이때 공유결합한 형태는 붕소의 최외각전자 껍질 상의 전자들의 개수가 3개이므로 주변의 3개 $_{14}$Si 원자들과는 2개 전자씩 공동으로 소유하고(원자 1개당 1개씩의 전자를 제공하여 원자 2개가 총 전자 2개를 공유), 나머지 1개 실리콘 원자와는 실리콘 원자가 제공한 1개 전자만 공유합니다. 붕소 원자는 1개 실리콘 원자에게는 전자 1개를 제공하지 못한 상태이지요. 따라서 붕소가 제공하지 못한 전자 1개가 들어갈 자리인 정공이 발생하게 됩니다.

Tip 억셉터(Acceptor)는 실리콘과 공유결합된 상태에서의 13족 도펀트 입자로써 중성이면서 정공을 포함하고 있습니다. 억셉터가 실리콘과 결합된 집단을 P형 반도체라 합니다.

---

[6] 억셉터의 농도는 N_a로써 개체수/cm^{3}임

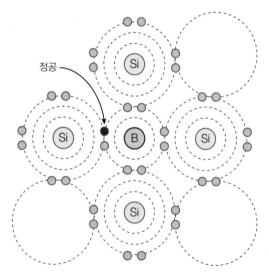

정공

그림 29-4 13족($_5$B)-14족($_{14}$Si) 공유결합 및 정공 생성

이 경우 정공의 농도가 주변의 자유전자 농도 n_i보다 높기 때문에 정공 p_0_extrinsic이 다수 캐리어가 됩니다. 즉 N형 및 P형 반도체의 다수 캐리어는 외부에서 실리콘 원자에 강제로 주입해 형성하기 때문에 그 개수를 계산하기는 용이합니다. P형 반도체 내 p_0_extrinsic의 농도 10^{15}/cm^{3}는 p_0_instrinsic의 농도 1.5×10^{10}/cm^{3}를 압도하므로 p_0_intrinsic의 농도는 의미가 없어지게 됩니다. p_0_extrinsic은 어셉터(N_a)의 농도로 간주할 수 있습니다. 이온을 주입한 원자가 100% 공유결합에 성공할 경우 13족 원소가 14족 원소와 결합하는 족족 모두 정공이 발생합니다. 이온으로 주입하는 13족 원자의 농도가 곧 정공의 농도가 되는 것이지요. 이때 소수 캐리어인 전자의 농도는 n_0_intrinsic$=n_i^2/p_0$_extrinsic에서 얻습니다.

■ 캐리어 농도 : N형 반도체 vs P형 반도체

15족과 14족을 결합해 만들어진 N형 반도체의 경우, 잉여전자에서 빠져나온 자유전자가 다수 캐리어가 되고, 정공이 소수 캐리어가 됩니다. 반대로 13족과 14족의 결합체인 P형 반도체는 정공이 다수 캐리어, 전자가 소수 캐리어가 되지요. 반도체 타입은 전류를 구성하는 다수의 주체(캐리어)에 따라 결정됩니다. 다수/소수 캐리어는 농도(밀도)의 차이로 선택되고요. 그런데 P형 반도체일지라도 13족 원자보다 더 높은 농도로 15족 원자를 중복하여 도핑할 경우 P형에서 N형으로 변합니다. 혹은 13족과 동일한 농도로 15족 이온을 주입하면 진성 반도체가 되지요. 그 반대인 경우도 동일합니다.[7]

---

7 캐리어 타입과 반도체 타입의 연관성에 대해서는 2장 '자유전자' 참고

■ 다수 캐리어 농도도 차등을 두어 단자를 만들다

MOSFET을 만들 경우 드레인 전류 흐름의 효율을 높이기 위해 소스/드레인 단자의 농도를 P형 기판(웨이퍼 자체가 P형일 경우)보다 높입니다. 그에 따라 다수 캐리어에 차등을 두는데, MOSFET의 채널 타입에 따라 N채널(nMOS)일 때는 N형 반도체(소스/드레인 단자)의 이온주입 농도를 P형 반도체(기판)보다 높게 하고, P채널(pMOS)일 때는 그 반대로 합니다(pMOS의 바디는 nWell임). 즉 N형일 때 15족–14족 다수 캐리어의 농도(소스, 드레인 단자)가 13족–14족의 다수 캐리어의 농도(Well 혹은 기판)보다 약 100~10,000배 정도 높게 도핑을 하여 수평 방향으로 볼 때, N고–P저–N고 불순물 형태로 nMOSFET을 만듭니다.

(nMOSFET)	소스 단자 J_S	기판	드레인 단자 J_D
농도	고	저	고
타입	N^+	P	N^+
개체수/cm³	$10^{17} \sim 10^{19}$	$10^{15} \sim 10^{17}$	$10^{17} \sim 10^{19}$
주입 이온	15족	13족	15족

그림 29–5 다수 캐리어의 농도 차이

N^+는 N형 반도체로 15족 원자 농도를 일반적인 normal–N형보다 높여 도핑한 상태입니다.

29.4 다수 캐리어의 전도도 활용

■ 다수 캐리어인 자유전자의 전도도 이용

N형 반도체에서 잉여전자는 원자를 떠나지 않았기 때문에 아직 다수 캐리어는 아니고, 자유전자만이 다수 캐리어가 될 수 있습니다(물론 P형 반도체에서도 잉여전자는 발생하지 않습니다). 잉여전자는 불순물 15족 원자와 순수실리콘 14족 원자가 결합한 후 공유결합에 참여하지 못한 결합 구조적 불안정 상태의 결과물입니다. 따라서 원자나 공유결합 입장에서는 잉여전자는 불필요한 존재이지요. 반면, 반도체 동작에서는 이런 공유결합의 불안정 상태를 이용하는데, 잉여전자나 정공이 모두 같은 형국이지요. 반도체 공정에서는 의도적으로 불안정한 상태를 유도한 후, 이를 이용하는 경우가 다수 있습니다(플라즈마의 라디칼과 P–N 접합의 확산 이동 등이 모두 불안정을 안정화시키는 과정을 이용하는 경우입니다). 잉여전자가 일정한 에너지를 얻으면 여기하여 자유전자가 되는데, 15족 원자는 전자 1개를 떼어내면서 최외각전자들이 8개로 안정화됩니다. 동시에 잉여전자가 자유전자로 되면서 비로소 다수 캐리어로 이용할 수 있게 됩니다. N형 반도체에서 전도도를 높일 수 있는 입자로는 자유전자가 가장 핵심적인 역할을 수행합니다.

■ 다수 캐리어인 정공의 전도도 이용

P형 반도체에서는 잉여정공이 존재하지 않습니다. 전자가 비어 있는 공간이라는 뜻의 '정공'과 남아돈다는 의미의 '잉여'는 상반된 개념이지요. 즉 13족 원자 입장에서 정공은 15족 원자처럼 잉여전자를 떼어내야 할 대상이 아닌, 도리어 전자를 채워 넣어야 할 공간입니다. 하지만 원자 밖의 자유전자를 끌어올 여력(P형에서는 자유전자의 농도가 높지 않음)이 없으므로 필요시 대부분 이웃 원자에서 빌려옵니다. 즉 이웃 원자의 전자가 정공 속으로 뛰어들어 오는 형국이지요. EHP인 $n_0\_intrinsic$ 전자는 원자 밖에 존재하다가 인근 정공 속으로 뛰어들지만(EHP 결합), 이때에도 불순물 도핑된 정공 농도 10^{15}개/cm^3와 비교 시 확률적으로(숫자적으로) 존재의 의미가 없으며 더욱이 결정격자 10^{22}개/cm^3에 비해서는 더욱 낮은 확률이지요.

29.5 소수 캐리어의 생성 메커니즘

결론부터 말하자면, 진성 캐리어는 진성 반도체에서 나오고, 다수 캐리어는 도핑된 불안정한 상태에서 생성됩니다. 소수 캐리어는 진성 캐리어 중 반대 타입의 다수 캐리어가 흡수하고 남은 상태입니다. 즉 다수 캐리어의 모체는 도펀트이지만, 소수 캐리어의 모체는 진성 반도체(웨이퍼의 기본 물질)의 결정격자의 결합 구조입니다.

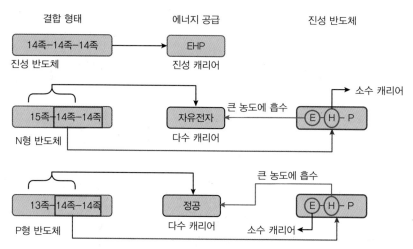

그림 29-6 진성 캐리어, 다수 캐리어, 소수 캐리어의 생성 메커니즘 비교

■ 전자-정공쌍(EHP)의 생성

여기(Excitation)되는 개체수(농도)는 온도와 에너지 갭(E_g)의 크기에 따라 달라집니다. 진성 반도체의 공유결합 상태에서 전자가 최외각전자 껍질을 이탈하면 전자의 빈자리가 생기는데, 이를 정공(양공)이라 부릅니다(N형 반도체의 잉여전자가 떠난 자리는 최외각전자 껍질의 전자 개수가 8개

로 안정화되어 있고, 이웃 원자로부터 전자를 끌어당기는 정공이 아니므로, 이 경우는 EHP가 아닙니다). 이때 전자-정공쌍(EHP)이 동시에 생성되지요. 전자가 발생되는 원천은 진성 반도체의 진성 캐리어인 전자와 N형 반도체의 다수 캐리어인 전자 및 P형 반도체의 소수 캐리어인 전자가 됩니다. 반면, 정공이 발생되는 원천은 진성 반도체의 진성 캐리어인 정공과 P형 반도체의 다수 캐리어인 정공 및 N형 반도체의 소수 캐리어인 정공이 되지요.

■ 소수 캐리어는 어디에서 오는가?

EHP는 결정격자 구조의 원자 내 최외각전자 껍질에서 이탈하는 전자가 주체이기 때문에, 실리콘 원자의 밀도(개체수/cm^3)에 의해 개체수가 결정됩니다. 도펀트를 주입한 경우에도 EHP는 Si-Si 공유결합에서 나오며, 13족이나 15족의 도펀트 원자로부터는 발생되지 않습니다.[8] 15족-14족 N형 반도체에 에너지를 가하면 자유전자가 발생되고, 13족-14족 P형 반도체에 에너지를 가하면 정공이 발생되지만, 이들은 모두 다수 캐리어입니다. 소수 캐리어는 모두 EHP에서 나뉘게 되는데, 이것들 중에서 N형 반도체인 경우 EHP의 전자들은 N형 반도체의 다수 캐리어로 흡수되고 정공들만 소수 캐리어로 남게 됩니다. P형 반도체인 경우 EHP의 정공들은 다수 캐리어로 흡수되고 전자가 소수 캐리어로 남게 됩니다.

■ 전자-정공의 재결합

원자의 구심력을 끊어내고 밖으로 나온 전자(EHP의 전자 혹은 N형 반도체로부터의 전자)는 외부에서 가해지는 에너지가 없으면 곧바로 주변 원자핵의 인력 혹은 인접 원자의 최외각 껍질에 위치한 정공의 플러스 기전력에 이끌려 원자의 정공 속으로 들어갑니다. 이를 전자-정공의 재결합(소멸)이라고 하지요.

■ 소수 캐리어의 수명시간

여기서 재결합률을 눈여겨봐야 하는데, 전자-정공의 생성률과 비교해 재결합률이 더 작으면 전자-정공쌍이 남아돌고, 동일할 경우 과잉 반송자(Excess Carrier)가 없다는 것을 의미합니다. 생성률과 재결합률의 차이로 전자나 정공의 수명시간을 계산할 수 있습니다.[9] EHP의 수명시간이 길 경우 소수 캐리어의 생존시간을 높일 수 있습니다. 소수 캐리어의 수명시간이 중요한 이유는 J_S와 J_D의 결핍 영역 두께에도 관여하고 반도체 구조를 완성한 후에 MOSFET 내에서 소수 캐리어로 구성된 인버전 채널(Inversion Layer)의 빠른 전환과 긴밀한 연관성이 있기 때문입니다.

---

8   도펀트-실리콘의 공유결합 구조 자체로부터는 확률적으로 가능성은 희박하지만 EHP가 발생할 수는 있음
9   하이젠베르크의 불확정성 원리로 전자의 수명시간을 직접 측정할 수는 없음

게이트로 입력되는 데이터 값(인가전압의 극성)의 빠른 전환에 따라 채널의 형성도 그에 맞춰서 생성되고 소멸되어야 하는데, 채널의 늦은 전환은 디바이스의 반응속도에 지대한 영향을 끼칩니다. 그 외에도 소수 캐리어의 수명시간은 역바이어스 전압 인가 및 바이어스 전압 미인가 시에 소수 캐리어로 인한 전류(+역방향 전류)의 생성 및 소멸시간에도 관여되기 때문입니다.

Tip 소수 캐리어는 2종류의 캐리어 중 적은 개체수의 캐리어 종류를 의미하지만, 실질적으로는 상대방 영역의 다수 캐리어가 넘어와서 소수 캐리어가 된 경우도 포함됩니다. J_S/J_D의 접합면 근방에서는 개체수 입장에서 보면, 소수 캐리어가 다수 캐리어보다 많습니다. 반전층(Inversion)인 채널 영역인 경우도 개체수로는 소수 캐리어가 다수 캐리어보다 많지요. 즉 nMOS인 경우 pWell의 다수 캐리어인 정공보다 채널에는 소수 캐리어인 전자 숫자가 더 높습니다.

29.6 캐리어의 관계식

■ 진성 캐리어 vs 다수 캐리어 vs 소수 캐리어

n_0_extrinsic과 p_0_extrinsic은 이온주입 후 도핑된 다수 캐리어의 농도입니다. 다수 캐리어의 농도는 도핑된 불순물 농도로부터 구하고, 소수 캐리어의 농도는 식 (28.1), 식 (28.2), 식 (28.3)으로부터 구합니다. 따라서 이온주입 시의 도즈를 조절하여 주입되는 양이온의 양을 점검하고 소스/드레인 단자의 다수 캐리어 농도를 파악한 후 소수 캐리어 농도(p_0_intrinsic2, n_0_intrinsic2)를 판단하지요(단, 열평형 상태일 경우).

$$n_i^2 = n_0\text{\_intrinsic1} \times p_0\text{\_intrinsic1} \quad \text{(순수실리콘 반도체)} \tag{28.1}$$
$$= n_0\text{\_extrinsic}(N_d) \times p_0\text{\_intrinsic2} \quad \text{(N형 반도체)} \tag{28.2}$$
$$= n_0\text{\_intrinsic2} \times p_0\text{\_extrinsic}(N_a) \quad \text{(P형 반도체)} \tag{28.3}$$

- p_0_intrinsic2 $\ll$ p_0_intrinsic1 : p_0_intrinsic2는 N형 반도체의 전자에 의한 EHP 결합 후 남은 정공 농도임

- n_0_intrinsic2 $\ll$ n_0_intrinsic1 : n_0_intrinsic2는 P형 반도체의 정공에 의한 EHP 결합 후 남은 전자 농도임

Tip n_0_extrinsic은 N형 반도체 내 도핑된 도너 농도(N_d) + EHP의 전자 농도 등 음전하를 모두 합한 다수 캐리어인 전자의 전체 농도로써 N_d와 거의 같습니다. 즉 N형 반도체 내 EHP에 의한 전자 농도는 높은 불순물 도너(N_d) 농도에 묻혀서 존재 여부의 의미가 없습니다. p_0_intrinsic2는 N형 반도체 내 소수 캐리어인 정공 농도입니다.

Tip p_0_extrinsic은 P형 반도체 내 도핑된 억셉터 농도(N_a) + EHP의 정공 농도 등 양전하를 모두 합한 다수 캐리어인 전체 정공의 농도로써 N_a와 거의 같습니다. 즉 P형 반도체 내 EHP에 의한 정공 농도는 높은 불순물 억셉터 농도(N_a)에 묻혀서 존재 여부의 의미가 없습니다. n_0_intrinsic2는 P형 반도체 내 소수 캐리어인 전자 농도입니다.

29.7 다수 캐리어와 소수 캐리어의 상호관계 @ N형 반도체

다수 캐리어의 원천이 불순물 원소(도핑을 하는 도펀트)인 반면, 소수 캐리어의 원천은 순수실리콘 원소에서 발생한 고유 캐리어인 전자 혹은 정공입니다. 예를 들어, 순수실리콘 반도체(Intrinsic Silicon)는 순수실리콘 농도가 cm^{3}당 약 10^{22}개일 경우, 상온에서 전자−정공쌍(EHP)으로 약 10^{11}개/cm^3(개체수는 농도와 온도변수) 정도는 수시로 발생합니다(실리콘 원자가 전자를 다시 포획해 EHP를 소멸시키기도 합니다). 그때 15족 원소를 고유 반도체 실리콘 농도 대비 1만분의 1배 정도로 해서 순수실리콘(14족)에 도핑시킵니다. 그러면 N$^+$형의 전자 약 1×10^{18}개 정도가 15족 원소 속에 있다가 뛰어나올 준비를 합니다. 전자가 탈출하기 전까지는 N$^+$형 불순물은 중성 상태입니다.

그 후 외부에서 알맞은 전위(순수실리콘 원소에서 전자를 떼어내는 데 소모되는 에너지의 20분의 1)를 가하면 N$^+$형 불순물 원자 내 전자들은 다수 캐리어(약 1×10^{18}/cm^3)가 돼 움직입니다. 이때 진성 반도체에서 생성된 EHP 중 전자는 다수 캐리어인 전자들의 엄청난 숫자(약 1천만~1억 배)에 묻히지요. 정공은 다수 캐리어(전자)에 의해서 소멸해 상쇄된 숫자를 제외하고, 살아남은 정공들이 다수 캐리어를 피해 다니며 소수 캐리어로 활동합니다. 따라서 소수 캐리어(예 정공 농도 p_0는 약 10^4개/cm^3) 숫자는 순수 EHP 개수(예 전자 농도 또는 정공 농도 n_i)를 넘지 못하며, 불순물 다수 캐리어 농도(전자 농도 : n_0)에 반비례하게 됩니다.

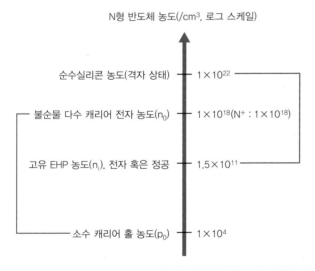

N형 반도체 농도(/cm^3, 로그 스케일)

순수실리콘 농도(격자 상태) ─ 1×10^{22}

불순물 다수 캐리어 전자 농도(n_0) ─ 1×10^{18}(N$^+$: 1×10^{18})

고유 EHP 농도(n_i), 전자 혹은 정공 ─ 1.5×10^{11}

소수 캐리어 홀 농도(p_0) ─ 1×10^4

그림 29-7 다수 캐리어의 전자 농도와 소수 캐리어의 홀 농도 @ N형 반도체

29.8 원자 입장에서 본 반도체의 물성 상태

14족 실리콘 원소만으로 구성된 진성 반도체에 15족(혹은 13족) 불순물(도펀트)를 이온주입하고 어닐링을 실시하면, 진성 반도체 내에 도너(Donor, 15족 도펀트) 혹은 억셉터(Acceptor, 13족 도펀트)가 실리콘 원자들과 공유결합을 하게 됩니다. 이 집단을 각각 N형 반도체 혹은 P형 반도체라 합니다. 도너는 잉여전자를 매달고 있고, 억셉터는 정공을 옆에 끼고 있는 형태입니다. 이때까지 모든 원자들은 중성 상태인데, 각각 이온화 에너지를 얻게 되면 도너는 잉여전자를 방출(자유전자)하여 도너 양이온이 되고, 억셉터는 정공에 전자를 끌어와서 억셉터 음이온이 됩니다. 자유전자와 정공은 각각 전도대역(에너지 관점)과 가전자대역(에너지 관점)으로 이동하여 전류를 발생시키지요. 그렇다고 공유결합 상태가 변한 것은 아니어서 도너(+)와 억셉터(−)는 제 위치를 지키고 있습니다. 단, 이런 이동과 농도(개체수) 상태는 손가락으로 셀 수 있는 것이 아니고, 미시적인 환경의 변화라서 확률 함수와 에너지 상태를 이용하여 간접적으로 유추할 수밖에 없습니다.

· SUMMARY ·

도체에 흐르는 전류의 원천은 금속 물질을 이루는 원자의 최외각전자 껍질에서 회전 운동을 하고 있는 전자입니다. 반도체에서는 전류를 흐르게 하기 위한 수단으로 캐리어를 이용합니다. 캐리어의 원천은 도펀트를 실리콘에 주입하여 얻고 또 기반 물질의 결정격자로부터 발생하는데, 캐리어들은 원자라는 공간의 제약을 받으면서, 그 속박으로부터 벗어나기 위해 일정 에너지가 필요하지요. N/P형 반도체에서는 캐리어의 종류가 각각 2개 종류로 총 4개 경우의 수(다수, 소수 포함)를 조합하여 적절한 구조에 배치합니다. 이를 바탕으로 BJT, JFET, MOSFET, CMOSFET 등 다양한 디바이스들이 등장했습니다.

CHAPTER 30

캐리어의 사막지대, 결핍 영역

트랜지스터 내부에서 일어나는 여러 전기적인 형태는 주로 경계면을 사이에 두고 발생됩니다. 채널은 웨이퍼 표면과 산화막의 경계면에서 생성되고(기판 영역), 포획전자(Trap Electron)도 대부분 산화막 아래위 경계면에 머물게 됩니다. 특히 소스/드레인 정선의 결핍 영역(Depletion Region)은 반드시 접합면에서 발생하고 기판 결핍 영역만 게이트 단자 하부의 기판 영역에 퍼져 있습니다.

도체를 매개체로 흐르는 전류를 통제하는 수단은 도체 외부에서 인가하는 플러스, 마이너스 전압의 2단 논리입니다. 하지만 이것만으로는 전류를 다양하게 활용하기에 부족합니다. 그래서 반도체에서는 결핍 영역을 이용하여 전류를 의도하는 대로, 또 의도하는 영역으로 끌어들여 TR를 제어할 논리를 다각화하지요. 이때 결핍층은 중요한 매개수단이 되고 반도체를 통제할 수 있는 활용도를 높여줍니다. 즉 결핍은 주변에 비해 캐리어(혹은 캐리어 농도)들이 부족하다는 의미이고, 그렇게 하여 만들어진 영역이 TR 내부에서 핵심적인 역할을 합니다. 외부에서 전압 바이어스가 인가되지 않은 상태일 때, N형−P형 경계면에서 어떤 도펀트(불순물) 입자가 경계면을 넘어 갔을까요? 외부에서 전압이 인가되는 순방향과 역방향 바이어스에 의해 이미 캐리어 확산으로 결핍된 영역에서는 어떤 변화가 일어날까요?

30.1 결핍 영역의 종류

결핍 영역도 수평축과 수직축으로 형성됩니다. FET의 측면방향(Lateral Direction)으로는 소스 정선(Source Junction)과 드레인 정선(Drain Junction)이 있고, 이 둘의 경계면 좌우로 각각 결핍 영역이 발생됩니다. 그 외에 MOS의 수직방향(Vertical Direction)으로는 기판 결핍 영역이 들어섭니다. 소스/드레인 결핍 영역은 전압이 인가되지 않는 경우, 소스 정선(J_S)과 드레인 정선(J_D)에서 양쪽의 농도의 차이(이온주입이 원인 제공)로 인해 발생되는 확산에 의한 능동적(자발적) 결핍 현상입니다. 전압이 인가되면 순방향/역방향 바이어스에 의한 수동적 결핍 영역이 형성됩니다. 기판 결핍은 수직방향으로 게이트 전압이 인가될 경우 기판(Sub) 하부에 발생되는 결핍 영역으로, 항상 강제적으로 결핍층을 만들어냅니다.

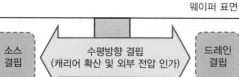
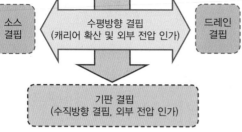

그림 30-1 수평축과 수직축 방향으로 형성되는 결핍 영역

30.2 결핍 영역의 조건

'결핍' 혹은 '공핍'이란 직설적으로는 활성화된 캐리어들이 소멸된 상태, 즉 캐리어들이 없거나 혹은 모자란 상태입니다. 불순물로 도핑된 반도체인 단자 내에는 캐리어들이 많은데, 결핍 영역에는 캐리어들이 왜 없을까요? 이는 소스/드레인 단자의 다수 캐리어와 정션 근방에 있는 기판의 다수 캐리어가 서로 상대방 지역으로 넘어가서 반대편 영역의 정공 혹은 전자와 결합했기 때문입니다(넘어갈 조건이 안되는 대부분의 캐리어들은 이동이 없습니다). 이는 외부에서 전압이 인가될 때 혹은 인가되지 않을 때 결핍된 영역의 넓이는 다르지만 더 이상 움직일 캐리어가 없는 상태는 모두 동일하지요.

이는 접합면이 화학적으로 결합된 면일 조건에 해당되고, 물리적으로 단순히 붙여 놓은 경우는 캐리어들이 전혀 이동되지 않습니다. 화학적 접합면은 특수하게 결합된 경우로써 반도체에서는 도핑에 의한 경우만 해당됩니다. 이들 결합은 웨이퍼가 만들어지는 초기 실리콘의 결정격자결합을 그대로 유지하고 있습니다. 다만, N-P 접합의 15족과 13족의 도펀트의 차이는 약 1,000분의 1 정도의 농도 차이가 나지요. 즉 SOI 웨이퍼처럼 물리적으로 층을 붙여 놓은 경우는 해당되지 않는다는 의미이지요. CVD, PVD, ALD, 산화층 등으로 접촉된 면도 해당되지 않습니다(일부 중간 형태의 이동은 있을 수 있으나, 유효하지 않습니다). 결핍 영역이 완결된 이후에는 결핍 영역 내부에서는 더 이상 자생적으로 발생되는 캐리어(전자 혹은 정공, $1 \times 10^{10 \sim 11}$개/cm³ 정도)들은 매우 적습니다. 결핍 영역은 거의 생명 현상이 일어나지 않는 사막과 같이 외부의 입력(Input 전압)이 없는 한 더 이상 캐리어들이 활동하지 않는 조용한 지역이 됩니다. 그러나 결핍 영역 양쪽으로는 서로에게 계속적으로 전계를 행사하면서 상대방을 제어하는 관계에 있답니다.

30.3 수평축 결핍 영역 @ 외부 전압 미인가 시 확산 결핍

FET의 정션 양쪽으로 형성된 소스/드레인 결핍 영역은 캐리어 입장에서는 비활성 영역이 됩니다. nMOSFET에서 N^+ 소스/드레인 단자의 다수 캐리어인 전자가 확산에 의해 경계면을 가로질러 P형 기판으로 넘어가면, P형 기판 내에 다수 캐리어인 정공들과 결합(EHP)하여 수평축으로 중성 상태인 결핍 영역을 생성시킵니다. pMOSFET에서도 nMOSFET과는 반대 타입의 다수 캐리어인 정공이 확산 방식으로 이동하여 정션 양쪽으로 결핍 영역을 생성하지요. 확산 결핍은 확산에 의해 자연적으로 생성된 결핍이고, 바이어스 결핍은 외부에서 인가한 전압 차이에 의해 접합면에서 발생된 결핍을 뜻합니다.

Tip '공핍층'에서 공핍이란 표현은 일본에서 표기한 단어로 학계/산업계에서는 오랫동안 광범위하게 사용되었으나, 2010년 최근에 우리나라 표기 방식으로는 '결핍 영역'으로 정해졌습니다.

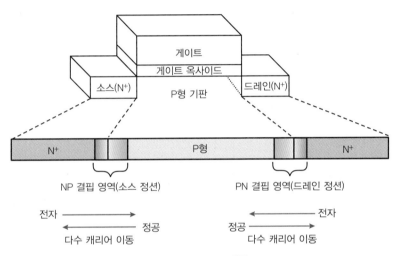

그림 30-2 FET (수평)방향으로 형성되는 확산 결핍 영역[53]

30.4 결핍 영역을 만드는 다수 캐리어의 이동

소스 정션(J_S)을 기준으로 좌우를 살펴보면, N^+ 소스 단자의 다수 캐리어인 전자 농도가 P-Sub 내의 소수 캐리어인 전자 농도보다 높기 때문에 전자가 소스 단자에서 P-Sub로 이동합니다. 그리고 P-Sub의 다수 캐리어인 홀(Hole, 정공) 농도가 N^+ 소스 단자 내의 소스 캐리어인 홀 농도보다 높기 때문에 홀이 P-Sub에서 소스 단자로 확산되어 들어갑니다. 드레인 정션(J_D)에서도 이동 메카니즘이 동일하지요.

Tip 소수 캐리어도 이동은 하지만, 소수 캐리어의 영향은 다수 캐리어에 비해 미미하므로 다루지 않습니다(단, 소스 단자의 다수 캐리어가 기판의 채널 영역으로 넘어 가서 기판의 소수 캐리어로 된 경우는 핵심적으로 다룸).

30.5 도너와 억셉터의 생성 과정

원자 입장에서 보았을 때, 전자 이동에 의한 도너(Donor)와 억셉터(Acceptor)의 생성 과정은 다음과 같습니다.

1단계 소스 정션(J_S)에 인접해 있는 양쪽의 원자들은 캐리어 확산 이동 전에는 모두 전기적으로 중성입니다. 즉 양쪽으로 전계가 전혀 발생되지 않은 상태입니다. 그러나 14족＋15족으로 공유결합된 N형의 15족 원자는 최외각전자의 개수가 $2N^2(8)+1$(잉여전자)개가 되는데, 원자 입장에서는 오비탈 레벨에서 불안정한 상태로 되어 전자 하나를 떨쳐내고 싶어 하므로, 매우 적은 에너지로도 잉여전자가 원자의 최외각 오비탈에서 이탈하여 자유전자가 됩니다. P형은 최외각전자의 개수가 $2N^2(8)-1$개가 되어 마찬가지로 오비탈 레벨에서 불안정한 상태이지요. 도핑을 함으로써 의도적으로 이런 불안정한 상태를 만든 것입니다.

2단계 전자 농도가 높은 쪽인 소스 영역의 잉여전자(다수 캐리어)들이 전자 농도(소수 캐리어)가 낮은 쪽인 P-sub의 원자로 이동하지요. 이동로는 두 경로가 발생됩니다. 하나는 인접한 최외각 궤도 간의 직접 이동([경로 1])이고, 다른 하나는 상온에서 열에너지를 얻은 잉여전자가 원자를 이탈(자유전자가 됨)했다가 근방 원자핵의 인력에 이끌려서 정공으로 들어가는 경로([경로 2])입니다. 정공의 이동방향은 전자의 이동방향과 반대이면서 정공은 [경로 1]로만 이동합니다.

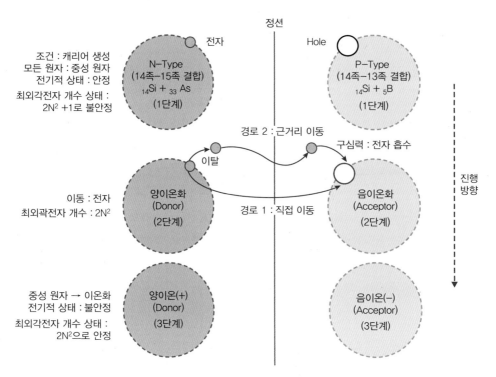

그림 30-3 전자 이동에 의한 도너와 억셉터의 발생(원자 레벨)

3단계 결핍 영역에서 원자 입장을 보면, 전자를 기준으로 볼 때 잉여전자를 내준 원자는 도너, 전자를 받은 원자는 억셉터가 됩니다. J_S에 인접해 있는 N^+ 소스 단자 내의 원자는 중성 상태였다가 전자를 내주어 도너(Donor)가 양이온으로 변합니다. 그러나 양쪽 원자의 최외각전자의 개수는 $2N^2(8)$개가 되어 안정됩니다. 전자(도너의 잉여전자)들이 정공(억셉터의 전자가 비어 있는 상태)을 메우면, 그 즉시 전자와 정공은 동시에 소멸하면서 전기적으로 음성 이온과 양성 이온이 편을 갈라섭니다. 확산에너지가 전계에너지로 변환된 것이지요. P-Sub의 13족-14족 붕소 원자(억셉터)는 전기적으로 음의 상태(이동해온 전자의 전하량만큼)로 변하고, 15족-14족 비소 원자(도너)는 전기적으로 양의 상태(빠져나간 전자의 전하량만큼)로 됩니다.

■ 캐리어 입장에서의 [경로 1]과 [경로 2]에 대한 고찰

[경로 1]에서는 이웃 전자가 13족 원자로 들어갈 때, 13족 원자의 최외각전자들에 의한 전기적 반발력보다는 원자핵에 의한 인력이 더 크게 작용합니다. [경로 2]에서는 잉여전자는 열에너지를 얻으면 원자핵에 의한 인력을 떨쳐내고 쉽게 원자에서 이탈할 수 있어서 As(비소)는 쉽게 양이온이 됩니다. 잉여전자가 원자에서 이탈하면 바로 자유전자가 되지요.

[경로 1]과 [경로 2]가 동일한 거리라면, [경로 2]가 [경로 1]보다 더 쉽게 발생됩니다. 그러나 두 소립자(원자핵-전자) 간의 서로 당기는 인력(혹은 전자-전자의 반발력)은 거리의 제곱에 반비례하지요. 따라서 정선의 인접 원자들끼리는 자유전자와 붕소 원자핵 사이의 평균거리가 인접 원자의 최외각전자와 붕소 원자핵 간의 평균거리보다 멀어서 [경로 1]의 인력이 [경로 2]보다 더 크게 됩니다. 결국 정공을 기준으로 볼 때, 정공을 채우는 개체수는 자유전자보다는 인접 최외각전자가 더 많이 기여하겠지요. 그러나 정선에서 멀어질수록 [경로 2]가 더 빈번하게 발생합니다.

■ 이슈 : N형과 P형의 전류 값이 같아지려면?

이동도는 전하량이 클수록 전하의 생명시간(Life Time)이 길수록 유리합니다. 대신 질량이 클수록 작아지겠지요. 그에 따라 전류 값은 이동도가 클수록, 전하량이 클수록, 농도가 높을수록, 전계강도가 높을수록 커집니다. N형은 [경로 1]과 [경로 2]의 두 가지 경우가 동시에 발생되어 이동도가 높고 (실리콘 내에서 전자 이동도가 정공보다 2~3배 높음), P형은 당연히 자유전자가 없으므로 대부분 공유결합된 인접 최외각전자가 이동하는 [경로 1]만 존재하여 이동도가 낮습니다. 그러면 전자와 정공 흐름에 의한 전류 값을 동일하게 하려면 어떻게 해야 할까요? 바로 P형의 개수를 많게 하여 전하량(전체 전하량)을 키우면 됩니다. 즉 P형의 단자(소스/드레인) 영역이 N형보다 약 2배(이동도의 배수만큼) 더 커져야 합니다.[1]

---

1 31장 'FET, 수평축으로 본 전자의 이동' 참조

30.6 확산에너지 vs 전계에너지

N$^+$ 소스/드레인 단자는 불순물 반도체일지라도 일단 반도체 공정에서 단자(Termination, 전극)로 형성될 당시는 모두 중성 상태입니다. 다만, N$^+$ 단자는 P-sub(정공 이동)에 비해 외부에서 작은 에너지만 인가해도 전자가 쉽게 원자를 이탈할 수 있고, 순수반도체 재질로부터 전자를 뽑아내는 에너지에 비해서도 약 1/20배로 작은 에너지입니다.

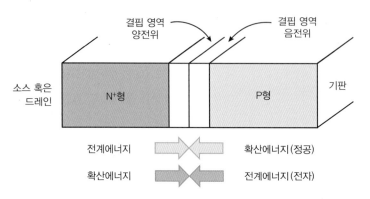

그림 30-4 확산에너지와 전계에너지가 평형을 이룬 상태(단자 레벨)

원자 레벨에서 범위를 넓혀, 원자가 집단을 이룬 광대한 영역인 소스/드레인 단자인 경우를 보겠습니다. 다수의 전자가 N$^+$ 소스 단자로부터 소스 정션(J$_S$)으로 확산해오면 계면에 접한 P-Sub의 영역은 가까운 곳에서부터 확산에 의해 전자를 받아들인 억셉터(Acceptor)들이 자생적으로 음극(−) 단자화(마이너스로 대전됨)되고, N$^+$ 단자의 J$_S$ 근방 영역은 전자들이 빠져나가 도너(Donor)들이 자생적으로 양극(+) 단자로 변합니다(플러스로 대전됨). 그러면 접합면 좌우로 잉여전자와 정공이 모두 없어진(결핍된) 자리에 도너(+)와 억셉터(−)가 생성되지요. 동시에 N$^+$형 단자의 결핍 영역(도너, 양극 단자)과 P-Sub의 결핍 영역(억셉터, 음극 단자) 사이에는 자생적으로 전계(Built-in 전계)가 형성됩니다. P-Sub의 홀(정공)이 J$_S$를 넘어가는 경우도 동일합니다. 드레인 정션에서도 캐리어의 확산 이동은 동일한 메커니즘으로 발생됩니다. 이렇게 확산으로 인해 형성된 빌트인(Built-in) 전계방향은 확산에너지가 작용하는 방향과 정반대가 되어 도리어 확산을 방해하지요. 확산 현상이 지속될수록 캐리어가 많이 이동하여 전계가 강해지는 효과가 있습니다(상대방 영역을 더욱 많이 대전시킵니다). 결국 확산에너지와 자생적으로 형성된 전계에너지가 평형을 이루는 시점에서 캐리어의 확산 이동이 멈추게 됩니다.

30.7 콘덴서 기능을 하는 공간전하 영역

결핍층으로 인해 캐리어의 빈자리에 도너(양전하)와 억셉터(음전하) 영역이 발생했습니다. 도너와 억셉터는 이온 성질을 갖고, 단지 전기적 성질이 변했음으로 (캐리어들처럼 움직이지는 않고) 붙박

이로 있던 공간에 존재해 있기 때문에 공간전하라 하고, 그런 결핍층을 공간전하 영역 혹은 공간전하층이라고 부릅니다. 이는 정션(J_S 혹은 J_D) 양옆으로 인접된 2개의 전하 영역이 콘덴서 역할을 수행하기 때문입니다. 서로 다른 캐리어들이 상대방 영역으로 들어가서 소멸되었기 때문에 더 이상 이동하지도 않고 정체하고 있으면서 공간에 양전하와 음전하를 서로 일정 거리를 두고 쌓아 놓은 모양새인 것입니다. 즉 내부에 자생적으로 플러스/마이너스로 대전된 영역이 발생되었으며, 이로 인해 전기장이 형성되고 전위 차이를 발생시킵니다. 공간전하 영역 밖에서는 다수 캐리어인 전자(단자 영역)와 정공(기판 영역)이 서성거리고 있지만 이 영역은 전기적으로 중성 상태입니다. 전하로 대전된 입자들이 없다는 의미입니다. 따라서 이때에 두 전하 군(Group) 사이에 영향을 미치는 커패시턴스(Capacitance) 값은 거리(d)에 반비례하고 단면적(A)에 비례하므로($C \propto A/d$) FET 구조가 미세화될수록 캐리어가 수직으로 이동하는 면적이 작아져서 결국 용량은 작아지겠지요. 물론 단자들이 어떤 재질을 사용하느냐에 따라 용량상수인 ε값이 변동하여 전체 용량 값에 차이가 납니다. 결핍층에 의해 전계가 형성되었다는 말이나 공간전하 영역이 커패시터 기능을 한다는 말은 같은 현상을 다르게 표현한 것이지요. TR 내부는 J_S/J_D 이외에도 게이트와 채널 사이, 포획전자와 채널 사이, 이웃 TR 사이 등 전하가 쌓이는 곳이 많아서 커패시턴스 요인들이 다양합니다.

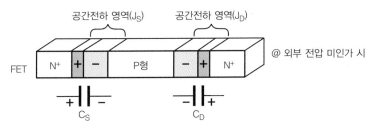

그림 30-5 커패시터 역할을 하는 공간전하 영역

30.8 결핍층 두께 vs 도펀트 농도

■ 농도에 반비례하는 결핍층 두께

외부 전압 미인가(제로 바이어스 전압 인가)인 경우, 결핍층의 총 두께는 두 정션인 J_S와 J_D 모두 동일합니다(소스와 드레인 단자의 N^+ 농도가 같을 경우). 그런데 단자별로 나누어보면, nMOSFET인 경우 도너 농도가 높은 N^+형 소스/드레인 단자의 전자 개수가 상대적으로 도펀트 농도가 적은 P형 기판의 정공 개수보다도 (이온주입 농도 영향으로) 더 많이 발생됩니다. 따라서 정공들이 소스 단자로 유입된 영역보다 전자들이 P-Sub쪽으로 더욱 깊이까지 들어가서 결핍층 두께(D) 차이가 납니다.

■ 캐리어 농도 × 결핍 두께는 일정

전자 캐리어인 경우, 15족의 이온주입 농도가 높으면 전자가 많아지고, 전자는 기판 영역으로 확산하여 들어가서 전자 개체수 총량에 비례하여 기판을 대전시켜 억셉터 영역(기판의 결핍 부분)을 넓힙니다. 그러나 정공은 농도가 낮으므로 도너의 결핍 영역은 좁습니다. 이는 농도(전자밀도)×두께(단자 영역 내의 대전된 깊이)를 결핍상수면적이라 하면, $N_A \times D_A$(기판 영역) = $N_D \times D_D$(단자 영역)으로 일정한 값이 됩니다(N_A : P형 단자 내의 억셉터 농도, N_D : N형 단자 내의 도너 농도, D_A : 정션–전자 캐리어 확산 깊이, D_D : 정션–정공 캐리어 확산 깊이). 이는 단자와 기판이 PN 정션을 이룰 때 가능한 상황으로 [그림 30-8]에서 도너 결핍상수면적은 억셉터 결핍상수면적과 동일합니다. 한편 농도와 내부 빌트인 전위 차이는 비례하여, 결핍 영역의 전체 폭은 도너와 억셉터가 발생시킨 전계의 제곱근에 비례합니다(포아송 방정식으로 정리). 결국 반도체를 동작시키고 조절하는 것은 도펀트를 주입한 농도를 기반으로 하므로 이온주입은 반도체 기능의 핵심이 됩니다.

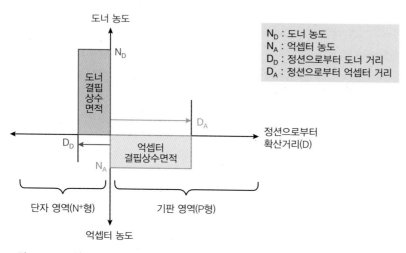

그림 30-6 도너/억셉터 농도(밀도) 대비 결핍층 두께(확산거리)

30.9 수평축 결핍 영역 @ 바이어스 전압 인가 시

수평방향으로 소스 정션(J_S)과 드레인 정션(J_D)에 결핍이 발생할 때, 소스와 드레인 단자에 전압을 인가하여 J_S는 순바이어스, J_D는 역바이어스가 되도록 하면, 소스 결핍층 영역은 줄어들고 드레인 결핍층 영역은 확장됩니다.

■ 확산 결핍층과 바이어스 결핍층의 상관관계

게이트 단자에 플러스 전압이 인가된 상태를 유지하면서, 소스 단자에 0V, 드레인 단자에 플러스 전압($+V_D$)을 인가하는 경우 트랜지스터가 정상적으로 스위칭 동작을 하는 조건이 되며, 이때 소스–드레인 단자의 전압 차이로 인해 확산 결핍층인 두 군데(J_S, J_D) 모두는 두께가 변합니다. 바이어스(S–D) 전압에 의해 결핍층의 두께가 변했으므로 이를 '바이어스(Bias) 결핍층'이라 하겠습니다.

소스 정션(J_S)에서 바이어스 결핍층은 확산 방식으로 형성된 결핍층보다 순방향 바이어스 영향으로 인해 결핍 영역이 좁아지고(순방향 바이어스 결핍층), 드레인 정션(J_D)에서의 바이어스 결핍층은 확산에 의한 결핍 영역보다 역방향 바이어스 영향으로 더욱 넓어집니다(역방향 바이어스 결핍층).

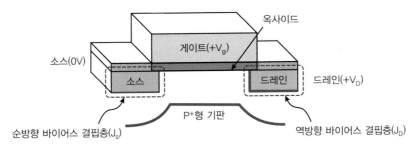

그림 30-7 드레인과 소스 단자 사이의 전압 차이로 만들어지는 바이어스 결핍층(순방향 바이어스 결핍층/역방향 바이어스 결핍층) @ nMOSFET

■ 순방향 바이어스 결핍층

다수 캐리어가 정션(Junction)을 가로질러 흐르도록 전압이 인가될 때의 결핍층을 '순방향 바이어스 결핍층'이라 하지요. 소스 정션(J_S)을 가운데 두고 전계에너지와 확산에너지가 평형 상태에 있는 확산 결핍층에 순방향 바이어스 전압을 걸면, 균형이 무너지며 순방향 전계에너지가 확산에너지보다 증가하지요. 그에 따라 소스 단자에 있는 다수 캐리어인 전자들이 드레인 단자의 플러스 전압을 향해 대거 이동합니다. 그러면서 플러스로 대전된 도너 이온(소스 단자)을 중성화시키지요. 마찬가지로 J_S의 P_sub 사이드(Side)에 형성된 결핍층에도 P_sub의 다수 캐리어인 정공이 $+V_D$에 밀려 대규모로 이동하면서 확산 방식으로 형성된 결핍층 두께를 줄어들게 합니다. 이때 흐르는 다수 캐리어인 전자와 정공의 개수는 순수반도체일 때 실리콘 원자(25℃)에서 빠져나오는 전자(EHP, 전자-정공쌍)에 비해 1억~10억 배($1 \times 10^{18} \sim 10^{19}$개) 가까이 됩니다.

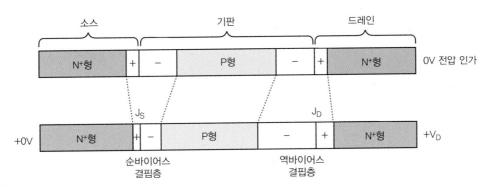

그림 30-8 J_S와 J_D를 순방향과 역방향으로 전압 인가 시 결핍층의 변화

■ 역방향 바이어스 결핍층

(1) 확장되는 결핍 영역

드레인 단자에 $+V_D$를 인가하는 조건일 때, 드레인 정션(J_D)에 형성된 결핍층은 J_S 결핍층과 반대 현상이 발생합니다. 드레인 단자에 인가된 플러스 전압이 드레인 단자 내의 전자를 잡아당기고 P_sub 단자 내의 정공을 밀어내기 때문에, 확산 방식으로 형성된 결핍층 두께가 J_D를 기준으로 해서 양쪽으로 더욱 넓어집니다. 다수 캐리어가 정션에서 멀어지도록 전압이 인가되는 결핍층을 '역방향 바이어스 결핍층'이라고 합니다.

(2) 결핍 영역의 생성 과정

드레인 결핍층 두께가 생성되는 과정을 보면, J_D의 드레인 단자에 1차로 형성된 확산 결핍층은 P_sub 단자에 있던 다수 캐리어인 정공이 J_D을 넘어와 형성한 결핍층(+도너)입니다. 2차로 넓어지는 역방향 결핍층은 $+V_D$에 의해 드레인 단자 자체 내의 다수 캐리어인 전자가 중성 상태의 N^+형 단자를 구성하고 있는 원자에서 이탈하며 만든 결핍층(+도너)입니다. 도너에서 이탈한 전자는 동일하지만, 확산 결핍과 역바이어스 상태일 때 전자의 이동방향은 반대입니다. P형 기판에서도 N^+형 드레인 단자에 인가된 $+V_D$에 의해 정공들이 J_D에서 멀어지므로 억셉터의 결핍층이 두꺼워집니다. 이때 같은 정공의 이동방향도 확산 결핍과 역바이어스인 경우에 서로 반대가 됩니다. 또한 P형 기판의 정공 농도가 N형 드레인 단자의 전자 농도보다 낮으므로 P형 기판의 결핍층 두께는 N형 드레인 단자의 결핍층 두께보다 더욱 넓어지지요([그림 30-8] 참조). 농도가 낮은 만큼 개체수가 적기 때문에 결핍층 체적(부피)으로 보상을 합니다.

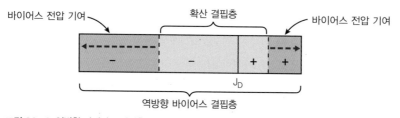

그림 30-9 역방향 바이어스 결핍층 영역을 형성하는 바이어스 전압의 기여 부분 @ 드레인 정션

(3) TR 동작의 일등공신, 소수 캐리어

결핍층 중에는 역방향 드레인 결핍층이 순방향 소스 결핍층보다 트랜지스터 동작에 더욱 큰 영향을 끼칩니다. 결핍층 두께도 몇 배 더 넓지요. 결국 역방향 결핍층에서는 J_D를 넘는 다수 캐리어는 사라지고, 대신 소수 캐리어(기판의 전자)만 기판에서 드레인 단자 방향으로 드레인 정션을 지납니다. 한편 전류 관점으로 볼 때, N^+형 소스 단자에서 넘어온 다수 캐리어(소스 단자 입장)인 전자가 P형 기판의 소수 캐리어인 전자와 합쳐지고, 이들이 J_D를 넘어가는 소수 캐리어가 되었다가 드레인 단자에서는 다수 캐리어가 되는데, 이 전류가 MOSFET을 흐르는 메인 전류가 되어 스위칭 작용의 주체가 됩니다. 즉 P형 기판의 소수 캐리어는 이름만 소수 캐리어지 실질적(개체수)으로는 다수 캐리어인 셈이지요.

■ 드레인 전류를 만드는 에너지

도핑(불순물) 반도체의 장점은 트랜지스터를 동작시키는 에너지 소모가 적다는 것이지요. 같은 전자라도 도핑 반도체로부터 잉여전자를 떼어내는 에너지(도너 원자의 이온화 에너지 : 약 0.05eV)가 순수실리콘 반도체로부터 최외각전자를 탈출시키는 에너지(실리콘 밴드갭 에너지 : 1.12eV)보다 약 1/20배 정도로 작게 소요됩니다. 작은 에너지로도 불순물 중성 원자를 이온화시킬 수 있기 때문에, 반도체 도핑 공정은 꿈의 연금술이라 할 수 있겠습니다. 확산 결핍층과 바이어스 결핍층을 쉽게 만들고, 이를 기반으로 드레인 단자에 인가하는 전압을 낮춰 더 낮은 전력을 소모하는 친환경 반도체도 가능해집니다. 즉 TR을 동작시키는 데(드레인 전류를 흐르게 하는 데) 소모되는 에너지를 작게 할 수 있습니다.

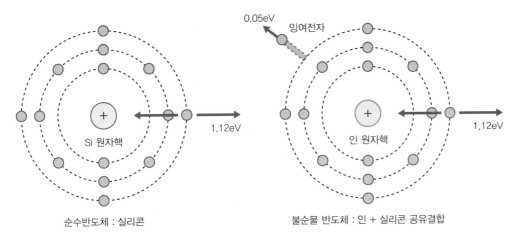

그림 30-10 15족-14족 공유결합 후의 잉여전자와 순수실리콘 최외각전자가 원자로부터 이탈하는 데 소모되는 에너지 비교

30.10 수직축 결핍 영역 @ 게이트 전압 인가 시

■ 결핍층 종류

일반적으로 트랜지스터의 결핍층은 제일 중요한 결핍층으로 P-N 접합 혹은 N-P 접합 사이에서 생성된 2개 결핍층(소스 결핍층/드레인 결핍층)이 있습니다. 그런데 MOSFET 결핍층을 좀 더 세분화하면, 수평축 방향으로는 제로 전압 인가 시 '확산 결핍층'이 있고, 외부 전압 인가 시 '순방향 바이어

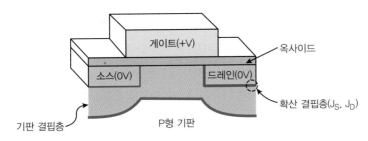

그림 30-11 게이트 단자 하단에 광범위하게 형성되어 있는 기판 결핍층

스 결핍층(J_S)'과 '역방향 바이어스 결핍층(J_D)'이 있습니다. 수직축 방향으로는 '기판 결핍층(게이트 결핍층이라고도 함)'이 있어서 총 5개로 구분할 수 있는데요. 이들의 상호작용을 결합시켜 트랜지스터를 동작시킵니다.

■ N채널 형성과 기판 결핍층 생성

nMOSFET의 게이트 단자에 플러스 전압을 인가(소스와 드레인은 0V로 가정)하면서 기판은 약간의 마이너스 전위(Sub 보호)로 유지합니다. 그러면 P형 기판 내 소수 캐리어인 전자들이 게이트 단자의 플러스 전압에 이끌려 P_Sub 단자의 상단으로 이동합니다. 전자가 있던 빈자리는 플러스로 대전된 층이 외롭게 남게 되지요. 전자가 결핍된 이 결핍층은 게이트 단자에서 멀어질수록 농도는 약해집니다. P_sub 내 플러스로 대전된 정공층은 플러스 게이트 전압($+V_G$)으로 인해 발생하고 이를 '기판 결핍층'이라고 부릅니다. 전자들은 P_sub 상단 경계면에 밀집해 옹기종기 모이고요. 이 전자층이 N형 채널(n-Channel)이자 반전층(Inversion Layer)입니다.

■ 기판 결핍층 모듈레이션

보통 P_sub을 형성하는 불순물 농도는 소스/드레인 단자(N형 불순물 원자수가 cm^3당 약 10^{18}~10^{19}개)에 비해 약 1천분의 1배에서 1만분의 1배로 약하게 형성됩니다. 이에 불순물 농도에 반비례하는 '기판 결핍층' 두께는 확산 결핍층에 비해 넓게 형성됩니다. 또한 게이트 단자의 전압 변화에 따라 '기판 결핍층'의 두께가 변하는데, 이를 '기판 결핍층 모듈레이션(Modulation)'이라고 합니다.

· SUMMARY ·

점 접촉 트랜지스터에서는 결핍층의 형성 자체부터 단자 크기에 비해 매우 작습니다. 이때문에 면 접촉 트랜지스터가 개발되면서부터 결핍층이 제 기능을 했다고 볼 수 있고, 트랜지스터가 제대로 홀로서기를 할 수 있게 되었습니다. 그런데 면 접촉의 핵심은 화학적 결합입니다. 1940~1950년의 진공관을 대체할 수많은 실험이 실패한 이유 중의 하나는 면 접촉의 화학적 결합을 염두에 두지 못한 이유 때문이기도 합니다. 면이 접촉된 양쪽으로 캐리어의 확산에 의해 결핍 영역이 형성되고, 외부 전압 인가로 인해 추가로 바이어스성 결핍 영역이 들어서면서 TR 동작 시에 수평축, 수직축으로 영향을 끼치는 주요 결핍층이 형성됩니다. 반도체는 불순물을 조금만 첨가해도 결핍 영역이 변화하고 전도율을 향상시킬 수 있습니다. 이는 결국 OFF 상태의 반도체를 ON 상태로 쉽게 바꿀 수 있는 장점이 있다는 말이지요. 결핍 영역들이 생성되었다는 것은 반대 관점으로는 소스와 드레인 사이에 채널이 놓여 졌다는 것이고, 채널과 결핍층이 마련되면 TR이 작동하고 이를 통해 TR을 제어할 여건이 모두 준비되었다는 것입니다.

CHAPTER 31

FET, 수평축으로 본 전자의 이동

현재 트랜지스터를 구동시켜 ON/OFF를 구분할 수 있는 방식은 전자를 이동시켜 전류의 변화를 유도한 후에 전류의 양으로 판별하는 것입니다. 그에 따라 전자들이 이동할 통로를 확보하는 구조적인 방식에 따라 BJT는 콜렉터 전류로, FET는 드레인 전류를 이용합니다. 그중 FET은 전류를 증가시켜 판별하는 MOSFET과 전류를 축소시켜 판별하는 JFET으로 나뉘고 현재의 주류는 MOSFET입니다.

MOSFET의 수평방향 전류 흐름을 볼 때, 소스 단자에서 출발한 1개 타입의 전하 캐리어(전자 혹은 정공)는 소스 정션(J_S)을 지나 전자가 이동하기 어려운 환경인 기판 내에 형성된 채널로 들어선 후 다시 드레인 정션(J_D)을 넘어서서 종착지인 드레인 단자로 들어갑니다. 따라서 BJT에 비하면 FET는 단일 극성(Unipolar)의 캐리어로 동작시키는 소자가 되겠습니다. 수평방향(소스 단자에서 드레인 단자) 축으로 이동하는 캐리어인 전자(nMOSFET의 다수 캐리어)의 이동 방식과 정공(pMOSFET의 다수 캐리어)의 이동 방식은 어떤 차이를 보일까요?

31.1 MOS가 제어하는 FET

MOSFET은 MOS가 전계(Field)에 영향을 끼쳐서 채널을 형성시킨 후, FET가 채널을 통해 캐리어를 이동시킴으로써 소자를 동작시키는 구조입니다. MOSFET을 동작시키기 위해서 MOS는 수직축으로 전계를 작동시켜 채널을 연결하거나 혹은 게이트에 전압을 OFF하여 채널을 형성하지 못하게 합니다. FET(Field Effect Transistor)은 수평축으로 놓인 소스에서 전자를 출발시켜 채널을 통과하게 하고 최종적으로 드레인까지 이동시키는 역할을 합니다. 결국 MOS의 영향과 FET의 동작을 합하여 MOSFET형 트랜지스터가 구동됩니다. MOS의 제어하에서 FET이 구동하는 형태이지요. 즉 게이트에 인가하는 전압(High-Low의 데이터 입력)의 세기에 의해 통로(Pinch-on, Pinch-off)가 확보되면, 드레인에 인가하는 바이어스(기울기) 전압의 세기에 의해 캐리어들이 드레인 쪽으로 이동하는 구조적 시스템을 갖추고 있습니다.

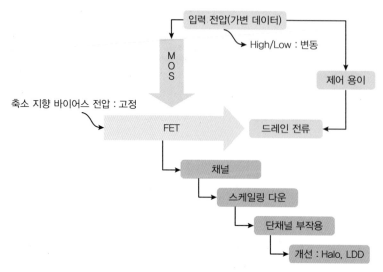

그림 31-1 MOS와 FET의 관계

31.2 캐리어 이동에 따른 걸림돌

FET에서 캐리어(전자 혹은 정공)들의 이동 경로는 소스 단자에서 나와 기판을 가로질러 드레인 단자까지 도달하는 스케줄입니다. 그런데 이는 쉽고 편안한 것만은 아니어서, 전자들이 수평축으로 이동하는 도중에는 결핍 영역이라는 사막지대를 두 군데나 지나야 하고, 깊은 골짜기(기판)에 놓인 다리(채널)도 건너야 합니다. 그러다가 FET의 최대 장점인 소스-드레인 사이의 거리가 좁혀지는 경우에는 채널길이가 줄어들게 되어 전하들의 흐름이 추가로 생긴다거나(전자들이 가지 않아야 하는 길을 가는 경우, 단채널 효과), 흐르지 않아야 할 때 흐르게 되는 등 통제되지 않은 전하들의 움직임으로 바람직하지 않고 복잡한 양상을 띱니다. 이를 방지하기 위해 TR의 하부 조직에 LDD, Halo 등을 형성하고, 그에 따라 이온주입을 맞춤형으로 넣어야 하는 번거로움이 발생합니다.[1]

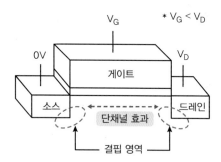

그림 31-2 FET의 기본 구조

---

1 34장 '단채널 효과' 참조

31.3 캐리어 이동 준비 1 : 채널 형성

소스 단자와 드레인 단자 사이에는 기판이라는 골짜기가 있는데요. 이 골짜기를 건너기 위해서는 소스 단자와 드레인 단자를 연결하는 다리(Channel, 채널)가 놓여야 합니다. 게이트 단자에 플러스 전압(nMOSFET인 경우)을 인가하여 MOS로 하여금 채널(n-Channel)을 생성합니다(pMOSFET인 경우는 p-Channel). 채널이 놓여지면 ON이 되고 채널이 없어지면 OFF가 되는데, 채널의 ON/OFF는 게이트 단자가 수문 역할을 합니다. 이때 드레인의 플러스 전압도 채널을 확장할 수 있도록 약하게 기여합니다(그러나 V_{DD}가 높은 경우는 채널길이를 오히려 축소시킵니다).[2]

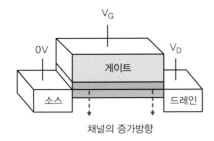

그림 31-3 게이트 전압에 따라 형성되는 채널

MOSFET은 게이트 전압이 증가함에 따라 채널이 증가하는 증가형(Enhancement Mode)과 반대로 채널이 점점 고갈되는 결핍형(공핍형, 고갈형, Depletion Mode 등으로 표현)이 있는데, 그림은 증가형 MOSFET입니다.

31.4 캐리어 이동 준비 2 : 전압 인가 @ nMOSFET

■ 게이트 전압 활용 : ON/OFF 변동 및 증폭

게이트 전압의 목적은 채널을 형성하는 것인데, 주로 데이터의 High/Low의 전압을 인가하지요. 게이트 입력 전압이 High일 때 N채널이 생성되고 Low일 때 채널이 미생성되도록 하거나, 아니면 pMOSFET에서는 그 반대로 형성되어 TR의 'ON/OFF'를 결정합니다. 1개 TR이 1kbps를 처리한다는 의미는 게이트의 High/Low가 1초 이내에 1천 번 바뀌고, 게이트 전압에 연동된 채널도 1초에 1천 번 변경 가능해야 하며, 드레인 전류도 1초에 1천 번 흘렀다 멈췄다를 'ON/OFF'한다는 의미입니다(그 동안에도 바이어스 전압인 V_{DD}는 끊임없이 인가해주고 있어야 합니다).

게이트 전압을 증폭 기능으로 활용할 경우는 게이트로 입력되는 약한 시그널을 넣어서 높은 드레인 전류를 뽑아내지요. 예를 들면, 작은 인간의 목소리(게이트 전압에 인가되는 음성 주파수와 진폭)가 MOSFET을 거쳐서 스피커를 통해 큰 목소리(드레인 전류 Flow)로 울려 퍼지게 합니다(이때는 드레인-소스 간의 바이어스 전압 차이는 계속 유지되는 상태입니다).

---

2 33장 '채널' 참조

■ **바이어스 전압 인가**

nMOSFET에서 소스 단자에는 접지 전압을 인가하고(0V), 드레인 단자에는 일정 수준의 플러스 전압을 인가하여, 전하 캐리어들이 이동할 수 있도록 바이어스(Bias) 전압 차이를 둡니다. 캐리어들은 전압 차이가 발생해야 이동하기 때문이지요. 두 단자 사이에 전압 차이가 많이 날수록 전하 캐리어들은 동일한 시간에 비례하여 이동하게 되고(전류가 많아짐) 일정 전압 레벨까지는 채널의 부피도 넓어지는 쪽으로 영향을 끼칩니다. 최근에는 트랜지스터의 동작상에 영향이 없는 한도 내에서 드레인에 인가하는 구동용 바이어스 전압(+V_{DD})을 5V(1990년대) → 3V(2000년대) → 1.2V(2010년대) 등 점차적으로 줄이고 있습니다.

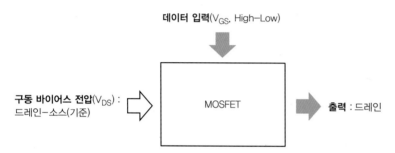

그림 31-4 MOSFET에 인가하는 전압 종류(구동 바이어스 전압과 데이터 입력 전압)

31.5 캐리어의 이동 : 소스에서 드레인으로

N형이든 P형이든 모든 단자는 다수 캐리어(Major Carrier)와 소수 캐리어(Minor Carrier)를 동시에 보유합니다. 그런데 반도체 내에서 소수 캐리어 이동은 다수 캐리어가 움직이는 방향과는 항상 정반대이지요. nMOSFET은 소스에서 바라보았을 때 FET이 N형(소스) → P형(기판, 채널은 N형) → N형(드레인) 순으로 구성됩니다. 소스 단자에서 처음 출발한 N타입의 다수 캐리어인 전자들을 드레인에 도착하도록 전압을 세팅하지요. 반면 pMOSFET은 P형(소스) → N형(기판, 채널은 P형) → P형(드레인)이며 전압도 반대로 인가합니다.

14족-15족 결합으로 생성된 잉여전자는 공유결합된 후 약하게 연결되어 있다가, 외부에서 약간의 에너지(실리콘 최외각전자를 떼어내는 에너지의 10~25분의 1배)를 주게 되면, 결정격자로부터 쉽게 이탈하게 됩니다. 이때 소스 단자에 있던 다수인 전자들은 드레인 단자의 플러스 전압에 끌려서(전계에너지를 받아서) 앞에 놓여 있는 N형 전자 구름다리를 건너 드레인으로 들어가게 되는데요. 처음에 전자들이 소스 단자에서 기판으로 들어가서 N형의 채널을 형성하고 있는 (기판의 소수 캐리어) 전자들과 숫자를 합하면 많은 개체수의 세력을 형성하게 됩니다. 즉 다수 캐리어와 소수 캐리어가 합해진 상태이지요. 최종 종착지는 드레인이 되는데요. 드레인에는 이미 전자가 다수 캐리어로 있습니다. 정공이 다수 캐리어인 pMOSFET인 경우도 마찬가지입니다.

이동자들은 전자든 정공이든 모두 소스에서 출발하여 드레인에 도착하도록 외부 인가전압을 조절합니다. 따라서 소스와 드레인 사이에 흐르는 캐리어의 진행방향은 모두 같고, 그에 따라 전류방향은 nMOSFET(전자가 이동)인 경우는 pMOSFET(정공이 이동)과는 서로 반대가 됩니다.

nMOS인 경우 소스 단자 내에서 전자들은 혼자 힘만으로는 결핍 영역을 헤쳐 나아갈 순 없습니다. 그러나 드레인에 플러스 전압이 가해져 강력한 드레인 전계가 J_S에 미치면 J_S는 순방향 바이어스가 되고, 확산에 의해 이미 형성되어 있는 결핍 영역의 면적이 드레인 전압의 영향으로 줄어들게 됩니다. 또한 J_S를 중심으로 형성된 평형 상태가 깨져 전자들이 드레인의 플러스 전압을 향해서 결핍 영역의 방해(도너와 억셉터)를 헤치고 n채널로 들어서지요. n채널은 이동하는 캐리어(전자)와 동일한 타입으로 생성되어 있어서 EHP 결합이 발생하지 않고 전자들이 무난히 드레인 단자를 향하여 이동할 수 있습니다. 채널을 지나 J_D 드레인 정션에서도 같은 상황에 부딪치는데, 이때는 J_D가 역바이어스 상태로 J_S보다 결핍 영역이 더 넓게 형성되어 있고 전자들의 이동을 방해하는 결핍 영역 자체의 전계도 J_S보다 더욱 큽니다. 그러나 이때도 드레인 전압에 의한 더욱 강력한 전계 영향(드레인 전압 전원의 거리가 더욱 가까워져 있음)으로 전자들이 J_D를 통과하게 되어 드레인 단자로 들어서게 됩니다. 드레인 단자에 플러스 전압을 인가(S-D 바이어스 전압)한다는 자체는 중간에 결핍 영역이란 걸림돌이 있지만, 결국 소스에 있는 전자들을 끌어당기는 역할을 하겠다는 것입니다.[3] S-D 바이어스는 곧 캐리어의 이동을 의미합니다.

31.6 전자의 이동 방식, 랜덤확산과 드리프트 전류

전자의 이동 방식은 능동적인 이동이고, 정공의 이동은 수동적인 이동입니다. 전자는 어떤 방향이든 자유롭게 직진으로 이동하다가 다른 원자의 원자핵이나 전자들과 부딪치면 그 즉시 직진하던 방향의 반대방향 혹은 굴절된 방향으로 꺾입니다(이때 입사각과 반사각은 동일합니다). 전체적으로는 농도방향이나 전압방향이 설정되면 전자는 점차 확산(높은 농도에서 낮은 농도로 이동)하거나 전압에 끌리는 형태(전자는 플러스 전압으로 정공은 마이너스 전압으로 향함)로 목표를 향하여 나아갑니다. 그러한 전자의 직선운동을 모두 합하면 결국 일정한 방향성을 갖게 되는데, 이것은 드레인 전압이 인가되지 않을 때는 랜덤(Random)확산 전류를 발생시키고, 드레인 전압이 인가될 때는 드리프트

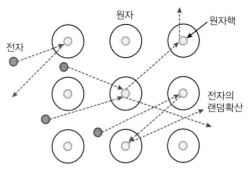

그림 31-5 전자의 랜덤확산 이동

---

[3] 30장 '결핍 영역' 참조

(Drift) 전류를 발생시킵니다. 그러나 실질적인 먼 거리 회로 이동은 에너지의 이동입니다. 랜덤확산에 의해 랜덤 운동에너지가 옆에 도열해 있는 전자들에게 전달되어 이동되면서 전자들의 움직임을 일으킵니다. 마치 칠레 해변의 물분자 운동에너지가 일본 동쪽 해역에 도착하여 해일을 일으키는 물분자 운동에너지로 전달되는 이치와 같지요.

31.7 정공의 이동 방식 : 징검다리 건너기

정공이란 실체가 있는 것이 아니라 전자가 있어야 할 공간에 전자가 없는 것을 말합니다. 이러한 빈 공간(1차 정공)을 옆에 있는 전자(1차)가 채우게 되면, 전자(1차)가 있었던 자리는 전자가 빈 공간으로 변하면서 정공(2차 정공)이 됩니다. 그렇게 되면 옆에 있던 다른 전자(2차)가 또다시 2차 정공을 채우면서 연속적으로 빈 공간인 정공이 발생하지요. 결국 정공은 전자 이동과는 반대로 움직이며, 징검다리를 건너는 모양새가 되는데요. 이러한 현상을 '정공의 이동'이라고 합니다. 정공은 이동할 자리를 내다보고 이동하므로, 이동 시 전자 이동처럼 어떤 두 개가 서로 충돌하면서 랜덤 이동하는 일은 없습니다.

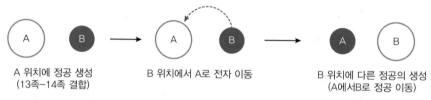

A 위치에 정공 생성 (13족–14족 결합)	B 위치에서 A로 전자 이동	B 위치에 다른 정공의 생성 (A에서B로 정공 이동)

그림 31–6 정공의 징검다리 이동 방식
　　　B 위치에 있는 전자는 이웃 실리콘 원자들이 공유결합하고 있는 최외각 오비탈 상의 전자들입니다.

31.8 BJT와 MOSFET의 시드 역할 차이

트랜지스터를 구동하는 입장에서 볼 때, BJT이건 MOSFET이건 본 전류인 큰 전류를 흘려서 이를 감지하게 하여 TR의 ON/OFF를 구분하는 방식은 동일합니다. 그러나 본 전류를 흐르게 하는 시드(Seed) 방식은 달라서 BJT는 시드가 작은 베이스 전류이고 FET는 게이트 전압입니다.

BJT는 본 전류인 콜렉터 전류를 확보하기 위해 처음에 시드 전류로 베이스–에미터 간의 작은 전류(I_B)를 흘리고, 이를 발판으로 콜렉터와 에미터 사이에 큰 전류(I_C)를 흐르게 함으로 전류 구동 방식이라 합니다. 따라서 BJT는 전류 대 전류의 비율인 전류이득을 따지고, 전류이득(I_C/I_B)이 10에서 50까지 큽니다. MOSFET도 본 전류인 드레인 전류를 흐르게 하는 것은 동일하지만, BJT와 다른 점은 베이스 전류 대신 게이트에 전압을 주어 채널을 생성함으로써 소스와 드레인 사이에 큰 전류가 흐르게 하는 것으로, 이를 전압 구동 방식이라 하지요. 따라서 MOSFET은 전달특성으로 게이트 전압 대비 드레인 전류(V_B vs I_D)를 따져서 문턱전압을 확보합니다.

시드 방식이 전류(BJT)에서 전압(MOSFET)으로 발전하면서, TR 구조를 축소할 수 있는 여유를 확보하게 되었고, 시드를 제어(전압 컨트롤)하기도 용이해졌습니다. BJT의 시드인 베이스 전류는 베이스 단자에서 에미터 단자로(공통 에미터 방식인 경우) 전자를 이동시켜야 하지요. 차세대 TR인 경우(저항 등을 이용하여 ON/OFF 변화를 구분하는 경우 등)에 여러 가지 시드 방식이 도입될 예정입니다.

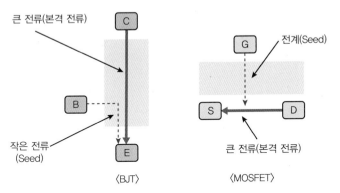

그림 31-7 BJT와 MOSFET의 시드 역할 비교 @ 바이어스 전압은 모두 인가되어 있는 상태

31.9 스케일 다운, FET 방향

MOSFET 구조 내 수평축 채널방향의 길이 축소에 힘입어, 30nm급의 테크놀로지 CD의 한계를 포토-리소그래피 방식으로 극복한 후에 액침노광(Immersion 방식) + ArF(파장 방식)로 20nm까지 근접(ArFi 방식)했습니다. 그 이후 EUV 등 계속된 파장 축소방향과 병행으로, 진보된 공정인 멀티 패터닝(DPT, QPT)과 스페이스 패터닝을 도입하여 하프-피치(Half-Pitch)를 1z[nm]까지 끌어갈 수 있었고, 연이어 7nm에 근접해가고 있습니다. 이를 위해 최근에는 공정 방식을 더욱 발전시켜 OPT(Octuple Patterning)까지 개발되고 있습니다.

Tip 공정 방식의 발전 방향 : DPT(Double Patterning Technology) → QPT(Quadruple Patterning) → OPT

■ FET 방향의 축소를 통한 미세화

미세화의 한계란 구조적 형상의 구현에 대한 문제도 있지만, 채널의 축소에 따른 부작용을 해소하지 못하는 부분이 많아졌다는 의미입니다. [그림 31-8]의 선 폭 미세화는 파장 축소 및 공정 방식과 제품 기술의 개선을 통해 구조를 줄여 나간 트렌드입니다. EUV 전까지 파장 축소는 40년 동안 연 평균 약 5%의 개선이 있었습니다. 이를 통해 제품/공정 기술의 발전(축소 및 축소에 대한 부작용 해결)이 미세화의 여러 가지 동력 중의 하나였다고 볼 수 있습니다. 또한 축소지향 방향으로 가고 있는 바이어스 전압(Bias Voltage)을 낮추고 대기전류(Stand-by Current) 등을 줄일 수 있게 함으로써 전력소모 또한 같은 기간 100분의 1배 이상으로 감소하는 추세이고, 이는 수평축으로 면적을 점유하고 있는 FET의 채널 단축에 힘입은 바가 큽니다.

■ 면적 축소

BJT에 비해 MOSFET은 스케일 다운의 유연성이 높다는 큰 장점을 갖고 있지요. TR의 공정 미세화는 10년에 약 10분의 1배 정도로 진행되었습니다. MOSFET은 초창기 주류였던 BJT에 비해 채널 길이의 스케일링 다운이 가능하여, 한쪽 축이 10분의 1배로 줄어들면 전체 면적은 100분의 1배(양쪽 축이 줄어드는 경우로 가정)로 축소할 수 있습니다. 1960~2020년 동안에 한쪽 길이방향으로 10^{-6}배로 축소하여 최소 10^{-6}(길이)$\times 10^{-3}$(폭)일 경우, 면적으로 약 10^{-9}배의 축소로 수십억 분의 1배 이상 작아지게 됩니다. 이를 통해 웨이퍼당 다이 개수 혹은 같은 면적당 용량을 크게 증가시켜 왔습니다.

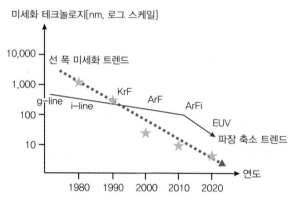

그림 31-8 미세화 트렌드

· SUMMARY ·

MOS의 본질은 전압 인가에 따른 작용이고, FET의 본질은 전류의 이동입니다. MOS는 능동적으로 채널을 만들어내는 역할을 하고, FET은 수동적 역할로써 만들어진 채널을 이용하여 전자를 이동시키는 기능을 하지요. 그러니까 MOSFET의 동작은 1단계로 MOS에서 시작하여, 2단계인 FET까지로 1사이클(Cycle)이 끝납니다. 이런 사이클이 1초에 수십~수백 번 일어나면 TR 단위의 bps가 수십~수백 bps가 되지요. MOSFET은 MOS 방향뿐 아니라, FET 방향으로도 구조적/재질적으로 다변화되었으며, 이를 통해 용량을 증가시키고 동일 면적당 가격을 획기적으로 낮추는 데 기여했지요. 또한 BJT와 FET의 장점을 살려 혼합한 BJT-FET 등도 한때 출현하여 사용되기도 했습니다.

MOSFET 특성과
CMOS 스위칭

5부는 디바이스의 기능과 특성에 대한 이야기입니다. TR의 대표격인 MOSFET에는 3대 내부적 요소인 '결핍 영역, 문턱전압, 채널'과 3대 외부적 요소인 '게이트 전압, 드레인 전압, 드레인 전류'가 있습니다. 이들의 상호관계와 변화를 측정함으로써 소자의 본질을 이해하고 동작을 파악할 수 있습니다.

MOSFET에 외부 전압을 인가한 후 발생되는 문턱전압(32장)은 TR의 ON/OFF를 결정짓는 요소로, 이는 결핍 영역 및 채널과 상호교류를 하면서 증가 혹은 감소되지요. 내부적 요소 중에 가장 중요한 인자는 채널(33장)입니다. 채널은 TR의 모든 활동에 중심 역할을 하며, 채널 타입을 중심으로 캐리어부터 소스, 드레인, Well, 기판 타입까지 결정하지요. 차세대 TR의 개발 방향을 결정하는 데 있어서, 채널의 유무와 채널을 어떤 방향으로 설정할지가 관건이 됩니다. 반도체 소자는 끊임없이 소형화되어야 사업성이 이어지는데, 이는 2D에서는 기술적으로 메탈층의 패턴 간격인 선 폭의 축소를 의미합니다. 곧 게이트 길이 → 소스–드레인 사이 거리 → 최종적으로 채널 길이가 단축되어야 합니다(3D에서는 선 폭이 아니라 수직축 레이어(Layer) 쌓기가 핵심 쟁점이 됩니다). 2D 채널길이를 줄이면 TR이 소형화되어 집적도 향상이란 장점이 발생합니다. 반면, 해결해야 할 사항으로 보통 4가지 대표적인 부작용이 나타나는데, 이들을 집약하면 단채널 부작용(34장)으로써 기술적으로 극복되어야 할 과제들입니다. 특히 다양한 경로로 발생되는 누설전류를 어떻게 방지하고 줄이느냐는 가장 어려운 부분입니다. 이들에 대한 4가지의 물리화학적 해결 방안들 중에는 Halo, LDD가 주효한데, LDD를 설치하는 과정에서는 스페이서(35장)가 필요하지요. 특별히 스페이서를 이용한 패터닝 기술(SPT)이 나날이 발전하고 있어서 스페이서가 선 폭을 축소하고 제품의 특성 문제를 해결하는 데 혁혁한 공헌을 합니다.

우여곡절 끝에 만들어진 MOSFET(36장) 중에는 증가형이 ON/OFF 통제로 가장 용이한 소자 형태입니다. TR의 통제는 드레인 전류의 생성과 관리인데, 이는 외부에서 인가하는 전압과 내부적 요소들을 적절히 조합하여 활용합니다. 드레인 전류에 대한 분석으로는 게이트/드레인 전압의 변수에 따라 출력특성과 전달특성을 차단, 활성, 포화 등 세 영역으로 나누어 TR이 받는 영향을 가늠합니다. 서로 다른 성질을 갖는 N형/P형 MOSFET을 묶어 1세트로 구성한 CMOSFET은 현존하는 반도체 제품 중에 가장 효율적인 디바이스이지요(37장). 이는 집적도에서 소비전력까지 최대의 장점을 제공하며, 공급자와 수요자 모두에게 윈–윈할 수 있도록 가장 모범적인 모델을 제시합니다. MOSFET과 CMOS라는 반도체 제품을 사용하지 않는 기기가 없을 정도로, 트랜지스터는 모든 전자적 장치에 뗄 수 없는 소자가 되었습니다. 앞으로는 이상적인 스위칭 소자인 CMOS조차도 뛰어넘는 TR이 등장할 예정입니다. 신개념의 테크놀로지가 적용된 극소의 사이즈와 월등한 기능을 갖는 새로운 트랜지스터의 등장으로 인류는 새로운 반도체 부흥기를 맞이할 것입니다(38장).

문턱전압, 트랜지스터 동작의 첫걸음

문턱전압(V_{th}, Threshold Voltage)은 트랜지스터가 동작하는 출발선입니다. 이는 디램(DRAM), 낸드 플래시(NAND Flash) 등의 메모리 반도체부터 시스템 반도체(System IC) 같은 비메모리 반도체 또는 미래에 개발될 능동 소자까지 모든 반도체 제품에 공통적으로 적용되는 개념입니다. 방과 방 사이를 구분하는 문턱(Threshold)처럼, 문턱전압은 전류의 흐름이 변하는 전압의 임계점을 의미하는데요. MOSFET 동작을 시작하게 만드는 문턱전압은 어떤 속성을 갖고 있을까요?

32.1 문턱전압의 정의

문턱전압은 조절과 통제 가능한 범위 내에서 낮을수록 유리합니다. 저항 입장에서 본 문턱전압은 MOSFET 상에서 전류가 흐르지 않던 저항이 높은 상태에서 전류가 흐르는 상태로 반전되는 시점의 전위장벽[1]인 전압입니다. 문턱전압을 지나 전류가 흐르기 시작하면 저항이 급격히 감소합니다. 한강의 댐을 예로 들어 봅시다. 댐의 상단까지 물이 차 올라올 때까지 댐 반대쪽으로는 물이 흐르지 않습니다(전압이 계속 상승해도 전류는 흐르지 않고, 이때 전류가 거의 흐르지 않으므로 저항 값은 매우 높습니다). 하지만 저장된 물의 높이가 댐보다 높아지면, 물이 흘러넘쳐 반대쪽으로 흐르게 되는데요. 전류가 물이라면, 댐의 상단 높이가 문턱전압(V_{th})인 셈이죠. 물이 댐의 높이까지 올라가는 과정이 높은 저항이 되겠고, 물이 흐르기 시작하는 형세는 낮은 저항이 됩니다.

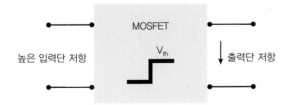

그림 32-1 V_{th}를 기점으로 MOSFET의 높은 입력단 저항과 낮은 출력단 저항의 변화

---

1 **전위장벽** : 전압 레벨의 차이

■ 낮은 출력단 저항

문턱전압을 넘기 전에는 트랜지스터의 입력단 저항과 출력단 저항의 크기가 거의 동등하게 높은데요. 문턱전압을 넘어서면, 출력단 저항이 급격히 낮아져 전류가 쉽게 흐르게 됩니다. 트랜지스터(Transistor)는 'Transfer(전달, 혹은 Trans : 너머)+Resistor(저항)'의 합성어입니다. 입력단에서 출력단으로 전달(Transfer)된 저항 값이 낮춰진다는 뜻입니다. 즉 입력단과 출력단의 저항 차이를 조절해 적정량의 드레인 전류를 흐르게 하는 것이지요.[2]

■ 채널 생성 전압

FET에서만 존재하는 채널(BJT는 채널이 없음) 입장에서 본다면, 문턱전압은 소스에서 시작하여 드레인 단자와 닿도록(핀치-온) 채널을 연결하는 데 필요한 게이트 전압입니다. 즉 소스 단자에서 드레인 단자로 전류가 흐를 수 있는 연결 다리를 놓는 일입니다. 도전성 채널이 생성되는 시점까지 인가하는 전위가 게이트의 문턱전압인 것이지요.

32.2 문턱전압과 TR의 ON/OFF 동작 전환

■ 문턱전압과 TR의 ON 상태 조건

nMOSFET에서의 문턱전압은 전류가 소스 단자에서 드레인 단자로 본격적으로 흐르는 시점의 게이트 전압입니다(바이어스 전압이 인가된 경우). 게이트 전압이 문턱전압보다 크면 트랜지스터가 켜지고(ON), 문턱전압보다 낮으면 꺼지게(OFF) 됩니다. 트랜지스터가 꺼지면 전류가 흐르지 않습니다. 트랜지스터가 켜지면 저항이 매우 낮은 상황이 되면서 충분한 드레인 전류가 흐르게 되지요. 트랜지스터가 'ON' 되었을 때 드레인 전류가 흐를 수 있는 주변 여건을 보면, 먼저 전류가 이동할 수 있는 채널이 만들어져 있고, 전자를 끌어당기는 드레인 전압인 $+V_{DD}$가 바이어스되어 소스 전압이 주변보다 낮게 형성(S-D 간의 전압 차이 발생)됩니다.

---

2 36장 'MOSFET 동작특성' 참조

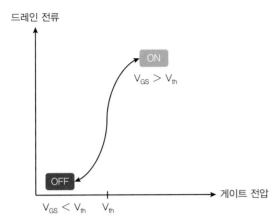

그림 32-2 V_{th}을 기준으로 본 전달특성 @ TR의 ON/OFF 상태

■ **TR의 ON/OFF 전환**

트랜지스터가 포화 영역으로 들어가기 전까지는 출력단의 저항 값이 낮아질수록 드레인 전류의 경사(증가폭)가 커집니다. 경사도가 가파를수록 활성 영역에서 드레인 전압(V_{DS}) 영역이 줄어들어, 트랜지스터의 ON/OFF 전환이 원활해지지요. 전달특성에서 문턱전압이 낮을수록, 출력특성에서 '드레인 전류(I_D) 대 드레인 전압(V_{DD})' 기울기가 급경사일수록 동작속도가 빨라지는 이상적인 트랜지스터가 됩니다. 비행기 상승을 예로 들면, 문턱전압의 크기는 이륙거리이고 드레인 전류의 기울기는 이륙 후의 상승 기울기입니다. 이륙거리가 짧을수록, 이륙 후의 상승 기울기가 가파를수록 비행기는 하늘을 빨리 날겠지요. 게이트 전압이 문턱전압을 넘어선 영역을 Turn-ON 상태라 합니다([그림 32-2] 참조).

32.3 출력특성과 문턱전압

드레인 단자에 인가되는 전압은 한 번 결정되면 변하지 않고 고정된 바이어스 전압이고, High/Low의 변화가 발생되는 게이트 전압이 채널의 형태와 직접적 비례적인 관계에 놓이게 됩니다. 이 때문에 게이트 전압으로 채널을 유추하면 자연히 드레인 전류의 상태를 알 수 있고, 최종적으로 트랜지스터의 ON/OFF 상태를 결정할 수 있습니다. TR-OFF는 TR이 Cut-off 상태이면서 게이트 전압이 문턱전압보다 낮은 $V_{GS} < V_{th}$이고, TR-ON은 포화/활성 상태이면서 $V_{GS} > V_{th}$인데 특히 포화 상태는 드레인 전압이 게이트 전압보다 큰 조건인 $V_{DS} > V_{GS} - V_{th}$입니다.

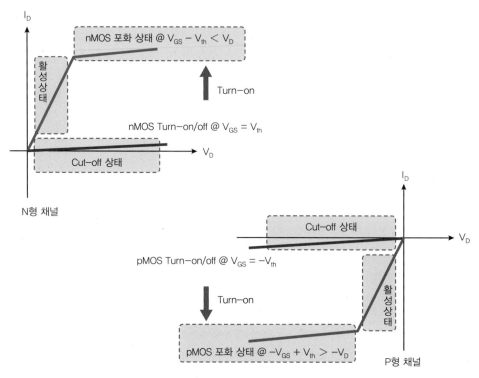

그림 32-3 nMOSFET/pMOSFET일 때의 Turn-ON/OFF의 기준인 V_{th}

32.4 문턱전압의 조정

■ 제품 파라미터 값들의 조정

제품 개발 작업의 첫 번째 관문은 개발된 제품이 제대로 동작하는지의 여부입니다. 두 번째는 수율 (Yield) 향상이고, 마지막은 새롭게 개발된 기술을 적용한 여러 파생 제품(메모리인 경우는 용량의 다변화)으로 횡적 전개를 하는 단계입니다. 신제품을 개발할 때마다 시행착오를 통해 공정변수와 문턱전압을 포함한 제품의 각종 파라미터가 새롭게 조정되는데요. V_{th}를 기준으로 관련 있는 파라미터들이 조정되기 때문에, 문턱전압은 핵심 요소 중의 하나가 됩니다. 반도체를 만들 때는 팹 공정 단계부터 부작용이 없는 범주 내에서 드레인 전류를 최대치로 끌어 올리도록 공정들이 최적화되고 문턱전압 값도 소자 단계와 설계 단계에서 설정됩니다. 이는 초도-랏(Pilot Lot) 단계에서 검증을 진행하여 양산 전에 미리 정해지지요.

■ 문턱전압의 도출 및 조정 절차

반도체는 층마다 재질 타입과 불순물 반도체를 도핑하는 값들을 결정합니다. 문턱전압에 영향을 끼치는 인자들로서는 ❶ 전하량(포획된 전자, 기판 내의 공간전하층), ❷ C_{OX}(+절연막의 유전율)값,

❸ 산화막(게이트 옥사이드)의 두께, ❹ 기판 실리콘의 도핑 농도, ❺ 일함수 차이, ❻ 기판 효과(바디 효과) 등입니다. 그러므로 어떤 크기로 설계(Layout)를 할지, 어떤 농도로 불순물을 첨가(Doping)할지 이미 매트릭스에 설정된 값을 참고로 하여 원하는 문턱전압을 도출하지요. 이후에 파라미터를 하나씩 고치면서 조정하는 과정을 거쳐야 합니다. 도출된 문턱전압은 트랜지스터를 동작시킬 때, 입력할 전압의 크기와 드레인 전류의 감지(Sensing) 능력을 고려해 최종적으로 정해집니다. 결과적으로 문턱전압에 얼마나 영향을 주는지에 대한 척도는 채널층의 두께로 나타납니다. 채널층이 쉽게 형성되면 문턱전압이 낮아지고, 반대로 어렵게 형성되면 그만큼 문턱전압이 높아져야 합니다.

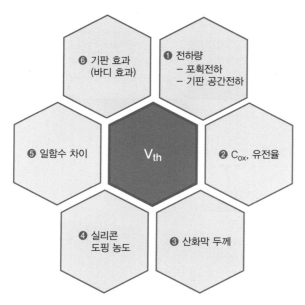

그림 32-4 문턱전압에 영향을 끼치는 요소들

32.5 전하량 vs 문턱전압

문턱전압의 목적은 핀치-온될 수 있는 채널의 확보입니다. 그러나 그 과정 중 중간층에 존재하는 플러스/마이너스 전하량이 여러 가지 형태(예 옥사이드에 전자 포획)로 방해를 하고, 또 이런 방해 요인이 유동적(포획 전자의 이동)이면 더욱 치명적이 됩니다.

■ 포획된 음전하에 비례 @ 게이트 옥사이드

전자도 문턱전압을 높이거나 낮출 수 있는데요. 이는 전자가 어느 곳에 어떤 형태로 있느냐에 따라 달라집니다. 전자가 드레인 전류와 관계없이 게이트 옥사이드 내 혹은 기판-절연막 계면에 포획(Trap)되면, 문턱전압이 높아지거나 문턱전압의 값을 예측할 수 없게 되는 역기능을 하게 됩니다. 전자들은 음의 값을 갖기 때문에, 포획전자들이 플러스인 게이트 전압을 상쇄시키지요.

게이트 전압이 상쇄된 상태를 복구하려면 게이트 전압이 높아져야 하고, 자연히 문턱전압 또한 높아집니다. 또한 갇혀 있던 전자는 일정 시간이 지나면 무작위로 빠져나와 문턱전압을 낮춥니다. 무작위로 튀어나오는 전자들이 어디로 튈지 조절할 수가 없어지면, 그 전자에 영향을 받는 문턱전압의 값도 예측할 수 없게 되지요. 즉 절연체(Oxide)에 갇힌 포획 음전하(전자, Q_{ox})와 계면에 포획된 음전하(전자, Q_{trap})들은 흐르지 않고, 일정 기간 머물러 있으므로 문턱전압과 비례 관계(문턱전압을 올리는 부정적 작용)를 갖습니다.

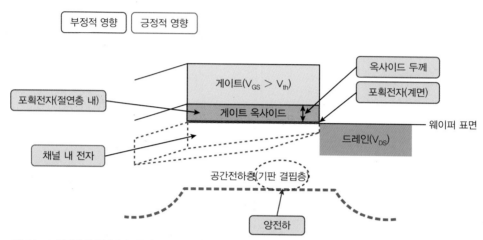

그림 32-5 음전하 및 양전하에 영향을 받는 문턱전압 @ nMOSFET

■ 기판 공간전하층(양전하)에 비례

게이트에 양전압을 인가하면 기판 상부에 반전층(전자층)이 생성되고, 반전층 하부에 양전하로 인한 공간전하층(기판 결핍층)이 기판 내에 형성됩니다. 이곳에는 13족-14족의 공유결합에 의해 P형으로 형성된 기판인데, 게이트의 플러스 전압으로 인해 최외각전자들이 빠져나가면서 양이온화되어 결핍층이 형성됩니다. 이들 양전하들은 전자들이 형성하는 채널 두께를 감소시키려는 부정적인 영향을 끼치므로 P_Sub 내 결핍층의 양전하량(Q_{dep})은 문턱전압을 비례적으로 높이는 작용을 합니다. 웨이퍼 표면 위의 전자들은 문턱전압을 높이는 영향을 끼치고, 웨이퍼 표면 밑으로는 양전하들이 채널-전자를 끌어당기므로 이 역시 비례적으로 문턱전압에 영향을 미칩니다.

32.6 절연층 커패시턴스 C_{ox}, 문턱전압에 반비례

게이트 옥사이드는 커패시턴스 성분(Oxide Capacitance, C_{ox})을 갖는데, 커패시턴스는 옥사이드에 가하는 전압 차이와 채널의 두께에 의해 형성됩니다. 재질적으로는 유전율이 높아지면 C_{ox}값이 비례적으로 커집니다. C_{ox}가 높아지면 채널에 배분되는 전압이 커지면서 문턱전압을 낮추는 작용을 합니다.

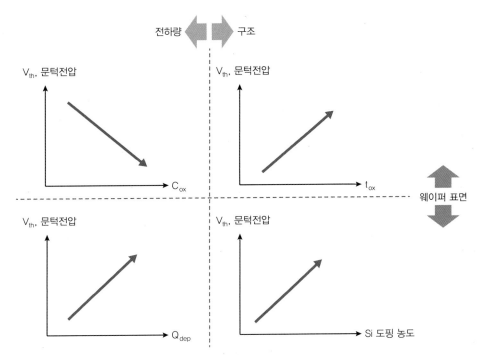

그림 32-6 문턱전압과 트랜지스터 내의 변수들

t_{ox}는 게이트 옥사이드 두께 혹은 터널 옥사이드 두께, C_{ox}는 게이트 옥사이드를 유전막으로 사용하면서 게이트 전압과 채널에 의해 결정된 커패시턴스, Q_{dep}는 기판 결핍층의 전하량, Si 도핑 농도는 기판 농도입니다.

32.7 산화막 두께 t_{ox}, 문턱전압에 비례

문턱전압은 C_{ox}에 반비례합니다. C_{ox}는 산화막 두께(Thickness of Oxide, t_{ox})에 반비례하면서 유전율에 비례하므로 V_{th}는 산화막 두께에 비례하고 유전율에 반비례하지요. 또한 게이트 옥사이드(SiO_2) 두께와 채널의 두께는 서로 반비례합니다. 게이트 옥사이드가 두꺼워지면 절연막 내의 쌍극자 현상이 원활해지지 않고, 그에 따라 게이트의 전압이 하방으로 잘 전달되지 않기 때문에 경계면으로 전위의 전달이 약해지고 늦게 전달되어 채널이 어렵게 형성됩니다. 결국 게이트 옥사이드 두께가 얇을 때에 비해 두꺼울 때는 문턱전압을 더 높게 인가해줘야 합니다. 큰 흐름으로 볼 때, 선 폭이 짧아짐에 따라 게이트 옥사이드 두께(높이)도 계속적으로 얇아져 왔고, 특히 최근에는 SiO_2보다 높은 유전율을 갖는 High-k 물질인 HfO_2, ZrO_2를 적용(두께를 보상)하여 게이트 옥사이드의 두께를 얇게 하고 있습니다. 이는 의도적으로 문턱전압(V_{th})을 낮추기 위한 노력입니다.

32.8 실리콘의 도핑 농도 vs 문턱전압

■ 기판의 도핑 농도에 비례

기판은 실리콘에 13족 원소 혹은 15족 원소로 도핑하여 P형을 사용하던가 N형으로 사용합니다. 게이트 전압을 높이면 비례하여 기판에 결핍층이 두텁게 형성되지요. 보통 P형 기판에는 1×10^{15}개/cm^3 정도를 적용하는데, 이때 기판의 농도를 높이면 기판 결핍층이 형성될 때 결핍층(공간전하층)의 범위는 기판 농도에 반비례하지요. 반전층의 채널이 형성될 때도 기판의 농도에 반비례하여 채널폭이 얇게 형성됩니다. 이는 J_S, J_D의 접합면에 결핍층이 형성될 때도 같은 현상으로써, N형 소스단자의 도핑 농도가 높으면 소스 영역의 결핍층이 얇게 형성되는 현상과 같지요. 반전층의 속성이 전자이고, P형 기판의 속성으로는 정공(Hole)이 다수 캐리어가 되므로, 홀 농도가 높으면 전자가 홀에 흡수되어 전자층인 채널이 두껍게 형성되지 못합니다. 기판의 농도가 높은 경우 역시 채널을 형성하기 어려운 환경이므로 기판 농도와 문턱전압은 비례합니다. 기판 결핍층도 전하량에 의해 문턱전압에 부정적 영향을 주는 경우(먼 거리)에 해당합니다.

■ 채널 도핑 농도에 반비례

채널이 들어설 자리에 미리 채널 타입과 동일한 타입으로 도핑(얇은 두께)을 해두면, 게이트 전압을 인가하기 전에 채널이 형성된 효과를 줍니다. 따라서 채널 도핑 농도를 높이면, N형/P형 문턱전압 (V_{tn}, V_{tp})을 낮춥니다.

32.9 일함수 차이, 문턱전압에 비례

도핑 농도를 높일 경우 일함수가 작아지지요. 일함수는 원자에서 전자를 이탈시켜 자유전자를 얻는데 소모되는 에너지이지요. 이슈는 게이트 단자의 일함수와 실리콘-바디 간의 일함수를 되도록 일치시키는 것이 중요합니다. 두 단자 간의 일함수 차이가 커질수록 문턱전압이 높아집니다. 이들 일함수 차이를 줄이기 위해 게이트 단자의 재질을 알루미늄 금속에서 도핑이 가능한 폴리실리콘으로 변경했습니다. 그렇게 되면 바디와 게이트의 도핑 농도 차이를 최소화할 수 있어서 문턱전압을 비례적으로 줄일 수 있습니다. 그러다가 구리로 변천되어 게이트 단자가 다시 금속 재질로 회귀되었는데, 구리의 일함수와 바디 단자인 도핑된 실리콘 간의 일함수 차이를 좁히는 작업 또한 중요하지요.[3]

---

3 16장 '게이트 단자의 변신' 참조

■ 기판 효과의 정의

문턱전압은 한 번 정해지면 일정하게 유지되어야 합니다. 그렇지 않고 외부변수, 즉 기판에 가하는 전압에 의해 문턱전압이 변하면 전체 파라미터가 틀어져 소자변수들을 다시 조정해야 합니다. 특히 백−바이어스(Back Bias)로 인해 문턱전압에 변동이 생기는 상황 역시 피해야 합니다. 기판 효과 (Body Effect, 바디 효과 혹은 몸체 효과)를 문턱전압 변조(V_{th} Modulation)라고도 하는데, 이는 p-Sub 기판에 마이너스 전압인 백−바이어스를 증가시키면 문턱전압이 높아지고, 마이너스 백−바이어스를 감소시키면 문턱전압이 낮아지는 변조 현상을 말합니다.

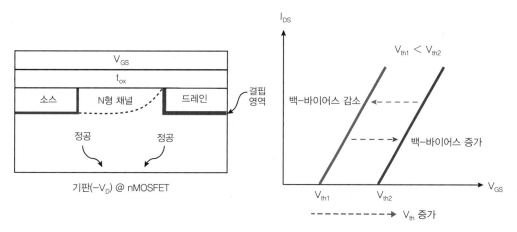

그림 32-7 백−바이어스와 문턱전압과의 관계 @ nMOSFET

■ 기판 효과에 비례

바디(기판)의 마이너스 전압이 커지면 바디 내의 일부 정공들이 −V_{Sub}(−V_{Body})를 향해 이동하므로 기판 결핍층(기판에 발생된 결핍 영역)이 넓어지고, 양쪽의 소스 정션과 드레인 정션이 역바이어스 되어 정션의 결핍 영역 또한 넓어져 채널 형성에 부정적인 요인으로 작용하지요. 그중 소스 단자에 는 0V가 인가되어 V_{SB}는 V_{DB}에 비해 작기 때문에 소스 정션의 결핍 영역 두께는 J_D보다는 작게 확 장됩니다. 드레인 단자의 높은 플러스 전압(+V_{DD}) 영향으로 드레인 정션의 결핍 영역 두께는 더 크 게 확장(J_S에 비해)되지요. 바디에 인가하는 전압이 문턱전압에 영향을 주므로 바디를 제2의 게이트 혹은 하부 게이트(Back Gate) 단자라고도 합니다.

Tip 백−바이어스에 의한 영향은 V_{DB}(V_{DS}−V_{Body}) > V_{SB}(V_{SS}−V_{Body})으로 나타납니다(V_{SS}는 0V).

■ **기판 효과의 해결책**

기판 효과의 3가지 해결책 중 첫 번째 방법은 게이트 옥사이드(Oxide)의 두께를 얇게 하여 게이트 전압이 채널에 미치는 영향력을 크게 하면 기판 효과가 줄어듭니다. 그러나 절연막(Oxide)의 두께가 작아지면 절연성이 떨어지고, 절연막이 파괴되는 신뢰성 이슈 등의 부작용이 발생하지요. 현재는 건식산화 방식으로 유전율을 높이고, 게이트 옥사이드의 두께(t_{ox})를 약 2nm까지도 얇게 가능합니다. 두 번째 방법은 소스와 기판의 전위 차이를 줄이면 기판 효과를 해결하는 데 도움이 되므로 V_{SB}를 최소한으로 유지합니다. 기판은 외부로부터 영향을 받지 않게만 하면 되므로 약하게 마이너스 전압을 인가해주어 기판을 역바이어스시키고, 채널에 있던 전자들이 기판 쪽으로 이동하지 않도록 관리합니다. 더군다나 소스 정선은 순방향 바이어스가 돼야 하기 때문에 기판의 역바이어스가 높아지면 문제가 되지요. 세 번째 방법으로는 각 층(Layer)의 불순물 도핑을 조절해(특히 기판 농도) 기판 효과를 줄이는 것인데, 이 경우에는 또 다른 부작용이 발생할 수 있습니다. 이러한 3가지 해결책 모두 부작용이 있으므로, 모두 적용하되 약하게 개선하면서 조금씩 도움을 받아 종합적으로 조절하여 최종적으로는 V_{th}의 상승을 줄이는 방향으로 설정합니다.

32.11 실리콘 vs 저마늄 : 실리콘의 압승

실리콘($_{14}$Si) 기반의 반도체는 문턱전압이 약 0.7V이고, 실리콘과 동족 원소인 저마늄($_{32}$Ge) 기반일 때는 약 0.2~0.3V가 됩니다. 이 차이는 최외각전자를 원자에서 떼어내는 데 사용되는 에너지의 차이 때문에 발생합니다. 저마늄은 실리콘보다 원자가가 높고, 전자껍질이 1개 더 많습니다. 즉 저마늄의 최외각전자와 원자핵 사이의 거리는 실리콘의 최외각전자와 원자핵 사이에 비해 더 멀기 때문에 최외각전자가 원자핵으로부터 탈출하기 쉬워지는데요. 최외각전자가 원자핵으로부터 너무 쉽게 이탈해도, 반도체 내에서 발생하는 전류를 조절하기 어려워집니다. 문턱전압이 조금 높은 것은 다른 인자로 보상할 수 있지만, 제어가 안되는 경우(Out of Control)는 TR로써 가치가 없습니다. 이 때문에 저마늄은 특수한 경우에만 한정적으로 사용되고, 일반적으로 실리콘이 웨이퍼의 주원료로 많이 사용되지요. 현재로서는 실리콘이 전자 이동도, 온도 변화, 문턱전압의 값 등 모든 면에서 적절한 가치를 갖고 있기 때문에 최적의 반도체 재료로 활용되고 있습니다(실리콘은 화학적으로도 환경에 해를 끼치지 않는 장점을 갖습니다).

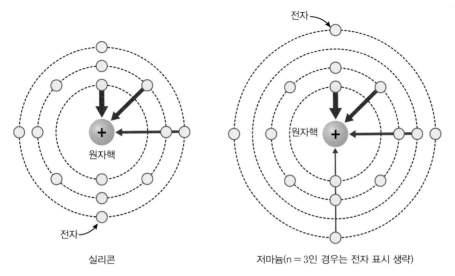

그림 32-8 실리콘과 저마늄의 구심력 차이

Tip 오비탈의 총전자 개체수를 산출하는 $2n^2$의 주양자수 n값이 높을수록 원자로부터 이탈에너지가 낮습니다.

32.12 문턱전압과 채널의 관계

전달특성상에서 문턱전압과 채널의 연관 관계를 살펴볼 때, 문턱전압 전후로 채널의 두께가 얇아(미생)졌다가 두꺼워(완생)집니다. 셀(Cell)도 문턱전압에 따라서 OFF/ON 상태가 변하죠. 채널의 물리적 상태를 나타내는 핀치-온은 전압으로는 곧 문턱전압을 의미하는데요. 문턱전압을 기준으로 드레인 전류가 '흐르지 않거나(차단 영역, Cut-off 영역)', '흐르거나(활성 영역과 포화 영역)'가 결정됩니다(이 경우 소스 혹은 드레인 단자로부터는 영향이 없는 것으로 가정).

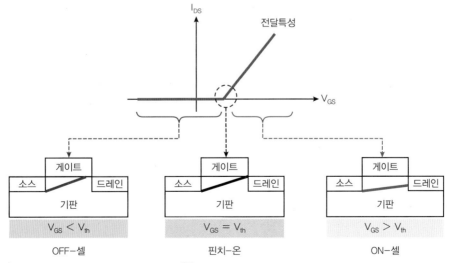

그림 32-9 문턱전압과 셀의 ON/OFF 관계[54]

32.13 낸드 플래시 메모리의 제품 분화 @ 문턱전압 응용

■ 물리적 구분(실질적인 전자 개수)

낸드 플래시 소자에서는 한번 정해진 문턱전압은 고정되므로, 특별하게 이를 이용하여 제품을 여러 개로 분화할 수 있습니다. 즉 ❶ 물리적인 셀인 플로팅 게이트(Floating Gate, FG)에 저장되는 전자의 숫자의 범주를 정하여 그룹핑하면 ❷ 그룹핑된 그룹에 따라 각 TR의 문턱전압(V_{th})도 정해진 범주 내에 그룹핑됩니다. ❸ 문턱전압치로 각각 그룹핑된 그룹은 전자적인 여러 레벨로 구분하여 응용할 수 있고, ❹ 이는 곧 여러 경우의 수로 나타낼 수 있습니다.

■ 소프트웨어적 구분

비트(bit) 역시 여러 경우의 수로 표현될 수 있으므로 결과적으로 V_{th}를 얼마나 많이 구분해낼 수 있느냐로 비트 수를 대신할 수 있도록 의미가 확장됩니다. 1비트인 SLC는 2개 레벨(Level)로 구분되며, 2비트인 MLC는 2^2인 4개 레벨로 구분됩니다. 3비트는 2^3인 8개 레벨(TLC), 4비트는 2^4인 16개 레벨(QLC)로 나눠지지요. 각 레벨들은 각 셀에 들어 있는 전자들을 그룹핑한 그룹별로 대응되면서 문턱전압을 이용하여 비트를 나타낼 수 있게 됩니다.

32.14 오용되고 있는 낸드 플래시 제품명의 올바른 의미 : TLC, QLC

8개 레벨을 나타내는 TLC는 현재 Triple Level Cell(3개 레벨 셀)의 의미로 (광범위하게) 잘 못 사용되고 있습니다. TLC는 Triple bit (per cell) MLC로 규정되어야 합니다. 또한 QLC도 Quadruple Level Cell이 아니라, Quadruple bit (per cell) MLC라는 의미(레벨 수로는 16개)로 사용되어야 합니다. 즉 Triple과 Quadruple은 레벨이 아니라 비트의 의미를 갖고 있지요. 비트 1개는 경우의 수(Level)을 두 가지로 구분해낼 수 있어서, n개 비트의 경우의 수는 (기본 경우의 수인 2의 n제곱인) 2^n으로 표기됩니다. 따라서 플로팅 게이트가 나타낼 수 있는 레벨의 총 개수는 2의 n제곱에 대한 총 숫자입니다. 즉 3비트는 $2^3 = 8$개 레벨이 되어, TLC는 1개 물리적 셀당(per Cell) 3개(Triple) 비트의 능력을 보유하면서(소프트웨어적) 8개 레벨(경우의 수)을 구현해낼 수 있게 된다는 의미입니다. 동일한 방식으로 물리적 1개 셀에 들어갈 4개 비트(전자적 응용)를 갖는 QLC는 2^4개 레벨을 나타낼 수 있지요.

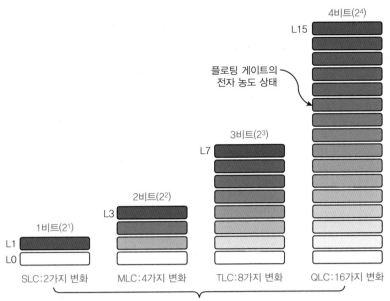

그림 32-10 낸드 플래시 메모리의 제품명 의미(SLC, MLC, TLC, QLC)[4]

· SUMMARY ·

문턱전압(V_{th})은 메모리 반도체 혹은 시스템 반도체(비메모리 반도체) 등 모든 반도체 제품에 적용되는 주요 특성인자로써 트랜지스터가 구동되는 시작점을 말합니다. V_{th}에 영향을 끼치는 변수들로는 공정변수, 구조변수, 재질변수, 전자적 변수 등 여러 요인들이 있고, 이들이 모두 종합되어 V_{th}가 결정됩니다. 또한 비휘발성 메모리에서의 문턱전압은 휘발성 메모리에서의 문턱전압 역할에 더하여 추가로 메모리 용량을 전자적으로 확장시키는 특별한 기능도 갖고 있습니다. 이를 통해 낸드의 비트당 가격이 디램에 비해 1/3배 혹은 1/4배로 낮아질 수 있어서, 수요와 공급 모두 윈-윈할 수 있는 마케팅 환경을 제공합니다. 또한 반도체 응용처(Application)에 메모리 용량을 대용량으로 확장하여 공급할 수 있게 됨에 따라 응용처가 넓어지고 반도체를 응용한 산업이 더욱 발전할 수 있도록 기여하고 있습니다.

---

4 [그림 32-10]은 저자가 3bit-NAND를 TLC, 4bit-NAND를 QLC로 작명할 당시의 FG의 의미임. SLC, MLC는 도시바에서 작명되었고, TLC/QLC는 SK하이닉스에서 제품 작명(Product Naming)을 하여 전 세계적으로 널리 사용되고 있음. 그러나 TLC/QLC가 Triple/Quad Level Cell로 잘못 표기 혹은 잘못 인지되고 있어서, TLC/QLC를 직접 작명한 필자(하이닉스 반도체 Flash 개발본부 개발기획팀장 재직 시 3bit/4bit NAND의 이름을 결정하는 단계에서 TLC/QLC로 직접 작명했고, 이에 대한 의미를 부여함)로서, 이를 올바르게 사용하기 위해 현재 오용되고 있는 TLC, QLC의 제품명을 정리하여 바로잡고자 함[55]

01 〈보기〉는 문턱전압에 대한 설명이다. 옳지 <u>않은</u> 것을 모두 고르시오.

> **보 기**
>
> (가) MOSFET 상에서 전류가 흐르지 않던 상태가 전류가 흐르는 상태로 변경되는 전압이다.
>
> (나) 채널이 형성될 때의 전위장벽인 게이트 인가전압이다.
>
> (다) 전류가 흐르기 시작하면 문턱전압으로 인한 저항 값은 급격히 감소한다.
>
> (라) 드레인 전류가 활성 영역에서 포화 영역으로 전환되는 전압이다.

① 가   ② 가, 나   ③ 가, 나, 다

④ 다, 라   ⑤ 라

02 그래프는 백-바이어스(Back Bias) 전압과 문턱전압의 관계를 나타낸다. 백-바이어스는 바디(기판 혹은 Well)에 인가되는 마이너스 전압을 의미한다. nMOSFET인 경우 기판 효과(정의, 원인 혹은 해결책)와 관련되지 <u>않은</u> 사항은?

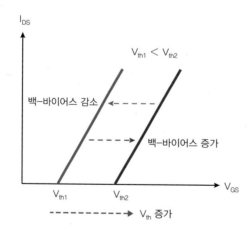

① 바디(기판 혹은 Well)에 인가된 마이너스 전압을 높이면 문턱전압이 상승한다.

② 게이트 옥사이드의 두께를 얇게 하면 기판 효과가 줄어든다.

③ 게이트 단자 옆에 스페이서를 설치한다.

④ 소스와 기판의 전위 차이와 기판 효과는 비례한다.

⑤ 기판의 불순물 도핑을 조절한다.

03 〈보기〉에서 문턱전압에 영향을 끼치는 요소로 거리가 가장 먼 항목 2개를 고르시오.

보 기

(가) 스크린 옥사이드 두께
(나) 게이트 옥사이드에 포획된 전하량
(다) 게이트 옥사이드 유전률

(라) Halo 도핑 레벨
(마) 게이트와 기판의 일함수 차이

① 가, 나　　　　　　　② 나, 마　　　　　　　③ 나, 라
④ 가, 라　　　　　　　⑤ 라, 마

04 그래프는 전달특성을 중심으로 본 문턱전압과 셀(Cell)의 ON/OFF 관계이다. A, B, C에 해당하는 것을 고르시오.

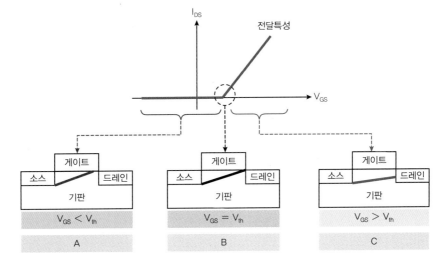

	A	B	C
①	OFF-셀	핀치-온	ON-셀
②	ON-셀	핀치-온	OFF-셀
③	핀치-온	OFF-셀	ON-셀
④	OFF-셀	ON-셀	핀치-온
⑤	핀치-온	ON-셀	OFF-셀

CHAPTER 33

채널, 전자의 이동통로

MOSFET은 인간이 만든 제품 중 가장 많이 생산된 제품입니다. 하지만 MOSFET도 초창기에는 주목을 받지 못했습니다. MOSFET의 3개 단자 중 가장 중요한 역할을 하는 게이트(Gate) 단자를 입체적으로 볼 때, 어떤 위치에 어떻게 형성시키느냐가 관건이었기 때문이죠. 이 이슈는 소스와 드레인 사이에 게이트 전극을 위치시켜, 현재의 MOSFET(Metal Oxide Semiconductor FET) 구조가 완성되었고 비로소 원조 트랜지스터인 BJT(Bipolar Junction Transistor)보다 집적도 면에서 월등히 앞서게 되었습니다.

이렇게 결정된 게이트의 존재 이유는 무엇일까요? 바로 소스(Source)와 드레인(Drain) 단자 사이에 전류가 흐를 수 있도록 채널(Channel)이란 다리를 놓기 위함입니다. 이 채널은 성격이 묘해서 좋아하는 캐리어만 통과시키는데요. 심지어 트랜지스터 각 단자의 도핑 물질이나 외부에서 인가하는 전압 극성도 어떤 채널을 선택하느냐에 따라서 채널 타입을 기준으로 모두 바뀌게 됩니다. 트랜지스터를 동작시키는 데 있어서 채널이 어떻게 가장 중요한 열쇠를 쥘 수 있었을까요?

33.1 트랜지스터의 역사는 채널의 역사

트랜지스터의 역사는 PCT(Point Contact Transistor)에서부터 출발하여 BJT(Bipolar Junction Transistor)를 거쳐 FET(Field Effect Transistor)에 이르는 동안 구조와 종류 등이 다양하게 발전했습니다. 그 후에는 JFET, 결핍모드 MOSFET, 증가모드 MOSFET 등 채널의 변형에 따라 디바이스가 변해왔습니다. 즉 FET의 중심은 채널이고, FET의 발전은 채널의 발전과 같이 했습니다. 채널은 소스와 드레인이라는 캐리어 집합소(단자)를 연결하는 유일한 통로이자 교통의 핵심입니다. 도로가 없거나 막히면 대혼란이 일어나듯이 채널도 가용할 수 있게 유지되어야 합니다. 그런데 FET에서의 채널은 필요할 때만 개설할 수 있고 또 도로가 뚫려 있다 해도 원하는 캐리어만 이동시킬 수 있도록 조절과 통제를 극대화할 수 있어서 더욱 효용가치가 높다고 하겠습니다. 그래서 채널 타입이 정해지면 nMOSFET, pMOSFET이란 제품이 결정되고, 그에 맞추어 스케일링(TR 사이즈) 규모에서부터 웨이퍼 및 도펀트 타입, 공정 방식, 소스가스, 활용 장비 등 주변의 모든 상황이 채널특성에 맞도록 짜여집니다.

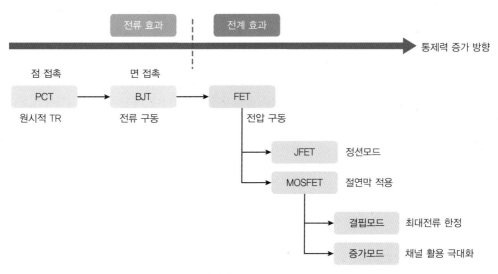

그림 33-1 채널의 발전을 통해 본 트랜지스터의 변천 과정

33.2 MOSFET의 채널 형성 조건

채널이 제기능을 하려면 두 가지 조건을 만족해야 합니다. 첫 번째는 채널이 들어갈 MOSFET 내의 물리적인 공간이 구조적으로 확보되어야 하고, 두 번째로 각 단자에 알맞은 타입과 적절한 전압 레벨을 인가해줘야 합니다. 채널은 수평적으로는 소스 단자와 드레인 단자 사이의 기판층 최상부에 존재하되, 수직적으로는 게이트 옥사이드층과 기판 사이의 경계면에 형성됩니다. 따라서 채널을 타고 흐르는 전자는 경계면을 따라 이동하므로 드레인 전류(I_{DS})는 기판의 최상위 부분, 즉 기판 표면 혹은 표면 가까이로 흐르게 됩니다. 또한 채널은 극한의 짧은 시간에 다양한 변화로 제어될 수 있어야 합니다. 즉 채널이 생성되었다가 소멸되었다가를 매우 빠른 전환으로 이루어져야 합니다. 채널은 기판의 소수 캐리어가 모여서 연결한 통로로, 소스 단자 내의 다수 캐리어가 소스에서 드레인 단자까지 이동하는 다리가 됩니다. 전자가 이동할 N형 다리를 N형 채널이라 하고, 정공이 넘어갈 P형 다리를 P형 채널이라 하지요. 만약 전자 캐리어가 지나갈 다리가 P형인 홀로 구성된다면, 전자−정공이 동시에 상쇄되어(EHP가 소멸하여 중성화됨) 전자가 건너가지도 못할 뿐만 아니라 다리도 끊어지게 됩니다. 정공 캐리어의 입장에서도 동일합니다.

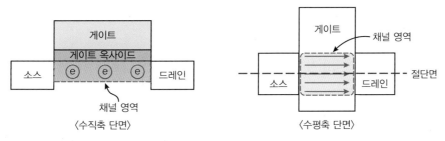

그림 33-2 N형 채널 @ 증가형 nMOSFET

33.3 단자들의 도펀트 타입 결정 @ 채널 타입 기준

채널을 활성화하는 레이아웃(Layout)을 보면, 채널의 바탕이 되는 바디는 채널 타입과는 반대되는 타입으로 놓고, 소스와 드레인은 채널 타입과 같은 타입의 도펀트로 이온주입을 합니다. 기판(Substrate)은 혹은 벌크(Bulk)라 하여 Well과 동일하게 간주합니다. 채널 타입이 정해지면, 주변 단자들의 타입이 차례대로 결정됩니다. 즉 N형 채널이라면 P형 기판이 밑에 깔리고, 소스와 드레인은 N형이 됩니다. 반도체에서는 수직방향이든 수평방향이든 단자나 레이어(Layer)들의 도펀트 타입은 (대부분) 인접한 층과 반대(지그재그)로 구성됩니다. 벌크 위에는 타입과 상관없으면서 강력한 절연층인 산화층(Oxide Layer)을, 그리고 옥사이드 위에는 전도성 층인 폴리실리콘(Poly-silicon)을 게이트 단자(타입이 없음)로 타설합니다.

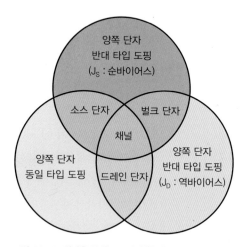

그림 33-3 채널을 중심으로 단자/층별 도핑 타입 결정 및 정션의 바이어스 상태

33.4 MOSFET의 종류 @ 채널 형성 기준

■ 채널 형성 방식 : 증가모드 vs 결핍모드

MOSFET은 채널을 바라보는 관점에 따라 여러 가지로 나뉩니다. 채널을 형성하는 방식으로 보면, 증가모드(Enhancement Mode, E-MOSFET)와 결핍모드(Depletion Mode, D-MOSFET)로 구분할 수 있죠. 증가모드는 채널이 없는 상태에서 채널을 서서히 증가시켜 드레인 전류량을 늘릴 수 있도록 조절하는 모드입니다. 결핍모드는 먼저 도핑으로 채널층을 형성한 후 도핑된 채널 속에 결핍층을 생성하고 확장시켜서 채널폭을 서서히 좁히는 방식으로, 드레인 전류량을 점점 약하게 해 조절합니다. 따라서 결핍모드는 팹 공정 시 채널을 미리 형성시킬 때 최대 드레인 전류 값이 정해집니다. 증가모드와 결핍모드는 서로 반대방향으로 채널의 부피를 조절하여 드레인 전류량을 관리합니다.

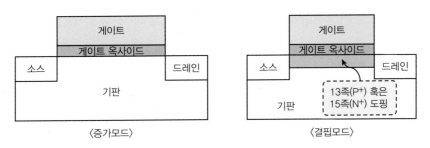

그림 33-4 E-MOSFET(증가모드)과 D-MOSFET(결핍모드)

■ 장단점 : 증가모드 vs 결핍모드

결핍모드는 도핑으로 채널층을 형성해야 하는 절차로 인해 산화(하드마스크용) → 포토(패턴) → 식각(패턴) → 도핑(결핍모드의 채널 형성) → 세정 등의 여러 단계가 추가로 증가하게 됩니다. 이는 증가모드 MOSFET보다 원가가 높아지는 원인이 되므로, 특별한 기능이 필요한 곳이 아니면 MOSFET은 대부분 증가모드(E-MOSFET)를 적용하지요. 또한 증가모드는 속도 등 전기적 조절 능력이 결핍모드보다 뛰어납니다. 즉 드레인 전류를 통제하기가 결핍모드보다는 증가모드가 더 수월하기 때문에 대부분 증가형 MOSFET을 사용합니다.

33.5 채널 타입과 단자별 농도

■ 채널 타입 : N형 vs P형

증가모드 MOSFET은 채널을 N형과 P형으로 세분화할 수 있습니다. 소스와 드레인 사이에 전자 다리가 연결될 때는 N형 채널 MOSFET(nMOSFET)이라 하고, 정공으로 다리를 놓는 경우를 pMOSFET이라 부릅니다. 특히 증가모드 nMOSFET과 증가모드 pMOSFET이 한 쌍을 이뤄 CMOSFET(Complementary-MOSFET)을 구성합니다. CMOSFET은 반도체의 기본 동작인 NOT 게이트 논리회로의 ON/OFF를 결정하는 핵심 소자입니다. 결핍모드(D-MOSFET)도 채널을 N형과 P형으로 구분할 수 있어서, MOSFET은 모든 옵션을 고려하면 4가지 종류로 나눌 수 있습니다.

■ 단자별 농도 차이

nMOSFET의 각 부위별 농도는 큰 차이를 보입니다. 실리콘의 기본 격자는 1×10^{22}개/cm^{3}를 근간으로 N채널의 N형 소스/드레인 단자는 기본 격자의 농도보다 1천 분의 1배 혹은 1만 분의 1배 정도 적은 농도로 15족을 도핑합니다. 기판은 P형(nMOS)으로 소스/드레인 단자보다 약 1천 분의 1배 혹은 1만 분의 1배 정도 적은 농도로 약하게 13족으로 도핑합니다.

pMOSFET의 구조는 nMOSFET에 비교하여 반대 타입으로 도핑하고 외부에서 인가하는 전압도 서로 반대 타입이 됩니다. 크기는 nMOSFET보다 1.5배에서 2배 정도 확대하여 크게 만듭니다.[1] 구조-도핑 농도-드레인 전류량은 서로 연관되어 있어서 모두 한 바구니에 넣고 전략적으로 어떤 방향을 우선적으로 추진할 것인지를 결정한 후에, 나머지 요소(제품의 파라미터 값들과 제조의 베이스라인 스펙 등)들을 연이어 고정시킵니다.

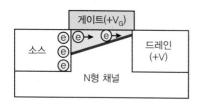 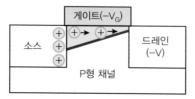

그림 33-5 nMOSFET(전자-채널)과 pMOSFET(정공-채널) @ 증가모드

33.6 채널 위치 및 인가전압

■ 채널 자리를 위한 물리적 구조 확보

기판은 반도체 제조사의 요구에 의해 웨이퍼 제조 시에 도펀트를 섞어서 N형/P형 웨이퍼를 만듭니다. 혹은 순수실리콘 웨이퍼를 반도체 제조 라인으로 들여와서 필요시 에피텍셜층(Epitaxial Layer)을 추가로 성장시킨 층 위에 Well을 이용할 경우는 13족 혹은 15족을 이온주입하여 N-Well 혹은 P-Well을 생성시킵니다. Well은 TR이 안착할 기반 영역(바디 혹은 벌크)이지요. 게이트 옥사이드와 폴리실리콘 게이트는 산화 방식(+ALD)과 CVD 방식을 이용하여 각 층을 증착한 후에 포토 → 식각 → 세정 공정을 거쳐 최종적인 게이트 형태를 만들어내지요. 그런 다음 최종적으로 알맞은 타입의 도펀트를 이온주입하여 소스와 드레인 단자를 완성합니다. N형 채널일 때는 15족을, P형 채널일 때는 13족을 선택하지요. 이때 주입되는 이온량/에너지 및 위치(단자 구조의 폭/깊이)를 정확하게 조정해야 채널이 안착할 자리(S-D 사이)를 길이에 맞게 형성할 수 있어서, 적정한 드레인 전류가 흐르게 됩니다.

Tip 절연성 성질인 산화막은 게이트 옥사이드로 불리며 주로 건식산화 방식을 이용하여 만들고, ALD를 적용할 경우에는 가장 얇은 막이 가능합니다.

Tip 도전성 성질인 게이트 단자는 근래 다마신 방식을 적용한 구리 재질을 사용하고, 알루미늄 혹은 폴리 게이트는 CVD 방식을 적용하여 형성합니다.

---

1 30장 '결핍 영역' 참조

■ 채널 형성을 위한 각 단자별 인가전압 타입

채널 타입에 따라 소스, 드레인, 게이트, 벌크 단자에 인가하는 전압의 극성도 결정됩니다. 트랜지스터를 동작시키기 위한 외부 전압은 게이트 단자의 전압이 가장 중요합니다. 그리고 게이트 전압의 변화에 가장 민감하게 반응하는 것이 바로 채널이죠. 채널의 두께는 게이트 전압의 종류와 크기에 따라 동기화됩니다. nMOSFET인 경우, 채널에 있는 전자를 끌어와야 하는 드레인 단자에는 플러스 전위, 채널로 전자 캐리어를 내보내야 하는 소스에는 드레인 단자보다 낮은 전위(제로 전위 혹은 마이너스 전위)를, 게이트 단자에는 전자 채널을 놓아야 하므로 플러스 전위를 인가합니다. 기판(Bulk)에는 소스 단자와 같은 전위를 걸어주거나, 벌크를 보호하기 위해 소스보다 낮은 전위(혹은 약한 마이너스 전위)를 유지해줍니다. J_D 근방에서의 HCI(Hot Carrier Injection) 방지 등을 위해 드레인 전위는 게이트 전위보다는 약간 높게 책정하지요(낸드에 데이터를 저장하는 경우, 반대로 게이트에 강력한 +12V를 인가합니다). 소스와 드레인 단자는 바이어스 전압이 항상 유지되도록 하고, 게이트 전압은 데이터 전압으로 High-Low가 수시로 바뀌게 됩니다. pMOSFET은 nMOSFET인 경우와는 각 단자에 인가하는 전압의 극성이 반대로 바뀝니다.[2]

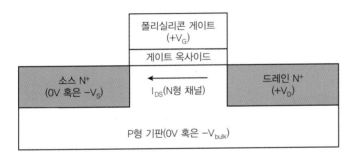

그림 33-6 채널을 활성화시키기 위해 각 단자에 인가하는 전압 극성 @ 증가형 N형 채널

33.7 채널 형성 @ 증가형 nMOSFET

채널은 게이트 전압으로부터 에너지를 받아 형성됩니다. 게이트와 채널과의 관계를 알아보기 위해 게이트에 인가하는 전압을 마이너스 전압에서 약한 플러스 전압을 거쳐 강한 플러스 전압으로 올리는 경우를 보겠습니다. 이때 채널은 P형 기판의 정공층 → 과도기의 비활성층 → 전자층으로 진행됩니다. 이를 좀 더 세분화하면, $-V_G → +V_G → ++V_G$에 따라 채널은 축적층(Accumulation Layer, 정공층) → 결핍층(Depletion Layer, 정공과 전자량이 동일하거나 비슷한 과도기층) → 반전층(Inversion Layer, 전자층)으로 변천되지요. 이런 3단계 과정은 복잡하므로, 채널이 형성되는 과정을 1단계와 2단계로 나누어 살펴보겠습니다(단, 소스/드레인/바디 단자 전압은 0V로 인가하는 경우).

---

2 36장 'MOSFET 동작특성' 참조

■ 1단계 : 약한 양이온층 발생

(1) 초기 조건

MOSFET인 증가형 nMOSFET인 경우, 채널이 생성되는 동안에는 소스 단자와 드레인 단자로부터 어떠한 영향을 받지 않는다고 가정합니다.[3] 게이트 단자에 인가되는 플러스 전압을 0V에서부터 계속 증가시키면 N형 채널이 차츰 두꺼워집니다. 처음에는 게이트 단자의 약한 플러스 전압에 의해, 게이트 단자 가까이 있는 13족-14족의 공유결합된 최외각전자들이 에너지를 얻어 결합 상태에서 빠져나오면서 양이온(초기 $-V_G$인 경우도 양이온 축적층 형성, 상세 설명 생략) 상태로 됩니다. P형 기판을 구성하고 있는 중성 상태의 도펀트 입자들은 벌크 내의 양전위 기울기(Plus Voltage Gradient)로 인한 영향으로 게이트에서 멀어질수록 전위가 떨어져 양이온의 농도가 줄어들지요.

(2) 채널 상태

최외각전자 껍질에서 빠져나온 전자들은 아직 공유결합된 원자들의 원자핵의 인력 영향권 내에서 자유롭게 벗어나지 못한 상태(낮은 게이트 단자 전압 V_{GB})로 공유결합 주위에서 맴돌고 있는 상태입니다. 게이트 단자 가까이의 기판 상부에 있는 원자들은 게이트 전압의 증가에 따라 비례하여 전자들이 이탈하여 약한 양이온층을 형성하고, 그 숫자가 점점 많아집니다. 한편 게이트에서 멀리 떨어져 있는 공유결합된 도펀트들은 게이트 전위에너지가 충분하지 못하여 원자로부터도 탈출하지 못한 전자들이 쌍극자[4]와 같은 형태로만 엉거주춤한 행동을 취하게 되죠.

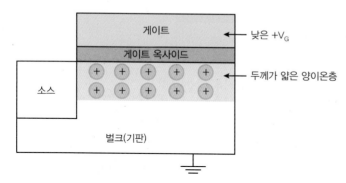

그림 33-7 초창기 낮은 게이트 전압에 의한 벌크 내에 약한 양이온층 발생

---

3 실제 동작 시에는 드레인 $+V_{DD}$, 소스 단자에는 $-V_{SS}$(혹은 그라운드)를 인가함

4 **쌍극자** : 전자들이 오비탈을 돌면서 플러스 전위인 게이트 쪽으로 좀 더 많이 몰려 있는 상태

■ 2단계 : 전자 반전층 생성

(1) 반전층 형성 초기

인가된 게이트 단자 전압을 더욱 높이면, 전자들이 원자의 공유결합에서 이탈하는 개체수가 많아지고(기판은 P형이므로 잉여전자 없음), 벌크 내의 소수 캐리어인 전자들이 옥사이드와 기판(벌크)의 경계면으로 모여들기 시작합니다. 이때가 전자로 인한 반전층이 형성되는 시기입니다. 따라서 채널이 형성될 자리에는 원래 P형(기판)이었다가 전자들로 구성된 N형 채널로 변환(Inversion)됩니다.

(2) 반전층인 N형 채널 완성

반전층이 두꺼워지면서 게이트 전압이 문턱전압(V_{th})을 넘어서면, 동시에 소스에서 드레인 단자까지 반전층이 연결되어 소스에 있던 전자들이 건너갈 다리, 곧 N형 채널이 완성됩니다. V_{GB}(게이트-벌크 전압)을 더욱 올리면, 벌크 전자들이 전압에 비례하여 게이트 단자를 향해 더욱 많이 모여들게 됩니다. 게이트 전압에 비례하여 반전층이자 전자 다리가 더욱 두꺼워져서 소스 단자의 전자들이 건너기에 충분한 두께가 되는데, 이는 N형 소스 단자의 다수 캐리어인 전자들의 밀도보다 더욱 높아집니다. 전자 반전층(Electron Inversion Layer)이 들어선 영역은 P형 반도체이면서 마치 N형 반도체처럼 역할이 바뀌는 영역입니다. 물론 V_{GB}를 제거하면 반전층도 그 즉시 없어집니다. 이때 드레인 단자에 V_{DS}를 인가하면 소스 단자에서 드레인 단자로 전자가 흐르게 되지요.

(3) N채널의 두께 변화

채널은 전자들이 쌓여 층을 이룬 것으로 전자들의 전하량인 Q는 ❶ Q = CV에 의해 Q가 채널이 되지요. 채널 Q_{CH}는 V_{GB}에 비례하며, 채널과 게이트 단자 사이에 놓인 절연체인 게이트 산화막이 형성하는 커패시턴스의 값 C_{OX}에 비례하게 됩니다. ❷ 소스/드레인에 전압을 인가하는 경우, Q_{CH}는 V_{GS_eff}($V_{GS}-V_{th}$, 게이트와 소스 단자 간의 전압 차이에서 문턱전압을 제외한 전위로 실질적으로 채널에 영향을 줌)에 비례하지요. ❸ 여기에 추가로 소스-드레인 사이의 거리를 고려하면, 드레인 단자(V_{DS}에 의한 영향)로부터의 거리(위치)에 따라서도 채널의 두께가 변화합니다. 소스 부근에서는 두꺼워졌다가 드레인 단자 가까이로 갈수록 얇아지지요.

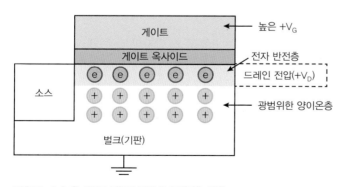

그림 33-8 높은 게이트 전압에 의한 전자 반전층 생성

33.8 채널 형성 @ 증가형 pMOSFET

pMOSFET도 nMOSFET과 유사합니다. 단자들은 모두 반대 극성으로, $-V_{GS}(-V_{GS}=V_{GB})$가 인가되면 N형 기판 내의 게이트 단자 가까이에 있던 15족-14족 최외각전자들 중 먼저 잉여전자(공유결합에 참여하지 않음)가 원자핵의 지배로부터 이탈하여 자유전자가 만들어지고, 연이어 공유결합에 참여했던 전자들도 결합에서 빠져나오게 됩니다.

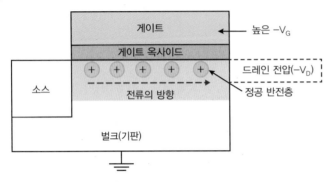

그림 33-9 증가형 pMOSFET의 정공 채널 형성과 드레인 전류 I_D 방향

■ 반전층 P형 채널 형성

잉여전자와 공유결합에 참여했던 전자들의 이탈은 곧 공유결합된 원자들이 양이온화된다는 것을 의미합니다. $-V_{GS}$가 마이너스 방향으로 증가하여 $-V_{th}$보다 높아지면 전자들의 탈출이 더욱 활발해지고 양이온 원자들이 많아지면서 동시에 전자들은 게이트로부터 더욱 멀어집니다. 전자들을 빼앗긴 15족-14족 공유결합(게이트에 인접한 원자들)들이 많아지면서 양이온층이 두껍게 형성됩니다. 결국 이 층이 홀(Hole) 반전층 혹은 P형 채널이 되죠. 즉 채널이 형성될 자리에는 원래 N형(기판)이었다가 P형으로 변환됩니다. P채널도 N채널의 변화와 같이 S-D 사이의 총 길이에서 위치에 따라 두께가 달라집니다.

■ 전류의 흐름

이렇게 형성된 정공 다리(홀 반전층)를 건너는 주체는 P형 소스 단자의 다수 캐리어인 정공이지요. 드레인 단자에는 $-V_{DD}$, 소스 단자에는 $+V_{SS}$를 인가하면, 정공 캐리어들이 소스에서 드레인 단자($-V_{DS}$) 방향으로 이동하기 시작합니다. 따라서 pMOSFET에서의 드레인 전류의 방향은 nMOSFET과 반대로 정공 캐리어들이 나아가는 방향이 됩니다.

■ pMOSFET 드레인 전류의 본질

정공의 실질적인 이동은 정공이 이동하는 것이 아닙니다. 양이온들이 격자 내에서 움직이지 않고 자리에 앉아 있는 상태에서 전자들이 빈 공간으로 이동하면서 결국 정공들이 움직이는 것처럼 되는데, 이렇게 수동적 이동으로 인해 이동도가 전자 이동도에 비해 약 1/2로 떨어집니다. pMOSFET의 본질적인 드레인 전류는 드레인 단자에 존재하는 전자들이 징검다리 건너듯이 정공–채널 다리를 지나 소스 단자로 이동하면서 발생된 전자의 흐름이지요. 채널이 형성되기 전에 15족–14족 결합(N형 기판)으로 발생된 잉여전자는 P형 채널을 형성시키면서 이미 자유전자가 되어 기판 아래로 떠나버렸기 때문에 드레인 전류에는 기여하지 않습니다(채널 형성에만 기여합니다).

33.9 캐리어들의 애벌런치를 막아주는 결핍층

■ 채널길이 변조의 발생 원인

트랜지스터를 제대로 동작(ON/OFF)시키려면, 한정된 범위 내에서 드레인 전류(I_D)를 많이 흐르게 하는 것이 최우선입니다. I_D를 많이 흐르게 하려면 드레인–소스 단자 사이의 전압 차이(V_{DS})를 키워야 합니다. 그러나 드레인 전압과 채널길이는 반비례하여, 드레인 전압이 높아지면 게이트 전압에 의해 형성된 채널길이가 줄어드는 부작용이 따릅니다. 채널길이가 줄어드는 원인은 ❶ 드레인 정션(J_D, Drain Junction)에서 V_D로 인한 역방향 바이어스로 인해 두꺼워지는 드레인 결핍 영역이 채널길이를 줄어들게 하고, ❷ 강력한 드레인 전압으로 인해 J_D 근방의 캐리어들이 빠르게 드레인 단자로 빨려 들어가기 때문이기도 합니다. 이렇게 V_{DS}로 인해 채널의 길이가 고무줄처럼 늘었다 줄었다 하는 현상을 채널길이 변조(Channel Length Modulation)라고 합니다. 이는 n_Channel, p_Channel이 모두 같은 현상을 띕니다.[5]

■ 유효채널길이 변조의 장점

채널길이 변조는 드레인 전류(I_D)가 너무 많이 흐르는 것을 방지해주는 긍정적인 역할을 합니다(이는 채널길이가 충분히 긴 채널인 경우에 해당됩니다). 즉 어느 정도 높은 드레인 전압 이상에서는 전압을 아무리 높여도 드레인 전류가 포화되어 더 이상 증가하지 않고 일정량의 전류만 흐르지요. 왜냐하면 J_D(드레인 정션) 결핍층이 증가하면 채널길이(결핍층에 의한 실질적인 길이인 유효채널길이)가 짧아져 결국 드레인 단자와 연결(일반적인 경우의 J_D로 인한 결핍 영역은 무시)되었던 채널이 끊어지게(핀치–오프) 됩니다.

---

5 34.5절 '채널길이 변조' 참조

캐리어들은 더는 손쉬운 채널을 이용하지 못하고, 채널이 없는 결핍 지역을 지나게 되어 저항이 커지므로, 드레인 전압이 높아짐에도 불구하고 전자나 정공인 캐리어들의 애벌런치(Avalanche, 전자들이 눈사태처럼 일시에 많이 흐르는 현상)가 일어나지 않게 됩니다. 만약 높은 드레인 전압일 때 결핍층이 증가하지 않아서 유효채널길이가 줄어들지 않고 그대로라면, 캐리어들의 숫자는 드레인 전압에 비례하여 증가하므로, 곧바로 애벌런치가 발생되어 드레인 전류가 무한정 많아지게 되죠. 그러면 트랜지스터는 동작 시의 고온으로 인해 번트(Burnt, 열화)가 발생할 가능성이 커집니다. 그러나 단채널(Short Channel)로 가면서 채널길이의 연동과 채널길이 변조의 효과도 줄어들게 됩니다.

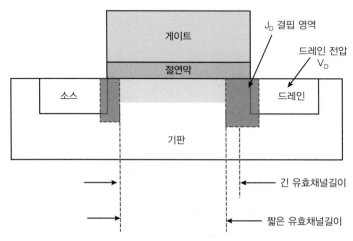

그림 33-10 증가형 모드에서 결핍 영역에 반비례하는 유효채널길이 @ 유효채널길이 변조

• SUMMARY •

채널은 디바이스의 구조 및 재질을 결정하는 중추를 담당하면서 동시에 결핍 영역과 조율하여 디바이스가 적절히 동작할 수 있도록 합니다. 트랜지스터의 발전은 채널의 진화와 맥락을 같이 하지요. 채널은 2D 평면 타입에서 준-3D 타입인 FinFET을 거쳐, 3D 입체 타입인 MBCFET 등으로 변경되었고 그에 따라 채널의 모양뿐만 아니라 동작특성도 변화를 겪습니다. 채널 구조의 변화는 인접 구조 등 다른 요소로부터는 영향을 덜 받게 하고, 채널 자체의 효과를 극대화시키는 방향으로 변천되고 있습니다. 테크놀로지가 발전됨에 따라 채널의 길이가 줄어들고 있습니다. 향후에는 채널 자체가 없어지고, 다른 획기적인 모습의 새로운 제품이 등장하게 될 것입니다.

단채널 부작용과 누설전류

반도체 가격은 매년 약 20~30%씩 떨어집니다. 이를 보상하기 위해서는 고정된 칩(Chip) 크기 내에서 트랜지스터(Transistor, TR)의 개수를 늘려야 합니다. 하지만 이를 해결할 뾰족한 방도가 없기 때문에, 결국 미세화(Scaling Down) 방식으로 TR의 크기를 물리적으로 줄여야 합니다. 이 과정에서 가장 중요한 기능을 하는 채널(Channel)의 길이도 함께 짧아져야 하는 숙명을 안고 있지요. 단채널(Short Channel)[1]은 축소를 지향하는 방향으로, 크기를 축소하는 기법 중의 하나입니다. 채널의 길이는 1μm 이상에서 100nm를 거쳐 지속적으로 짧아져 왔습니다. 이처럼 채널의 테크놀로지가 50nm, 30nm, 10nm로 미세화됨에 따라 각 노드(Node)마다 더 이상 채널길이를 줄일 수 없을 것 같은 변수가 발생하며, 매번 기술적 한계에 직면했었고 이를 극복해왔습니다. 그런데 채널길이가 축소되면 TR의 전체 크기도 함께 줄어드는데, 그와 동시에 부작용이 나타납니다. 이때의 부작용을 일반적으로 단채널 부작용(Short Channel Effect, 단채널 효과)이라 하지요. 단채널이 되면 인가전압이 줄어들어 소모전력이 낮아지고 속도가 빨라진다는 장점이 있지만, 가장 큰 문제는 TR의 ON/OFF가 통제되지 않고 어떤 때는 전류가 끊임없이 증가하여 결국 TR이 파괴되기까지 합니다. 단채널에서는 이런 치명적일 수 있는 단점들이 돌발적으로 나타나게 되는데, 채널이 짧아지면서 발생하는 문제점들은 무엇이며, 이를 어떻게 극복해 나가고 있을까요?

34.1 채널의 정의와 지향점

■ 다변화하는 채널의 개념

채널은 물리적인 거리인 소스 단자에서 드레인 단자까지 형성되는 인버전 영역(Inversion Area)[2] 이라고 정의합니다. 반도체 테크놀로지(Technology)란 구조적인 채널길이(Channel length)를 의미하는데, 이는 게이트의 길이와 거의 같으며 위층의 구조로는 배선 시 배선 폭을 뜻합니다. 일반적으로 이를 선 폭이라고 부르지요. 한편 현재의 테크놀로지 기준은 과거의 소스－드레인(S-D) 거리에만 의존하는 형태가 아니라, 게이트 단자의 변형된 구조 및 기타 3D 등 여러 변수를 포함해 점점 기준이 복잡해지고 있고, 반도체를 제조하는 기업체별로도 다변화하는 추세입니다.

---

1 단채널은 '채널'의 심화 내용임
2 nMOSFET(혹은 pMOSFET)인 경우 게이트 단자에 플러스(혹은 마이너스) 전압을 인가하여 발생된 N형(혹은 P형) 채널

■ 채널, 미세화의 주체

전압을 인가했을 때는 실질적인 유효채널(Effective Channel, 물리적인 채널길이보다는 짧음)이
중요하며, 이는 소스−드레인 단자의 구조 내에서 형성될 수밖에 없습니다. 소스 단자와 드레인 단
자 사이에 놓이는 채널의 길이는 Long(>1μm) → Normal → Short(~10nm)을 거치면서 몇 백분
의 1배로 짧아져 왔습니다. 채널의 기능으로는 전하 캐리어가 건너갈 수 있도록 캐리어와 동일한 타
입의 전하들이 모여들어 소스와 드레인을 이어주는 역할을 합니다. TR의 전체 부피가 줄어듦에 따
라 채널길이도 비례하여 줄어들 때, 축소화로 인해 가장 영향을 많이 받는 부위가 바로 채널입니다.
왜냐하면 채널 자체가 미세화(Scaling Down)의 주체이자 핵심이기 때문입니다.

Tip 물리적인 채널길이는 구조적인 채널길이를 말하며, 유효채널길이는 물리적인 채널길이 상태에서 소스/드레인 전압이 인
가될 때 형성되는 결핍 영역으로 인해 축소된 채널길이로, TR 동작 시 실질적인 영향을 끼칩니다.

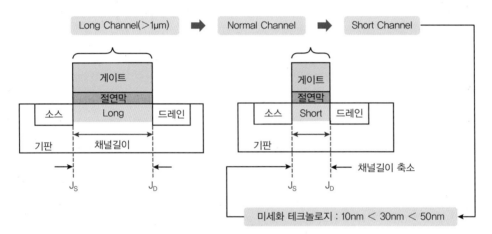

그림 34−1 채널의 진화 : 장채널 대비 단채널이 면적 대비 100분의 1배로 축소

34.2 채널 축소에 따른 전계의 영향

■ TR 인가전압 조건

TR이 동작하려면 nMOSFET일 경우(Low 테크놀로지일 때의 전압 레벨로 가정), 드레인 V_{DD}
(+5V)와 소스 V_{SS}(0V)는 바이어스 전압으로 항상 일정하게 인가되고, V_G(±3V)는 데이터 전압으로
전압 레벨의 크기를 상황에 따라 High−Low로 변화시켜 게이트 단자에 인가합니다(pMOSFET은
인가전압의 극성이 nMOSFET과는 반대입니다).

■ 거리에 반비례하는 전계의 세기

채널이 축소됨에 따라 드레인으로부터 거리가 줄어들게 되므로, J_S가 드레인 전압으로부터 받는 전계의 세기는 거리에 반비례하여 점점 강해집니다. 반면, J_D가 받는 전계의 세기는 드레인 전압과 J_D 사이의 거리는 채널의 축소와 무관하므로 변화가 없습니다. 드레인 전압 자체는 채널의 축소에 따라 줄어들지만, 채널의 축소 비율보다는 매우 낮은 비율로 줄어들지요. 다른 단자에 인가되는 전압들도 채널에 비해 거의 낮아지지 않습니다(10년에 약 $20 \sim 30\%$ 정도 낮아집니다).

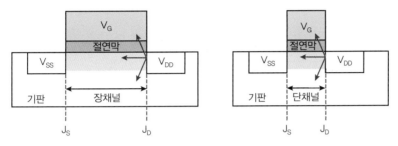

그림 34-2 드레인 전압에 의한 전계의 영향

34.3 결핍 영역의 변화 vs 유효채널길이 축소

드레인 전압 V_D가 일정할 때, 결핍 영역의 면적(체적)은 전계에 의해 좌우됩니다. J_S의 결핍 영역이 전계로부터 받는 영향은 전압의 크기에 비례하고 거리에 반비례하므로, 단채널일 때 채널의 길이가 축소되어 J_S가 드레인 단자와 가까워질수록 전계의 영향으로 순방향 바이어스가 인가되는 J_S의 결핍 영역은 크게 축소됩니다(DIBL 발생). 이때 하부의 결핍 영역끼리는 접촉(Reach)될 가능성이 높습니다(펀치쓰루 발생). 또한 채널길이가 축소됨에 따라 유효채널길이 자체도 줄어들지요(채널길이 변조).

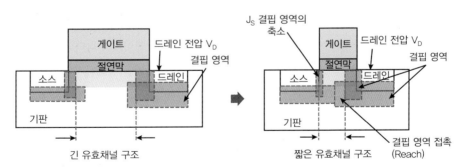

그림 34-3 J_S, J_D에서 발생되는 결핍 영역과 단채널로 변화되는 유효채널

■ 단채널 부작용의 항목 분류 및 핵심 이슈

단채널로 인한 부작용은 크게 채널길이 변조(Channel Length Modulation)와 누설전류로 볼 수 있습니다. 그중 누설전류의 발생 원인은 크게 세 가지로 ❶ 결핍층이 서로 연결되거나, ❷ 전계의 크기가 커졌거나, ❸ 터널링(Tunneling)에 의해 발생합니다. [그림 34-4]는 직접적인 요인으로만 분류했습니다.

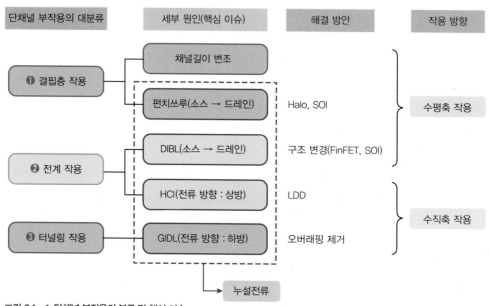

그림 34-4 단채널 부작용의 분류 및 핵심 이슈

■ 통제 불능 누설전류 발생

단채널 부작용을 중시하는 이유는 채널길이가 줄어들면 정상적인 동작(정상채널 혹은 장채널)을 하던 TR이 오동작을 하거나 동작 불능이 될 수도 있기 때문입니다. 채널이 짧아져서 나타나는 이슈의 핵심은 누설전류입니다. 누설전류는 트랜지스터의 정상적인 ON/OFF 동작을 방해하거나 예측하지 못하게 하지요. 정상적인 드레인 전류는 차단(Cut off) 영역을 출발하여 활성 및 포화 영역을 거치면서 TR의 ON/OFF가 활발히 일어나지만, 단채널의 비정상적인 전류는 누설전류 등 여러 가지 원인으로 정상적인 포화 영역을 건너뛰고 게이트 전압이 통제할 여지도 없이 활성 영역에서 곧바로 애벌런치(Avalanche, 눈사태) 전류로 급증하지요. 그렇게 애벌런치가 진행되면 일정 시간/일정 온도 이상에서는 TR이 파괴됩니다. 단채널의 누설전류 급증은 전압 측면으로는 애벌런치 항복전압의 급격한 감소와 같고, 이는 곧 게이트 전압의 통제 불능을 뜻하지요. 전류 측면으로는 포화전류 없이, 활성전류에서 곧바로 애벌런치 전류로 이어진다는 의미입니다.

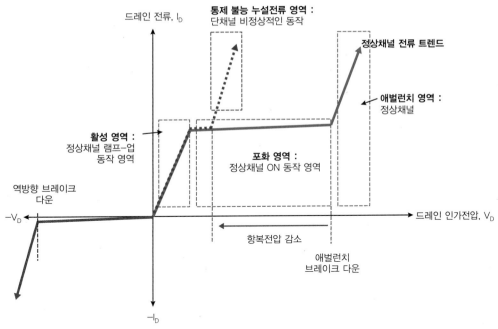

그림 34-5 단채널과 정상채널의 드레인 전류 트렌드 비교

채널길이 변조(Channel Length Modulation)는 구조적인 변화가 없는 상태에서, 외부 전압(특히 드레인 전압, V_D)의 변동에 따라 결핍 영역의 두께가 축소 혹은 확장됨에 따라 채널의 길이가 결핍 영역의 변화에 동조하여 변동되는 것을 의미합니다. V_D가 $V_{D1} < V_{D2}$로 높아짐에 따라 J_D의 결핍 영역이 넓어지고 J_S의 결핍 영역이 좁아지는데, J_D의 결핍 영역이 넓어지는 폭이 J_S의 짧아지는 폭에 비해 더 크기 때문에 전체 S-D 간의 채널길이는 J_S보다는 J_D의 결핍 영역에 의해 영향을 받습니다. 드레인 전압을 반대로 하강시킬 경우 전체적인 결핍 영역은 짧아집니다. 이에 따라 유효채널의 길이도 결핍 영역이 확장 및 축소되는 것에 반비례해 축소 혹은 확장되지요. 엄밀한 의미에서 채널길이 변조는 부작용이라기보다는 단채널 효과라고 보아야 합니다.

여기서 다루고자 하는 문제는 정상적으로 드레인 전압을 인가해도 드레인 전압에 의해 유효채널길이가 넓혀졌다 짧아졌다 하는데, 장채널에서는 채널길이 변조가 크게 문제되지 않습니다. 그러나 채널의 물리적 길이가 짧아진 단채널 상태에서는 채널길이 변조로 인해 V_D를 상승시키면 채널이 정상(혹은 장)채널에 비해 최소한의 채널길이마저 없어진다는 것입니다. 이때 채널길이가 과도하게 짧아짐으로 인해 유효채널길이가 통제 불가능한 상태까지 짧아질 수 있어서 이슈가 됩니다. pMOSFET 역시 게이트/드레인 전압의 극성만 다를 뿐 나머지는 nMOSFET과 동일합니다.[3]

---

3 31장 '결핍 영역' 참조

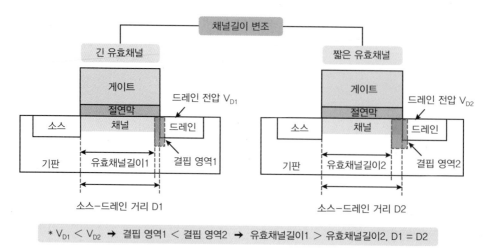

* V_{D1} < V_{D2} ➡ 결핍 영역1 < 결핍 영역2 ➡ 유효채널길이1 > 유효채널길이2, D1 = D2

그림 34-6 드레인 전압에 따라 연동되는 채널길이 변조

■ 핀치-오프와 TR의 ON/OFF 판단 오류 유발

채널이 소스 단자와 드레인 단자 사이에 빈틈없이 연결된 상태를 핀치-온(Pinch-on)이라 하며(핀치-온인 경우도 J_S/J_D의 결핍 영역은 형성되어 있어서 유효채널이 완전히 연결되어 있지는 않습니다), 채널과 단자 사이가 떨어져 틈이 벌어진 상태를 핀치-오프(Pinch-off)라고 합니다. 핀치-오프는 드레인 전압 값이 높게 인가될 때 J_D 양쪽에 형성되는 결핍 영역의 세력이 커져, 그 영향으로 실질적인 유효채널이 후퇴하면서 유발되는 것이지요. 핀치-오프 + 단채널 + J_D 결핍 영역 증가라는 조합은 드레인 전류 OFF, 혹은 TR ON/OFF의 판단 오류를 유발할 가능성이 높아집니다.[4]

34.6 펀치쓰루, 우회하는 전류

■ 원인

펀치쓰루(Punch Through)는 정상 루트가 아니고 우회하는 전류로써, 기판 하부에 비정상적인 결핍층 2개 영역이 서로 연결되어 발생됩니다. 드레인 전압이 일정하다고 해도 소스-드레인 사이의 거리가 더욱 짧아지면(단채널화), 유효채널이 거의 형성되지 못하거나 J_S-J_D의 두 결핍 영역끼리 서로 접촉(Reach)됩니다. 이런 접촉 상황에서는 게이트 전압의 인가 여부 혹은 채널의 형성과 상관없이 S-D 간에 전압 차이가 발생되면, 서로 연결된 결핍 영역을 통해 소스에서 높은 드레인 전압 쪽으로 결핍 영역을 통과하여 전류가 흐르게 됩니다. 이는 TR의 통제가 불가능한 상황으로 MOS의 기능 상실이지요. 이런 전류의 성격은 누설전류가 되고, 이를 펀치쓰루 혹은 리치쓰루(Reach Through)라고 합니다.

---

4 36장 '드레인 전류의 변화' 참조

정상채널/장채널에서의 정상적인 드레인 전류는 게이트 전압에 의해 통제되고, 드레인 전압을 과도하게 증가(어느 정도 일정 영역 내에서)시켜도 전류가 포화 상태로 변해 더 이상 증가하지 않습니다. 그러나 단채널에서는 펀치쓰루 발생 시 드레인 전압에 비례하여 누설전류가 이차함수적으로 무한정 증가하게 되므로, 이때 계속 드레인 전압을 증가시키면 펀치쓰루-브레이크다운(Breakdown)이 되어 결국 TR이 열화해 파괴되거나 혹은 동작 불능 상태가 됩니다.

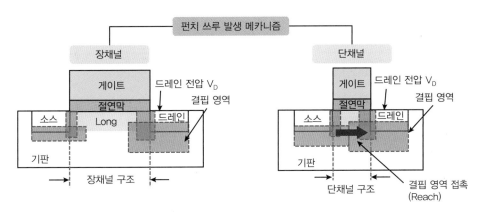

그림 34-7 양쪽의 결핍 영역이 서로 닿게 접촉되어 펀치쓰루 발생 @ S-D 전압 차이 발생 시

■ **해결 방안**

단채널 상태이거나 혹은 기판의 도펀트 밀도가 너무 낮아도 결핍 영역이 광범위하게 분포할 수 있어서 결핍 영역이 서로 연결될 가능성이 높아지지요. 펀치쓰루를 방지하려면, 짧아진 S-D 거리를 늘릴 수는 없고, 특히 J_S와 J_D의 결핍 영역이 퍼져나갈 공간을 제한하거나 혹은 근본적으로 막아야 하므로 내부 구조를 일부 변경해야 합니다.

방안1 소스/드레인 단자 하부에 절연층을 형성하는 SOI(Silicon on Insulator)를 매립(Buried Layer)해 소스나 드레인 하부에 결핍 영역 자체가 형성되지 못하게 강제로 원천봉쇄합니다([그림 34-8]의 좌측 참조).

방안2 구조는 기존 형태로 하되, LDD 영역의 하부에 단자 타입 대비 반대 타입의 도펀트로 도즈를 약간 높여서 이온주입을 하면 결핍 영역의 형성을 어느 정도 방지할 수 있습니다(Halo 도핑, Pocket 도핑, Halo Buried Layer). nMOSFET은 P형 13족을 P^+로 도핑하고, pMOSFET은 N형 15족을 N^+로 도핑합니다. 위치는 LDD(Lightly Doped Drain) 하부로써, Halo(P^+, 고농도) → LDD(N^-, 저농도) → 소스/드레인 단자(N^+, 고농도) 순으로 이온을 주입합니다. 이는 높은 농도에서 결핍 상태의 영역이 줄어드는 효과를 이용한 것이지요([그림 34-8]의 우측 참조).

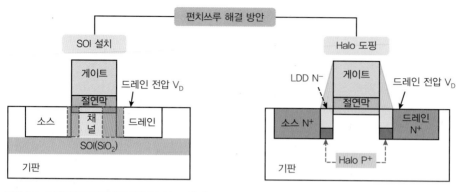

그림 34-8 펀치쓰루의 해결 방안(SOI, Halo 설치)

34.7 DIBL vs 소스 정션의 전위장벽

■ 원인

DIBL(Drain Induced Barrier Lowering)은 채널의 길이가 짧아지면서 소스 정션의 베리어(전위장벽)가 약화되거나 낮아지는 영향으로 정상 루트로 흐르는 소스와 드레인 간의 전류가 특별히 많아지는 현상입니다. nMOSFET일 경우, 드레인 전압은 일정한데 채널이 짧아지다 보니 드레인 전압과 가까이에 있는 J_D에 영향을 주는 전계(역방향 바이어스)는 채널길이에 상관없이 동일한데, 순방향으로 걸리는 J_S에는 정상채널보다는 단채널일 때가 더 높은 순방향 전계가 인가(거리에 반비례)되어 J_S의 결핍 영역이 축소하고 결국 J_S의 전위장벽을 낮추는 역할을 합니다. 따라서 소스 단자에 존재하는 다수 캐리어(전자)가 낮아진 J_S 장벽을 쉽게 넘어가서 드레인 전압을 향해 나아가고 채널로 들어간 전자들은 기판의 소수 캐리어(전자)와 합해져(소스의 다수 캐리어보다 개체수가 더욱 많아짐) 드레인 전류를 상승시키는 역할을 합니다. 문턱전압 입장에서는 단채널의 V_{th}가 정상채널의 V_{th}보다 낮아진 것이지요. 드레인 전압 대비 단채널 V_{th}의 낮아지는 전압 비율을 mV/V로 사전에 계산해두면, 드레인 전압을 얼마까지 올려야 할지 혹은 채널길이와 (드레인 전압으로 인한) 소스에 미치는 전계가 반비례하므로 채널길이를 얼마나 줄일 수 있을지 가늠할 수 있습니다.

■ 해결 방안

DIBL은 채널을 단축시키면서 발생되는 근원적인 문제점이므로, 원천적으로 해결하기는 불가능하고 개선도 까다롭기 때문에 주로 구조를 변경합니다. DIBL의 발생은 곧 문턱전압의 하락으로 볼 수 있고(V_{th}의 통제 이슈), 문턱전압을 올리기 위해 소스-드레인 사이의 채널 영역에 P^+ 도핑을 해서 V_{th}을 높일 수 있으나, 이는 또 다른 2차 부작용을 고려하면서 진행해야 하므로 자주 적용하는 방식은 아닙니다. 대신 좀 더 안전한 FinFET, MBCFET 등으로 구조를 변경하여 개선한 간접적 해결 방식을 사용합니다.

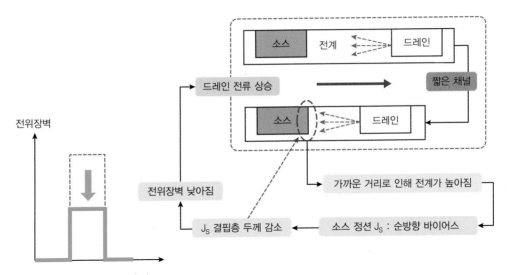

그림 34-9 DIBL 발생 흐름 순서

정상채널 → 단채널 → 높은 전계 → J_S 순방향 바이어스 → J_S 결핍층 두께 감소 → 전위장벽 감소 → 다수 캐리어 증가 @ 소스 단자 → 소수 캐리어 증가 @ 기판 → 드레인 전류 증가 @ 드레인 단자

34.8 HCI vs 게이트 전압

■ 원인

HCI(Hot Carrier Injection)는 비정상적인 캐리어의 이동으로써 게이트 전압의 영향으로 채널에서 절연막을 통과하여 게이트 단자로 이동하는 전자들의 흐름입니다. 절연막인 게이트 옥사이드는 전자의 흐름을 차단하고 전계만 영향을 미치도록 하는 것이 원래의 목적이었지만, 이를 역행하는 현상이 HCI입니다.

채널이 짧아지면 드레인에 인가된 전압으로 채널에 영향을 주는 전계가 높아집니다. 소스에서 출발한 전자가 채널 내의 드레인 단자 가까이에 도달하면, 높아진 전계에 의해 에너지를 얻은 전자들이 P형 기판의 격자를 이루고 있는 원자들과 충돌하고, 연이어 2차/3차 전자(Hot Carrier)를 정상채널인 경우보다 많이 발생시킵니다. 이때 일부 전자들은 게이트의 플러스 전압에 이끌려 게이트 단자를 향해 올라가는데, 중간에 게이트 옥사이드층이 가로막아 서 있습니다. 전자가 게이트 단자로 들어가면 문제가 없지만, 게이트로 직진하는 중간에 옥사이드층 하부 계면/옥사이드층 내부/옥사이드층 상부 계면에 포획(Trap)되는 확률이 높아집니다. 이처럼 열받은 캐리어 전자가 기판에서 상부 게이트 단자 혹은 게이트 옥사이드로 주입되는 상태를 HCI라 하지요. 절연막 내부/외부로 포획된 전자들은 개체수에 비례하여 문턱전압을 높이는 역할을 하고, 포획된 전자들이 빠져나가면 V_{th}가 다시 낮아져 게이트 전압 조절이 불안정해지지요. 또한 드레인 근방에서 발생한 정공(EHP 중의 Hole)들은 기판의 마이너스 전압에 이끌려 불필요한 누설전류를 만들어냅니다.

■ **해결 방안**

HCI를 줄이기 위해서는 ❶ 게이트 전압을 낮춰 열화캐리어를 게이트 단자로 끌어오지 못하도록 하고, 더 나아가서 근본적으로는 ❷ 소스에서 출발하는 드레인 전류의 양을 축소하여 열화캐리어 개체 수를 줄이거나 ❸ 드레인 근방에서 발생하는 전자 충돌을 방지하여 열화캐리어의 발생을 방지해야 합니다. 또한 ❹ 드레인 단자 근방의 전계의 세기를 줄여 2차, 3차 전자의 발생을 되도록 억제해야 합니다. 그러나 게이트 전압을 과도하게 낮추면 드레인 단자와의 전압 차이로 GIDL 등 다른 2차적인 문제가 연이어 발생할 가능성이 높아지므로, 게이트 전압을 조정하기보다는 드레인 전류를 줄이거나 드레인 근방의 전계를 낮추는 것이 다른 부작용의 충격을 최소화할 수 있습니다.

이를 위해 소스 단자보다 약한 농도의 같은 타입의 LDD를 소스 단자 앞단에 설치하면, 소스 단자보다 낮은 농도의 LDD로부터 기판으로 진입하는 캐리어 전자의 개체수를 감소시킬 수 있습니다. 또한 드레인 단자 앞단에 LDD를 설치하면, LDD의 낮은 농도로 인해 LDD 앞단의 전계를 낮추는 작용을 합니다. 낮아진 전계는 HCI의 발생을 줄여줍니다. LDD는 소스/드레인 단자의 하부 조직(Sub-구조)으로 완충 및 버퍼(Buffer)의 역할을 하는 영역을 얇게 도핑했다는 의미로써, 낮은 농도로 도핑된 드레인(Lightly Doped Drain)이라고 부릅니다.[5]

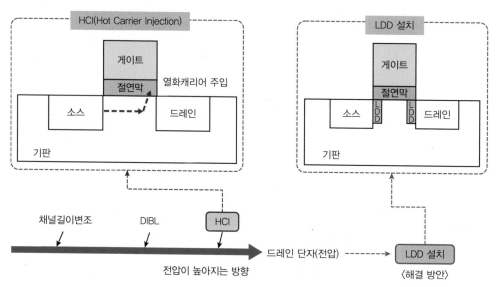

그림 34-10 HCI의 발생 원인 및 해결 방안

---

5 LDD 설치는 35장 '팹 프로세스 3 : 스페이서 + LDD' 참조

34.9 GIDL, 비정상적 캐리어

■ 원인

GIDL(Gate Induced Drain Leakage, 기들)은 일종의 비정상적인 전류의 흐름으로, J_D의 결핍 영역에 EHP가 발생하여 전류가 드레인 단자로 흐릅니다. GIDL은 특별한 상황에 놓일 때 발생하는데, 게이트보다 드레인 전압이 높아져 J_D에서 결핍 영역이 넓어진 상태에서 드레인-게이트 사이의 전압 차이가 커지면 결핍 영역이 확대된 드레인 단자 상부에서 발생한 EHP의 전자들이 J_D 결핍 영역을 헤치고, 플러스 전압이 인가된 드레인 단자로 전류가 흐르게 됩니다. GIDL은 BTBT(Band to Band Tunneling)라고도 하는데, 에너지적 입장에서는 에너지 레벨인 가전자대(Valence band)의 전자가 에너지 갭을 뛰어넘어 드레인 단자의 에너지 레벨인 전도대(Conduction band)로 이동했다는 의미입니다.

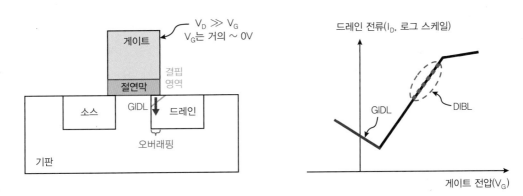

그림 34-11 GIDL : $V_D \gg V_G$

■ 해결 방안

게이트 단자를 완성[6]한 후, 드레인 단자를 만들 때 게이트 단자 하부에 드레인 단자 영역이 겹치는 오버래핑(Overlapping) 영역이 커지면 GIDL이 심해집니다. 따라서 단자 도핑 시에 확산 방식보다는 이온주입 방식을 적용하고, 어닐링도 되도록 짧은 시간에 진행합니다.[7] 또한 언더래핑(Underlapping)을 넓게 하면서 전자적으로 결핍층을 얇게 하기 위해 드레인 도핑을 높이기도 하지요. 그러나 이들은 완벽한 해결책은 못되고 다른 부작용을 초래할 수도 있습니다.

---

6 다마신 방식일 때는 게이트 단자를 맨 나중에 실시함

7 28장 '어닐링' 참조

단채널 부작용의 대표적인 이슈는 누설전류입니다. 누설전류의 본질은 게이트 전압이 관리하지 못하는 영역으로써 TR의 ON/OFF를 통제할 수 없다는 의미입니다. 단채널 부작용의 4가지 중 펀치쓰루와 DIBL은 수평축 방향(소스 → 드레인)으로 발생하고, HCI와 GIDL은 수직축 방향으로 작용합니다. HCI는 채널에서 위쪽으로, GIDL은 HCI와는 반대로 드레인 단자 내에서 아래쪽으로 내려옵니다. 사실 HCI 흐름의 방향은 수평축 방향과 수직축 방향 모두를 포함하고 있다고 보아야 하지요.

■ 수평축 방향 전류의 이슈

펀치쓰루 현상에 의해 발생한 누설전류의 경우, 포화전류의 특성을 보이지 않고 활성 영역에서 바로 애벌런치(눈사태) 영역으로 증가하여 관리되지 못하는 누설전류로써 수평방향으로 흐릅니다. 그런데 채널의 길이가 짧아져 전계의 세기가 커질수록, 소스와 채널 사이의 전위장벽(J_S)이 낮아지는 현상인 DIBL은 누설전류보다는 에너지적인 특이 현상을 나타내지요. 드레인 전압이 J_D에만 영향을 주어야 함에도 채널이 좁아지다 보니 본의 아니게 채널 건너의 J_S까지 영향을 끼쳐 전위장벽을 저하시킴으로써(순방향 바이어스 증가로 결핍 영역을 축소시킴) 소스에서 전류가 더욱 쉽게 빠져나오도록 합니다. 이 모두 계산에 없었던 과다전류가 흐르는 경우로써 TR에 손상을 줄 수 있는 전류들이지요.

■ 수직축 방향 전류의 이슈

드레인 전압과 게이트 전압의 차이($V_D - V_G$)가 커질수록 혹은 게이트 전위가 낮아질수록, GIDL의 전류는 커집니다. 반대로 게이트 전압이 커질수록 HCI는 점점 통제 불능 상태가 됩니다. GIDL과 HCI의 방향은 반대이면서, HCI는 절연막을 통과해 수직축으로 흐르는 전류이고 수직방향을 따라 이동하다 보니 실리콘과 절연막의 경계면에 포획되어 문턱전압을 교란하기도 하고, 절연막을 파괴하여 신뢰성을 떨어뜨리지요.

■ 물리적 해결 방안

먼저 구조로 인한 문제는 구조로 해결합니다. 앞서 설명한 SOI뿐 아니라 게이트 구조를 FinFET 구조로 변경하면, 게이트 영역이 대부분의 채널 영역을 'ㄷ'자로 감싸서, 드레인 전압으로 인한 결핍 영역을 최소화합니다. 결핍 영역이 줄게 되면 그만큼 채널길이를 확보할 수 있지요. FinFET은 전자 이동이 여유로워지는 구조이므로 펀치쓰루, HCI을 줄여줍니다. 그 외 구조로는 FinFET보다 더욱 발전된 MBCFET 구조도 활용되고 있습니다. 최근에 개발된 MBCFET(Multi-Bridge Channel Field Effect Transistor)는 채널을 4면('ㅁ'자 형태)으로 감싸며 동시에 채널을 여러 개로 분리합니다. 이는 여러 누설전류를 방지하거나 줄이는 데 효과를 보입니다.

평면 타입에서는 누설전류가 흘러도 입체적 구조가 발전한 Fin-Type과 MBC-Type에서는 전반적으로 누설전류가 최소화됩니다. 또한 평면 타입보다 채널 면적을 2배 이상 접촉하므로 그만큼 게이트의 ON/OFF 관리 능력도 탁월하게 높아지지요. 또한 소스/드레인 단자에 이온주입 에너지를 약하게 하면 소스/드레인 단자의 물리적 깊이가 얕아지는데, 이는 채널의 단면적을 줄이는 효과가 발생해 높은 드레인 전류의 흐름을 어느 정도 간접적으로 막아주는 역할을 합니다. 전체 구조가 축소되면 이온주입 에너지도 같이 줄어드는 방향입니다. 그러나 이때 저항성을 과도하게 높이지 않도록 주입에너지를 단계별로 낮춰가며 조절해야 합니다. 가장 중요한 정상적인 드레인 전류 흐름마저 과도하게 방해해서는 안되기 때문입니다.

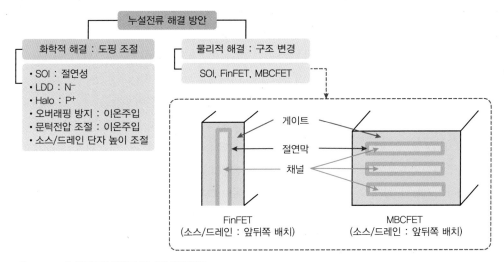

그림 34-12 누설전류의 화학적/물리적 해결 방안

■ 화학적 해결 방안

화학적 해결 방안으로는 산화 방식(SOI)과 도핑 방식이 있습니다. 도핑은 LDD, Halo 및 채널 영역 도핑을 진행하지요. 소스/드레인 단자보다는 약간 약하게 이온주입(nMOS인 경우 n- 혹은 pMOS인 경우 p-)을 하여 이동할 캐리어의 개체수와 정션(J_S, J_D)에 미치는 전계의 영향을 줄일 수 있도록 합니다(LDD). 그런데 이는 수평축 전류 흐름을 방해하는 저항성을 높이므로 적절히 조정해야 하지요. 아니면 단자와 반대 타입으로 도핑을 하여 결핍 영역을 원천봉쇄합니다(Halo).

• SUMMARY •

단채널 부작용은 과도한 수평축 방향의 물리적 축소로 인해 수직축 방향으로 진행되는 게이트 전압의 조절 기능을 상실한 상태에서 나타나는 현상입니다. 장채널인 정상 상태에서는 드레인 전류가 증가하다 포화되면 셀프−조정(결핍 영역의 증가 등)에 들어가는데, 단채널인 비정상 상태에서는 셀프−조정 기능을 상실하여 전류가 과도하게 흐른다거나, 흐르지 않아야 할 경계를 넘나들며, 또 스스로 상하좌우로 흐르는 등 전체적으로 관리가 안되는 상태이지요. 또한 동작속도가 늦어지고 TR의 ON/OFF 동작을 포함하여 여러 가지 기능이 정상적으로 진행되지 않는 현상이 나타납니다. 이런 비정상 상태를 제어하기 위해 구조를 대대적으로 변혁하고, 강력한 통제 수단인 도핑 기법을 몇 가지 도입해 정상적으로 동작할 수 있도록 전류의 흐름을 만들어가고 있습니다.

LDD, Halo 등에서 보듯이, 도핑을 여러 번 하고 또 섬처럼 깊이 주입하는 포켓도핑(Pocket Doping) 등은 기술적 복잡도가 상승할 뿐만 아니라 주변 회로나 구조에도 부담을 초래합니다. 그럼에도 불구하고 물리적 거리는 계속 좁혀져야 하므로, 그에 발맞춰 끊임없이 개선된 방안이 도출돼야 합니다. 최근에는 평면상의 스케일링(Scaling) 축소가 한계에 도달하면서 FinFET, MBCFET 등 대부분의 제품에서 새로운 3D 형태로 방향이 전환되는 추세입니다. 그러나 이들의 구조를 완성하기 위해서는 설계와 공정변수 및 제품 동작이 더욱 복잡해져 팹의 단위 공정이 늘어나고 재료 및 장치 또한 다변화되고 있습니다. 이는 곧 원가 상승으로 이어지는 방향이라 준−3D(Semi−3D) 정도가 아니라 대변혁적인 3D(Quantum Jump−3D)가 필요한 상황입니다.

단채널 부작용과 누설전류 편

01 채널의 정의 혹은 채널길이(Channel Length)에 대한 설명이 <u>아닌</u> 것을 모두 고르시오.

　① 채널은 소스 단자에서 드레인 단자까지의 물리적인 거리이다

　② 기판 내에 형성되는 인버전 영역이다.

　③ 반도체 테크놀로지란 (구조적인) 채널길이를 의미한다.

　④ 게이트 단자의 길이와 거의 같다.

　⑤ 일반적으로 선 폭의 2배를 의미한다.

02 단채널 부작용으로 발생되는 누설전류에 해당되는 것을 〈보기〉에서 모두 고르시오.

> **보기**
>
> (가) 소스에서 드레인으로 흐르는 DIBL(Drain Induced Barrier Lowering)
>
> (나) 소스 밑부분에서 드레인으로 흐르는 펀치스루(Punch Through)
>
> (다) 기판에서 소스 단자로 흐르는 역방향 전류(Reverse Bias Current)
>
> (라) 채널에서 게이트로 흐르는 HCI(Hot Carrier Injection)
>
> (마) 드레인 결핍 영역에서 드레인 단자로 흐르는 GIDL(Gate Induced Drain Leakage)

　① 가

　② 가, 나

　③ 가, 나, 다

　④ 가, 나, 라, 마

　⑤ 가, 나, 다, 라, 마

03 〈보기〉에서 단채널 부작용을 개선시키기 위한 구조적 개선방향에 해당하지 <u>않는</u> 것을 모두 고르시오.

보 기

(가) 소스 단자층의 깊이를 깊게 설치한다.

(나) 게이트 구조를 FinFET 구조로 변경한다.

(다) 게이트 구조를 MBCFET(Multi-Bridge Channel Field Effect Transistor) 구조로 변경한다.

(라) 소스와 드레인 단자 사이의 길이를 더욱 좁힌다.

(마) TSV를 설치한다.

① 가, 나, 다 　　　　　　　　　② 가, 다, 마

③ 가, 라, 마 　　　　　　　　　④ 나, 다, 라

⑤ 나, 라, 마

04 〈보기〉에서 단채널 부작용을 개선시키기 위한 4가지 화학적 개선방향에 해당하는 것을 모두 고르시오.

보 기

(가) STI 설치

(나) Well에 픽업 단자 형성

(다) LDD 도핑

(라) Halo 도핑 구역 매몰

(마) SOI 산화층 형성

① 가, 나, 다 　　　　　　　　　② 나, 다, 라

③ 다, 라, 마 　　　　　　　　　④ 나, 라, 마

⑤ 가, 라, 마

CHAPTER 35 팹 프로세스 3 : 스페이서 + LDD

소자 구조에서 스페이서(Spacer)란 '공간을 채운다'라는 의미이며, 구조적으로는 게이트 단자의 4면을 측면 벽(Side Wall) 형태로 둘러싼 절연막입니다. 스페이서의 초창기 목적은 게이트 단자를 보호하는 역할이었지만, 점차 발전하여 게이트 하부에 위치하는 LDD 영역을 형성하는 주체가 되었습니다. LDD는 스페이서의 그늘 아래 만들어지는 도핑 영역으로 소스 단자와 드레인 단자를 도와서 소형화로 작아진 TR의 기능을 정상화시키는 역할을 합니다. 이외에도 스페이서의 응용처는 발전되어 미세 패턴 구조를 형성하는 데도 유용하게 적용되고 있습니다. 트랜지스터 구조를 작게 하는 과정에서 스페이서는 LDD에 어떤 도움을 줄까요? LDD로는 어떤 근본적인 문제를 해결할 수 있을까요?

35.1 스페이서와 LDD 설치 이유

채널의 길이가 짧아짐에 따라 소스와 드레인 단자 사이의 거리가 근접해지면서 여러 가지 부작용이 발생하는데, 그중에 가장 치명적인 불량모드 중의 하나가 HCI(Hot Carrier Injection, 열화캐리어 주입)입니다. 전자가 드레인 단자 가까이로 가서는 실리콘 원자와 충돌한 후, 다수의 열화캐리어(전자-정공의 핫캐리어)를 만들어냅니다. 충돌에너지가 변해 운동에너지를 갖게 된 열화전자들은 게이트 전압에 이끌려서 상부의 게이트 옥사이드(Gate Oxide)층으로 올라가서는 계면[1]에 머물게 될 (Trapped Electron, 포획전자) 확률이 높아지지요. 포획전자는 수시로 문턱전압을 변동시키고 게이트 옥사이드막의 신뢰성을 떨어뜨립니다. 이런 예측 불가의 HCI를 방지하려면 LDD를 설치해야 합니다. 그런데 LDD는 단독으로 만들어질 수는 없고 반드시 게이트를 둘러쌓고 있는 스페이서(Spacer)의 도움을 받아야 합니다. 전류 입장에서 볼 때, LDD와 스페이서의 설치는 트랜지스터의 오동작을 방지하기 위한 고육지책입니다.[2]

> **Tip** 계면에 포획된 전자의 수가 많아지거나 적어지면 문턱전압은 전자의 개체수에 보상적으로 반응하여 비례적으로 높아지거나 낮아집니다.

---

1 **계면** : 게이트와 게이트 옥사이드 접합면 혹은 게이트 옥사이드와 기판과의 접합면
2 34장 '단채널 부작용과 누설전류' 참조

■ 부작용보다는 이득

LDD의 부작용도 무시할 수 없지요. 드레인 전류의 출발은 소스 내 캐리어이므로 원활한 TR 동작을 위해서는 드레인 전류를 증가시켜야 합니다. 그러나 LDD는 이동하는 캐리어의 개체수를 낮추고, 그에 따라 전류가 줄어들게 됩니다. 결과적으로 저항이 증가하는 부작용으로 이어지고 더불어 TR의 동작속도도 늦어지지요. 또한 LDD 자체가 횡적으로 TR의 액티브 영역(Active Area)을 넓히는 결과를 초래합니다. 그럼에도 불구하고 LDD 설치는 손실보다는 HCI를 줄여 얻을 수 있는 이득이 더 많습니다.

■ 위치 : 스페이서 vs LDD

일정 크기 이하로 줄어든 TR을 형성할 경우 대부분 LDD를 적용합니다. LDD를 만들기 위해서는 LDD 도핑 후에 게이트 단자를 측면 벽 형태의 절연체로 둘러싸야 하는데, 이 구조물이 바로 스페이서(Spacer)입니다. 스페이서는 웨이퍼 상부층에 있고, LDD는 하부층에 위치합니다. 스페이서와 LDD는 위치적으로는 떨어져 있지만, 수직축으로 보았을 때(Side View)는 스페이서 밑에 LDD가 있게 됩니다.

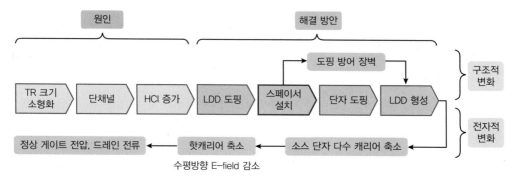

그림 35-1 HCI 문제의 해결 방안

트랜지스터 구조의 축소로 발생하는 단채널 부작용 중 HCI 문제에 대한 해결 방안

35.2 스크린 옥사이드 설치

■ Well과 주변 구조 설치

이온주입으로 형성한 Well 자리에는 TR이 한 개씩 들어서는데, 반드시 Well의 타입과는 반대 타입의 채널을 갖는 TR이 형성됩니다. 울타리 격인 STI(Shallow Trench Isolation)가 TR과 TR 사이에 뿌리내린 뒤, 웨이퍼 표면 위로 여러 층을 적층(Stack)해 1개의 TR을 완성하게 됩니다.[3]

---

3 25장 '팹 프로세스 2 : 소자분리막(STI)' 참조

먼저 지하층(STI)이 만들어진 후 TR의 액티브 영역[4]에 얇은 절연막(산화층, SiO$_2$)부터 막이 시작되면서, 절연막 위에 게이트층(Gate Layer)이 올라섭니다.

■ 게이트 옥사이드와 게이트층

최근에는 게이트 옥사이드의 필름을 2nm 이하로도 쌓지만, 일반적으로는 5nm 두께 정도로 형성하고 게이트 단자는 게이트 옥사이드의 약 5 ~ 20배 두께를 CVD 방식으로 증착합니다. 게이트층과 게이트 옥사이드(게이트 하부의 절연막인 산화층, 건식산화)는 포토 및 식각 공정을 거치면서 극소형 TR의 크기에 맞춰 알맞게 모양을 내지요. TR은 게이트 단자를 중심으로 형태적으로 형성되고 동작하는 만큼, 3개 단자 중에서는 게이트 단자가 가장 핵심이라 할 수 있습니다. 이러한 게이트 단자의 길이가 줄어듦으로써 단채널 부작용이 발생하고, 이를 극복하기 위해 LDD 및 스페이서가 연이어 등장합니다.

■ Halo 도핑 영역 매립

펀치쓰루를 방어하기 위해 설치하는 Halo 도핑(Doping Buried Layer, 이온주입)은 게이트 옥사이드 후에 혹은 게이트 단자 후에 매립합니다. 트랜지스터의 여러 구조 중에 가장 깊이 투입되기 때문에 주입에너지도 가장 높은 100KeV 이상으로 인가합니다. nMOSFET인 경우는 반대 타입인 13족 붕소 B$^+$를 인가하는데, 도즈를 $1 \times 10^{12} \mathrm{cm}^{-2}$ 정도로 투입하고 주입 난이도가 가장 높습니다.

■ 스크린 옥사이드 설치

Halo 도핑을 마친 다음 스크린 옥사이드(SiO$_2$)층을 설치합니다. 게이트 옥사이드와 같은 재질이자 동일한 층인 스크린 옥사이드(Screen Oxide)는 LDD를 형성하기 위해, 이온주입 시 이온들이 결정격자 사이를 먼 거리까지 통과(채널링, Channeling)하는 것을 막는 일종의 이온 장애물입니다. 채널링을 막는 방식은 이온들의 통행을 굴절시켜 이온들이 경계면(웨이퍼 표면) 근처에 포진하도록 해 표면 근방의 이온밀도를 높이지요. 만약 이온들의 채널링을 막지 못한다면, 실리콘 깊숙이 이온들이 침투해 LDD를 형성할 수 없게 됩니다. 특히 도펀트 중에 원자 직경이 짧은 붕소(pMOSFET) 같은 경우는 채널링이 가장 심하지요. 미세화가 진행되면 비례하여 소스/드레인 단자의 깊이도 얇아져야 합니다. 단자의 이온주입이 끝난 다음에는 스크린 옥사이드막을 제거해야 하므로 막질이 좋을 필요가 없으므로, 이는 CVD 방식으로 빠르게 증착시킵니다. 스크린 옥사이드의 두께는 게이트 옥사이드의 1/2배에서 3배까지 다양하게 옵션을 두어 이온주입과의 제반 사항(주입 깊이 등)들을 맞춥니다.

---

4 트랜지스터가 들어가 앉을 텃자리로 소스/드레인/게이트 3개 단자가 들어감

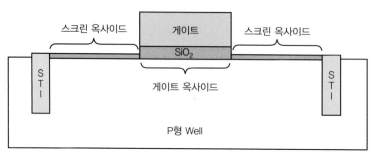

그림 35-2 스크린 옥사이드 설치 @ CVD

35.3 LDD – 도핑(1차)

LDD(Lightly Doped Drain)의 불순물 도핑(1차 : 15족 인 양이온 P^+)은 채널−소스−드레인 타입과 동일하게 진행하지만, 도핑 농도는 소스/드레인보다 적어야 하므로 드레인 농도의 $1/100 \sim 1/1{,}000$ 수준으로 약하게 적용하고, 깊이는 Halo보다 절반 정도의 깊이에 위치하므로 이온주입 에너지는 Halo의 절반 수준으로 가합니다. 공정 스텝을 절약하기 위해 LDD와 폴리실리콘 게이트를 동시에 같은 도펀트로 도핑하지요(분리하여 개별로도 진행함).

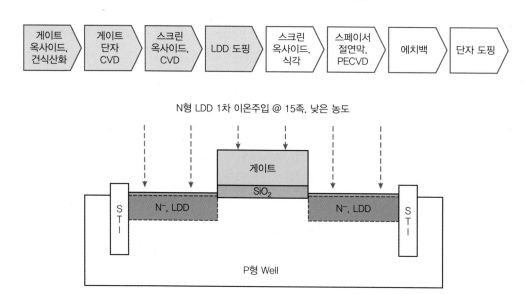

그림 35-3 LDD층 형성 @ 낮은 농도 도핑(1차)

확산 방식으로 N⁻형 도핑을 할 경우, 등방성의 성질로 인해 도펀트들이 게이트 단자 밑으로 침투해 채널의 길이가 더욱 짧아지기 때문에, LDD 도핑은 대부분 이온주입 방식으로 진행하지요. 소스/드레인 단자까지 도핑을 완료한 후 한번에 RTA(Rapid Thermal Annealing) 공정을 진행할 때에는 추가로 이온들이 확산해 들어가는 영역까지 사전 검토해야 하므로 되도록 빠른 시간(3~4초) 이내에 어닐링 공정을 마무리짓습니다.[5]

> **Tip** 게이트 옥사이드와 스크린 옥사이드는 테크놀로지와 제품에 맞춰 두께, 공정 순서, 재질 등을 서로 다른 프로세스로 혹은 동일한 프로세스로 진행할 수 있습니다.

35.4 스크린 옥사이드 제거

LDD를 형성한 후 게이트 옥사이드(Screen Oxide)층 외에는 더 이상 절연막이 필요 없으므로, 스크린 옥사이드로 사용된 SiO₂층을 모두 제거합니다. 제거 또한 패턴을 형성하는 단계와 유사한 과정인 포토 → 식각 → 세정 → 에싱 → 세정을 거칩니다. 식각을 하기 전에 노광기에 새로운 포토마스크로 갈아 끼운 다음, PR 코팅 → 노광 → 현상까지 진행합니다. 그 후 RIE 식각을 진행한 후에 에싱으로 상부에 남아 있는 PR막을 제거하지요.

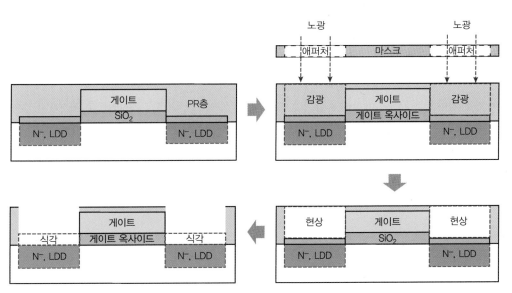

그림 35-4 스크린 옥사이드층 제거 프로세스

SiO_2는 튼튼한 막이므로 CF_4 등 강한 소스가스를 진공 챔버 속에 투입해 플라스마를 형성, 이방성 성질의 건식식각(Dry Etching)으로 제거합니다. 선택비(Selectivity)가 높은 HF인 습식 용액(등방성)을 사용해도 되지만, 게이트 옥사이드 형태를 정확한 수직 형태로 유지하기 위해 대부분 건식식

---

5 27장 '이온주입'과 28장 '어닐링' 참조

각을 이용합니다. 이는 LDD/드레인 단자 형성 시 등방성 성질을 배제하기 위해, 확산 대신 이온주입 방식을 적용하는 것과 같은 흐름입니다.[6]

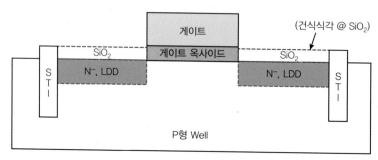

그림 35-5 게이트 옥사이드층 형성(게이트 옥사이드 이외의 영역을 식각)

■ 소스/드레인 단자의 주입 깊이

스크린 옥사이드를 없애면 방어막이 제거되니, 다음에 진행할 소스/드레인용 도핑 이온들이 LDD 때보다는 더 깊이 침투할 수 있게 됩니다. 이때 스크린 옥사이드가 있을 때와 없을 경우에 대해 이온의 침투 깊이를 정확하게 계산해야 합니다. 또 다른 방식으로는, 스크린 옥사이드를 제거하지 않아도 이온주입 에너지를 높이면 이온들의 진입 깊이가 길어집니다. 그러나 에너지가 높으면 결정격자가 더욱 많이 파괴되므로 이때는 에너지 한계를 적절히 조절해야 하고 어닐링 조건도 알맞게 맞춰야 합니다. 스크린 옥사이드 유무 + 에너지 세기 + 이온의 진입 깊이 + 결정격자 데미지 + 어닐링 조건 등을 한 바구니에 넣어서 최적의 조건을 맞춰야 하지요.

35.5 다시 두꺼운 산화막 형성

■ 산화막 착층 방식

스크린 옥사이드를 제거한 후에 바로 소스/드레인 단자를 생성하면 되는데, 그렇게 되면 LDD 영역 모두가 높은 농도의 단자 속에 묻히기 때문에 LDD를 미리 도핑한 의미가 없어집니다. 따라서 LDD를 보호해줄 스페이서를 PECVD 혹은 LPCVD로 설치하는 단계를 밟습니다.

---

6 22~23장 '식각' 참조

먼저 프리커서(Precursor)로, 실란(SiH$_4$)과 산소가스를 진공 챔버에 투입해 이산화실리콘(SiO$_2$) 층을 다시 형성합니다. 두께는 최소한 게이트층보다 약 +20% 높게 올려야 하므로, 1차 SiO$_2$층 높이의 몇 배~십몇 배로 두꺼워집니다. 이때 증착되는 층의 일정 부분이 게이트 단자 옆 수직 측면 벽(Side Wall)인 스페이서(Spacer)로 사용되지요. 공정은 고진공의 높은 온도에서 LPCVD(Low Pressure CVD)로 진행할 수 있지만, 속도가 느리다는 단점이 있습니다. 또 스페이서는 고절연성이어야 하는 게이트 옥사이드막도 아니므로, 막질은 비교적 약하더라도 플라즈마 에너지를 이용해 낮은 온도(400℃)에서 PECVD(Plasma Enhanced CVD)로 빠르게 증착합니다.

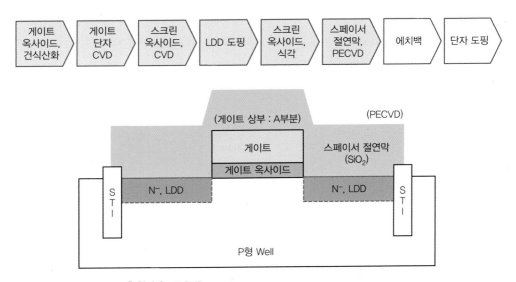

그림 35-6 실리콘 옥사이드층 형성 @ PECVD

■ 스페이서 재질특성

낸드(2D)와 같이 특수한 플로팅 게이트(Floating Gate)를 옆 구조물의 오염으로부터 보호해야 할 때는 절연성이 우수한 막으로 붙여 놓습니다. 반면, 일반적인 디램이나 CMOS용 TR일 경우에는 스페이서(측면 벽)로 적당한 강도의 막질이면 충분하지요. 절연성막으로 SiO$_2$가 아니라도 절연에 문제가 없다면 SiON 등도 사용할 수 있습니다. 게이트 단자 위층으로도 같은 높이의 막이 한꺼번에 증착되므로([그림 35-6]의 게이트 상부 A부분), 다음 공정인 식각을 어떻게 할지 검토하며 증착을 진행해야 합니다.[7]

---

7 13장 'CVD' 참조

35.6 에치백으로 스페이서 완성

PECVD로 증착된 두꺼운 SiO_2막을 없애기 위해, 1차 식각 때와 동일하게 강력한 플루오린(F) 계열인 CF_4를 이용해 이산화실리콘만을 선택적으로 플라즈마 식각(Plasma Etching)합니다. 절연막 제거는 에치백(Etch Back)으로 진행하는데, 이는 원가 절감을 위해 포토 공정을 거치지 않고 웨이퍼 표면 전체에 덮인 SiO_2를 일괄적으로 이방성 방식의 식각을 진행합니다. 디램의 커패시터 구조와 같은 세밀한 CD로 식각하는 것이 아니므로, 빠른 공정속도로 진행합니다. 에치백은 수직으로 광범위하게 식각하며 평탄화하는 형태로써, CMP(Chemical Mechanical Polishing)와 유사한 효과를 주지만, 돌출된 게이트 때문에 CMP 공정으로 대체하지는 못하지요. 건식 방식(이방성)으로 식각할 때, 그림자 효과(Shadowing Effect, 측면 벽은 식각이 제외됨)로 인해 게이트 단자 주위의 측면 쪽으로는 SiO_2가 깎이지 않고 일정 부분이 남게 되는데, 이를 측면 벽(Side Wall) 혹은 스페이서(Spacer)라고 합니다.

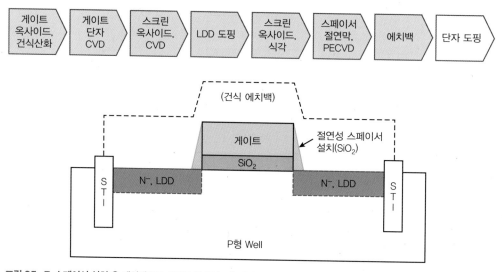

그림 35-7 스페이서 설치 @ 에치백으로 실리콘 옥사이드층 제거

35.7 소스/드레인 단자 생성 – 도핑(2차)

게이트 단자 옆에 얇은 두께로 붙어있는 스페이서를 완성한 후, 소스/드레인 단자를 형성하기 위해 2차 비소–이온주입을 진행합니다. 이때의 이온밀도는 LDD보다 높게 하기 위해 이온주입 시의 이온–도즈를 LDD에 비해 약 1,000배 높입니다. 스페이서가 점유하고 있는 하단은 스페이서의 그림자로 도펀트의 영향을 받지 못하고, 그 외 영역만 높은 농도의 불순물이 도핑되어 소스/드레인 단자가 됩니다. 도핑이 완료된 후에는 스페이서의 하단 부분이 섬처럼 남게 되는데, 이를 LDD라고 합니다. 따라서 스페이서가 없다면 LDD도 없습니다.

2차 이온주입 시에 LDD가 존재할 수 있도록 스페이서가 쏟아지는 양이온들을 온 몸으로 막아냈지요. 결국 LDD는 상부의 스페이서가 보호막을 쳐서 2차 도핑 시 영향을 받지 않게 하여 만들어낸 결과물입니다. 단자의 주입 깊이는 미세화에 따라서 점점 얇아지고 있는데, Halo보다는 단자의 위치를 10~20% 올릴 경우 주입에너지도 10% 적게 하지요. 그러나 이는 LDD의 주입에너지보다는 약 2배 정도 높습니다.

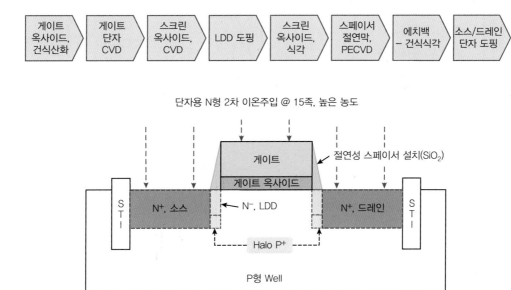

그림 35-8 소스/드레인 단자 생성 @ 높은 농도 도핑(2차)

35.8 LDD 설치 효과

정상적인 채널길이를 확보한 드레인 전류인 경우에는 LDD를 설치함에 따라 애벌런치 항복전압(Avalanche Breakdown Voltage)이 약 +30% 이상 증가하는 효과가 발생합니다. 그러나 채널폭이 줄어듦에 따라 애벌런치 항복전압도 줄어들어, Non-LDD인 경우 극한적인 상황에서는 램프-업(Ramp-up) 전류가 곧바로 애벌런치 전류로 이어지지요. 그러나 LDD를 설치하면, 단채널인 경우에도 드레인 전류의 트렌드(기울기)에서 램프-업 전류(활성 영역)가 곧바로 애벌런치 전류로 이어지지를 않고 정상적인 포화 영역의 전류와 유사한 형태를 보입니다.

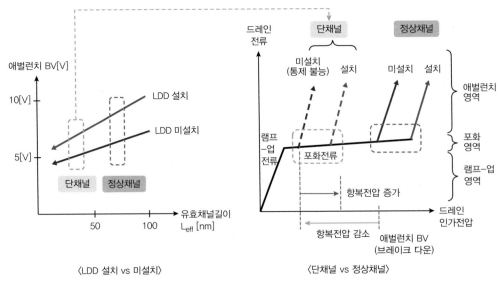

〈LDD 설치 vs 미설치〉　　　　　　　　〈단채널 vs 정상채널〉

그림 35-9 애벌런치 항복전압 비교

• SUMMARY •

TR의 미세화가 진행되면서 채널의 길이가 줄어들게 되고, 그에 따라 발생하는 열화캐리어(핫캐리어)를 줄이기 위해 LDD를 설치했습니다. LDD는 단자 도핑 시에 절연 물질인 스페이서를 활용하여 형성합니다. 눈에 띄지 않는 작은 스페이서로 만들어낼 수 있었던 LDD는 그동안 고질적인 문제였던 열화캐리어 주입(HCI) 문제를 해결하는 데 도움을 줬습니다. 이처럼 반도체 내 구조와 재질들은 크기가 작고 영향이 미미할지라도, 모두 저마다의 역할을 해내기 위해 고심 끝에 탄생한 것들이지요. TR의 크기가 작아져 발생하는 문제를 여러 가지 추가 공정을 거쳐 해결했는데, 스페이서는 그 외에도 플로팅 게이트(낸드) 내 전자를 장기간 보호하기도 하고, 선 폭을 줄이는 스페이스 패터닝 기술(SPT, Spacer Pattering Technology)로써 아주 중요하게 활용되고 있습니다. 또 절연막으로써 소스와 게이트 단자 사이 및 드레인과 게이트 단자 사이 간섭을 줄여 상호 영향을 줄여주는 역할도 하지요. 앞으로 스페이서의 또 다른 변신이 주목되는 이유입니다.

MOSFET 동작특성, 드레인 전류의 변화

CHAPTER 36

근대과학까지 전자는 전기분해 등 기체, 액체 상태를 이용하여 비교적 쉽게 생성되었습니다. 그러나 전자를 용이하게 얻는 대신 의도하는 시간까지 보관할 수 없기 때문에 유체를 통해 얻은 전자를 활용하는 데는 제약이 많았지요. 그 후 금속 내에서 전자를 이동시킬 수 있는 전기가 발명되었지만, 이 역시 금속 내에 전자를 가두어 필요할 때 사용하거나 다양하게 활용할 수 있는 유연성 기능을 원활히 수행하지는 못했습니다. 왜냐하면 금속 내의 자유전자는 발생 즉시 소멸하기 때문입니다. 그러다 금속 말고도 고체 속에 전자를 넣어서 오래 보관할 수도 있고, 원하는 ON/OFF 동작이 가능한 BJT가 나타났습니다. 그러나 전류 구동인 BJT는 동작은 빠르지만 집적도에 기여하지 못해 퇴보하고, 대신 속도는 좀 느리지만 전압을 활용하여 동작하는 MOSFET이 디지털 영역 및 아날로그 영역에서 대세가 되었습니다. MOSFET은 주로 스위칭과 증폭 작용에 사용되는 반도체 소자(디바이스)로써 여러 종류의 트랜지스터 중에 대표 소자입니다. (채널)증가형 MOSFET에서 게이트 전압과 드레인 전압의 변화가 드레인 전류에 끼치는 영향은 어디까지일까요? 전압-채널-전류는 트랜지스터의 동작에 어떤 영향을 끼칠까요?

36.1 증가형 MOSFET 동작을 위한 전제 조건

■ 인가전압

트랜지스터가 동작한다는 것은 내부에서 캐리어(전자 혹은 정공)가 이동한다는 뜻입니다. MOSFET 내부의 동작 상태는 전류-전압 특성으로 알아내는데, 전압은 게이트-소스 전압인 게이트 전압(채널 형성)과 드레인-소스 단자 사이의 전압 차이인 바이어스 전압(Bias Voltage, 전자 이동)을 이용하여 드레인 전류를 발생시킵니다. 여기서 게이트 전압(ON 입력 시)은 주로 데이터의 입력 전압으로 캐리어가 채널 속을 잘 흐르도록 통로의 두께와 길이를 넓힙니다(게이트 단자에는 ON-OFF 구형파 신호 등 다양한 형태로 입력합니다). 드레인 전압은 소자를 동작시키는 바이어스(기울기) 전압으로 채널에 있는 캐리어를 직접 끌어당기는 역할을 하지요. 캐리어는 반드시 채널을 지나야 TR의 ON/OFF를 판단할 수 있는 정격전류가 되는데, 이 흐름은 외부에서 인가하는 전압 차이의 크기에 의해 좌우됩니다. 바이어스 전압 인가 시 MOSFET 동작점(Q점, Quiescent Point)은 적절한 영역 내에서 전개되도록 소스와 드레인 전압을 알맞게 조절합니다.

■ TR의 동작 영역

증가형 MOSFET(Enhanced MOSFET)은 게이트 단자에 전압을 인가함에 따라 채널을 증대하여 TR을 동작시키지요. 외부 전압 조건에 따라 TR은 차단 → 활성 → 포화 상태로 변화되는데, 이런 변화에 따라 드레인 전류의 증감이 있고 간혹 드레인 전류가 과하게 흐르는 애벌런치(눈사태) 상태가 되기도 합니다. 3개 영역에서 전류 상태를 보면, 차단 영역은 채널이 형성되지 않아서 전류가 흐르지 못하는 상태를 의미하고, 활성 영역에서는 외부에서 인가한 전압에 비례하여 드레인 전류가 증가합니다. 포화 영역은 외부에서 바이어스 전압을 증가시켜도 전류가 흐르지만 입력 전압의 증가분만큼은 비례하지 못하는 상태이지요. TR의 스위칭 작용은 주로 차단과 포화 영역을 이용하고 증폭 작용은 활성 영역 상태를 이용합니다. 그중 애벌런치는 TR이 파괴될 정도로 전류가 많이 흐르는 위험한 상황으로 TR이 애벌런치로 넘어가지 않도록 모든 조건을 조절해야 합니다. 이런 다양한 변화를 일으키는 TR의 동작 상태는 각 영역에서 출력특성과 전달특성을 비교하여 파악합니다.

36.2 트랜지스터의 출력특성과 전달특성

트랜지스터의 특성은 주로 전압(X축)과 전류(Y축)를 매개체로 나타내는데, 전압으로는 소스 전압(V_S), 드레인 전압(V_D), 게이트 전압(V_G)이, 전류로는 드레인 전류(I_D)가 있습니다. 이들을 조합하여 입력특성, 출력특성, 전달특성으로 나타내지요. 드레인 전류에 영향을 끼치는 것은 게이트 전압과 드레인 전압이고, 드레인 전류 흐름을 관찰하려면 주로 출력특성과 전달특성으로 해석합니다. 그렇다면 출력특성과 전달특성이 무엇이기에 트랜지스터를 분석하고 이해하는 데 필요할까요? 이 두 특성을 파악해야만, 트랜지스터가 어떤 성격을 가졌고 어떻게 행동을 취하는지(어느 정도 능력인지) 알 수 있고 동작을 예측할 수 있습니다. 즉 전압(입력/출력 단자) 변화에 따른 결과로 '전류 값이 비례하는지, 반비례하는지, 아니면 일정한 상수 값을 갖는지' 이 세 가지 경우를 확인하고 측정하여 경향성을 유추할 수 있습니다.

- 출력특성은 출력 단자의 드레인 전압(1차)을 변동시키고, 그 변화에 따라 출력 단자에서 나오는 드레인 전류 값의 결과[1]가 어떤 경향성을 갖는지 파악합니다. 이때 레버리지 전압(Leverage Voltage)으로 게이트 전압(2차)을 변경시켜 드레인 전류 값의 2차 변화를 측정합니다.
- 전달특성은 입력 단자의 게이트 전압(1차)을 변동시키고, 그 변화에 따라 출력 단자에서 나오는 드레인 전류 값의 결과가 어떤 경향성을 갖는지 파악합니다. 이때 레버리지 전압으로 드레인 전압(2차)을 변경시켜 드레인 전류 값의 2차 변화를 파악합니다.

> **Tip** 게이트 전압 V_{GS}는 게이트와 소스 간 전압 차이(V_G-V_S)이고 드레인 전압 V_{DS}는 드레인과 소스 간 전압 차이(V_D-V_S)입니다. 소스 전압은 기준 전압 레벨로, 역할은 단자(기판 포함) 간의 전압 차이를 조정하는 데 주로 쓰입니다.

---

1 TR의 상태를 측정할 변수가 드레인 전류 밖에 없기 때문에 Y축은 항상 드레인 전류 값임

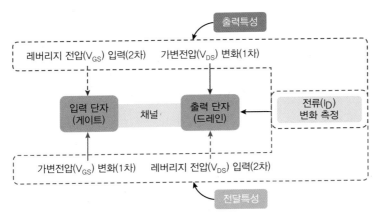

그림 36-1 출력특성과 전달특성을 만들어내는 구성 요소

36.3 출력특성과 전달특성, 그리고 레버리지 전압

TR 동작 시 출력특성으로는 게이트 전압 값($V_{GS} > V_{th}$ 조건)을 일정하게 주고, 가변전압 V_{DS}를 상승시키면 드레인 전류 I_D가 비례하여 증가합니다. 이번에는 (드레인 전압 값은 가변이지만) 레버리지[2](전압 V_{G1}과 V_{G2}) 역할에 의한 드레인 전류 값을 비교하기 위해, 가변전압 V_{DS}를 일정하게 고정시켜 놓고 게이트 전압(레버리지 전압)을 높이면, 변화된 전압 차이에 따라 ΔI_D값이 상승함을 알 수 있습니다.

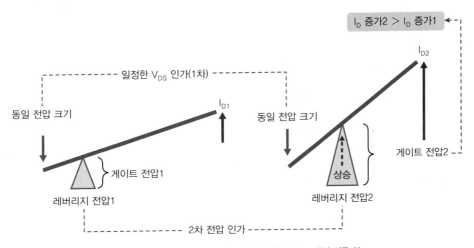

그림 36-2 출력특성에서 레버리지 역할인 게이트 전압을 적용 시 변화되는 드레인 전류 값

---

2 출력특성에서의 레버리지 전압(지렛대 전압)은 2차 가변전압(V_{GS})으로 1차 가변전압(V_{DS})으로 인한 드레인 전류의 변화에 더하여 추가적으로 드레인 전류의 변화를 발생시키는 전압임

■ 레버리지 전압의 기여

출력특성과 전달특성의 분석 시 레버리지 전압(Leverage Voltage)을 사용하면, 드레인 전압과 게이트 전압 등 동시에 2개 종류의 전압이 변할 때 발생되는 드레인 전류 값을 계산할 수 있습니다. 레버리지 전압을 활용한다는 것은 1차 가변전압인 드레인(혹은 게이트) 전압 이외에 2차로 다른 종류의 전압인 게이트(혹은 드레인) 전압 조건을 변화시킨다는 의미입니다. 즉 드레인 전류의 입장에서 보면 가변전압에 의해 전류 값이 한 번 변한(증가) 뒤, 레버리지 전압에 의해 다시 전류 값이 변하게 (추가 증가) 되는 거죠. 실질적으로는 가해주는 두 개의 전압 조건에 의해 전류 값이 2번 변하는 셈이죠.

■ 전압 배분 @ TR의 'ON/OFF' 조건

일반적으로 1차 전압변수는 아날로그로식으로 변화시키고, 2차 전압인 레버리지 전압은 계단식(디지털식, 임의적임)으로 증가(적용)시키면서 TR을 동작시킵니다. 출력특성일 때는 드레인 전압 대비 드레인 전류의 흐름을 파악하는데, 이때 게이트 전압을 레버리지 전압으로 사용하지요. 전달특성에서는 게이트 전압 대비 드레인 전류의 변화를 측정하는데, 이때 드레인 전압을 레버리지 전압으로 사용합니다. 특히 출력특성에서는 높은 레버리지 전압에 따른 출력 단자의 드레인 전류가 증가하는 변화 값이 낮은 레버리지 전압에 비해 최소 수 배에서 수십 배까지 큰 폭으로 변합니다. 그만큼 낮은 레버리지 전압인 경우보다 높은 레버리지 전압에서 드레인 전류 값의 기울기가 가파르게 변하지요. 이는 TR이 'ON/OFF'되는 드레인 전류 값이 확정된 뒤 TR을 'ON/OFF'시키기 위한 드레인 전압과 게이트 전압의 배분을 각각 얼마씩 할 것인지를 결정할 수 있게 합니다. 이를 통해 차단, 활성, 포화 중 TR을 어떤 영역에서 동작시킬 것인지 혹은 TR이 어떤 영역에서 동작되는지를 판단할 수 있습니다.

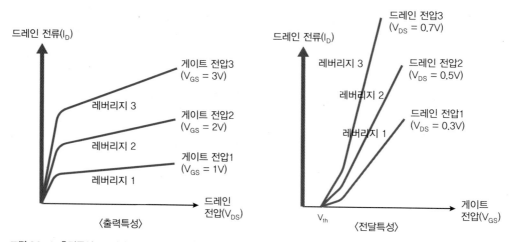

그림 36-3 출력특성 vs 전달특성 : 드레인 전압-게이트 전압-드레인 전류의 관계

36.4 차단 영역($V_{GS} < V_{th}$)

차단 영역은 다수 캐리어에 의한 드레인 전류가 흐르지 않습니다. 채널(캐리어가 건널 다리)이 전혀 없거나 채널이 일부 존재하지만 충분히 형성되지 못한 상태로, 게이트 전압이 문턱전압보다 낮은 수준에 머물러 있습니다($V_{GS} < V_{th}$).

■ 채널의 형성과 드레인 전류

게이트 전압이 높아질수록 채널의 부피(체적, 영역)는 커집니다. 그러나 게이트 전압이 문턱전압보다 낮으면($V_{GS} < V_{th}$) 채널의 두께와 폭, 길이가 제대로 형성되지 않기 때문에 캐리어들이 채널을 통해 이동하지 못합니다. nMOSFET인 경우, N형 채널의 반전층이 미완성 상태로 이 상황에서는 아무리 드레인 전압(V_{DS})을 높여 캐리어들을 유인해도 드레인 전류(I_D)는 움직이지 않습니다. 캐리어들이 드레인 단자 쪽으로 가고 싶어도 채널이라는 다리가 제대로 형성되지 않았고, 다리가 없는 골짜기를 건너기에는 저항이 너무 크기 때문이죠. 이렇게 거의 전류가 발생하지 않는 상태를 차단(Cut-off) 영역이라고 하며, 이는 어느 방향으로도 전류가 흐르지 않는다는 뜻입니다. 그러나 이 경우 일부 소수 캐리어들은 높은 저항을 헤치며 이동하기 때문에 매우 작은 역방향 전류(Reverse Current)가 흐르는데요. 이 미미한 컷오프 전류(Cut off Current)는 채널이 정상적으로 형성된 경우의 드레인 전류(I_D)에 비해 1/100도 되지 않는 수준이라, 무시합니다.

> **Tip** 역방향 전류와 컷오프 전류는 같은 전류를 말합니다.

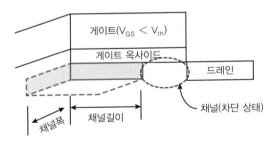

그림 36-4 차단 영역에서의 채널 상태
채널을 정확히 관찰하기 위해 트랜지스터 구조를 밑에서 위로 올려다본 형태입니다(스페이서와 LDD, Halo 등은 구조의 단순화를 위해 생략함).

■ 출력특성과 전달특성

차단 영역일 때의 트랜지스터 출력특성을 보면, 드레인 전압(V_{DS})의 변화와 상관없이 드레인 전류(I_D)가 거의 흐르지 않는다는 것을 알 수 있습니다. 즉 게이트 전압이 도와주지 않으면, 드레인 전압만으로는 드레인 전류를 흐르게 할 수 없습니다. 또한 전달특성에서 이 차단 영역을 봤을 때도 게이트에 인가되는 전압이 문턱전압보다 낮다는 걸 알 수 있죠. 이때는 입력 저항과 출력 저항 모두 큰 값으로 나타납니다. 그렇기 때문에 채널이 형성되지 않은 트랜지스터는 전혀 움직이지 않는 OFF 상태를 유지하게 됩니다.

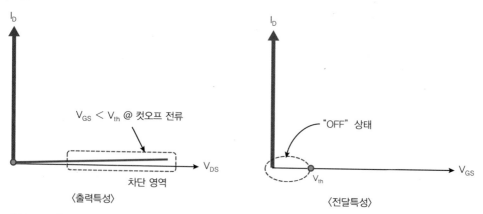

그림 36-5 채널이 완성되지 않은 차단 영역에서의 출력특성과 전달특성

■ 전기적 특성 분석 @ 차단 영역의 예

[그림 36-6]에서 BV_{DS}(Breakdown Voltage, 드레인에 역방향으로 전압 인가)인 경우, 게이트 전압이 인가되지 않은 상태에서 역방향 바이어스 전압을 증가시키면 드레인-소스의 전압 차이가 60V가 될 때까지는 TR이 파괴되지 않다가 60V가 되는 시점에 역방향 항복전압 BV_{DS}가 발생하여 드레인 전류($100\mu A$)가 급격히 높아집니다. 항복전압 이상에서는 통제 불가능한 역방향 전류가 흐릅니다.

I_{DS}(소스에서 드레인으로 흐르는 전류)인 경우, V_{GS}(게이트-소스 간 전압, 게이트 전압)가 0V로 채널이 형성되지 못한 상태이므로 I_{DS}(드레인 전류)가 흐르지 않아야 정상입니다. 그러나 $V_{DS} = 25V$ 인가로 P형 기판의 소수 캐리어가 드레인 단자로 이동하여 컷오프 전류는 최대 $0.5\mu A$가 흐를 수 있습니다. 이때 $V_D = 0V$이면 $V_G = 15V$ 인가 시에 게이트에서 바디로 최대 10nA가 흐릅니다. 여기서 핵심은 게이트 전압이 인가되지 않으면 채널이 형성되지 않게 된다는 의미이지요.

ELECTRICAL CHARACTERISTICS ($T_A = 25°C$ unless otherwise noted)

Symbol	Parameter	Test Condition	Type	Min	Typ	Max	Unit
OFF CHARACTERISTICS							
BV_{DSS}	Drain–Source Breakdown Voltage	V_{GS} = 0 V, I_D = 100 µA	All	60	–	–	V
I_{DSS}	Zero Gate Voltage Drain Current	V_{DS} = 25 V, V_{GS} = 0 V	All	–	–	0.5	µA
I_{GSSF}	Gate – Body Leakage, Forward	V_{GS} = 15 V, V_{DS} = 0 V	All	–	–	10	nA

그림 36-6 컷오프 상태의 전기적 특성 데이터 시트 @ 온-세미콘덕터(ON Semiconductor) BS170, 단품[56]

36.5 핀치−온($V_{GS} = V_{th}$), TR 동작의 시작

게이트 전압이 제로(트랜지스터가 차단 상태)에서부터 높아질수록 채널은 두꺼워집니다. 그러다 V_{GS}가 더욱 높아져서 채널이 소스 단자와 드레인 단자에 서로 맞닿게 될 때를 핀치−온(Pinch-on)이라 합니다. 이 상태 이후로 전자들은 활성 상태로 들어가는데요. 이는 전자가 소스 단자에서 드레인 단자로 이동할 준비가 끝났다는 말이죠. 이때 인가된 게이트 전압의 크기를 문턱전압(V_{th}, Threshold Voltage)이라 합니다. 이는 트랜지스터가 동작하기 시작하는 임계 값($V_{GS} = V_{th}$)을 의미하지요. 핀치−온의 임계 값에 따라 차단 영역과 활성 영역이 나뉘는데, 그야말로 트랜지스터의 OFF와 ON이 결정되는 갈림길이라고 할 수 있습니다.

S(소스)−D(드레인) 채널은 기판의 상층부에 매우 얇은 두께와 높은 전자밀도로 반전층(Inversion Layer)을 이루게 되어, 전류는 거의 표면전류 형태로 흐릅니다. 이때 드레인 전압이 인가되지 않았다면, 채널의 두께는 소스 단자 근방 혹은 드레인 단자 근방 모두 비슷하지요. 한편 게이트 옥사이드(Gate Oxide) 절연층의 두께가 얇을수록 게이트 전압의 전달이 잘되어 채널이 빠르게 형성되고 채널의 두께는 두꺼워집니다. 게이트 옥사이드를 얇게 하려면 게이트 산화막 형성 시 (공정시간은 오래 걸려도) 건식산화(HfO_2 혹은 ALD−ZrO_2)로 진행해야 합니다. 습식산화($H_2O + _{14}Si$)에 비해 건식산화(O_2 + 실리콘, 하프늄, 지르코늄) 방식은 산화막질도 튼튼하여 HCI에 의한 포획(Trap)전자도 획기적으로 방지할 수 있습니다.

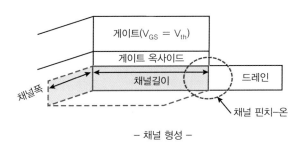

− 채널 형성 −

그림 36−7 게이트 전압의 증가로 핀치−온이 달성된 채널($V_{GS} = V_{th}$)

■ 전기적 특성 분석 @ 핀치−온 상태의 예

[그림 36−8]에서 $V_{GS(th)}$는 S−D 사이의 채널이 완성되는 시점의 게이트 전압으로, Min/Tpy/Max는 문턱전압 $V_{GS(th)}$값을 나타내며, 드레인 전압 V_{DS}는 게이트 전압과 동일한 경우입니다. 채널이 형성될 때 기본적으로 S−D 사이에 흐르는 드레인 전류 I_D는 1mA입니다. BS170의 문턱전압의 전형적인 값(Typical Value)이 2.1V이고 모집단의 최대치가 3V에서 최소치가 0.8V로 나타나며, 핀치−온에서부터 활성 영역으로 가면서 V_{DS}에 비례하여 본격적으로 드레인 전류가 흐르기 시작한다는 의미입니다([그림 36−10]의 출력특성 참조). V_{GS} 파라미터 값이 3V(Max)−0.8V(Min) = 2.2V

의 편차가 나는 것은 TR마다 공정 진행 중에 분위기 조건 변화 및 웨이퍼 상의 상이한 위치로 인해 공정변수들이 일률적이지 않기 때문입니다.

ELECTRICAL CHARACTERISTICS (T_A = 25°C unless otherwise noted)

Symbol	Parameter	Test Condition	Type	Min	Typ	Max	Unit
ON CHARACTERISTICS (Note 1)							
$V_{GS(th)}$	Gate Threshold Voltage	$V_{DS} = V_{GS}$, I_D = 1 mA	All	0.8	2.1	3	V

그림 36-8 핀치-온 상태의 전기적 특성 데이터 시트 @ 온-세미콘덕터(ON Semiconductor) BS170, 단품[57]

T_A = 25°C : 실내(Ambient)의 분위기가 상온 25°C에서 BS170의 전기적 특성치

36.6 활성 영역($V_{GS} > V_{th}$, $V_{GS\_eff} > V_{DS}$)

핀치-온($V_{GS} = V_{th}$) 이후, 드레인 전압과 게이트 전압이 높아질수록 비례하여 전자의 이동이 많아집니다. 이 상태를 활성 영역이라고 하는데요. 드레인 전류가 활성화되었다는 의미는 트랜지스터가 ON으로 진입한 상태이지요. 활성 영역(비포화 영역)에서는 드레인 전류는 드레인 전압과 게이트 전압 각각에 대해 선형적인 증가 형태를 보입니다.[3]

■ 채널의 변화와 드레인 전류

nMOSFET인 경우, 활성 영역은 게이트 전압이 문턱전압보다 높아 채널은 항상 형성된 상태입니다. 드레인 (+)전압을 높이면(범위 : $V_{DS} < V_{GS\_eff}$), 채널에 있는 다수의 전자(캐리어)를 끌어당기게 되죠. 그에 따라 드레인 전류도 점차 증가하게 됩니다. 이때 게이트 전압(기본 조건 : $V_{GS} > V_{th}$로 부터 시작하여 추가적인 상승)을 높이면, 드레인 전압의 증가와 함께 서로 상승 효과를 이뤄 드레인 전류의 증가폭이 급격히 커집니다(게이트 전압의 레버리지 효과). 실질적으로 채널에 영향을 끼치는 유효한 게이트 전압은 인가하는 게이트 전압에서 문턱전압을 제외합니다(V_{GS_eff}는 $V_{GS} - V_{th}$). 왜냐하면 문턱전압은 채널을 형성(Pinch-on)하는 데 이미 사용되어, 그보다 높은 전압($V_{GS\_eff} > 0V$)이 비로소 드레인 전류가 증가할 수 있도록 채널의 두께를 형성해주기 때문입니다.

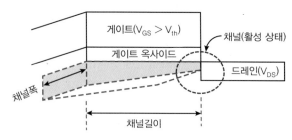

그림 36-9 게이트 전압과 드레인 전압을 증가시켜 만들어낸 채널 상태($V_{GS\_eff} > 0V$, $V_{GS\_eff} > V_{DS}$)

---

3 드레인 전류는 게이트 전압과 드레인 전압 관계에서 벡터 곱의 특징을 보임

활성 영역에서 채널은 소스 단자 부근에서는 두꺼웠다가 드레인 단자 쪽으로 갈수록 얇아지는데요. 이는 J_D 부근에서는 드레인 전압에 의해 소스 단자에서 채널로 들어오는 캐리어의 개체수보다 채널에 있던 캐리어들이 빠져나가 드레인 단자로 흡수되는 개체수가 더욱 많기 때문입니다.

■ 채널과 LDD

캐리어의 이동속도는 드레인 단자와 가까울수록 점점 빨라지기 때문에, 이로 인해 HCI 현상과 계면에 포획되는 전자가 발생하게 됩니다. 이를 줄이기 위해 LDD를 둡니다. 그리고 드레인 전압이 커질수록(이때는 아직 $V_D < V_G$ 상태임) G-S 단자 사이의 전압 차이(V_G와 V_S는 변동시키지 않음) 대비 G-D 단자 사이의 전압 차이가 작아지므로 J_D 근방 채널의 두께가 줄어듭니다. TR 구조에서 S-D 단자 사이는 되도록 멀수록 부작용이 적으므로 소스/드레인 도핑 시 등방성인 확산 방식보다는 이방성인 이온주입 방식을 택하지요. 사실 확산 자체가 등방성으로 소스/드레인 도핑 시 LDD를 형성하지는 못합니다(물론 LDD는 단채널 이후 생겨난 개념입니다).

Tip 실제 적용하는 CMOS 소자인 MOSFET에서는 드레인 단자를 출력으로만 사용하고, 드레인 단자 대신 소스 단자로 전압을 인가하여 S-D 사이에 바이어스 전압 상태를 만듭니다.

■ 출력특성

출력특성인 경우, 활성 영역은 드레인 전류가 드레인 전압에 비례하여 증가하는[4] 선형 영역으로, 단자 3개를 갖는 진공관과 비슷한 기능을 한다는 의미로 트라이오드 영역이라고도 합니다. 이때 게이트 전압은 레버리지 역할을 하여 게이트 전압의 증가로 드레인 전류의 증가폭이 매우 크게 나타납니다.

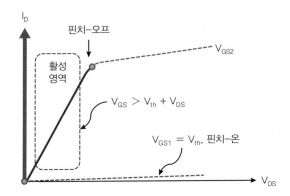

그림 36-10 드레인 전압-게이트 전압-드레인 전류와의 관계를 보여주는 출력특성 곡선

---

4 선형 저항, 즉 지수함수적으로 변하지 않고 일직선적으로 비례한다는 의미

■ 출력특성에서의 레버리지 효과

활성 상태에서 게이트 전압을 낮추면, 드레인 전류 값이 급격히 떨어지고, 전류의 증가폭도 낮아지게 됩니다. 따라서 드레인 전류의 상승 기울기를 가파르게 만들려면, 레버리지(지렛대) 전압으로 사용된 게이트 전압을 가능한 높게 키워야 합니다. 사실 드레인 전압은 채널에 널린 캐리어를 끌어 오기만 하면 되므로 적정 전압이면 충분합니다. 활성(선형) 영역에서 적정 전압 구간은 드레인 전압이 0V에서부터 V_{DS}(드레인 전압) = V_{GS_eff} (유효 게이트 전압)이 될 때까지 드레인 전압을 상승시키는 구간입니다. 또한 게이트 전압을 높이면 드레인 전압도 그에 따라 높일 수 있어서 그만큼 드레인 전류의 증가폭을 키울 수 있습니다.[5] 결국 활성 영역에서는 캐리어를 당기는 드레인 전압보다는 캐리어가 지나갈 수 있도록 채널통로의 단면적을 높이는 게이트 전압의 기여도가 더 높다고 할 수 있죠.

Tip V_{GS}, V_{DS}는 모두 소스 단자와의 전압 차이로, 소스 단자를 기준점(혹은 Ground)으로 설정하여 게이트 전압과 드레인 전압을 인가한 표기입니다. 이때 $V_{GS}=V_{GG}-V_{SS}$, $V_{DS}=V_{DD}-V_{SS}$입니다.

■ 전달특성

활성 영역의 전달특성은 드레인 전류가 게이트의 유효전압(V_{GS_eff})에 비례하여 증가하는 선형 영역입니다. 이때 드레인 전압은 레버리지 역할을 하여, 드레인 전압의 증가가 복합적(게이트 전압 + 드레인 전압)으로 작용하여 드레인 전류가 증가하기는 합니다. 그러나 드레인 전압 증가분 중에서 제곱배의 절반에 해당하는 부분이 차감(식 (36.1) 참조)되어 전체적으로 드레인 전류가 (게이트 전압의 증가 비중에 비해) 많이 증가하지는 않습니다.

$$I_D = K_n \left[\left(V_{GS} - V_{th} \right) V_{DS} - \frac{1}{2} V_{DS}^2 \right] \quad 단, K_n은 공정상수 \qquad (36.1)$$

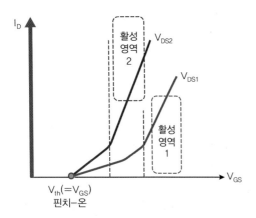

그림 36-11 게이트 전압과 드레인 전류와의 관계를 보여주는 전달특성 곡선

---

5 드레인 전압을 높이는 것보다 게이트 전압을 높이는 것이 I_D의 상승효율이 높음. 즉 V_{DS}를 1V → 2V보다는 V_{GS}를 2V → 3V가 I_D를 더욱 증가시킴

즉 활성 상태에서의 드레인 전류는 게이트 전압변수와 드레인 전압변수 모두로부터 영향을 받지만, 레버리지 역할 측면을 볼 때 출력특성에서 게이트 전압이 기여한 역할만큼 전달특성에서 드레인 전압이 큰 역할을 하지는 못합니다. 이는 드레인 전압의 증가가 다수 캐리어인 전자의 운동을 활성화시키면서 동시에 J_D에 결핍 영역을 비례적으로 확대하여 전자의 이동을 방해(저항을 높임)하기 때문입니다.

■ 전기적 특성 분석 @ 활성 영역

[그림 36-12(a)]는 드레인 전압 V_{DS}가 증가함에 따라 드레인 전류 I_D가 비례하여 선형적으로 증가하는 출력특성입니다. V_{GS}가 1V씩 올라감(Step-up)에 따라 I_D가 급격히 증가하고, 핀치-오프 이후 I_D는 곧바로 포화 상태로 진입합니다. 이외에 드레인 전류를 증가시키는 구조적 방식으로는 게이트 옥사이드 층의 두께를 얇게 하는 것입니다. T_{OX}(옥사이드 두께)가 얇아지면 게이트 전압이 채널로 쉽게, 그리고 높은 효율로 전달되어 채널이 빠르게 두꺼워져서 캐리어가 급속히 증가합니다.

[그림 36-12(b)]는 채널이 핀치-온되는 문턱전압이 약 V_{th} = 2V이고, V_D = 10V일 때의 선형적(V_{th}의 3배인 8V까지) 전달특성입니다(온도 변화는 논외). V_{GS}가 상승하여 채널폭이 증가함에 따라, 비례하여 드레인 전류가 급격히 증가합니다. ΔV_{GS} = 1V의 증가 대비 드레인 전류는 약 1.5배씩 증가한다는 것을 알 수 있습니다.

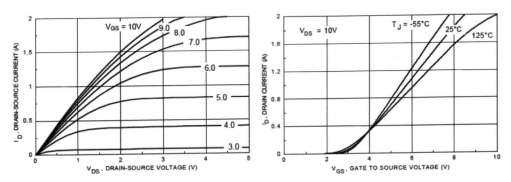

그림 36-12 (좌) 증가형 nMOSFE의 I_D-V_{DS} 활성 영역 상태의 전형적인 전기적 출력특성 그래프 (우) 동일 제품의 I_D-V_{GS} 활성 영역 상태의 전형적인 전기적 전달특성 그래프[58] @ 온-세미컨덕터 BS170[6]

> **Tip**　모토로라 반도체(미)는 1960년대부터 최근까지 디스크리트(Discrete) 반도체의 글로벌 최강자로써 반도체 IDM 업체입니다. 디스크리트 제품 이외에 CPU, Logic IC 사업 등에서는 흥망성쇠가 있었습니다. 온 세미컨덕터(구 모토로라 반도체)는 구 페어차일드(미)를 인수했습니다.

6　(구)모토로라 반도체에서 생산되는 TO-92 타입으로, TO-92 타입은 필자가 모토로라 코리아에서 제품 테스트 엔지니어링으로 근무할 당시 제품 개발 및 제조에 참여한 제품 타입임

36.7 핀치−오프($V_{DS} = V_{GS\_eff}$), 활성 영역과 포화 영역의 경계

역바이어스된 드레인 정션(Drain Junction, J_D)은 드레인 전압이 높아짐에 따라 결핍 영역이 두꺼워지면서, 드레인 전류의 급격한 상승을 막아줍니다. 드레인 전압 V_{DS}가 점점 증가하여 V_{GS_eff} (V_{GS}와 문턱전압 V_{th}과의 차이 : $V_{GS}-V_{th}$)와 같아지게 되면, (J_D의 결핍 영역이 확장되어) 채널이 드레인 단자와 끊어지게 되고, 이런 상태를 핀치−오프(Pinch−off, 천이점)라고 합니다.[7] 핀치−오프된 길이는 J_D의 역바이어스로 인한 결핍 영역을 제외한 채널 영역입니다(엄밀하게는 J_s, J_D의 결핍 영역은 활성 상태에서도 존재하여 채널이 완벽하게 S−D 사이를 연결하지는 못합니다).

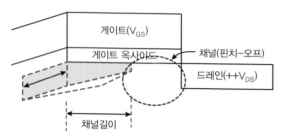

그림 36−13 드레인 전압의 증가에 연동된 채널길이 축소

36.8 포화 영역($V_{DS\_sat} > V_{GS\_eff}$, $V_{GS} > V_{th}$)

■ 게이트와 바이어스 전압 조절

핀치−오프($V_{DS} = V_{GS\_eff}$) 이후, 활성 영역에 이어서 포화 영역 역시 트랜지스터가 켜진(ON) 상태입니다. 포화 조건에서는 드레인 전압의 입장에서 V_{DS}를 증가시켜도 드레인 전류가 거의 증가하지 않지만, 게이트 전압 입장에서는 게이트 전압을 증가(단, $V_{DS\_sat} > V_{GS\_eff}$ 조건)시킬수록 전류가 급속히 증가하는 상태입니다. 실질적으로 볼 때, V_{GS_eff}가 증가하는 조건이면 포화 영역이 활성 영역에 비해 전류의 증가량이 줄어드는 것이 아니고, 오히려 활성 영역보다 증가 비율이 더 크지요.

$$I_D = \frac{1}{2} K_n (V_{GS\_eff})^2 \quad \text{단, } K_n\text{은 공정상수} \tag{36.2}$$

포화 영역에서는 드레인 전압보다 게이트 전압이 드레인 전류에 영향(식 (36.2) 참조)을 더 크게 끼칩니다. 그러나 드레인 전압과 게이트 전압을 일정하게 고정(TR의 동작점인 Q가 포화 영역에 머물 수 있도록, 게이트 입력 전압과 바이어스 전압인 드레인 전압을 조정)시키기 때문에 드레인 전류가 더 이상 늘어나지 않습니다. 전압 제한을 두는 이유는 활성 영역에서는 두 종류의 전압을 최대한 상승시킬 수 있지만, 포화 영역에서는 애벌런치 상태로 들어갈 수 있고, 그렇게 되면 TR이 파손될 가능성이 높기 때문입니다.

---

[7] 31장 '결핍 영역' 참조

■ 채널의 변화와 드레인 전류

게이트 전압이 증가하지 않고 일정한 경우입니다. 드레인 전압이 높아질수록 J_D에 대한 전계의 영향력이 커지고 그에 따라 J_D 근방에 있는 전자가 받는 전기적 에너지가 높아져 전자들의 이동도(Mobility)도 증가합니다. V_G의 채널 형성과 V_D의 오프-채널 영향이 결합하여 채널길이가 결정됩니다. V_D 증가 → 전자 이동도 향상 → 오프-채널길이 확장 → 드레인 전류의 흐름 제한(혹은 일정)으로 이어지면서 전류의 증가가 한계에 도달한 상태죠. 이때 채널길이가 가장 작아진 만큼 반비례하여 드레인 정션의 결핍 영역이 가장 큰 영역으로 확장되어 있고, 오프-채널 영역도 최대로 됩니다. 결국 드레인 전압이 커질수록 채널의 길이는 반비례하여 더욱 짧아지지만, 높은 드레인 전압의 영향으로 캐리어의 이동이 서로 보상되어 전체 드레인 전류는 완만하게 증가합니다.

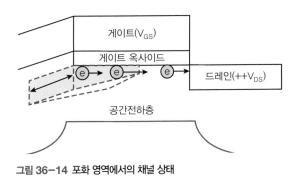

그림 36-14 포화 영역에서의 채널 상태

■ 출력특성

nMOSFET인 경우, 드레인 전압이 계속 높아져 유효 게이트 전압보다 2~3배 높아져도 드레인 전류가 일정 수준에 머무는 현상을 포화라고 합니다. 출력특성인 경우, 활성 영역에서 드레인 전류가 높은 기울기로 증가했던 것과 다르게, 포화 영역에서는 드레인 전압이 증가한다고 드레인 전류가 급격히 증가하지는 못합니다. 활성 영역에서 포화 영역으로 넘어가는 상태는 $V_{DS\_saturation}$이 V_{GS_eff}($V_{GS}-V_{th}$)보다 높아지는 조건입니다. 이때부터 채널이 드레인 단자에서 이격(Pinch-off)되기 시작한다는 뜻입니다. 드레인 전류가 포화된 상황일 때, 드레인 전압이 높아지면 드레인 전류의 증가폭이 약해집니다. 대개 채널이 핀치-오프되면 전자가 건너야 할 다리가 끊어져 캐리어의 이동도 중단되어야 합니다. 그러나 드레인 전압이 충분히 크면, 캐리어들은 드레인 전압에 이끌려서 끊어진 채널을 뛰어넘고, 앞에 놓인 p_Sub의 높은 저항마저 헤치며 드레인 단자로 이동합니다. 캐리어(전자)들이 길(채널)이 없는 길을 지나가는 것이지요.

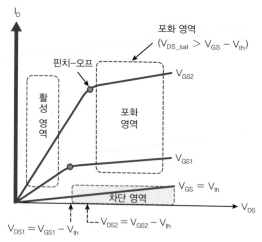

그림 36-15 포화 영역에서의 출력특성

■ 전달특성

포화 영역에서 이동하는 캐리어는 드레인 전압보다는 레버리지 역할을 하는 게이트 전압(채널 두께를 형성)의 영향을 더 크게 받습니다. 전달특성인 경우, 게이트 전압의 증가에 비례하여 채널의 두께는 두꺼워집니다. 드레인 전류는 드레인 전압에 의해서는 포화되었지만, 게이트 전압에 의해서는 선형 비례보다 더 큰 제곱에 비례하는 관계를 나타내지요. 따라서 게이트 전압의 미세한 차이로도 TR의 ON/OFF를 구분할 수 있도록 해줍니다. 이는 TR의 동작 상태를 결정하는데, 드레인 전압(바이어스 전압) 변화를 줄일 수 있어서 TR의 소모전력을 낮추는 긍정적인 역할을 합니다. 즉 드레인 전류는 유효 게이트 전압의 제곱에 비례하며, 비례상수는 공정상수(공정 조건)의 절반입니다. 이는 드레인 전류는 채널의 폭에 영향을 많이 받기 때문입니다. 결론적으로 포화 영역일 때의 드레인 전류의 변화는 드레인 전압(V_G)을 높여도 증가하지 않지만, 게이트 전압(V_G)을 높이면 급격히 상승합니다.

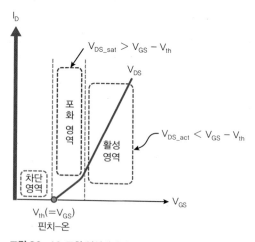

그림 36-16 포화 영역에서의 전달특성

■ 공정 파라미터와 공정상수

소스/드레인 단자용 이온주입 시의 도펀트 농도(공정상수)와 드레인 전류는 비례합니다. 도펀트 농도는 이온의 도즈가 지배하는데, 도즈는 도펀트 소스가스의 단위량에 영향을 받고, 도펀트 소스가스 양은 이온주입 장치에 소스가스가 투입될 때 MFC(Mass Flow Controller)에 의해 조절됩니다. 즉 장비에 붙어있는 조그마한 장치인 MFC에 의해서도 드레인 전류 값이 영향을 받게 되지요. 이렇듯 공정 파라미터들은 게이트 옥사이드, 스페이서 등 각 구조나 재질로부터도 유사한 영향을 받습니다. 제품 개발이 완료되면 드레인 값(전류, 전압)도 정해지고, 드레인 값뿐만 아니라 각 단자 전압치, 구조, 재질 등 공정상의 몇 백 가지의 파라미터 값들이 정해지는데, 그런 요소(공정변수)들을 서로 맞추기 위해 제조용의 베이스 라인(Baseline) 스펙을 제조 라인으로 제공합니다. 베이스 라인 스펙은 주어진 공정 조건에서 수십 번의 시행착오 실험을 거쳐 가장 최선의 옵션으로 선택된 메트리스가 최종적으로 공정상수로 결정됩니다.

36.9 애벌런치, 끝나지 않는 캐리어들의 러시아워

포화 영역에서 게이트 전압은 일정하게 유지한 채 드레인 전압을 계속 높이면 어떻게 될까요? 드레인 전압이 높아지면, 드레인 전류도 계속 증가하여 활성 영역 → 포화 영역을 거쳐 애벌런치(Avalanche, 눈사태)[8] 영역으로 들어갑니다.

애벌런치는 드레인 전류가 많아져서 통제 불능 상태를 의미합니다. 즉 드레인 전압이 V_{GS_eff}(채널에 끼치는 실효적 전압으로, 게이트 전압－문턱전압)보다 3배 이상 높아질 경우, 채널 속 캐리어들의 개수는 애벌런치로 무한정 많아지게 되는 단계로 진입할 가능성이 높아집니다. J_D에 인가된 큰 역방향 전압으로 인해 소스에서 출발한 전자 캐리어가 채널 내 결핍 영역을 이동하면서 원자들과 충돌하여 많은 EHP가 생성됩니다. 이는 연쇄 반응을 일으켜서 다수의 캐리어의 급격한 증가로 인해 더욱 많은 전류가 흐르게 됩니다. 문제는 전자의 도착점인 드레인 단자 부근에 캐리어들이 컨트롤할 수 없을 정도로 많아지면, MOSFET이 동작 불능 상태로 빠져 역방향 항복(Breakdown)이 되거나 많은 전자들의 충돌로 인해 발생된 높은 열로 TR이 파괴(Burnt)됩니다. HCI를 줄이기 위해 설치한 LDD는 V_{av}를 높이기 때문에 애벌런치를 어느 정도 방지합니다.[9]

---

8 **애벌런치** : 높은 (역)방향 전압, 높은 전계, 낮은 저항, 매우 큰 전류가 특징으로 부성 저항(마이너스 저항) 특성을 나타내고, 최종적으로 소자가 브레이크다운(breakdown)됨

9 34장 '단채널 부작용과 누설전류'와 35장 '팹 프로세스 3 : 스페이스 + LDD' 참조

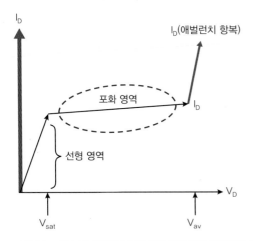

그림 36-17 드레인 전류의 선형 영역, 포화 영역, 애벌런치 영역의 연관 관계

36.10 전달특성과 출력특성의 상관관계

출력특성과 전달특성은 TR의 동일 현상을 서로 다른 각도에서 본 특성입니다. 드레인 전류는 드레인 전압 혹은 게이트 전압에 비례하는데, 출력특성은 드레인 전압의 변화에 대한 드레인 전류의 현상(트렌드)을 나타내고, 전달특성은 게이트 전압에 대한 드레인 전류의 현상을 표현합니다. 전달특성은 핀치-온(V_{th})을, 출력특성은 핀치-오프를 기점으로 분석하는데, 전압과 출력의 관계에서 핀치-온, 핀치-오프, 애벌런치 전압(V_{av}) 3개의 포인트가 가장 중요한 전환점이 됩니다.

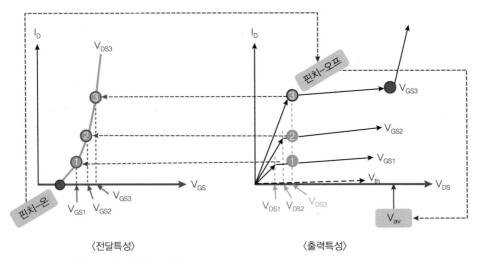

〈전달특성〉 〈출력특성〉

그림 36-18 출력특성과 전달특성의 상관관계

• SUMMARY •

MOSFET의 동작특성은 출력특성과 전달특성으로 해석합니다. 출력특성의 본질은 드레인 전압에 의해 드레인 전류가 비례하는 관계인데, 이때 선형 영역, 포화 영역, 애벌런치 영역이 구분되어 있어 TR의 동작점(Pinch-on, Avalanche)을 확인하고 TR을 ON시키기 위한 조건, TR을 동작시키되 파괴시키면 안되는 한계 전압 값을 알아내고 조절하는 것입니다. 전달특성의 본질은 입력 저항이 높았다가 출력 저항으로 낮게 변천(Transfer)된다는 것인데, 이 특징을 이용하여 유효적인 입력 전압 값만으로 전류 값을 유추할 수 있습니다. 즉 게이트 전압으로 TR의 ON/OFF를 사전에 판정해내므로, 게이트에 전압을 얼마로 인가해야 할지를 결정할 수 있습니다.

그렇게 전압을 조절하여 드레인 전류를 발생시키고, 발생시킨 드레인 전류가 애벌런치 상태로 넘어가지 않도록 하는 동시에 TR이 ON/OFF 동작 혹은 증폭 작용을 정상적으로 진행하도록 전압을 설정합니다. 결론적으로, MOSFET 동작이란 두 단자에 인가하는 드레인 전압과 게이트 전압을 조절하여 엄지 손톱보다 작은 칩 사이즈 내에 수백억 개가 들어간 초극소 크기의 TR을 최적의 전력소모 값을 갖고 파괴(Burnt)되지 않는 안전한 영역 내에서 일사분란하게 움직이도록 하는 것입니다.

CHAPTER 37

CMOS, 반도체 르네상스를 이끈 디바이스의 최강자

nMOSFET과 pMOSFET을 합친 CMOSFET(상보성 금속산화물 반도체 전계효과 트랜지스터, 줄여서 상보성 금속산화 반도체)은 1970년대에 개발되었습니다. 하지만 nMOSFET 단독 제품(단품)의 낮은 제조 단가에 밀리다가, 1990년대에 비로소 널리 쓰이기 시작했습니다. CMOSFET(CMOS)은 마이크로프로세서, 로직 IC, 메모리 반도체의 주변(Peripheral) 회로 영역 등 광범위하게 적용되어 괄목할 만한 성장을 이루었습니다. 각종 지표로도 현존하는 부품 중 최적인 CMOS는 현재 반도체 르네상스 시대를 연 주역이 되었습니다.

37.1 반도체 제품의 개발 단계

반도체 제품을 개발한다는 것은 먼저 테크놀로지(Technology)를 개발하고, 개발된 테크놀로지를 근간으로 제품을 개발한다는 것입니다. 제품도 먼저 코어(Core) 제품을 개발하고, 코어를 근간으로 파생 제품을 전개합니다. (테크놀로지 개발은 소자 영역이고), 제품 개발은 소자, 설계, 공정 등 주요 3개 영역의 역할들을 모아 최종적으로 ES(Engineering Sample)를 내놓는 작업입니다. ES는 최종 테스트를 거쳐 디바이스들이 목표 대비 제대로 동작하는지를 점검하는 샘플이지요. ES가 완료되면, 이를 근간으로 CS(Commercial Sample, 혹은 Customer 제출용 Sample)를 만듭니다. CS가 준비되면 보드(Board)에 올릴 고객들에게 제출하여 제품과 프로세스에 대한 인증(Qualification)을 받습니다. 그 과정에서 동작상 다른 제품(예 컨트롤러)으로부터 도움을 받아야 하는 특별한 경우(예 낸드 플래시)는 제품 개발 프로세스가 더 길어지게 되지요. 고객 인증 후에는 초도 랏(Pilot Lot)을 생산하고, 수율 등 이상이 없으면 고객의 회신사항(Feedback)을 업데이트하여, 양산품을 단계별로 늘리는 램프-업(Ramp-up)을 진행합니다.

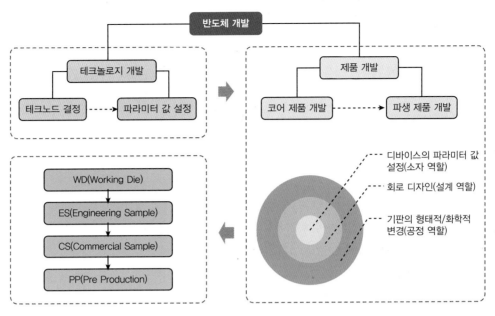

그림 37-1 디바이스의 개발 단계

■ 소자 영역

새로운 테크놀로지(선 폭)를 적용하여 개발된 제품은 크기, 칩 수, 기능, 원가, 신뢰성 등 어떤 형태로든 경쟁력이 급격히 향상된 제품으로 세상에 나옵니다. 그런데 새로운 제품(디바이스)이 기본적으로 갖추어야 하는 것은 주어진 일정한 범위 내에서 디바이스가 전기적으로 이상없이 동작되는 조건입니다. 먼저 재료, 구조, 기능 등 모든 파라미터들의 적정한 값들이 설정되어야 합니다. 파라미터란 반도체 테크놀로지가 목표로 하는 성능에 부합하도록 구조적, 화학적, 전자적으로 요구되는 값들입니다. 선 폭의 CD 결정과 결과물은 소자의 역할이고, 이를 근간으로 제품의 협조를 받아서 만들어낸 핵심적인 결과물이 WD(Working Die)입니다. WD는 개발을 기획해서 최초로 나오는 제품으로, 새로운 테크놀로지를 이용하여 만들어낸 TR이 기본적인 동작을 한다는 의미(물론 기초 설계도 완료된 후)이지요. 이러한 기반 기술을 정립하는 소자 영역은 다른 역할에 비해 가장 넓다고 할 수 있습니다.

■ 설계 영역

설계는 소자 값을 바탕으로 각 층별 마스크 패턴을 완성시킵니다. 층(Layer)은 제품마다 다르지만, 적게는 8개 층에서 많게는 15개 층까지 되지요(2D 기준). 파라미터 설정과 디자인 룰(Design Rule)에 따라 패턴 이미지가 완료되면 소자와 설계까지 완료된 단계이고, 이렇게 테이프 아웃(Tape-out)된 결과를 바탕으로 핵심인 초도 마스크를 제작합니다. 층별 마스크가 완료되면, 여러 샘플 작업을 진행합니다.

■ 제품과 품질 영역

WD를 만들어 평가를 하고, 피드백을 받아서 ES를 진행하여 추가 업데이트를 합니다. 제품특성 결과를 검토한 후 고객에 제품 승인을 의뢰할 CS를 준비합니다. 경쟁력을 갖춘 최종적인 디바이스의 완성품을 만들어낼 책임이 제품과 품질 기능에 있으므로 모든 영역의 결과물을 조율하고 고객으로부터의 회신을 받아 불량 분석 후 내부의 역할을 배분하여 담당하게 합니다.

■ 공정 영역

개발이 완료된 후 고객 평가가 끝나면, 바로 램프–업의 일환으로 예비 생산(Pre Production, PP)과 단계별 양산이 시작됩니다. 각 단위 공정에서는 테크놀로지를 구현하는 데 합당한 장비를 구비해 놓고, 제품에 따라 웨이퍼 및 소스가스를 준비합니다. 개발 기능은 제품과 장비 등 양산에 필요한 규칙이나 관리 데이터(Control Data) 등 기본적인 모든 사항들을 팹 공정에 공급합니다. 공정 기능은 공급된 베이스 라인 스펙(Baseline Spec)에 근거하여 웨이퍼 위에 패턴을 형성해내는 기능이지요. 공정의 핵심은 수율 향상과 양산성입니다. 공정별로 세부적인 조건들을 준비하여, 생산된 제품이 균일하고 일관된 TR 구조가 나오며 성능이 목표치에 달성되도록 합니다.

> **Tip** 이러한 4가지 역할 구분은 조직을 의미하는 것은 아니고, 제품을 개발하고 제조하는 기능에 따라 그루핑한 역할로써 관점에 따라 그룹핑을 달리 할 수 있습니다.

37.2 CMOS 레이아웃

■ 수평면도(Top View)

CMOSFET(nMOSFET + pMOSFET)은 집터 역할을 하는 Well을 2개 두어, 각 Well에 TR을 1개씩 담습니다. pWell에는 Well과는 반대 타입인 TR로 nMOSFET을, nWell에는 pMOSFET을 담습니다. 각 TR은 소스(S), 드레인(D), 게이트(G) 단자를 갖고 있고, Well(바디)은 별도로 픽업(Pick–up) 단자를 1개씩 마련하여, 실질적인 단자들의 총합은 4개가 되지요. 게이트 단자는 어느 타입이건 폴리실리콘(Poly–Silicon) 재질이나 금속 재질로 통일합니다. pMOSFET의 영역을 nMOSFET의 영역보다 더 크게 배정합니다. 이는 pMOSFET의 다수 캐리어인 정공의 이동도가 nMOSFET의 다수 캐리어인 전자보다 낮기 때문에, 대신 정공의 숫자를 늘려 2개 TR의 전류량을 비슷하게 하기 위함이지요. 픽업 단자는 바디인 Well(혹은 기판)과 도펀트 타입을 같게 하되, 바디보다는 이온주입 농도를 한 단계 높게 하여 Well이 전원전압을 받아들이는 통로로 사용하도록 합니다.

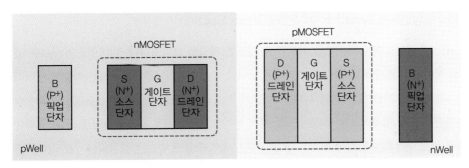

그림 37-2 CMOSFET 수평면도

■ 수직면도(Side View)

초순수실리콘 기판 위에 극초순수 실리콘 재질인 에피텍셜층(Epitaxial Layer, 에피층)을 성장시키는데, 이는 웨이퍼를 팹 제조 라인에 투입 후 에피 공정을 진행하기도 하고 웨이퍼 제조업체에서 선진행하기도 합니다. 에피층은 원가가 상승하므로, 에피층 없이 진행하는 경우가 더 보편적인데, 이때는 웨이퍼 제조 시에 기판을 P형으로 도핑하여 반도체 제조 라인으로 투입하지요. 에피층 위에는 Well을 2개 도핑하지만, 일반 웨이퍼에서는 1개 Well만 설치하고 나머지 Well은 설치하는 대신 P형 기판 위에 TR을 직접 구성합니다. STI는 TR 간의 누설전류를 막기 위한 담벼락 역할을 하고, 웨이퍼 표면에 소스/드레인 단자를 도핑합니다. 이때 인접 Well에 위치하는 픽업 단자도 같은 도펀트 타입, 같은 농도로 도핑을 합니다. 웨이퍼 표면 위로는 게이트 옥사이드와 게이트층이 순차적으로 증착되지요. 이렇게 TR 2개가 형성되면 서로 다른 타입의 MOSFET이 각 Well에 1개씩 들어앉아서 CMOSFET의 회로를 완성합니다.

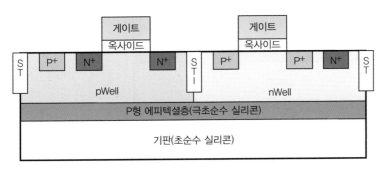

그림 37-3 CMOSFET 수직면도

■ 입체 뷰 : 수평면도(Layout) + 수직면도(Cross Section)

[그림 37-4]는 수평면도와 수직면도를 비교할 수 있도록 배치한 그림입니다. 디바이스의 구조는 입체적이므로 항상 수평과 수직면을 같이 고려해야 합니다. 각 디바이스마다 추구하는 기능이 상이하므로 구조 비율 또한 그에 따라 다양합니다. 사이즈가 축소된 단채널(Short Channel)인 경우에 발생되는 누설전류 또한 입체적으로 움직이므로, 개선 방향도 입체적으로 수립되어야 합니다. 그런데 웨이퍼 표면 위로 구성되는 입체적 형태는 명확하지만, 웨이퍼 표면 밑으로 설치되는 구조나 이온주입 형태들은 경계가 명확하게 그어지거나 농도가 구분되는 것이 아니지요. 화학적 접촉으로 인해 계면이 대부분 불분명하게 형성되므로, 구조 형성 및 구조 분석 시 혹은 대책을 수립하는 경우 정확도(기준과 실제 결과 사이의 일치)와 정밀도(반복된 결과 사이의 일치)가 높은 디자인, 소자 계산, 공정 진행이 되어야 합니다.

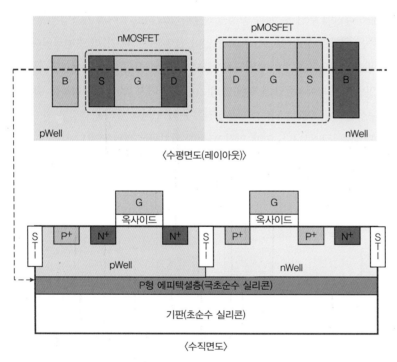

그림 37-4 CMOSFET 수평-수직면도

37.3 팹 프로세스

기판 웨이퍼를 투입 후에, 팹 공정은 단위 TR을 만드는 소자 공정(FEOL)과 TR에 전압을 인가하고 전류가 흐를 수 있도록 도선을 연결하는 배선 공정(BEOL)으로 나뉩니다. FEOL은 구조적으로 볼 때, 기반 영역인 Well과 핵심 기능을 진두지휘하는 3개 단자 이외에 전류를 차단하는 데 필요한 절연층, TR들 간의 연결을 막는 STI 및 특별한 절연 기능을 하는 스페이서 등이 있습니다.

BEOL은 콘택홀과 비아홀을 뚫어 아래위를 연결하는 통로를 만들고, 그 위에 금속배선(베리어 메탈 및 메탈 레이어)을 몇 층 올립니다. 각 금속층과 소자 영역 사이, 금속층과 금속층 사이는 모두 중간에 절연층으로 철저히 메꾸어야 단락 불량 혹은 누설전류를 방지할 수 있습니다. 모든 형태가 갖춰진 뒤로는 절연성 마감처리로 패시베이션(Passivation)층을 덮어 마무리를 하지요. 이런 공정들을 진행하기 위해 실제 현장에서 적용되는 마스크는 제품마다, 회사마다 다르며 사용하는 개수도 제각각입니다.

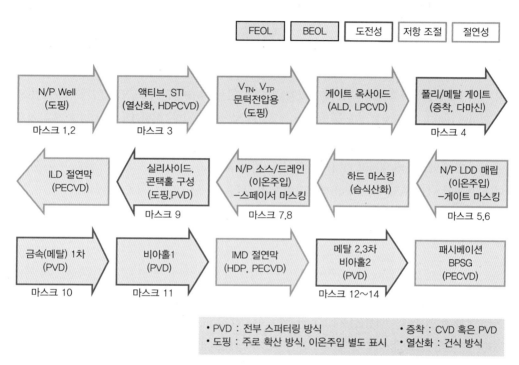

그림 37-5 CMOS 공정 순서와 마스크(공정 선택과 마스크는 다양한 옵션이 가능함)

■ FEOL 프로세스

FEOL(Front End of Line, 기판 공정 혹은 소자 공정)은 팹 공정 중에서 앞 부분의 공정입니다. CMOSFET 구조(2D 기반)를 쌓기 위해 맨 처음으로는 Well을 도핑하여 만들고 Well과 Well 사이에 STI 칸막이를 설치합니다. Well을 기반으로 그 위에 소스/드레인 단자를 심지요. 기판 하부로 형성되는 소스와 드레인은 도핑 방식 이외에는 사용할 수가 없고, 기판 상부의 게이트는 증착 방식을 적용합니다. 거칠게 도핑할 때는 확산 방식을 사용해도 무관하므로 Well은 주로 확산 혹은 이온주입(최근에는 이온주입을 선호)으로 진행하고, 소스와 드레인 단자는 정확한 CD을 구현해야 하므로 반드시 양이온을 이용하여 도핑합니다. 기판 상부로는 먼저 게이트 밑에 들어가는 절연층인 게이트 산화막을 산화 방식(증착 + 확산이 동시에 발생)으로 깔아 놓고 그 위에 게이트층을 증착하지요. 최근에는 산화막도 CVD 방식으로 진행하여 공정속도를 높이기도 합니다.

증착방식은 게이트 재질이 도전성일 때는 PVD 혹은 구리일 때는 다마신 방식으로 층을 만들고, 폴리실리콘일 때는 CVD 방식으로 증착 후에 불순물 도핑을 진행합니다. 얼마나 정확한 CD로 구현할 것인지는 증착보다는 식각이 결정하지요. 따라서 게이트 단자의 식각은 반드시 플라즈마를 이용한 건식식각(RIE)으로 정확한 길이를 확보해야 합니다.

CMOSFET은 MOSFET을 N형과 P형을 함께 묶어서 1개 세트로 구성하는데, 각각 TR의 구조는 별개로 만듭니다. 게이트와 게이트 옥사이드는 타입으로 구분하는 것이 아니므로 nMOS/pMOS 영역에서 모두 공통으로 형성하지만, 소스와 드레인 단자는 주입하는 소스가스(프로세스 가스)의 원소를 달리하므로 반드시 진행하는 반대편 TR의 액티브 영역(Active area)은 절연막으로 막고 진행하지요. 이는 그만큼 공정 수가 많아지는 부담이 들어갑니다. 따라서 1개 칩(16Gb, 디램인 경우)에 160억 개의 TR을 집적시키는 경우(80억 개의 CMOSFET)는 N형/P형의 소스/드레인/게이트/픽업 모두 합하여 640억 개 단자를 1개 칩 안으로 축소시켜 넣어야 합니다. 이런 TR 위로 디램 같은 경우 160억 개의 커패시터가 있으므로, 칩당 최소 800억 개의 단자 형태를 구분해야 합니다. 웨이퍼 상에 이런 칩이 약 500개 있다고 가정하면 웨이퍼 1장당 최소 40조 개의 CD를 구분해서 구성해야 합니다. 여기에 STI, Well, Side Wall까지 포함할 경우에는 최소 65조 개의 CD가 됩니다.

■ BEOL 프로세스

BEOL(Back End of Line, 2D 기반)은 팹 공정 중에서 앞 공정인 FEOL 공정이 완료된 후, 콘택부터 시작합니다. 소자층 위로 적층한 ILD(Inter Layer Dielectrics) 절연층에 콘택홀(드레인 상부)을 뚫어서 메탈1층으로 연결합니다. 그 위층으로는 IMD(Inter Metal Dielectrics) 절연층을 덮고, IMD 층에 비아홀을 뚫어서 메탈2층으로 연결합니다. ILD, IMD 모두 절연층이지만, 금속층과 금속층 사이(IMD)는 RC Delay를 줄이기 위해 ILD와 약간 다른 재질인 저유전 물질을 사용하지요. 드레인 단자로 흘러나오는 드레인 전류는 콘택홀을 지나 메탈1층으로 진입해서는 비아홀을 타고 올라갑니다. 이어서 메탈2층을 거쳐서 칩의 패드로 연결되면 바로 칩 밖으로 출력됩니다. 칩 전체를 덮어 보호하는 피복층인 패시베이션(Si_3N_4)은 외부의 온도 변화에 민감하지 않아야 하고 습기와 화학물질이 내부로 침투하지 못하도록 막는 작용을 합니다. FEOL의 구조가 복잡해질수록 비례하여 BEOL의 층수 및 층고가 높아지는데, 보통 최소 10배 이상 높게 쌓아 올립니다. ILD, IMD 등 절연 물질은 보통 CVD로, 메탈층인 금속 물질은 CVD, PVD(스퍼터링), 전해도금 방식을 사용하여 형성하지요.

37.4 포토마스크 준비

웨이퍼가 준비되면 반도체 제품 개발에서는 회로를 설계한 레이아웃(Layout)을 디자인하여 별도로 본(회로 패턴)을 뜨는데, 이를 포토마스크(Photo Mask)[1]라고 합니다. 마스크는 석영(Quartz) 기판 위에 금속성(크롬 등) 물질을 덧씌운 상태에서 E빔을 이용하여 패턴을 뜬 상태로써 중간층에 위상 반전막이 있는 경우도 있습니다. MOS를 위에서 보았을 때 나타나는 각 층의 기하학적 모양(패턴)을 마스크 표면 위에 옮겨 놓은 것이지요. 그러니까 반도체 구조의 모든 패턴은 마스크의 회로 패턴에서부터 출발합니다. 제품별로 상이하지만, 마스크 개수는 약 25~45개 정도 필요합니다. 또한 파티클로부터 마스크 표면을 보호하는 펠리클은 기계적 및 열적특성(마스크와 열팽창 계수 등이 동일)이 뛰어나야 합니다.

Tip 파티클(Particle)은 오염 입자이고, 레티클(Reticle)은 마스크의 일종이며, 펠리클(Pellicle)은 레티클을 파티클로부터 보호해주는 막입니다.

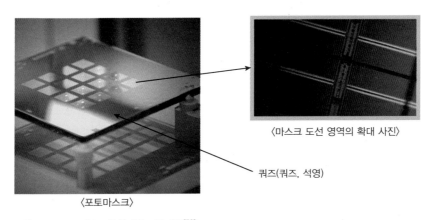

〈마스크 도선 영역의 확대 사진〉

쿼즈(쿼즈, 석영)

〈포토마스크〉

그림 37-6 포토마스크와 확대된 크롬 패턴[59]

Tip Photronics(미, 코네티컷주 소재)는 1969년부터 집적회로 및 평면 패널 디스플레이(FPD)용 포토마스크를 50년 동안 만들어온 기업체로, 4조원 규모의 IC 포토마스크 시장에서 글로벌 마스크의 메이저 공급원입니다. 현재 5nm 노드 EUV 마스크, 위상 시프트(Shift) 마스크, 바이너리(Binary) OPC 마스크를 생산 중입니다.

37.5 기초공사

■ CMOSFET 구성

CMOSFET은 C + MOS + FET으로 나눌 수 있는데, C(Complementary)는 상보성(서로 보완적 성질)으로 N형과 P형 2개의 다른 타입이 서로 부족한 부분을 보완하면서 존재한다는 의미입니다. MOS는 Metal Oxide Semiconductor로 TR을 수직축으로 볼 때의 구성을 나타내며, FET는

---

1 마스크 중 레티클은 이미지 축소가 가능함

Field Effect Transistor로 TR을 수평축 기준으로 본 구성을 나타냅니다. nMOSFET + pMOSFET 의 결합체인 CMOS(CMOSFET)는 제조 공정수를 줄이고, 단자 농도의 통일성을 기하기 위해 nMOS(nMOSFET)와 pMOS(pMOSFET)를 함께 구성하지요. 그런데 TR이 형성되기 위해서는 각각의 TR 특성에 맞는 기초공사가 필요한데요. 이는 곧 바디 역할을 하는 기판과 Well을 다지는 것을 의미합니다.

■ 각 영역 분리

모든 경계면(Well-기판, 소스-바디, 드레인-바디 등)은 TR이 동작할 때 결핍 영역을 형성시켜 각영역을 약하게 혹은 강하게 서로 간에 분리될 수 있도록 절연합니다. 반도체는 동작할 때 모든 영역들이 서로 분리된 상태에서 ON/OFF 기능을 하지요. 예외적으로는 게이트 단자 하부의 구조물인 게이트 옥사이드를 기판(Sub)과의 사이에 고착시켜 물리적으로 절연 상태를 확고히 해둔 구조가 있고, 나머지 소스/드레인/Well 등은 TR이 동작할 때 혹은 동작하지 않을 때 모두 두껍게(J_D), 혹은 얇게(J_S) 결핍층이 각 영역들을 전자적으로 분리합니다.

■ 도핑 타입과 농도

반도체는 특별한 경우를 제외하고는 대부분 서로 인접된 영역들을 반대 타입으로 도핑하므로, Sub가 P형이면 Well은 N형이지요. 2개 Well인 경우는 1개 Well은 pSub(혹은 pEpi) 위에 어쩔 수 없이 같은 타입인 pWell이 형성됩니다. Well 속에 놓여지는 소스/드레인 단자도 반드시 Well과 반대 타입이어야 하지요. 왜냐하면 소스/드레인 사이에서 캐리어를 움직일 다리인 채널이 형성되어야 하는데, 채널 타입이 Well 타입과 서로 같으면 채널 자체가 생성되지 않기 때문입니다. 따라서 nWell에는 pMOS를 심고, pWell 속에는 nMOS를 넣습니다. 도핑 시에는 반대 타입 일지라도 농도는 오버래핑(Overlapping)되는 덮어쓰기 주입일 경우, 선순위인 농도보다 후순위 농도밀도가 약 100~1,000배 높아야 반대 타입으로 구분이 되고 주입하는 효과가 있습니다.

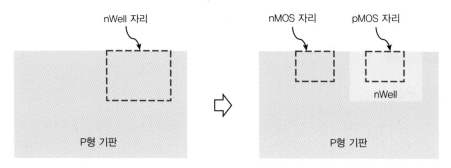

그림 37-7 1개 Well 생성 @ pSub

웨이퍼(기판, P형) 상에 nWell이 생성된 상태. nWell은 pMOS의 바디가 되고, pSub는 nMOS의 바디가 됩니다.
즉 바디의 역할은 Well이 할 수도 있고, 기판이 할 수도 있습니다.

37.6 Well 구성

■ 에피층 역할

에피텍셜층(Epitaxial Layer)은 기판층으로 사용되면서 웨이퍼 표면 결함을 줄여 문턱전압 등 TR 특성에 주는 네거티브 영향을 축소시킵니다. 이는 P형 기판보다 좀 더 결함(Defect)이 개선된 고순도 무결점 층입니다. Well을 형성할 때는 일반적인 연마−기판보다 고순도의 단결정 실리콘인 에피텍셜층 위에 설치하는 것이 기판의 여러 문제(크랙, 에어포켓, 표면 거칠기 및 결정격자와 연관된 문제 등)를 사전에 차단할 수 있습니다. 그 외에 고순도 실리콘을 산화막 위에 형성한 더 높은 품질의 웨이퍼로는 (부작용도 있고 고가여서 많이 활용되지는 않지만) SOI 웨이퍼를 적용하기도 합니다.[2]

■ Well 만들기

모든 트랜지스터 배치는 기판부터 시작하는데, 연마(Polished) 웨이퍼든 에피텍셜 웨이퍼든 대부분 P형 기반의 웨이퍼부터 시작합니다. 일반적으로 nMOSFET은 Sub(P형 기판)가 이미 마련되어 있으므로 공정을 절약하기 위해서는 Well을 별도로 형성하지 않고 주로 기판 위에 직접 만들지요.

N/P Well
(도핑)

마스크 1, 2

pMOSFET을 세우기 위해서는 마스크 1을 사용하여 P형 기판 위에 15족 불순물을 도핑(이온주입하거나 혹은 확산) 방식으로 별도의 nWell을 형성합니다. 만약 TR 성능을 향상하기 위해 pWell이 별도로 필요할 경우 마스크2를 사용하여 추가합니다. Well의 깊이는 점점 얇아지는 추세이므로 등방성질의 확산보다는 차츰 이방성질의 이온주입이 선호됩니다. N형 기반의 웨이퍼일 때는 13족 불순물을 주입하여 pWell을 타설합니다.

■ Well 타입

Old 방식으로는 1Sub-1Well(Single Well)로 2개의 TR을 형성했지만, New 방식으로는 1Sub-2Well(Twin Well)을 선호합니다. Twin Well은 Sub에 Well 2개를 만든 후에 각각의 Well이 1개씩 TR(MOSFET)을 지니도록 합니다. 이때 Twin Well은 P/N형 각각 1개씩 구성해야 합니다. Twin Well에서 pSub-pWell 형태는 기판 효과(Body Effect), Leakage 개선 등 nMOS의 주변 환경을 좀 더 이상적으로 만들기 위해서지요. Well은 소스/드레인 단자보다 깊이가 깊은 대신 농도가 낮으므로, 이온주입 시 단자를 형성하는 경우보다는 주입에너지를 높이고, 이온의 도즈는 낮추며, 주입 횟수도 더 많이 합니다. 즉 주입하는 도펀트 이온의 Well 농도는 소스/드레인 단자보다는 약하게 하고, pSub보다는 높게 책정하지요. 이온주입 후의 Well-어닐링할 때는 비교적 충분한 시간을 두어 Well층이 단자층보다는 아래로 깊게 확산되도록 합니다.

---

2 10장 '에피텍시' 참조

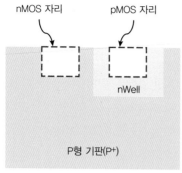

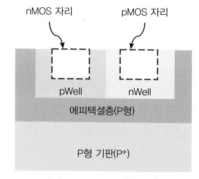

그림 37-8 Well 타입 : 1Sub-1Well(Single Well) vs 1Sub-2Well(Twin Well)
    nMOS와 pMOS 자리는 nMOS/pMOS의 액티브 영역입니다.

▪ Well의 바디 기능

Well은 MOSFET의 바디 역할을 담당합니다. 바디는 MOSFET이 작동할 때 가장 필요로 하는 전자 혹은 홀(Hole)을 공급할 채널(Channel)을 품고서 병참 역할을 합니다. 채널 완성 후, 바디의 상태는 게이트 옥사이드 밑에 반전(Inversion)층인 채널 영역 + 채널을 형성하는 전하(Charge Source, 전자 혹은 정공)를 빼앗긴 이온화 영역(결핍층) + 벌크(Bulk) 영역으로 구분됩니다. 따라서 단자들의 결정격자 구조에 영향을 끼치는 Well과 기판의 결정격자 구조 및 도펀트의 결합 상태가 중요합니다. 이를 위해 Well을 형성할 때 필요한 이온주입과 어닐링(혹은 확산) 시의 조건(온도, 시간)과 기타 세세한 공정 파라미터를 맞춰야 합니다. 바디에는 반대 타입의 전압(Back Bias, P형이면 마이너스 전원전압)을 공급하여 바디 내의 영역들이 이온화 영역(도너 혹은 억셉터로 된 결핍 영역)에 의해 분리될 수 있도록 합니다. 이때 의도치 않게 문턱전압인 V_{th}가 백-바이어스(Back Bias)에 의해 영향을 받게 되어, 결국 바디가 게이트 단자처럼 통제 기능도 (약하지만) 하게 됩니다.

37.7 액티브 영역 확보

Well을 형성했으면, 이제 본격적으로 TR이 들어갈 자리(집터)를 잡습니다. 이는 웨이퍼에 직접 이온주입 등으로 형성하는 것이 아니라, 웨이퍼 상부에 임시로 절연막을 형성하여 액티브 영역의 모양(패턴, 마스크 3)을 냅니다. 절연층은 절연 효과를 높이기 위해 산화층과 질화층을 이중으로 적용하거나

액티브, STI
(열산화, HDPCVD)

마스크 3

산화-질화-산화층(O-N-O)으로 형성하는데, 층을 절약하기 위해 주로 2개 층을 많이 사용합니다. 산화막과 질화막은 주로 열에너지를 이용하여 진행합니다. 액티브 영역은 STI와 연계하여 진행하는 단계로써 오히려 STI를 구성하기 위한 준비 작업이라고 볼 수 있습니다.

37.8 게이트 단자 증착

게이트 단자는 먼저 게이트 산화막(열산화 혹은 ALD, 두께 2~20nm) → 게이트 단자막(CVD, 두께는 특별히 관리하지 않음)을 증착 후에 패턴(마스크 4)을 뜹니다. LPCVD를 적용하여 게이트 단자 형성 시, 하부의 게이트 산화막(ALD)과 함께 패턴을 만들면 산화막 패턴을 별도로 만드는 데 필요한 포토, 식각, 세정 공정이 절약됩니다.[3]

폴리/메탈 게이트
(증착, 다마신)

마스크 4

37.9 LDD 매립

LDD(Lightly Doped Drain) 매립(Buried Layer)은 통상 LDD 도핑 공정이 단독으로 형성되는 것이 아니라, LDD 도핑 → 스페이서(Spacer) 형성 → 단자 도핑 등 3단계가 완료되어야 비로소 완성됩니다. LDD 도핑은 단자 도핑과 같은 순서로 진행하되 단자 농도에 비해 1/1,000배 정도로 낮게 적용합니다. LDD 도핑 시 PR 타입에 따라 마스크 5 혹은 마스크 6(마스크 횟수로는 총 1회)을 적용합니다.

N/P LDD 매립
(이온주입)
-게이트 마스킹

마스크 5, 6

37.10 소스/드레인 단자 주입

소스/드레인 단자(Electrode) 패턴이 레이아웃(Layout)된 마스크 7 혹은 마스크 8을 (단자) 타입별로 적용하는 단계입니다. 그러나 스페이서가 형성(PECVD > 에치백)된 이후이므로 스페이서-셀프 마스킹으로 진행하면 마스크 횟수를 줄일 수 있습니다. 소스/드레인 단자가 형성되면서 동시에 LDD 형태도 같이 완성되지요. 이때 (스페이서는 절연 물질이므로 도핑과 무관할 수 있지만) 소스/드레인 단자를 15족으로 도핑하면서 게이트 단자도 동시에 도핑에 노출시키면 게이트 단자의 도전성이 높아지는 효과가 있습니다. 그에 따라 게이트는 LDD 도핑(N^-) 시 도전성이 약간 높아지고, 소스/드레인 단자 도핑(N^+) 시에 더욱 높아집니다.

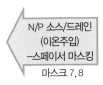

N/P 소스/드레인
(이온주입)
-스페이서 마스킹

마스크 7, 8

■ 트랜지스터 단자 만들기

Well 속에 들어가는 TR을 만드는 과정은 건물을 짓는 과정과 유사합니다. 건물은 땅 표면을 기준으로 위로 쌓기도 하고, 아래로 지하층을 만들기도 하는데요. MOS-TR을 만들 때도 기준 레벨을 게이트 옥사이드와 기판 사이의 경계면으로 정한 다음 3개 단자를 만듭니다.

---

3 16장 '게이트 단자' 참조

먼저 게이트 단자를 기준 레벨 위로 증착시킨 다음, 소스/드레인 단자는 기준 레벨 밑으로 도핑합니다. 위로 향하는 증착은 CVD(폴리 게이트)/PVD(금속 게이트) 방식을 적용하는 반면, 아래로 향하는 도핑은 이온주입(Ion-Implantation)과 확산의 일종인 어닐링(Annealing) 방식을 적용해 소스/드레인의 2개 단자 + 픽업 단자(픽업 단자는 반대 타입 Well에 위치함)를 동시에 만듭니다. MOSFET 하나만을 사용하는 메모리 제품인 디램에서 TR 옆에 붙은 커패시터(CVD + RIE 식각 + ALD 방식을 이용하여 형성)는 위로 쌓기도 하고 아래로 쌓기도 했는데, 지금은 모두 위로 쌓습니다. 낸드는 디램의 커패시터에 해당하는 플로팅 게이트(Floating Gate, FG)가 MOSFET 속에 위치하는데, 이 또한 위로 쌓는 스택(Stacking) 방식을 적용합니다. 2D-낸드에서는 FG가 수평방향으로 자리를 틀고 있지만, 3D-낸드에서는 FG 형태가 발전하여 원통형의 GAA 구조를 띄고 있습니다.

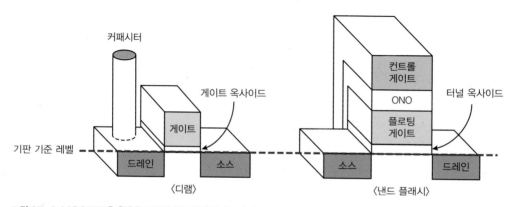

그림 37-9 MOSFET을 활용한 디램과 낸드 플래시 메모리의 구조

37.11 CMOS 일괄공정

일괄공정은 개별적 단위 공정을 연결한 전체 공정의 진행을 의미합니다. CMOS층 쌓기는 Well → 게이트 옥사이드 → 게이트 단자 → 소스/드레인 단자(N형) → 소스/드레인 단자(P형) → 금속선 배선 순으로 진행됩니다. 반도체 공정은 웨이퍼 준비에서부터 반도체를 패키징하여 양품을 골라내는 최종검사(Final Test)까지 주공정이 350~500개 단계 정도되지요. Sub-공정까지 포함하면 이것의 2~3배가 된답니다. 이런 공정들을 거치는 기간은 약 8주에서 12주(팹의 TAT은 약 6~10주, 패키지&패키지 테스트는 약 2주 소요) 정도 걸리니, 반도체 칩은 웨이퍼 투입 후 약 2~3달 후에 완제품이 나오게 됩니다. TAT는 제품에 따라서 팹 라인 조건에 따라서 변동 폭이 크지요.

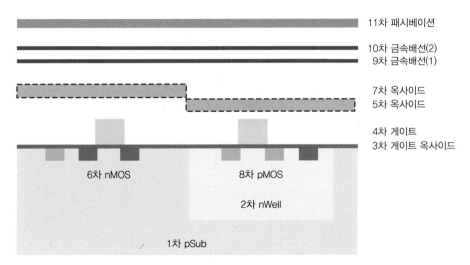

그림 37-10 CMOS 일괄공정
1차부터 11차까지의 단위 공정들을 연결한 트랜지스터 층들의 간소화된 형성 순서

· SUMMARY ·

CMOS는 면적당 디바이스의 개수를 나타내는 집적도를 크게 향상시킬 수 있습니다. 집적도의 향상은 MOSFET 구조의 혁신과 제조 공정상의 최적화에 의한 결과로써, 이는 비트당 가격을 기하급수적으로 떨어뜨려 공급자와 소비자 모두에게 긍정적으로 작용하지요. 최근에는 점점 낮아지는 전압에서도 고속으로 동작할 수 있는 CMOS가 개발되고 있습니다. MOSFET을 베이스(Base)로 한 CMOS의 활용도는 계속적으로 넓어지고 있습니다.

CHAPTER 38 이상적인 스위칭, CMOS 동작특성

CMOS는 서로 다른 성질을 갖는 트랜지스터 2개를 결합하여 시너지를 극대화한 가장 완벽에 가까운 소자입니다. 동작하지 않고 대기(Standby)할 때는 전력을 전혀 사용하지 않는 초절전 상태가 되고, 디바이스가 동작할 때도 전압 손실이 거의 없는 전달효율을 극대화합니다. 또한 'ON'과 'OFF' 사이의 동작 전압 차이가 크기 때문에 노이즈 마진(noise margin)이 충분하여 어느 정도의 노이즈가 타고 들어와도 걸러낼 수 있어서 출력특성이 현저하게 좋습니다. 활용도, 안전성, 신뢰도 등을 비교해도 현존하는 디바이스 중에는 CMOSFET보다 월등한 디바이스는 아직 나타나지 않고 있습니다. 현재까지 개발된 소자 중에 가장 획기적으로 소비전력과 부피를 줄일 수 있는 CMOSFET의 절전 비결은 무엇일까요?

38.1 디바이스는 진화 중

트랜지스터가 변천되는 과정을 보면 집적도와 소비전력, 스위칭 속도가 핵심으로 진화하고 있습니다. 입력이 전류 구동(BJT)에서 전압 구동(FET)으로 바뀌면서 채널길이 축소와 함께 바이어스 전압을 줄여 에너지 소모가 급격히 줄어들었습니다. 또한 디바이스 동작 기법을 향상시켜 느렸던 속도가 계속적으로 빨라지고 있는 추세지요. MOSFET도 2종류(N형, P형)로 나뉘는데, 이들을 하나로 묶어서 CMOSFET을 탄생시켜 최적의 동작 상태를 구현합니다. 그러나 이제는 캐리어인 전자 마저도 상향된 기대치 대비 느린 속도 때문에 캐리어 자체를 이동시키지 않고 디바이스가 동작하는 차세대 제품이 출현될 예정입니다.

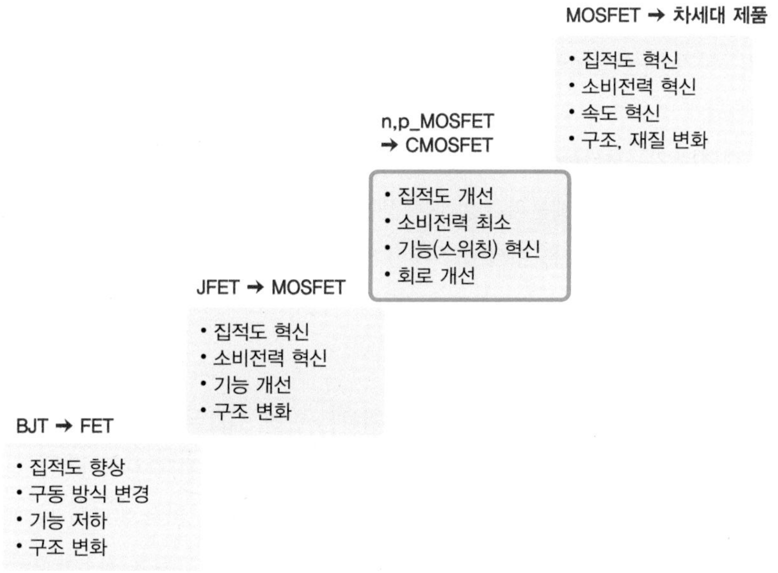

MOSFET → 차세대 제품

- 집적도 혁신
- 소비전력 혁신
- 속도 혁신
- 구조, 재질 변화

n,p_MOSFET
→ CMOSFET

- 집적도 개선
- 소비전력 최소
- 기능(스위칭) 혁신
- 회로 개선

JFET → MOSFET

- 집적도 혁신
- 소비전력 혁신
- 기능 개선
- 구조 변화

BJT → FET

- 집적도 향상
- 구동 방식 변경
- 기능 저하
- 구조 변화

그림 38-1 디바이스(소자)의 진화 방향 : 집적도 상향, 소비전력 축소, 기능 강화

38.2 BJT보다 FET

■ 극성(Polarity, 극자) 개수

트랜지스터는 크게 BJT(Bi-polar Junction Transistor)와 FET(Field Effect Transistor)으로 나눌 수 있습니다. 전류를 형성시키는 다수 캐리어 중 BJT는 정공과 전자, 즉 캐리어 2종류를 이용하기 때문에 바이폴라(Bi-polar) 트랜지스터라고 합니다. NPN인 경우 캐리어 입장에서 보면, 처음에 베이스에서 정공이 출발하고, 뒤이어 에미터에서 전자가 출발하지요(PNP인 경우는 그 반대입니다). 반면, FET은 다수 캐리어로 정공 혹은 전자 중 1개 종류만 동작에 관여시켜 유니폴라(Uni-polar) 트랜지스터라고 합니다.

■ 동작속도보다 집적도

FET는 동작 시 채널을 형성하는 시간과 캐리어가 채널을 이동해야 하는 시간이 모두 동작시간에 포함되는 반면, BJT는 캐리어가 단자 대 단자 영역으로만 이동하는 시간이 곧 동작시간입니다. 따라서 동작속도는 BJT가 FET보다 훨씬 빠릅니다. 즉 BJT는 채널 구조가 아니기 때문에 커패시터(게이트-채널)로 인한 시간적 고유상수 RC가 FET에 비해 작아서 동작시간이 짧습니다.

그러나 BJT 1개가 들어갈 자리에 FET을 몇 십 개에서 200~300개 정도까지 집어넣을 수 있을 정도로 FET의 집적도가 월등하기 때문에, FET의 비트(bit)당 낮은 비용(Cost)으로 인해 BJT는 극히 필요한 응용분야에만 제한되게 적용하고 오래 전부터 대부분 FET을 사용합니다. 어떤 경우든 사용하려는 소자를 선택하는 순위는 기능보다는 셀(Cell)당 가격이 우선합니다. 기능이 부족하면 기술로 풀어낼 수 있기 때문에 기능논리보다는 경제논리가 앞서는 것이죠. 에스램(SRAM)이 퇴보하고 디램(DRAM)이 활성화되었듯, FET가 출현한 이후부터 BJT 대신 FET이 대세가 되었습니다.

■ 제조원가

FET은 수평축으로 캐리어를 이동시켜 한 종류의 전류만 관리하는 반면, BJT는 시드(Seed) 베이스 전류(다수 캐리어는 정공)와 메인 콜렉터 전류(다수 캐리어는 전자)인 2종류를 다루어야 하므로 BJT가 훨씬 불편합니다. 또한 단자 입장에서 보면, 이온주입 공정에서 BJT의 도펀트 농도를 3단계 (높음 > 중간 > 낮음의 농도 레벨)로 조절하여 복잡할 뿐만 아니라, 3개 단자 모두를 최소한 마스크 3개를 투입하여 3층(Layer)으로 구성된 수직 구조를 도핑시켜야 하는 번거로움이 있습니다. 그러나 FET은 단자들이 모두 수평으로 늘어서 있어서 1~2층만 채워(Well 도핑 포함) 넣으면(LDD/Halo 등은 논외) 됩니다. 이로 인해 공정시간, 생산량, 재료 투입, 장비 사용, 마스크 수(BJT가 FET보다 30% 정도 많음), 웨이퍼당 칩 수 등 BJT가 대부분의 항목에서 불리하여 BJT의 칩당 제조원가가 FET에 비해 높습니다.

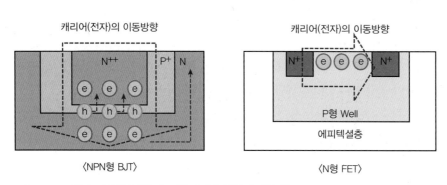

그림 38-2 트랜지스터 동작에 활용되는 다수 캐리어의 종류와 이동방향
@ BJT(캐리어 극성 2개 : 바이폴라)와 FET(캐리어 극성 1개 : 유니폴라)

38.3 스위칭 소자의 대표주자, 증가형 MOSFET

수로에 물의 흐름을 조정하기 위해 설치한 수문처럼, JFET(접합 FET, Junction FET)은 한정된 채널폭 내 전계를 이용하여 전류의 흐름을 막아서 조정하는 접합형 전계효과 소자입니다. 흘릴 수 있는 최대전류가 동작 전부터 설정되어 있고 JFET의 동작은 전류의 흐름을 막아서 조절하지요. 이때 제대로 막지 못하면 'OFF' 기능이 문제가 되기 때문에 스위칭 기능 소자로 활용하기는 증가형 MOSFET에 비해 제약이 따릅니다. 전반적으로 통제 기능이 약하여 누설전류 등에 취약하지만, MOSFET과는 달리 절연막이 없어서 제조에 유리하고 캐리어의 이동도는 좋습니다. 반면, 증가형 (Enhanced) MOSFET은 스위칭 동작에 필요한 드레인 전류를 만들기 위해 채널폭을 증가시켜야 하는 부담이 있지만, 채널의 ON/OFF 통제가 용이하지요. 결핍형 MOSFET도 개발은 돼있지만, JFET과 유사한 이유로 활용 빈도수는 많지 않습니다.

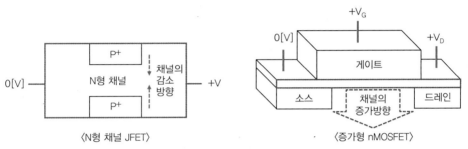

그림 38-3 JFET과 증가형 MOSFET의 구조 비교 @ 모두 N형 채널

38.4 증가형 nMOSFET의 전달 기능

■ Low Level → NO Loss, High Level → Loss

소스 단자에는 $+V_{SS}/-V_{SS}$(혹은 0V)인 바이어스(Bias) 전압을 드레인으로 출력하는 경우입니다. 게이트 단자에는 High/Low 데이터 신호 입력(Data Signal Input) 전압을 인가합니다. TR의 전압 인가 조건은 전자가 채널 내에서 잘 흐를 수 있도록 N채널을 증가시키는 방향으로 초점이 맞춰져 있지요.[1] 게이트에는 플러스 전압(High 전압 $>V_{th}$ 조건)을 인가(시그널 신호 입력)하면 그에 비례하여 N채널이 핀치-온되면서 nMOS가 도통됩니다. 이때 소스 단자로 인가되는 Low 레벨($-V_{SS}$ or 0V)은 손실 없이 잘 전달되어 드레인 단자로 출력되지만, High 레벨($+V_{SS}$)은 V_{th} 손실로 인해 V_{th} 값을 차감한 값($V_{SS}-V_{th}$)으로 출력됩니다. 반대로 마이너스 전압이 게이트에 입력되면 소스 단자와 상관없이 소스와 드레인 사이에 채널이 형성되지 않으므로 nMOS 자체는 'OFF'가 되어 출력 단자로 어떠한 전압 레벨도 전달하지 못합니다.

---

1 33장 '채널' 참조

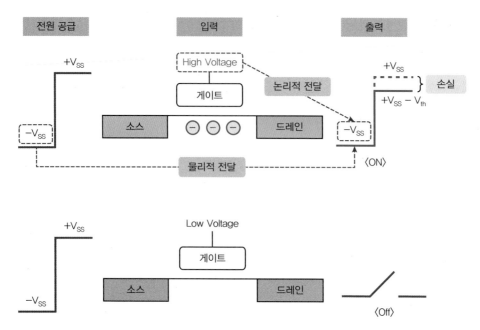

그림 38-4 증가형 nMOSFET의 스위칭 작용

출력 시 Low 레벨($-V_{SS}$ or 0V) 전달효율은 No Loss이고, High 레벨($+V_{SS}$) 전달효율은 Loss입니다.

38.5 증가형 nMOSFET의 세부 동작

CMOSFET 인버터(Inverter) 회로에서는 풀-다운(Pull-down) 소자[2]로 nMOSFET을, 풀-업 (Pull-up) 소자로 pMOSFET을 준비시킵니다. 게이트 단자를 입력 전압으로써 공통(Common, nMOS와 pMOS 모두 공동으로 연결)으로 연결하고, 드레인도 출력 단자로써 공통으로 연결하지 요. MOSFET은 차단 영역과 포화 영역 사이에서 동작하며, 바이어스 전압으로 nMOS 소스 단자에 는 $-V_{SS}$(혹은 0V)를 인가하고, pMOS 소스에는 $+V_{SS}$를 인가합니다.

증가형 nMOSFET의 스위칭 작용을 회로로 나타내면, 게이트에 입력 전압 High가 인가되면, 풀-다운 nMOS가 'ON'이 됩니다. 그러면 nMOS의 소스 단자에 일정하게 인가되고 있는 낮은 바이어스 전압 레벨($-V_{SS}$ 혹은 0V)이 전압 손실(Loss) 없이 드레인 단자로 출력됩니다. 즉 회로 전체에서 논리회로 입장으로 볼 때, 입력 High가 낮은 출력 전압($-V_{SS}$ 혹은 0V)으로 변환되는 인버터 역할을 합니다. 이때 풀-업 pMOSFET은 게이트에 High가 인가되므로 게이트 단자 하부에는 기판과 동일 한 N형 전자가 쌓이는 축적층(accumulation layer)이 발달됩니다. 축적층은 반전층인 채널로 형성 되지 못하여 pMOS가 'OFF'되므로 CMOS의 전체 동작에는 기여하지 못합니다. 소스에서 출발한 정공이 채널을 이용하여 이동할 수가 없습니다.

---

2 풀-다운 소자는 출력 전압을 끌어내리는 기능을 하는 소자이고, 풀-업 소자는 출력 전압을 끌어올리는 기능을 하는 소자임

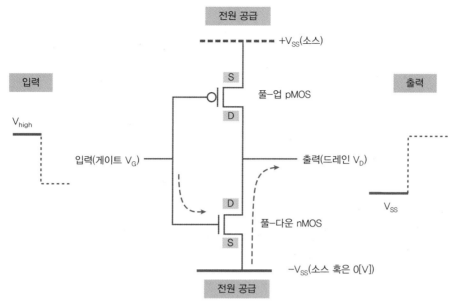

그림 38-5 게이트 단자로 High 레벨 입력 시 풀-다운 nMOS가 'ON' @ 인버터 회로

■ 입력 전압(수직축 방향)

입력 전압은 데이터(시그널) 값에 따라 High/Low가 수시로 변동됩니다. MOSFET은 채널 타입에 관계없이 게이트 단자를 입력 단자로 사용합니다. 왜냐하면 입력 전압은 곧 데이터 전압으로 '1'과 '0'의 시그널을 조합하여 인가해야 채널이 그에 따라 반응하고, 반응된 채널의 유무에 따라 TR의 ON/OFF가 결정되기 때문입니다. 게이트 전압을 '시드' 전압으로 활용하는 것이지요. 시드는 TR 내에 일정한 수준의 드레인(콜렉터) 전류를 흐르게 하는 촉매 역할을 합니다.[3]

■ 바이어스 전압(수평축 방향)

MOSFET에 일정하게 인가할 수평축 바이어스 전압의 역할은 소스 → 채널 → 드레인 방향으로 단자에 존재하는 캐리어(nMOS는 전자, pMOS는 정공)를 흐르게 하는 것입니다. 따라서 소스에서 마이너스(플러스) 전압으로 전자(정공) 캐리어를 밀어내도 되고, 드레인 단자에서 플러스(마이너스) 전압으로 끌어당겨도 동일한 효과가 됩니다. nMOSFET 단독 회로일 경우는 드레인 단자에 플러스 전압(바이어스 전압)을 인가하지요. 그러나 TR이 2개 이상이 연결되어 있는 회로(예 CMOSFET = nMOSFET + pMOSFET)에서는 드레인 단자를 출력으로 사용하기 때문에, 주로 소스 단자에서 캐리어를 밀어내야 하므로 nMOS는 소스에 마이너스 전압을 인가합니다. 바이어스 전압은 변동되지 않고 항상 일정 전압 레벨로 인가 상태를 유지합니다.[4]

---

3 15장 'MOS, 수직축으로 본 전계의 전달' 참조
4 31장 'FET, 수평축으로 본 전자의 이동' 참조

38.6 CMOS-nMOSFET의 Low 레벨 전달효율 : No Loss

nMOSFET의 소스 단자는 15족-14족 결합에 의한 전자가 다수 캐리어로, 외부의 약한 에너지(소스와 드레인의 전압 차이)만 공급받아도 잉여전자가 쉽게 15족 원자에서 이탈하여 자유전자가 됩니다. 이런 자유전자들이 소스에 인가된 마이너스 전압($-V_{SS}$ 혹은 0V)의 영향으로 채널 쪽으로 밀려나는데, 채널은 동일한 N형 전자들로 구성되어 있어서 채널에서도 계속 밀려서(이동하여) 드레인 단자까지 도달합니다.

■ Zero 수준의 낮은 저항

자유전자들이 소스에서 출발하여 드레인 단자까지 도달하는 루트는 소스-채널-드레인이 모두 전자띠로 연결되어 저항이 극도로 낮은(거의 Zero 수준) 도선이 연결된 효과와 동일하게 됩니다. 그 과정에서 발생되는 저항으로는 소스 저항 R_S, 소스 정션 저항 R_{jS}, 채널 저항 R_C, 드레인 정션 저항 R_{jD}, 드레인 저항 R_D 등 주로 5종류가 있으나, 대부분 Zero에 가깝지요. 따라서 소스에 가해진 마이너스($-V_{SS}$ 혹은 0V)가 중간에 특별한 전압강하 없이 그대로 드레인 전압으로 전달되어 $-V_{SS}$(혹은 0V)가 높은 효율로 출력됩니다.

■ 풀-다운 TR 'OFF' @ $-V_{GS}$ 인가 시

nMOSFET 수직축 상의 게이트에 $-V_{GS}$를 인가하는 경우, 채널에 있는 전자들이 밀려나고 P형 기판 내의 정공들이 게이트 단자 하부의 기판 표피층으로 몰려들어 정공축적층(Accumulation Layer)이 형성됩니다. 이는 반전층이 아니고, P형 기판 내의 정공 농도(밀도)만 약간 높아진 상태이므로 채널 자체가 형성되지 않습니다. 이때 수평축 상으로 볼 때, 마이너스 전압인 $-V_{SS}$의 영향으로 소스 단자의 전자들이 밀려서 채널로 빠져나오려고는 하지만(실질적으로는 소스 접합면 사방으로 빠져나가려고 함), 주변에는 모두 정공으로 둘러쌓여 결핍 영역만 늘어나게 됩니다. 따라서 채널 자체가 생성되지 않아서 풀-다운 nMOSFET은 'OFF' 상태가 됩니다.

■ 입력 vs 출력 관계

게이트 전압인 $+V_{GS}$가 입력 전압으로 게이트 단자에 인가되면, 풀-다운 nMOSFET은 채널이 형성되어($V_G > V_{th}$일 때) 'ON'이 됩니다. 그러므로 소스에 바이어스 전압으로 계속 인가 중인 $-V_{SS}$(혹은 0V)가 드레인 단자로 출력됩니다. 출력(드레인) 단자 입장에서는 (게이트에 V_G가 인가되면) $V_G - V_{th}(V_{G\_eff})$의 전압이 드레인에 인가되고, 채널이 'ON'되면서 동시에 출력 전압이 접지(소스)로 씽크(Sink)되어 0V(혹은 $-V_{SS}$)로 하강(Pull-down)합니다. 수직방향의 시드 전압(게이트)이 수평방향의 전압(소스) 전달을 도운 형국입니다. 따라서 전압 손실 없이 소스의 0V(혹은 $-V_{SS}$)가 그대로 드레인 단자로 전달(Out)됩니다. 이 경우는 회로가 네트워크(Network)로 이어져 있어서 팬-아웃 (Fan-out)[5]이 많을 경우 유리합니다. 출력 전압이 연이어 다음 소자의 입력 전압으로 인가되기 때문에 전압 손실이 없는 상태가 중요합니다. 한편 풀-업 pMOS 소자는 (게이트 전압인 $+V_{GS}$가 입력 전압으로 게이트 단자에 인가되는 경우) nWell 상부에 전자가 모여든 축적층만 형성되어 있고 정상적인 채널이 형성되지 못하기 때문에 계속 'OFF' 상태입니다.

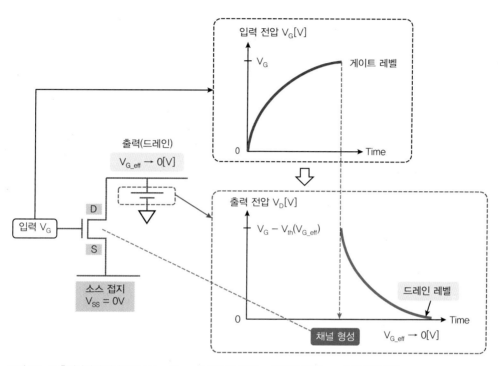

그림 38-6 출력단자의 전압 레벨 : $V_D = V_{SS} = 0V$ @ CMOS-nMOSFET Low 레벨 전압 전달

38.7 CMOS-nMOSFET의 High 레벨 전달효율 : Loss

풀-다운 TR인 nMOS가 'ON'이 되려면 게이트에는 항상 $+V_{GS}$를 인가한 상태여야 하지요. 만약 소스 단자에 High 레벨 전압($+V_{SS}$)을 인가하는 경우, 드레인 단자로는 $+V_{SS}$보다는 낮은 $V_{SS} - V_{th}$ 레벨이 출력됩니다. 소스 단자에 0V(Low 레벨)을 인가 시에는 손실이 없었지만, 동일한 조건/동일한 단자에 높은 전압(High 레벨)을 인가하니, 손실($-V_{th}$만큼)이 발생된 것이지요.

Tip nMOSFET 게이트에 $-V_{GS}$를 인가 시에는 채널 자체가 형성되지 않으므로 TR이 'OFF'되어 논리 전계에서 제외합니다.

---

5 **팬-아웃** : 전 단계의 출력에서 이어진 다음 단계의 입력 단자의 개수

■ 채널 핀치-오프 발생

소스 단자에 High($+V_{SS}$)를 인가하는 경우, 보통 $+V_{SS} > +V_{GS}$이므로 J_S에 역바이어스가 인가되어 결핍 상태의 영역이 확산 방식으로 인한 확산-결핍 영역(초기 상태)보다 넓게 형성됩니다(빌트-인 전계가 높아짐). 이는 전자 채널의 핀치-오프 상태를 유발하여 채널의 길이가 줄어들게 됩니다. J_S 와 채널 사이에는 넓혀진 결핍 영역이 존재하게 되지요.[6]

■ 입력 vs 출력 관계

$+V_{SS}$가 높기 때문에 핀치-오프 상태를 극복하여 소스에서 드레인 단자로 포화전류는 흐르고 High($+V_{SS}$)가 드레인 단자로 전달됩니다. 그렇지만 $+V_{SS}$가 드레인에 전달 시에 J_S에서 전압강하(역방향 바이어스에 의한 빌트-인 전압)가 발생되고, 이의 크기는 대략 문턱전압 V_{th} 정도 되므로 드레인 단자에는 전압강하를 제외한 $+V_{SS}-V_{th}$의 전압이 전달됩니다(단, 소스-드레인 사이에 그 외의 다른 전압강하가 없다는 조건). 전달효율이 낮은 회로나 조건은 특수한 경우를 제외하곤 CMOS 회로에서 활용하지 않습니다. 따라서 nMOSFET에서는 High 레벨로 전달하지는 않습니다.

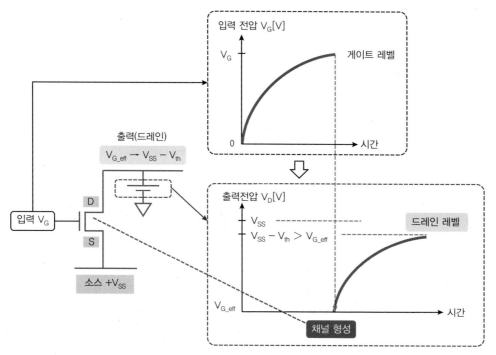

그림 38-7 출력 단자의 전압 레벨 @ CMOS-nMOSFET High 레벨 전달 $V_D=V_{SS}-V_{th}$

---

6 30장 '결핍 영역'과 33장 '채널' 참조

■ Low Level → Loss, High Level → NO Loss

입력 조건은 nMOSFET과 동일합니다. 증가형 pMOSFET의 게이트에 Low 레벨 전압을 인가(시그널 신호 입력)하면, 그에 비례하여 P채널이 증가하여 풀-업 소자인 pMOSFET은 'ON'이 됩니다. 이때 소스 단자로 들어오는 바이어스 전압의 $+V_{SS}$는 드레인 단자로 손실 없이 전달되지만, $-V_{SS}$(or 0V)는 V_{th} 손실로 인해 $-V_{SS}$(or 0V)까지 떨어지지 못하고 $-V_{SS}$(or 0V) $+V_{th}$의 값으로 출력됩니다. 결론적으로 pMOSFET에서는 Low 입력(게이트) 시, 소스에 항상 High 레벨($+V_{SS}$)를 바이어스시켜, 드레인으로 High 레벨($+V_{SS}$) 전압이 그대로 출력되도록 하면 전압 손실(전압 변동)이 없습니다.

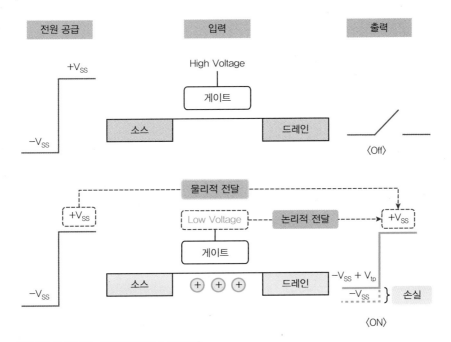

그림 38-8 증가형 pMOSFET의 스위칭 작용
출력 시 High 레벨($+V_{SS}$) 전달효율은 No Loss이고, Low 레벨($-V_{SS}$) 전달효율은 Loss입니다. 이때 V_{tp}는 P형 단자에서의 문턱전압입니다.

38.9 증가형 pMOSFET의 세부 동작

pMOS의 스위칭 작용을 CMOS 회로로 나타내면, 게이트에 입력 전압 Low($-V_{GS}$)를 인가 시, 풀-업 pMOS가 'ON'되면서 pMOS의 소스 단자에 바이어스 상태에 있는 High 전압 레벨($+V_{SS}$)이 드레인 단자로 출력합니다. 이때 풀-다운 nMOS는 'OFF' 상태로 돌입하지요. 즉 입력 Low가 출력 High로 변환하여 인버터 역할을 합니다. 반면, 게이트에 High 레벨($+V_{GS}$)이 인가되면 소스가 어떤 값을 갖고 있는가에 상관없이 P채널 자체를 형성하지 않으므로 풀-업 pMOSFET 소자는 'OFF'가 되고, 풀-다운 nMOS는 'ON'이 됩니다. pMOS의 팬-아웃(Fan-out) 출력은 다음 단의 팬-인 (Fan-in) 입력으로 인가됩니다.

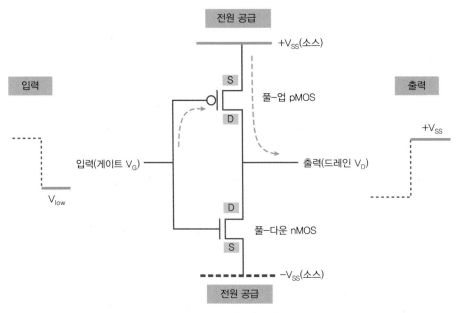

그림 38-9 게이트에 Low 레벨 인가로 풀-업 pMOS가 'ON' @ 인버터 회로

■ 바이어스 전압(수평축 방향)

pMOSFET에 수평축으로 인가하는 바이어스 전압의 역할은 소스-채널-드레인 단자에 존재하는 캐리어(정공)를 흐르게 하는 것입니다. 따라서 소스에서 플러스 전압으로 캐리어들을 밀어내도 되고(이 경우 전압강하는 거의 없음), 드레인 단자에서 마이너스 전압으로 당겨도 동일한 효과입니다. MOSFET 단독일 경우는 드레인 단자에서 바이어스 전압을 인가하지만, TR이 2개 이상 연결되어 있는 CMOSFET 회로에서는 드레인 단자를 출력으로 사용하기 때문에 주로 소스 단자에 바이어스 전압을 인가하지요.

38.10 CMOS-pMOSFET의 High 레벨 전달효율 : No Loss

pMOSFET의 소스 단자는 13족-14족 결합에 의한 정공이 다수 캐리어로, 정공들이 소스 단자에 인가된 플러스 전압의 영향으로 채널 쪽으로 밀려납니다. 채널은 P형 정공들로 구성되어 있어서 추가적으로 결핍 영역이 발생되거나 반대 타입의 입자와 결합할 환경(여건)이 되지 않으므로 계속 밀려서(이동하여) 드레인 단자까지 도달합니다.

그에 따라 소스-채널-드레인이 모두 정공띠로 연결되어 저항이 극도로 낮은(거의 Zero 수준) 도선이 연결된 효과와 동일합니다. 특히 소스 단자에 플러스 전압($+V_{SS}$)이 인가되어, 소스 정션에는 순바이어스 상태가 되므로 이로 인한 전압강하가 거의 없습니다. 따라서 소스에 가해진 플러스 전압($+V_{SS}$)이 중간에 특별한 전압강하 없이 그대로 드레인 전압으로 전달되어 $+V_{SS}$가 출력됩니다.

■ 채널 미형성으로 풀-업 TR 'OFF' @ $+V_{GS}$ 인가 시

pMOSFET 수직축 상의 게이트에 $+V_{GS}$를 인가 시에는 (채널에서 정공들이 밀려나고), N형 Well 내의 자유전자들이 게이트 옥사이드와 기판과의 계면에 전자축적층이 형성되는 대신 채널 자체는 형성되지 않습니다. 이는 반전층은 아니고, N형 Well 내의 전자 농도(밀도)만 약간 높아진 상태입니다. 이때 수평축 상의 $+V_{SS}$의 영향으로 소스 단자의 정공들이 밀려서 채널로 빠져나오려고 하지만 주변에는 모두 전자들로 둘러 쌓여 결핍 영역만 늘어나게 됩니다. 풀-업 pMOSFET은 'OFF' 상태가 됩니다.

■ 입력 vs 출력 관계

인가되는 게이트 $-V_{GS}$와 소스 $+V_{SS}$만 상이하고, CMOS-pMOSFET의 나머지 동작은 CMOS-nMOSFET과 동일합니다. 게이트 전압인 $-V_{GS}$가 입력 전압으로써 게이트 단자에 인가되면, 풀-업 pMOSFET이 'ON'이 되므로 소스에 바이어스 전압으로 계속 인가 중인 $+V_{SS}$가 손실 없이 드레인 단자로 출력되어 다음 단으로 입력되지요. 이 경우 회로가 네트워크로 이어져 있어서 팬-아웃이 많을 경우 유리합니다. 이때 풀-다운 소자는 'OFF' 상태입니다.

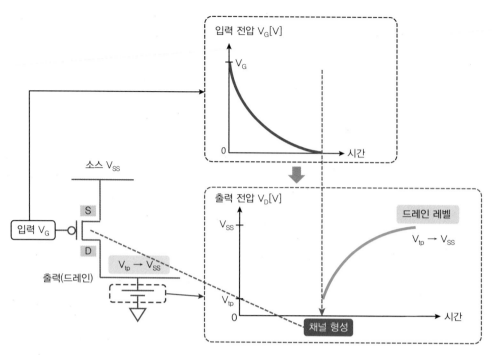

그림 38-10 출력 단자의 전압 레벨 @ CMOS-pMOSFET High 레벨 전달 $V_D = V_{SS}$

38.11 CMOS-pMOSFET의 Low 레벨 전달효율 : Loss

pMOSFET 게이트에 $-V_{GS}$를 인가 시에는 채널에는 정공층이 반전층으로 형성됩니다. 이슈는 소스 단자에 Low 레벨($-V_{SS}$ 혹은 0V)을 인가하는 경우로, 이때는 드레인 단자로 $-V_{SS}$(혹은 0V) + V_{th} 레벨이 출력되어 전압 손실이 발생됩니다. 전압 손실은 J_S에서 발생된 역방향 바이어스에 의한 빌트-인 전압에 의해 손실이 대략 문턱전압 V_{th} 정도됩니다(단, 소스-드레인 사이에 다른 전압강하가 없다는 조건).

Tip pMOSFET 게이트에 $+V_{GS}$를 인가 시에는 채널 자체가 형성되지 않으므로 TR 'OFF'로 논리 전개에서 제외합니다.

38.12 CMOS, 두 개를 합하여 시너지를 만들다

CMOSFET(Complementary MOSFET)은 상보성 MOSFET이라고 합니다. 여기서 '상보성'은 nMOSFET과 pMOSFET이라는 각각 성질이 다른 2개의 트랜지스터가 서로의 단점을 상쇄하고, 장점만을 활용하여 시너지를 극대화한 상호보완적 특성을 의미합니다. CMOS가 주로 쓰이는 기능인 인버터(Inverter)[7]에서 nMOS는 Low 레벨을 전달(풀-다운 소자 'ON')시키고, pMOS는 High

---

7 **인버터** : 입력 데이터 값을 반대로 변환(0을 1로, 1을 0으로)하여 출력시키는 디지털 회로

레벨을 전달(풀-업 소자 'ON')시키도록 전원전압($-V_{SS}$와 $+V_{SS}$)을 배치하면 문턱전압(V_{th})[8] 손실 없이 게이트의 입력 시그널(High/Low)이 완벽에 가깝게 반전되어, 소스 단자에 인가된 바이어스 전압이 드레인으로 출력됩니다. 즉 소자들의 동작 시 전압-손실 가능성을 제로로 탈바꿈한 것이 CMOSFET입니다. 또한 'OFF'되는 소자는 누설전류 혹은 문턱이하(Sub-threshold) 전류 등이 흐르지 않지요. 따라서 CMOSFET은 현존하는 반도체 디바이스 중에 가장 낮은 전력 소모형 소자가 되겠습니다.

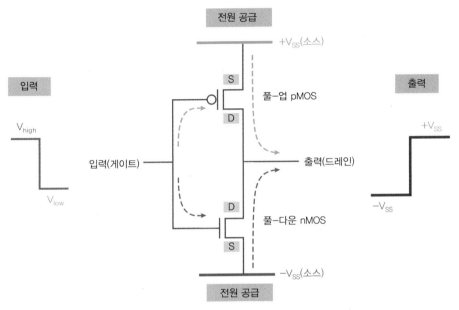

그림 38-11 손실 없는 CMOSFET의 인버터 기능

38.13 CMOSFET 레이아웃 vs 회로도

[그림 38-12]는 CMOSFET의 평면도면과 회로 사이의 상호 연관 관계를 나타냅니다. 캐리어 이동도에 따라 레이아웃의 크기도 차이가 납니다. 이는 회로도와 레이아웃의 입출력 관계를 연결하여 최종적으로 CMOSFET이 동작하는 인버터 논리회로가 되지요.

입출력을 기준으로 pMOSFET의 소스에는 $+V_{SS}$를 연결하고, nMOSFET의 소스에는 접지 (Ground, $-V_{SS}$)가 연결됩니다. nMOSFET과 pMOSFET을 합쳐 전원전압($+V_{SS}$)과 접지(Ground 혹은 $-V_{SS}$) 사이에 2개 TR을 서로 직렬로 연결한 후, 입력은 n/pMOS의 게이트 전극에 공통으로 넣어주고, 출력은 두 MOSFET의 드레인 전극에서 뽑아낸 구조입니다.

---

8 문턱전압을 N형 문턱전압인 V_{tn}과 P형 문턱전압인 V_{tp}로 구분하지는 않았음

동작은 nMOSFET 혹은 pMOSFET 둘 중 하나를 도통(ON)시키면 동시에 다른 하나는 불통(OFF)되고, 도통된 트랜지스터의 전압(+V_{SS} 혹은 −V_{SS}/GND)을 출력합니다. 입력 레벨에 따라 High 입력("1")일 때는 풀−다운 nMOS가 도통되어(pMOS는 불통) −V_{SS}("0", Low)가 드레인 단자로 출력되고, Low 입력("0")일 때는 풀−업 pMOS가 도통되어(nMOS는 불통) +V_{SS}("1", High)가 출력됩니다. 이는 입력된 신호의 크기가 반전된 형태로 출력되어야 하는 인버터('NOT' Gate) 기능입니다.

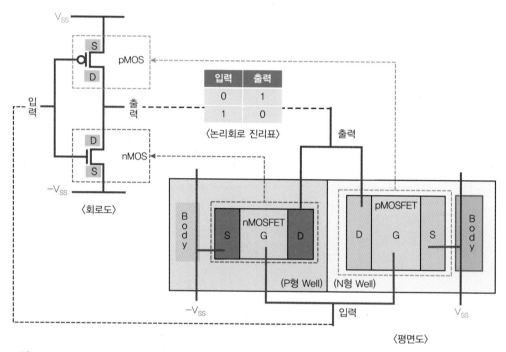

그림 38−12 CMOSFET 레이아웃과 회로도 비교

38.14 테크놀로지의 의미와 변곡점

반도체의 테크놀로지는 게이트 길이, 소스−드레인 간격 혹은 채널길이 등으로 표현될 수 있으나 일반적으로는 메탈층 간격인 회로 선 폭으로 대변하여 정의하고 사용하고 있습니다. 포토−리소그래피 방식만을 이용하여 개발된 MOSFET의 회로 선 폭은 20nm까지는 전통적인 방식을 사용하여 모두 일률적으로 파장을 줄이는 동일한 축소 방식을 적용하고 해석해 왔지요. 그러나 20nm 미만부터는 패턴화 방식이 패턴과 패턴 사이의 공간을 이용한 PT(Pattern Technology)와 스페이서를 이용한 SPT(Spacer Pattern Technology)를 활용하는 공정 방식을 접목했고. 3D 혹은 준−3D화한 게이트 모양이 여러 가지로 다양해져서 테크놀로지의 정의는 회사마다 제품마다 다르고, 기준이나 해석도 제각각이 되었습니다. 최근 디램은 10nm급 중반까지 사이즈가 축소되어 있고 시스템 반도체는 x[nm]까지 개발되었다고 발표하고 있습니다.

MOSFET 베이스로는 단단위 x[nm]의 회로 선 폭은 물리적으로나, 공정적으로나 모두 불가능하게 보는 것이 일반적인 관점이었지만 2023년에 3nm를 목표로 축소지향하고 있습니다(최근 삼성 반도체에서 3nm 달성을 발표했습니다).

종합해보면, 회로 선 폭의 축소에 대한 전개를, 제품의 발전 전개상 수평전개로 본다면, (회로 선 폭 축소가 정체된) 수평전개의 방향이 한계에 부딪힌 후로는 제품을 다양하게 하는 수직전개가 활발하게 진행되며, non-MOSFET 베이스(S-D 간 거리가 아닌, 3D 및 여러 가지 기법을 포함한 다른 제 각각의 방법을 등가적 축소로 해석)로 10nm 미만의 테크놀로지를 해석하고 구현합니다. 그에 따라 테크놀로지의 방식과 해석 등의 차이로 더 이상 10nm 이하의 테크놀로지 기준을 일률적으로 정하고, 차이를 평가하는 자체가 불가능해지므로 그에 따라 기존의 테크놀로지 기준은 점차 무의미해지고 있습니다. 새로운 기준으로는 '선 폭을 구현하는 테크놀로지' 대신 3D를 포함하여 '단위 체적당 몇 개의 TR을 구현' 가능한지에 대한 기준으로 변경되어야 할 것입니다.

38.15 테크놀로지 진화

CMOSFET 개념은 테크놀로지의 개발에도 영향을 끼칩니다. TR 테크놀로지를 30nm대에서부터 미세화에 기여한 주요 항목들을 보면, HKMG → FinFET → EUV → Nanosheet → Forksheet → CFET 등이 있습니다(Imec Issued). HKMG는 재료적 개념을 도입하여 적용했고, 다음으로는 구조적 개념을 적용하여 FinFET에서 Nanosheet로 발전했습니다. 중간에 EUV라는 광학 개념이 새롭게 개발되어 비약적인 발전(Quantum Jump)이 이루어졌고, 이후 현재 나노시트(Nanosheet)에 CMOSFET 개념을 도입하여 nFET과 pFET을 칸막이 좌우로 배치한 포크시트(Forksheet)와 이후 다양한 서브-포크시트(Sub-Forksheet) 형태로 개발되고 있습니다. 구조적 측면을 살펴볼 때, 평면 구조(HKGM)에서 입체 구조(FinFET)로, 또 3D(FinFET)에서 4D(GAA, 나노시트 @ 3D를 분리하여 플로팅시킴) 구조로 변했고, 그 이후에는 좌우분리에서 상하분리인 접이식(Folding) CFET로 발전되면서 2nm를 넘어서는 테크놀로지로 향하고 있습니다.

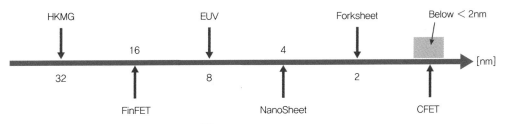

그림 38-13 테크놀로지의 진화에 기여한 항목들[60]

• SUMMARY •

Beyond CMOS

반도체, 특히 메모리 반도체는 메인 프레임(Main Frame)의 개발이 완료된 이후 전세계적으로 획기적인 제품이나 급격한 특성의 개발보다는, 반도체 제조 공정이 구현 가능한 한계 내에서 제품을 업그레이드하는 수준으로 발전해 왔다고 볼 수 있습니다. 이러한 환경은 한국이 강력한 메모리 반도체의 경쟁력을 유지하는 데에도 유리하게 작용했습니다. 그러나 집적도의 한계로 인해 앞으로는 지금까지 발전해온 2~30년의 단계를 한꺼번에 뛰어넘어 반도체 개벽이 되는 수준으로 제품 개발이 될 전망입니다. 그러므로 지금까지 누려온 MOSFET이나 CMOS의 전성기 역시 CMOS 나이 약 60~70세 (2020~2030년) 전후로 마감이 될 것으로 추정됩니다.

CMOS 이후의 미래 디바이스는 실리콘 재질의 변경뿐만 아니라, 현재 디바이스의 특성 자체를 월등히 능가하는 획기적인 발전이 되어야 할 것입니다. 더 나아가 전류를 발생시키는 캐리어인 전자 대신 다른 매개체를 사용하는 것까지도 검토되고 있지요. 이는 디바이스의 동작속도를 빠르게 하기 위해 전자의 이동시간조차도 줄여야 하기 때문입니다. 캐리어의 이동시간을 줄인다는 것은 채널을 없앤다는 것이고, 채널을 없앨 경우 TR과 더불어 다이 사이즈도 극최소화할 수 있는 이점이 있습니다.

미래에 반도체라는 제품은 CMOS를 넘어선 'Beyond CMOS'라는 다양성이 증가한 제품 다변화(CMOS를 포함하여) 체제로 점점 변해갈 것입니다. 반도체의 미래 기술방향은 기반 물질, 디바이스의 특성, 팹 제조 공법 등 소자에서 설계를 거쳐 공정까지, 디바이스와 관련된 모든 기술과 물질들이 획기적으로 도약하게 되는 새로운 양상으로 전개되어 갈 것입니다. 그러나 완벽에 가까운 디바이스를 만들 수는 있어도 완벽한 특성을 갖춘 디바이스는 있을 수 없습니다. 이는 차세대 제품을 위한 연구개발의 혁신이 끊임없이 이어져 나가야 하는 이유이기도 합니다.

CMOS 동작특성 편

01 트랜지스터는 크게 BJT(Bi-polar Junction Transistor)와 FET(Field Effect Transistor)로 나눌 수 있다. BJT와 FET에 대한 설명 중 옳은 것을 모두 고르시오.

① BJT는 시드(Seed)로 전압을 이용하여 드레인 전류를 흐르게 한다.

② BJT는 게이트 옥사이드의 역할이 중요하다.

③ FET이 BJT에 비해 집적도에 유리하다.

④ FET은 이동자(캐리어)로 2개의 극성을 활용하는 진보된 소자이다.

⑤ FET은 전압을 이용하여 동작시킨다.

02 다음은 N형 채널을 형성하여 TR 1개을 단독으로 도통시키는 nMOSFET에 대한 설명이다. 이에 대한 설명 중 옳지 <u>않은</u> 것을 모두 고르시오.

① nMOSFET의 회로는 CMOSFET과 pMOSFET으로 구성된다.

② 수직 MOS방향으로는 입력으로 마이너스 전압을 인가할 때 TR이 'ON'이 된다.

③ 다수 캐리어인 전자를 활용하여 동작한다.

④ 수평 FET방향으로는 바이어스 전위차로 소스에 낮은 전위, 드레인에 높은 전위를 인가한다.

⑤ 소스와 드레인 단자는 13족을 이온주입하여 만든다.

03 회로도는 nMOSFET과 pMOSFET을 결합하여 상호보완적 특성을 나타내는 CMOSFET (Complementary MOSFET)이다. 이는 소자의 성질이 다른 2개의 트랜지스터가 서로의 단점을 상쇄하고, 장점만을 활용하도록 시너지를 극대화했다. 풀-업 소자와 풀-다운 소자의 어떤 장점을 이용하는지 알맞은 것을 고르시오.

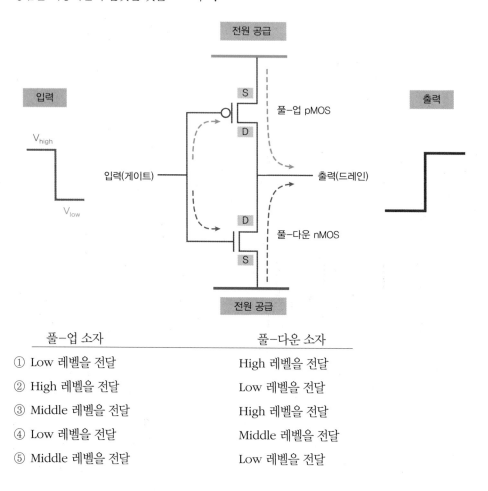

풀-업 소자	풀-다운 소자
① Low 레벨을 전달	High 레벨을 전달
② High 레벨을 전달	Low 레벨을 전달
③ Middle 레벨을 전달	High 레벨을 전달
④ Low 레벨을 전달	Middle 레벨을 전달
⑤ Middle 레벨을 전달	Low 레벨을 전달

04 그림은 CMOSFET의 레이아웃과 회로도를 비교하여 보여준다. CMOSFET은 인버터(Inverter)라고도 하는데, 어떤 논리 게이트의 역할을 하는가?

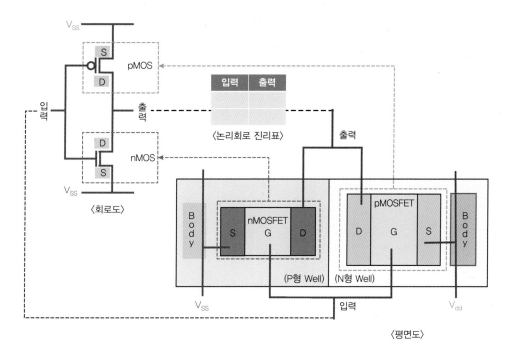

① AND 게이트

② OR 게이트

③ NOT 게이트

④ NAND 게이트

⑤ NOR 게이트

참고문헌

- 유회준, 고성능 *DRAM*, 시그마프레스, 2006
- 김명수, 김인호 et al., 공역(David Halliday, Robert Resnick), *기초 물리학(Fundamentals of Physics)*, 이우출판사, 1980
- 최성재, *나노 반도체 소자 설계 및 제조공정 기술*, 자유아카데미, 2021
- 이종욱, *물리전자공학*, 동일출판사, 1980
- 김광호, 김용상 et al. 공역(Neaman Donald A.), *반도체 물성과 소자(Semiconductor Physics and Devices : Basic Principles)*, McGraw-Hill, 한국맥그로힐, 2012
- 이상렬, 명재민, 윤일구 공역(Richard C. Jaeger), *반도체 공정개론(Introduction to Microelectronic Fabrication)*, 교보문고, 2016
- 황호정, *반도체 공정기술*, 생능출판사, 2005
- 이형옥, *반도체 공정 및 장치기술*, 상학당, 2016
- 황호정, *반도체 공학*, 생능출판사, 2014
- 김동명, *반도체 공학*, 한빛아카데미, 2017
- 조민호, *반도체 산업*, 웅진출판주식회사, 1994
- 권민기, 박시현 et al. 공역(Simon SZE, Ming-Kwei LEE), *반도체 소자(Semiconductor Devices Physics and Technology)*, 범한서적주식회사, 2015
- 서정하, 김동명 et al. 공역(Berry Lise Anderson, Richard L. Anderson), *반도체 소자공학 (Fundamentals of Semiconductor Devices)*, 한티미디어, 2005
- 이병헌, 강회일 et al., *반도체 소자기술*, 한국전자통신연구소, 1994
- 김덕영, 김상용 et al., *반도체 생산공정관리*, 복두출판사, 2018
- 김학동, *반도체 재료(Semiconductor Materials for Electronic Devices)*, 홍릉과학출판사, 2013
- 이인호, 이현배 et al., *반도체 전공정장비1*, 복두출판사, 2017
- 김용태, 김상용 et al., *반도체 전공정장비2*, 복두출판사, 2017
- 곽노열, 배병욱 et al., *반도체 제조기술의 이해*, 한올출판사, 2021
- 임종성 역(前田 和夫), *반도체 제조장치 입문*, 성안당(공업조사회), 2000
- 곽계달, 김태환 et al. 공역(Gray S. May, Simon M Sze), *반도체 집적공정(Fundamentals of Semiconductor Fabrication)*, 교보문고, 2018
- 박현철, *반도체 회로 설계*, 한성출판사, 1996
- 홍붕식, 구강원 et al. 공역(Takashi Kadota), *반도체 평가기술(Techniques for characterization of semiconductors)*, 기전연구사, 1994
- 김상용, 이병철, *반도체 CMOS 제조기술*, 일진사, 2016
- 임재덕 옮김 (유노가미 다카시), *일본 반도체 패전*, 성안당, 2011
- 임재덕 옮김 (유노가미 다카시), *일본 전자 반도체 대붕괴의 교훈*, 성안당, 2013
- 이형옥 편저, *집적회로 설계를 위한 반도체 소자*, 남두도서, 2008
- 강성준, 정양희, *최신 반도체 소자공학*, 전남대학교출판부, 2016

- 김현창, 박동수 et al. 공역 (Paul A.Tipler), 현대 물리학(Foundation of Modern Physics, 1968), 광림사, 1983
- 권기영, 신형철, 이종호 공역 (Chenming Calvin Hu), 현대 반도체 소자 공학(*Modern Semiconductor Devices for Integrated Circuits*), 한빛아카데미, 2015
- 신경욱, *CMOS 디지털 집적회로 설계*, 한빛아카데미, 2014
- 진종문, *NAND Flash 메모리*, 홍릉과학출판사, 2015
- Schachter Schilling, *Digital and Analog Systems, Circuits, and Devices*, MacGraw-Hill, 1973
- David H.Navon, *Electronic Materials and Devices*, Houghton Mifflin Company, 1975
- Paulo Cappelletti, Carla Golla, Piero Olivo et al., *Flash Memories*, Klumer Academic Publishers, 1999
- Yang, E.S, *Fundamentals of Semiconductor Devices*, McGraw-Hill, 1978
- Rino Micheloni, Luca Crippa, Alessia Marelli, *Inside NAND Flash Memories*, Spinger, 2010
- Jacob Millman, Christos C. Halkias, *Integrated Electronics: Analog and digital circuits and systems*, McGraw-Hill, 1972
- Jacob Millman, *Microelectronics : Digital and Analog Circuits and Systems*, McGraw-Hill, 1979
- Stephen Gasiorowicz, *Quantum physics*, John Wiley & Sons, 1974
- Sung-Mo Kang, Yusuf Leblebici, *CMOS Digital Integrated Circuits Analysis & Design*, McGraw-Hill, 2005
- R. Jacob Baker, *CMOS Mixed-Signal Circuit Design*, IEEE Press Wiley-Interscience, 2003
- Neil H.E. Weste, David Harris, *CMOS VLSI Design: A Circuits and Systems Perspective*, Pearson Education, 2005
- SHYH Wang, *Fundamentals of Semiconductor Theory and Device Physics*, Pearson Education, 2008
- E.H. Niollian, J.R. Brews, *MOS(Metal Oxide Semiconductor) Physics and Technology*, Wiley-Interscience, 2003
- Technical Information Center, *MOTOROLA CMOS Data Sheets*, Motorola Semiconductor Products Inc.
- Ban P. Wong, Anurag Mittal, Yu Cao, Greg Starr, *Nano-CMOS Circuit and Physical Design*, Wiley-Interscience, 2005
- Robert F. Pierret, *Semiconductor Device Fundamentals*, Addison-Wesley, 1996
- S. M. Sze, M.K.Lee, *Semiconductor Devices:Physics and Technology*, John Wiley & Sons, 2013
- Dieter K. Schroder, *Semiconductor Material and Device Characterization*, John Wiley & Sons, 2006
- Donald A. Neamen, *Semiconductor Physics and Devices*, McGraw-Hill, 2003
- Jiann S. Yuan, *SiGe, GAAS, and InP Heterojunction Bipolar Transistors*, Wiley-Interscience, 1999
- William L. Kruer, *The Physics of Laser Plasma Interactions*, Addison-Wesley, 1988
- Y. Taur and T. Ning, *Fundamentals of Modern VLSI Devices*, 2nd (2009)

출처

[1] Linda Hall Library (https://www.lindahall.org/john-ambrose-fleming)

[2] Linda Hall Library (https://www.lindahall.org/walter-brattain)

[3] 구글 특허 (https://patents.google.com/patent/US2569347A/en)

[4] University Wafer 홈페이지 (https://www.universitywafer.com/Silicon_Ingot/silicon_ingot.html)

[5] Wikpedia (https://en.wikipedia.org/wiki/Silicon#/media/File:Silicon-unit-cell-3D-balls.png)

[6] Caltech 홈페이지 (https://www.caltech.edu/about/news/caltech-researchers-find-evidence-real-ninth-planet-49523)

[7] 진종문, *NAND Flash 메모리(개정판)* (홍릉과학출판사, 2016), 59.

[8] tom'SHARDWARE (https://www.tomshardware.com/news/micron-announces-232-layer-3d-nand)

[9] Micron사 홈페이지 (https://www.micron.com/products/dram/ddr4-sdram/part-catalog/mt40a1g4rh-083e)

[10] Lam Research 홈페이지 (https://blog.lamresearch.com/overcoming-challenges-in-3d-nand-volume-manufacturing)

[11] Tech Design Forum 홈페이지 (Siemens Sponsor) (https://www.techdesignforums.com/practice/guides/triple-patterning-self-aligned-double-patterning-sadp)

[12] DRAMeXchange, Gartner

[13] statista, 2021 SIA State of the Industry Report, IC Insights, WSTS
(https://www.statista.com/statistics/519456/forecast-of-worldwide-semiconductor-sales-of-integrated-circuits)
(https://www.icinsights.com/news/bulletins/Worldwide-IC-Market-Forecast-To-Top-500-Billion-In-2021)

[14] Gartner data, 2021 SIA State of the Industry Report, 한국반도체산업협회
https://www.semiconductors.org/wp-content/uploads/2021/09/2021-SIA-State-of-the-Industry-Report.pdf

[15] MonolithiIC 3D, Kotra
http://www.monolithic3d.com/blog/how-korea-became-the-hub-of-the-memory-industry
https://www.investkorea.org/ik-en/cntnts/i-312/web.do

[16] SK실트론 홈페이지 (https://www.sksiltron.com/ko/wafer/process.do)

[17] SUMCO 홈페이지 (https://www.sumcosi.com/english/products/process/step_02.html)

[18] 이화(EHWA) 홈페이지 (http://www.ehwadia.co.kr/wp-content/uploads/2018/12/PRECISION-DIAMOND-WIRE-PDW-new.pdf)

[19] SK실트론 홈페이지 (https://www.sksiltron.com/ko/wafer/process.do)

[20] AMAT 홈페이지 (https://www.appliedmaterials.com/kr/ko/product-library/centura-epi-200mm.html)

[21] 원익IPS 홈페이지 (http://www.ips.co.kr/ko/business/product.php?board_code=product&product_category= Semiconductor&page_type=view&idx=462)

[22] ACM Research 홈페이지 (https://www.acmrcsh.com/front-end-cleaning-systems/ultra-furnace-system)

[23] Lam Research 홈페이지 (텅스텐-플러그 : W-Plug, 콘텍, 비아 채우기 적용) (https://www.lamresearch.com/ko/products/our-processes/deposition)

[24] 원익IPS 홈페이지 (https://www.ips.co.kr/ko/business/product.php?board_code=product&product_category= Semiconductor&page_type=view&idx=375)

[25] 아주대학교 반도체연구실

[26] 주성엔지니어링 홈페이지 (http://www.jseng.com/products/semiconductor.html?search_order=&search_type=&mode=v&code=G01&idx=68&fk_idx=&thisPageNum=)

[27] 진종문, *NAND Flash 메모리(개정판)* (홍릉과학출판사, 2016), 123.

[28] 히다치 High-Tech 홈페이지 (https://www.hitachi-hightech.com/global/en/products/microscopes/sem-tem-stem/tem-stem)

[29] 사이언스올 홈페이지 (https://www.scienceall.com/%ec%95%8c%eb%a3%a8%eb%af%b8%eb%8a%84aluminium/?term_slug=)

[30] WSU.Edu 홈페이지 (https://public.wsu.edu/~pchemlab/documents/Work-functionvalues.pdf)

[31] ASML 홈페이지 (https://www.asml.com/en/products/euv-lithography-systems)

[32] ASML 홈페이지 (https://www.asml.com/en/products/euv-lithography-systems)

[33] Dongjin Semichem 홈페이지 (http://www.dongjin.com/business/semiconductor.php)

[34] TEL 홈페이지 (https://www.tel.com/product)

[35] https://facebook.com/ASMLKR/posts/1309256839123768

[36] KLA 홈페이지 (https://www.kla.com/ko/products/compound-semi-mems-hdd-manufacturing#candela-71xx)

[37] CANON 홈페이지 (https://global.canon/en/product/indtech/semicon)

[38] High aspect ratio etch using modulation of RF powers of various frequencies 논문 자료 (https://patents.google.com/patent/US7144521B2/en)

[39] 한국원자력연구원 홈페이지 (https://www.kaeri.re.kr/board/view?linkId=6369&menuId=MENU00326)

[40] SENTECH 홈페이지 (https://www.sentech.com/en/ALD-Systems__2492)

[41] AMAT 홈페이지 (https://www.appliedmaterials.com/ko/semiconductor/products)

[42] Lam Research 홈페이지 (https://www.lamresearch.com/ko/products/our-processes/etch)

[43] TEL 홈페이지, IR Day(Jan 20,2021) Report : New Platform for the Etch System

[44] https:// etnews.com/20220210000125 (전자신문 발행일 : 2022.02.10)

[45] 세메스 홈페이지 (https://semes.com/ko/product/product/view)

[46] 디램의 발전방향과 전망 (1992년 5월 전자공학회지 제19권 제5호 민위식 현대전자산업 반도체연구소) (https://koreascience.kr/article/JAKO199211920664420.page?&lang=ko)

[47] SENTECH 홈페이지 (https://www.sentech.com/en/ICP-RIE-SI-500__2324)

[48] 대한화학회 주기율표 (http://new.kcsnet.or.kr/periodictable)

[49] Thermco Systems 홈페이지 (https://thermcosystems.com)

[50] Axcelis 홈페이지 (https://www.axcelis.com/)

[51] AMAT 홈페이지 (https://www.appliedmaterials.com/kr/ko/product-library/viista-900-3d.html)

[52] AMAT 홈페이지 (https://www.appliedmaterials.com/kr/ko/product-library/vantage-vulcan-rtp.html)

[53] 진종문, *NAND Flash 메모리(개정판)* (홍릉과학출판사, 2016), 127.

[54] 진종문, *NAND Flash 메모리(개정판)* (홍릉과학출판사, 2016), 239.

[55] SK하이닉스 홈페이지 뉴스룸 '다진법반도체(2020)' (https://news.skhynix.co.kr/post/polybase-semiconductor)

[56] ON Semiconductor 홈페이지 (https://www.onsemi.com/pdf/datasheet/mmbf170-d.pdf)

[57] ON Semiconductor 홈페이지 (https://www.onsemi.com/pdf/datasheet/mmbf170-d.pdf)

[58] ON Semiconductor 홈페이지 (https://www.onsemi.com/pdf/datasheet/mmbf170-d.pdf)

[59] Photronics 홈페이지 (https://www.photronics.com/integrated-circuits-ic/leading-edge-advanced-photomasks)

[60] Imec 홈페이지 (Scaling CMOS beyond FinFETs:from nanosheets and forksheets to CFETs) (https://www.imec-int.com/en/imec-magazine/imec-magazine-december-2019/scaling-cmos-beyond-finfets-from-nanosheets-and-forksheets-to-cfets)

찾아보기